薛春华 徐森林 编

数学分析精选习题全解

（上册）

MATHEMATICAL ANALYSIS

清华大学出版社
北京

内容简介

作为《数学分析》[1]的配套书《数学分析精选习题全解(上、下)》,给出了该书全部思考题与复习题的详细解答.它的主要特点有:(1)重点突出、解题精练,并灵活运用了微积分的经典方法和技巧.(2)注重一题多解.许多难题往往有多种证法或解法.既增强了读者的能力,又开阔了读者的视野.(3)系统论述$\mathbb{R}^n$ 的拓扑、n 元函数的微分、n 重积分、k 维曲面积分以及有关难题.(4)应用外微分形式在定向曲面上的积分和 Stokes 定理$\int_{\partial \vec{M}} \omega = \int_{\vec{M}} d\omega$描述了相关思考题和复习题的计算.反映出内容的近代气息.

本书可作为理工科大学或师范大学数学系教师和大学生,特别是报考数学专业研究生的大学生有益的参考书.

图书在版编目(CIP)数据

数学分析精选习题全解.上/薛春华,徐森林编.—北京:清华大学出版社,2009.12(2024.10重印)

ISBN 978-7-302-21065-8

Ⅰ.数… Ⅱ.①薛… ②徐… Ⅲ.数学分析—高等学校—习题 Ⅳ.O17-44

中国版本图书馆 CIP 数据核字(2009)第 168149 号

责任编辑:刘 颖
责任校对:刘玉霞
责任印制:刘海龙

出版发行:清华大学出版社
网　　址:https://www.tup.com.cn, https://www.wqxuetang.com
地　　址:北京清华大学学研大厦 A 座　　**邮　　编**:100084
社 总 机:010-83470000　　**邮　　购**:010-62786544
投稿与读者服务:010-62776969,c-service@tup.tsinghua.edu.cn
质 量 反 馈:010-62772015,zhiliang@tup.tsinghua.edu.cn
印 装 者:涿州市般润文化传播有限公司
经　　销:全国新华书店
开　　本:185mm×230mm　　**印　　张**:25.5　　**字　　数**:553 千字
版　　次:2009 年 12 月第 1 版　　**印　　次**:2024 年10月第13 次印刷
定　　价:72.00 元

产品编号:027572-03

FOREWORD 前言

由我们编著的《数学分析》(共三册,由清华大学出版社出版)中的思考题与复习题有相当的难度,困惑了一部分大学生和读者,为使他们的阅读更有成效,应许多读者的要求,我们编写了这本习题解答,对课本中的思考题和复习题逐个解答,有的题还用了多种解法,这样既可增强读者的解题能力又开阔了视野.

本书分上、下两册出版,其中上册包括:数列极限(55 题),函数极限与连续(52 题),一元函数的导数、微分中值定理(73 题),Taylor 公式(21 题),不定积分(4 题),Riemann 积分(78 题),($\mathbb{R}^n$,ρ_0^n)的拓扑、n 元函数的连续与极限(61 题),n 元函数微分学(56 题),n 元函数微分学的应用(9 题)共 9 章 409 道题目;下册包括:n 元函数的 Riemann 积分(63 题),曲线积分、曲面积分、外微分形式积分与场论(41 题),无穷级数(74 题),函数项级数(50 题),幂级数、用多项式一致逼近连续函数(37 题),含参变量积分(46 题),Fourier 分析(37 题)共 7 章 348 道题目.

我们希望大学生最好先不看题解,先独立思考,之后再对照答案.特别是那些有很强能力并将来有志于数学研究的学生必须先做题再对照检查以检测自己的实力.因为将来搞研究的创造能力主要来源于平时的独立思考、独立解决问题的习惯.而依赖于看答案的做法实在是一种懒惰的思想.对于那些确实做题有困难而又想考研究生的大学生.建议你们一边做题,一边看答案,这总比为没有答案做不出题而苦恼,甚至放弃学习要好.

另一方面,撰写本书,也可给大学数学系的教师提供一些开阔解题思路的借鉴.同时也期望能引出他们更好、更多的解题方法,起到抛砖引玉的作用.

选用我们编的《数学分析》这套教材,学习可分两个层次.第一层次是学好全书的主要内容,包括微积分的经典内容和方法;定理和例题的多种证法和解法;以及用近代观点论述$\mathbb{R}^n$ 中的拓扑、映射的微分、外微分和 Stokes 定理.再做书中相应的练习题.达到这样,学生已具有较高的分析数学的水平了.第二层次是全面做思考题、复习题.遇到困难,本书能为你向数学高峰攀登助一臂之力.

对于拟参加中国大学生数学竞赛的同学来说，演练书中的题目也是非常有帮助的.

最后，作者要感谢为本书难题解答提供过精妙证法的大学生、研究生. 特别还要感谢清华大学出版社的编审刘颖同志. 他给了我们热情的支持和有效的帮助.

薛春华　徐森林

2008年12月于北京

目录

CONTENTS

第 1 章

数列极限

极限理论是数学分析中最重要的基础之一. 极限有数列极限和函数极限. 论证极限存在和求出极限是学好数学分析的第 1 步,也是最关键的一步.

Ⅰ. 数列极限的计算和论证方法

(1) 数列极限的定义,即 ε-N(A-N)法(定义 1.1.1).

(2) 数列极限的+、−、×、÷四则运算性质(定理 1.2.3).

(3) 夹逼定理(定理 1.2.6).

(4) 单调增(减)有上(下)界的数列必收敛(实数连续性命题(二)).

在证明了数列 $\{x_n\}$ 收敛后,记极限为 $x=\lim\limits_{n\to+\infty}x_n$. 通常在关于 x_n 的一个递推公式两边令 $n\to+\infty$,得到关于 x 的方程式. 于是,可解出极限值 x 来.

一般地,单调增(减)数列 $\{x_n\}$ 有 $\lim\limits_{n\to+\infty}x_n=\sup\limits_{n\in\mathrm{N}}\{x_n\}\left(=\inf\limits_{n\in\mathrm{N}}\{x_n\}\right)$.

(5) Cauchy 收敛准则(原理)(定理 1.3.3).

(6) $\lim\limits_{n\to+\infty}x_n$ 存在(实数、$+\infty$、$-\infty$)$\Leftrightarrow$ $\overline{\lim\limits_{n\to+\infty}}x_n$(上极限)$=\underline{\lim\limits_{n\to+\infty}}x_n$(下极限)(定理 1.5.2). 此时,$\lim\limits_{n\to+\infty}x_n=\overline{\lim\limits_{n\to+\infty}}x_n=\underline{\lim\limits_{n\to+\infty}}x_n$.

(7) 两个重要极限:

$\lim\limits_{n\to+\infty}\left(1+\dfrac{1}{n}\right)^n=\mathrm{e}$(定理 1.4.2),$\lim\limits_{x\to\infty}\left(1+\dfrac{1}{x}\right)^x=\mathrm{e}=\lim\limits_{x\to0}(1+x)^{\frac{1}{x}}$(例 2.2.10);$\lim\limits_{x\to0}\dfrac{\sin x}{x}=1$(例 2.2.7).

(8) $\dfrac{\cdot}{\infty}$型 Stolz 公式(定理 1.6.1)、$\dfrac{0}{0}$型 Stolz 公式(定理 1.6.2).

(9) 设 $\lim\limits_{n\to+\infty}a_n=a>0$, $\lim\limits_{n\to+\infty}b_n=b$,则 $\lim\limits_{n\to+\infty}a_n^{b_n}=a^b$(定理 2.2.8(2)).

(10) 将数列极限化为函数极限,然后应用求函数极限的方法(如等价代换、函数的连续性、L'Hospital(洛必达)法则或 Taylor 展开等)求出函数极限. 从而也得到相应的数列极限(例 3.4.6,例 4.2.3).

(11) 将数列极限化成 Riemann 积分,并求出积分值

$$\lim_{n\to+\infty}\sum_{i=0}^{n-1}f(\xi_i)\,\frac{b-a}{n}=\int_a^b f(x)\mathrm{d}x,$$

它即为所求的数列极限(例 6.5.3).

(12) 因为

$$\text{级数}\sum_{n=1}^{\infty}a_n\text{ 收敛}\Leftrightarrow\text{部分和 }S_n=\sum_{k=1}^{n}a_k\text{ 收敛},$$

所以也可用级数收敛的判别法与求和法来研究数列的收敛性和极限.

(13) Stirling 公式: $n!=\sqrt{2\pi n}\left(\frac{n}{\mathrm{e}}\right)^n\mathrm{e}^{\frac{\theta_n}{12n}},\quad 0<\theta_n<1.$

Ⅱ. 实数理论

实数理论是数学分析中最重要基础之二. 有多种不同的方式引进实数的概念(《数学分析》第一册 36~41 页),如采用十进位小数; Dedekind 分割原理; 有理 Cauchy 数列等价类来刻画实数等.

19 世纪建立的极限理论和实数理论是微分学、积分学的根本,是数学分析的基础,也是入数学分析之门的关键. 一些深刻的定理都要用到实数理论.

引进实数后,可以证明:

定理 1.3.1(实数连续性等价命题) 下面七个连续性命题是彼此等价的.

(1) 有上(下)界的非空数集必有属于$\mathbb{R}$ 的最小(大)上(下)界,即有有限的上(下)确界;

(2) 单调增(减)有上(下)界的数列必收敛;

(3) (闭区间套原理,Carton)设递降闭区间序列

$$[a_1,b_1]\supset[a_2,b_2]\supset\cdots\supset[a_n,b_n]\supset\cdots,$$

其长度 $b_n-a_n\to 0(h\to+\infty)$,则 $\exists_1 x_0\in\bigcap_{n=1}^{\infty}[a_n,b_n]$,即 $x_0\in[a_n,b_n]$, $\forall n\in\mathbb{N}$;

(4) (有界闭区间的紧致性,Heine-Borel 有限覆盖定理)$[a,b]$的任何开覆盖 $\mathscr{I}$必有有限的子覆盖;

(5) (列紧性,Weierstrass 聚点定理)有界无限数集 A 必有聚点 $x_0\in A$;

(6) (有界闭区间$[a,b]$的序列紧性,Bolzano-Weierstrass)有界数列必有收敛子列;

(7) ($\mathbb{R}$ 的完备性,Cauchy)Cauchy 数列(基本数列)必收敛(此时,$(\mathbb{R},\rho)$为完备度量空间).

应用这七个实数连续性等价命题可以证明有界闭区间上连续函数的零(根)值定理、介

值定理、最值定理以及一致连续性定理. 因为这七个命题是彼此等价的，所以论述时，可以用其中的一个命题，也可用七个中的若干命题. 这可打开读者的思路，开阔读者的视野. 实数的连续性与数学分析中的每一概念都有十分密切的关系，而且还是不可缺少的理论基础. 它的证明方法也将贯穿到数学分析的每个角落，并延伸到分析数学之中.

1. 设 $\lim\limits_{n\to+\infty} a_n=a$，$|q|<1$. 用 ε-N 方法证明：

$$\lim_{n\to+\infty}(a_n+a_{n-1}q+\cdots+a_1q^{n-1})=\frac{a}{1-q}.$$

证明 由 $\lim\limits_{n\to+\infty} a_n=a$ 知从某项 N_0 开始$\{a_n\}$的项都在 a 的邻域$(a-1,a+1)$之中，即当 $n\geqslant N_0$ 时，$|a_n-a|<1$. 取 $M=\max\{1,|a_1-a|,\cdots,|a_{N_0-1}-a|\}$. 那么对所有的 n，$|a_n-a|<M$（1.2 节中收敛数列的有界性）.

对 $\forall\,\varepsilon>0$，$\exists\,N_1\in\mathbb{N}$，当 $n>N_1$ 时，$|a_n-a|<\dfrac{1-|q|}{3(1-q)}\varepsilon$. 由 $|q|<1$ 知 $\lim\limits_{n\to+\infty} q^n=0$ 和 $\lim\limits_{n\to+\infty} aq^n=0$，故 $\exists\,N_2\in\mathbb{N}$，当 $n>N_2$ 时，$|q|^n<\dfrac{\varepsilon}{3N_1M|1-q|}$，$|aq^n|<\dfrac{\varepsilon}{3}$. 因此当 $n>N=N_1+N_2+1$ 时，有

$$\begin{aligned}&|(1-q)(a_n+a_{n-1}q+\cdots+a_1q^{n-1})-a|\\&=|(1-q)[(a_n-a)+(a_{n-1}-a)q+\cdots+(a_{N_1+1}-a)q^{n-N_1-1}+\cdots+(a_1-a)q^{n-1}]-aq^n|\\&<|1-q|\left[\frac{(1-|q|)\varepsilon}{3(1-q)}\cdot\frac{1-|q|^{n-N_1}}{1-|q|}+N_1M\frac{\varepsilon}{3N_1M|1-q|}\right]+\frac{\varepsilon}{3}\\&<\frac{\varepsilon}{3}+\frac{\varepsilon}{3}+\frac{\varepsilon}{3}=\varepsilon,\end{aligned}$$

所以 $\lim\limits_{n\to+\infty}(1-q)(a_n+a_{n-1}q+\cdots+a_1q^{n-1})=a$. 而 $1-q\neq0$，故

$$\lim_{n\to+\infty}(a_n+a_{n-1}q+\cdots+a_1q^{n-1})=\frac{a}{1-a}.$$ □

2. 设 $\lim\limits_{n\to+\infty} a_n=a$，$\lim\limits_{n\to+\infty} b_n=b$. 用 ε-N 法证明：

$$\lim_{n\to+\infty}\frac{a_0b_n+a_1b_{n-1}+\cdots+a_{n-1}b_1+a_nb_0}{n}=ab.$$

证法 1（ε-N） 因 $\lim\limits_{n\to+\infty} a_n=a$，$\lim\limits_{n\to+\infty} b_n=b$，故数列$\{a_n\}$，$\{b_n\}$都有界，即 $\exists$ 数 $M>0$，使$|a_n|<M$，$|b_n|<M$，$|a|<M$.

对 $\forall\,\varepsilon>0$，由条件知 $\exists\,N_1\in\mathbb{N}$，使当 $n>N_1$ 时，有

$$|a_n-a|<\frac{\varepsilon}{4M},\quad |b_n-b|<\frac{\varepsilon}{4M}.$$

固定 N_1，取自然数 $N>\max\left\{N_1,\dfrac{2M}{\varepsilon}[|a_0-a|+\cdots+|a_{N_1}-a|+|b_0-b|+\cdots+|b_{N_1}-b|+|b|]\right\}$，则当 $n>N$ 时有

$$\left|\frac{a_0b_n+a_1b_{n-1}+\cdots+a_{n-1}b_1+a_nb_0}{n}-ab\right|$$

$$=\left|\frac{1}{n}[(a_0b_n-ab)+(a_1b_{n-1}-ab)+\cdots+(a_{n-1}b_1-ab)+(a_nb_0-ab)]+\frac{ab}{n}\right|$$

$$=\left|\frac{1}{n}[b_n(a_0-a)+a(b_n-b)+b_{n-1}(a_1-a)+a(b_{n-1}-b)+\cdots+b_0(a_n-a)+a(b_0-b)]+\frac{ab}{n}\right|$$

$$\leqslant\frac{M}{n}[|a_0-a|+\cdots+|a_n-a|+|b_0-b|+\cdots+|b_n-b|+|b|]$$

$$\leqslant\frac{M}{N}[|a_0-a|+\cdots+|a_{N_1}-a|+|b_0-b|+\cdots+|b_{N_1}-b|+|b|]$$

$$+\frac{M}{n}[|a_{N_1+1}-a|+\cdots+|a_n-a|+|b_{N_1+1}-b|+\cdots+|b_n-b|]$$

$$<\frac{\varepsilon}{2}+\frac{2M}{n}(n-N_1)\cdot\frac{\varepsilon}{4M}<\varepsilon.$$

这就证明了 $\lim\limits_{n\to+\infty}\dfrac{a_0b_n+a_1b_{n-1}+\cdots+a_{n-1}b+a_nb_0}{n}=ab.$

证法 2(利用性质) 令 $\alpha_n=a_n-a,\beta_n=b_n-b$,立即有 $\lim\limits_{n\to+\infty}\alpha_n=0=\lim\limits_{n\to+\infty}\beta_n$. 根据 Cauchy 不等式得

$$0\leqslant\left(\frac{\alpha_0\beta_n+\alpha_1\beta_{n-1}+\cdots+\alpha_{n-1}\beta_1+\alpha_n\beta_0}{n}\right)^2\leqslant\frac{\alpha_0^2+\alpha_1^2+\cdots+\alpha_n^2}{n}\cdot\frac{\beta_0^2+\beta_1^2+\cdots+\beta_n^2}{n}.$$

应用例 1.1.15 的结论有

$$\begin{aligned}\lim_{n\to+\infty}\frac{\sum\limits_{i=0}^{n}\alpha_i^2}{n}\cdot\frac{\sum\limits_{i=0}^{n}\beta_i^2}{n}&=\lim_{n\to+\infty}\frac{\sum\limits_{i=0}^{n}\alpha_i^2}{n+1}\cdot\frac{\sum\limits_{i=0}^{n}\beta_i^2}{n+1}\cdot\left(\frac{n+1}{n}\right)^2\\&=\lim_{n\to+\infty}\alpha_n^2\cdot\lim_{n\to+\infty}\beta_n^2\cdot\lim_{n\to+\infty}\left(\frac{n+1}{n}\right)^2\\&=0\cdot0\cdot1=0.\end{aligned}$$

再应用夹逼定理(定理 1.2.6)就证得

$$\lim_{n\to+\infty}\frac{\alpha_0\beta_n+\alpha_1\beta_{n-1}+\cdots+\alpha_{n-1}\beta_1+\alpha_n\beta_0}{n}=0.$$

于是

$$\lim_{n\to+\infty}\frac{a_0b_n+a_1b_{n-1}+\cdots+a_{n-1}b_1+a_nb_0}{n}$$

$$=\lim_{n\to+\infty}\frac{1}{n}[(\alpha_0+a)(\beta_n+b)+\cdots+(\alpha_n+a)(\beta_0+b)]$$

$$=\lim_{n\to+\infty}\left[\frac{\alpha_0\beta_n+\cdots+\alpha_n\beta_0}{n}+b\frac{\alpha_0+\cdots+\alpha_n}{n+1}\cdot\frac{n+1}{n}+a\frac{\beta_0+\cdots+\beta_n}{n+1}\cdot\frac{n+1}{n}+\frac{n+1}{n}ab\right]$$

$$=0+b\cdot0+a\cdot0+1\cdot ab=ab.$$

□

3. 设 $\lim\limits_{n\to+\infty} a_n=a, b_n\geqslant 0(n\in\mathbb{N}), \lim\limits_{n\to+\infty}(b_1+b_2+\cdots+b_n)=S$. 证明：$\lim\limits_{n\to+\infty}(a_nb_1+a_{n-1}b_2+\cdots+a_1b_n)=aS$.

证明　令 $S_n=b_1+b_2+\cdots+b_n$，于是 $\lim\limits_{n\to+\infty} S_n=S$. 由此可得 $\lim\limits_{n\to+\infty} b_n=\lim\limits_{n\to+\infty}(S_n-S_{n-1})=S-S=0$. 因为 $\lim\limits_{n\to+\infty}(a_n-a)=0$. 所以存在正数 M，使得 $|a_n-a|<M$. $\forall n\in\mathbb{N}$.

对 $\forall\varepsilon>0$，由 $\lim\limits_{n\to+\infty} a_n=a$ 得 $\exists N_1\in\mathbb{N}$，当 $n>N_1$ 时 $|a_n-a|<\frac{\varepsilon}{3(S+1)}$，固定 N_1. 又因 $\lim\limits_{n\to+\infty} b_n=0$，$\lim\limits_{n\to+\infty} S_n=S$. 存在 $N_2\in\mathbb{N}$，当 $n>N_2$ 时，$b_n=|b_n|<\frac{\varepsilon}{3N_1M}$，$|S-S_n|<\frac{\varepsilon}{3(|a|+1)}$. 于是当 $n>N=N_1+N_2$ 时，有

$$\begin{aligned}
&|a_nb_1+a_{n-1}b_2+\cdots+a_1b_n-aS|\\
&=|(a_n-a)b_1+(a_{n-1}-a)b_2+\cdots+(a_1-a)b_n-a(S-S_n)|\\
&\leqslant|a_n-a|b_1+\cdots+|a_{N_1+1}-a|b_{n-N_1}+|a_{N_1}-a|b_{n-N_1+1}+\cdots\\
&\quad+|a_1-a|b_n+|a||S-S_n|\\
&<\frac{\varepsilon}{3(S+1)}S+N_1\cdot M\cdot\frac{\varepsilon}{3N_1M}+|a|\cdot\frac{\varepsilon}{3(|a|+1)}\\
&<\frac{\varepsilon}{3}+\frac{\varepsilon}{3}+\frac{\varepsilon}{3}=\varepsilon.
\end{aligned}$$

这就证明了 $\lim\limits_{n\to+\infty}(a_nb_1+\cdots+a_1b_n)=aS$. □

4. (Toeplitz 定理)设 $n,k\in\mathbb{N}, t_{nk}\geqslant 0$ 且 $\sum\limits_{k=1}^{n} t_{nk}=1$，$\lim\limits_{n\to+\infty} t_{nk}=0$. 如果 $\lim\limits_{n\to+\infty} a_n=a$. 证明：$\lim\limits_{n\to+\infty}\sum\limits_{k=1}^{n} t_{nk}a_k=a$. 说明例 1.1.15 为 Toeplitz 定理的特殊情形.

证明　由 $\lim\limits_{n\to+\infty} a_n=a$ 知，$\exists M>0$，使 $|a_n-a|<M$，$\forall n\in\mathbb{N}$.

对 $\forall\varepsilon>0$，$\exists N_1\in\mathbb{N}$，当 $n>N_1$ 时，$|a_n-a|<\frac{\varepsilon}{2}$，固定 N_1，因为 $\lim\limits_{n\to+\infty} t_{nk}=0$. 故 $\exists N_2\in\mathbb{N}$，当 $n>N_2$ 时，$0\leqslant t_{nk}<\frac{\varepsilon}{2N_1M}$，$k=1,2,\cdots,N_1$. 令 $N=\max\{N_1,N_2\}$，当 $n>N$ 时，利用等式 $\sum\limits_{k=1}^{n} t_{nk}=1$ 有

$$\begin{aligned}
\left|\sum_{k=1}^{n} t_{nk}a_k-a\right|&=\left|\sum_{k=1}^{n} t_{nk}a_k-\sum_{k=1}^{n} t_{nk}a\right|=\left|\sum_{k=1}^{n} t_{nk}(a_k-a)\right|\\
&\leqslant t_{n1}|a_1-a|+\cdots+t_{nN_1}|a_{N_1}-a|+t_{nN_1+1}|a_{N_1+1}-a|+\cdots+t_{nn}|a_n-a|\\
&<M(t_{n1}+\cdots+t_{nN_1})+\frac{\varepsilon}{2}(t_{nN_1+1}+\cdots+t_{nn})\\
&\leqslant M\cdot N_1\cdot\frac{\varepsilon}{2N_1M}+\frac{\varepsilon}{2}\cdot 1=\varepsilon.
\end{aligned}$$

所以 $\lim\limits_{n\to+\infty}\sum\limits_{k=1}^{n} t_{nk}a_k=a$.

例 1.1.15 是 Toeplitz 定理中 $t_{nk}=\dfrac{1}{n}(k=1,2,\cdots,n)$时的特殊情形. □

5. 设 a,b,c 为三个给定的实数,令 $a_0=a,b_0=b,c_0=c$,并归纳定义

$$\begin{cases} a_n=\dfrac{b_{n-1}+c_{n-1}}{2}, \\ b_n=\dfrac{c_{n-1}+a_{n-1}}{2}, \quad n=1,2,\cdots. \\ c_n=\dfrac{a_{n-1}+b_{n-1}}{2}, \end{cases}$$

证明:$\lim\limits_{n\to+\infty}a_n=\lim\limits_{n\to+\infty}b_n=\lim\limits_{n\to+\infty}c_n=\dfrac{a+b+c}{3}$.

证法 1 由题设得

$$a_n+b_n+c_n=a_{n-1}+b_{n-1}+c_{n-1}=\cdots=a_0+b_0+c_0=a+b+c.$$

令 $L=a+b+c$. 再由

$$a_n-b_n=\frac{b_{n-1}+c_{n-1}}{2}-\frac{c_{n-1}+a_{n-1}}{2}=-\frac{a_{n-1}-b_{n-1}}{2}$$
$$=(-1)^2\frac{a_{n-2}-b_{n-2}}{2^2}=\cdots=(-1)^n\frac{a_0-b_0}{2^n}$$

得 $\lim\limits_{n\to+\infty}(a_n-b_n)=\lim\limits_{n\to+\infty}\dfrac{(-1)^n(a_0-b_0)}{2^n}=0$. 同理 $\lim\limits_{n\to+\infty}(c_n-a_n)=0$. 于是

$$a_n=\frac{1}{3}[(a_n+b_n+c_n)-(c_n-a_n)+(a_n-b_n)]=\frac{1}{3}[L-(c_n-a_n)+(a_n-b_n)].$$

$$\lim_{n\to+\infty}a_n=\frac{1}{3}[L-0+0]=\frac{L}{3}=\frac{a+b+c}{3},$$

$$\lim_{n\to+\infty}c_n=\lim_{n\to+\infty}[a_n+(c_n-a_n)]=\frac{L}{3}+0=\frac{L}{3},$$

$$\lim_{n\to+\infty}b_n=\lim_{n\to+\infty}[a_n-(a_n-b_n)]=\frac{L}{3}-0=\frac{L}{3}.$$

这就证得 $\lim\limits_{n\to+\infty}a_n=\lim\limits_{n\to+\infty}b_n=\lim\limits_{n\to+\infty}c_n=\dfrac{1}{3}(a+b+c)$.

证法 2 同证法 1 得 $a_n+b_n+c_n=a+b+c=L$. 由题设得

$$a_n=\frac{1}{2}(b_{n-1}+c_{n-1})=\frac{1}{2}\left[\frac{1}{2}(c_{n-2}+a_{n-2})+\frac{1}{2}(a_{n-2}+b_{n-2})\right]$$
$$=\frac{1}{4}[(a_{n-2}+b_{n-2}+c_{n-2})+a_{n-2}]=\frac{1}{4}L+\frac{1}{4}a_{n-2}.$$

于是

$$\begin{aligned}a_{2k}&=\frac{1}{4}L+\frac{1}{4}a_{2(k-1)}=\frac{1}{4}L+\frac{1}{4}\left(\frac{1}{4}L+\frac{1}{4}a_{2(k-2)}\right)\\&=\frac{1}{4}L+\frac{1}{4^2}L+\frac{1}{4^2}a_{2(k-2)}=\cdots\\&=\frac{1}{4}L+\frac{1}{4^2}L+\cdots+\frac{1}{4^k}L+\frac{1}{4^k}a_0=\frac{L}{4}\left(1+\frac{1}{4}+\cdots+\frac{1}{4^{k-1}}\right)+\frac{a_0}{4^k}\\&=\frac{L}{4}\cdot\frac{1-\left(\frac{1}{4}\right)^k}{1-\frac{1}{4}}+\frac{a_0}{4^k}=\frac{L}{3}\left(1-\left(\frac{1}{4}\right)^k\right)+\frac{a_0}{4^k},\\a_{2k+1}&=\frac{1}{4}L+\frac{1}{4}a_{2(k-1)+1}=\cdots=\frac{1}{4}L+\frac{1}{4^2}L+\cdots+\frac{1}{4^k}L+\frac{1}{4^k}a_1\\&=\frac{L}{3}\left(1-\left(\frac{1}{4}\right)^k\right)+\frac{a_1}{4^k}.\end{aligned}$$

取极限得 $\lim\limits_{k\to+\infty}a_{2k}=\frac{L}{3}$，$\lim\limits_{k\to+\infty}a_{2k+1}=\frac{L}{3}$，由定理 1.1.1 立即有 $\lim\limits_{n\to+\infty}a_n=\frac{L}{3}=\frac{1}{3}(a+b+c)$. 同理 $\lim\limits_{n\to+\infty}b_n=\frac{1}{3}(a+b+c)$，$\lim\limits_{n\to+\infty}c_n=\frac{1}{3}(a+b+c)$，于是

$$\lim_{n\to+\infty}a_n=\lim_{n\to+\infty}b_n=\lim_{n\to+\infty}c_n=\frac{1}{3}(a+b+c).\qquad\square$$

6. 设 a_1,a_2 为实数，令

$$a_n=pa_{n-1}+qa_{n-2},\quad n=3,4,5,\cdots,$$

其中 $p>0,q>0.\ p+q=1$. 证明：数列 $\{a_n\}$ 收敛，且 $\lim\limits_{n\to+\infty}a_n=\frac{a_2+a_1q}{1+q}$.

证明 将 $p=1-q$ 代入得

$$a_n=(1-q)a_{n-1}+qa_{n-2}=a_{n-1}-q(a_{n-1}-a_{n-2}).$$

于是

$$\begin{aligned}a_n-a_{n-1}&=-q(a_{n-1}-a_{n-2})\\&=(-q)^2(a_{n-2}-a_{n-3})=\cdots=(-q)^{n-2}(a_2-a_1).\end{aligned}$$

而

$$\begin{aligned}a_n-a_1&=(a_n-a_{n-1})+(a_{n-1}-a_{n-2})+\cdots+(a_2-a_1)\\&=[(-q)^{n-2}+(-q)^{n-3}+\cdots+(-q)+1](a_2-a_1)\\&=\frac{1-(-q)^{n-1}}{1+q}(a_2-a_1).\end{aligned}$$

由于 $p>0,q>0$，故 $q=1-p<1$，$|-q|<1$，所以 $\lim\limits_{n\to+\infty}(-q)^{n-1}=0$，从而有

$$\lim_{n\to+\infty}a_n=\lim_{n\to+\infty}\left[a_1+\frac{1-(-q)^{n-1}}{1+q}(a_2-a_1)\right]=a_1+\frac{1}{1+q}(a_2-a_1)=\frac{a_2+qa_1}{1+q}.\qquad\square$$

7. 设数列$\{a_n\}$,$\{b_n\}$,$\{c_n\}$满足 $a_1>0$,$4\leqslant b_n\leqslant 5$,$4\leqslant c_n\leqslant 5$.

$$a_n=\frac{\sqrt{b_n^2+c_n^2}}{b_n+c_n}a_{n-1}.$$

证明:$\lim\limits_{n\to+\infty}a_n=0$.

证明 因为 $4\leqslant b_n\leqslant 5$,$4\leqslant c_n\leqslant 5$,故 $\sqrt{b_n^2+c_n^2}\leqslant 5\sqrt{2}$,$b_n+c_n\geqslant 8$. 于是

$$0<a_n\leqslant\frac{5\sqrt{2}}{8}a_{n-1}\leqslant\frac{5\sqrt{2}}{8}\cdot\frac{5\sqrt{2}}{8}a_{n-2}\leqslant\cdots\leqslant\left(\frac{5\sqrt{2}}{8}\right)^{n-1}a_1.$$

而 $0<\frac{5\sqrt{2}}{8}<1$,故 $\lim\limits_{n\to+\infty}\left(\frac{5\sqrt{2}}{8}\right)^{n-1}a_1=0$.

由夹逼定理可得 $\lim\limits_{n\to+\infty}a_n=0$. □

8. 用 $p(n)$表示能整除 n 的素数的个数. 证明:$\lim\limits_{n\to+\infty}\frac{p(n)}{n}=0$.

证明 先证 $\lim\limits_{n\to+\infty}\frac{\log_2 n}{n}=0$. 对 $\forall\,\varepsilon>0$,取 $\varepsilon_0=2^\varepsilon-1>0$. 因为 $\lim\limits_{n\to+\infty}\sqrt[n]{n}=1$,故 $\exists\,N\in\mathbb{N}$,当 $n>N$ 时,有

$$0\leqslant\sqrt[n]{n}-1<\varepsilon_0=2^\varepsilon-1,\quad 即\quad 1\leqslant\sqrt[n]{n}<2^\varepsilon.$$

取对数即得 $0\leqslant\frac{\log_2 n}{n}<\varepsilon$. 此即证得 $\lim\limits_{n\to+\infty}\frac{\log_2 n}{n}=0$.

再证 $\lim\limits_{n\to+\infty}\frac{p(n)}{n}=0$.

设 $p_1,p_2,\cdots,p_k$ 为能整除 n 的素数(共有 k 个),则 $p_i\geqslant 2$,故 $2^k\leqslant p_1p_2\cdots p_k\leqslant n$,$k=p(n)$. 于是

$$1\leqslant k\leqslant\log_2 n,$$

$$\frac{1}{n}\leqslant\frac{k}{n}=\frac{p(n)}{n}\leqslant\frac{\log_2 n}{n}.$$

由 $\lim\limits_{n\to+\infty}\frac{1}{n}=0$,$\lim\limits_{n\to+\infty}\frac{\log_2 n}{n}=0$ 及夹逼定理就得 $\lim\limits_{n\to+\infty}\frac{p(n)}{n}=0$. □

9. 设 $x_n=\sum\limits_{k=1}^{n}\left(\sqrt{1+\frac{k}{n^2}}-1\right)$. 证明 $\lim\limits_{n\to+\infty}x_n=\frac{1}{4}$.

证明 $\sqrt{1+\frac{k}{n^2}}-1\ \dfrac{\frac{k}{n^2}}{\sqrt{1+\frac{k}{n^2}}+1}=\dfrac{k}{n^2\left(\sqrt{1+\frac{k}{n^2}}+1\right)}$,$1\leqslant k\leqslant n$. 而 $\dfrac{k}{\sqrt{1+\frac{n}{n^2}}+1}\leqslant$

$\dfrac{k}{\sqrt{1+\frac{k}{n^2}}+1}\leqslant\dfrac{k}{\sqrt{1+\frac{1}{n^2}}+1}$$(1\leqslant k\leqslant n)$,故

$$\frac{1}{\sqrt{1+\frac{n}{n^2}}+1}\cdot\frac{n(n+1)}{2}=\sum_{k=1}^{n}\frac{k}{\sqrt{1+\frac{n}{n^2}}+1}\leqslant\sum_{k=1}^{n}\frac{k}{\sqrt{1+\frac{k}{n^2}}+1}$$

$$\leqslant\sum_{k=1}^{n}\frac{k}{\sqrt{1+\frac{1}{n^2}}+1}=\frac{1}{\sqrt{1+\frac{1}{n^2}}+1}\cdot\frac{n(n+1)}{2}.$$

代入 x_n 表达式得

$$\frac{1+\frac{1}{n}}{2\left(\sqrt{1+\frac{1}{n}}+1\right)}\leqslant\sum_{k=1}^{n}\left(\sqrt{1+\frac{k}{n^2}}-1\right)=\frac{1}{n^2}\sum_{k=1}^{n}\frac{k}{\sqrt{1+\frac{k}{n^2}}+1}\leqslant\frac{1+\frac{1}{n}}{2\left(\sqrt{1+\frac{1}{n^2}}+1\right)}.$$

再由 $\lim\limits_{n\to+\infty}\dfrac{1+\frac{1}{n}}{2\left(\sqrt{1+\frac{1}{n}}+1\right)}=\dfrac{1}{4}=\lim\limits_{n\to+\infty}\dfrac{1+\frac{1}{n}}{2\left(\sqrt{1+\frac{1}{n^2}}+1\right)}$及夹逼定理就得

$$\lim_{n\to+\infty}\sum_{k=1}^{n}\left(\sqrt{1+\frac{k}{n^2}}-1\right)=\frac{1}{4}.$$ □

10. 证明：直线上任何区间 I(开的，闭的，半开半闭的)都是连通的，即

$$I\neq(U\cap I)\cup(V\cap I),$$

其中 U,V 为直线上的开集，但$(U\cap I)\cap(V\cap I)=\varnothing$，$U\cap I\neq\varnothing$，$V\cap I\neq\varnothing$.

证明 (反证)假设存在直线上的开集 U 和 V，使

$$I=(U\cap I)\cup(V\cap I),$$

且$(U\cap I)\cap(V\cap I)=\varnothing$，$U\cap I\neq\varnothing$. $V\cap I\neq\varnothing$. 取 $p\in U\cap I$，$q\in V\cap I$. 不妨设 $p<q$(10 题图). 则

$$[p,q]=(U\cap[p,q])\cup(V\cap[p,q]).$$

$$(U\cap[p,q])\cap(V\cap[p,q])=\varnothing.$$

$$p\in U\cap[p,q]\neq\varnothing,\quad q\in V\cap[p,q]\neq\varnothing.$$

10 题图

令 $\alpha=\sup(U\cap[p,q])$，则由 U,V 为开集及上确界定义知

$$p<\alpha<q,$$

$$(\alpha,q]\subset V\cap[p,q],\quad \alpha\notin V\cap[p,q].$$

又因 U 也为开集，故 $\alpha\notin U\cap[p,q]$. 由此，$\alpha\notin[p,q]$，矛盾. □

11. 若函数 $f:\mathbb{R}\to\mathbb{R}$ 逐点严格增(即 $\forall x\in\mathbb{R}$ $\exists\delta>0$，当 $x_1,x_2\in(x-\delta,x+\delta)$且 $x_1<x<x_2$ 时，必有 $f(x_1)<f(x)<f(x_2)$)，则 f 在$\mathbb{R}$ 上严格增(即 $\forall x_1,x_2\in\mathbb{R}$，当 $x_1<x_2$ 时，必有 $f(x_1)<f(x_2)$).

证法 1 (反证)假设存在 $x_1<x_2$，使得 $f(x_1)\geqslant f(x_2)$. 因为 f 在 x_1,x_2 严格增，所以存在 $\delta_1>0,\delta_2>0$，s. t. $f|_{(x_i,x_i+\delta_i)}>f(x_i)$及 $f|_{(x_i-\delta_i,x_i)}<f(x_i)$，$i=1,2$.

令 $x^*=\sup\{x\in(x_1,x_2)\mid f(x)>f(x_1)\}$，则 $x_1<x^*<x_2$，且 $f(x^*)>f(x_1)$（否则若 $f(x^*)\leqslant f(x_1)$，由 x^* 的定义知 $\exists\, y_n\in(x_1,x_2)$，$f(y_n)>f(x_1)$，且 $y_n<x^*$，$y_n\to x^*$. 这与 f 在 x^* 处严格单调增矛盾）.

由 x^* 的定义知 $f|_{(x^*,x_2)}\leqslant f(x_1)$，这与 $f(x^*)>f(x_1)$ 及 f 在 x^* 处严格单调增相矛盾. 故 f 严格单调增.

证法 2 （反证）假设 f 不是 $\mathbb{R}$ 上的严格增函数，则 $\exists\, a_1,b_1\in\mathbb{R}$，$a_1<b_1$，s. t. $f(a_1)\geqslant f(b_1)$. 将 $[a_1,b_1]$ 二等分，若 $f\left(\dfrac{a_1+b_1}{2}\right)\geqslant f(b_1)$，则记 $\dfrac{a_1+b_1}{2}=a_2$，$b_2=b_1$；若 $f\left(\dfrac{a_1+b_1}{2}\right)<f(b_1)$，则记 $a_2=a_1$，$b_2=\dfrac{a_1+b_1}{2}$. 于是总有 $f(a_2)\geqslant f(b_2)$.

再将 $[a_2,b_2]$ 二等分，如上构造 $[a_3,b_3]$，使得 $f(a_3)\geqslant f(b_3)$. 依次下去，得一闭区间序列 $[a_n,b_n]$，$n=1,2,\cdots$，满足：

(1) $[a_1,b_1]\supset[a_2,b_2]\supset\cdots\supset[a_n,b_n]\supset\cdots$；

(2) $b_n-a_n=\dfrac{b_1-a_1}{2^{n-1}}\to 0\ (n\to+\infty)$；

(3) $f(a_n)\geqslant f(b_n)$.

由闭区间套原理知 $\exists_1 x^*\in\bigcap\limits_{n=1}^{\infty}[a_n,b_n]$. 由 f 在 x^* 处的严格增性，$\exists\,\delta>0$，当 $x_1,x_2\in(x^*-\delta,x^*+\delta)$ 且 $x_1<x^*<x_2$ 时，$f(x_1)<f(x^*)<f(x_2)$. 因 $\lim\limits_{n\to+\infty}(b_n-a_n)=\lim\limits_{n\to+\infty}\dfrac{b_1-a_1}{2^{n-1}}=0$，故 $\exists\, n_0\in\mathbb{N}$，s. t. $[a_{n_0},b_{n_0}]\subset(x^*-\delta,x^*+\delta)$，即 $x^*-\delta<a_{n_0}\leqslant x^*<b_{n_0}<x^*+\delta$ 或 $x^*-\delta<a_{n_0}<x^*\leqslant b_{n_0}<x^*+\delta$，于是总有 $f(a_{n_0})<f(b_{n_0})$. 与构造 $[a_n,b_n]$ 时必有 $f(a_n)\geqslant f(b_n)$ 相矛盾.

这就证明了 f 在 $\mathbb{R}$ 上是严格单调增的.

证法 3 只须证明对 $\forall\, x_0\in\mathbb{R}$，则对 $\forall\, x_1>x_0$，必有 $f(x_1)>f(x_0)$.（反证）取定一 x_0，假设 $\exists\, x_1>x_0$，但 $f(x_1)\leqslant f(x_0)$. 令

$$A=\{x\mid x>x_0,f(x)\leqslant f(x_0)\}.$$

显然 $x_1\in A$，A 非空. 设 $a=\inf A(\geqslant x_0)\in\mathbb{R}$. 由 f 逐点严格单调增知 $a>x_0$ 及 $\exists\,\delta_a>0$，使当 $a-\delta_a<y_2<a\leqslant y_1<a+\delta_a$ 时（见 11 题图(1)），$f(y_2)<f(a)\leqslant f(y_1)$，但 a 是 A 的下确界，可选 $y_1>a$，使得 $f(y_1)\leqslant f(x_0)$，于是

$$f(x_0)\geqslant f(y_1)\geqslant f(a)>f(y_2)>f(x_0).$$

矛盾.

y_2 y_1 x_0 $a-\delta_a$ a $a+\delta_a$

11 题图(1)

证法 4 $\forall a,b\in\mathbb{R},a<b$,下证 $f(a)<f(b)$.

对 $\forall x_0\in[a,b]$,由题意知 $\exists\delta_{x_0}>0$,当 $u,v\in(x_0-\delta_{x_0},x_0+\delta_{x_0})$,$u<x_0<v$ 时,$f(u)<f(x_0)<f(v)$. 而 $\mathscr{L}=\{(x-\delta_x,x+\delta_x)\mid\forall x\in[a,b]\}$为闭区间$[a,b]$上的一个开覆盖. 由有限覆盖定理知存在$[a,b]$的有限覆盖 $\mathscr{L}^*\subset\mathscr{L}$,

$$\mathscr{L}^*=\{(x_1-\delta_{x_1},x_1+\delta_{x_1}),\cdots,(x_n-\delta_{x_n},x_n+\delta_{x_n})\mid x_i\in[a,b],i=1,2,\cdots,n\}.$$

不妨设 $x_1<x_2<\cdots<x_n$,且任两个开区间互不包含(否则去掉较小的一个).

当 $n=1$ 时,则 $x_1-\delta_{x_1}<a\leqslant x_1<b<x_1+\delta_{x_1}$ 或 $x_1-\delta_{x_1}<a<x_1\leqslant b<x_1+\delta_{x_1}$,于是必有 $f(a)<f(b)$.

11 题图(2)

当 $n\geqslant2$ 时,由 $\mathscr{L}^*$ 所满足的条件知,$(x_i-\delta_{x_i},x_i+\delta_{x_i})\cap(x_{i+1}-\delta_{x_{i+1}},x_{i+1}+\delta_{x_{i+1}})\neq\varnothing$,故可取 u_i,s. t. $x_i<u_i<x_{i+1}(i=1,2,\cdots,n-1)$(见 11 题图(2)).

于是,可取到 $u_1,u_2,\cdots,u_{n-1}$,s. t.

$$a\leqslant x_1<u_1<x_2<\cdots<x_{n-1}<u_{n-1}\leqslant b,$$

$$f(a)\leqslant f(x_1)<f(u_1)<f(x_2)<\cdots<f(x_{n-1})<f(u_{n-1})\leqslant f(b).$$

这就证明了 $f(a)<f(b)$. 由 a,b 的任意性,可知 f 在$\mathbb{R}$上严格单调增. □

12. 应用反证法和闭区间套原理证明:直线上任何开区间(有穷开区间或无穷开区间)不能表示成至多可数个两两不相交的闭区间的并.

如果将"闭区间"改为"闭集",上述结论是否仍正确.

证明 (反证)设$(a,b)\subset\mathbb{R}$为一开区间,假设它可以表示成至多可数个两两不相交的闭区间 $F_i=[a_i,b_i]$ 的并. 即$(a,b)=\bigcup\limits_i F_i=\bigcup\limits_i[a_i,b_i]$.

(1) 如果闭区间个数有限,即$(a,b)=\bigcup\limits_{i=1}^n F_i=\bigcup\limits_{i=1}^n[a_i,b_i]$,那么

$$(a,b)=\bigcup_{i=1}^n F_i=[\min_{1\leqslant i\leqslant n}a_i,\max_{1\leqslant i\leqslant n}b_i]\supsetneqq(a,b).$$

矛盾.

(2) 如果$\{F_i\}$为可数个集合. 因为 $F_1\cap F_2=\varnothing$,令

$$(c_1,d_1)=(\min\{b_1,b_2\},\max\{a_1,a_2\}),$$

则$(c_1,d_1)\cap(F_1\cup F_2)=\varnothing$. 设含在$(c_1,d_1)$的闭区间中下标最小为 m_1,次小的为 n_1,同上 $F_{m_1}\cap F_{n_1}=\varnothing$. 令

$$(c_2,d_2)=(\min\{b_{m_1},b_{n_1}\},\max\{a_{m_1},a_{n_1}\}),$$

显然$(c_2,d_2)\subset(c_1,d_1)$且$(c_2,d_2)\cap(F_{m_1}\cup F_{n_1})=\varnothing$. 依次类推,得到$(c_k,d_k)\subset(c_{k-1},d_{k-1})$且$(c_k,d_k)\cap(F_{m_{k-1}}\cup F_{n_{k-1}})=\varnothing$,于是由闭区间套原理可知,一定存在 $\xi\in[c_k,d_k]$,$k=1,2,\cdots$(12 题图). 由(c_k,d_k)的构造法知 $\xi\notin\bigcup\limits_{i=1}^\infty F_i$,但 $\xi\in(a,b)=\bigcup\limits_{i=1}^\infty F_i$,矛盾.

12 题图

综合(1),(2)可知,(a,b)不能表示成至多可数个两两不交的闭区间的并.

若将闭区间改为“非空闭集”,结论仍成立.证明如下(反证):

反设(a,b)可表示成至多可数个不相交的闭集F_i之并,即$(a,b)=\bigcup\limits_i F_i$,$F_i$为闭集.

(1) 若只有有限个F_i,记为$(a,b)=\bigcup\limits_{i=1}^n F_i$,从

$$(a,b)=\bigcup_{i=1}^n F_i\subset\left[\min\bigcup_{i=1}^n F_i,\max\bigcup_{i=1}^n F_i\right]\subsetneqq(a,b)$$

得到矛盾.

(2) 如果有可数个F_i.

因为$F_1\cap F_2=\varnothing$且$F_1\cup F_2\subsetneqq(a,b)$.故$\exists\,\xi_1\in(a,b)-(F_1\cup F_2)$.令

$$\xi_1\in(a_1,b_1)\subset(a,b)-(F_1\cup F_2)\text{ 且 }a_1,b_1\in F_1\cup F_2.$$

显然$(a_1,b_1)\cap F_i(i=3,4,\cdots)$为闭集.不妨设$(a_1,b_1)\cap F_{m_1}\neq\varnothing$,$(a_1,b_1)\cap F_{m_2}\neq\varnothing$分别为第1个与第2个非空闭集,于是

$$(a_1,b_1)=\bigcup_{i=1}^\infty\{(a_1,b_1)\cap F_i\}.$$

重复上述过程可得$\xi_2\in(a_2,b_2)=(a_1,b_1)-\{[(a_1,b_1)\cap F_{m_1}]\cup[(a_1,b_1)\cap F_{m_2}]\},\cdots$.

由闭区间套原理可知,$\exists\,\xi_0\in\bigcap\limits_{m=1}^\infty[a_m,b_m]\subset(a,b)$,但$\xi_0\notin\bigcup\limits_{i=1}^\infty F_i=(a,b)$,矛盾. □

13. 设f:$\mathbb{R}\to\mathbb{R}$为实函数,如果$\forall\,x_0\in\mathbb{R}$都为$f$的极大(小)值点,即$\exists\,\delta>0$,当$x\in(x_0-\delta,x_0+\delta)$时有

$$f(x)\leqslant f(x_0)\quad(f(x)\geqslant f(x_0)),$$

则f的函数值的全体$\{f(x)|x\in\mathbb{R}\}$为至多可数集.

如果上述“f的极大(小)值点”改为“f的极大或极小值点”,其结论是否仍成立.

注 作上述改动,结论仍成立.事实上,下面将证明:f:$\mathbb{R}\to\mathbb{R}$的极大值和极小值的集合都是至多可数集.而该题只是它的特例.

证法1 令

$$f_{\max}=\{f(x)\mid x\in\mathbb{R}\text{ 为 }f\text{ 的极大值点}\},$$
$$f_{\min}=\{f(x)\mid x\in\mathbb{R}\text{ 为 }f\text{ 的极小值点}\},$$

对f的任一极大值点x,$\exists\,\delta_x>0$,当$u\in(x-\delta_x,x+\delta_x)$时$f(u)\leqslant f(x)$.取有理数$\alpha_x,\beta_x$,使$x\in(\alpha_x,\beta_x)\subset(x-\delta_x,x+\delta_x)$.当$u\in(\alpha_x,\beta_x)$时,也有$f(u)\leqslant f(x)$.对极大值$y=f(x)$,选定一个$(\alpha_x,\beta_x)$,于是得一映射

$$\varphi:f_{\max}\to\mathbb{Q}\times\mathbb{Q}=\{(\alpha,\beta)\mid\alpha,\beta\in\mathbb{Q}\text{ 为有理数}\}$$
$$y=f(x)\mapsto(\alpha_x,\beta_x).$$

φ为单射.所以$f_{\max}$中元素数不超过$\mathbb{Q}\times\mathbb{Q}$中的元素个数.而$\mathbb{Q}=\{r_1,r_2,\cdots,r_n,\cdots\}$为可数集.

故$\mathbb{Q}\times\mathbb{Q}=\{(r_1,r_1),(r_1,r_2),(r_2,r_1),(r_1,r_3),(r_2,r_2),(r_3,r_1),\cdots,(r_1,r_n),(r_2,r_{n-1}),\cdots,(r_n,r_1),\cdots\}$也为可数集. 所以 $f_{\max}$是至多可数集.

同理可证 $f_{\min}$为至多可数集(或用$-f$代f并应用上述结论).

证法2　记

$$R_i=\left\{y\mid \exists x_0,\text{使 } y=f(x_0)\text{ 为}\left(x_0-\frac{1}{i},x_0+\frac{1}{i}\right)\text{中的最大值}\right\}.$$

显然，$\bigcup\limits_{i=1}^{\infty}R_i=f_{\max}$ 为 f 的极大值的全体.

先证 R_i 为至多可数集. 为此，作映射

$$\varphi_i: R_i\to\mathbb{Q},$$

$$y=f(x_0)\mapsto\varphi_i(y)=r\in\mathbb{Q}\cap\left(x_0-\frac{1}{2i},x_0+\frac{1}{2i}\right),$$

易证 φ_i 为单射. 事实上，若 $\varphi_i(y)=r=r'=\varphi_i(y')$. 而 $r\in\mathbb{Q}\cap\left(x_0-\frac{1}{2i},x_0+\frac{1}{2i}\right)$，$r'\in\mathbb{Q}\cap\left(x_0'-\frac{1}{2i},x_0'+\frac{1}{2i}\right)$，则

$$|x_0-x_0'|\leqslant|x_0-r|+|r'-x_0'|<\frac{1}{2i}+\frac{1}{2i}=\frac{1}{i}.$$

于是由最大值点性质知 $f(x_0')\leqslant f(x_0)$且 $f(x_0)\leqslant f(x_0')$. 即 $y=f(x_0)=f(x_0')=y'$. 所以 φ_i 为单射.

由此，R_i 的个数不多于可数集$\mathbb{Q}$的个数，R_i 为至多可数集.

由于 $f_{\max}=\bigcup\limits_{i=1}^{\infty}R_i$ 是至多可数个至多可数集的并，因而仍是至多可数集.

同理可证 $f_{\min}$也是至多可数集(或用$-f$代替f，再应用上述结论).　□

14. 设 $a_1\geqslant 0$，$a_{n+1}=\dfrac{3(1+a_n)}{3+a_n}$，$n=1,2,\cdots$. 证明：$\{a_n\}$收敛，且 $\lim\limits_{n\to+\infty}a_n=\sqrt{3}$.

证法1　由 $a_1\geqslant 0$ 知 $a_n>0(n\geqslant 2)$

$$\begin{aligned}|a_{n+1}-\sqrt{3}|&=\left|\frac{3(1+a_n)}{3+a_n}-\sqrt{3}\right|=\frac{(3-\sqrt{3})|a_n-\sqrt{3}|}{3+a_n}\\&\leqslant\frac{3-\sqrt{3}}{3}|a_n-\sqrt{3}|\leqslant\cdots\leqslant\left(\frac{3-\sqrt{3}}{3}\right)^n|a_1-\sqrt{3}|.\end{aligned}$$

因此，对$\forall\varepsilon>0$，取自然数 $N>\log_{\frac{3-\sqrt{3}}{3}}\dfrac{\varepsilon}{|a_1-\sqrt{3}|+1}$，当 $n>N$ 时，有

$$|a_{n+1}-\sqrt{3}|\leqslant\left(\frac{3-\sqrt{3}}{3}\right)^n|a_1-\sqrt{3}|<\left(\frac{3-\sqrt{3}}{3}\right)^N|a_1-\sqrt{3}|<\varepsilon.$$

这就证明了 $\lim\limits_{n\to+\infty}a_n=\sqrt{3}$.

证法 2 显然 $a_n>0(n\geqslant 2)$.

(i) 当 $0<a_1\leqslant\sqrt{3}$ 时,归纳可证

$$0<a_{n+1}=\frac{3(1+a_n)}{3+a_n}=\frac{3+3a_n}{3+a_n}=3-\frac{6}{3+a_n}$$

$$\leqslant 3-\frac{6}{3+\sqrt{3}}=\frac{9+3\sqrt{3}-6}{3+\sqrt{3}}=\sqrt{3},$$

$$a_{n+1}-a_n=\frac{3(1+a_n)}{3+a_n}-a_n=\frac{3+3a_n-3a_n-a_n^2}{3+a_n}=\frac{3-a_n^2}{3+a_n}\geqslant 0$$

即 $\{a_n\}$ 单调增有上界 $\sqrt{3}$. 因而 $\{a_n\}$ 收敛,设其极限为 a,于是

$$a=\lim_{n\to+\infty}a_{n+1}=\lim_{n\to+\infty}\frac{3(1+a_n)}{3+a_n}=\frac{3(1+a)}{3+a}.$$

解方程

$$a=\frac{3(1+a)}{3+a},3a+a^2=3+3a.$$

注意到 $0\leqslant a\leqslant\sqrt{3}$ 得 $a=\sqrt{3}$,即 $\lim\limits_{n\to+\infty}a_n=\sqrt{3}$.

(ii) $a_1>\sqrt{3}$ 的情形,类似(i)证明.

证法 3 令 $b_n=\dfrac{a_n-\sqrt{3}}{a_n+\sqrt{3}}$,则

$$b_n=\frac{\dfrac{3(1+a_{n-1})}{3+a_{n-1}}-\sqrt{3}}{\dfrac{3(1+a_{n-1})}{3+a_{n-1}}+\sqrt{3}}=\frac{3-\sqrt{3}}{3+\sqrt{3}}\frac{a_{n-1}-\sqrt{3}}{a_{n-1}+\sqrt{3}}=\frac{3-\sqrt{3}}{3+\sqrt{3}}b_{n-1}$$

$$=\cdots=\left(\frac{3-\sqrt{3}}{3+\sqrt{3}}\right)^{n-1}b_1=\left(\frac{3-\sqrt{3}}{3+\sqrt{3}}\right)^{n-1}\frac{a_1-\sqrt{3}}{a_1+\sqrt{3}}$$

$$\to 0\quad(n\to+\infty).$$

所以 $\lim\limits_{n\to+\infty}a_n=\lim\limits_{n\to+\infty}\dfrac{\sqrt{3}(1+b_n)}{1-b_n}=\sqrt{3}$.

证法 4 由题设知

$$a_n+\sqrt{3}=\sqrt{3}(1+\sqrt{3})\frac{a_{n-1}+\sqrt{3}}{a_{n-1}+3},$$

$$\frac{1}{a_n+\sqrt{3}}=\frac{1}{3+\sqrt{3}}\frac{a_{n-1}+3}{a_{n-1}+\sqrt{3}}=\frac{3-\sqrt{3}}{6}\left(1+\frac{3-\sqrt{3}}{a_{n-1}+\sqrt{3}}\right)=\frac{3-\sqrt{3}}{6}+\frac{2-\sqrt{3}}{a_{n-1}+\sqrt{3}},$$

$$\frac{1}{a_n+\sqrt{3}}-\frac{\sqrt{3}}{6}=(2-\sqrt{3})\left(\frac{1}{a_{n-1}+\sqrt{3}}-\frac{\sqrt{3}}{6}\right)=\cdots$$

$$=(2-\sqrt{3})^{n-1}\left(\frac{1}{a_1+\sqrt{3}}-\frac{\sqrt{3}}{6}\right)\to 0\quad(n\to+\infty)(0<2-\sqrt{3}<1).$$

故 $\lim\limits_{n\to+\infty}\dfrac{1}{a_n+\sqrt{3}}=\dfrac{\sqrt{3}}{6}$，$\lim\limits_{n\to+\infty}(a_n+\sqrt{3})=\dfrac{6}{\sqrt{3}}=2\sqrt{3}$. 所以 $\lim\limits_{n\to+\infty}a_n=\sqrt{3}$. □

15. 设 $a>0$，$x_1>0$. $x_{n+1}=\dfrac{x_n(x_n^2+3a)}{3x_n^2+a}$，$n=1,2,\cdots$. 证明：$\{x_n\}$收敛，且 $\lim\limits_{n\to+\infty}x_n=\sqrt{a}$.

证法1　由题意立知 $x_n>0$. 从

$$x_{n+1}-x_n=\frac{x_n(x_n^2+3a)}{3x_n^2+a}-x_n=-\frac{2x_n(x_n^2-a)}{3x_n^2+a},$$

$$x_{n+1}-\sqrt{a}=\frac{x_n^3+3ax_n-3x_n^2\sqrt{a}-(\sqrt{a})^3}{3x_n^2+a}=\frac{(x_n-\sqrt{a})^3}{3x_n^2+a}$$

知：若 $x_1\geqslant\sqrt{a}$. 由上二式及归纳法知 $x_n\geqslant\sqrt{a}$ 且$\{x_n\}$单调减. 所以$\{x_n\}$收敛；若 $0<x_1<\sqrt{a}$，同理可得 $x_n<\sqrt{a}$ 且$\{x_n\}$单调增. $\{x_n\}$也收敛.

设 $\lim\limits_{n\to+\infty}x_n=x$. 对 $x_{n+1}=\dfrac{x_n(x_n^2+3a)}{3x_n^2+a}$ 两边取极限得方程

$$x=\frac{x(x^2+3a)}{3x^2+a},$$

$$3x^3+ax=x^3+3ax,\quad x(x^2-a)=0.$$

解此方程，并注意到若$\{x_n\}$单调减时有下界$\sqrt{a}>0$；若$\{x_n\}$单调增时 $x_n>x_1>0$，故 $x>0$. 于是 $x=\sqrt{a}$. 此即 $\lim\limits_{n\to+\infty}x_n=\sqrt{a}$.

证法2　令 $y_n=\dfrac{x_n-\sqrt{a}}{x_n+\sqrt{a}}$，则 $x_n=\dfrac{1+y_n}{1-y_n}\sqrt{a}$. 而

$$y_n=\frac{\dfrac{x_{n-1}(x_{n-1}^2+3a)}{3x_{n-1}^2+a}-\sqrt{a}}{\dfrac{x_{n-1}(x_{n-1}^2+3a)}{3x_{n-1}^2+a}+\sqrt{a}}=\frac{x_{n-1}^3+3ax_{n-1}-3\sqrt{a}x_{n-1}^2-(\sqrt{a})^3}{x_{n-1}^3+3ax_{n-1}+3\sqrt{a}x_{n-1}^2+(\sqrt{a})^3}$$

$$=\left(\frac{x_{n-1}-\sqrt{a}}{x_{n-1}+\sqrt{a}}\right)^3=y_{n-1}^3=y_{n-2}^9=\cdots=y_1^{3^n}=\left(\frac{x_1-\sqrt{a}}{x_1+\sqrt{a}}\right)^{3^n}$$

$$\to 0\quad(n\to+\infty).$$

于是 $\lim\limits_{n\to+\infty}x_n=\lim\limits_{n\to+\infty}\dfrac{1+y_n}{1-y_n}\sqrt{a}=\sqrt{a}$. □

16. 设 $a>0$，$x_1=\sqrt[3]{a}$，$x_n=\sqrt[3]{ax_{n-1}}\ (n>1)$. 证明：$\{x_n\}$收敛，且 $\lim\limits_{n\to+\infty}x_n=\sqrt{a}$.

证明　显然 $x_n>0$.

(i) 若 $0<a\leqslant1$，则 $x_1=\sqrt[3]{a}\leqslant1$，$x_2=\sqrt[3]{a\sqrt[3]{a}}\leqslant\sqrt[3]{a}=x_1$.

假设 $x_n\leqslant x_{n-1}\leqslant1$ 成立，则

$$x_{n+1}=\sqrt[3]{ax_n}\leqslant\sqrt[3]{ax_{n-1}}=x_n.$$

由归纳法知,$\{x_n\}$单调减且有下界($>a$).因此$\{x_n\}$收敛.

(ii) 若 $a>1$,则 $x_1=\sqrt[3]{a}>1$ 且 $x_1=\sqrt[3]{a}<a, x_2=\sqrt[3]{ax_1}>\sqrt[3]{a}=x_1$.

假设 $x_n>x_{n-1}$,且 $x_n<a$,则

$$x_{n+1}=\sqrt[3]{ax_n}>\sqrt[3]{ax_{n-1}}=x_n, \text{且 } x_{n+1}<\sqrt[3]{a\cdot a}<a.$$

由归纳法知.$\{x_n\}$单调增且有上界($<a$).故$\{x_n\}$收敛.

综合(i)、(ii)知数列$\{x_n\}$收敛,设 $\lim\limits_{n\to+\infty}x_n=x$.由 $x_n=\sqrt[3]{ax_{n-1}}$ 得到 $x_n^3=ax_{n-1}$,两边求极限有方程 $x^3=ax$.解此方程并注意到$\{x_n\}$的极限 $x>0$(情形(i)时 $x\geqslant a>0$,情形(ii)时 $x>x_1=\sqrt[3]{a}>0$),得$x=\sqrt{a}$,即 $\lim\limits_{n\to+\infty}x_n=\sqrt{a}$. □

17. 设 $0<a_1<b_1<c_1$,令

$$a_{n+1}=\frac{3}{\frac{1}{a_n}+\frac{1}{b_n}+\frac{1}{c_n}},\quad b_{n+1}=\sqrt[3]{a_nb_nc_n},\quad c_{n+1}=\frac{a_n+b_n+c_n}{3}.$$

证明:$\{a_n\}$,$\{b_n\}$,$\{c_n\}$收敛于同一实数.

证法 1 由题设 $0<a_1<b_1<c_1$ 知对 $\forall n, a_n, b_n, c_n>0$,且

$$a_{n+1}=\frac{3}{\frac{1}{a_n}+\frac{1}{b_n}+\frac{1}{c_n}}<\sqrt[3]{a_nb_nc_n}=b_{n+1},$$

$$b_{n+1}=\sqrt[3]{a_nb_nc_n}<\frac{a_n+b_n+c_n}{3}=c_{n+1},$$

即 $a_{n+1}<b_{n+1}<c_{n+1}$.又

$$a_{n+1}=\frac{3}{\frac{1}{a_n}+\frac{1}{b_n}+\frac{1}{c_n}}>\frac{3}{\frac{1}{a_n}+\frac{1}{a_n}+\frac{1}{a_n}}=a_n,$$

$$c_{n+1}=\frac{a_n+b_n+c_n}{3}<\frac{c_n+c_n+c_n}{3}=c_n.$$

数列$\{a_n\}$单调增,$\{c_n\}$单调减,且 $a_1<a_n<c_n<c_1$,因此$\{a_n\}$,$\{c_n\}$都收敛.记 $a=\lim\limits_{n\to+\infty}a_n, c=\lim\limits_{n\to+\infty}c_n$,则 $a>0, c>0$.又因

$$\frac{3}{a_{n+1}}=\frac{1}{a_n}+\frac{1}{b_n}+\frac{1}{c_n}=\frac{1}{a_n}+\frac{1}{3c_{n+1}-a_n-c_n}+\frac{1}{c_n},$$

令 $n\to+\infty$得

$$\frac{3}{a}=\frac{1}{a}+\frac{1}{3c-a-c}+\frac{1}{c}=\frac{1}{a}+\frac{1}{2c-a}+\frac{1}{c},$$

即$\frac{2}{a}=\frac{3c-a}{c(2c-a)}$,化简得

$$(a-c)(a-4c)=0.$$

又因为

$$3c_{n+1}-a_n-c_n=b_n>0,$$

故令 $n\to+\infty$ 得

$$0\leqslant 3c-a-c=2c-a<4c-a,$$

因此 $4c-a\neq 0$. 于是 $c=a$. 即 $\lim\limits_{n\to+\infty}a_n=\lim\limits_{n\to+\infty}c_n$. 再由夹逼定理,得

$$\lim_{n\to+\infty}b_n=\lim_{n\to+\infty}a_n=\lim_{n\to+\infty}c_n.$$

证法 2　由证法 1 知$\{a_n\}$,$\{c_n\}$收敛,$\lim\limits_{n\to+\infty}a_n=a$, $\lim\limits_{n\to+\infty}c_n=c$. $\lim\limits_{n\to+\infty}b_n=\lim\limits_{n\to+\infty}(3c_{n+1}-a_n-c_n)=3c-a-c=2c-a$. 令 $b=\lim\limits_{n\to+\infty}b_n$,得

$$b=2c-a,\quad 即\quad a-c=c-b.$$

而 $a_n<b_n<c_n$,蕴涵着 $a\leqslant b\leqslant c$,代入上式得

$$0\geqslant a-c=c-b\geqslant 0.$$

从而 $a-c=c-b=0$,即 $a=b=c$. □

18. 设 $a_n>0$, $S_n=a_1+\cdots+a_n$, $T_n=\dfrac{a_1}{S_1}+\cdots+\dfrac{a_n}{S_n}$,且 $\lim\limits_{n\to+\infty}S_n=+\infty$. 证明: $\lim\limits_{n\to+\infty}T_n=+\infty$.

证法 1　显然$\{T_n\}$为单调增数列. 只需证明$\{T_n\}$无上界,就有 $\lim\limits_{n\to+\infty}T_n=+\infty$.

对 $\forall k\in\mathbb{N}$,因为 $\lim\limits_{n\to+\infty}S_n=+\infty$,且$\{S_n\}$也是单调增的. 故 $\lim\limits_{n\to+\infty}(S_n-S_1)=+\infty$, $\exists n_2>1=n_1$,使 $S_{n_2}-S_{n_1}>S_{n_1}$,即 $S_{n_2}>2S_{n_1}$,同样对 n_2, $\exists n_3>n_2$,使 $S_{n_3}>2^2S_{n_2}$,……,对 n_k, $\exists n_{k+1}>n_k$,使得 $S_{n_{k+1}}>2^kS_{n_k}$,于是

$$\begin{aligned}T_{n_{k+1}}&=\frac{a_1}{S_1}+\frac{a_2}{S_2}+\cdots+\frac{a_{n_{k+1}}}{S_{n_{k+1}}}\\&\geqslant 1+\left(\frac{a_{n_1+1}}{S_{n_1+1}}+\cdots+\frac{a_{n_k}}{S_{n_2}}\right)+\cdots+\left(\frac{a_{n_{k+1}}}{S_{n_k+1}}+\cdots+\frac{a_{n_{k+1}}}{S_{n_k+1}}\right)\\&\geqslant 1+\frac{S_{n_2}-S_{n_1}}{S_{n_2}}+\cdots+\frac{S_{n_{k+1}}-S_{n_k}}{S_{n_{k+1}}}\\&=k-\left(\frac{S_{n_1}}{S_{n_2}}+\cdots+\frac{S_{n_k}}{S_{n_{k+1}}}\right)\\&>k-\left(\frac{1}{2}+\cdots+\frac{1}{2^k}\right)>k-1.\end{aligned}$$

由此即得 $\lim\limits_{n\to+\infty}T_n=+\infty$.

证法 2　(反证)假设 $\lim T_n\neq+\infty$,因为$\{T_n\}$单调增,故必有有限极限 $T=\lim\limits_{n\to+\infty}T_n$,对 $0<\varepsilon_0<1$, $\exists n_0\in\mathbb{N}$,当 $n\geqslant n_0$ 时, $T-\varepsilon_0<T_n<T$,即

$$0\leqslant T_n-T_{n_0}=\frac{a_{n_0+1}}{S_{n_0+1}}+\cdots+\frac{a_n}{S_n}<T-T_{n_0}<\varepsilon_0.$$

对于 $n\geqslant n_0+1$ 有(注意到$\{S_n\}$单调增)

$$\varepsilon_0>\frac{a_{n_0+1}}{S_{n_0+1}}+\cdots+\frac{a_n}{S_n}>\frac{S_n-S_{n_0}}{S_n}=1-\frac{S_{n_0}}{S_n},$$

$$\frac{S_{n_0}}{S_n}>1-\varepsilon_0,\quad S_n<\frac{S_{n_0}}{1-\varepsilon_0}<+\infty,$$

即$\{S_n\}$有界,这与 $\lim\limits_{n\to+\infty}S_n=+\infty$矛盾.所以 $\lim\limits_{n\to+\infty}T_n=+\infty$. □

19. 设 $a_1=1,a_{n+1}=\dfrac{1}{1+a_n},n=1,2,\cdots$.证明 $\lim\limits_{n\to+\infty}a_n=\dfrac{\sqrt{5}-1}{2}$.

证法 1(应用例 1.4.6 中的方法) 由 $a_1=1,a_2=\dfrac{1}{2},a_3=\dfrac{2}{3},a_4=\dfrac{3}{5},\cdots$,推断出$\{a_{2k-1}\}$单调减,$\{a_{2k}\}$单调增.应用归纳法可证之.

假设 $a_{2k-1}<a_{2k-3},a_{2k}>a_{2k-2}$,则

$$a_{2k+1}=\frac{1}{1+a_{2k}}<\frac{1}{1+a_{2k-2}}=a_{2k-1},$$

$$a_{2k+2}=\frac{1}{1+a_{2k+1}}>\frac{1}{1+a_{2k-1}}=a_{2k}.$$

又 $0<a_n<1$,所以$\{a_{2k-1}\}$,$\{a_{2k}\}$都收敛.设

$$\lim_{k\to+\infty}a_{2k-1}=x,\quad \lim_{k\to+\infty}a_{2k}=y.$$

于是由

$$a_{2k}=\frac{1}{1+a_{2k-1}},\quad a_{2k+1}=\frac{1}{1+a_{2k}}$$

两边取极限得

$$x=\lim_{k\to+\infty}a_{2k+1}=\frac{1}{1+\lim\limits_{k\to+\infty}a_{2k}}=\frac{1}{1+y},$$

$$y=\lim_{k\to+\infty}a_{2k}=\lim_{k\to+\infty}\frac{1}{1+a_{2k-1}}=\frac{1}{1+x},$$

即

$$\begin{cases}xy+x=1,\\ xy+y=1.\end{cases}$$

解得 $x=y$.于是有 $x^2+x=1$.此方程有两个根:$x_1=\dfrac{-1+\sqrt{5}}{2},x_2=\dfrac{-1-\sqrt{5}}{2}$.

但因 $a_n>0$,故 $\lim\limits_{n\to+\infty}a_n=x\geqslant0$.因此 $x=\dfrac{-1+\sqrt{5}}{2}=\dfrac{\sqrt{5}-1}{2}=\lim\limits_{n\to+\infty}a_n$.

证法 2 如果$\{a_n\}$收敛，设$\lim\limits_{n\to+\infty} a_n=a$，则

$$a=\lim_{n\to+\infty} a_n=\lim_{n\to+\infty}\frac{1}{1+a_{n-1}}=\frac{1}{1+a},$$

$$a^2+a-1=0.$$

解得$a=\dfrac{\sqrt{5}-1}{2}$($a_n>0$，故$a\geqslant 0$)．下面证明$\{a_n\}$收敛.

对$\forall\,\varepsilon>0$，取自然数$N>1+\dfrac{|1-a|}{\varepsilon a}$．当$n>N$时，有

$$\begin{aligned}|a_n-a|&=\left|\frac{1}{1+a_{n-1}}-\frac{1}{1+a}\right|\\&=\frac{|a_{n-1}-a|}{(1+a_{n-1})(1+a)}\leqslant\frac{|a_{n-1}-a|}{1+a}\leqslant\cdots\leqslant\left(\frac{1}{1+a}\right)^{n-1}|a_1-a|\\&=\frac{|1-a|}{(1+a)^{n-1}}<\frac{|1-a|}{(n-1)a}<\frac{1}{N-1}\frac{|1-a|}{a}<\varepsilon,\end{aligned}$$

所以$\lim\limits_{n\to+\infty} a_n=a=\dfrac{\sqrt{5}-1}{2}$.

证法 3(应用 Cauchy 收敛准则) 显然，对$\forall\,n>1$，$\dfrac{1}{2}\leqslant a_n<1$．对$\forall\,n,k\in\mathbb{N}$有

$$\begin{aligned}&|a_{n+k+1}-a_{n+1}|=\left|\frac{1}{1+a_{n+k}}-\frac{1}{1+a_n}\right|=\frac{|a_{n+k}-a_n|}{(1+a_{n+k})(1+a_n)}\\&\leqslant\frac{|a_{n+k}-a_n|}{\left(1+\frac{1}{2}\right)\left(1+\frac{1}{2}\right)}=\frac{4}{9}|a_{n+k}-a_n|\leqslant\left(\frac{4}{9}\right)^2|a_{n-1+k}-a_{n-1}|\\&\leqslant\cdots\leqslant\left(\frac{4}{9}\right)^n|a_{1+k}-a_1|\leqslant 2\left(\frac{4}{9}\right)^n\to 0\quad(n\to+\infty).\end{aligned}$$

因此，$\{a_n\}$为一 Cauchy 数列．故$\{a_n\}$收敛．同证法 2，得$\lim\limits_{n\to+\infty} a_n=\dfrac{\sqrt{5}-1}{2}$. □

20. 设$a_n\geqslant 0$，$S_n=\sum\limits_{k=1}^{n} a_k$收敛于$S$．证明$b_n=(1+a_1)(1+a_2)\cdots(1+a_n)$收敛.

证法 1 由$a_n\geqslant 0$知$\{S_n\}$单调增，$S_n\leqslant S$，$\forall\,n\in\mathbb{N}$.

若$S=0$，则$a_n=0$，$\forall\,n\in\mathbb{N}$，故$b_n=1$，$\forall\,n\in\mathbb{N}$．这时$\{b_n\}$收敛.

若$S>0$．取$n>S$，则$\left[\dfrac{n}{S}\right]\geqslant 1$.

$$\begin{aligned}b_n&=(1+a_1)\cdots(1+a_n)\leqslant\left(\frac{1+a_1+\cdots+1+a_n}{n}\right)^n=\left(1+\frac{S_n}{n}\right)^n\\&\leqslant\left(1+\frac{S}{n}\right)^n=\left[1+\frac{1}{\frac{n}{S}}\right]^{\frac{n}{S}\cdot S}\end{aligned}$$

$$\leqslant \left(1+\frac{1}{\left[\frac{n}{S}\right]}\right)^{\left(\left[\frac{n}{S}\right]+1\right)S} < \mathrm{e}^S \left(1+\frac{1}{\left[\frac{n}{S}\right]}\right)^S$$

$$< \mathrm{e}^S 2^S = (2\mathrm{e})^S,$$

即$\{b_n\}$有界，又$\{b_n\}$为单调增数列，因而$\{b_n\}$收敛.

证法 2 利用后面的知识：当$x\geqslant 0$时，$\mathrm{e}^x\geqslant 1+x$. 故$1+b_i\leqslant \mathrm{e}^{b_i}$，$i=1,2,\cdots,n$.

$$(1+b_1)(1+b_2)\cdots(1+b_n)\leqslant \mathrm{e}^{b_1}\mathrm{e}^{b_2}\cdots\mathrm{e}^{b_n} = \mathrm{e}^{b_1+b_2+\cdots+b_n} = \mathrm{e}^{S_n} \leqslant \mathrm{e}^S.$$

$b_{n+1}=b_n(1+a_{n+1})\geqslant b_n$，故$\{b_n\}$单调增且有上界$\mathrm{e}^S$. 因此$\{b_n\}$收敛. □

21. 设数列$\{x_n\}$有界，且$\lim\limits_{n\to+\infty}(x_{n+1}-x_n)=0$. 令

$$l = \varliminf_{n\to+\infty} x_n, \quad L = \varlimsup_{n\to+\infty} x_n.$$

证明：$\{a\in\mathbb{R} \mid 有子列\ x_{n_k}\to a(k\to+\infty)\}=[l,L]$. 即区间$[l,L]$中的任意一个数都是已知$\{x_n\}$的序列聚点.

如果删去条件$\lim\limits_{n\to+\infty}(x_{n+1}-x_n)=0$，结论如何？

证明 因为$\{x_n\}$有界，故由 Bolzano-Weierstrass 定理知，此序列至少有一聚点. 根据题设可知l为最小序列聚点，L为最大序列聚点.

若$l=L$，则$\lim\limits_{n\to+\infty}x_n=\varliminf\limits_{n\to+\infty}x_n=l=L=\varlimsup\limits_{n\to+\infty}x_n$，结论显然成立.

若$l<L$，由定理 1.5.1 可知，分别存在$\{x_n\}$的子列$\{x'_{n_k}\}$与$\{x''_{n_k}\}$使

$$\lim_{k\to+\infty} x'_{n_k} = l = \varliminf_{n\to+\infty} x_n, \quad \lim_{k\to+\infty} x''_{n_k} = L = \varlimsup_{n\to+\infty} x_n.$$

任取$a\in(l,L)$，下证$\exists\{x_n\}$的子列$\{x_{n_k}\}$，s. t. $\lim\limits_{k\to+\infty}x_{n_k}=a$.

取$\varepsilon\in\left(0,\dfrac{1}{2}\min\{a-l,L-a\}\right)$，则$l<a-\varepsilon<a<a+\varepsilon<L$. 根据$\lim\limits_{n\to+\infty}(x_{n+1}-x_n)=0$，$\exists N\in\mathbb{N}$，当$n>N$时，有

$$|x_{n+1}-x_n| < 2\varepsilon. \qquad (*)$$

由于$\varliminf\limits_{n\to+\infty}x_n=l$，故必$\exists n'_1>N$，s. t. $x_{n'_1}\in(l-\varepsilon,l+\varepsilon)$. 又因$\varlimsup\limits_{n\to+\infty}x_n=L$，故$\exists n''_1>N$，s. t. $x_{n''_1}\in(L-\varepsilon,L+\varepsilon)$. 不妨设$n'_1<n''_1$，且

$$x_{n'_1} < a-\varepsilon < a+\varepsilon < x_{n''_1}.$$

我们所要证明的就是$\exists n_1(n'_1<n_1<n''_1)$，s. t.

$$a-\varepsilon < x_{n_1} < a+\varepsilon.$$

(反证)假设$x_{n'_1+1},x_{n'_1+2},\cdots,x_{n''_1-1}\notin(a-\varepsilon,a+\varepsilon)$. 则因$x_{n'_1}<a-\varepsilon$，而$x_{n''_1}>a+\varepsilon$，不妨设$x_{n'_1+1},x_{n'_1+2},\cdots,x_{n''_1}$中第一个大于$a+\varepsilon$的为$x_{n'_1+p}$，即

$$x_{n'_1+p-1} < a-\varepsilon < a+\varepsilon < x_{n'_1+p}.$$

由此 $|x_{n_1'+p}-x_{n_1'+p-1}|>2\varepsilon$，这与(*)式相矛盾，故 $\exists\, x_{n_1}=x_{n_1'+p}\in(a-\varepsilon,a+\varepsilon)$. 此即 a 为$\{x_n\}$的序列聚点，或存在$\{x_n\}$的子列$\{x_{n_k}\}$，s. t. $\lim\limits_{k\to+\infty}x_{n_k}=a$(见 21 题图).

$x_{n_1'}$　$x_{n_1'+p}=x_{n_1}$　$x_{n_1''}$

l　$a-\varepsilon$　a　$a+\varepsilon$　L

21 题图

如果删去条件 $\lim\limits_{n\to+\infty}(x_{n+1}-x_n)=0$，结论不真.

反例：$x_n=(-1)^{n-1}$，则 $l=\varliminf\limits_{n\to+\infty}x_n=-1$，$L=\varlimsup\limits_{n\to+\infty}x_n=1$，但$(l,L)=(-1,1)$中不含$\{x_n\}$的序列聚点. □

注　当$\{x_n\}$无界时，读者可完全仿上讨论$\Big($此时，$l=\varliminf\limits_{n\to+\infty}x_n$ 可为$-\infty$，$L=\varlimsup\limits_{n\to+\infty}x_n$ 可为$+\infty\Big)$，可得到相同的结论.

22. 设 $0\leqslant a_{n+m}\leqslant a_na_m(n,m=1,2,\cdots)$. 证明：$\varlimsup\limits_{n\to+\infty}\sqrt[n]{a_n}=\varliminf\limits_{n\to+\infty}\sqrt[n]{a_n}$ 且$\{\sqrt[n]{a_n}\}$收敛.

证明　由题设

$$a_n=a_{n-1+1}\leqslant a_{n-1}a_1\leqslant a_{n-2}a_1^2\leqslant\cdots\leqslant a_1^n,$$

故 $0\leqslant\sqrt[n]{a_n}\leqslant a_1$，$\{\sqrt[n]{a_n}\}$为有界数列，设

$$\varliminf_{n\to+\infty}\sqrt[n]{a_n}=a,$$

则 $0\leqslant a\leqslant a_1$，对 $\forall\,\varepsilon>0$，$\exists\, n_0\in\mathbb{N}$，且 $n_0>1$，s. t.

$$\sqrt[n_0]{a_{n_0}}<a+\varepsilon.$$

$\forall\, n>n_0$，$n=tn_0+r$，$t\in\mathbb{N}$，$0\leqslant r<n_0$. 再应用条件

$$\begin{aligned}a_n&=a_{tn_0+r}\leqslant a_{tn_0}a_r\leqslant a_{(t-1)n_0}a_{n_0}a_r\\&\leqslant a_{(t-2)n_0}a_{n_0}^2a_r\leqslant\cdots\leqslant a_{n_0}^ta_1^r,\end{aligned}$$

$$\sqrt[n]{a_n}\leqslant a_{n_0}^{\frac{t}{n}}a_1^{\frac{r}{n}}.$$

若 $a_{n_0}\geqslant1$，$\sqrt[n]{a_n}\leqslant a_{n_0}^{\frac{t}{n}}\cdot a_1^{\frac{r}{n}}\leqslant a_{n_0}^{\frac{1}{n_0}}a_1^{\frac{r}{n}}\leqslant(a+\varepsilon)a_1^{\frac{r}{n}}\ (n\geqslant tn_0)$；

若 $0\leqslant a_{n_0}<1$，$\sqrt[n]{a_n}\leqslant a_{n_0}^{\frac{t}{n}}\cdot a_1^{\frac{r}{n}}=a_{n_0}^{\frac{t}{tn_0+r}}a_1^{\frac{r}{n}}\leqslant a_{n_0}^{\frac{t}{(t+1)n_0}}a_1^{\frac{r}{n}}\leqslant(a+\varepsilon)^{\frac{t}{t+1}}a_1^{\frac{r}{n}}$. 当 $n\to+\infty$时，$t\to+\infty$. $a_1^{\frac{r}{n}}\to1$，故有

$$\varlimsup_{n\to+\infty}\sqrt[n]{a_n}\leqslant a+\varepsilon.$$

由 $\varepsilon>0$ 的任取性得

$$\varlimsup_{n\to+\infty}\sqrt[n]{a_n}\leqslant a=\varliminf_{n\to+\infty}\sqrt[n]{a_n}.$$

于是 $\overline{\lim\limits_{n\to+\infty}}\sqrt[n]{a_n}=\lim\limits_{n\to+\infty}\sqrt[n]{a_n}$. 从而,$\{\sqrt[n]{a_n}\}$收敛. □

23. 设 $0<x_1<1,x_{n+1}=x_n(1-x_n),n=1,2,\cdots$. 证明:$\lim\limits_{n\to+\infty}nx_n=1$. 进而设 $0<x_1<\dfrac{1}{q}$,其中 $0<q\leqslant1$,并且 $x_{n+1}=x_n(1-qx_n),n\in\mathbb{N}$. 证明:$\lim\limits_{n\to+\infty}nx_n=\dfrac{1}{q}$.

证明 由归纳法知 $0<x_{n+1}<x_n<1$,故数列$\{x_n\}$收敛. 设 $\lim\limits_{n\to+\infty}x_n=x$. 对 $x_{n+1}=x_n(1-x_n)$求极限得方程

$$x=x(1-x),$$

解得 $\lim\limits_{n\to+\infty}x_n=x=0$,故 $\lim\limits_{n\to+\infty}\dfrac{1}{x_n}=+\infty$,于是

$$\lim_{n\to+\infty}nx_n=\lim_{n\to+\infty}\frac{n}{\dfrac{1}{x_n}}\overset{\text{Stolz}}{=\!=}\lim_{n\to+\infty}\frac{1}{\dfrac{1}{x_{n+1}}-\dfrac{1}{x_n}}=\lim_{n\to+\infty}\frac{x_nx_{n+1}}{x_n-x_{n+1}}=\lim_{n\to+\infty}\frac{x_nx_{n+1}}{x_n^2}$$

$$=\lim_{n\to+\infty}\frac{x_{n+1}}{x_n}=\lim_{n\to+\infty}(1-x_n)=1.$$

进一步,考虑 $0<q\leqslant1,x_{n+1}=x_n(1-qx_n)$的情形.

令 $y_n=qx_n,n=1,2,\cdots$,则 $y_1=qx_1,0<y_1<1$,且

$$y_{n+1}=qx_{n+1}=qx_n(1-qx_n)=y_n(1-y_n).$$

由前面的证明知 $\lim\limits_{n\to+\infty}ny_n=1$,即 $\lim\limits_{n\to+\infty}nx_nq=1,q\neq0$,故 $\lim\limits_{n\to+\infty}nx_n=\lim\limits_{n\to+\infty}\dfrac{ny_n}{q}=\dfrac{1}{q}$. □

24. 由 Toeplitz 定理导出$\dfrac{\infty}{\infty}$型的 Stolz 公式.

解 先叙述 Stolz 公式:

设数列$\{x_n\}$,$\{y_n\}$满足 $\lim\limits_{n\to+\infty}x_n=+\infty$, $\lim\limits_{n\to+\infty}y_n=+\infty$且$\{x_n\}$严格增. 若 $\lim\limits_{n\to+\infty}\dfrac{y_n-y_{n-1}}{x_n-x_{n-1}}=a$,则 $\lim\limits_{n\to+\infty}\dfrac{y_n}{x_n}=a=\lim\limits_{n\to+\infty}\dfrac{y_n-y_{n-1}}{x_n-x_{n-1}}$.

证明 令 $a_n=y_n-y_{n-1},b_n=x_n-x_{n-1}$,其中 $y_0=0=x_0$. 于是 $b_n>0$. 令

$$t_{nm}=\frac{b_m}{b_1+\cdots+b_n},\quad m=1,2,\cdots,n.$$

则 $t_{nm}>0$,且

$$t_{n1}+t_{n2}+\cdots+t_{nn}=\sum_{k=1}^{n}t_{nk}=\frac{b_1+b_2+\cdots+b_n}{b_1+\cdots+b_n}=1.$$

$$\lim_{n\to+\infty}t_{nm}=\lim_{n\to+\infty}\frac{b_m}{b_1+\cdots+b_n}=\lim_{n\to+\infty}\frac{x_m-x_{m-1}}{x_n}=0.$$

则

$$\lim_{n\to+\infty}\frac{y_n}{x_n}=\lim_{n\to+\infty}\frac{a_1+\cdots+a_n}{b_1+\cdots+b_n}$$

$$=\lim_{n\to+\infty}\left(\frac{b_1}{b_1+\cdots+b_n}\cdot\frac{a_1}{b_1}+\cdots+\frac{b_n}{b_1+\cdots+b_n}\cdot\frac{a_n}{b_n}\right)$$

$$=\lim_{n\to+\infty}\left(t_{n1}\cdot\frac{a_1}{b_1}+\cdots+t_{nn}\frac{a_n}{b_n}\right)$$

$$\xlongequal{\text{Toeplitz}}\lim_{n\to+\infty}\frac{a_n}{b_n}=\lim_{n\to+\infty}\frac{y_n-y_{n-1}}{x_n-x_{n-1}}=a.$$ □

25. 设数列$\{a_n\}$满足$\lim\limits_{n\to+\infty}a_n\sum\limits_{i=1}^{n}a_i^2=1$.证明：$\lim\limits_{n\to+\infty}\sqrt[3]{3n}a_n=1$.

证明 设$S_n=\sum\limits_{i=1}^{n}a_i^2$,显然$\{S_n\}$单调增.下证$S_n\to+\infty(n\to+\infty)$.事实上,若$S_n\to S$(有限),则$a_n^2=S_n-S_{n-1}\to S-S=0(n\to+\infty)$.从而,$\lim\limits_{n\to+\infty}a_n=0$,

$$\lim_{n\to+\infty}a_n\sum_{i=1}^{n}a_i^2=\lim_{n\to+\infty}a_nS_n=0\cdot S=0,$$

这与题设$\lim\limits_{n\to+\infty}a_n\sum\limits_{i=1}^{n}a_i^2=1$相矛盾.于是

$$\lim_{n\to+\infty}S_n=\lim_{n\to+\infty}\sum_{i=1}^{n}a_i^2=+\infty.$$

再由$\lim\limits_{n\to+\infty}a_nS_n=\lim\limits_{n\to+\infty}a_n\sum\limits_{i=1}^{n}a_i^2=1$知,$\lim\limits_{n\to+\infty}a_n=\lim\limits_{n\to+\infty}\left(a_n\sum\limits_{i=1}^{n}a_i^2\right)\cdot\dfrac{1}{\sum\limits_{i=1}^{n}a_i^2}=1\cdot0=0$.

考虑到

$$\begin{aligned}S_n^3-S_{n-1}^3&=(S_n-S_{n-1})(S_n^2+S_nS_{n-1}+S_{n-1}^2)\\&=a_n^2[S_n^2+S_n(S_n-a_n^2)+(S_n-a_n^2)^2]\\&=3(a_nS_n)^2-3a_n^4S_n+a_n^6\\&=3\left(a_n\sum_{i=1}^{n}a_i^2\right)^2-3a_n^3\left(a_n\sum_{i=1}^{n}a_i^2\right)+a_n^6\\&\to3\times1-3\times0\times1+0=3\quad(n\to+\infty),\end{aligned}$$

所以

$$\lim_{n\to+\infty}\frac{1}{3na_n^3}=\lim_{n\to+\infty}\frac{1}{(a_nS_n)^3}\cdot\frac{S_n^3}{3n}=\lim_{n\to+\infty}\frac{1}{(a_nS_n)^3}\cdot\lim_{n\to+\infty}\frac{S_n^3}{3n}$$

$$\xlongequal{\text{Stolz}}1\cdot\lim_{n\to+\infty}\frac{S_n^3-S_{n-1}^3}{3}=\frac{3}{3}=1,$$

即

$$\lim_{n\to+\infty} 3na_n^3=1.$$

此外,应用 ε-N 法可证:当 $\lim\limits_{n\to+\infty} b_n=b_0$ 时,必有 $\lim\limits_{n\to+\infty}\sqrt[3]{b_n}=\sqrt[3]{b_0}=\sqrt[3]{\lim\limits_{n\to+\infty} b_n}$. 于是

$$\lim_{n\to+\infty}\sqrt[3]{3n}a_n=\lim_{n\to+\infty}\sqrt[3]{3na_n^3}=\sqrt[3]{\lim_{n\to+\infty} 3na_n^3}=\sqrt[3]{1}=1. \qquad \square$$

注 如果学了无穷大的等价代换及复合函数求极限的定理,从 $\dfrac{1}{a_n}\sim S_n\,(n\to+\infty)$ 与 $\lim\limits_{n\to+\infty}\sqrt[3]{b_n}=\sqrt[3]{\lim\limits_{n\to+\infty} b_n}$ 有

$$\lim_{n\to+\infty}\frac{1}{3na_n^3}\xlongequal{\text{等价代换}}\lim_{n\to+\infty}\frac{S_n^3}{3n}\xlongequal{\text{Stolz}}\lim_{n\to+\infty}\frac{S_n^3-S_{n-1}^3}{3}=\frac{3}{3}=1,$$

$$\lim_{n\to+\infty} 3na_n^3=1,$$

即

$$\lim_{n\to+\infty}\sqrt[3]{3n}a_n=\sqrt[3]{\lim_{n\to+\infty} 3na_n^3}=1. \qquad \square$$

26. 设 $a_0=1, a_{n+1}=a_n+\dfrac{1}{a_n}, n=0,1,2,\cdots$. 证明 $\lim\limits_{n\to+\infty}\dfrac{a_n}{\sqrt{2n}}=1$.

证明 由 $a_{n+1}=a_n+\dfrac{1}{a_n}$ 两边平方得

$$a_{n+1}^2=a_n^2+\frac{1}{a_n^2}+2\geqslant a_n^2+2.$$

将它从头列出:

$$\begin{aligned}
&a_1^2\geqslant a_0^2+2,\\
&a_2^2\geqslant a_1^2+2,\\
&\vdots\\
&a_n^2\geqslant a_{n-1}^2+2,\\
&a_{n+1}^2\geqslant a_n^2+2.
\end{aligned}$$

各式相加后有

$$a_{n+1}^2\geqslant a_0^2+2(n+1)=2n+3,\quad 即\quad \frac{1}{a_{n+1}^2}\leqslant\frac{1}{2n+3}.$$

再代入 $a_{n+1}^2=a_n^2+\dfrac{1}{a_n^2}+2\leqslant a_n^2+\dfrac{1}{2n+1}+2$. 再从头列出:

$$\begin{aligned}
&a_1^2\leqslant a_0^2+1+2,\\
&a_2^2\leqslant a_1^2+\frac{1}{3}+2,\\
&\vdots
\end{aligned}$$

$$a_{n-1}^2 \leqslant a_{n-2}^2 + \frac{1}{2n-3} + 2,$$

$$a_n^2 \leqslant a_{n-1}^2 + \frac{1}{2n-1} + 2.$$

各式连加后有

$$a_n^2 \leqslant a_0^2 + 2n + \left(1 + \frac{1}{3} + \cdots + \frac{1}{2n-1}\right),$$

故

$$2n+1 \leqslant a_n^2 \leqslant 2n+1+\left(1+\frac{1}{3}+\cdots+\frac{1}{2n-1}\right),$$

$$1 \leqslant \frac{a_n^2}{2n+1} \leqslant 1 + \frac{1+\frac{1}{3}+\cdots+\frac{1}{2n-1}}{n} \cdot \frac{n}{2n+1}.$$

由例 1.1.15 有 $\lim\limits_{n\to+\infty}\dfrac{1+\frac{1}{3}+\cdots+\frac{1}{2n-1}}{n}=\lim\limits_{n\to+\infty}\dfrac{1}{2n-1}=0$，于是上式右边当 $n\to+\infty$ 时极限为 1，再根据夹逼定理得

$$\lim_{n\to+\infty}\frac{a_n^2}{2n+1}=1.$$

于是

$$\lim_{n\to+\infty}\frac{a_n^2}{2n}=\lim_{n\to+\infty}\frac{a_n^2}{2n+1}\cdot\frac{2n+1}{2n}=1\times1=1.$$

由此立即有 $\lim\limits_{n\to+\infty}\dfrac{a_n}{\sqrt{2n}}=1$. □

27. 设 $\lim\limits_{n\to+\infty}x_n=\lim\limits_{n\to+\infty}y_n=0$，并且存在常数 K，使得 $\forall\, n\in\mathbb{N}$，有

$$|y_1|+|y_2|+\cdots+|y_n|\leqslant K.$$

令

$$z_n = x_1y_n + x_2y_{n-1} + \cdots + x_ny_1,\quad n\in\mathbb{N}.$$

证明：$\lim\limits_{n\to+\infty}z_n=0$.

证明　因为 $\lim\limits_{n\to+\infty}x_n=0$，所以 $\{x_n\}$ 有界，即 $\exists\, M>0$, s. t. $|x_n|<M$, $\forall\, n\in\mathbb{N}$；且对 $\forall\,\varepsilon>0$，$\exists\, N_1$，当 $n>N_1$ 时，$|x_n|<\varepsilon$.

设 $S_n=\sum\limits_{k=1}^{n}|y_k|$，则 $\{S_n\}$ 单调增且有上界 K，故 $\{S_n\}$ 收敛，由 Cauchy 准则知，$\exists\, N_2\in\mathbb{N}$，当 $n>N_2$ 时，

$$|y_{n+1}|+\cdots+|y_{n+p}|=|S_{n+p}-S_n|<\varepsilon,\quad \forall\, p\in\mathbb{N}.$$

取 $N=\max\{N_1,N_2\}$，则当 $n>2N(n-N>N)$ 时，

$$\begin{aligned}|z_n| &= |x_1y_n + x_2y_{n-1} + \cdots + x_ny_1| \\ &\leqslant |x_1y_n| + \cdots + |x_Ny_{n-N+1}| + |x_{N+1}y_{n-N}| + \cdots + |x_ny_1| \\ &< M(|y_n| + \cdots + |y_{n-N+1}|) + \varepsilon(|y_{n-N}| + \cdots + |y_1|) \\ &< M\varepsilon + K\varepsilon = (M+K)\varepsilon.\end{aligned}$$

$\lim\limits_{n\to+\infty} z_n = 0$ 得证. □

28. 设数列$\{a_n\}$与$\{b_n\}$满足

(1) $b_n>0, b_0+b_1+\cdots+b_n\to+\infty(n\to+\infty)$;

(2) $\lim\limits_{n\to+\infty}\dfrac{a_n}{b_n}=s$.

应用 Toeplitz 定理证明:

$$\lim_{n\to+\infty}\frac{a_0+a_1+\cdots+a_n}{b_0+b_1+\cdots+b_n}=s.$$

证明 令 $t_{nk}=\dfrac{b_k}{b_0+b_1+\cdots+b_n}, k=0,1,2,\cdots,n$. 显然 $t_{nk}>0$. 且

$$t_{n0}+t_{n1}+\cdots+t_{nn}=\frac{b_0}{b_0+b_1+\cdots+b_n}+\frac{b_1}{b_0+b_1+\cdots+b_n}+\cdots+\frac{b_n}{b_0+b_1+\cdots+b_n}=1;$$

$$\lim_{n\to+\infty}t_{nk}=\lim_{n\to+\infty}\frac{b_k}{b_1+\cdots+b_n}=0.$$

于是

$$\begin{aligned}\lim_{n\to+\infty}\frac{a_0+a_1+\cdots+a_n}{b_0+b_1+\cdots+b_n} &= \lim_{n\to+\infty}\frac{1}{b_0+b_1+\cdots+b_n}\left(b_0\cdot\frac{a_0}{b_0}+b_1\cdot\frac{a_1}{b_1}+\cdots+b_n\frac{a_n}{b_n}\right) \\ &= \lim_{n\to+\infty}\left(\frac{b_0}{b_0+\cdots+b_n}\frac{a_0}{b_0}+\frac{b_1}{b_0+\cdots+b_n}\frac{a_1}{b_1}+\cdots+\frac{b_n}{b_0+\cdots+b_n}\frac{a_n}{b_n}\right) \\ &= \lim_{n\to+\infty}\left(t_{n0}\frac{a_0}{b_0}+t_{n1}\frac{a_1}{b_1}+\cdots+t_{nn}\frac{a_n}{b_n}\right) \\ &\xlongequal{\text{Toeplitz}} \lim_{n\to+\infty}\frac{a_n}{b_n}=s.\end{aligned}$$

□

注 此题与题 24 类似,只是表示不同.

29. 设 $p_k>0, k=1,2,\cdots$, 且 $\lim\limits_{n\to+\infty}\dfrac{p_n}{p_1+p_2+\cdots+p_n}=0$, $\lim\limits_{n\to+\infty}a_n=a$. 证明

$$\lim_{n\to+\infty}\frac{p_1a_n+p_2a_{n-1}+\cdots+p_na_1}{p_1+p_2+\cdots+p_n}=a.$$

证明 令

$$t_{nk}=\frac{p_{n-k+1}}{p_1+p_2+\cdots+p_n},\quad k=1,2,\cdots,n;\ n=1,2,\cdots.$$

显然 $t_{nk}>0$, 且

$$t_{n1}+t_{n2}+\cdots+t_{nn}=\frac{1}{p_1+p_2+\cdots+p_n}(p_n+p_{n-1}+\cdots+p_1)=1,$$

再由 $p_k>0,p_1+p_2+\cdots+p_n>p_1+p_2+\cdots+p_{n-k+1}$，有

$$0<t_{nk}=\frac{p_{n-k+1}}{p_1+p_2+\cdots+p_n}<\frac{p_{n-k+1}}{p_1+p_2+\cdots+p_{n-k+1}}\to 0\quad(n\to+\infty),$$

根据夹逼定理得 $\lim\limits_{n\to+\infty}t_{nk}=0$. 于是，根据 Toeplitz 定理(题 4)，

$$\begin{aligned}&\lim_{n\to+\infty}\frac{p_1a_n+p_2a_{n-1}+\cdots+p_na_n}{p_1+p_2+\cdots+p_n}\\&=\lim_{n\to+\infty}\left(\frac{p_1}{p_1+p_2+\cdots+p_n}a_n+\frac{p_2}{p_1+p_2+\cdots+p_n}a_{n-1}+\cdots+\frac{p_n}{p_1+p_2+\cdots+p_n}a_1\right)\\&=\lim_{n\to+\infty}(t_{n1}a_1+t_{n2}a_2+\cdots+t_{nn}a_n)\xlongequal{\text{Toeplitz}}\lim_{n\to+\infty}a_n=a.\end{aligned}$$

□

30. 设$\{a_n\}$为单调增的数列，令 $\sigma_n=\frac{a_1+a_2+\cdots+a_n}{n}$. 如果 $\lim\limits_{n\to+\infty}\sigma_n=a$. 证明：$\lim\limits_{n\to+\infty}a_n=a$. 若“单调增”的条件删去，结论是否成立.

证明　由$\{a_n\}$的单调增性质知 $a_1\leqslant a_2\leqslant\cdots\leqslant a_n$，故

$$\sigma_n=\frac{a_1+a_2+\cdots+a_n}{n}\leqslant\frac{na_n}{n}=a_n.$$

另一方面，令 n 固定，$m>n$，有

$$\begin{aligned}\sigma_m&=\frac{a_1+a_2+\cdots+a_n+a_{n+1}+\cdots+a_m}{m}\\&=\frac{n}{m}\sigma_n+\frac{a_{n+1}+\cdots+a_m}{m}\\&\geqslant\frac{n}{m}\sigma_n+\frac{1}{m}(a_n+\cdots+a_n)=\frac{n}{m}\sigma_n+\frac{m-n}{m}a_n,\end{aligned}$$

令 $m\to+\infty$，得 $a\geqslant 0+a_n=a_n$. 于是

$$\sigma_n\leqslant a_n\leqslant a.$$

由夹逼定理可知 $\lim\limits_{n\to+\infty}a_n=a=\lim\limits_{n\to+\infty}\sigma_n$.

如果删去条件“单调增”，则结论未必成立. 例如 $a_n=(-1)^{n-1}$，$\sigma_{2k}=0$，$\sigma_{2k-1}=\frac{1}{2k-1}$. 故有 $\lim\limits_{n\to+\infty}\sigma_n=0$，但$\{(-1)^{n-1}\}$没有极限.

□

31. 设$\{S_n\}$为数列，$a_n=S_n-S_{n-1}$，$\sigma_n=\frac{S_0+S_1+\cdots+S_n}{n+1}$. 如果 $\lim\limits_{n\to+\infty}na_n=0$，且$\{\sigma_n\}$收敛，证明$\{S_n\}$也收敛，且 $\lim\limits_{n\to+\infty}S_n=\lim\limits_{n\to+\infty}\sigma_n$.

证明　由题设知

$$(n+1)\sigma_n=S_0+S_1+\cdots+S_n=(n+1)a_0+na_1+\cdots+a_n,$$

$$S_n-\sigma_n=a_0+a_1+\cdots+a_n-a_0-\frac{na_1+(n-1)a_2+\cdots+a_n}{n+1}$$
$$=\frac{a_1+2a_2+\cdots+na_n}{n+1}.$$

故

$$\lim_{n\to+\infty}S_n=\lim_{n\to+\infty}\sigma_n+\lim_{n\to+\infty}\frac{a_1+2a_2+\cdots+na_n}{n+1}$$
$$\overset{\text{Stolz}}{=\!=\!=}\lim_{n\to+\infty}\sigma_n+\lim_{n\to+\infty}\frac{(n+1)a_{n+1}}{(n+2)-(n+1)}=\lim_{n\to+\infty}\sigma_n+\lim_{n\to+\infty}(n+1)a_{n+1}$$
$$=\lim_{n\to+\infty}\sigma_n.$$

□

32. 设数列$\{x_n\}$满足：$\lim\limits_{n\to+\infty}(x_n-x_{n-2})=0$. 证明：$\lim\limits_{n\to+\infty}\frac{x_n-x_{n-1}}{n}=0$.

证明 由$\lim\limits_{n\to+\infty}(x_n-x_{n-2})=0$知

$$\lim_{n\to+\infty}(x_{2n}-x_{2n-2})=0,\quad \lim_{n\to+\infty}(x_{2n+1}-x_{2n-1})=0.$$

根据例1.1.15,有

$$\lim_{n\to+\infty}\frac{x_2+(x_4-x_2)+\cdots+(x_{2n}-x_{2n-2})}{n}=\lim_{n\to+\infty}(x_{2n}-x_{2n-2})=0,$$

即$\lim\limits_{n\to+\infty}\frac{x_{2n}}{n}=0$. 于是$\lim\limits_{n\to+\infty}\frac{x_{2n}}{2n}=0$. 同理可得$\lim\limits_{n\to+\infty}\frac{x_{2n+1}}{2n+1}=0$,合起来就是$\lim\limits_{n\to+\infty}\frac{x_n}{n}=0$. 从而

$$\lim_{n\to+\infty}\frac{x_n-x_{n-1}}{n}=\lim_{n\to+\infty}\frac{x_n}{n}-\lim_{n\to+\infty}\frac{x_{n-1}}{n-1}\cdot\frac{n-1}{n}=0-0=0.$$

□

33. 设$u_0,u_1,\cdots$为满足$u_n=\sum\limits_{k=1}^{\infty}u_{n+k}^2(n=0,1,2,\cdots)$的实数列,且$\sum\limits_{n=1}^{\infty}u_n$收敛. 证明：$\forall k\in\mathbb{N}$,有$u_k=0$.

证明 因为$u_n-u_{n+1}=u_{n+1}^2\geqslant0$,所以$\{u_n\}$为单调减数列. 令$S_n=\sum\limits_{k=1}^{n}u_k$, $\sum\limits_{n=1}^{\infty}u_n$收敛即$\{S_n\}$收敛. 由Cauchy收敛原理,$\exists N\in\mathbb{N}$,当$n\geqslant N$时

$$u_{n+1}+u_{n+2}+\cdots+u_{n+p}+\cdots<1.$$

于是,当$n\geqslant N$时

$$u_{n+1}\leqslant u_n=u_{n+1}^2+u_{n+2}^2+\cdots+u_{n+k}^2+\cdots$$
$$\leqslant u_{n+1}(u_{n+1}+u_{n+2}+\cdots+u_{n+k}+\cdots)$$
$$\leqslant u_{n+1}.$$

这就证明了,$u_N=u_{N+1}=u_{N+2}=\cdots=c$. 又因$\sum\limits_{n=1}^{\infty}u_n$收敛. 故$c=0$. 由此又根据$u_n=\sum\limits_{k=1}^{\infty}u_{n+k}^2$,依次可推出

$$u_{N-1}=0,\quad u_{N-2}=0,\quad \cdots,\quad u_1=0.$$

即对 $\forall k\in\mathbb{N}, u_k=0$. □

34. 设 $\lim\limits_{n\to+\infty}a_n=a$. 证明：$\lim\limits_{n\to+\infty}\dfrac{1}{2^n}\sum\limits_{k=0}^{n}\mathrm{C}_n^k a_k=a$.

证明 令 $t_{nk}=\dfrac{1}{2^n}\mathrm{C}_n^k$,则 $t_{nk}>0$,且

$$\sum_{k=1}^{n}t_{nk}=\frac{1}{2^n}(\mathrm{C}_n^0+\mathrm{C}_n^1+\cdots+\mathrm{C}_n^n)=\frac{1}{2^n}\cdot 2^n=1,$$

$$0<t_{nk}=\frac{1}{2^n}\cdot\frac{n(n-1)\cdots(n-k+1)}{k!}\leqslant\frac{n^k}{2^n}\to 0\quad(n\to+\infty).$$

所以 $\lim\limits_{n\to+\infty}t_{nk}=0$. 根据 Toeplitz 公式,有

$$\lim_{n\to+\infty}\frac{1}{2^n}\sum_{k=0}^{n}\mathrm{C}_n^k a_k=\lim_{n\to+\infty}\sum_{k=0}^{n}t_{nk}a_k=\lim_{n\to+\infty}a_n=a.$$ □

35. 给定实数 a_0,a_1,并令

$$a_n=\frac{a_{n-1}+a_{n-2}}{2},\quad n=2,3,\cdots.$$

证明：数列$\{a_n\}$收敛,且 $\lim\limits_{n\to+\infty}a_n=\dfrac{a_0+2a_1}{3}$.

证明 由 $a_n=\dfrac{a_{n-1}+a_{n-2}}{2}$可得

$$\begin{aligned}a_n-a_{n-1}&=\frac{a_{n-1}+a_{n-2}-2a_{n-1}}{2}=-\frac{a_{n-1}-a_{n-2}}{2}\\&=(-1)^2\frac{a_{n-2}-a_{n-3}}{2^2}=\cdots\\&=(-1)^{n-1}\frac{a_1-a_0}{2^{n-1}}.\end{aligned}$$

而

$$\begin{aligned}a_n-a_0&=(a_n-a_{n-1})+(a_{n-1}-a_{n-2})+\cdots+(a_1-a_0)\\&=(-1)^{n-1}\frac{a_1-a_0}{2^{n-1}}+(-1)^{n-2}\frac{a_1-a_0}{2^{n-2}}+\cdots+(-1)\frac{a_1-a_0}{2}+(a_1-a_0)\\&=(a_1-a_0)\left[1+\left(-\frac{1}{2}\right)+\cdots+\left(-\frac{1}{2}\right)^{n-2}+\left(-\frac{1}{2}\right)^{n-1}\right]\\&=(a_1-a_0)\frac{1-\left(-\frac{1}{2}\right)^n}{1+\frac{1}{2}}\to\frac{2}{3}(a_1-a_0),\end{aligned}$$

故 $\lim\limits_{n\to+\infty} a_n = a_0 + \frac{2}{3}(a_1 - a_0) = \frac{a_0 + 2a_1}{3}$. □

36. 设 $x_1, x_2, \cdots, x_n$ 为任意给定的实数. 令

$$x_i^{(1)} = \frac{x_i + x_{i+1}}{2}, \quad i = 1, 2, \cdots, n,$$

其中 x_{n+1} 应理解为 x_1, 归纳定义

$$x_i^{(k)} = \frac{x_i^{(k-1)} + x_{i+1}^{(k-1)}}{2}, \quad i = 1, 2, \cdots, n,$$

$x_{n+1}^{(k-1)}$ 应理解为 $x_1^{(k-1)}$, $k = 2, 3, \cdots$. 证明:

$$\lim_{k\to+\infty} x_i^{(k)} = \frac{x_1 + x_2 + \cdots + x_n}{n} = \bar{x}, \quad \forall i = 1, 2, \cdots, n.$$

证明 显然,有

$$x_1^{(1)} = \frac{x_1 + x_2}{2}, \quad x_2^{(1)} = \frac{x_2 + x_3}{2}, \cdots$$

$$x_1^{(2)} = \frac{x_1 + 2x_2 + x_3}{2^2}, \quad x_2^{(2)} = \frac{x_2 + 2x_3 + x_4}{2^2}, \cdots$$

$$x_1^{(3)} = \frac{x_1 + 3x_2 + 3x_3 + x_4}{2^3}, \quad x_2^{(3)} = \frac{x_2 + 3x_3 + 3x_4 + x_5}{2^3}, \cdots$$

$$\vdots$$

$$x_1^{(n-1)} = \frac{1}{2^{n-1}} \sum_{i=0}^{n-1} \mathrm{C}_{n-1}^i x_{i+1}, \quad x_2^{(n-1)} = \frac{1}{2^{n-1}} \sum_{i=0}^{n-1} \mathrm{C}_{n-1}^i x_{i+2}, \cdots$$

先设 $x_1 + x_2 + \cdots + x_n = 0$, 并且 $|x_i| \leqslant M, i = 1, 2, \cdots, n$. 此时,由

$$x_1^{(n-1)} = \frac{1}{2^{n-1}} \sum_{i=0}^{n-1} \mathrm{C}_{n-1}^i x_{i+1} - \frac{1}{2^{n-1}} \sum_{i=0}^{n-1} x_{i+1} = \frac{1}{2^{n-1}} \sum_{i=0}^{n-1} (\mathrm{C}_{n-1}^i - 1) x_{i+1}$$

可得

$$|x_1^{(n-1)}| \leqslant \frac{M}{2^{n-1}} \sum_{i=0}^{n-1} (\mathrm{C}_{n-1}^i - 1) = \frac{M}{2^{n-1}} (2^{n-1} - n) = M\left(1 - \frac{n}{2^{n-1}}\right).$$

因为 $x_1, x_2, \cdots, x_n$ 的下标有轮换的性质,我们有

$$|x_i^{(n-1)}| \leqslant M\left(1 - \frac{n}{2^{n-1}}\right), \quad i = 1, 2, \cdots, n.$$

利用已得的结果,同理有

$$|x_i^{(2n-2)}| = |(x_i^{(n-1)})^{(n-1)}| \leqslant M\left(1 - \frac{n}{2^{n-1}}\right) \cdot \left(1 - \frac{n}{2^{n-1}}\right) = M\left(1 - \frac{n}{2^{n-1}}\right)^2.$$

一般地,对 $l = 1, 2, 3, \cdots$, 有

$$|x_i^{(ln-l)}| \leqslant M\left(1 - \frac{n}{2^{n-1}}\right)^l.$$

由于 $0\leqslant 1-\frac{n}{2^{n-1}}<1$,故

$$\lim_{l\to+\infty} x_i^{(ln-l)}=0,\quad i=1,2,\cdots,n.$$

由 $x_i^{(k+1)}$ 的定义可知

$$|x_i^{(k+1)}|\leqslant\max\{|x_1^{(k)}|,\cdots,|x_n^{(k)}|\}.$$

可见

$$\lim_{k\to+\infty} x_i^{(k)}=0,\quad i=1,2,\cdots,n.$$

对一般情形,我们有

$$\sum_{i=1}^{n}(x_i-\bar{x})=\sum_{i=1}^{n}x_i-n\bar{x}=n\bar{x}-n\bar{x}=0.$$

依上面已证的结果,有

$$\lim_{k\to+\infty}(x_i^{(k)}-\bar{x})=0,\quad i=1,2,\cdots,n,$$

$$\lim_{k\to+\infty}x_i^{(k)}=\lim_{k\to+\infty}[(x_i^{(k)}-\bar{x})+\bar{x}]=\lim_{k\to+\infty}(x_i^{(k)}-\bar{x})+\bar{x}=0+\bar{x}$$

$$=\bar{x}=\frac{x_1+x_2+\cdots+x_n}{n}.$$

□

37. 设$\{a_n\}$为一个数列,且 $\lim\limits_{n\to+\infty}(a_{n+1}-a_n)=l$. 证明:

$$\lim_{n\to+\infty}\frac{a_n}{n}=l,\quad \lim_{n\to+\infty}\frac{\sum\limits_{k=1}^{n}a_k}{n^2}=\frac{l}{2}.$$

证明 $\frac{a_n}{n}=\frac{1}{n}[(a_n-a_{n-1})+(a_{n-1}-a_{n-2})+\cdots+(a_2-a_1)+a_1]$.

由 $\lim\limits_{n\to+\infty}(a_n-a_{n-1})=\lim\limits_{n\to+\infty}(a_{n+1}-a_n)=l$ 及例 1.1.15 就得

$$\lim_{n\to+\infty}\frac{a_n}{n}=\lim_{n\to+\infty}\frac{a_1+(a_2-a_1)+\cdots+(a_n-a_{n-1})}{n}=\lim_{n\to+\infty}(a_n-a_{n-1})=l.$$

因为

$$a_1+2(a_2-a_1)+\cdots+(n-1)(a_{n-1}-a_{n-2})+n(a_n-a_{n-1})$$
$$=na_n-(a_1+a_2+\cdots+a_{n-1}),$$

所以

$$\sum_{k=1}^{n}a_k=(n+1)a_n-[a_1+2(a_2-a_1)+\cdots+n(a_n-a_{n-1})].$$

根据练习题 1.1 第 9 题,有

$$\lim_{n\to+\infty}\frac{\sum_{k=1}^{n}a_k}{n^2}=\lim_{n\to+\infty}\frac{(n+1)a_n}{n^2}-\lim_{n\to+\infty}\frac{a_1+2(a_2-a_1)+\cdots+n(a_n-a_{n-1})}{n^2}$$

$$=\lim_{n\to+\infty}\frac{(n+1)^2}{n^2}\frac{a_n}{n+1}-\lim_{n\to+\infty}\frac{a_1+\sum_{k=2}^{n}k(a_k-a_{k-1})}{n^2}$$

$$=1\cdot l-\frac{l}{2}=\frac{l}{2}.$$

□

38. 设 $x_1\in[0,1]$，$\forall n\geqslant 2$，令

$$x_n=\begin{cases}\dfrac{1}{2}x_{n-1}, & n\text{ 为偶数},\\[2mm] \dfrac{1+x_{n-1}}{2}, & n\text{ 为奇数}.\end{cases}$$

证明：$\lim\limits_{k\to+\infty}x_{2k}=\dfrac{1}{3}$；$\lim\limits_{k\to+\infty}x_{2k+1}=\dfrac{2}{3}$.

证法 1 因为

$$x_{2k}-\frac{1}{3}=\frac{1}{2}x_{2k-1}-\frac{1}{3}=\frac{1}{2}\cdot\frac{1+x_{2k-2}}{2}-\frac{1}{3}$$

$$=\frac{1}{4}\left(x_{2k-2}-\frac{1}{3}\right)=\frac{1}{4^2}\left(x_{2k-4}-\frac{1}{3}\right)=\cdots$$

$$=\frac{1}{4^{k-1}}\left(x_2-\frac{1}{3}\right)\to 0\quad(k\to+\infty),$$

$$x_{2k+1}-\frac{2}{3}=\frac{1+x_{2k}}{2}-\frac{2}{3}=\frac{2+x_{2k-1}}{4}-\frac{2}{3}=\frac{1}{4}\left(x_{2k-1}-\frac{2}{3}\right)$$

$$=\frac{1}{4^2}\left(x_{2k-3}-\frac{2}{3}\right)=\cdots$$

$$=\frac{1}{4^k}\left(x_1-\frac{2}{3}\right)\to 0\quad(k\to+\infty).$$

所以，$\lim\limits_{k\to+\infty}x_{2k}=\dfrac{1}{3}$，$\lim\limits_{k\to+\infty}x_{2k+1}=\dfrac{2}{3}$.

证法 2

$$x_{2k}=\frac{1}{4}(1+x_{2k-2})=\frac{1}{4}+\frac{1}{4^2}(1+x_{2k-4})$$

$$=\frac{1}{4}+\frac{1}{4^2}+\cdots+\frac{1}{4^{k-1}}(1+x_2)=\frac{1}{4}+\frac{1}{4^2}+\cdots+\frac{1}{4^{k-1}}+\frac{x_1}{2\cdot 4^{k-1}}$$

$$=\frac{1}{4}\cdot\frac{1-\left(\frac{1}{4}\right)^{k-1}}{1-\frac{1}{4}}+\frac{1}{2}\cdot\frac{x_1}{4^{k-1}}\to\frac{1}{3}+0=\frac{1}{3}\quad(k\to+\infty),$$

同理

$$x_{2k+1}=\frac{1}{2}(x_{2k}+1)\to\frac{1}{2}\left(\frac{1}{3}+1\right)=\frac{2}{3}\quad(k\to+\infty).$$ □

39. 定初始值 a_0，并递推定义

$$a_n=2^{n-1}-3a_{n-1},\quad n=1,2,\cdots.$$

求 a_0 的所有可能的值，使得数列 $\{a_n\}$ 是严格增的.

解 将 $a_n=2^{n-1}-3a_{n-1}$ 改写为 $\frac{a_n}{3^n}=\frac{1}{3}\left(\frac{2}{3}\right)^{n-1}-\frac{a_{n-1}}{3^{n-1}}$. 令 $b_n=\frac{a_n}{3^n}$，于是 $b_0=a_0$，$b_n=\frac{1}{3}\left(\frac{2}{3}\right)^{n-1}-b_{n-1}$，$n=1,2,\cdots$.

$$\begin{aligned}b_{n+1}&=\frac{1}{3}\left(\frac{2}{3}\right)^n-b_n=\frac{1}{3}\left(\frac{2}{3}\right)^n-\frac{1}{3}\cdot\left(\frac{2}{3}\right)^{n-1}+b_{n-1}=\cdots\\&=\frac{1}{3}\left[\left(\frac{2}{3}\right)^n-\left(\frac{2}{3}\right)^{n-1}+\left(\frac{2}{3}\right)^{n-2}+\cdots+(-1)^{n-1}\frac{2}{3}+(-1)^n\right]-(-1)^nb_0\\&=\frac{1}{3}(-1)^n\left[1-\frac{2}{3}+\cdots+(-1)^{n-1}\left(\frac{2}{3}\right)^{n-1}+(-1)^n\left(\frac{2}{3}\right)^n\right]-(-1)^nb_0\\&=(-1)^n\left[\frac{1}{3}\cdot\frac{1-\left(-\frac{2}{3}\right)^{n+1}}{1+\frac{2}{3}}-b_0\right]=(-1)^n\frac{1-\left(-\frac{2}{3}\right)^{n+1}}{5}-(-1)^nb_0.\end{aligned}$$

$a_n=3^nb_n$ 是严格增的，$3^{n+1}b_{n+1}>3^nb_n$，即 $3b_{n+1}>b_n$.

当 $n=2m$ 为偶数时，有

$$\frac{3}{5}\left(1+\left(\frac{2}{3}\right)^{2m+1}\right)-3b_0>-\frac{1}{5}\left(1-\left(\frac{2}{3}\right)^{2m}\right)+b_0.$$

令 $m\to+\infty$，得 $\frac{3}{5}-3b_0\geqslant-\frac{1}{5}+b_0$，推得 $a_0=b_0\leqslant\frac{1}{5}$.

当 $n=2m+1$ 为奇数时有

$$-\frac{3}{5}\left[1-\left(\frac{2}{3}\right)^{2m+2}\right]+3b_0>\frac{1}{5}\left[1+\left(\frac{2}{3}\right)^{2m+1}\right]-b_0.$$

令 $m\to+\infty$，得 $-\frac{3}{5}+3b_0\geqslant\frac{1}{5}-b_0$. 推得 $a_0=b_0\geqslant\frac{1}{5}$.

综合得 $a_0=\frac{1}{5}$. □

40. 设 $c>0$，$a_1=\frac{c}{2}$，$a_{n+1}=\frac{c}{2}+\frac{a_n^2}{2}$，$n=1,2,\cdots$. 证明：

$$\lim_{n\to+\infty}a_n=\begin{cases}1-\sqrt{1-c}, & 0<c\leqslant 1.\\+\infty, & c>1.\end{cases}$$

试问：当 $-3\leqslant c<0$ 时，数列 $\{a_n\}$ 的收敛性如何？

证明 因 $c>0$,故 $a_n>0$,又

$$a_{n+1}=\frac{c}{2}+\frac{a_n^2}{2}\geqslant\sqrt{ca_n^2}=\sqrt{c}a_n,$$

故当 $c>1$ 时,$a_{n+1}>a_n$,$\{a_n\}$单调增,且

$$a_{n+1}\geqslant\sqrt{c}a_n\geqslant(\sqrt{c})^2a_{n-1}\geqslant\cdots\geqslant(\sqrt{c})^na_1\to+\infty\quad(n\to+\infty).$$

当 $0<c\leqslant 1$ 时,有

$$a_{n+1}-a_n=\frac{c}{2}+\frac{a_n^2}{2}-\left(\frac{c}{2}+\frac{a_{n-1}^2}{2}\right)=\frac{a_n+a_{n-1}}{2}(a_n-a_{n-1}),$$

$$a_2-a_1=\frac{c}{2}+\frac{a_1^2}{2}-\frac{c}{2}=\frac{c^2}{8}>0.$$

由归纳法知 $a_{n+1}>a_n$,$\{a_n\}$单调增,由 $0<c\leqslant 1$ 知 $a_1<1$,归纳可得 $a_n<1$. 故$\{a_n\}$收敛,设 $\lim\limits_{n\to+\infty}a_n=a$,于是

$$a=\lim_{n\to+\infty}a_{n+1}=\lim_{n\to+\infty}\left(\frac{c}{2}+\frac{a_n^2}{2}\right)=\frac{1}{2}(c+a^2),$$

即 $a^2-2a+c=0$. 注意到 $0\leqslant a\leqslant 1$,解得 $\lim\limits_{n\to+\infty}a_n=a=1-\sqrt{1-c}$.

当 $-3\leqslant c<0$ 时,$a_1=\dfrac{c}{2}<0$,

$$\frac{c}{2}<\frac{c}{2}+\frac{a_1^2}{2}=\frac{c}{2}+\frac{c^2}{8}=\frac{c}{8}(4+c)<0.$$

即$\dfrac{c}{2}<a_2<0$ 成立. 假设$\dfrac{c}{2}<a_n<0$. 则 $a_{n+1}=\dfrac{c}{2}+\dfrac{a_n^2}{2}>\dfrac{c}{2}$,另一方面 $a_{n+1}=\dfrac{c}{2}+\dfrac{a_n^2}{2}<\dfrac{c}{2}+\dfrac{c^2}{8}=\dfrac{c}{8}(4+c)<0$. 故对 $\forall n\in\mathbb{N}$,有

$$\frac{c}{2}<a_n<0.$$

$\{a_n\}$为有界数列. 再来讨论它是否具有单调性.

$$a_1=\frac{c}{2},\quad a_2=\frac{c}{2}+\frac{c^2}{8}=\frac{c}{8}(4+c),$$

$$a_{n+1}-a_{n-1}=\frac{a_n^2}{2}-\frac{a_{n-2}^2}{2}=\frac{1}{2}(a_n+a_{n-2})(a_n-a_{n-2}).$$

因 $a_n+a_{n-2}<0$,故 $a_{n+1}-a_{n-1}$ 的正负性由 a_n-a_{n-1} 的正负性决定,而 $a_3-a_1=\dfrac{a_2^2}{2}>0$,$a_4-a_2=\dfrac{1}{2}(a_3+a_1)(a_3-a_1)<0$. 于是归纳证得$\{a_{2k-1}\}$单调增,$\{a_{2k}\}$单调减. 它们分别收敛. 设

$$\lim_{k\to+\infty}a_{2k-1}=p,\quad \lim_{k\to+\infty}a_{2k}=q.$$

在 $a_{n+1}=\dfrac{c}{2}+\dfrac{a_n^2}{2}$两边取极限得

$$\begin{cases} p = \dfrac{c}{2} + \dfrac{q^2}{2}, \\ q = \dfrac{c}{2} + \dfrac{p^2}{2}. \end{cases}$$

即

$$p - q = \frac{1}{2}(q^2 - p^2), \quad (p-q)(p+q+2) = 0.$$

若 $p+q+2=0$. 代入上面第一个方程得

$$q^2 + 2q = -(c+4), \quad 即 \quad (q+1)^2 = -(c+3).$$

当 $c>-3$ 时,无解;当 $c=-3$ 时,$q=-1$,于是 $p=-1=q$. 当 $p-q=0$ 时,即 $\lim\limits_{k\to+\infty} a_{2k-1} = \lim\limits_{k\to+\infty} a_{2k}$,数列$\{a_n\}$收敛. 其极限值 $a=p=q$,满足方程 $2a=c+a^2$,解得

$$\lim_{n\to+\infty} a_n = a = 1 - \sqrt{1-c}.$$ □

41. 数列$\{u_n\}$定义如下:$u_1=b$,$u_{n+1}=u_n^2+(1-2a)u_n+a^2$,$n\in\mathbb{N}$. 问 a,b 为何值时$\{u_n\}$收敛,并求出其极限值.

解　由 $u_{n+1}-u_n=u_n^2-2au_n+u_n+a^2-u_n=(u_n-a)^2\geqslant 0$,知$\{u_n\}$为单调增数列.

若$\{u_n\}$收敛,设 $\lim\limits_{n\to+\infty} u_n = x$ 为有限数. 由 u_{n+1} 与 u_n 的关系式得

$$x = x^2 + (1-2a)x + a^2 = (x-a)^2 + x,$$

所以 $x=a$. 即若$\{u_n\}$收敛,其极限值必为 a.

因为$\{u_n\}$单调增,所以 $\forall n\in\mathbb{N}$,$u_n\leqslant a$. 特别 $u_1=b\leqslant a$. 由此知若 $b>a$,$\{u_n\}$必发散.

(i) 若 $u_1=b=a$,则 $u_2=u_3=\cdots=u_n=a$. 数列收敛.

(ii) 考虑 $u_1=b<a$ 的情形.

$$u_2 = (b-a)^2 + b$$

当 $u_1=b=a-1$ 时,$u_2=b+1=a$,于是当 $n\geqslant 2$ 时,$u_n=a$,数列也收敛.

当 $u_1=b<a-1$ 时,$u_2-a=(b-a)^2+b-a=(b-a)(b-a+1)>0$,$u_2>a$,与 $\forall n\in\mathbb{N}$,$u_n\leqslant a$ 矛盾. 此时,$\{u_n\}$发散.

当 $a-1<u_1=b<a$ 时,有 $-1<u_1-a<0$,递推得 $\forall n\in\mathbb{N}$,$a-1<u_n<a$,数列收敛.

综上所述,当 $b\in[a-1,a]$时,$\{u_n\}$收敛于 a. 否则发散. □

42. 设 $A>0$,$0<y_0<A^{-1}$,$y_{n+1}=y_n(2-Ay_n)$,$n\in\mathbb{N}$,证明:$\lim\limits_{n\to+\infty} y_n=A^{-1}$.

证明　设 $x_n=Ay_n$,就有

$$0 < x_0 < 1, \quad x_{n+1} = x_n(2-x_n).$$

由 $0<x_1=x_0(2-x_0)<\left(\dfrac{x_0+2-x_0}{2}\right)^2=1$ 和归纳法知

$$0 < x_n < 1, \quad n = 1,2,\cdots.$$

再由 $x_{n+1}-x_n=x_n(1-x_n)>0$ 知$\{x_n\}$单调增. 所以,数列$\{x_n\}$收敛,设其极限为 x,则 $0<x\leqslant 1$. 对表达式 $x_{n+1}=x_n(2-x_n)$两边求极限有

$$x=x(2-x)=2x-x^2,$$
$$x(x-1)=0,\quad x=1.$$

即 $\lim\limits_{n\to+\infty}x_n=1$. 而 $A>0$,故 $\lim\limits_{n\to+\infty}y_n=\lim\limits_{n\to+\infty}\dfrac{x_n}{A}=\dfrac{1}{A}=A^{-1}$. □

43. 设数列$\{a_n\}$满足$(2-a_n)a_{n+1}=1$. 证明 $\lim\limits_{n\to+\infty}a_n=1$.

证法 1 先证当 n 充分大时,$a_n>0$. 事实上,若有 $a_{n_0}\leqslant 0$,则 $2-a_{n_0}\geqslant 2$,$0<a_{n_0+1}=\dfrac{1}{2-a_{n_0}}\leqslant\dfrac{1}{2}$,$0<a_{n_0+2}=\dfrac{1}{2-a_{n_0+1}}\leqslant\dfrac{1}{2-\frac{1}{2}}=\dfrac{2}{3}$,归纳可证

$$0<a_{n_0+k}\leqslant\frac{k}{k+1}.$$

这就证明了 $n>n_0$ 时 $a_n>0$.

由于当 n 充分大时,$a_n>0$,$2-a_n=\dfrac{1}{a_n+1}>0$,故

$$0<a_n<2.$$

又因为$\dfrac{a_{n+1}}{a_n}=\dfrac{1}{a_n(2-a_n)}=\dfrac{1}{1-(a_n-1)^2}\geqslant 1$. 故$\{a_n\}$单调增,且 $a_n<2$ 有上界,因此$\{a_n\}$收敛. 记 $\lim\limits_{n\to+\infty}a_n=a$,则 a 满足:

$$(2-a)a=1,$$

解得 $\lim\limits_{n\to+\infty}a_n=a=1$.

证法 2 若对 $\forall n\in\mathbb{N}$,有 $a_n>1$,则 $a_n=2-\dfrac{1}{a_{n+1}}<2$,从而 $2-a_n>0$,且

$$a_{n+1}-a_n=\frac{1}{2-a_n}-a_n=\frac{(1-a_n)^2}{2-a_n}\geqslant 0.$$

所以$\{a_n\}$单调增有上界 2,因而必收敛. 由证法 1 知 $\lim\limits_{n\to+\infty}a_n=a=1$. 这与$\{a_n\}$单调增 $\lim\limits_{n\to+\infty}a_n\geqslant a_1>1$ 矛盾. 故这种情形不可能发生. 因此,必存在 k,使 $a_k\leqslant 1$. 于是

$$a_{k+1}=\frac{1}{2-a_k}\leqslant 1$$

同上可证当 $n>k$ 时,$a_n\geqslant a_{n-1}$,$a_n\leqslant 1$. 所以$\{a_n\}$收敛. 且 $\lim\limits_{n\to+\infty}a_n=a=1$.

证法 3 由题设 $a_n\neq 0,2$,$n=2,3,\cdots$. 故不妨设 $\forall n\in\mathbb{N}$,$a_n\neq 0,2$. 又若$\{a_n\}$收敛,则同证法 1,有 $\lim\limits_{n\to+\infty}a_n=1$. 下证$\{a_n\}$收敛.

设 $b_n=1-a_n$,$n\in\mathbb{N}$,则 $b_n\neq\pm 1$. 且$\{a_n\}$收敛$\Leftrightarrow\{b_n\}$收敛. a_n 的关系式变成$(1+b_n)(1-b_{n+1})=1$. 于是

$$b_{n+1}=\frac{b_n}{1+b_n}.$$

若某个 $b_k=0$,则 $b_{k+1}=b_{k+2}=\cdots=0$. $\lim\limits_{n\to+\infty}b_n=0$,故$\{b_n\}$收敛.

若 $\forall n\in\mathbb{N}, b_n\neq 0$. 则可证 $\exists m\in\mathbb{N}$ 使得 $b_m>0$ 或 $b_m<-1$.(反证)假设对 $\forall n\in\mathbb{N}$,有 $-1<b_n<0$,则由

$$b_{n+1}-b_n=\frac{b_n}{1+b_n}-b_n=\frac{-b_n^2}{1+b_n}<0$$

知$\{b_n\}$单调减且有下界-1. 所以$\{b_n\}$收敛. 其极限 b 满足

$$b=\frac{b}{1+b}.$$

即 $\lim\limits_{n\to+\infty}b_n=b=0$. 但 $0=b\leqslant b_n<0$,矛盾. 因此必有某个 m,使得 $b_m>0$ 或 $b_m<-1$.

设 $b_m<-1$,则 $1+b_m<0$,$b_{m+1}=\dfrac{b_m}{1+b_m}>0$. 因此,$\{b_n\}$中必存在 n_0 使 $b_{n_0}>0$. 由关系式 $b_{n+1}=\dfrac{b_n}{1+b_n}$推得:当 $n>n_0$ 时,$b_n>0$. 再由

$$b_{n+1}-b_n=-\frac{b_n^2}{1+b_n}$$

知当 $n>n_0$ 时$\{b_n\}$单调减,又有下界 0,故$\{b_n\}$收敛,推得$\{a_n\}$收敛.

证法 4 若 $a_1=1$,则 $a_n=1$,$\forall n\in\mathbb{N}$. 于是 $\lim\limits_{n\to+\infty}a_n=1$. 若 $a_1\neq 1$. 设 $b_n=1-a_n$,原关系式 $(2-a_n)a_{n+1}=1$ 变成

$$(1+b_n)(1-b_{n+1})=1.$$

于是有 $1+b_n-b_{n-1}-b_nb_{n+1}=1$. 化简得

$$\frac{1}{b_{n+1}}-\frac{1}{b_n}=1.$$

即数列$\left\{\dfrac{1}{b_n}\right\}$是公差为 1 的单调增数列. 所以

$$\frac{1}{b_n}=\frac{1}{b_1}+(n-1)=\frac{1}{1-a_1}+(n-1),$$

$$b_n=\frac{1}{\dfrac{1}{1-a_1}+(n-1)}.$$

于是 $\lim\limits_{n\to+\infty}b_n=0$. 所以 $\lim\limits_{n\to+\infty}a_n=\lim\limits_{n\to+\infty}(1-b_n)=1$.

综合起来,总有 $\lim\limits_{n\to+\infty}a_n=1$.

证法 5 同证法 4,若 $a_1=1$,则 $\lim\limits_{n\to+\infty}a_n=1$.

若 $a_1\neq 1$,可以证明,对 $\forall m\in\mathbb{N}$,$a_1\neq\dfrac{m+1}{m}$. 事实上(反证),如果 $a_1=\dfrac{m+1}{m}$,则

$$a_2=\frac{1}{2-a_1}=\frac{m}{m-1},\quad a_3=\frac{m-1}{m-2},\quad\cdots,\quad a_m=2.$$

这与题意 $\forall n\in\mathbb{N}, a_n\neq 2$ 矛盾.

同证法 4,可以归纳证明

$$a_n=\frac{(n-1)-(n-2)a_1}{n-(n-1)a_1},\quad n\geqslant 2.$$

从而立即得到

$$\lim_{n\to+\infty}a_n=\lim_{n\to+\infty}\frac{(n-1)-(n-2)a_1}{n-(n-1)a_1}=\lim_{n\to+\infty}\frac{(1-a_1)+\dfrac{2a_1-1}{n}}{(1-a_1)+\dfrac{a_1}{n}}=1.$$ □

44. 设数列 $\{a_n\}$ 满足不等式 $0\leqslant a_k\leqslant 100a_n(n\leqslant k\leqslant 2n, n=1,2,\cdots)$,且无穷级数 $\sum\limits_{n=1}^{\infty}a_n$ 收敛. 证明: $\lim\limits_{n\to+\infty}na=0$.

证明 根据题意有

$$\begin{aligned}
&a_{2n}\leqslant 100a_n\quad (n<2n\leqslant 2n),\\
&a_{2n}\leqslant 100a_{n+1}\quad (n+1\leqslant 2n\leqslant 2(n+1)),\\
&\vdots\\
&a_{2n}\leqslant 100a_{2n-1}\quad (2n-1\leqslant 2n\leqslant 2(2n-1)).
\end{aligned}$$

各式相加再乘 2 得

$$0\leqslant 2na_{2n}\leqslant 200(a_n+a_{n+1}+\cdots+a_{2n-1}).$$

由于级数 $\sum\limits_{n=1}^{\infty}a_n$ 收敛,即数列 $S_n=\sum\limits_{k=1}^{n}a_k$ 收敛,由 Cauchy 收敛原理. $0=\lim\limits_{n\to+\infty}(S_{n+p}-S_{n-1})=\lim\limits_{n\to+\infty}(a_n+a_{n+1}+\cdots+a_{n+p})$ 对 $\forall p\in\mathbb{N}$ 成立. 令 $p=n-1$ 就得

$$\lim_{n\to+\infty}(a_n+a_{n+1}+\cdots+a_{2n-1})=0.$$

再由夹逼定理可得, $\lim\limits_{n\to+\infty}2na_{2n}=0$.

同理有

$$0\leqslant(2n-1)a_{2n-1}<2na_{2n-1}\leqslant 200(a_n+a_{n+1}+\cdots+a_{2n-1})\to 0\quad(n\to+\infty).$$

因此,根据夹逼定理,有 $\lim\limits_{n\to+\infty}(2n-1)a_{2n-1}=0$. 综合上述,有 $\lim\limits_{n\to+\infty}na_n=0$. □

45. 证明: $\lim\limits_{n\to+\infty}\left(1+\frac{1}{n^2}\right)\left(1+\frac{2}{n^2}\right)\cdots\left(1+\frac{n}{n^2}\right)=e^{\frac{1}{2}}$.

证法 1 对 $\forall\, 0<k\leqslant n$,有

$$\begin{aligned}
1+\frac{1}{n}<\left(1+\frac{k}{n^2}\right)\left(1+\frac{n+1-k}{n^2}\right)&=1+\frac{n+1}{n^2}+\frac{k(n+1-k)}{n^4}\\
&\leqslant 1+\frac{1}{n}+\frac{1}{n^2}+\frac{(n+1)^2}{4n^4},
\end{aligned}$$

所以

$$\left(1+\frac{1}{n}\right)^{\frac{n}{2}} \leqslant \left[\prod_{k=1}^{n}\left(1+\frac{k}{n^2}\right)\left(1+\frac{n+1-k}{n^2}\right)\right]^{\frac{1}{2}}$$

$$\leqslant \left[1+\frac{1}{n}+\frac{1}{n^2}+\frac{(n+1)^2}{4n^4}\right]^{\frac{n}{2}}.$$

设 $A_n=\frac{1}{n}+\frac{1}{n^2}+\frac{(n+1)^2}{4n^4}$，则 $\lim\limits_{n\to+\infty} A_n=0$，且

$$\lim_{n\to+\infty}\frac{n}{2}A_n=\lim_{n\to+\infty}\left(\frac{1}{2}+\frac{1}{2n}+\frac{(n+1)^2}{8n^3}\right)=\frac{1}{2},$$

因此

$$\lim_{n\to+\infty}\left[1+\frac{1}{n}+\frac{1}{n^2}+\frac{(n+1)^2}{4n^4}\right]^{\frac{n}{2}}=\lim_{n\to+\infty}(1+A_n)^{\frac{n}{2}}=\lim_{n\to+\infty}\left[(1+A_n)^{\frac{1}{A_n}}\right]^{\frac{n}{2}A_n}=e^{\frac{1}{2}}.$$

再由

$$\lim_{n\to+\infty}\left(1+\frac{1}{n}\right)^{\frac{n}{2}}=e^{\frac{1}{2}}$$

及夹逼定理就有

$$\lim_{n\to+\infty}\left(1+\frac{1}{n^2}\right)\left(1+\frac{2}{n^2}\right)\cdots\left(1+\frac{n}{n^2}\right)=\lim_{n\to+\infty}\left[\prod_{k=1}^{n}\left(1+\frac{k}{n}\right)\left(1+\frac{n+1-k}{n^2}\right)\right]^{\frac{1}{2}}=e^{\frac{1}{2}}.$$

证法 2 因为当 $k\leqslant n$ 时，有

$$\left(1+\frac{k}{n^2}\right)^{\frac{(n+1)^2}{k}}>\left(1+\frac{k}{n^2}\right)^{\frac{n^2}{k}+2}>\left(1+\frac{1}{\left[\frac{n^2}{k}\right]+1}\right)^{\left[\frac{n^2}{k}\right]+2}>e,$$

所以 $\frac{(n+1)^2}{k}\ln\left(1+\frac{k}{n^2}\right)>1$，从而

$$\ln\left(1+\frac{k}{n^2}\right)>\frac{k}{(n+1)^2}.$$

同理

$$\left(1+\frac{k}{n^2}\right)^{\frac{(n-1)^2}{k}}<\left(1+\frac{k}{n^2}\right)^{\frac{n^2}{k}-2+\frac{1}{k}}<\left(1+\frac{1}{\left[\frac{n^2}{k}\right]}\right)^{\left[\frac{n^2}{k}\right]+\frac{1}{k}-1}<\left(1+\frac{1}{\left[\frac{n^2}{k}\right]}\right)^{\left[\frac{n^2}{k}\right]}<e,$$

$$\ln\left(1+\frac{k}{n^2}\right)<\frac{k}{(n-1)^2}.$$

于是，由

$$\frac{n}{2(n+1)}=\frac{1}{(n+1)^2}\sum_{k=1}^{n}k<\sum_{k=1}^{n}\ln\left(1+\frac{k}{n^2}\right)<\sum_{k=1}^{n}\frac{k}{(n-1)^2}=\frac{n(n+1)}{2(n-1)^2}$$

和

$$\lim_{n\to+\infty}\frac{n}{2(n+1)}=\frac{1}{2}=\lim_{n\to+\infty}\frac{n(n+1)}{2(n-1)^2}$$

得到 $\lim\limits_{n\to+\infty}\sum\limits_{k=1}^{n}\ln\left(1+\frac{k}{n^2}\right)=\frac{1}{2}$(根据夹逼定理). 因此

$$\lim_{n\to+\infty}\left(1+\frac{1}{n^2}\right)\left(1+\frac{2}{n^2}\right)\cdots\left(1+\frac{n}{n^2}\right)=\lim_{n\to+\infty}e^{\sum\limits_{k=1}^{n}\ln\left(1+\frac{k}{n^2}\right)}=e^{\frac{1}{2}}.$$

证法 3 由不等式$\frac{1}{n+1}<\ln\left(1+\frac{1}{n}\right)<\frac{1}{n}$得

$$\ln\left(1+\frac{i}{n^2}\right)=\ln\left(1+\frac{1}{\frac{n^2}{i}}\right)\leqslant\ln\left(1+\frac{1}{\left[\frac{n^2}{i}\right]}\right)<\frac{1}{\left[\frac{n^2}{i}\right]}$$

$$<\frac{1}{\frac{n^2}{i}-1}=\frac{i}{n^2-i},$$

$$\ln\left(1+\frac{i}{n^2}\right)=\ln\left(1+\frac{1}{\frac{n^2}{i}}\right)>\ln\left(1+\frac{1}{\left[\frac{n^2}{i}\right]+1}\right)>\frac{1}{\left[\frac{n^2}{i}\right]+2}$$

$$>\frac{1}{\frac{n^2}{i}+2}=\frac{i}{n^2+2i},$$

即

$$\frac{i}{n^2+2i}<\ln\left(1+\frac{i}{n^2}\right)<\frac{i}{n^2-i},\quad i=1,2,\cdots,n.$$

$$\sum_{i=1}^{n}\frac{i}{n^2+2i}<\sum_{i=1}^{n}\ln\left(1+\frac{i}{n^2}\right)<\sum_{i=1}^{n}\frac{i}{n^2-i}.$$

又 $\sum\limits_{i=1}^{n}\frac{i}{n^2+2n}<\sum\limits_{i=1}^{n}\frac{i}{n^2+2i}<\sum\limits_{i=1}^{n}\frac{i}{n^2+2}$ 及$\sum\limits_{i=1}^{n}\frac{i}{n^2-1}<\sum\limits_{i=1}^{n}\frac{i}{n^2-i}<\sum\limits_{i=1}^{n}\frac{i}{n^2-n}$, 且

$$\sum_{i=1}^{n}\frac{i}{n^2+2n}=\frac{1}{n^2+2n}\cdot\frac{n(n+1)}{2}=\frac{n+1}{2(n+2)}\to\frac{1}{2}\quad(n\to+\infty),$$

$$\sum_{i=1}^{n}\frac{i}{n^2+2}=\frac{1}{n^2+2}\cdot\frac{n(n+1)}{2}\to\frac{1}{2}\quad(n\to+\infty),$$

$$\sum_{i=1}^{n}\frac{i}{n^2-1}=\frac{1}{n^2-1}\cdot\frac{n(n+1)}{2}\to\frac{1}{2}\quad(n\to+\infty),$$

$$\sum_{i=1}^{n}\frac{i}{n^2-n}=\frac{1}{n^2-n}\cdot\frac{n(n+1)}{2}\to\frac{1}{2}\quad(n\to+\infty).$$

根据夹逼定理立即有

$$\lim_{n\to+\infty}\sum_{i=1}^{n}\frac{i}{n^2+2i}=\frac{1}{2}=\lim_{n\to+\infty}\sum_{i=1}^{n}\frac{i}{n^2-i}.$$

再用一次夹逼定理就得

$$\lim_{n\to+\infty}\sum_{i=1}^{n}\ln\left(1+\frac{i}{n^2}\right)=\frac{1}{2}.$$

从而

$$\lim_{n\to+\infty}\left(1+\frac{1}{n^2}\right)\left(1+\frac{2}{n^2}\right)\cdots\left(1+\frac{n}{n^2}\right)=\lim e^{\sum\limits_{i=1}^{n}\ln\left(1+\frac{i}{n^2}\right)}=e^{\frac{1}{2}}.$$

利用后面函数的无穷小量的知识还可以有另一种证法.

证法 4 根据 $\ln(1+x)=x+o(x)(x\to0)$有

$$\ln\left(1+\frac{i}{n^2}\right)=\frac{i}{n^2}+o\left(\frac{i}{n}\right)=\frac{i}{n^2}+o\left(\frac{1}{n}\right).$$

于是

$$\begin{aligned}\lim_{n\to+\infty}\ln\prod_{i=1}^{n}\left(1+\frac{i}{n^2}\right)&=\lim_{n\to+\infty}\sum_{i=1}^{n}\ln\left(1+\frac{i}{n^2}\right)\\&=\lim_{n\to+\infty}\sum_{i=1}^{n}\left[\frac{i}{n^2}+o\left(\frac{1}{n}\right)\right]\\&=\lim_{n\to+\infty}\left[\sum_{i=1}^{n}\frac{i}{n^2}+no\left(\frac{1}{n}\right)\right]\\&=\lim_{n\to+\infty}\left[\frac{n(n+1)}{2n^2}+o(1)\right]=\frac{1}{2},\end{aligned}$$

所以

$$\lim_{n\to+\infty}\left(1+\frac{1}{n^2}\right)\left(1+\frac{2}{n^2}\right)\cdots\left(1+\frac{n}{n^2}\right)=\lim_{n\to+\infty}e^{\sum\limits_{i=1}^{n}\ln\left(1+\frac{i}{n^2}\right)}=e^{\frac{1}{2}}.$$ □

46. 设 $a_1>b_1>0$,令

$$a_n=\frac{a_{n-1}+b_{n-1}}{2},\quad b_n=\frac{2a_{n-1}b_{n-1}}{a_{n-1}+b_{n-1}},\quad n=2,3,\cdots.$$

证明:数列$\{a_n\}$与$\{b_n\}$都收敛,且 $\lim\limits_{n\to+\infty}a_n=\lim\limits_{n\to+\infty}b_n=\sqrt{a_1b_1}$.

证明 由题意 $a_1>b_1>0$,得

$$a_2=\frac{a_1+b_1}{2}<\frac{a_1+a_1}{2}=a_1,\quad b_2=\frac{2a_1b_1}{a_1+b_1}=\frac{2a_1}{a_1+b_1}\cdot b_1>b_1.$$

$$a_2=\frac{a_1+b_1}{2}>\sqrt{a_1b_1},\quad b_2=\frac{2a_1b_1}{a_1+b_1}<\frac{2a_1b_1}{2\sqrt{a_1b_1}}=\sqrt{a_1b_1}<a_2.$$

假设 $n=k$ 时有 $a_{k-1}>a_k>b_k>b_{k-1}$,则同上面的证法可得

$$\sqrt{a_kb_k}<\frac{a_k+b_k}{2}=a_{k+1}<a_k,\quad \sqrt{a_kb_k}>\frac{2a_kb_k}{a_k+b_k}=b_{k+1}>\frac{2a_k}{a_k+b_k}b_k>b_k,$$

$$a_{k+1}>b_{k+1}.$$

于是对任意 $n\in\mathbb{N}$,有

$$a_1>a_2>\cdots>a_{n-1}>a_n>b_n>b_{n-1}>\cdots>b_1>0,$$

即$\{a_n\}$,$\{b_n\}$都单调有界,故收敛. 设 $\lim\limits_{n\to+\infty}a_n=a$, $\lim\limits_{n\to+\infty}b_n=b$. 对关系式两边取极限并注意 $b>0$ 得

$$a=\frac{a+b}{2},\quad a=b\neq 0.$$

再由 $a_nb_n=a_{n-1}b_{n-1}=\cdots=a_1b_1$ 知 $\lim\limits_{n\to+\infty}a_nb_n=a_1b_1$,故得

$$b^2=a^2=ab=\lim_{n\to+\infty}a_nb_n=a_1b_1.$$

这就证明了 $\lim\limits_{n\to+\infty}a_n=a=\sqrt{a_1b_1}=\lim\limits_{n\to+\infty}b_n$. □

47. 当 $n\geqslant 3$ 时,证明:

$$\sum_{k=0}^{n}\frac{1}{k!}-\frac{3}{2n}<\left(1+\frac{1}{n}\right)^n<\sum_{k=0}^{n}\frac{1}{k!}.$$

证明 先利用归纳法证明不等式

$$(1-r_1)(1-r_2)\cdots(1-r_n)>1-r_1-r_2-\cdots-r_n$$

对 $n\geqslant 2$ 成立,其中 $0<r_i<1,i=1,2,\cdots,n$.

当 $n=2$ 时,$(1-r_1)(1-r_2)=1-r_1-r_2+r_1r_2>1-r_1-r_2$.

假设当 $n=k$ 时,不等式$(1-r_1)(1-r_2)\cdots(1-r_k)>1-r_1-r_2-\cdots-r_k$ 成立. 则当 $n=k+1$ 时,有

$$\begin{aligned}&(1-r_1)(1-r_2)\cdots(1-r_k)(1-r_{k+1})>(1-r_1-r_2-\cdots-r_k)(1-r_{k+1})\\&=1-r_1-r_2-\cdots-r_k-r_{k+1}(1-r_1-r_2-\cdots-r_k)\\&=1-r_1-r_2-\cdots-r_k-r_{k+1}+r_1r_{k+1}+r_2r_{k+1}+\cdots+r_kr_{k+1}\\&>1-r_1-r_2-\cdots-r_k-r_{k+1},\end{aligned}$$

不等式也成立. 故当 $n\geqslant 2$ 时,结论都成立.

$$\begin{aligned}\left(1+\frac{1}{n}\right)^n&=1+n\cdot\frac{1}{n}+\frac{n(n-1)}{2!}\frac{1}{n^2}+\cdots+\frac{n(n-1)\cdots(n-k+1)}{k!}\frac{1}{n^k}+\cdots+\frac{1}{n^n}\\&=1+1+\frac{1}{2!}\left(1-\frac{1}{n}\right)+\cdots+\frac{1}{k!}\left(1-\frac{1}{n}\right)\cdots\left(1-\frac{k-1}{n}\right)+\cdots\\&\quad+\frac{1}{n!}\left(1-\frac{1}{n}\right)\cdots\left(1-\frac{n-1}{n}\right)\\&>1+1+\frac{1}{2!}\left(1-\frac{1}{n}\right)+\cdots\\&\quad+\frac{1}{k!}\left(1-\frac{1}{n}-\frac{2}{n}-\cdots-\frac{k-1}{n}\right)+\cdots+\frac{1}{n!}\left(1-\frac{1}{n}-\frac{2}{n}-\cdots-\frac{n-1}{n}\right)\\&=1+\frac{1}{1!}+\frac{1}{2!}+\cdots+\frac{1}{n!}-\frac{1}{n}\left(\frac{1}{2!}+\frac{1+2}{3!}+\cdots+\frac{1+2+\cdots+(n-1)}{n!}\right)\end{aligned}$$

$$= \sum_{k=0}^{n} \frac{1}{k!} - \frac{1}{n}\sum_{k=2}^{n} \frac{(k-1)k}{2\cdot k!} = \sum_{k=0}^{n} \frac{1}{k!} - \frac{1}{2n}\sum_{k=2}^{n} \frac{1}{(k-2)!}$$

$$> \sum_{k=0}^{n} \frac{1}{k!} - \frac{3}{2n}.$$

另一方面

$$\left(1+\frac{1}{n}\right)^n = 1+1+\frac{1}{2!}\left(1-\frac{1}{n}\right)+\frac{1}{3!}\left(1-\frac{1}{n}\right)\left(1-\frac{2}{n}\right)+\cdots+\frac{1}{n!}\left(1-\frac{1}{n}-\cdots-\frac{n-1}{n}\right)$$

$$< 1+1+\frac{1}{2!}+\frac{1}{3!}+\cdots+\frac{1}{n!} = \sum_{k=0}^{n}\frac{1}{k!}.$$ □

48. 设 $a_1=1, a_n=n(a_{n-1}+1), n=2,3,\cdots$，且 $x_n=\prod_{k=1}^{n}\left(1+\frac{1}{a_k}\right)$. 求 $\lim\limits_{n\to+\infty} x_n$.

解 根据 $\frac{a_{n-1}+1}{a_n}=\frac{1}{n}$ 将 x_n 改写为

$$x_n = \left(1+\frac{1}{a_1}\right)\left(1+\frac{1}{a_2}\right)\cdots\left(1+\frac{1}{a_n}\right) = \frac{a_1+1}{a_1}\,\frac{a_2+1}{a_2}\cdots\frac{a_n+1}{a_n}$$

$$= \frac{1}{a_1}\cdot\frac{a_1+1}{a_2}\,\frac{a_2+1}{a_3}\cdots\frac{a_{n-1}+1}{a_n}\cdot(a_n+1)$$

$$= 1\cdot\frac{1}{2}\cdot\frac{1}{3}\cdots\frac{1}{n}(a_n+1) = \frac{a_n+1}{n!}.$$

$\{x_n\}$收敛$\Leftrightarrow\left\{\frac{a_n}{n!}\right\}$收敛. 由关系式知

$$\frac{a_n}{n!} = \frac{a_{n-1}}{(n-1)!}+\frac{1}{(n-1)!}$$

$$= \frac{a_{n-2}}{(n-2)!}+\frac{1}{(n-2)!}+\frac{1}{(n-1)!} = \cdots$$

$$= \frac{a_1}{1!}+\frac{1}{1!}+\frac{1}{2!}+\cdots+\frac{1}{(n-1)!} = \sum_{k=0}^{n-1}\frac{1}{k!},$$

所以

$$\lim_{n\to+\infty}\frac{a_n}{n!} = \mathrm{e}.$$

从而 $\lim\limits_{n\to+\infty} x_n = \lim\limits_{n\to+\infty}\left(\frac{a_n}{n!}+\frac{1}{n!}\right) = \mathrm{e}+0 = \mathrm{e}$. □

49. 设 $H_n = 1+\frac{1}{2}+\cdots+\frac{1}{n}, n\in\mathbb{N}$，用 K_n 表示使 $H_k\geqslant n$ 的最小下标. 求 $\lim\limits_{n\to+\infty}\frac{K_{n+1}}{K_n}$.

解 由题意知 $\lim\limits_{n\to+\infty} K_n = +\infty$ 及

$$H_{K_n} - \frac{1}{K_n} = H_{K_n-1} < n \leqslant H_{K_n},$$

由此得出

$$n \leqslant H_{K_n} < n + \frac{1}{K_n},$$

$$n+1 \leqslant H_{K_{n+1}} < n+1+\frac{1}{K_{n+1}}.$$

于是

$$1-\frac{1}{K_n} < H_{K_{n+1}} - H_{K_n} < 1+\frac{1}{K_{n+1}}.$$

由 $\lim\limits_{n\to+\infty}\frac{1}{K_n}=0=\lim\limits_{n\to+\infty}\frac{1}{K_{n+1}}$ 知 $\lim\limits_{n\to+\infty}(H_{K_{n+1}}-H_{K_n})=1$. 根据定理 1.4.2(4)及其证明知

$$H_n = 1+\frac{1}{2}+\cdots+\frac{1}{n} = x_n + \ln n,$$

而 $x_n=1+\frac{1}{2}+\cdots+\frac{1}{n}-\ln n=c+\varepsilon_n\to c$(Euler 常数)$(n\to+\infty)$. 所以

$$H_{K_{n+1}} = \ln K_{n+1} + c + \varepsilon_{K_{n+1}}$$

$$H_{K_n} = \ln K_n + c + \varepsilon_{K_n}$$

$$H_{K_{n+1}} - H_{K_n} = \ln\frac{K_{n+1}}{K_n} + \varepsilon_{K_{n+1}} - \varepsilon_{K_n}.$$

令 $n\to+\infty$ 得

$$1 = \lim_{n\to+\infty}(H_{K_{n+1}} - H_{K_n}) = \lim_{n\to+\infty}\ln\frac{K_{n+1}}{K_n} + 0,$$

于是 $\lim\limits_{n\to+\infty}\ln\frac{K_{n+1}}{K_n}=1$. 从而 $\lim\limits_{n\to+\infty}\frac{K_{n+1}}{K_n}=\lim\limits_{n\to+\infty}e^{\ln\frac{K_{n+1}}{K_n}}=e^1=e.$ □

50. 设 $y_0\geqslant 2, y_n=y_{n-1}^2-2(n\in\mathbb{N})$,于是

$$S_n = \frac{1}{y_0}+\frac{1}{y_0y_1}+\cdots+\frac{1}{y_0y_1\cdots y_n}.$$

证明:$\lim\limits_{n\to+\infty}S_n=\frac{y_0-\sqrt{y_0^2-4}}{2}$.

证明 若 $y_0=2$,则 $y_1=2=y_2=\cdots=y_n, \forall n\in\mathbb{N}$,于是

$$\lim_{n\to+\infty}S_n = \lim_{n\to+\infty}\left(\frac{1}{2}+\frac{1}{4}+\cdots+\frac{1}{2^{n+1}}\right) = 1 = \frac{y_0-\sqrt{y_0^2-4}}{2}.$$

若 $y_0>2$. 取 $a=\frac{y_0-\sqrt{y_0^2-4}}{2}$,则 $0<a<1$,且 $a+\frac{1}{a}=y_0$,于是

$$y_1 = y_0^2 - 2 = \left(a+\frac{1}{a}\right)^2 - 2 = a^2 + \frac{1}{a^2},$$

$$y_2 = y_1^2 - 2 = a^{2^2} + \frac{1}{a^{2^2}}, \cdots$$

$$y_n = a^{2^n} + \frac{1}{a^{2^n}}, \quad n\in\mathbb{N}.$$

因此就有

$$y_0 y_1 \cdots y_n = \left(a+\frac{1}{a}\right)\left(a^2+\frac{1}{a^2}\right)\cdots\left(a^{2^n}+\frac{1}{a^{2^n}}\right)$$

$$= \frac{(a^{2^n})^2-(a^{-2^n})^2}{a-\dfrac{1}{a}} = \frac{a}{a^2-1}\,\frac{a^{2^{n+2}}-1}{a^{2^{n+1}}},$$

$$\frac{1}{y_0 y_1 \cdots y_n} = \frac{1-a^2}{a}\,\frac{a^{2^{n+1}}+1-1}{1-(a^{2^{n+1}})^2} = \frac{1-a^2}{a}\left(\frac{1}{1-a^{2^{n+1}}}-\frac{1}{1-a^{2^{n+2}}}\right).$$

于是

$$S_n = \frac{1-a^2}{a}\left(\frac{1}{1-a^2}-\frac{1}{1-a^4}+\frac{1}{1-a^4}-\frac{1}{1-a^8}+\cdots+\frac{1}{1-a^{2^{n+1}}}-\frac{1}{1-a^{2^{n+2}}}\right)$$

$$= \frac{1-a^2}{a}\left(\frac{1}{1-a^2}-\frac{1}{1-a^{2^{n+2}}}\right),$$

$$\lim_{n\to+\infty} S_n = \frac{1-a^2}{a}\left(\frac{1}{1-a^2}-1\right) = \frac{1}{a}-\frac{1}{a}+a = a = \frac{y_0-\sqrt{y_0^2-4}}{2}. \qquad \square$$

51. 令数列$\{b_n\}$满足

$$b_n = \sum_{k=0}^{n}\frac{1}{C_n^k},\quad n=1,2,\cdots.$$

证明：(1) 当 $n\geqslant 2$ 时，$b_n=\dfrac{n+1}{2n}b_{n-1}+1$.

(2) $\lim\limits_{n\to+\infty} b_n=2$.

证明 (1) $b_n=\dfrac{n+1}{2n}b_{n-1}+1 \Leftrightarrow 2b_n-b_{n-1}-2=\dfrac{b_{n-1}}{n}$. 以下证明后面的式子.

由于 $b_n=\sum\limits_{k=0}^{n}\dfrac{1}{C_n^k}=1+\sum\limits_{k=0}^{n-1}\dfrac{1}{C_n^{k+1}}$ 及 $b_n=\sum\limits_{k=0}^{n}\dfrac{1}{C_n^k}=\sum\limits_{k=0}^{n-1}\dfrac{1}{C_n^k}+1$，所以

$$2b_n-b_{n-1}-2 = \sum_{k=0}^{n-1}\left(\frac{1}{C_n^k}+\frac{1}{C_n^{k+1}}-\frac{1}{C_{n-1}^k}\right)$$

$$= \sum_{k=0}^{n-1}\left[\frac{k!(n-k)!}{n!}+\frac{(k+1)!(n-k-1)!}{n!}-\frac{k!(n-k-1)!}{(n-1)!}\right]$$

$$= \sum_{k=0}^{n-1}\frac{k!(n-k-1)!(n-k+k+1-n)}{n!} = \sum_{k=0}^{n-1}\frac{k!(n-1-k)!}{(n-1)!}\cdot\frac{1}{n} = \frac{1}{n}b_{n-1}.$$

(1)得证.

(2) 显然 $b_n>0(n=1,2,\cdots)$. 由(1)知

$$2b_n = \frac{n+1}{n}b_{n-1}+2,$$

所以

$$2(b_n-b_{n+1})=\frac{n+1}{n}b_{n-1}-\frac{n+2}{n+1}b_n=b_{n-1}-b_n+\frac{1}{n}b_{n-1}-\frac{1}{n+1}b_n,$$

$$2(b_n-b_{n+1})>(b_{n-1}-b_n)+\frac{1}{n+1}(b_{n-1}-b_n)=\frac{n+2}{n+1}(b_{n-1}-b_n).$$

经计算知 $b_1=2,b_2=\frac{5}{2},b_3=2+\frac{2}{3}=b_4,b_5=2+\frac{3}{5}$,因此,当 $n>4$ 时,$b_n-b_{n+1}>0$,$\{b_n\}$单调减,$b_n>2$,有下界. 故$\{b_n\}$收敛. 设 $\lim\limits_{n\to+\infty}b_n=b$,于是有 $b=\lim\limits_{n\to+\infty}b_n=\lim\limits_{n\to+\infty}\left(\frac{n+1}{2n}b_{n-1}+1\right)=\frac{b}{2}+1$. 解得

$$b=2=\lim_{n\to+\infty}b_n.$$ □

52. 设 $S_n=1+2^2+3^3+\cdots+n^n$. 证明:

$$n^n\left[1+\frac{1}{4(n-1)}\right]<S_n<n^n\left[1+\frac{2}{\mathrm{e}(n-1)}\right]$$

当 $n\geqslant 3$ 时成立.

证明 当 $n=3$ 时,左边 $=3^3\left(1+\frac{1}{8}\right)=30\frac{3}{8}$,中间 $=32$,右边 $=27\left(1+\frac{1}{\mathrm{e}}\right)>27\left(1+\frac{1}{3}\right)=36$. 不等式成立.

令 $u_n=n^n,v_n=\left(1-\frac{1}{n}\right)^n$,则$\{u_n\}$严格单调增,$\{v_n\}$严格单调增以 e^{-1} 为极限,且当 $n\geqslant 3$ 时,

$$\frac{u_{n-1}}{u_n}=\left(\frac{n-1}{n}\right)^n\cdot\frac{1}{n-1}=\frac{1}{n-1}v_n,\ \frac{1}{4}=v_2<v_n<\frac{1}{\mathrm{e}},$$

$$S_{n-1}=u_1+\cdots+u_{n-1}<(n-1)u_{n-1}=(n-1)^n<n^n=u_n.$$

因此

$$S_n=S_{n-1}+u_n<2u_n,$$

$$S_{n-1}<2u_{n-1}=2u_n\left(\frac{u_{n-1}}{u_n}\right)=2u_n\cdot\frac{v_n}{n-1}<\frac{2u_n}{\mathrm{e}(n-1)}.$$

所以

$$S_n=S_{n-1}+u_n<\frac{2u_n}{\mathrm{e}(n-1)}+u_n=u_n\left[1+\frac{2}{\mathrm{e}(n-1)}\right].$$

另一方面,当 $n\geqslant 3$ 时,由 $\frac{u_{n-1}}{u_n}=\frac{1}{n-1}v_n$ 得

$$u_{n-1}=\frac{u_n}{n-1}v_n>\frac{u_n}{4(n-1)}.$$

故当 $n\geqslant 3$ 时

$$S_n=S_{n-1}+u_n>u_{n-1}+u_n>u_n\left[1+\frac{1}{4(n-1)}\right].$$

合起来,就证明了

$$n^n\left[1+\frac{1}{4(n-1)}\right]<S_n<n^n\left[1+\frac{1}{e(n-1)}\right].$$ □

53. 设 $x_n>0$. 证明:

(1) $\overline{\lim\limits_{n\to+\infty}}\left(\frac{x_1+x_{n+1}}{x_n}\right)^n\geqslant e$;

(2) 上式中的 e 为最佳常数.

证明 (1) (反证)假设

$$\overline{\lim_{n\to+\infty}}\left(\frac{x_1+x_{n+1}}{x_n}\right)^n<e,$$

则

$$\overline{\lim_{n\to+\infty}}\left(\frac{x_1+x_{n+1}}{x_n}\right)^n\left(1+\frac{1}{n}\right)^{-n}=\overline{\lim_{n\to+\infty}}\left(\frac{x_1+x_{n+1}}{x_n}\right)^n\cdot e^{-1}<e\cdot e^{-1}=1,$$

故 $\exists N\in\mathbb{N}$,当 $n\geqslant N$ 时,有

$$\left(\frac{x_1+x_{n+1}}{x_n}\right)^n\left(1+\frac{1}{n}\right)^{-n}<1,$$

即

$$\frac{x_1+x_{n+1}}{x_n}<1+\frac{1}{n}=\frac{n+1}{n},\quad 故\quad \frac{x_1+x_{n+1}}{n+1}<\frac{x_n}{n}.$$

由此得出,当 $m>n\geqslant N$ 时,有

$$\frac{x_n}{n}-\frac{x_{n+1}}{n+1}>\frac{x_1}{n+1},$$

$$\vdots$$

$$\frac{x_m}{m}-\frac{x_{m+1}}{m+1}>\frac{x_1}{m+1}.$$

将上述各式相加得到

$$\frac{x_n}{n}>\frac{x_n}{n}-\frac{x_{m+1}}{m+1}>x_1\left(\frac{1}{n+1}+\cdots+\frac{1}{m+1}\right).$$

在上式中,固定 $n\geqslant N$,令右边不小于 n 的 m 取得任意大可看出,右边的关于 m 的数列无上界,这与该数列以固定数 $\frac{x_n}{n}$ 为上界矛盾. 或者,在不等式两边令 $m\to+\infty$ 得到

$$+\infty>\frac{x_n}{n}\geqslant+\infty,$$

矛盾.

(2) 令 $x_1=\varepsilon>0$(待定),$x_n=n(n=2,3,\cdots)$,则

$$\overline{\lim_{n\to+\infty}}\left(\frac{x_1+x_{n+1}}{x_n}\right)^n=\overline{\lim_{n\to+\infty}}\left(\frac{\varepsilon+n+1}{n}\right)^n=\overline{\lim_{n\to+\infty}}\left(1+\frac{1+\varepsilon}{n}\right)^n=e^{1+\varepsilon},$$

由于 $\varepsilon>0$ 可取任意小的正数,可见 $e^{1+0}=e$ 是最佳的常数. □

54. 设 $a_n>0$，证明：$\overline{\lim_{n\to+\infty}} n\left(\frac{1+a_{n+1}}{a_n}-1\right)\geqslant 1$.

证明 (反证)假设 $\overline{\lim_{n\to+\infty}} n\left(\frac{1+a_{n+1}}{a_n}-1\right)<1$，则 $\exists n_0\in\mathbb{N}$，当 $n\geqslant n_0$ 时，总有

$$n\left(\frac{1+a_{n+1}}{a_n}-1\right)<1,$$

即 $\frac{1+a_{n+1}}{a_n}<1+\frac{1}{n}=\frac{n+1}{n}$，化简成为 $\frac{a_n}{n}-\frac{a_{n+1}}{n+1}>\frac{1}{n+1}$. 依次排出

$$\frac{a_{n_0}}{n_0}-\frac{a_{n_0+1}}{n_0+1}>\frac{1}{n_0+1},$$

$$\frac{a_{n_0+1}}{n_0+1}-\frac{a_{n_0+2}}{n_0+2}>\frac{1}{n_0+2},$$

$$\vdots$$

$$\frac{a_{n-1}}{n-1}-\frac{a_n}{n}>\frac{1}{n}.$$

相加得

$$\frac{a_{n_0}}{n_0}>\frac{a_{n_0}}{n_0}-\frac{a_n}{n}>\frac{1}{n_0+1}+\frac{1}{n_0+2}+\cdots+\frac{1}{n}\quad(n\geqslant n_0).$$

n_0 选定后，$\frac{a_{n_0}}{n_0}$ 是定数，而数列 $b_n=\frac{1}{n_0+1}+\frac{1}{n_0+2}+\cdots+\frac{1}{n}$ 是无界数列，矛盾. □

55. 设 $2a_{n+1}=1+b_n^2$，$2b_{n+1}=2a_n-a_n^2$，$0\leqslant b_n\leqslant\frac{1}{2}\leqslant a_n$，$n=1,2,\cdots$. 证明：数列 $\{a_n\}$，$\{b_n\}$ 均收敛，并求其极限之值.

证法 1 由题设得

$$a_{n+2}-a_{n+1}=\frac{1+b_{n+1}^2}{2}-\frac{1+b_n^2}{2}=\frac{1}{2}(b_{n+1}+b_n)(b_{n+1}-b_n),$$

$$b_{n+2}-b_{n+1}=\frac{2a_{n+1}-a_{n+1}^2}{2}-\frac{2a_n-a_n^2}{2}=\frac{1}{2}(a_{n+1}-a_n)(2-a_{n+1}-a_n),$$

由此推得

$$a_{n+1}-a_n=\frac{1}{2}(b_n+b_{n-1})(b_n-b_{n-1}),$$

$$b_{n+1}-b_n=\frac{1}{2}(a_n-a_{n-1})(2-a_n-a_{n-1}).$$

再代入上面两式有

$$a_{n+2}-a_{n+1}=\frac{1}{4}(b_{n+1}+b_n)(2-a_n-a_{n-1})(a_n-a_{n-1}),$$

$$b_{n+2}-b_{n+1}=\frac{1}{4}(b_n+b_{n-1})(2-a_{n+1}-a_n)(b_n-b_{n-1}).$$

由条件 $0\leqslant b_n\leqslant\frac{1}{2}\leqslant a_n$ 得 $0\leqslant b_n+b_{n-1}\leqslant\frac{1}{2}+\frac{1}{2}=1$，于是 $0\leqslant b_{n+1}+b_n\leqslant 1$，且 $a_{n+1}=\frac{1+b_n^2}{2}\leqslant\frac{1+\left(\frac{1}{2}\right)^2}{2}=\frac{5}{8}$. 则

$$\frac{3}{4}=2-\frac{5}{8}-\frac{5}{8}\leqslant 2-a_{n+1}-a_n\leqslant 2-\frac{1}{2}-\frac{1}{2}=1,$$

$$\frac{3}{4}\leqslant 2-a_n-a_{n-1}\leqslant 1.$$

再代入上面的式子得到

$$|a_{2m}-a_{2m-1}|\leqslant\frac{1}{4}|a_{2m-2}-a_{2m-3}|\leqslant\cdots\leqslant\left(\frac{1}{4}\right)^{m-1}|a_2-a_1|,$$

$$|a_{2m+1}-a_{2m}|\leqslant\frac{1}{4}|a_{2m-1}-a_{2m-2}|\leqslant\cdots\leqslant\left(\frac{1}{4}\right)^{m-1}|a_3-a_2|.$$

因此

$$\begin{aligned}|a_{n+p}-a_n|&\leqslant|a_{n+p}-a_{n+p-1}|+|a_{n+p-1}-a_{n+p-2}|+\cdots+|a_{n+1}-a_n|\\&\leqslant 2\left[\left(\frac{1}{4}\right)^{\left[\frac{n+p-1}{2}\right]-1}+\cdots+\left(\frac{1}{4}\right)^{\left[\frac{n}{2}\right]-1}\right]\max\{|a_2-a_1|,|a_3-a_2|\}\\&\leqslant 2\cdot\left(\frac{1}{4}\right)^{\left[\frac{n}{2}\right]-1}\frac{1}{1-\frac{1}{4}}\max\{|a_2-a_1|,|a_3-a_2|\}.\end{aligned}$$

从而 $\{a_n\}$ 为 Cauchy 数列.

同样证得 $\{b_n\}$ 也是 Cauchy 数列 $\left(\text{或由 } b_n=\frac{2a_{n-1}-a_{n-1}^2}{2}\text{ 推得}\{b_n\}\text{收敛}\right)$. 因而 $\{a_n\}$，$\{b_n\}$ 收敛. 令 $\lim\limits_{n\to+\infty}a_n=a$，$\lim\limits_{n\to+\infty}b_n=b$，则 $0\leqslant b\leqslant\frac{1}{2}\leqslant a$. 对关系式

$$\begin{cases}2a_{n+1}=1+b_n^2,\\2b_{n+1}=2a_n-a_n^2\end{cases}$$

两边取极限得

$$\begin{cases}2a=1+b^2,\\2b=2a-a^2.\end{cases}$$

于是 $2b=1+b^2-\left(\frac{1+b^2}{2}\right)^2$，化简得 $b^4-2b^2+8b-3=0$，故 $(b^2+2b-1)(b^2-2b+3)=0$. 而 $b^2-2b+3=(b-1)^2+2\neq 0$，从而有方程

$$b^2+2b-1=0,$$

解得 $b=-1\pm\sqrt{2}$. 由 $b\geqslant 0$，取 $b=\sqrt{2}-1<\frac{1}{2}$. 于是

$$a=\frac{1+b^2}{2}=\frac{1+2+1-2\sqrt{2}}{2}=2-\sqrt{2},$$

即 $\lim\limits_{n\to+\infty}a_n=2-\sqrt{2}$，$\lim\limits_{n\to+\infty}b_n=\sqrt{2}-1$. □

证法 2 此法要用到第 2 章关于导数的知识.

由题意知 $\frac{1}{2}\leqslant a_n=\frac{1+b_n^2}{2}\leqslant\frac{1}{2}\left(1+\frac{1}{4}\right)=\frac{5}{8}$，$a_{n+2}=\frac{1}{2}+\frac{1}{2}b_{n+1}^2=\frac{1}{2}+\frac{1}{8}(2a_n-a_n^2)^2=\frac{1}{2}+\frac{1}{2}a_n^2-\frac{1}{2}a_n^3+\frac{1}{8}a_n^4$.

作函数 $f(x)=\frac{1}{2}+\frac{1}{2}x^2-\frac{1}{2}x^3+\frac{1}{8}x^4$，则

$$f'(x)=x-\frac{3}{2}x^2+\frac{1}{2}x^3=\frac{x}{2}(x-1)(x-2).$$

当 $\frac{1}{2}\leqslant x\leqslant 1$ 时，$0\leqslant f'(x)\leqslant\frac{1}{2}\cdot 1\cdot\frac{1}{2}\cdot\frac{3}{2}=\frac{3}{8}<\frac{1}{2}$. 应用 Lagrange 中值定理，有

$$\begin{aligned}|a_{n+2}-a_n|&=|f(a_n)-f(a_{n-2})|=|f'(\xi_n)||a_n-a_{n-2}|\\&\leqslant\frac{1}{2}|a_n-a_{n-2}|,\end{aligned}$$

其中 ξ_n 在 a_n 与 a_{n-2} 之间，即 $\frac{1}{2}\leqslant\xi_n\leqslant\frac{5}{8}<1$，故 $|f'(\xi_n)|<\frac{1}{2}$.

$$\begin{aligned}|a_{2m+2}-a_{2m}|&\leqslant\frac{1}{2}|a_{2m}-a_{2m-2}|\leqslant\left(\frac{1}{2}\right)^2|a_{2m-2}-a_{2m-4}|\\&\leqslant\cdots\leqslant\left(\frac{1}{2}\right)^{m-1}|a_4-a_2|,\end{aligned}$$

$$|a_{2m+1}-a_{2m-1}|\leqslant\frac{1}{2}|a_{2m-1}-a_{2m-3}|\leqslant\cdots\leqslant\left(\frac{1}{2}\right)^{m-1}|a_3-a_1|.$$

由此可知 $\{a_{2m}\}$ 与 $\{a_{2m-1}\}$ 均为 Cauchy 数列，故收敛. 且其极限满足同一个关系式

$$\lim_{m\to+\infty}a_{2m}=\lim_{m\to+\infty}f(a_{2m-2})=f(\lim_{m\to+\infty}a_{2m-2}),$$

$$\lim_{m\to+\infty}a_{2m-1}=\lim_{m\to+\infty}f(a_{2m-3})=f(\lim_{m\to+\infty}a_{2m-3}),$$

即 $x=f(x)$，令 $g(x)=x-f(x)$，则 $g'(x)=1-f'(x)$. 在 $0<x<\frac{5}{8}$ 中 $0<f'(x)<\frac{1}{2}$，故 $g'(x)>0$. $g(x)$ 在 $0<x<\frac{5}{8}$ 中严格增. 它在 $\left[0,\frac{5}{8}\right]$ 中只有惟一根. 因此，它们有相同的极限. 这就证明了 $\{a_n\}$ 收敛. 设 $a=\lim\limits_{n\to+\infty}a_n$. 同证法 1，求得 $a=2-\sqrt{2}$.

又 $2b_{n+1}=2a_n-a_n^2$ 故

$$\begin{aligned}\lim_{n\to+\infty}b_{n+1}&=\lim_{n\to+\infty}\frac{2a_n-a_n^2}{2}=a-\frac{1}{2}a^2=(2-\sqrt{2})-\frac{1}{2}(2-\sqrt{2})^2\\&=2-\sqrt{2}-(\sqrt{2}-1)^2=\sqrt{2}-1.\end{aligned}$$

□

第2章

函数极限与连续

Ⅰ. 函数极限的计算和论证方法

(1) 函数极限的定义,即 ε-δ(ε-Δ,A-δ,A-Δ)法(定义 2.1.3).

(2) $\lim\limits_{x\to x_0}f(x)=a\Leftrightarrow\lim\limits_{x\to x_0^+}f(x)=\lim\limits_{x\to x_0^-}f(x)=a$(定理 2.1.1).

(3) 函数极限的+、-、×、÷四则运算性质(定理 2.2.6),复合函数的极限定理(定理 2.2.7).

(4) 初等函数的连续性(定理 2.4.5).

(5) 夹逼定理 2.2.5.

(6) 单调增(减)有上(下)界的函数 $f(x)$,$\lim\limits_{x\to x_0}f(x)$存在有限.

(7) 两个重要的极限:

$$\lim_{x\to\infty}\left(1+\frac{1}{x}\right)^x=\mathrm{e}=\lim_{x\to 0}(1+x)^{\frac{1}{x}}\quad(例 2.2.10);$$

$$\lim_{x\to 0}\frac{\sin x}{x}=1\quad(例 2.2.7).$$

(8) Cauchy 准则(原理)(定理 2.1.4).

(9) 归结原则(Heine,定理 2.1.3).

(10) 等价代换(定理 2.3.2).

设 $f(x)\sim g(x)(x\to x_0)$,则

$$\lim_{x\to x_0}\frac{f(x)-g(x)}{g(x)}=\lim_{x\to x_0}\left(\frac{f(x)}{g(x)}-1\right)=1-1=0,$$

$$f(x)-g(x)=o(g(x)),\quad f(x)=g(x)+o(g(x)),\quad x\to x_0.$$

$$\sin x=x+o(x),\quad x\to 0,$$

$$1-\cos x=\frac{x^2}{2}+o(x^2),\quad x\to 0,$$

例如：

$$\ln(1+x)=x+o(x),\quad x\to 0,$$

$$a^x=1+x\ln a+o(x),\quad x\to 0,$$

$$(1+x)^\alpha=e^{\alpha\ln(1+x)}=e^{\alpha[x+o(x)]}=1+\alpha[x+o(x)]+o(x+o(x))$$
$$=1+\alpha x+o(x)\quad(x\to 0).$$

(11) $\lim\limits_{x\to x_0}f(x)=a>0,\lim\limits_{x\to x_0}g(x)=b$,则$\lim\limits_{x\to x_0}f(x)^{g(x)}=a^b$(定理 2.2.8).

(12) $\dfrac{0}{0}$型 L'Hospital(洛必达)法则(定理 3.4.1,定理 3.4.1′,定理 3.4.1″)以及$\dfrac{\bullet}{\infty}$型 L'Hospital 法则(定理 3.4.2).

(13) Peano 型余项的 Taylor 公式(定理 4.1.2,例 4.2.1～例 4.2.6).

Ⅱ. 函数的连续性与一致连续性

定义 2.4.1 设 $x\subset\mathbb{R}$,f: $X\to\mathbb{R}$ 为一元函数,$x_0\in X$. 如果$\lim\limits_{x\to x_0}f(x)=f(x_0)$,即$\forall\varepsilon>0$,$\exists\delta=\delta(\varepsilon,x_0)>0$,当 $x\in X$,$|x-x_0|<\delta$ 时,有

$$|f(x)-f(x_0)|<\varepsilon,$$

则称 f 在 $x_0\in X$ **点处连续**,而 x_0 称为 f 的**连续点**. 如果 x_0 不是 f 的连续点,则称它为 f 的**不连续点**或**间断点**.

如果 f 在 X 中每一点处都连续,则称 **f 在 X 中连续**或 f 为 X 中的**连续函数**.

定义 2.5.1 设 $X\subset\mathbb{R}$,f: $X\to\mathbb{R}$ 为一元函数. 如果$\forall\varepsilon>0$,$\exists\delta=\delta(\varepsilon)>0$($\delta(\varepsilon)$只与 ε 有关,而与 X 中的点 x 无关!),当 $x',x''\in X$,且$|x'-x''|<\delta$ 时,有

$$|f(x')-f(x'')|<\varepsilon,$$

则称 f 在 X 上是**一致连续**的.

定理 2.5.4 指出：f 在 X 上一致连续,则 f 在 X 上必连续. 但反之不真$\Big($如：$f(x)=\dfrac{1}{x}$,$x\in(0,1)$；$f(x)=\sin x^2$,$x\in(-\infty,+\infty)\Big)$.

定理 2.5.8 设 $X\subset\mathbb{R}$,f: $X\to\mathbb{R}$ 为一元函数.

(1) (一致连续的充要条件)f 在 X 上一致连续

$\Leftrightarrow$对$\forall x_n',x''_n\in X,n\in\mathbb{N}$,$|x_n'-x''_n|\to 0(x\to+\infty)$,必有$|f(x_n')-f(x''_n)|\to 0(n\to+\infty)$.

(2) (非一致收敛的充要条件)f 在 X 上非一致连续

$\Leftrightarrow\exists x_n',x''_n\in X,n\in\mathbb{N}$,虽$|x_n'-x''_n|\to 0(n\to+\infty)$,但$|f(x_n')-f(x''_n)|\not\to 0(n\to+\infty)$.

Ⅲ. 证明函数的连续性

(1) 函数的连续定义 2.4.1.

(2) f 在点 x_0 连续⇔f 在点 x_0 既左连续又右连续(定理 2.4.1).

(3) 连续的四则运算定理 2.4.2.

(4) 复合函数的连续性定理 2.4.3.

(5) 初等函数在其定义域中是连续的(定理 2.4.5).

(6) 设 $u_n(x)$在 X 上连续，$\sum\limits_{n=1}^{\infty}u_n(x)$在 X 上一致收敛，则和函数 $S(x)=\sum\limits_{n=1}^{\infty}u_n(x)$在 X 上也连续(定理 13.2.1′). 或者，

设 $S_n(x)=\sum\limits_{i=1}^{n}u_i(x)$在 X 上连续，且$\{S_n(x)\}$在 X 上一致收敛于 $S(x)$，则 $S(x)$在 X 上也连续(定理 13.2.1).

(7) 设 $f(x,u)$在$[a,+\infty)\times[\alpha,\beta]$上连续，且 $\int_a^{+\infty}f(x,u)\mathrm{d}x$ 关于 $u\in[\alpha,\beta]$一致收敛，则 $\varphi(u)=\int_a^{+\infty}f(x,u)\mathrm{d}x$ 在 $u\in[\alpha,\beta]$上连续(定理 15.1.1，定理 15.3.1).

Ⅳ. 有界闭区间$[a,b]$上连续函数的性质

定理 2.5.1(零(根)值定理)　设 f 为闭区间$[a,b]$上的连续函数，且 $f(a)f(b)<0$，则 $\exists\xi\in(a,b)$，s. t. $f(\xi)=0$.

定理 2.5.1′(推广的零(根)值定理)　设 f 为闭区间$[a,b]$上的连续函数，且 $f(a)f(b)\leqslant 0$，则 $\exists\xi\in[a,b]$，s. t. $f(\xi)=0$.

定理 2.5.2(介值定理)　设 f 为闭区间$[a,b]$上的连续函数，$f(a)\neq f(b)$，$\forall r\in(\min\{f(a),f(b)\},\max\{f(a),f(b)\})$，则 $\exists\xi\in(a,b)$，s. t. $f(\xi)=r$.

定理 2.5.2′(推广的介值定理)　设 f 为闭区间$[a,b]$上的连续函数，$\forall r\in[\min\{f(a),f(b)\},\max\{f(a),f(b)\}]$，则 $\exists\xi\in[a,b]$，s. t. $f(\xi)=r$.

定理 2.5.3(最值定理)　设 f 为闭区间$[a,b]$上的连续函数，则 f 在$[a,b]$上必达到最小值 m 与最大值 M. 此时，f 的值域为

$$f([a,b])=[m,M]=[\min_{x\in[a,b]}f(x),\max_{x\in[a,b]}f(x)].$$

定理 2.5.5(Cantor 一致连续性定理)　有界闭区间$[a,b]$上的连续函数是一致连续的.

定理 2.5.6(Lebesgue 数定值)　设 $\mathscr{I}$ 为有界闭区间$[a,b]$上的一个开覆盖，则必存在(Lebesgue)数 $\lambda=\lambda(\mathscr{I})$，使当集合 $A\subset[a,b]$，其直径 $d(A)=\sup\{|x'-x''|\mid x',x''\in A\}<\lambda=\lambda(\mathscr{I})$时，必有 $I\in\mathscr{I}$，s. t. $A\subset I$.

定理 2.5.7(延拓定理)　f 在(a,b)上一致连续⇔f 可延拓为$[a,b]$上的连续函数 $\tilde{f}$，

s. t. $\widetilde{f}|_{(a,b)}=f|_{(a,b)}$.

56. (1) 设函数 f 在 $(0,+\infty)$ 上满足方程 $f(2x)=f(x)$，且 $\lim\limits_{x\to+\infty}f(x)=a$. 证明：$f(x)=a$.

(2) 设函数 f 在 $(0,+\infty)$ 上满足方程 $f(x^2)=f(x)$，且

$$\lim_{x\to0^+}f(x)=\lim_{x\to+\infty}f(x)=f(1).$$

证明：$f(x)\equiv f(1)$，$x\in(0,+\infty)$.

证明 (1) $\forall$ 取 $u\in(0,+\infty)$.

$$f(u)=f(2u)=\cdots=f(2^nu),\quad \forall n\in\mathbb{N},$$

$$f(u)=\lim_{n\to+\infty}f(u)=\lim_{n\to+\infty}f(2^nu)=\lim_{x\to+\infty}f(x)=a,$$

所以 $f(u)=a$. 由 $u\in(0,+\infty)$ 的任取性知 $f(x)\equiv a$.

(2) $\forall a\in(0,1)$. $f(a)=\lim\limits_{n\to+\infty}f(a)=\lim\limits_{n\to+\infty}f(a^{2^n})=\lim\limits_{x\to0^+}f(x)=f(1)$;

$\forall b\in(1,+\infty)$，$f(b)=\lim\limits_{n\to+\infty}f(b)=\lim\limits_{n\to+\infty}f(b^{2^n})=\lim\limits_{x\to+\infty}f(x)=f(1)$.

由 a,b 取法的任意性得

$$f(x)\equiv f(1).\quad x\in(0,+\infty).$$

□

57. 设函数 $f:(a,+\infty)\to\mathbb{R}$ 在任意有限区间 (a,b) 内有界，且

$$\lim_{x\to+\infty}[f(x+1)-f(x)]=A.$$

证明：$\lim\limits_{x\to+\infty}\dfrac{f(x)}{x}=A$.

证明 因为 $\lim\limits_{x\to+\infty}[f(x+1)-f(x)]=A$，所以对 $\forall\varepsilon>0$，$\exists\Delta_1>\max\{0,a\}$，当 $x>\Delta_1$ 时，有

$$|f(x+1)-f(x)-A|<\frac{\varepsilon}{3}.$$

固定 Δ_1，由题意知 f 在 (a,Δ_1+1) 中有界，即 $\exists M>0$，s. t. $\forall x\in(a,\Delta_1+1)$，$|f(x)|<M$. 取 $\Delta>\Delta_1$，使 $\dfrac{M}{\Delta}<\dfrac{\varepsilon}{3}$. $\left|\dfrac{(\Delta_1+1)A}{\Delta}\right|<\dfrac{\varepsilon}{3}$. 于是，当 $x>\Delta$ 时，有 $n\in\mathbb{N}$，使 $x-n\in(\Delta_1,\Delta_1+1)$. 而

$$\begin{aligned}\left|\frac{f(x)}{x}-A\right|&=\left|\frac{\sum\limits_{i=0}^{n-1}[f(x-i)-f(x-i-1)]+f(x-n)}{x}-A\right|\\&=\left|\frac{\sum\limits_{i=0}^{n-1}[f(x-i)-f(x-i-1)-A]+nA+f(x-n)}{x}-A\right|\\&\leqslant\sum_{i=0}^{n-1}\left|\frac{f(x-i)-f(x-i-1)-A}{x}\right|+\left|\frac{(n-x)A}{x}\right|+\left|\frac{f(x-n)}{x}\right|\\&<\frac{\varepsilon}{3}\cdot\frac{n}{x}+\frac{(\Delta_1+1)A}{\Delta}+\frac{M}{\Delta}<\frac{\varepsilon}{3}+\frac{\varepsilon}{3}+\frac{\varepsilon}{3}=\varepsilon.\end{aligned}$$

因此，$\lim\limits_{x\to+\infty}\dfrac{f(x)}{x}=A$. □

58. 设 $a>1,b>1$ 为两个常数，函数 $f:\mathbb{R}\to\mathbb{R}$ 在 $x=0$ 的近旁有界，且 $\forall x\in\mathbb{R}$，有 $f(ax)=bf(x)$. 证明：$\lim\limits_{x\to0}f(x)=f(0)$.

证明 $f(0)=f(a\cdot0)=bf(0)$. 而 $b>1$，所以 $f(0)=0$. 只需证明 $\lim\limits_{x\to0}f(x)=0$.

由 $f(ax)=bf(x)$ 推得 $f(a^nx)=b^nf(x)$. f 在 $x=0$ 附近有界，故当 $x\in(-\delta,\delta)$ 时，$|f(x)|<M$.

对 $\forall\varepsilon>0$，由 $b>1$，可知 $\exists n\in\mathbb{N}$ 使 $\dfrac{M}{b^n}<\varepsilon$. 取定 n，当 $|x|<\dfrac{\delta}{a^n}$ 时，$|a^nx|<\delta$. 于是有

$$|f(x)-0|=|f(x)|=\frac{1}{b^n}|f(a^nx)|<\frac{M}{b^n}<\varepsilon.$$

所以 $\lim\limits_{x\to0}f(x)=0=f(0)$. □

59. 证明：$\lim\limits_{n\to+\infty}n\sin(2\pi en!)=2\pi$.

证明 因为 $e=1+\dfrac{1}{1!}+\dfrac{1}{2!}+\cdots+\dfrac{1}{n!}+\dfrac{\theta_n}{n!\,n}$，$\dfrac{n}{n+1}<\theta_n<1$. 所以

$$\begin{aligned}\lim_{n\to+\infty}n\sin(2\pi en!)&=\lim_{n\to+\infty}n\sin\left[2\pi n!\left(1+\frac{1}{1!}+\frac{1}{2!}+\cdots+\frac{1}{n!}+\frac{\theta_n}{n!n}\right)\right]\\&=\lim_{n\to+\infty}n\sin\frac{2\pi\theta_n}{n}=\lim_{n\to+\infty}\frac{\sin\frac{2\pi\theta_n}{n}}{\frac{2\pi\theta_n}{n}}\cdot2\pi\theta_n\\&=2\pi.\end{aligned}$$

其中，因为 $\lim\limits_{n\to+\infty}\dfrac{n}{n+1}=1$，$\dfrac{n}{n+1}<\theta_n<1$，故 $\lim\limits_{n\to+\infty}\theta_n=1$. □

60. 证明：$\lim\limits_{n\to+\infty}\{[(n+1)!]^{\frac{1}{n+1}}-(n!)^{\frac{1}{n}}\}=\dfrac{1}{e}$.

证明 由例 1.4.11 中不等式

$$\left(\frac{n+1}{e}\right)^n<n!<e\left(\frac{n+1}{e}\right)^{n+1}$$

得到

$$\frac{n+1}{e}<(n!)^{\frac{1}{n}}<\frac{n+1}{e}(n+1)^{\frac{1}{n}}.$$

而 $a_n=[(n+1)!]^{\frac{1}{n+1}}-(n!)^{\frac{1}{n}}=(n!)^{\frac{1}{n}}\left\{\left[\dfrac{((n+1)!)^n}{(n!)^{n+1}}\right]^{\frac{1}{n(n+1)}}-1\right\}$. 于是

$$\frac{n+1}{e}\left[\left(\frac{e^n}{n+1}\right)^{\frac{1}{n(n+1)}}-1\right]<a_n<\frac{n+1}{e}(n+1)^{\frac{1}{n}}\left[(e^n)^{\frac{1}{n(n+1)}}-1\right].$$

一方面，根据 $\dfrac{e^x-1}{x}\to1(x\to0)$ 有

$$\frac{n+1}{\mathrm{e}}(n+1)^{\frac{1}{n}}\left[(\mathrm{e}^n)^{\frac{1}{n(n+1)}}-1\right]=\frac{\mathrm{e}^{\frac{1}{n+1}}-1}{\frac{1}{n+1}}\cdot\frac{(n+1)^{\frac{1}{n}}}{\mathrm{e}}$$

$$\to 1\cdot\frac{1}{\mathrm{e}}=\frac{1}{\mathrm{e}}\quad(n\to+\infty).$$

另一方面,由

$$\lim_{n\to+\infty}(n+1)^{\frac{1}{n(n+1)}}=\lim_{n\to+\infty}\left(\sqrt[n+1]{n+1}\right)^{\frac{1}{n}}=1^0=1$$

及 $\lim\limits_{n\to+\infty}\frac{\ln(n+1)}{n}=0,\lim\limits_{x\to0}\frac{\mathrm{e}^x-1}{x}=1$ 可得

$$\lim_{n\to+\infty}\frac{n+1}{\mathrm{e}}\left[\left(\frac{\mathrm{e}^n}{n+1}\right)^{\frac{1}{n(n+1)}}-1\right]=\lim_{n\to+\infty}\frac{n+1}{\mathrm{e}(n+1)^{\frac{1}{n(n+1)}}}\left[\mathrm{e}^{\frac{1}{n+1}}-(n+1)^{\frac{1}{n(n+1)}}\right]$$

$$=\frac{1}{\mathrm{e}}\lim_{n\to+\infty}(n+1)\left[\mathrm{e}^{\frac{1}{n+1}}-\mathrm{e}^{\frac{\ln(n+1)}{n(n+1)}}\right]\lim_{n\to+\infty}\frac{1}{(n+1)^{\frac{1}{n(n+1)}}}$$

$$=\frac{1}{\mathrm{e}}\lim_{n\to+\infty}\left[\frac{\mathrm{e}^{\frac{1}{n+1}}-1}{\frac{1}{n+1}}-\frac{\mathrm{e}^{\frac{\ln(n+1)}{n(n+1)}}-1}{\frac{\ln(n+1)}{n(n+1)}}\cdot\frac{\ln(n+1)}{n}\right]\cdot1$$

$$=\frac{1}{\mathrm{e}}(1-1\cdot0)=\frac{1}{\mathrm{e}}.$$

于是,由夹逼定理知 $\lim\limits_{n\to+\infty}\{[(n+1)!]^{\frac{1}{n+1}}-(n!)^{\frac{1}{n}}\}=\lim\limits_{n\to+\infty}a_n=\frac{1}{\mathrm{e}}$. □

61. 设 $|x|<1$. 证明: $\lim\limits_{n\to+\infty}\left(1+\frac{1+x+x^2+\cdots+x^n}{n}\right)^n=\mathrm{e}^{\frac{1}{1-x}}$.

证明 因为 $|x|<1$,所以 $\lim\limits_{n\to+\infty}x^{n+1}=0$. 于是

$$\lim_{n\to+\infty}\left(1+\frac{1+x+x^2+\cdots+x^n}{n}\right)^n=\lim_{n\to+\infty}\left(1+\frac{\frac{1-x^{n+1}}{1-x}}{n}\right)^n$$

$$=\lim_{n\to+\infty}\left[1+\frac{\frac{1-x^{n+1}}{1-x}}{n}\right]^{\frac{n}{\frac{1-x^{n+1}}{1-x}}\cdot\frac{1-x^{n+1}}{1-x}}$$

$$=\lim_{n\to+\infty}\left\{\left(1+\frac{\frac{1-x^{n+1}}{1-x}}{n}\right)^{\frac{n}{\frac{1-x^{n+1}}{1-x}}}\right\}^{\frac{1-x^{n+1}}{1-x}}$$

$$=\mathrm{e}^{\frac{1-0}{1-x}}=\mathrm{e}^{\frac{1}{1-x}}.$$ □

62. 设 f 与 g 为两个周期函数. 且 $\lim\limits_{x\to+\infty}[f(x)-g(x)]=0$. 证明: $f=g$.

证法 1 设 f 和 g 的周期分别为 T 和 S. 则对 $\forall x\in\mathbb{R},f(x+nT)=f(x),g(x+nS)=g(x),\forall n\in\mathbb{N}$.

由条件 $\lim\limits_{x\to+\infty}[f(x)-g(x)]=0$ 知

$$\lim_{n\to+\infty}[f(x+nT)-g(x+nT)]=0=\lim_{n\to+\infty}[f(x+nS)-g(x+nS)],$$

于是

$$0=\lim_{n\to+\infty}[f(x+nT)-g(x+nT)]=\lim_{n\to+\infty}[f(x)-g(x+nT)],$$

$$f(x)=\lim_{n\to+\infty}g(x+nT);$$

$$0=\lim_{n\to+\infty}[f(x+nS)-g(x+nS)]=\lim_{n\to+\infty}[f(x+nS)-g(x)].$$

$$g(x)=\lim_{n\to+\infty}[f(x+nS)].$$

故有

$$\begin{aligned}f(x)-g(x)&=\lim_{n\to+\infty}[g(x+nT)-f(x+nS)]\\&=\lim_{n\to+\infty}[g(x+nT+nS)-f(x+nS+nT)]\\&=0.\end{aligned}$$

所以 $f=g$.

证法 2 设 f 和 g 的周期分别为 T 和 S，则对 $\forall x\in\mathbb{R}$，有

$$\begin{aligned}f(x)-g(x)=\lim_{n\to+\infty}(f(x)-g(x))=\lim_{n\to+\infty}[&(f(x+nT)-g(x+nT))+(g(x+nT+nS)\\&-f(x+nT+nS))+(f(x+nS)-g(x+nS))]=0+0+0=0,\end{aligned}$$

故 $f(x)=g(x)$，所以 $f=g$.

读者可由上述及 $\varepsilon-N$ 表达其证明. □

63. 设 $\lim\limits_{x\to0}f(x)=0$，且 $f(x)-f\left(\frac{x}{2}\right)=o(x)(x\to0)$. 证明：$f(x)=o(x)(x\to0)$.

证明 由条件 $f(x)-f\left(\frac{x}{2}\right)=o(x)(x\to0)$ 知，对 $\forall\varepsilon>0$，$\exists\delta>0$，当 $|x|<\delta$ 时有

$$\left|\frac{f(x)-f\left(\frac{x}{2}\right)}{x}\right|<\frac{\varepsilon}{2}.$$

当 $x\neq0$ 时，记 $f(x)-f\left(\frac{x}{2}\right)=x\alpha(x)$. 则当 $|x|<\delta$ 时，$|\alpha(x)|<\frac{\varepsilon}{2}$. 对 $\forall k\in\mathbb{N}$，$\left|\frac{x}{2^k}\right|<|x|<\delta$. 于是有

$$f\left(\frac{x}{2^k}\right)-f\left(\frac{x}{2^{k+1}}\right)=\frac{x}{2^k}\alpha\left(\frac{x}{2^k}\right).$$

因此，当 $|x|<\delta$ 时，有

$$\begin{aligned}f(x)-f\left(\frac{x}{2^n}\right)&=\sum_{k=1}^{n}\left[f\left(\frac{x}{2^{k-1}}\right)-f\left(\frac{x}{2^k}\right)\right]=\sum_{k=1}^{n}\frac{x}{2^{k-1}}\alpha\left(\frac{x}{2^{k-1}}\right)\\&=x\sum_{k=1}^{n}\frac{1}{2^{k-1}}\alpha\left(\frac{x}{2^{k-1}}\right),\end{aligned}$$

$$\left|f(x)-f\left(\frac{x}{2^n}\right)\right|\leqslant|x|\sum_{k=1}^{n}\frac{1}{2^{k-1}}\left|\alpha\left(\frac{x}{2^{k-1}}\right)\right|<|x|\frac{\varepsilon}{2}\frac{1-\left(\frac{1}{2}\right)^n}{1-\frac{1}{2}}<|x|\varepsilon.$$

故$\dfrac{\left|f(x)-f\left(\frac{x}{2^n}\right)\right|}{|x|}<\varepsilon$ 对 $\forall n\in\mathbb{N}$ 成立. 令 $n\to+\infty$,有 $\lim\limits_{n\to+\infty}f\left(\frac{x}{2^n}\right)=\lim\limits_{x\to0}f(x)=0$. 因此,当 $|x|<\delta$ 时,有

$$\left|\frac{f(x)}{x}\right|\leqslant\varepsilon,$$

即$\lim\limits_{x\to0}\dfrac{f(x)}{x}=0$,于是 $f(x)=o(x)(x\to0)$. □

64. 设函数 f,g: $[a,+\infty)\to\mathbb{R}$,满足:

(1) $g(x+T)>g(x)$, $\forall x\geqslant a$,其中 $T>0$ 为常数;

(2) 函数 f,g 在$[a,+\infty)$的任何有限子区间上有界;

(3) $\lim\limits_{x\to+\infty}g(x)=+\infty$.

证明:若

$$\lim_{x\to+\infty}\frac{f(x+T)-f(x)}{g(x+T)-g(x)}=A,$$

那么 $\lim\limits_{x\to+\infty}\dfrac{f(x)}{g(x)}=A$.

证明 由题意,对 $\forall\varepsilon>0$, $\exists\Delta>a$,当 $x\geqslant\Delta$ 时,

$$\left|\frac{f(x+T)-f(x)}{g(x+T)-g(x)}-A\right|<\varepsilon.$$

对 $\forall x>\Delta+T$, $\exists k\in\mathbb{N}$,使 $x=\Delta+kT+r$, $0\leqslant r<T$,显然,$x\to+\infty\Leftrightarrow k\to+\infty$. 排出一系列不等式:

$$A-\varepsilon<\frac{f(x)-f(x-T)}{g(x)-g(x-T)}<A+\varepsilon,$$

$$\vdots$$

$$A-\varepsilon<\frac{f(x-(k-1)T)-f(x-kT)}{g(x-(k-1)T)-g(x-kT)}<A+\varepsilon,$$

应用合分比公式得

$$A-\varepsilon<\frac{f(x)-f(x-T)+f(x-T)-f(x-2T)+\cdots+f(x-(k-1)T)-f(x-kT)}{g(x)-g(x-T)+g(x-T)-g(x-2T)+\cdots+g(x-(k-1)T)-g(x-kT)}$$

$$=\frac{f(x)-f(x-kT)}{g(x)-g(x-kT)}=\frac{f(x)-f(\Delta+r)}{g(x)-g(\Delta+r)}<A+\varepsilon.$$

由 f,g 在$[\Delta,\Delta+T]$中有界及 $\lim\limits_{x\to+\infty}g(x)=+\infty$有

$$\varlimsup_{x\to+\infty}\frac{f(x)-f(\Delta+r)}{g(x)-g(\Delta+r)}\leqslant A+\varepsilon,\quad \varliminf_{x\to+\infty}\frac{f(x)-f(\Delta+r)}{g(x)-g(\Delta+r)}\geqslant A-\varepsilon,$$

$$\varlimsup_{x\to+\infty}\frac{f(x)}{g(x)}=\varlimsup_{x\to+\infty}\frac{f(x)-f(\Delta+r)}{g(x)-g(\Delta+r)}\leqslant A+\varepsilon,$$

$$\varliminf_{x\to+\infty}\frac{f(x)}{g(x)}=\varliminf_{x\to+\infty}\frac{f(x)-f(\Delta+r)}{g(x)-g(\Delta+r)}\geqslant A-\varepsilon.$$

由于 $\varepsilon>0$ 是任取的,故有

$$A\leqslant\varliminf_{x\to+\infty}\frac{f(x)}{g(x)}\leqslant\varlimsup_{x\to+\infty}\frac{f(x)}{g(x)}\leqslant A.$$

即

$$\lim_{x\to+\infty}\frac{f(x)}{g(x)}=A.$$ □

65. 函数列 $f_n:(0,+\infty)\to\mathbb{R},n=1,2,3,\cdots$,对 $\forall n\in\mathbb{N}$,f_n 都是无穷大($x\to+\infty$).证明:存在$(0,+\infty)$上的一个函数 f,当 $x\to+\infty$时,f 是比 f_n 更高阶的无穷大,$n\in\mathbb{N}$.

证明 构造函数

$$f(x)=\begin{cases}1+|f_1(x)|, & x\in(0,1),\\ (1+|f_1(x)|)(1+|f_2(x)|), & x\in[1,2),\\ (1+|f_1(x)|)(1+|f_2(x)|)(1+|f_3(x)|), & x\in[2,3),\\ \quad\vdots & \\ \prod_{i=1}^{n}(1+|f_i(x)|), & x\in[n-1,n).\\ \quad\vdots & \end{cases}$$

则对任意的 $n\in\mathbb{N}$,当 $x\geqslant n$ 时,就有

$$\left|\frac{f(x)}{f_n(x)}\right|=\frac{f(x)}{|f_n(x)|}>|f_{n+1}(x)|\to+\infty,\quad x\to+\infty.$$

因此,f 是比 f_n 更高阶的无穷大量. □

66. 设函数 f 只有可去间断点.证明:$F(x)=\lim\limits_{t\to x}f(t)$为连续函数.

证明 $\forall x_0\in\mathbb{R}$,因为 $F(x_0)=\lim\limits_{t\to x_0}f(t)$,所以$\exists\delta>0$,当 $t\in(x_0-\delta,x_0)\cup(x_0,x_0+\delta)$时

$$|f(t)-F(x_0)|<\frac{\varepsilon}{2},$$

$x_0-\delta$ t x x_0 $x_0+\delta$

66 题图

于是,当$|x-x_0|<\dfrac{\delta}{2}$时,有

$$|F(x)-F(x_0)|=\left|\lim_{t\to x}f(t)-F(x_0)\right|=\lim_{t\to x}|f(t)-F(x_0)|\leqslant\frac{\varepsilon}{2}<\varepsilon.$$

故$\lim\limits_{x\to x_0}F(x)=F(x_0)$,即 F 在 x_0 连续.由 $x_0\in\mathbb{R}$ 的任取性得 $F(x)$在$\mathbb{R}$上连续. □

67. 函数 f 在$\mathbb{R}$上单调增(或单调减),$F(x)=f(x^+)$. 证明:F 在$\mathbb{R}$上右连续.

证明 由 f 在$\mathbb{R}$上单调增(或单调减)知 $F(x)=\lim\limits_{t\to x^+}f(t)$存在有限. 对 $\forall x_0\in\mathbb{R}$, $\exists\delta>0$, 当 $t\in(x_0,x_0+\delta)$时,有

$$|f(t)-f(x^+)|<\frac{\varepsilon}{2},$$

67 题图

于是,对 $\forall x\in(x_0,x_0+\delta)$,有

$$|F(x)-F(x_0)|=\left|\lim_{t\to x^+}f(t)-F(x_0)\right|$$

$$=\lim_{t\to x^+}|f(t)-F(x_0)|\leqslant\frac{\varepsilon}{2}<\varepsilon.$$

所以 $\lim\limits_{x\to x_0^+}F(x)=F(x_0)$,即 F 在 x_0 处右连续.

由 $x_0\in\mathbb{R}$ 的任取性知,F 在$\mathbb{R}$上右连续. □

68. 设 f 对任意 $x,y\in\mathbb{R}$ 适合方程 $f(x+y)=f(x)+f(y)$. 证明:

(1) 若 f 在一点 x_0 处连续,则 $f(x)=f(1)x$;

(2) 若 f 在$\mathbb{R}$上单调,也有 $f(x)=f(1)x$.

证明 应用 $f(x+y)=f(x)+f(y)$的条件,当 $x=y=0$ 时,有 $f(0)=f(0+0)=f(0)+f(0)$,所以 $f(0)=0$. 又 $f(0)=f(x-x)=f(x)+f(-x)$,可得 $f(x)=-f(-x)$, $\forall x\in\mathbb{R}$. 因为 $f(2)=f(1+1)=f(1)+f(1)=2f(1)$,利用归纳法易证

$$f(n)=nf(1).$$

对有理数$\frac{m}{n}$, $m,n\in\mathbb{N}$,由于 $f(1)=f\left(n\cdot\frac{1}{n}\right)=nf\left(\frac{1}{n}\right)$,故有 $f\left(\frac{1}{n}\right)=\frac{1}{n}f(1)$. 从而

$$f\left(\frac{m}{n}\right)=f\left(m\cdot\frac{1}{n}\right)=mf\left(\frac{1}{n}\right)=\frac{m}{n}f(1).$$

(1) 只须证对任意无理数 x, $f(x)=f(1)x$.

f 在 x_0 处连续,故$\lim\limits_{\Delta x\to 0}f(x_0+\Delta x)=f(x_0)$. 由于 $f(x_0+\Delta x)=f(x_0)+f(\Delta x)$,因此,对 $\forall\Delta x$,有

$$\lim_{\Delta x\to 0}f(\Delta x)=0.$$

对于 $\forall x\in\mathbb{R}$,由$\lim\limits_{\Delta x\to 0}f(x+\Delta x)=\lim\limits_{\Delta x\to 0}[f(x)+f(\Delta x)]=f(x)+0=f(x)$知,$f$ 在 x 点处连续,即 f 在$\mathbb{R}$上连续.

设 p_0 为任一无理数,则存在有理数列 $p_n\to p_0\,(n=1,2,\cdots)$, $f(p_0)=\lim\limits_{n\to+\infty}f(p_n)=\lim\limits_{n\to+\infty}p_nf(1)=p_0f(1)$.

这就证明了,对 $\forall x\in\mathbb{R}$, $f(x)=xf(1)$.

(2) 不妨设 f 在$\mathbb{R}$上单调增,对 $\forall x\in\mathbb{R}$ 取有理数列$\{x_n'\}$, $\{x_n''\}$使 $x_n'<x<x_n''$,且 $\lim\limits_{n\to+\infty}x_n'=x=\lim\limits_{n\to+\infty}x_n''$. 由 f 单调增的条件得

$$x_n'f(1)=f(x_n')\leqslant f(x)\leqslant f(x_n'')=x''_nf(1).$$

令 $n\to+\infty$有

$$xf(1)\leqslant f(x)\leqslant xf(1),$$

即 $f(x)=xf(1)$.

f 单调减的情形可用同法证得或用 $-f$ 代替 f 证得. □

69. 设函数 f 在 $\mathbb{R}$ 上连续，且 $\forall x,y\in\mathbb{R}$ 有等式 $f(x+y)=f(x)f(y)$. 证明：$f(x)=0$ 或 $f(x)=a^x$，其中 $a=f(1)$ 为一正数.

证明 若 $\exists x_0\in\mathbb{R}$, s. t. $f(x_0)=0$. 则对 $\forall x\in\mathbb{R}$ 有 $f(x)=f(x-x_0+x_0)=f(x-x_0)f(x_0)=0$，即 $f(x)=0$.

下面考虑 $f(x)\neq 0$ 的情形.

取 $y=x$ 得 $f(2x)=[f(x)]^2$，故对于 $\forall x\in\mathbb{R}$, $f(x)=\left[f\left(\frac{x}{2}\right)\right]^2>0$. 对 $f(x+y)=f(x)f(y)$ 取对数得

$$\ln f(x+y)=\ln f(x)+\ln f(y).$$

由 68 题得 $\ln f(x)=x\ln f(1)=\ln[f(1)]^x$，所以

$$f(x)=[f(1)]^x=a^x,\quad a=f(1)>0.$$ □

70. 设 f 在 $(0,+\infty)$ 上连续，且 $\forall x,y\in(0,+\infty)$ 有等式 $f(xy)=f(x)\cdot f(y)$：证明：$f=0$ 或者 $f(x)=x^\alpha$，其中 α 为常数.

证明 若 $\exists x_0\in(0,+\infty)$, s. t. $f(x_0)=0$，则对 $\forall x\in(0,+\infty)$, $f(x)=f\left(\frac{x}{x_0}\cdot x_0\right)=f\left(\frac{x}{x_0}\right)f(x_0)=0$，此时 $f=0$.

若 $f(x)\neq 0$, $\forall x,y\in(0,+\infty)$，可设 $x=\mathrm{e}^u$, $y=\mathrm{e}^v$. 于是

$$f(\mathrm{e}^{u+v})=f(\mathrm{e}^u\mathrm{e}^v)=f(xy)=f(x)\cdot f(y)=f(\mathrm{e}^u)\cdot f(\mathrm{e}^v).$$

令 $g(u)=f(\mathrm{e}^u)$，上式即为

$$g(u+v)=g(u)\cdot g(v).$$

利用 69 题的结果，得

$$g(u)=[g(1)]^u=[f(\mathrm{e})]^u,$$

即 $f(\mathrm{e}^u)=a^u$, $a=f(\mathrm{e})$, $f(x)=a^{\ln x}=\mathrm{e}^{\ln x\ln a}=x^{\ln a}=x^\alpha$. 其中 $\alpha=\ln a=\ln f(\mathrm{e})$ 为常数. □

71. 设 f 在 $\mathbb{R}$ 上连续且 $\forall x,y\in\mathbb{R}$ 有等式

$$f(x+y)+f(x-y)=2f(x)f(y).$$

证明：$f=0$ 或 $f(x)=\cos ax$ 或 $f(x)=\cosh ax$，式中 a 为常数.

证明 (1) 显然，$f=0$ 满足等式.

(2) 若 $\exists x_0\in\mathbb{R}$. s. t. $f(x_0)\neq 0$，则令 $x=x_0$, $y=0$ 就有

$$0\neq f(x_0)+f(x_0)=2f(x_0)f(0),\quad 故\ f(0)=1.$$

在等式中，令 $x=0$，有

$$f(y)+f(-y)=2f(0)f(y)=2f(y),$$

故 $f(-y)=f(y)$，即 f 为偶函数，故只须讨论 $x\geqslant 0$ 的情形.

因为 $f(0)=1>0$,由 f 的连续性知 $\exists\,\delta>0$. 在 $[0,\delta]$ 中 $f(x)>0$.

(i) 若 $0<f(\delta)\leqslant 1$,则 $\exists\,\theta_0\in\left[0,\frac{\pi}{2}\right)$,使得 $f(\delta)=\cos\theta_0$.

在关系式中,令 $x=\delta=y$ 得

$$f(2\delta)+f(0)=2\cos^2\theta_0,\quad \text{即}\quad f(2\delta)=2\cos^2\theta_0-1=\cos 2\theta_0.$$

用归纳法可证 $f(n\delta)=\cos n\theta_0$, $n\in\mathbb{N}$. 事实上,假设 $f(n\delta)=\cos n\theta_0$ 对 $1\leqslant n\leqslant m-1$ 成立,则

$$\begin{aligned} f(m\delta) &= f((m-1)\delta+\delta)=2f((m-1)\delta)f(\delta)-f((m-1)\delta-\delta)\\ &= 2\cos(m-1)\theta_0\cos\theta_0-\cos(m-2)\theta_0\\ &= \cos m\theta_0+\cos(m-2)\theta_0-\cos(m-2)\theta_0=\cos m\theta_0. \end{aligned}$$

再取 $x=y=\frac{\delta}{2}$,就有

$$\cos\theta_0+1=f(\delta)+f(0)=2f^2\left(\frac{\delta}{2}\right),$$

$$f^2\left(\frac{\delta}{2}\right)=\frac{1}{2}[1+\cos\theta_0]=\cos^2\frac{\theta_0}{2},$$

而 $f\left(\frac{\delta}{2}\right)>0$,故 $f\left(\frac{\delta}{2}\right)=\cos\frac{\theta_0}{2}$.

归纳可证 $f\left(\frac{\delta}{2^n}\right)=\cos\frac{\theta_0}{2^n}$. 进一步用归纳可证 $f\left(\frac{m}{2^n}\delta\right)=\cos\frac{m}{2^n}\theta_0$,其中 $m\in\mathbb{N}$. 由于形如 $\frac{m}{2^n}$ 的有理数在 $\mathbb{R}$ 中是稠密的,故对 $\forall\, r>0$,必存在 $\frac{m}{2^n}$ 形的有理数列 $\{r_k\}$, s. t. $\lim\limits_{k\to+\infty}r_k=r$. 由 f 及余弦函数的连续性,就有

$$\cos r\theta_0=\lim_{k\to+\infty}\cos r_k\theta_0=\lim_{k\to+\infty}f(r_k\delta)=f(r\delta).$$

令 $x=r\delta>0$,即对 $\forall\, x>0$,取 $r=\frac{x}{\delta}$,就得

$$f(x)=f(r\delta)=\cos\frac{x}{\delta}\theta_0=\cos\frac{\theta_0}{\delta}x=\cos ax.$$

再由 f 的偶函数性知对 $\forall\, x\in\mathbb{R}$, $f(x)=\cos ax$, a 为常数.

(ii) 若 $f(\delta)>1$,则 $\exists\, u_0$ 使 $f(\delta)=\cosh u_0$. 用类同于(i)中的方法,可以证出 $f(x)=\cosh ax$,其中 $a=\frac{u_0}{\delta}$ 为常数. □

72. 设 $f:\mathbb{R}\to\mathbb{R}$,且 $f(x^2)=f(x)$, $\forall\, x\in\mathbb{R}$. 又 f 在 $x=0$ 与 $x=1$ 处连续. 证明: f 为常值函数.

证明 由 $f(x)=f(x^2)$, $f(-x)=f((-x)^2)=f(x^2)=f(x)$ 知, f 为偶函数,故只须讨论 $x\geqslant 0$ 的情形.

$\forall\, x>0$,因为 $f(x^2)=f(x)=f(x^{\frac{1}{2}})=f(x^{\frac{1}{2^2}})=\cdots=f(x^{\frac{1}{2^n}})$,由 f 在 $x=1$ 处连续及 $\lim\limits_{n\to+\infty}x^{\frac{1}{2^n}}=1$,得

$$f(x)=\lim_{n\to+\infty}f(x)=\lim_{n\to+\infty}f(x^{\frac{1}{2^n}})=f(1).$$

特别地,对 $\forall\, n\in\mathbb{N}$,有 $f\left(\frac{1}{2^n}\right)=f(1)$. 而 $\lim\limits_{n\to+\infty}\frac{1}{2^n}=0$, f 在 $x=0$ 处连续,故

$$f(1)=\lim_{n\to+\infty}f(1)=\lim_{n\to+\infty}f\left(\frac{1}{2^n}\right)=f\left(\lim_{n\to+\infty}\frac{1}{2^n}\right)=f(0).$$

这就证明了 $\forall\, x\geqslant 0$,有 $f(x)=f(1)$ 为常数. 由 f 为偶函数,故对 $\forall\, x\in\mathbb{R}$,有

$$f(x)=f(1).$$ □

73. 设函数 f 在区间 I 上连续,且是一对一的(即有反函数),则 f 是严格单调的.

证法1 (反证)假设 f 在 I 上非严格单调. 由于 f 在 I 上是一对一的,所以必存在 x_1, x_2, $x_3\in I$, $x_1<x_2<x_3$, s. t. $f(x_1)<f(x_2)$, $f(x_2)>f(x_3)$ (或 $f(x_1)>f(x_2)$, $f(x_2)<f(x_3)$). 设满足

$$\max\{f(x_1),f(x_3)\}<r<f(x_2).$$

因为 f 在 $[x_1,x_2]$, $[x_2,x_3]$ 上连续,由介值定理知, $\exists\,\xi_1\in(x_1,x_2)$, $\xi_2\in(x_2,x_3)$ 使 $f(\xi_1)=r$, $f(\xi_2)=r$, $\xi_1<\xi_2$. 这与 f 是一对一的相矛盾. 故 f 在 I 上严格单调.

证法2 (反证)假设 f 在 I 上不严格单调. 由于 f 不严格单调减,故 $\exists\, x_1, y_1\in I$, $x_1<y_1$,但 $f(x_1)-f(y_1)\leqslant 0$. 又 f 在 I 上也不严格单调增,故 $\exists\, x_2, y_2\in I$, $x_2<y_2$,但 $f(x_2)-f(y_2)\geqslant 0$. 作函数

$$\varphi(t)=f((1-t)x_1+tx_2)-f((1-t)y_1+ty_2),\quad 0\leqslant t\leqslant 1.$$

显然 φ 在 $[0,1]$ 上连续,且

$$\varphi(0)=f(x_1)-f(y_1)\leqslant 0,$$
$$\varphi(1)=f(x_2)-f(y_2)\geqslant 0,$$

由连续函数的零值定理, $\exists\, t_0\in[0,1]$,使 $0=\varphi(t_0)=f[(1-t_0)x_1+t_0x_2]-f[(1-t_0)y_1+t_0y_2]$,但 $(1-t_0)x_1+t_0x_2<(1-t_0)y_1+t_0y_2$. 这与 f 是一对一的相矛盾.

由此知 f 在 I 上是严格单调的. □

74. 设 $f:\mathbb{R}\to\mathbb{R}$ 连续, $f\circ f(x)=x$, $\forall\, x\in\mathbb{R}$. 证明: $\exists\,\xi\in\mathbb{R}$, s. t. $f(\xi)=\xi$.

证法1 f 连续推得 $F(x)=f(x)-x$ 也在 $\mathbb{R}$ 上连续,任取 $a\in\mathbb{R}$,则

$$\begin{aligned}F(a)\cdot F(f(a))&=(f(a)-a)(f(f(a))-f(a))\\&=(f(a)-a)(a-f(a))=-(f(a)-a)^2.\end{aligned}$$

若 $f(a)-a=0$,则取 ξ 为 a.

若 $f(a)-a\neq 0$,则 $F(a)\cdot F(f(a))<0$. 由连续函数的零值定理知,存在 ξ 介于 $f(a)$ 与 a 之间使 $F(\xi)=0$,即

$$0=F(\xi)=f(\xi)-\xi,$$

从而 $f(\xi)=\xi$.

综上所述, $\exists\,\xi\in\mathbb{R}$ 使得 $f(\xi)=\xi$.

证法 2 (反证)假设对 $\forall x\in[a,b]\subset\mathbb{R}, f(x)\neq x$. 故由零值定理知 $F(x)=f(x)-x$ 不变号,即 $f(x)-x>0$(或 $f(x)-x<0$), $x\in[a,b]$. 因此

$$x=f\circ f(x)>f(x)>x.$$

矛盾. □

75. 设 f 在 $[a,b]$ 上连续 $(a<b)$, $f(a)=f(b)$. 证明:在曲线 $y=f(x)(x\in[a,b])$ 上一定能找到两点 $A=(\xi,f(\xi))$, $B=\left(\xi+\frac{b-a}{2},f\left(\xi+\frac{b-a}{2}\right)\right)$,使得 $\xi\in\left[a,\frac{a+b}{2}\right]$ 且 AB 平行于 x 轴.

证明 令 $F(x)=f(x)-f\left(x+\frac{b-a}{2}\right)$. 由 f 在 $[a,b]$ 上连续,知 F 在 $\left[a,\frac{a+b}{2}\right]$ 上连续.

$$F(a)=f(a)-f\left(a+\frac{b-a}{2}\right)=f(a)-f\left(\frac{a+b}{2}\right),$$

$$\begin{aligned}F\left(\frac{a+b}{2}\right)&=f\left(\frac{a+b}{2}\right)-f\left(\frac{a+b}{2}+\frac{b-a}{2}\right)=f\left(\frac{a+b}{2}\right)-f(b)\\&=f\left(\frac{a+b}{2}\right)-f(a),\end{aligned}$$

$$F(a)F\left(\frac{a+b}{2}\right)=-\left[f(a)-f\left(\frac{a+b}{2}\right)\right]^2\leqslant 0.$$

由连续函数的零值定理知, $\exists\xi\in\left[a,\frac{a+b}{2}\right]$, s. t. $F(\xi)=0$,即

$$0=F(\xi)=f(\xi)-f\left(\xi+\frac{b-a}{2}\right).$$

于是 $f(\xi)=f\left(\xi+\frac{b-a}{2}\right)$. 点 $A=(\xi,f(\xi))$, $B=\left(\xi+\frac{b-a}{2},f\left(\xi+\frac{b-a}{2}\right)\right)$ 的连线 AB 平行于 x 轴. □

76. 设 f 在 $[0,2]$ 上连续,且 $f(0)=f(2)$. 证明: $\exists\xi\in[0,1]$,使得 $f(\xi)=f(\xi+1)$.

证明 令 $F(x)=f(x)-f(x+1)$. 由 f 在 $[0,2]$ 上连续知 F 在 $[0,1]$ 上连续,且

$$\begin{aligned}F(0)\cdot F(1)&=[f(0)-f(1)][f(1)-f(2)]\\&\xlongequal{f(0)=f(2)}-[f(0)-f(1)]^2\leqslant 0.\end{aligned}$$

由连续函数的零值定理可知, $\exists\xi\in[0,1]$, s. t. $F(\xi)=0$. 即

$$0=F(\xi)=f(\xi)-f(\xi+1).$$

这就证明了 $\exists\xi\in[0,1]$,使 $f(\xi)=f(\xi+1)$. □

注 本题是 75 题的一个特例.

77. 设 $f:[0,1]\to\mathbb{R}$ 连续, $f(0)=f(1)$. 证明: $\forall n\in\mathbb{N}$. 必存在 $\xi_n\in\left[0,1-\frac{1}{n}\right]$,使得

$$f(\xi_n)=f\left(\xi_n+\frac{1}{n}\right).$$

证法 1　对 $\forall n\in\mathbb{N}$，作函数 $F(x)=f(x)-f\left(x+\frac{1}{n}\right)$. 由 f 在 $[0,1]$ 上连续知 F 在 $\left[0,1-\frac{1}{n}\right]$ 上连续.

$$\begin{aligned}&F\left(\frac{0}{n}\right)+F\left(\frac{1}{n}\right)+\cdots+F\left(\frac{n-1}{n}\right)\\&=\left(f(0)-f\left(\frac{1}{n}\right)\right)+\left(f\left(\frac{1}{n}\right)-f\left(\frac{2}{n}\right)\right)+\cdots+\left(f\left(\frac{n-1}{n}\right)-f(1)\right)\\&=f(0)-f(1)=0.\end{aligned}$$

故必有 $k\in\mathbb{N},0\leqslant k\leqslant n-2$，使得 $F\left(\frac{k}{n}\right)\cdot F\left(\frac{k+1}{n}\right)\leqslant 0$. 由零值定理知，$\exists\,\xi_n\in\left[\frac{k}{n},\frac{k+1}{n}\right]\subset\left[0,1-\frac{1}{n}\right]$，s. t. $F(\xi_n)=0$. 即 $f(\xi_n)-f\left(\xi_n+\frac{1}{n}\right)=0$. 这就是

$$f(\xi_n)=f\left(\xi_n+\frac{1}{n}\right).$$

证法 2　令 $F(x)=f(x)-f\left(x+\frac{1}{n}\right)$.

(反证)假设不存在 $\xi\in\left[0,1-\frac{1}{n}\right]$ 使 $f(\xi)=f\left(\xi+\frac{1}{n}\right)$，即不存在 ξ，使 $F(\xi)=0$. 由零值定理知，F 在 $\left[0,1-\frac{1}{n}\right]$ 上恒大于零或恒小于零，不妨设 $F(x)>0,x\in\left[0,1-\frac{1}{n}\right]$，即恒有 $f(x)>f\left(x+\frac{1}{n}\right)$. 于是有

$$f(0)>f\left(\frac{1}{n}\right)>f\left(\frac{2}{n}\right)>\cdots>f\left(\frac{n}{n}\right)=f(1).$$

这与 $f(0)=f(1)$ 相矛盾.　□

78. 设函数 f,g：$[0,1]\to[0,1]$ 连续，且 $\forall x\in[0,1]$ 有 $f(g(x))=g(f(x))$. 证明：

(1) 如果 f 单调减，则 $\exists_1 a\in[0,1]$，s. t. $f(a)=g(a)=a$；

(2) 如果 f 单调，则 $\exists a\in[0,1]$，s. t. $f(a)=g(a)=a$；

(3) 如果 f 单调增，使 $f(a)=g(a)=a$ 成立的 $a\in[0,1]$ 是否惟一.

证明　(1) 令 $F(x)=f(x)-x$，由 f 的连续性知 F 在 $[0,1]$ 上连续. 且由 f：$[0,1]\to[0,1]$ 得 $F(0)=f(0)-0=f(0)\geqslant 0$，$F(1)=f(1)-1\leqslant 0$. 因为 f 在 $[0,1]$ 上单调减，$\forall x_1,x_2\in[0,1]$，$x_1<x_2$，则 $f(x_1)\geqslant f(x_2)$，所以

$$\begin{aligned}F(x_1)-F(x_2)&=f(x_1)-x_1-(f(x_2)-x_2)\\&=f(x_1)-f(x_2)+(x_2-x_1)\geqslant x_2-x_1>0.\end{aligned}$$

$F(x)$ 在 $[0,1]$ 上严格减，且 $F(0)F(1)\leqslant 0$，故 $\exists_1 a\in[0,1]$，使 $F(a)=0$，即 $\exists_1 a$，使 $f(a)=a$.
由于

$$f(g(a))=g(f(a))=g(a),$$

故 $g(a)$ 也为 f 的不动点,但 f 的不动点是惟一的 a,所以 $g(a)=a$. 由此知

$$f(a)=g(a)=a.$$

(2) 由(1)知只须证 f 单调增的情形. 令 $G(x)=g(x)-x$. 由 $g(x)$ 在 $[0,1]$ 上连续, $G(x)$ 也在 $[0,1]$ 上连续. 且 $G(0)G(1)=g(0)\cdot(g(1)-1)\leqslant 0$. 由连续函数的零值定理知, $\exists x_0\in[0,1]$, s. t. $0=G(x_0)=g(x_0)-x_0$, 即 $g(x_0)=x_0$. 令

$$x_1=f(x_0),\quad x_2=f(x_1),\quad \cdots,\quad x_{n+1}=f(x_n),\quad \cdots.$$

用归纳法可以证明,对任何非负整数 n,都有 $g(x_n)=x_n$. 事实上有 $g(x_0)=x_0$,假设 $g(x_n)=x_n$,则

$$g(x_{n+1})=g(f(x_n))=f(g(x_n))=f(x_n)=x_{n+1}.$$

再由 f 在 $[0,1]$ 上单调增,若 $x_0\leqslant x_1$,则 $x_2=f(x_1)\geqslant f(x_0)=x_1$,用归纳法可证 $x_{n+1}\geqslant x_n$, $\{x_n\}$ 是 $[0,1]$ 上的单调增数列(若 $x_0\geqslant x_1$,可证 $\{x_n\}$ 是 $[0,1]$ 上的单调减数列). 故 $\{x_n\}$ 收敛. 令 $a=\lim\limits_{n\to+\infty}x_n\in[0,1]$,则

$$a=\lim_{n\to+\infty}x_n=\lim_{n\to+\infty}f(x_{n-1})=f(a),$$

$$a=\lim_{n\to+\infty}x_n=\lim_{n\to+\infty}g(x_n)=g(a).$$

(3) 不一定. 反例: $f(x)=g(x)=x$ 在 $[0,1]$ 上单调增. $\forall x\in[0,1]$ 都有 $f(x)=g(x)=x$.

□

79. 设 $f:\mathbb{R}\to\mathbb{R}$ 为连续函数,存在数 a 及 $c>0$,使得对所有的 $n\in\mathbb{N}$ 有 $|f^n(a)|\leqslant c$. 证明: f 有不动点 x_0,即 $f(x_0)=x_0$. 这里 $f^n=\overbrace{f\circ f\circ\cdots\circ f}^{n个}$ 表示 f 的 n 次复合.

证法 1 (反证)假设 f 无不动点. 即对 $\forall x\in\mathbb{R}$, $f(x)\neq x$,则函数 $F(x)=f(x)-x$ 在 $\mathbb{R}$ 上连续且不变号. 不妨设 $F(x)>0$. 即对 $\forall x\in\mathbb{R}$, $f(x)>x$.

令 $x_1=a$, $x_{n+1}=f(x_n)$, $n=1,2,\cdots$. 由此得一数列 $\{x_n\}$. 由 $x_{n+1}=f(x_n)>x_n$ 知, $\{x_n\}$ 为单调增的,且

$$x_{n+1}=f(x_n)=f(f(x_{n-1}))=f\circ f\circ f(x_{n-2})=\cdots=f^n(x_1)=f(a).$$

由条件知 $|x_{n+1}|=|f^n(a)|\leqslant c$. 所以 $\{x_n\}$ 收敛. 令 $x_0=\lim\limits_{n\to+\infty}x_n$,则

$$x_0=\lim_{n\to+\infty}x_{n+1}=\lim_{n\to+\infty}f(x_n)\xlongequal{f\text{连续}}f(x_0),$$

x_0 为 f 的不动点. 矛盾.

证法 2 (反证)假设 f 无不动点,即对 $\forall x\in\mathbb{R}$, $f(x)\neq x$. 由介值定理知 $f(x)-x$ 不变号. 不妨设 $f(x)-x>0$, $\forall x\in\mathbb{R}$. $f(x)-x$ 在 $[-c,c]$ 上连续,它在 $[-c,c]$ 上达到最小值 $m>0$. 又因 $|f^n(a)|\leqslant c$. $\forall n\in\mathbb{N}$. 所以

$$f^n(a)-f^{n-1}(a)=f(f^{n-1}(a))-f^{n-1}(a)\geqslant m,$$

$$f^{n-1}(a)-f^{n-2}(a)\geqslant m.$$

$$\vdots$$

$$f^2(a)-f(a)\geqslant m.$$

以上各式相加，当 $n>\frac{2c}{m}+1$ 时有

$$2c\geqslant f^n(a)-f(a)\geqslant m(n-1)>2c.$$

矛盾.因此 f 在$\mathbb{R}$上有不动点.

证法 3 (i) 若存在某个自然数 n_0 使 $f^{n_0}(a)=f^{n_0-1}(a)$，令 $x_0=f^{n_0-1}(a)$（记 $f^0(a)=a$）.则由 f^n 的定义知 $f(x_0)=f(f^{n_0-1}(a))=f^{n_0-1}(a)=x_0$，$x_0$ 为 f 的不动点.

(ii) 若对 $\forall n\in\mathbb{N}$，$f^n(a)\neq f^{n-1}(a)$.不妨设 $f(a)>a$.令

$$M=\{n\in\mathbb{N}\mid f^n(a)<f^{n-1}(a)\}.$$

$M\subset\mathbb{N}$ 为$\mathbb{N}$的子集.

当 $M=\varnothing$ 时，$\forall n\in\mathbb{N}$，$f^n(a)>f^{n-1}(a)$.数列$\{f^n(a)\}$单调增有上界 c，$\{f^n(a)\}$收敛，记 $\lim\limits_{n\to+\infty}f^n(a)=x_0$，于是

$$x_0=\lim_{n\to+\infty}f^n(a)=\lim_{n\to+\infty}f(f^{n-1}(a))=f(x_0).$$

x_0 即为 f 的不动点.

为 $M\neq\varnothing$ 时，令 $k=\min\limits_{n\in M}n$.则 $k>1$ 且

$$f^k(a)<f^{k-1}(a).\quad f^{k-1}(a)>f^{k-2}(a).$$

设 $x_1=f^{k-2}(a)$，$x_2=f^{k-1}(a)$.$F(x)=f(x)-x$，则 F 在$\mathbb{R}$上连续，且

$$F(x_1)=f(x_1)-x_1=f(f^{k-2}(a))-f^{k-2}(a)=f^{k-1}(a)-f^{k-2}(a)>0,$$

$$F(x_2)=f(x_2)-x_2=f(f^{k-1}(a))-f^{k-1}(a)=f^k(a)-f^{k-1}(a)<0.$$

由零值定理知，$\exists x_0\in\mathbb{R}$，$0=F(x_0)=f(x_0)-x_0$，即 x_0 为 f 的不动点. □

80. 设 $x_1,x_2,\cdots,x_n\in[0,1]$.证明：$\exists t_0\in[0,1]$，使得 $\frac{1}{n}\sum\limits_{i=1}^{n}|t_0-x_i|=\frac{1}{2}$.

证明 令 $f(t)=\frac{1}{n}\sum\limits_{i=1}^{n}|t-x_i|$.显然 $f(t)$ 在$[0,1]$上连续.$f(0)=\frac{1}{n}\sum\limits_{i=1}^{n}|0-x_i|=\frac{1}{n}\sum\limits_{i=1}^{n}x_i$，$f(1)=\frac{1}{n}\sum\limits_{i=1}^{n}|1-x_i|=\frac{1}{n}\sum\limits_{i=1}^{n}(1-x_i)$，故

$$f(0)+f(1)=\frac{1}{n}\sum_{i=1}^{n}x_i+\frac{1}{n}\left(n-\sum_{i=1}^{n}x_i\right)=1.$$

$f(0)\geqslant 0$，$f(1)\geqslant 0$，故 $f(0)$ 与 $f(1)$ 中必有一个大于等于 $\frac{1}{2}$.不妨设 $f(0)\geqslant\frac{1}{2}$ $\left(\text{若 } f(0)\leqslant\frac{1}{2}.\text{则 } f(1)=1-f(0)\geqslant\frac{1}{2}\right)$.又

$$f\left(\frac{1}{2}\right)=\frac{1}{n}\sum_{i=1}^{n}\left|\frac{1}{2}-x_i\right|\leqslant\frac{1}{n}\sum_{i=1}^{n}\frac{1}{2}=\frac{1}{2},$$

于是根据连续函数的介值定理可知.$\exists t_0\in\left[0,\frac{1}{2}\right]\left(\text{或 } t_0\in\left[\frac{1}{2},1\right]\right)\subset[0,1]$，使得 $f(t_0)=$

$\frac{1}{2}$,即

$$\frac{1}{n}\sum_{i=1}^{n}|t_0-x_i|=\frac{1}{2}.$$ □

81. 设函数 f 在区间 I 上连续,且有惟一的极值点 $x_0\in\mathring{I}$(I 的内点集). 若 $f(x_0)$ 为极大(小)值,则 $f(x_0)$ 为最大(小)值.

证明 (反证)假设 $f(x_0)$ 不为 f 在 I 上的最大值. 那么必 $\exists x_1\in I$,使得 $f(x_1)>f(x_0)$. 因为 x_0 为 f 的极大值点. 所以 $\exists 0<\delta<|x_1-x_0|$,使得在 $(x_1-\delta,x_0+\delta)$ 内 $f(x)\leqslant f(x_0)<f(x_1)$. 于是,根据连续函数的最值定理,$f$ 必在 (x_0,x_1)(或 (x_1,x_0))内达到最小值,当然也是极小值. 这与 f 在 I 内有惟一的极值点相矛盾.

因此 $f(x_0)$ 为 f 在 I 上的最大值. □

82. 设 f 在 $[a,b)$ 上连续. $\lim\limits_{x\to b^-}f(x)=+\infty$,且 $\forall(\alpha,\beta)\subset[a,b)$. f 在 (α,β) 上达不到最小值. 证明: f 在 $[a,b)$ 上是严格增的.

证法 1 (反证)假设 f 在 $[a,b)$ 上非严格增,则必 $\exists x_1,x_2\in[a,b)$,$x_1<x_2$,但 $f(x_1)\geqslant f(x_2)$. 因为 $\lim\limits_{x\to b^-}f(x)=+\infty$,所以 $\exists x_3>x_2>x_1$ 使 $f(x_3)\geqslant f(x_1)$. $f(x)$ 在 $[x_1,x_3]$ 上连续,必在 $[x_1,x_3]$ 上取到最小值 $f(x_0)\leqslant f(x_2)$,x_1,x_3 不是最小值点,$x_0\in(x_1,x_3)$. 但 f 在 $(x_1,x_3)\subset[a,b)$ 上达不到最小值,矛盾.

证法 2 取 $\forall x_1,x_2\in[a,b)$,$x_1<x_2$. 因为 $\lim\limits_{x\to b^-}f(x)=+\infty$,故 $\exists x_3>x_2>x_1$,使 $f(x_3)>\max\{f(x_1),f(x_2)\}$. $[x_1,x_3]\subset[a,b)$,f 不在 (x_1,x_3) 中取最小值. 故 f 在 $[x_1,x_3]$ 中的最小值必在 x_1 或 x_3 处取到,但 $f(x_3)>f(x_1)$,且 $x_2\in(x_1,x_3)$,$f(x_2)$ 不是最小值. 故 $f(x_1)$ 必为最小值,且 $f(x_1)<f(x_2)$. 由 $x_1<x_2$ 的任取性知,f 在 $[a,b)$ 上严格增. □

83. 设 $f:\mathbb{R}\to\mathbb{R}$ 为连续函数,且 $\forall x\in\mathbb{R}$ 都为 f 的极值点,证明: f 为常值函数.

证法 1 (反证)假设 f 不是常值函数,则 $\exists a_1,b_1\in\mathbb{R}$,$a_1<b_1$, s. t. $f(a_1)\neq f(b_1)$. 不妨设 $f(a_1)<f(b_1)$. 由 f 连续及介值定理知,$\exists c\in(a_1,b_1)$ 使得

$$f(a_1)<f(c)=\frac{f(a_1)+f(b_1)}{2}<f(b_1).$$

若 $b_1-c\leqslant\frac{b_1-a_1}{2}$,则令 $a_2=c$,取 b_2 满足 $a_2=c<b_2<b_1$,且

$$f(a_1)<f(a_2)=f(c)<f(b_2)<f(b_1);$$

若 $c-a_1\leqslant\frac{b_1-a_1}{2}$. 则令 $b_2=c$,取 a_2 满足 $a_1<a_2<c=b_2$ 且

$$f(a_1)<f(a_2)<f(c)=f(b_2).$$

无论哪种情形都有 $[a_2,b_2]\subset(a_1,b_1)$,且 $f(a_2)<f(b_2)$. 在 $[a_2,b_2]$ 上重复上述做法并依次类推下去,得一闭区间套:

$$[a_1,b_1]\supset[a_2,b_2]\supset\cdots\supset[a_n,b_n]\supset\cdots$$

且 $0<b_n-a_n\leqslant\frac{b_1-a_1}{2^{n-1}}\to 0$. 根据连续性命题 3, $\exists_1 x_0\in\bigcap\limits_{n=1}^{\infty}[a_n,b_n]$. 根据区间的选法知 $x_0\in\bigcap\limits_{n=1}^{\infty}(a_n,b_n)$ 且 $\lim\limits_{n\to+\infty}a_n=x_0=\lim\limits_{n\to+\infty}b_n$, 再由 f 连续, $f(a_n)$ 严格增, $f(b_n)$ 严格减. 因此 $f(a_n)<f(x_0)<f(b_n)$, 即 x_0 不是 f 的极值点, 这与题设 $\forall x$ 都是极值点相矛盾.

证法 2 根据思考题 1.3 中第 4 题(本书第 13 题)知 f 的值域为至多可数集 A. 若 A 中只有一个元素 a, 即 $f(x)\equiv a$ 为常值函数; 若 A 中有两个以上元素 $r_1<r_2,\cdots$, 由 f 的连续性. $[r_1,r_2]\subset A=f$ 的值域, 但 $[r_1,r_2]$ 为不可数集, 矛盾. 故 A 中只有一个数. f 只能为常值函数. □

84. 设 f 为 $\mathbb{R}$ 上的连续函数, 并且 $\lim\limits_{x\to\infty}f(x)=+\infty$. 又设 f 的最小值 $f(a)<a$. 证明 $f\circ f$ 至少在两个点上达到最小值.

证明 由题意, f 的值域为区间 $[f(a),+\infty)$. $a\in(f(a),+\infty)$. 因为 f 连续, 且 $\lim\limits_{n\to+\infty}f(x)=+\infty$. 所以存在 $x_1<a<x_2$, 使得 $f(x_1)=a=f(x_2)$.

又因

$$f(x)\geqslant f(a)=f\circ f(x_1)=f\circ f(x_2).$$

故 $f\circ f$ 至少有两个达到最小值的点 x_1,x_2. □

85. 用记号 $C[a,b]$ 表示在区间 $[a,b]$ 上的连续函数的全体. 设 $f_i\in C[a,b]$, $i=1,2,3$. 定义 $f(x)$ 为三个数 $f_1(x),f_2(x),f_3(x)$ 中介于中间的那一个. 证明: $f\in C[a,b]$.

证明 因为 $f_1(x),f_2(x)\in C[a,b]$, 所以 $f_1(x)+f_2(x)$, $f_1(x)-f_2(x)$, $|f_1(x)-f_2(x)|\in C[a,b]$, 所以

$$\begin{aligned}F_1(x)&=\max\{f_1(x),f_2(x)\}\\&=\frac{f_1(x)+f_2(x)+|f_1(x)-f_2(x)|}{2}\in C[a,b].\end{aligned}$$

同理, $G_1(x)=\min\{f_1(x),f_2(x)\}=\frac{f_1(x)+f_2(x)-|f_1(x)-f_2(x)|}{2}$ 也在 $[a,b]$ 上连续. 进一步

$$F_2(x)=\max\{f_1(x),f_2(x),f_3(x)\}=\max\{F_1(x),f_3(x)\}\in C[a,b],$$
$$G_2(x)=\min\{f_1(x),f_2(x),f_3(x)\}=\min\{G_1(x),f_3(x)\}\in C[a,b].$$

于是, 介于 $f_1(x),f_2(x),f_3(x)$ 中间的函数

$$\begin{aligned}f(x)=&f_1(x)+f_2(x)+f_3(x)-\min\{f_1(x),f_2(x),f_3(x)\}\\&-\max\{f_1(x),f_2(x),f_3(x)\}\in C[a,b].\end{aligned}$$ □

86. 设 f 在 (a,b) 上只有第 1 类间断点, 且 $\forall x,y\in(a,b)$ 有不等式

$$f\left(\frac{x+y}{2}\right)\leqslant\frac{f(x)+f(y)}{2}.$$

证明：$f\in C(a,b)$.

证明 $\forall x_0\in(a,b)$, $f(x_0^+)$, $f(x_0^-)$存在有限.在不等式

$$f\left(\frac{x_0+y}{2}\right)\leqslant\frac{f(x_0)+f(y)}{2}$$

两边令 $y\to x_0^+$ 就得 $f(x_0^+)\leqslant\frac{1}{2}(f(x_0)+f(x_0^+))$，即 $f(x_0^+)\leqslant f(x_0)$；上式两边令 $y\to x_0^-$. 同样推得 $f(x_0^-)\leqslant f(x_0)$.

又因为

$$f(x_0)=f\left(\frac{x+(2x_0-x)}{2}\right)\leqslant\frac{1}{2}[f(x)+f(2x_0-x)],$$

再令 $x\to x_0^+$，有

$$f(x_0)\leqslant\frac{1}{2}[f(x_0^+)+f(x_0^-)]\leqslant f(x_0).$$

此即 $f(x_0^+)=f(x_0)=f(x_0^-)$. 于是 f 在 x_0 连续. 由 x_0 的任取性知 $f\in C(a,b)$. □

87. 对 $n\in\mathbb{N}$，求满足函数方程

$$f(x+y^n)=f(x)+(f(y))^n,\quad \forall x,y\in\mathbb{R}$$

的一切函数 f.

注 本题要加 f 连续的条件.

解 在方程 $f(x+y^n)=f(x)+(f(y))^n$ 中令 $y=0$ 得

$$f(x)=f(x)+(f(0))^n;$$

因此 $f(0)=0$. 再令 $x=0$，可得 $f(y^n)=f(0)+(f(y))^n$，故 $(f(y))^n=f(y^n)$. 又 $0=f(0)=f(-y^n+y^n)=f(-y^n)+f(y^n)$，于是 $f(-y^n)=-f(y^n)$，故

$$f(x)=f(x-y^n+y^n)=f(x-y^n)+f(y^n),$$

$$f(x-y^n)=f(x)-f(y^n)=f(x)+f(-y^n).$$

故函数方程变成 $f(x+y^n)=f(x)+f(y^n)$ 与 $f(x-y^n)=f(x)+f(-y^n)$.

令 $u=\pm y^n$，即 $x,u=\pm y^n$ 满足 $f(x+u)=f(x)+f(u)$. 从思考题 2.4 的 3 题(即本书 68 题)的证明中知道 $f(x)=ax$.

由于

$$ax^n=f(x^n)=(f(x))^n=(ax)^n=a^nx^n.$$

当 $a=0$ 时，$f(x)\equiv0$.

当 $a\neq0$ 时，得 $a^{n-1}=1$，若 n 为偶数，则 $a=1$，若 n 为奇数则 $a=\pm1$. 此时，$f(x)=\pm x$.

总而言之，(1) 当 n 为偶数时，$f(x)=x$；(2) 当 n 为奇数时，$f(x)=x$ 或 $f(x)=-x$；(3) $f(x)\equiv0$. □

88. 设 $f(x)$在$[0,n]$上连续($n\in\mathbb{N}$)，且 $f(0)=f(n)$. 证明：$f(x)=f(y)$ 至少有 n 个不同的解，其中 $y-x$ 是非负整数.

证明 (归纳法)当 $n=1$ 时，因 $f(0)=f(1)$，故 f 在$[0,1]$上至少有一个解$(x,y)=(0,1)$.

假设命题当 $n-1$ 时成立. 则当 $n\in\mathbb{N}$ 时,命题也成立. 事实上,因 $f(x)$ 在 $[0,n]$ 上连续,则 $d(x)=f(x+1)-f(x)$, $x\in[0,n-1]$ 也连续. 若存在非负整数 $k(0\leqslant k\leqslant n-1)$, s. t. $d(k)=0$,则有 $f(k)=f(k+1)$. 若对 $k=0,1,\cdots,n-1$ 都有 $d(k)\neq 0$,因为 $f(0)=f(n)$,故 $\sum_{k=0}^{n-1}d(k)=\sum_{k=0}^{n-1}[f(k+1)-f(k)]=f(n)-f(0)=0$. 由此可知存在非负整数 $j(0\leqslant j\leqslant n-1)$, s. t. $d(j)d(j+1)<0$. 根据连续函数的介值定理, $\exists\,\alpha\in(j,j+1)$, s. t. $d(\alpha)=0$. 综上所述,总 $\exists\,\beta,\beta+1\in[0,n]$, s. t.

$$f(\beta)=f(\beta+1).$$

我们定义

$$g(x)=\begin{cases}f(x), & x\in[0,\beta],\\ f(x+1), & x\in[\beta,n-1],\end{cases}$$

则 $g(x)$ 在 $[0,n-1]$ 上连续,且 $g(0)=g(n-1)$. 由归纳假设,存在 $n-1$ 个不同的 (x_i,y_i), $i=1,2,\cdots,n-1$,使得存在 $n-1$ 个不同的 (x_i,y_i), $i=1,2,\cdots,n-1$,满足: $g(x_i)=g(y_i)$,其中 y_i-x_i 为非负整数. 又

$$0=g(y_i)-g(x_i)=\begin{cases}f(y_i)-f(x_i), & y_i<\beta,\\ f(y_i+1)-f(x_i), & x_i\leqslant\beta\leqslant y_i,\\ f(y_i+1)-f(x_i+1), & \beta<x_i.\end{cases}$$

由此即得 $f(x)=f(y)$ 的 $n-1$ 个不同的解,且 $y-x$ 为非负整数,再加上 $(\beta,\beta+1)$ 得到 n 个不同的解. □

89. 定义函数 $f:[0,1]\to[0,1]$ 如下:

$$f(x)=\begin{cases}0.0a_1 0a_2 0a_3\cdots, & x=0.a_1a_2a_3\cdots,\\ 1, & x=1.\end{cases}$$

其中 $x=0.a_1a_2a_3\cdots$ 为十进制小数表示(当 x 的十进制小数表示不惟一时,一律采用有限小数的方法,例如 0.1 不表示成 0.0999…). 试讨论函数的连续性.

解　由函数的定义知 f 为严格单调增函数.

(i) 若 x_0 不为有限小数(可循环也可不循环),设

$$x_0=0.a_1a_2a_3\cdots,$$

按约定,不可能从某位开始,后边全是 0(否则 x_0 为有限小数),也不可能从某位开始往右全部为 9(因为不允许有这种表示). 这就表明 $\exists\,k_1<k_2<\cdots<k_n<\cdots$, $k_n\in\mathbb{N}$, s. t. $a_{k_n}\geqslant 1$ 而 $a_{k_n+1}\leqslant 8(n=1,2,3,\cdots)$. 定义数列

$$x_n=0.a_1a_2\cdots a_{k_n},\quad y_n=0.a_1a_2\cdots a_{k_n}(a_{k_n+1}+1).$$

显然, $x_0\in(x_n,y_n)$, $n=1,2,\cdots$,且 $\lim\limits_{n\to+\infty}x_n=x_0=\lim\limits_{n\to+\infty}y_n$, $\lim\limits_{n\to+\infty}f(x_n)=f(x_0)=\lim\limits_{n\to+\infty}f(y_n)$. 于是,对 $\forall\,\varepsilon>0$,必 $\exists\,N\in\mathbb{N}$,当 $n\geqslant N$ 时,有

$$|f(x_n)-f(y_n)|=f(y_n)-f(x_n)<\varepsilon.$$

这就表明,当 $x\in(x_0-\delta,x_0+\delta)\subset(x_N,y_N)$ 时($\delta=\min\{x_0-x_N,y_N-x_0\}>0$),由于 f 为严格增函数,故

$$f(x_N)<f(x)<f(y_N),$$
$$|f(x)-f(x_0)|\leqslant f(y_N)-f(x_N)<\varepsilon,$$

可见,f 在 x_0 点处连续.

(ii) 若 $x_0\in(0,1)$为有限小数,记 $x_0=0.a_1a_2\cdots a_m$,其中 $a_m\geqslant 1$. 令

$$x_n=0.a_1a_2\cdots(a_m-1)\underbrace{99\cdots 9}_{n\text{个}},$$

显然 $\lim\limits_{n\to+\infty}x_n=x_0$. 依定义

$$f(x_n)=0.0a_10a_2\cdots 0(a_m-1)\underbrace{0909\cdots 09}_{n\text{对}09},$$

$$f(x_0)=0.0a_10a_2\cdots 0a_m.$$

此时

$$f(x_0)-f(x_n)=0.\overbrace{00\cdots 00}^{2m\text{个}}\ \overbrace{9090\cdots 90}^{n-1\text{对}90}91\geqslant 0.9\cdot 10^{-2m}.$$

可见,$\lim\limits_{n\to+\infty}f(x_n)\neq f(x_0)$,从而 f 在 x_0 点处不连续.

(iii) 若 $x_0=1$,令 $x_n=0.\underbrace{99\cdots 9}_{n\text{个}}$,则 $\lim\limits_{n\to+\infty}x_n=1$,但

$$\lim_{n\to+\infty}f(x_n)=\lim_{n\to+\infty}0.\underbrace{0909\cdots 09}_{n\text{对}09}=0.0909\cdots 09\cdots=0.\dot{0}\dot{9}\neq 1=f(1),$$

从而 f 在点 1 处不连续.

(iv) 若 $x_0=0=0.00\cdots 0\cdots$,$f(x_0)=f(0)=0.0000\cdots 00\cdots$. 对 $\forall\varepsilon>0$,必 $\exists N\in\mathbb{N}$, s. t. $10^{-N}<\varepsilon$. 于是,当 $x\in[0,1)$,$|x-0|=x=0.a_1\cdots a_n\cdots<10^{-N}=\delta$ 时,有

$$\begin{aligned}|f(x)-f(0)|&=|f(0.a_1\cdots a_n\cdots)-0|=f(0.a_1\cdots a_n\cdots)=0.0a_10a_2\cdots 0a_n\cdots\\&\leqslant 0.a_1\cdots a_n\cdots<10^{-N}<\varepsilon.\end{aligned}$$

所以,$\lim\limits_{x\to 0^+}f(x)=f(0)$. 于是,$f$ 在点 0 处连续. □

注 (1) 如果要求题 89 中的函数在 $x_0=1$ 点处连续,应如何改变 f 在 $x_0=1$ 点处的值? 显然,只须令 $f(1)=0.0909\cdots 09=0.\dot{0}\dot{9}$.

(2) 能否构造一个$[0,1]$上的函数在有限小数处不连续,而在非有限小数处连续.

根据题 89,易见

$$f(x)=\begin{cases}0.0a_10a_20a_3\cdots, & x=0.a_1a_2a_3\cdots\in(0,1),\\ 1, & x=0,1\end{cases}$$

在有限小数处不连续,而在非有限小数处连续.

90. 设函数 f 在$[0,+\infty)$上一致连续,且 $\forall x\in[0,1]$有

$$\lim_{n\to+\infty} f(x+n)=0 \quad (n\in\mathbb{N}).$$

证明:$\lim\limits_{x\to+\infty} f(x)=0$.

证明 因为 f 在$[0,+\infty)$上一致连续,所以对 $\forall\varepsilon>0$,$\exists\delta>0$,当 $x',x''\in[0,+\infty)$,$|x'-x''|<\delta$ 时,有

$$|f(x')-f(x'')|<\frac{\varepsilon}{2}.$$

将$[0,1]$等分成 $0=x_0<x_1<\cdots<x_m=1$,使每个区间$[x_i,x_{i+1}]$的长度$\frac{1}{m}<\delta$.

$\forall x\geqslant1$. $x-[x]\in[0,1)$,且 $x\to+\infty\Leftrightarrow[x]\to+\infty$. $\exists i\in\{0,1,2,\cdots,m-1\}$, s. t. $x-[x]\in[x_i,x_{i+1}]$,即 $0\leqslant x-[x]-x_i<\delta$.

由于 $\lim\limits_{n\to+\infty} f(x+n)=0$ 对 $\forall x\in[0,1]$成立,故对 $\forall x_i$,$i=0,1,2,\cdots,m$. $\lim\limits_{n\to+\infty} f(x_i+n)=0$. 因此,$\exists N\in\mathbb{N}$,当 $n>N$ 时$|f(x_i+n)|<\frac{\varepsilon}{2}$对 $\forall i\in\{0,1,2,\cdots,m\}$成立.

当 $x>N>1$ 时,$[x]>N$,且

$$\begin{aligned}|f(x)|&=|f(x)-f([x]+x_i)+f(x_i+[x])|\\&\leqslant|f(x)-f([x]+x_i)|+|f(x_i+[x])|\\&<\frac{\varepsilon}{2}+\frac{\varepsilon}{2}<\varepsilon.\end{aligned}$$

所以 $\lim\limits_{x\to+\infty} f(x)=0$. □

91. 设 I 为区间,如果存在正的常数 M,使得

$$|f(x)-f(y)|\leqslant M|x-y|,\quad \forall x,y\in I.$$

则称 f 在 I 上满足 Lipschitz 条件. 证明:如果 f 在$[a,+\infty)$满足 Lipschitz 条件($a>0$),则$\frac{f(x)}{x}$在$[a,+\infty)$上一致连续.

证明 对 $\forall x>a>0$,有

$$|f(x)|\leqslant|f(x)-f(a)|+|f(a)|\leqslant M(x-a)+|f(a)|<Mx+|f(a)|.$$

$\forall\varepsilon>0$,取 $\delta=\frac{a^2\varepsilon}{|f(a)|+2aM}$,当 $x_1,x_2\in[a,+\infty)$. $|x_1-x_2|<\delta$ 时,有

$$\begin{aligned}\left|\frac{f(x_1)}{x_1}-\frac{f(x_2)}{x_2}\right|&=\frac{|x_2f(x_1)-x_1f(x_2)|}{x_1x_2}=\frac{|x_2(f(x_1)-f(x_2))+f(x_2)(x_2-x_1)|}{x_1x_2}\\&\leqslant\frac{|f(x_1)-f(x_2)|}{x_1}+\frac{|f(x_2)||x_2-x_1|}{x_1x_2}\\&\leqslant\frac{M|x_1-x_2|}{x_1}+\frac{(Mx_2+|f(a)|)|x_1-x_2|}{x_1x_2}\\&=\left(\frac{2M}{x_1}+\frac{(|f(a)|)}{x_1x_2}\right)|x_1-x_2|\end{aligned}$$

$$\leqslant \frac{2aM+|f(a)|}{a^2}|x_2-x_1|$$

$$<\frac{|f(a)|+2aM}{a^2}\delta=\varepsilon.$$

因此,f 在$[a,+\infty)$上一致收敛. □

92. 证明:函数 f 在区间 I 上一致连续$\Leftrightarrow\forall\varepsilon>0,\exists N\in\mathbb{N}$,s.t. 当 $x,y\in I,x\neq y$ 且

$$\left|\frac{f(x)-f(y)}{x-y}\right|>N$$

时,恒有$|f(x)-f(y)|<\varepsilon$.

证法 1 ($\Leftarrow$)设对$\forall\varepsilon>0,\exists N\in\mathbb{N}$,s.t. 只要 $x,y\in I,x\neq y$ 且

$$\left|\frac{f(x)-f(y)}{x-y}\right|>N,$$

便有

$$|f(x)-f(y)|<\varepsilon.$$

取 $\delta=\frac{\varepsilon}{N}$,则当 $x,y\in I,|x-y|<\delta$ 时,必有

$$|f(x)-f(y)|<\varepsilon,$$

即 f 在 I 上是一致连续的.(反证)假设当$|x-y|<\delta$ 时,有$|f(x)-f(y)|\geqslant\varepsilon$,则

$$\left|\frac{f(x)-f(y)}{x-y}\right|=\frac{|f(x)-f(y)|}{|x-y|}>\frac{\varepsilon}{\delta}=\frac{\varepsilon}{\frac{\varepsilon}{N}}=N,$$

此时,必有$|f(x)-f(y)|<\varepsilon$,这与上述$|f(x)-f(y)|\geqslant\varepsilon$ 相矛盾.

($\Rightarrow$)设 f 在 I 上一致连续,即对$\forall\varepsilon>0,\exists\delta>0$,只要 $x,y\in I,|x-y|\leqslant\delta$,便有$|f(x)-f(y)|<\varepsilon$.

现在,取 $N\in\mathbb{N}$,s.t. $N>\frac{2\varepsilon}{\delta}$.若 $x,y\in I,x\neq y$(不妨设 $x>y$),且

$$\left|\frac{f(x)-f(y)}{x-y}\right|>N,$$

则必有$|f(x)-f(y)|<\varepsilon$.(反证)反设$|f(x)-f(y)|\geqslant\varepsilon$,则由上述结论,必有 $x-y>\delta$.令 $k=\left[\frac{x-y}{\delta}\right]$$\left(\text{不超过}\frac{x-y}{\delta}\text{的最大整数}\right)$,这时

$$1\leqslant k=\left[\frac{x-y}{\delta}\right]\leqslant\frac{x-y}{\delta}\leqslant\frac{x-y}{\delta}+\left(\frac{x-y}{\delta}-1\right)\leqslant 2\,\frac{x-y}{\delta}-1,$$

$$k+1\leqslant 2\,\frac{x-y}{\delta}.$$

于是

$$|f(x)-f(y)|\leqslant|f(y)-f(y+\delta)|+|f(y+\delta)-f(y+2\delta)|$$
$$+\cdots+|f(y+k\delta)-f(x)|<(k+1)\varepsilon$$

$$\leqslant 2\,\frac{x-y}{\delta}\varepsilon < N(x-y),$$

$$\left|\frac{f(x)-f(y)}{x-y}\right| < N,$$

这与前面条件$\left|\frac{f(x)-f(y)}{x-y}\right|>N$相矛盾.

证法 2　($\Leftarrow$)$\forall\varepsilon>0$,取$\delta=\frac{\varepsilon}{N}$,当$x,y\in I,x\neq y$且$|x-y|<\delta$时,或者有

$$\frac{|f(x)-f(y)|}{|x-y|}\leqslant N,$$

此时

$$|f(x)-f(y)|\leqslant N|x-y|<N\delta=N\cdot\frac{\varepsilon}{N}=\varepsilon;$$

或者有

$$\frac{|f(x)-f(y)|}{|x-y|}>N,$$

此时按题设有

$$|f(x)-f(y)|<\varepsilon.$$

这就证明了f在I上是一致连续的.

($\Rightarrow$)(反证)假若不然,则$\exists\varepsilon_0>0$,对$\forall N\in\mathbb{N}$,有$x_0,y_0\in I$,虽然

$$\frac{|f(x_0)-f(y_0)|}{|x_0-y_0|}>N,$$

但是$|f(x_0)-f(y_0)|\geqslant\varepsilon_0$.

因为f在I上一致连续,故$\exists\delta>0$,当$x,y\in I,|x-y|<\delta$时,有$|f(x)-f(y)|<\varepsilon_0$.

取$N\in\mathbb{N}$,s. t. $N>\frac{2\varepsilon_0}{\delta}$. 令$\alpha=|f(x_0)-f(y_0)|$,则$\exists k\in\mathbb{N}$,s. t. $k\geqslant 2$,且$(k-1)\varepsilon_0\leqslant\alpha<k\varepsilon_0$. 再令$\beta=\frac{\alpha}{k-1}$,则$\varepsilon_0\leqslant\beta=\frac{\alpha}{k-1}<\frac{k}{k-1}\varepsilon_0<2\varepsilon_0$. 不妨设$x_0<y_0$且$f(x_0)<f(y_0)$. 由于

$$f(x_0)<f(x_0)+\beta\leqslant f(x_0)+\alpha=f(y_0),$$

故由连续函数的介值定理,$\exists x_1(x_0<x_1\leqslant y_0)$,s. t.

$$f(x_1)=f(x_0)+\beta.$$

同样,$\exists x_2(x_1<x_2\leqslant y_0)$,s. t.

$$f(x_2)=f(x_1)+\beta.$$

依次可得$x_0<x_1<\cdots<x_k$,其中$x_k=y_0$. 此时,对$\forall i(i=1,2,\cdots,k)$,由于

$$f(x_i)-f(x_{i-1})=\beta\geqslant\varepsilon_0,$$

据一致连续的定义,必然$x_i-x_{i-1}\geqslant\delta$,从而

$$\left|\frac{f(x_0)-f(y_0)}{x_0-y_0}\right| \leqslant \frac{\sum_{i=1}^{k}|f(x_i)-f(x_{i-1})|}{|x_0-y_0|} \leqslant \frac{k\beta}{k\delta}=\frac{\beta}{\delta}<\frac{2\varepsilon_0}{\delta}<N,$$

这与$\frac{|f(x_0)-f(y_0)|}{|x_0-y_0|}>N$相矛盾. □

92′. 证明:函数 f 在区间 I 上一致连续$\Leftrightarrow \forall \varepsilon>0, \exists P\in\mathbb{R}$, s. t. 当 $x,y\in I, x\neq y$ 且

$$\left|\frac{f(x)-f(y)}{x-y}\right|>P,$$

便有

$$|f(x)-f(y)|<\varepsilon$$

(由 Paine 证明,参阅 Paine[13]).

证法 1 ($\Leftarrow$)设对 $\forall \varepsilon>0, \exists P\in\mathbb{R}$, s. t. 只要 $x,y\in I, x\neq y$ 且

$$\left|\frac{f(x)-f(y)}{x-y}\right|>P,$$

便有

$$|f(x)-f(y)|<\varepsilon.$$

(i) 若 $P>0$,取 $\delta=\frac{\varepsilon}{P}$,则当 $x,y\in I, |x-y|<\delta$ 时,必有

$$|f(x)-f(y)|<\varepsilon.$$

(反证)假设当 $|x-y|<\delta$ 时,有 $|f(x)-f(y)|\geqslant\varepsilon$,则

$$\left|\frac{f(x)-f(y)}{x-y}\right|=\frac{|f(x)-f(y)|}{|x-y|}>\frac{\varepsilon}{\delta}=\frac{\varepsilon}{\frac{\varepsilon}{P}}=P.$$

此时,由题设必有 $|f(x)-f(y)|<\varepsilon$,这与上述 $|f(x)-f(y)|\geqslant\varepsilon$ 相矛盾.

(ii) 若 $P\leqslant 0$,当

$$\left|\frac{f(x)-f(y)}{x-y}\right|>P$$

时,根据题设必有 $|f(x)-f(y)|<\varepsilon$; 当

$$0\leqslant\left|\frac{f(x)-f(y)}{x-y}\right|\leqslant P\leqslant 0$$

时,则必有 $|f(x)-f(y)|=0<\varepsilon$.

综上知,f 在 I 上必一致连续.

($\Rightarrow$) 仿题 92 证法 1 的必要性证明,只须将 $N\in\mathbb{N}$ 换成 $P\in\mathbb{R}$.

证法 2 ($\Leftarrow$) $\forall \varepsilon>0$,(i)若 $P>0$ 时,可取 $\delta=\frac{\varepsilon}{P}$. 当 $x,y\in I, x\neq y$ 且 $|x-y|<\delta$,或者有

$$\frac{|f(x)-f(y)|}{|x-y|}\leqslant P,$$

此时

$$|f(x)-f(y)|\leqslant P|x-y|<P\delta=\varepsilon.$$

或者有

$$\left|\frac{f(x)-f(y)}{x-y}\right|>P.$$

则由题设有 $|f(x)-f(y)|<\varepsilon$.

综上所述，f 在 I 上一致连续.

(⇒) 仿题92证法2的必要性证明，只须将 $N>\frac{2\varepsilon}{\delta}$ 与 $N\in\mathbb{N}$ 分别换为 $P>\frac{2\varepsilon}{\delta}$ 及 $P\in\mathbb{R}$.

□

93. 证明：有理函数 $f(x)=\frac{1+x^2}{1-x^2+x^4}$ 在 $\mathbb{R}$ 上有界. 进而证明上述有理函数 $f(x)$ 取到最大值 $1+\frac{2}{3}\sqrt{3}$，而下确界为0，不可达到.

证法1　因为 $1-x^2+x^4=\left(x^2-\frac{1}{2}\right)^2+\frac{3}{4}>0$. 故 $f(x)$ 在 $\mathbb{R}$ 上连续且 f 为偶函数. 于是只须讨论 $x\geqslant 0$ 的情形.

首先，由 $1+x^2>0$，$1-x^2+x^4>0$ 知 $f(x)>0$.

再看当 $x>\sqrt{2}$ 时，$1-x^2+x^4>1-x^2+2x^2=1+x^2$，此时 $f(x)<1$. 又 f 在 $[0,\sqrt{2}]$ 上连续，因而有界. 所以 f 在 $[0,+\infty)$ 中有界，进而在 $(-\infty,+\infty)$ 中有界.

$$\lim_{x\to\infty}f(x)=\lim_{x\to\infty}\frac{x^2+1}{1-x^2+x^4}=0,$$

所以 $f(x)$ 有下确界0，但达不到.

为求 $f(x)$ 的最大值，令 $y=f(x)$，则

$$y(1-x^2+x^4)=1+x^2,$$

即 $yx^4-(y+1)x^2+y-1=0$，为使关于 x^2 的方程有解，y 需满足

$$0\leqslant\Delta=(y+1)^2-4y(y-1)=-3y^2+6y+1=-3(y-1)^2+4,$$

$$(y-1)^2\leqslant\frac{4}{3},\quad y\leqslant 1+\frac{2}{\sqrt{3}}=1+\frac{2}{3}\sqrt{3}.$$

而解方程 $\frac{1+x^2}{1-x^2+x^4}=1+\frac{2}{3}\sqrt{3}$，即 $\left(1+\frac{2\sqrt{3}}{3}\right)x^4-\left(1+\frac{2\sqrt{3}}{3}+1\right)x^2+\left(1+\frac{2\sqrt{3}}{3}\right)-1=\left(1+\frac{2\sqrt{3}}{3}\right)[x^2-(\sqrt{3}-1)]^2=0$，得 $x^2=\sqrt{3}-1$. 即当 $x^2=\sqrt{3}-1$ 时，有理函数达到最大值 $1+\frac{2}{3}\sqrt{3}$.

证法 2 同证法 1 证得 $f(x)$在$\mathbb{R}$上有界. 再求它的最大值.

令 $x^2=t$,有理函数成为$\frac{1+t}{1-t+t^2}=\frac{1+t}{1+t+t(t-2)}$. 设

$$g(t)=\frac{1+t+t(t-2)}{1+t}=1+t+\frac{-3t}{1+t}=1+t+\frac{3}{1+t}-3$$

$$\geqslant 2\sqrt{(1+t)\frac{3}{1+t}}-3=2\sqrt{3}-3.$$

等号仅当 $1+t=\frac{3}{1+t}$时成立,即 $t=\sqrt{3}-1(t\geqslant 0)$. 此时 $f(x)=\frac{1}{g(t)}=\frac{1}{2\sqrt{3}-3}=1+\frac{2}{3}\sqrt{3}$ 为最大值. □

94. 设 f 为$\mathbb{R}$上的周期函数,无最小正周期,且 f 在某点 a 连续. 证明: f 为常值函数. 换言之,如果 f 为无最小正周期的周期函数且 f 不为常值函数,则 f 处处不连续.(考察常值函数与 Dirichlet 函数.)

证法 1 (反证)假设 f 非常值,则$\exists b$(不妨设 $b>a$),s. t. $f(b)\neq f(a)$. 不失一般性,设 $f(b)>f(a)$.

因 f 在 a 连续,故对 $\varepsilon_0=\frac{1}{2}[f(b)-f(a)]>0$, $\exists\delta>0$,当$|x-a|<\delta$时

$$f(x)<f(a)+\varepsilon_0=\frac{1}{2}[f(a)+f(b)]<f(b).$$

又 f 为无最小正周期的周期函数,故可取 $0<T<\delta$, T 为 f 的正周期. 记 $b-a=nT+r$. $0\leqslant r<T<\delta$,则 $a+r\in(a,a+\delta)$. 且

$$f(b)=f(a+nT+r)=f(a+r)<f(b).$$

矛盾. 于是证得 f 为常值函数.

证法 2 (反证)假设 f 不是常值函数,则必有 $b>a$, s. t. $f(b)\neq f(a)$. 又 f 无最小正周期,可取 f 的正周期数列$\{T_n\}$. $T_n\to 0(n\to+\infty)$. 设 $b-a=m_nT_n+r_n$, $0\leqslant r_n<T_n$. 于是 $r_n\to 0(n\to+\infty)$, $a+r_n\to a_n(n\to+\infty)$, m_n 是非负整数. f 在 a 处连续,所以 $f(a)=\lim\limits_{n\to+\infty}f(a+r_n)=\lim\limits_{n\to+\infty}f(a+m_nT_n+r_n)=f(b)$,矛盾. □

95. 设函数 f 与 g 在$[a,b]$上连续,且有 $x_n\in[a,b]$,使得

$$g(x_n)=f(x_{n+1}),\quad n\in\mathbb{N}.$$

证明:必有一点 $x_0\in[a,b]$,使 $f(x_0)=g(x_0)$.

证明 (反证)假设对$\forall x\in[a,b]$. $f(x)\neq g(x)$. 设 $F(x)=g(x)-f(x)$,则 $F(x)$在$[a,b]$上连续,无零点. 根据零值定理知 F 在$[a,b]$上不变号. 不妨设 $F(x)>0$, $\forall x\in[a,b]$. 再由闭区间上连续函数的最值定理,$\exists x^*\in[a,b]$, s. t. $m=\min\limits_{x\in[a,b]}f(x)=f(x^*)>0$. 由此得到

$$f(x_{n+1})-f(x_n)=g(x_n)-f(x_n)=F(x_n)\geqslant m,$$

类推

$$f(x_n)-f(x_{n-1})\geqslant m,$$
$$\vdots$$
$$f(x_2)-f(x_1)\geqslant m.$$

将上述各式相加得

$$f(x_{n+1})-f(x_1)\geqslant nm\to+\infty\quad(n\to+\infty),$$

因此,f 在$[a,b]$上无界,这与闭区间$[a,b]$上的连续函数必有界矛盾.

由此,必$\exists\, x_0\in[a,b]$,使 $f(x_0)=g(x_0)$. □

96. 设函数 f 在区间$[a,+\infty)$上连续有界. 证明:对每一数 λ,存在数列 $x_n\to+\infty$,使

$$\lim_{n\to+\infty}[f(x_n+\lambda)-f(x_n)]=0.$$

证明　不失一般性可设 $\lambda>0$(事实上,若 $\lambda=0$ 则任取 $x_n\to+\infty$,都有 $\lim\limits_{n\to+\infty}(f(x_n+0)-f(x_n))=0$;若 $\lambda<0$. 由 $f(x_n+\lambda)-f(x_n)=-[f((x_n+\lambda)+|\lambda|)-f(x_n+\lambda)]$化成 $\lambda>0$ 的情形).

(反证)假设命题不成立,则必$\exists\,\lambda>0$,使得对一切 $x\geqslant N\in\mathbb{N}^*$,均有

$$|f(x+\lambda)-f(x)|\geqslant\frac{1}{N}>0.$$

由 f 在$[a,+\infty)$上连续知 $f(x+\lambda)-f(x)$在$[N,+\infty)$上连续,故 $f(x+\lambda)-f(x)$不变号$\left(\text{否则将}\ \exists\, x_0\ \text{使}\ f(x_0+\lambda)-f(x_0)=0<\frac{1}{N}\right)$. 不妨设 $f(x+\lambda)-f(x)\geqslant\frac{1}{N}$, $\forall\, x\geqslant N$. 则

$$f(N+m\lambda)\geqslant f(N+(m-1)\lambda)+\frac{1}{N}\geqslant\cdots$$
$$\geqslant f(N)+\frac{m}{N}\to+\infty\quad(m\to+\infty).$$

从而 f 在$[a,+\infty)$上无界. 与题设 f 有界矛盾. □

97. 设函数 $f:\mathbb{R}\to\mathbb{R}$ 在有理点上取值为无理数,在无理点上取值为有理数. 证明:f 不为连续函数.

证法 1　由题意 f 不为常值函数. 用 $R(f)$表示 f 的值域,而有理数集$\mathbb{Q}$为可数集. 故

$$R(f)=\{f(r_n)\mid r_n\in\mathbb{Q}\}\cup\{f(x)\mid x\in\mathbb{R}-\mathbb{Q}\}.$$

而$\{f(x)|x\in\mathbb{R}-\mathbb{Q}\}\subset\mathbb{Q}$为至多可数集,$\{f(r_n)|r_n\in\mathbb{Q}\}$当然也至多可数,从而 $R(f)$为至多可数集.

(反证)假设 f 为连续函数,任取 $r\in\mathbb{Q}$,则 $f(r)$为无理数,再取一无理数 t. 则 $f(t)$为有理数,于是,$f(r)\neq f(t)$. 不妨设 $f(r)<f(t)$. 由 f 连续及介值定理知$[f(r),f(t)]\subset R(f)$为至多可数集,但$[f(r),f(t)]$为闭区间不可数. 矛盾,所以 f 不连续.

证法 2　(反证)假设 f 为连续函数,记有理数集$\mathbb{Q}=\{r_1,r_2,\cdots\}$,任取 $x_1\in\mathbb{R}-\mathbb{Q}$,则

$x_1\neq r_1$，存在含 x_1 的闭区间 I 使 $r_1\notin\mathring{I}$（I 的内点集）. 再取 $x_1^*\in\mathring{I}\cap\mathbb{Q}$，$f(x_1^*)$为无理数，故 $f(x_1^*)\neq r_1$. 由于 f 连续，必存在闭区间$[a_1,b_1]\subset\mathring{I}$，使 $r_1\notin[a_1,b_1]$和 $r_1\notin f([a_1,b_1])$. 同理，存在闭区间$[a_2,b_2]\subset[a_1,b_1]$使 $r_2\notin[a_2,b_2]$和 $r_2\notin f([a_2,b_2])$，且 $b_2-a_2<\frac{1}{2}(b_1-a_1)$，以此类推得到区间套

$$[a_1,b_1]\supset[a_2,b_2]\supset\cdots\supset[a_n,b_n]\supset\cdots$$

使得 $r_n\notin[a_n,b_n]$和 $r_n\notin f([a_n,b_n])$，且 $b_n-a_n<\frac{1}{2}(b_{n-1}-a_{n-1})<\cdots<\frac{1}{2^{n-1}}(b_1-a_1)\to 0$. 根据闭区间套原理 $\exists_1 x_0\in\bigcap\limits_{n=1}^{\infty}[a_n,b_n]$，易见 $x_0\neq r_n$，$n=1,2,\cdots$. 故 $x_0\in\mathbb{R}-\mathbb{Q}$，从而 $f(x_0)\in\mathbb{Q}$，但由$[a_n,b_n]$的选法，$f(x_0)\neq r_n$，$n=1,2,\cdots$，即 $f(x_0)\notin\mathbb{Q}$. 矛盾. □

98. 设 f 为$[a,b]$上的连续函数，且在 $\forall[\alpha,\beta]\subset[a,b]$上至少有两个不同的最大值点，证明：$f$ 在$[a,b]$上为常值函数.

证明 （反证）假设 f 不为常值函数，则

$$M=\max\{f(x)\mid x\in[a,b]\}>\min\{f(x)\mid x\in[a,b]\}=m.$$

设 $m=f(x_0)$，$x_0\in[a,b]$，则 f 在$[a,b]$上的最大值 M 必在$[a,x_0]$和$[x_0,b]$之一中达到，不妨设 M 在$[x_0,b]$上达到. 令

$$\xi=\inf\{x\in[x_0,b]\mid f(x)=M\}.$$

因为 $f(x_0)=m<M$，f 连续. 故 $\exists\delta>0$，$\forall x\in[x_0,x_0+\delta]$中 $f(x)<M$，$x_0<x_0+\delta\leqslant\xi$. 再由 f 连续，得

$$f(\xi)=\lim_{n\to+\infty}f(x_n)=\lim_{n\to+\infty}M=M,$$

其中，$x_n\in\{x\in[x_0,b]\mid f(x_n)=M\}$，$\{x_n\}$单调减趋于 ξ. 易见 f 在$[x_0,\xi]$中仅在 ξ 达到最大值 M. 这与题设 f 在$[x_0,\xi]$中至少有两个最大值点矛盾.

由上推得 f 为常值函数. □

99. 设 $S^2=\{(x,y,z)\in\mathbb{R}^3\mid x^2+y^2+z^2=1\}$为单位球面，$f$：$S^2\to\mathbb{R}$ 为连续函数. 证明：$\exists\boldsymbol{\xi}\in S^2$，使 $f(\boldsymbol{\xi})=f(-\boldsymbol{\xi})$.

证明 设 $\boldsymbol{p}\in S^2$，φ 为连接 $\boldsymbol{p}$ 和 $-\boldsymbol{p}$ 的一条道路，使得 $\varphi(0)=\boldsymbol{p}$，$\varphi(1)=-\boldsymbol{p}$ 为 S^2 上的半大圆弧. 令

$$F(t)=f(\varphi(t))-f(-\varphi(t)),\quad t\in[0,1],$$

因为 f 连续. 所以 $F(t)$连续. 且

$$\begin{aligned}F(0)\cdot F(1)&=[f(\varphi(0))-f(-\varphi(0))][f(\varphi(1))-f(-\varphi(1))]\\&=[f(\boldsymbol{p})-f(-\boldsymbol{p})][f(-\boldsymbol{p})-f(\boldsymbol{p})]\\&=-[f(\boldsymbol{p})-f(-\boldsymbol{p})]^2\leqslant 0.\end{aligned}$$

根据零值定理，$\exists t^*\in[0,1]$，使

$$0=F(t^*)=f(\varphi(t^*))-f(-\varphi(t^*)).$$

令$\boldsymbol{\xi}=\varphi(t^*)\in S^2$，就有$f(\boldsymbol{\xi})=f(-\boldsymbol{\xi})$. □

100. (1) 在半径为1的圆内有2005个点$P_1,P_2,\cdots,P_{2005}$. 证明：在同一平面上一定存在这样一点P，它到这2005个点的距离之和等于3000；

(2) 在单位球面S^2上有2005个点$P_1,P_2,\cdots,P_{2005}$. 证明：在此球面S^2上必有一点P_0，使

$$\sum_{i=1}^{2005}\overset{\frown}{P_0P_i}=\frac{2005\pi}{2},$$

其中$\overset{\frown}{P_0P_i}$表示从P_0到P_i的球面距离，即过P_0与P_i的大圆上，以P_0与P_i为端点的劣弧之长.

证明 (1) 将圆心置于原点，以$f(x)$记点$(x,0)$到这2005个点的距离之和. 则有

$$f(0)\leqslant\overbrace{1+1+\cdots+1}^{2005}=2005<3000,$$
$$f(5)\geqslant 4\times 2005=8020>3000.$$

又因为$f(x)=\sqrt{\sum_{i=1}^{2005}[(x-x_i)^2+y_i^2]}$是$\mathbb{R}$上的连续函数. 根据介值定理，$\exists\xi\in(0,5)$ s. t.
$3000=f(\xi)=\sqrt{\sum_{i=1}^{2005}[(\xi-x_i)^2+y_i^2]}$，其中$(x_i,y_i)$，$i=1,2,\cdots,2005$为2005个点的坐标.

点$P=(\xi,0)$到这2005个点的距离等于3000.

(2) 设

$$F(P)=\frac{1}{2005}\sum_{i=1}^{2005}\overset{\frown}{PP_i}$$

显然F为P的连续函数.

在球面上任取一点A，B为A的对径点，即$B=-A$. 于是$\overset{\frown}{AP_i}+\overset{\frown}{P_iB}=\pi$.

$$F(A)+F(B)=\frac{1}{2005}\sum_{i=1}^{2005}\overset{\frown}{AP_i}+\frac{1}{2005}\sum_{i=1}^{2005}\overset{\frown}{BP_i}=\pi.$$

因此，或者$F(A)\leqslant\frac{\pi}{2}$，$F(B)\geqslant\frac{\pi}{2}$；或者$F(A)\geqslant\frac{\pi}{2}$，$F(B)\leqslant\frac{\pi}{2}$. 由连续函数的介值定理可知，在过$A$和$B=-A$的大圆弧上必有一点$P_0$使得

$$F(P_0)=\frac{1}{2005}\sum_{i=1}^{2005}\overset{\frown}{P_0P_i}=\frac{\pi}{2},$$

即$\sum_{i=1}^{2005}\overset{\frown}{P_0P_i}=2005\times\frac{\pi}{2}=\frac{2005\pi}{2}$. □

101. 设$f(x)$在$[a,b]$上连续，$f(a)<f(b)$. 又设$\forall x\in(a,b)$，有

$$\lim_{t\to 0}\frac{f(x+t)-f(x-t)}{t}=g(x)$$

存在且有限. 证明：$\exists c\in(a,b)$, s. t. $g(c)\geqslant 0$.

证法 1 因 f 在$[a,b]$上连续及 $f(a)<f(b)$，故 $\exists d\in(a,b)$. s. t.

$$M=\max\{f(x)\mid x\in[a,d]\}<f(b).$$

令

$$c=\sup\{t\mid \max\{f(x)\mid x\in[a,t]\}\leqslant M\},$$

则由 f 连续知 $f(c)=M$，从而 $a<c<b$. 容易看出，对 $\forall\delta>0$，$\exists x\in(c,c+\delta)$，使 $f(x)>M$（否则 $f(x)\leqslant M$，$\forall x\in(c,c+\delta)$，则 $\max\{f(x)\mid x\in[a,c+\delta]\}\leqslant M$. 这与 c 为上确界矛盾）. 因此，$\exists x_n\in(c,b)$，使$\{x_n\}$严格单调减趋于 c，且 $f(x_n)>M$. 再命 $t_n=x_n-c>0$，则 $f(c+t_n)=f(x_n)>M$. 而 $f(c-t_n)\leqslant M$（因 $t_n=x_n-c\to 0$，故当 n 充分大时 $c-t_n\in[a,b]$）. 由题设 $g(c)=\lim\limits_{t\to 0}\dfrac{f(c+t)-f(c-t)}{t}$存在有限，故

$$g(c)=\lim_{t\to 0}\frac{f(c+t)-f(c-t)}{t}=\lim_{n\to+\infty}\frac{f(c+t_n)-f(c-t_n)}{t_n}\geqslant 0.$$

证法 2 同证法 1，$\exists d\in(a,b)$, s. t.

$$M=\max\{f(x)\mid x\in[a,d]\}<f(b).$$

令

$$c=\sup_{t\in[a,b]}\{t\mid \max\{f(x)\mid x\in[a,t]\}\leqslant M\}<b.$$

$\exists 0<t_1<\delta=\min\{c-a,b-c\}$，使 $f(c+t_1)-f(c-t_1)\geqslant 0$（否则对 $\forall x\in(c,c+\delta)$，$f(x)=f(c+x-c)<f(c-(x-c))=f(2c-x)\leqslant M$，与 c 的定义矛盾）. 同理 $\exists 0<t_2<\dfrac{t_1}{2}$，使 $f(c+t_2)-f(c-t_2)\geqslant 0$，类推下去可得

$$0<\cdots<t_n<t_{n-1}<\cdots<t_1,\quad 且\quad t_n<\frac{t_{n-1}}{2},$$

使得 $f(c+t_n)-f(c-t_n)\geqslant 0$. 所以

$$g(c)=\lim_{t\to 0}\frac{f(c+t)-f(c-t)}{t}=\lim_{n\to+\infty}\frac{f(c+t_n)-f(c-t_n)}{t_n}\geqslant 0.$$ □

102. 设函数 f 在$[0,+\infty)$上连续，$\forall\alpha>0$，有 $\lim\limits_{n\to+\infty}f(n\alpha)=0$. 证明：$\lim\limits_{x\to+\infty}f(x)=0$.

证法 1 （反证）假设 $\lim\limits_{x\to+\infty}f(x)\neq 0$，则 $\exists\varepsilon_0>0$ 及 $x_n\to+\infty(n\to+\infty)$，使$|f(x_n)|>\varepsilon_0$. 由 f 的连续性知 $\exists\delta_n$ 使当 $x\in(x_n-\delta_n,x_n+\delta_n)$ 时$|f(x)|>\varepsilon_0$. 令$[a_1,b_1]=[x_1-\delta_1,x_1+\delta_1]$（不失一般性可设 $a_1>0$）. 当 $k\geqslant k_1\geqslant\dfrac{a_1}{b_1-a_1}$时，$kb_1\geqslant(k+1)a_1$，于是$[ka_1,kb_1]\cap[(k+1)a_1,(k+1)b_1]\neq\varnothing$. 从而 $\forall x\geqslant k_1a_1$，必 $\exists k\in\mathbb{N}$，使 $x\in[ka_1,kb_1]$，即 $\exists c\in[a_1,b_1]$, s. t. $kc=x\in[ka_1,kb_1]$. 由 $x_n\to+\infty(n\to+\infty)$知，$\exists N_1\in\mathbb{N}$，当 $n>N_1$ 时，$x_n>k_1a_1$. 考虑 x_{N_1}，由上可知 $\exists l_1$ 使 $x_{N_1}\in[l_1a_1,l_1b_1]$，又可取到$[a_2,b_2]\subset[a_1,b_1]$使得$[l_1a_2,l_1b_2]\subset[x_{N_1}-\delta_{N_1},x_{N_1}+\delta_{N_1}]\cap[l_1a_1,l_1b_1]$. 同样取 $k_2\geqslant\dfrac{a_2}{b_2-a_2}$，$\exists x_{N_2}\geqslant k_2a_2$ 及 l_2 使 $x_{N_2}\in[l_2a_2,l_2b_2]$. 再取

$[a_3,b_3]\subset[a_2,b_2]$，使 $x_{N_2}\in[l_2a_3,l_2b_3]\subset[x_{N_2}-\delta_{N_2},x_{N_2}+\delta_{N_2}]\cap[l_2a_2,l_2b_2]$，且

$$l_2\geqslant\frac{x_{N_2}}{b_3}>\frac{x_{N_2}}{b_2}>\frac{x_{N_1}}{a_1}\geqslant l_1$$

及 $x_{N_2}>\max\left\{k_2a_2,\frac{b_2}{a_1}x_{N_1}\right\}$.

不断重复上述过程，得到 $[a_1,b_1]\supset[a_2,b_2]\supset\cdots\supset[a_i,b_i]\supset\cdots$，$l_1<l_2<\cdots<l_{i-1}<l_i<\cdots$，满足

$$[l_{i-1}a_i,l_{i-1}b_i]\subset[x_{N_{i-1}}-\delta_{N_{i-1}},x_{N_{i-1}}+\delta_{N_{i-1}}]\cap[l_{i-1}a_{i-1},l_{i-1}b_{i-1}].$$

由区间套原理知，存在 $\alpha\in\bigcap\limits_{i=1}^{\infty}[a_i,b_i]$. 因为

$$\begin{aligned}l_{i-1}\alpha&\in[l_{i-1}a_{i-1},l_{i-1}b_{i-1}]\\&\subset[x_{N_{i-1}}-\delta_{N_{i-1}},x_{N_{i-1}}+\delta_{N_{i-1}}]\cap[l_{i-1}a_{i-1},l_{i-1}b_{i-1}],\end{aligned}$$

所以 $\lim\limits_{i\to+\infty}l_i=+\infty$ 和 $|f(l_{i-1}\alpha)|>\varepsilon_0$，$\lim\limits_{i\to+\infty}f(l_i\alpha)\not\to0$. 这与 $\lim\limits_{i\to+\infty}f(l_i\alpha)=\lim\limits_{n\to+\infty}f(n\alpha)=0$ 矛盾. 从而有 $\lim\limits_{x\to+\infty}f(x)=0$.

证法 2　$\forall\,\varepsilon>0$，显然 $A_n=\{\alpha\,|\,|f(n\alpha)|\leqslant\varepsilon\}$ 为闭集，$B_k=\bigcap\limits_{n>k}A_n$ 也为闭集.

$\forall\,x\in(0,+\infty)$，由 $\lim\limits_{n\to+\infty}f(nx)=0$ 知，$\exists\,k\in\mathbb{N}$，当 $n>k$ 时 $|f(nx)|<\varepsilon$，于是 $x\in B_k$. 因此 $(0,+\infty)=\bigcup\limits_{k=1}^{\infty}B_k$. 由 Baire 定理 1.3.6 知(见注)，$\exists\,B_{k_0}\supset[a,b]$. 取 $l\geqslant\max\left\{k_0+1,\frac{a}{b-a}\right\}$，当 $n\geqslant l$ 时，有 $n(b-a)\geqslant a$，从而 $nb\geqslant(n+1)a$. 于是，对 $\forall\,x>la$，即 $x\in[la,+\infty)\subset\bigcup\limits_{n>k_0}[na,nb]$. $x\in[na,nb]$，$n>k_0$. $x=n\alpha$，$\alpha\in[a,b]\subset B_{k_0}=\bigcap\limits_{n>k_0}A_n$，$\alpha\in A_n$，$n>k_0$. 所以

$$|f(x)|=|f(n\alpha)|\leqslant\varepsilon.$$

即 $\lim\limits_{x\to+\infty}f(x)=0$.　□

注　Baire 定理：设 $E,E_m\in\mathbb{R}^n$，$E=\bigcup\limits_{m\in\Gamma}E_m$，其中 Γ 为至多可数集. E_m 的内点集 $\mathring{E}_m=\varnothing$，$E_m$ 为闭集，$m\in\Gamma$，则 $\mathring{E}=\varnothing$.

特别，$\mathbb{R}^n$ 中任何含内点的集合都不能表示成至多可数个无内点的闭集的并.

103. 设 $\{f_n\}$ 为 $[a,b]$ 上的连续函数列，f 为 $[a,b]$ 上的连续函数，它们满足：

(1) $f_1(x)\geqslant f_2(x)\geqslant\cdots$，$\forall\,x\in[a,b]$；

(2) $\lim\limits_{n\to+\infty}f_n(x)=f(x)$，$\forall\,x\in[a,b]$.

证明：函数列 $\{f_n\}$ 在 $[a,b]$ 上一致收敛于 f.

注　函数列 $\{f_n\}$ 在 $[a,b]$ 上一致收敛于 $f\overset{\text{定义}}{\Leftrightarrow}\forall\,\varepsilon>0$，$\exists\,N=N(\varepsilon)\in\mathbb{N}$. s. t. 当 $n>N$ 时 $|f_n(x)-f(x)|<\varepsilon$ 对 $\forall\,x\in[a,b]$ 成立(即 N 只与 ε 有关，与 $x\in[a,b]$ 无关)(参阅定义 6.3.1.

p. 382).

证法 1 (反证)假设$\{f_n\}$不在$[a,b]$上不一致收敛于f,故$\exists\varepsilon_0>0$,对$\forall n\in\mathbb{N}$,总有$x_n\in[a,b]$使得$|f_n(x_n)-f(x_n)|\geqslant\varepsilon_0$. 由$f_1\geqslant f_2\geqslant\cdots$, $\lim\limits_{n\to+\infty}f_n=f$知$f\leqslant f_n$. 故此$|f_n(x_n)-f(x_n)|=f_n(x_n)-f(x_n)$.

因为$x_n\in[a,b]$有界,必有收敛子列$x_{n_k}\to x_0\in[a,b]$. 由于对$\forall n\in\mathbb{N}$, $f_n(x)-f(x)$在$[a,b]$上连续,所以

$$\lim_{k\to+\infty}[f_n(x_{n_k})-f(x_{n_k})]=f_n(x_0)-f(x_0).$$

另外,当$n_k>n$时,有

$$f_n(x_{n_k})-f(x_{n_k})\geqslant f_{n_k}(x_{n_k})-f(x_{n_k})\geqslant\varepsilon_0,$$

由此得$f_n(x_0)-f(x_0)\geqslant\lim\limits_{k\to+\infty}[f_n(x_{n_k})-f(x_{n_k})]\geqslant\varepsilon_0$, $n=1,2,\cdots$. 从而

$$\lim_{n\to+\infty}[f_n(x_0)-f(x_0)]\geqslant\varepsilon_0.$$

这与对$\forall x\in[a,b]$, $\lim\limits_{n\to+\infty}[f_n(x)-f(x)]=f(x)-f(x)=0$矛盾. 所以$f_n$在$[a,b]$上一致收敛于$f$.

证法 2 令$\varphi_n(x)=f_n(x)-f(x)$,则

$$\lim_{n\to+\infty}f_n(x)=f(x)\Leftrightarrow\lim_{n\to+\infty}\varphi_n(x)=0,\quad\forall x\in[a,b];$$

$$f_1(x)\geqslant f_2(x)\geqslant\cdots\Leftrightarrow\varphi_1(x)\geqslant\varphi_2(x)\geqslant\cdots,\quad\forall x\in[a,b];$$

$f_n(x)$在$[a,b]$上一致收敛于$f(x)\Leftrightarrow\varphi_n(x)$在$[a,b]$上一致收敛于0.

对$\forall x_0\in[a,b]$,因为$\lim\limits_{n\to+\infty}\varphi_n(x_0)=0$,且$\varphi_n(x_0)\geqslant\varphi_{n+1}(x_0)$. 所以$\varphi_n(x)\geqslant 0$. 对$\forall\varepsilon>0$, $\exists N(\varepsilon,x_0)\in\mathbb{N}$,当$n\geqslant N(\varepsilon,x_0)$时有$0\leqslant\varphi_n(x_0)<\varepsilon$. 又因$\varphi_n(x)$连续,故$\exists\delta>0$,当$x\in(x_0-\delta,x_0+\delta)$时,有

$$0\leqslant\varphi_{N(\varepsilon,x_0)}(x)<\varepsilon.$$

于是当$n>N(\varepsilon,x_0)$时. 对$\forall x\in(x_0-\delta,x_0+\delta)$,有

$$0\leqslant\varphi_n(x)\leqslant\varphi_{N(\varepsilon,x_0)}(x)<\varepsilon.$$

但$\mathscr{I}=\{(x_0-\delta,x_0+\delta)\mid x_0\in[a,b]\}$为$[a,b]$的一个开覆盖. 由实数连续性命题4(Heine-Borel有限覆盖定理),可知存在有限子覆盖$\{(x_i-\delta_i,x_i+\delta_i)\mid i=1,2,\cdots,m\}$. 于是当$n>N(\varepsilon)=\max\{N(\varepsilon,x_1),\cdots,N(\varepsilon,x_m)\}$时,有

$$0\leqslant\varphi_n(x)\leqslant\varphi_{N(\varepsilon)+1}(x)<\varepsilon,\quad\forall x\in[a,b].$$

所以$\varphi_n(x)$在$[a,b]$上一致收敛于0,即$f_n(x)$在$[a,b]$上一致收敛于$f(x)$. □

104. 设$a(t)$, $b(t)$为$[0,1]$上的连续函数,$0\leqslant a(t)\leqslant\lambda<1$. 证明:方程

$$x=\max_{0\leqslant t\leqslant 1}[b(t)+xa(t)]$$

的解为

$$x=\max_{0\leqslant t\leqslant 1}\frac{b(t)}{1-a(t)}.$$

证明 移项,方程变成$\max\limits_{0\leqslant t\leqslant 1}[b(t)-x(1-a(t))]=0$,即

$$\max_{0\leqslant t\leqslant 1}(1-a(t))\left[\frac{b(t)}{1-a(t)}-x\right]=0.$$

函数$(1-a(t))\left(\dfrac{b(t)}{1-a(t)}-x\right)$在$[0,1]$上连续,因而达到最大值.设$t_0$是其一最大值点.于是有

$$(1-a(t_0))\left(\frac{b(t_0)}{1-a(t_0)}-x\right)=0.$$

因此,对$\forall t\in[0,1]$,有

$$(1-a(t))\left(\frac{b(t)}{1-a(t)}-x\right)\leqslant(1-a(t_0))\left(\frac{b(t_0)}{1-a(t_0)}-x\right)=0.$$

由$1-a(t_0)>0$推得

$$\frac{b(t)}{1-a(t)}-x\leqslant 0=\frac{b(t_0)}{1-a(t_0)}-x,$$

$$x=\frac{b(t_0)}{1-a(t_0)}=\max_{0\leqslant t\leqslant 1}\frac{b(t)}{1-a(t)}.$$ □

105. (1) 证明:不存在$\mathbb{R}$上的连续函数,使它的任一函数值都恰好被取到2次.

(2) 是否存在$\mathbb{R}$上的连续函数,使它的任一函数值都恰好被取到3次.

证明 (1)(反证)假设存在函数f.它的任一函数值都恰好被取到2次.

设$a<b$,$f(a)=f(b)$,f连续.由题意知$\forall x\in(a,b)$.$f(x)\neq f(a)=f(b)$,且总有$f(x)>f(a)$.或总有$f(x)<f(a)$(否则若有$x_1,x_2\in(a,b)$.使$f(x_1)>f(a)>f(x_2)$,则根据介值定理.$\exists x_3\in(a,b)$使$f(x_3)=f(a)$,与只有b使$f(b)=f(a)$矛盾).不妨设$\forall x\in(a,b)$,$f(x)>f(a)$.由于f在$[a,b]$上连续.故f在$[a,b]$上达到最大值$M=f(x_1)=\max\limits_{x\in[a,b]}f(x)$.按题意,恰好有一$x_2\in\mathbb{R}$,$f(x_2)=M=f(x_1)$.不妨设$x_2>x_1$.

(i) $a<x_1<x_2<b$(见105(1)题图中(i)).m为f在$[x_1,x_2]$内的最小值,$m>f(a)=f(b)$.$m=f(x_0)$,$x_1<x_0<x_2$.对$f(a)<m<r<M$,由f连续,至少$\exists t_1\in(a,x_1)$,$t_2\in(x_1,x_0)$,$t_3\in(x_0,x_2)$,$t_4\in(x_2,b)$,s. t.

$$f(t_1)=f(t_2)=f(t_3)=f(t_4)=r.$$

与题设矛盾.

(ii) $a<x_1<b<x_2$(见105(1)题图中(ii)).对介于$f(a)=f(b)$及M之间的数r,至少$\exists t_1\in(a,x_1)$,$t_2\in(x_1,b)$及$t_3\in(b,x_2)$使得$f(t_1)=f(t_2)=f(t_3)=r$.也与题设矛盾.

故这样的连续函数不存在.

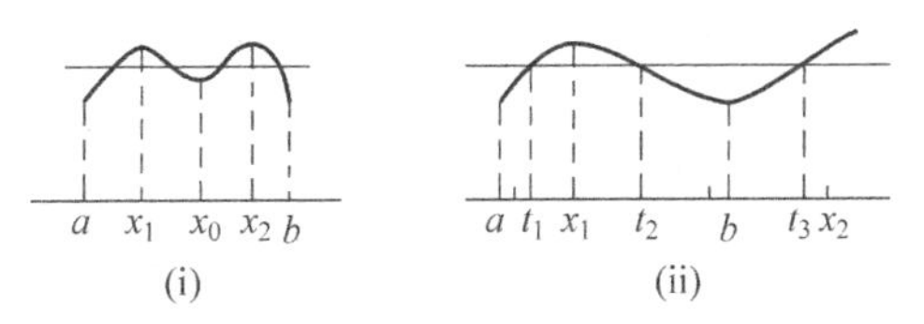

105(1)题图

(2) 回答是肯定的. 如 105(2)题图所示即为一例.

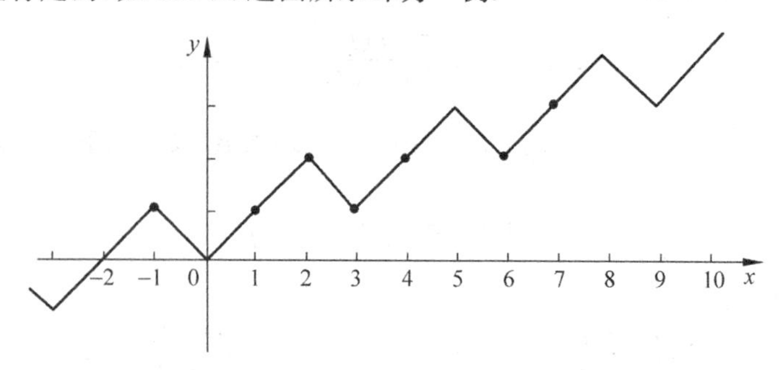

105(2)题图

□

106. 设 f 为 $\mathbb{R}$ 上的连续函数,且 $\lim\limits_{x\to\infty} f\circ f(x)=\infty$. 证明: $\lim\limits_{x\to\infty} f(x)=\infty$.

证明 (反证)假设 $\lim\limits_{x\to\infty} f(x)\neq\infty$,则 $\exists A>0$,及数列 $\{x_n\}$, $x_n\to\infty(n\to+\infty)$, $|f(x_n)|\leqslant A$, $n=1,2,\cdots$. 于是 $f\circ f(x_n)=f(f(x_n))$. 由 f 连续及 $f(x_n)\in[-A,A]$, $f(f(x_n))$ 也有界,则

$$\lim_{n\to+\infty} f\circ f(x_n)\neq\infty.$$

这与 $\lim\limits_{x\to\infty} f\circ f(x)=\infty$ 矛盾. 因此 $\lim\limits_{x\to\infty} f(x)=\infty$. □

107. 应用夹逼定理或 $\ln(1+x)=x+o(x)(x\to0)$ 证明:

$$\lim_{n\to+\infty}\left(1+\frac{1^p}{n^{p+1}}\right)\left(1+\frac{2^p}{n^{p+1}}\right)\cdots\left(1+\frac{n^p}{n^{p+1}}\right)=e^{\frac{1}{p+1}},\quad p>0.$$

证法 1 因为 $1+\dfrac{k^p}{n^{p+1}}>1>0$, $k=1,2,\cdots,n$. 所以

$$\left(1+\frac{1^p}{n^{p+1}}\right)\left(1+\frac{2^p}{n^{p+1}}\right)\cdots\left(1+\frac{n^p}{n^{p+1}}\right)<\left[\frac{\left(1+\frac{1^p}{n^{p+1}}\right)+\left(1+\frac{2^p}{n^{p+1}}\right)+\cdots+\left(1+\frac{n^p}{n^{p+1}}\right)}{n}\right]^n$$

$$=\left(1+\frac{1^p+2^p+\cdots+n^p}{n^{p+2}}\right)^n.$$

再由 $\left(1+\dfrac{1}{n}\right)^{n+1}>e$,即 $1+\dfrac{1}{n}>e^{\frac{1}{n+1}}$,得

$$1+\frac{k^p}{n^{p+1}}=1+\frac{1}{\frac{n^{p+1}}{k^p}}>1+\frac{1}{\left[\frac{n^{p+1}}{k^p}\right]+1}>e^{\frac{1}{\left[\frac{n^{p+1}}{k^p}\right]+2}}$$

$$>e^{\frac{1}{\frac{n^{p+1}}{k^p}+2}}=e^{\frac{k^p}{n^{p+1}+2k^p}}>e^{\frac{k^p}{n^{p+1}+2n^p}},$$

所以

$$\prod_{k=1}^{n}\left(1+\frac{k^p}{n^{p+1}}\right)>\prod_{k=1}^{n}e^{\frac{k^p}{n^{p+1}}\cdot\frac{1}{1+\frac{2}{n}}}=e^{\sum\limits_{k=1}^{n}\frac{k^p}{n^{p+1}}\cdot\frac{n}{n+2}}=e^{\frac{1^p+2^p+\cdots+n^p}{n^{p+1}}\cdot\frac{n}{n+2}}.$$

由 Stolz 公式及 $\lim\limits_{x\to0}\dfrac{(1+x)^\mu-1}{x}=\mu$ 有

$$\lim_{n\to+\infty}\frac{1^p+2^p+\cdots+n^p}{n^{p+1}}=\lim_{n\to+\infty}\frac{n^p}{n^{p+1}-(n-1)^{p+1}}$$

$$=\lim_{n\to+\infty}\frac{\frac{1}{n}}{1-\left(1-\frac{1}{n}\right)^{p+1}}=\lim_{n\to+\infty}\frac{1}{\frac{\left(1-\frac{1}{n}\right)^{p+1}-1}{-\frac{1}{n}}}=\frac{1}{p+1}.$$

于是

$$\lim_{n\to+\infty}\frac{1^p+2^p+\cdots+n^p}{n^{p+1}}\cdot\frac{n}{n+2}=\frac{1}{p+1}\cdot 1=\frac{1}{p+1},$$

$$\lim_{n\to+\infty}\mathrm{e}^{\frac{1^p+2^p+\cdots+n^p}{n^{p+1}}\cdot\frac{n}{n+2}}=\mathrm{e}^{\frac{1}{p+1}}.$$

另一方面

$$\left(1+\frac{1^p+2^p+\cdots+n^p}{n^{p+2}}\right)^n=\left[1+\frac{1}{\frac{n^{p+2}}{1^p+2^p+\cdots+n^p}}\right]^{\frac{n^{p+2}}{1^p+2^p+\cdots+n^p}\cdot\frac{1^p+2^p+\cdots+n^p}{n^{p+2}}\cdot n}$$

$$=\left[1+\frac{1}{\frac{n^{p+2}}{1^p+2^p+\cdots+n^p}}\right]^{\frac{n^{p+2}}{1^p+2^p+\cdots+n^p}\cdot\frac{1^p+2^p+\cdots+n^p}{n^{p+1}}}$$

$$\to\mathrm{e}^{\frac{1}{p+1}}\quad(n\to+\infty).$$

于是由夹逼定理得

$$\lim_{n\to+\infty}\left(1+\frac{1^p}{n^{p+1}}\right)\left(1+\frac{2^p}{n^{p+1}}\right)\cdots\left(1+\frac{n^p}{n^{p+1}}\right)=\mathrm{e}^{\frac{1}{p+1}}.$$

注　45题(即复习题1中的20题)是本题当$p=1$时的特例.

证法2　根据$\ln(1+x)=x+o(x)(x\to0)$,对$k=1,2,\cdots,n$有

$$\ln\left(1+\frac{k^p}{n^{p+1}}\right)=\frac{k^p}{n^{p+1}}+o\left(\frac{k^p}{n^{p+1}}\right)=\frac{k^p}{n^{p+1}}+o\left(\frac{1}{n}\right)\quad(n\to+\infty).$$

于是

$$\lim_{n\to+\infty}\ln\prod_{k=1}^{n}\left(1+\frac{k^p}{n^{p+1}}\right)=\lim_{n\to+\infty}\sum_{k=1}^{n}\ln\left(1+\frac{k^p}{n^{p+1}}\right)$$

$$=\lim_{n\to+\infty}\sum_{k=1}^{n}\left[\frac{k^p}{n^{p+1}}+o\left(\frac{1}{n}\right)\right]$$

$$=\lim_{n\to+\infty}\left[\frac{\sum_{k=1}^{n}k^p}{n^{p+1}}+o(1)\right]=\frac{1}{p+1}.$$

所以

$$\lim_{n\to+\infty}\prod_{k=1}^{n}\left(1+\frac{k^p}{n^{p+1}}\right)=\lim_{n\to+\infty}\mathrm{e}^{\ln\prod_{k=1}^{n}\left(1+\frac{k^p}{n^{p+1}}\right)}=\mathrm{e}^{\frac{1}{p+1}}.$$

□

第3章

一元函数的导数、微分中值定理

引进一元函数的导数概念，论述重要的 Fermat 定理、Rolle 定理、Lagrange 中值定理、Cauchy 中值定理以及 Taylor 公式给我们深入研究函数的增减性、凹凸性、极值与最值有了一个强有力的工具. 同时，又给出了求$\frac{0}{0}$，$\frac{\cdot}{\infty}$等不定型极限的快捷的 L'Hospital 法则.

Ⅰ. 求导的方法

(1) 应用导数定义.

$$f'(x_0) = \lim_{x \to x_0} \frac{f(x) - f(x_0)}{x - x_0} \quad \text{(适用于求一点 } x_0 \text{ 的导数 } f'(x_0)\text{)}$$

或

$$f'(x) = \lim_{\Delta x \to 0} \frac{f(x + \Delta x) - f(x)}{\Delta x} = \lim_{h \to 0} \frac{f(x + h) - f(x)}{h} \quad \text{(适用于求导函数 } f'(x)\text{)}.$$

换一种表达方式：

$$f(x) = f(x_0) + f'(x_0)(x - x_0) + o(x - x_0)$$

(2) f 在 x_0 可导$\Leftrightarrow f$ 在 x_0 既左可导又右可导，且 $f'_-(x_0) = f'_+(x_0)$. 此时 $f'(x_0) = f'_-(x_0) = f'_+(x_0)$(定理 3.1.1).

例如：分段函数的求导.

(3) 应用基本初等函数的导数公式(例 3.1.5).

(4) 运用导数的+、-、×、÷四则运算公式(定理 3.1.3).

(5) 运用复合函数求导的链规则：$y = y(u(x))$，$y'_x|_{x=x_0} = y'_u|_{u=u_0} \cdot u'_x|_{x=x_0}$(定理 3.1.4).

(6) 运用反函数的求导公式：$y'_x(x_0) = \frac{1}{x'_y(y_0)}$(定理 3.1.5).

(7) 对数求导法(化乘除为加减)(例 3.1.7).

(8) 求 $y(x) = u(x)^{v(x)}$ 的导数(例 3.1.6(4)).

(9) 参变量求导：设 $y=y(t), x=x(t)$，如果它们都可导，且 $x'(t)\neq 0$，则

$$y'_x=\frac{\mathrm{d}y}{\mathrm{d}x}=\frac{\mathrm{d}y}{\mathrm{d}t}\frac{\mathrm{d}t}{\mathrm{d}x}=\frac{y'(t)}{x'(t)};$$

如果它们二阶可导，则

$$y''_{xx}=\frac{\mathrm{d}^2y}{\mathrm{d}x^2}=\frac{\left(\dfrac{y'(t)}{x'(t)}\right)'}{x'(t)}=\frac{y''(t)x'(t)-y'(t)x''(t)}{[x'(t)]^3}.$$

(10) Leibniz 高阶求导公式(定理 3.2.1)：设 f, g 在区间 I 上 n 阶可导，则

$$(fg)^{(n)}=\sum_{k=0}^{n}\mathrm{C}_n^k f^{(n-k)}g^{(k)}.$$

(11) 用数学归纳法和 L'Hospital 法则求得

$$f(x)=\begin{cases}\mathrm{e}^{-\frac{1}{x}}, & x>0,\\ 0, & x\leqslant 0\end{cases}$$

在 $x=0$ 处的各阶导数为 $f^{(n)}(0)=0, n=1,2,\cdots$(例 3.2.7(2))。

(12) 设 $f(x)=\arcsin x$，求 $f^{(n)}(0)=\begin{cases}0, & n=2k,\\ [(2k-1)!!]^2, & n=2k+1\end{cases}$　(例 3.2.8(1))。

(13) 函数项级数的逐项求导(定理 13.2.4′)：

$$\left(\sum_{n=1}^{\infty}u_n(x)\right)'=\sum_{n=1}^{\infty}u'_n(x).$$

(14) 参变量积分的求导(定理 15.1.5)：

$$\psi'(u)=\left(\int_{a(u)}^{b(u)}f(x,u)\mathrm{d}x\right)'=\int_{a(u)}^{b(u)}f'_u(x,u)\mathrm{d}x+f(b(u),u)b'(u)-f(a(u),u)a'(u).$$

无穷积分对参变量求导(定理 15.3.6)：

$$\varphi'(u)=\left(\int_a^{+\infty}f(x,u)\mathrm{d}x\right)'=\int_a^{+\infty}f'_u(x,u)\mathrm{d}x.$$

定理 3.1.2　设 f 在点 x_0 处可导，则 f 在点 x_0 处连续，反之不真(如 $f(x)=|x|$)。

Ⅱ. 微分中值定理

定理 3.3.1(Fermat 中值定理)　设 f 在点 x_0 处可导，x_0 为极值点，则 $f'(x_0)=0$. 但反之不真(如：$f(x)=x^3, x_0=0$)。

定理 3.3.2(Rolle 中值定理)　设 f 在 $[a,b]$ 上连续，在 (a,b) 内可导，$f(a)=f(b)$，则 $\exists\xi\in(a,b)$, s. t. $f'(\xi)=0$.

定理 3.3.3(Lagrange 中值定理)　设 f 在 $[a,b]$ 上连续，在 (a,b) 上可导，则 $\exists\xi\in(a,b)$, s. t.

$$f'(\xi)=\frac{f(b)-f(a)}{b-a}.$$

推论 3.3.1 设 f 在区间 I 上连续,在 $\mathring{I}$ 内可导,则

$$f(x)=c(\text{常数})\Leftrightarrow f'(x)=0,\quad \forall x\in \mathring{I}.$$

推论 3.3.2 设 f,g 在区间 I 上连续,在 $\mathring{I}$ 内可导,则

$$f(x)=g(x)+c\Leftrightarrow f'(x)=g'(x),\quad \forall x\in \mathring{I},$$

其中 c 为常数.

定理 3.3.4(Cauchy 中值定理) 设 f,g 在$[a,b]$上连续,在(a,b)内可导,且 $g'(x)\neq 0$, $\forall x\in(a,b)$,则$\exists\xi\in(a,b)$,s. t.

$$\frac{f(b)-f(a)}{g(b)-g(a)}=\frac{f'(\xi)}{g'(\xi)}.$$

定理 3.3.5(Darboux 中值定理,导函数介值定理) 设 f 在$[a,b]$上可导,则对于 $f'_+(a)$与 $f'_-(b)$之间的一切值 k,必$\exists\xi\in[a,b]$,s. t. $f'(\xi)=k$.

Ⅲ. L′Hospital 法则

定理 3.4.1 $\left(\frac{0}{0}\text{不定型,L}'\text{Hospital 法则}\right)$ 设 f,g 在(x_0,b)上可导,且

$$\lim_{x\to x_0^+}f(x)=0=\lim_{x\to x_0^+}g(x),\quad g'(x)\neq 0,\quad \forall x\in(x_0,b).$$

如果 $\lim\limits_{x\to x_0^+}\frac{f'(x)}{g'(x)}=A(\text{实数},\pm\infty,\infty)$,则

$$\lim_{x\to x_0^+}\frac{f(x)}{g(x)}=\lim_{x\to x_0^+}\frac{f'(x)}{g'(x)}=A(\text{实数},\pm\infty,\infty).$$

定理 3.4.1′ $\left(\frac{0}{0}\text{不定型,L}'\text{Hospital 法则}\right)$ 设 f,g 在$(a,+\infty)$上可导,且

$$\lim_{x\to+\infty}f(x)=0=\lim_{x\to+\infty}g(x),g'(x)\neq 0,\forall x\in(a,+\infty).$$

如果 $\lim\limits_{x\to+\infty}\frac{f'(x)}{g'(x)}=A(\text{实数},\pm\infty,\infty)$,则

$$\lim_{x\to+\infty}\frac{f(x)}{g(x)}=\lim_{x\to+\infty}\frac{f'(x)}{g'(x)}=A(\text{实数},\pm\infty,\infty).$$

定理 3.4.2 $\left(\frac{\cdot}{\infty}\text{不定型,L}'\text{Hospital 法则}\right)$ 设 f,g 都在(x_0,b)上可导,且

$$\lim_{x\to x_0^+}g(x)=\infty,\quad g'(x)\neq 0,\quad \forall x\in(x_0,b).$$

如果 $\lim\limits_{x\to x_0^+}\frac{f'(x)}{g'(x)}=A(\text{实数},\pm\infty,\infty)$,则

$$\lim_{x\to x_0^+}\frac{f(x)}{g(x)}=\lim_{x\to x_0^+}\frac{f'(x)}{g'(x)}=A(\text{实数},\pm\infty,\infty).$$

其他各种类型的 L′Hospital 法则不再一一赘述.

Ⅳ. 用导数研究函数的单调性、极值、最值、凹凸性

参阅《数学分析》第一册 206～233 页.

108. 证明：Riemann 函数 $R(x)$ 处处不可导.

证明 在例 2.4.6 中已讨论过 Riemann 函数的连续性了. $R(x)$ 在有理点处不连续，因而不可导. 下面证明 $R(x)$ 在无理点处也不可导.

(反证)假设 $R(x)$ 在无理点 x_0 处可导，则

$$\lim_{\substack{x\to x_0\\ x\in\mathbb{R}-\mathbb{Q}}}\frac{R(x)-R(x_0)}{x-x_0}=\lim_{\substack{x\to x_0\\ x\in\mathbb{R}-\mathbb{Q}}}\frac{0-0}{x-x_0}=0,$$

即应有 $R'(x_0)=0$，x_0 为无理数.

对 $\forall\, 0<\varepsilon<1$，$\exists\delta>0$，当 $0<|x-x_0|<\delta$ 时，$\left|\frac{R(x)-R(x_0)}{x-x_0}\right|=\left|\frac{R(x)}{x-x_0}\right|<\varepsilon$. 当 x 为满足 $0<|x-x_0|<\delta$ 的有理数时，不等式也成立.

取 $q\in\mathbb{N}$，s. t. $q>\frac{1}{\delta}$，再令 $p=[x_0q]$. 于是

$$p<x_0q<p+1,\quad \frac{p}{q}<x_0<\frac{p}{q}+\frac{1}{q}.$$

由此得

$$0<x_0-\frac{p}{q}<\frac{1}{q}<\delta.$$

但

$$\left|\frac{R\left(\frac{p}{q}\right)-R(x_0)}{\frac{p}{q}-x_0}\right|=\frac{\frac{1}{q}}{x_0-\frac{p}{q}}=\frac{1}{x_0q-p}>1>\varepsilon,$$

矛盾，所以 $R(x)$ 在无理点 x_0 处也不可导. 由于 x_0 是任取的，Riemann 函数 $R(x)$ 处处不可导. □

109. 构造一个可导函数 f，使 f 在有理点处取有理数值，它的导函数在有理点处取无理数值(这个例子是由 Knight 作出的，参阅[14]).

解 考虑函数

$$\varphi(x)=x(1-4x^2),\quad x\in\left[-\frac{1}{2},\frac{1}{2}\right].$$

它在 $\left[-\frac{1}{2},\frac{1}{2}\right]$ 上连续，可导. $\varphi'(x)=1-12x^2$ 连续. $\varphi(x)$，$\varphi'(x)$ 在 $\left[-\frac{1}{2},\frac{1}{2}\right]$ 有界，$|\varphi(x)|<1$. $|\varphi'(x)|\leqslant 2$，$x\in\left[-\frac{1}{2},\frac{1}{2}\right]$.

将 $\varphi(x)$ 以 1 为周期延拓到 $\mathbb{R}$ 上，记 $g(x)$ 为延拓后的函数，即 $g\big|_{\left[-\frac{1}{2},\frac{1}{2}\right]}=\varphi$. g 是周期为 1 的函数. 由于 $\varphi\left(-\frac{1}{2}\right)=\varphi\left(\frac{1}{2}\right)=0=\varphi(0)$，$\varphi'_+\left(-\frac{1}{2}\right)=\varphi'_-\left(\frac{1}{2}\right)=-2$，故 $g(x)$ 在 $\mathbb{R}$ 上连续、可导、有界，导函数有界、连续. 由 $g(0)=\varphi(0)=0$，g 以 1 为周期，故对 $\forall x\in\mathbb{Z}$，$g(x)=0$.

令 $f(x)=\sum\limits_{n=0}^{\infty}\frac{g(n!x)}{(n!)^2}=\lim\limits_{k\to+\infty}\sum\limits_{n=0}^{k}\frac{g(n!x)}{(n!)^2}$. 由后面级数的知识，该级数收敛，并且 $\sum\limits_{n=0}^{\infty}\frac{(g(n!x))'}{(n!)^2}=\sum\limits_{n=0}^{\infty}\frac{g'(n!x)}{n!}$ 在 $\mathbb{R}$ 上一致收敛 $\left(\frac{|g'(n!x)|}{n!}\leqslant\frac{2}{n!}\leqslant\frac{2}{(n-1)n}\right)$. 所以 $f(x)$ 在 $\mathbb{R}$ 上可导.

下面讨论 f 及 f' 在有理点处的值.

任取有理数 $x=\frac{q}{p}$，p,q 互质，$p>0$. 当 $n\geqslant p$ 时，$n!x$ 为整数，$g(n!x)=0$. 故级数中至多有限项不为 0. 且由于 φ 在有理点处取有理数值. 因此 $f(x)$ 也为有理数值.

$$f'(x)=\sum_{n=0}^{\infty}\frac{g'(n!x)}{n!}.$$

设 $x_0=\frac{q}{p}$，p,q 互质，$p>0$，由于 $\varphi'(0)=1=g'(0)$，故 g' 在任何整数 m，$g'(m)=1$. 故

$$\begin{aligned}f'(x_0)&=\sum_{n=0}^{p-1}\frac{g'(n!x_0)}{n!}+\sum_{n=p}^{\infty}\frac{1}{n!}\\&=\sum_{n=0}^{\infty}\frac{1}{n!}+\sum_{n=0}^{p-1}\frac{g'(n!x_0)}{n!}-\sum_{n=0}^{p-1}\frac{1}{n!}\\&=\mathrm{e}+\sum_{n=0}^{p-1}\frac{g'(n!x)-1}{n!}.\end{aligned}$$

$n!x=n!\cdot\frac{q}{p}$ 为有理数，$\varphi'(x)=1-12x^2$ 在有理点处取有理数值，g' 在有理点处也取有理数值. $g'\left(n!\ \frac{q}{p}\right)-1$ 为有理数，有限个有理数之和仍是有理数，所以 $f'(x_0)$ 为无理数 e 与有理数之和，必为无理数.

$x_0\in\mathbb{R}$ 为任取的有理数，所以 f' 在有理点处取无理数值. □

110. (1) 构造一个连续函数，它仅在已知点 $a_1,a_2,\cdots,a_n$ 处不可导；

(2) 构造一个函数，它仅在点 $a_1,a_2,\cdots,a_n$ 处可导.

解 (1) 函数 $\varphi_i(x)=|x-a_i|$ 在 $\mathbb{R}$ 上连续，在 $\forall x\neq a_i$ 处可导，而在 $x=a_i$ 处不可导(同定理 3.1.2 的反例证明).

令 $f(x)=\varphi_1(x)+\varphi_2(x)+\cdots+\varphi_n(x)=|x-a_1|+|x-a_2|+\cdots+|x-a_n|$. 对 $\forall x_0\neq a_i$，$i=1,2,\cdots,n$，由于每个 φ_i 在 x_0 处可导，其和 $f(x)$ 也在 x_0 处可导.

由于 $\varphi_1(x)$ 在 a_1 处不可导，$\varphi_2(x),\cdots,\varphi_n(x)$ 在 a_1 处可导，所以 $f(x)=\sum_{i=1}^{n}\varphi_i(x)$ 在 a_1 处不可导 $\left(否则 \varphi_1(x)=f(x)-\sum_{i=2}^{n}\varphi_i(x) 在 a_1 处可导\right)$. 同理，$f(x)$ 在 $a_2,\cdots,a_n$ 处都不可导. 而在其他点处可导，故 $f(x)$ 即为所求.

注 这种函数不惟一.

(2) 设

$$\varphi_i(x)=\begin{cases}(x-a_i)^2, & x 为有理数;\\ 0, & x 为无理数.\end{cases}$$

对 $\forall x_0\neq a_i$，$\lim\limits_{\substack{x\to x_0\\ x\in\mathbb{Q}}}\varphi_i(x)=\lim\limits_{\substack{x\to x_0\\ x\in\mathbb{Q}}}(x-a_i)^2=(x_0-a_i)^2\neq 0$，$\lim\limits_{\substack{x\to x_0\\ x\in\mathbb{R}-\mathbb{Q}}}\varphi_i(x)=0\neq(x_0-a_i)^2$. 故 $\varphi_i(x)$ 在 x_0 处不连续，因而不可导. 而 $\lim\limits_{\substack{x\to a_i\\ x\in\mathbb{Q}}}\varphi_i(x)=\lim\limits_{\substack{x\to a_i\\ x\in\mathbb{Q}}}(x-a_i)^2=0=\lim\limits_{\substack{x\to a_i\\ x\in\mathbb{R}-\mathbb{Q}}}\varphi_i(x)$，所以 $\varphi_i(x)$ 在 a_i 处连续，且

$$\lim_{\substack{x\to a_i\\ x\in\mathbb{Q}}}\frac{\varphi_i(x)-\varphi_i(a_i)}{x-a_i}=\lim_{\substack{x\to a_i\\ x\in\mathbb{Q}}}\frac{(x-a_i)^2-0}{x-a_i}=0;$$

$$\lim_{\substack{x\to a_i\\ x\in\mathbb{R}-\mathbb{Q}}}\frac{\varphi_i(x)-\varphi(a_i)}{x-a_i}=\lim_{\substack{x\to a_i\\ x\in\mathbb{R}-\mathbb{Q}}}=\frac{0-0}{x-a_i}=0=\lim_{\substack{x\to a_i\\ x\in\mathbb{Q}}}\frac{\varphi_i(x)-\varphi_i(a_i)}{x-a_i}.$$

所以 $\varphi_i(x)$ 在 a_i 处可导，且 $\varphi_i'(a_i)=0,i=1,2,\cdots,n$.

令

$$f(x)=\varphi_1(x)\cdots\varphi_n(x)=\begin{cases}(x-a_1)^2\cdots(x-a_n)^2, & x\in\mathbb{Q},\\ 0, & x\in\mathbb{R}-\mathbb{Q}.\end{cases}$$

$\forall x_0\neq a_1,a_2,\cdots,a_n$.

$$\lim_{\substack{x\to x_0\\ x\in\mathbb{Q}}}f(x)=\lim_{\substack{x\to x_0\\ x\in\mathbb{Q}}}(x-a_1)^2\cdots(x-a_n)^2=(x_0-a_1)^2\cdots(x_0-a_n)^2\neq 0,$$

$$\lim_{\substack{x\to x_0\\ x\in\mathbb{R}-\mathbb{Q}}}f(x)=0\neq\lim_{\substack{x\to x_0\\ x\in\mathbb{Q}}}f(x),$$

$f(x)$ 在 x_0 处不连续，故不可导. 再考虑

$$\lim_{\substack{x\to a_i\\ x\in\mathbb{Q}}}\frac{f(x)-f(a_i)}{x-a_i}=\lim_{\substack{x\to a_i\\ x\in\mathbb{Q}}}\frac{(x-a_1)^2\cdots(x-a_i)^2\cdots(x-a_n)^2-0}{x-a_i}=0,$$

$$\lim_{\substack{x\to a_i\\ x\in\mathbb{R}-\mathbb{Q}}}\frac{f(x)-f(a_i)}{x-a_i}=\lim_{\substack{x\to a_i\\ x\in\mathbb{R}-\mathbb{Q}}}\frac{0}{x-a_i}=0.$$

可得 $f(x)$ 在 a_i 处可导，且 $f'(a_i)=0,i=1,2,\cdots,n$.

所以 $f(x)$ 仅在 $a_1,a_2,\cdots,a_n$ 处可导. □

111. 设 f 为三次多项式,且 $f(a)=f(b)=0$. 证明:函数 f 在$[a,b]$上不变号的必要充分条件是 $f'(a)f'(b)\leqslant 0$.

证法 1 $(\Rightarrow)$ f 在$[a,b]$上不变号,不妨设 $\forall x\in[a,b]$, $f(x)\geqslant 0$. 由于 f 为三次多项式,是连续可导的. 所以 $f'(a)=f'_+(a)$, $f'(b)=f'_-(b)$,当 $x\in(a,b)$时,有

$$f(x)-f(a)=f(x)\geqslant 0,\quad f(x)-f(b)=f(x)\geqslant 0.$$

于是

$$\frac{f(x)-f(a)}{x-a}\geqslant 0,\quad \frac{f(x)-f(b)}{x-b}\leqslant 0,$$

$$f'(a)=f'_+(a)=\lim_{x\to a^+}\frac{f(x)-f(a)}{x-a}\geqslant 0,\quad f'(b)=f'_-(b)=\lim_{x\to b^-}\frac{f(x)-f(b)}{x-b}\leqslant 0.$$

因此 $f'(a)f'(b)\leqslant 0$.

$(\Leftarrow)$(反证)假设 $f'(a)f'(b)\leqslant 0$,但 f 在$[a,b]$上变号. 于是 $\exists x_1,x_2\in(a,b)$. s. t. $f(x_1)f(x_2)<0$. 不妨设 $x_1<x_2$,且 $f(x_1)<0$. $f(x_2)>0$. 由于 f 为三次多项式,在$[x_1,x_2]$上连续,$\exists\xi\in(x_1,x_2)$使 $f(\xi)=0$. f 有且仅有三个零点 a,ξ,b. f 在(a,ξ)上不变号(否则有第4个零点). 所以 $\forall x\in(a,\xi)$, $f(x)<0$(与 $f(x_1)$同号). 同样,f 在(ξ,b)上不变号,$\forall x\in(\xi,b)$, $f(x)>0$(与 $f(x_2)$同号). 于是,由必要性的证明,$f'(a)f'(\xi)\leqslant 0$, $f'(\xi)f'(b)\leqslant 0$. 这意味着 $f'(a)f'(b)>0$,矛盾. 所以 f 在$[a,b]$上不变号.

证法 2 由于三次多项式 f,可设

$$f(x)=(x-a)(x-b)(Ax+B),\quad A\neq 0.$$

求导得

$$f'(x)=(x-b)(Ax+B)+(x-a)(Ax+B)+A(x-a)(x-b),$$
$$f'(a)=(a-b)(Aa+B),\quad f'(b)=(b-a)(Ab+B).$$

$\forall x\in(a,b)$, $(x-a)(x-b)<0$, f 在$[a,b]$上不变号$\Leftrightarrow Ax+B$ 在$[a,b]$上不变号. 特别 $(Aa+B)(Ab+B)>0$,故

$$(\Rightarrow)\ f'(a)f'(b)=-(b-a)^2(Aa+B)(Ab+B)\leqslant 0,$$
$$(\Leftarrow)\ 0\geqslant f'(a)f'(b)=-(b-a)^2(Aa+B)(Ab+B).$$

故 $(Aa+B)(Ab+B)\geqslant 0$, $Aa+B$ 与 $Ab+B$ 同号.

(i) $A>0$, $\forall x\in(a,b)$, $Ab>Ax>Aa$, $Ab+B>Ax+B>Aa+B$;

(ii) $A<0$, $\forall x\in(a,b)$, $Aa>Ax>Ab$, $Ab+B<Ax+B<Aa+B$.

总之,$Ax+B$ 当 $x\in[a,b]$时总不变号,即 f 在$[a,b]$上不变号. □

112. 证明组合恒等式:

(1) $\sum\limits_{k=1}^{n}kC_n^k=n2^{n-1}$, $n\in\mathbb{N}$;

(2) $\sum\limits_{k=1}^{n}k^2C_n^k=n(n+1)2^{n-2}$, $n\in\mathbb{N}$.

证明　(1) 对恒等式

$$(1+x)^n=\sum_{k=0}^{n}C_n^k x^k=1+nx+\cdots+C_n^k x^k+\cdots+C_n^n x^n$$

两边求导，就有

$$n(1+x)^{n-1}=n+(n-1)nx+\cdots+C_n^k k x^{k-1}+\cdots+nC_n^n x^{n-1}$$
$$=\sum_{k=1}^{n}kC_n^k x^{k-1}. \tag{$*$}$$

将 $x=1$ 代入即得

$$n2^{n-1}=\sum_{k=1}^{n}kC_n^k.$$

(2) 在(1)中($*$)式两边乘以 x 得

$$nx(1+x)^{n-1}=\sum_{k=1}^{n}kC_n^k x^k,$$

两边对 x 求导得

$$n(1+x)^{n-1}+n(n-1)x(1+x)^{n-2}=\sum_{k=1}^{n}k^2C_n^k x^{k-1}.$$

再代入 $x=1$，有

$$n[2^{n-1}+(n-1)2^{n-2}]=\sum_{k=1}^{n}k^2C_n^k,$$

即 $\sum\limits_{k=1}^{n}k^2C_n^k=n(n+1)2^{n-2}$.　□

113. 设 $f(0)=0$，$f'(0)$存在且有限，令

$$x_n=f\left(\frac{1}{n^2}\right)+f\left(\frac{2}{n^2}\right)+\cdots+f\left(\frac{n}{n^2}\right).$$

证明：$\lim\limits_{n\to+\infty}x_n=\dfrac{f'(0)}{2}$. 并利用以上结果计算：

(1) $\lim\limits_{n\to+\infty}\sum\limits_{k=1}^{n}\sin\dfrac{k}{n^2}$；

(2) $\lim\limits_{n\to+\infty}\prod\limits_{k=1}^{n}\left(1+\dfrac{k}{n^2}\right)$，其中 $\prod\limits_{k=1}^{n}$ 表示 n 个数连乘.

证明　由条件知

$$f'(0)=\lim_{x\to 0}\frac{f(x)-f(0)}{x-0}=\lim_{x\to 0}\frac{f(x)}{x}.$$

于是，对 $\forall\varepsilon>0$，$\exists\delta>0$. 当 $0<x<\delta$ 时，有

$$f'(0)-\varepsilon<\frac{f(x)}{x}<f'(0)+\varepsilon,$$

当 $x>0$ 时，有 $(f'(0)-\varepsilon)x<f(x)<x(f'(0)+\varepsilon)$.

取 $N\in\mathbb{N}$，使 $N>\dfrac{1}{\delta}$，当 $n>N$ 时，$\dfrac{k}{n^2}\leqslant\dfrac{1}{n}<\dfrac{1}{N}<\delta, k=1,2,\cdots,n$. 因此有

$$(f'(0)-\varepsilon)\cdot\frac{k}{n^2}<f\left(\frac{k}{n^2}\right)<(f'(0)+\varepsilon)\cdot\frac{k}{n^2},\quad k=1,2,\cdots,n.$$

$$\frac{1}{2}[f'(0)-\varepsilon]\cdot\frac{n+1}{n}<\sum_{k=1}^{n}f\left(\frac{k}{n^2}\right)<\frac{1}{2}[f'(0)+\varepsilon]\cdot\frac{n+1}{n}.$$

又因 $\dfrac{1}{2}[f'(0)-\varepsilon]\cdot\dfrac{n+1}{n}\to\dfrac{1}{2}(f'(0)-\varepsilon)$，$\dfrac{1}{2}[f'(0)+\varepsilon]\dfrac{n+1}{n}\to\dfrac{1}{2}(f'(0)+\varepsilon)(n\to+\infty)$ 故 $\exists N_1\in\mathbb{N}$，当 $n>N_1$ 时，有

$$\frac{1}{2}[f'(0)-\varepsilon]-\frac{\varepsilon}{2}<\sum_{k=1}^{n}f\left(\frac{k}{n^2}\right)<\frac{1}{2}[f'(0)+\varepsilon]+\frac{\varepsilon}{2},$$

即 $\dfrac{1}{2}f'(0)-\varepsilon<\displaystyle\sum_{k=1}^{n}f\left(\frac{k}{n^2}\right)<\dfrac{1}{2}f'(0)+\varepsilon$. 于是有

$$\lim_{n\to+\infty}x_n=\lim_{n\to+\infty}\sum_{k=1}^{n}f\left(\frac{k}{n^2}\right)=\frac{1}{2}f'(0).$$

(1) 令 $f(x)=\sin x, f'(x)=\cos x, f'(0)=1$，由上述结果，得

$$\lim_{n\to+\infty}\sum_{k=1}^{n}\sin\frac{k}{n^2}=\frac{1}{2}(\sin x)'\big|_{x=0}=\frac{1}{2}.$$

(2) 令 $f(x)=\ln(1+x)$，则 $f'(0)=\left.\dfrac{1}{1+x}\right|_{x=0}=1$，

$$\ln\left(1+\frac{1}{n^2}\right)\left(1+\frac{2}{n^2}\right)\cdots\left(1+\frac{n}{n^2}\right)=\sum_{k=1}^{n}\ln\left(1+\frac{k}{n^2}\right),$$

$$\lim_{n\to+\infty}\sum_{k=1}^{n}\ln\left(1+\frac{k}{n^2}\right)=\frac{1}{2}f'(0)=\frac{1}{2}.$$

于是

$$\lim_{n\to+\infty}\prod_{k=1}^{n}\left(1+\frac{k}{n^2}\right)=\lim_{n\to+\infty}e^{\ln\left(1+\frac{1}{n^2}\right)+\ln\left(1+\frac{2}{n^2}\right)+\cdots+\ln\left(1+\frac{n}{n^2}\right)}=e^{\frac{1}{2}}=\sqrt{e}.$$

□

114. 设函数 f 在 $x=0$ 处连续，如果

$$\lim_{x\to0}\frac{f(2x)-f(x)}{x}=m,$$

证明：$f'(0)=m$.

证明 令 $\varphi(x)=f(x)-mx-f(0)$，则 $\varphi(x)$ 也在 $x=0$ 处连续，且 $\varphi(0)=\lim\limits_{x\to0}\varphi(x)=\lim\limits_{x\to0}[f(x)-mx-f(0)]=f(0)-f(0)=0$.

$$\lim_{x\to0}\frac{\varphi(2x)-\varphi(x)}{x}=\lim_{x\to0}\frac{f(2x)-2mx-f(0)-(f(x)-mx-f(0))}{x}$$

$$=\lim_{x\to0}\left[\frac{f(2x)-f(x)}{x}-m\right]=0.$$

于是 $\varphi(2x)-\varphi(x)=o(x)\Leftrightarrow\varphi(x)-\varphi\left(\frac{x}{2}\right)=o(x)$. 根据(思考题 2.3 第 1 题),$\varphi(x)=o(x)$ $(x\to 0)$. 即

$$0=\lim_{x\to 0}\frac{\varphi(x)}{x}=\lim_{x\to 0}\frac{f(x)-mx-f(0)}{x}=\lim_{x\to 0}\left(\frac{f(x)-f(0)}{x}-m\right),$$

于是 $f'(0)=\lim\limits_{x\to 0}\frac{f(x)-f(0)}{x}=m$. □

115. 在区间$[-1,1]$上讨论二次函数 $f(x)=ax^2+bx+c$,如果$|f(x)|\leqslant 1,\forall x\in[-1,1]$,证明:$|f'(x)|\leqslant 4,\forall x\in[-1,1]$.

证明 因为$\forall x\in[-1,1]$,$|f(x)|\leqslant 1$,故

$$\begin{cases}-1\leqslant f(0)=c\leqslant 1, & (1)\\ -1\leqslant a-b+c=f(-1)\leqslant 1, & (2)\\ -1\leqslant a+b+c=f(1)\leqslant 1, & (3)\end{cases}$$

(2)−(1)得$-2\leqslant a-b\leqslant 2$,(3)−(1)得$-2\leqslant a+b\leqslant 2$,(2)+(3)得$-1\leqslant a+c\leqslant 1$,(3)−(2)得$-1\leqslant b\leqslant 1$. 于是

$$|a|=|a+c-c|\leqslant|a+c|+|c|\leqslant 1+1=2.$$

由于 $f'(x)=2ax+b$,其最大最小值在区间端点 $x=\pm 1$ 处达到,故

$$|f'(x)|\leqslant\max\{|2a-b|,|2a+b|\}.$$

$$|2a-b|=|a+a-b|\leqslant|a|+|a-b|\leqslant 2+2=4,\ |2a+b|\leqslant|a|+|a+b|\leqslant 4.$$

因此$|f'(x)|\leqslant 4$. □

116. (1) 设 f_n,f 为$\mathbb{R}$上的一元函数,f_n 在$\mathbb{R}$上连续,$n=1,2,\cdots$,且

$$\lim_{n\to+\infty}f_n(x)=f(x),\quad x\in\mathbb{R}.$$

证明:存在$(\alpha,\beta)\subset\mathbb{R}$,使得 f 在(α,β)上是有界的;

(2) 设 g 在$\mathbb{R}$上可导. 证明:存在$(\alpha,\beta)\subset\mathbb{R}$. 使得 g'在(α,β)上有界;

(3) 使得导函数 g'在任何开区间$(\alpha,\beta)\subset\mathbb{R}$上都无界的函数 g 是不存在的.

证明 (1)(反证)假设在$\forall(\alpha,\beta)\subset\mathbb{R}$上 f 都无界,则$\exists x_1$, s. t. $|f(x_1)|>1$,由 $\lim\limits_{n\to+\infty}f_n(x_1)=f(x_1)$. $\exists N_1\in\mathbb{N}$, s. t.

$$|f_{N_1}(x_1)|>1.$$

再由 f_{N_1} 连续,于是$\exists\delta_1>0$,使$\forall x\in[x_1-\delta_1,x_1+\delta_1]$都有

$$|f_{N_1}(x)|>1,$$

$\exists x_2\in(x_1-\delta_1,x_1+\delta_1)$,使$|f(x_2)|>2$,得到,$\exists N_2\in\mathbb{N}$,$\delta_2>0$,当 $x\in[x_2-\delta_2,x_2+\delta_2]\subset(x_1-\delta_1,x_1+\delta_1)$,

$$|f_{N_2}(x)|>2,\quad N_2>N_1.$$

如此类推下去,得闭区间套$[x_1-\delta_1,x_1+\delta_1]\supset[x_2-\delta_2,x_2+\delta_2]\supset\cdots\supset[x_n-\delta_n,x_n+\delta_n]\supset\cdots$ 且使 $\delta_n\to 0(n\to+\infty)$. 由闭区间套原理,$\exists_1 x_0\in\bigcap\limits_{n=1}^{\infty}[x_n-\delta_n,x_n+\delta_n]$,$|f_{N_n}(x)|>n$,$N_n>$

$N_{n-1}\ \forall x\in[x_n-\delta_n,x_n+\delta_n]$，$\infty=\lim\limits_{n\to+\infty}f_{N_n}(x_0)=f(x_0)$，矛盾.

从而$\exists(\alpha,\beta)\subset\mathbb{R}$，$f$ 在(α,β)上是有界的.

(2) 由 g 在$\mathbb{R}$上可导知

$$g'(x)=\lim_{n\to+\infty}\frac{g\left(x+\frac{1}{n}\right)-g(x)}{\frac{1}{n}}.$$

令 $g_n(x)=\dfrac{g\left(x+\frac{1}{n}\right)-g(x)}{\frac{1}{n}}=n\left[g\left(x+\frac{1}{n}\right)-g(x)\right]$，$n\in\mathbb{N}$

$\{g_n(x)\}$在$\mathbb{R}$上连续，且 $\lim\limits_{n\to+\infty}g_n(x)=g'(x)$. 由(1)知$\exists(\alpha,\beta)\subset\mathbb{R}$，$g'$在$(\alpha,\beta)$上有界.

(3) 由(2)知，若有函数 g 在$\mathbb{R}$上可导，其导函数 g'必在某区间(α,β)上有界，故使导函数在任何开区间上无界的可导函数不存在. □

117. 在$[0,1]$上适合条件$|P|\leqslant 1$的二次多项式 P 的全体记为 V，求 $\sup\{|P'(0)|\,|\,P\in V\}$.

解 记 $P(x)=ax^2+bx+c$，则 $P'(0)=b$.

由题设$|P|\leqslant 1$，$x\in[0,1]$得

$$1\geqslant|P(0)|=|c|,\quad 1\geqslant\left|P\left(\frac{1}{2}\right)\right|=\left|\frac{a}{4}+\frac{b}{2}+c\right|,\quad 1\geqslant|P(1)|=|a+b+c|.$$

由

$$\begin{cases}c=P(0),\\ \dfrac{a}{4}+\dfrac{b}{2}+c=P\left(\dfrac{1}{2}\right),\\ a+b+c=P(1)\end{cases}$$

解得 $b=4P\left(\frac{1}{2}\right)-3P(0)-P(1)$，而

$$|P'(0)|=|b|\leqslant 4\left|P\left(\frac{1}{2}\right)\right|+3|P(0)|+|P(1)|\leqslant 4+3+1=8.$$

又易知 $P_1(x)=8x^2-8x+1\in V$，且$|P_1'(0)|=8$，故

$$\sup\{|P'(0)|\,|\,P\in V\}=8.$$ □

118. 设 $m,n\in\mathbb{N}$. 证明：

$$\sum_{k=0}^{n}(-1)^k C_n^k k^m=\begin{cases}0, & m\leqslant n-1,\\ (-1)^n n!, & m=n.\end{cases}$$

证明 在恒等式

$$(1-x)^n=\sum_{k=0}^{n}(-1)^k C_n^k x^k$$

两边对 x 求导得

$$-n(1-x)^{n-1}=\sum_{k=0}^{n}(-1)^k C_n^k k x^{k-1}. \tag{1}$$

将 $x=1$ 代入，就有 $\sum\limits_{k=0}^{n}(-1)^k C_n^k k=0$.

(1) 式两边再对 x 求导得

$$n(n-1)(1-x)^{n-2}=\sum_{k=0}^{n}(-1)^k C_n^k k(k-1)x^{k-2}$$

又将 $x=1$ 代入，并利用 $\sum\limits_{k=0}^{n}(-1)^k C_n^k k=0$，有

$$0=\sum_{k=0}^{n}(-1)^k C_n^k k(k-1)=\sum_{k=0}^{n}(-1)^k C_n^k k^2-\sum_{k=0}^{n}(-1)^k C_n^k k=\sum_{k=0}^{n}(-1)^k C_n^k k^2.$$

即 $\sum\limits_{k=0}^{n}(-1)^k C_n^k k^2=0$.

在(1)的两边，不断地求导后再将 $x=1$ 代入，就可得 $\sum\limits_{k=0}^{n}(-1)^k C_n^k k^{n-1}=0$.

在恒等式 $(1-x)^n=\sum\limits_{k=0}^{n}(-1)^k C_n^k x^k$ 两边对 x 求 n 阶导数并应用 $\sum\limits_{k=0}^{n}(-1)^k C_n^k k^m=0$，$m=1,2,\cdots,n-1$，得

$$(-1)^n n!=\sum_{k=0}^{n}(-1)^k C_n^k k^n.$$

这就是

$$\sum_{k=0}^{n}(-1)^k C_n^k k^m=\begin{cases}0, & m\leqslant n-1,\\ (-1)^n n!, & m=n.\end{cases}$$ □

注　若将恒等式 $(x-1)^n=\sum\limits_{k=0}^{n}(-1)^{n-k}C_n^k x^k$ 应用到上述方法中或在上式两端同乘 $(-1)^n$，可得

$$\sum_{k=0}^{n}(-1)^{n-k}C_n^k k^m=\begin{cases}0, & m=0,1,\cdots,n-1,\\ n!, & m=n.\end{cases}$$

119. 设 u,v,w 都为 t 的可导函数，试给出 $(uvw)^{(n)}$ 的 Leibniz 公式，这里 $n\in\mathbb{N}$.

解法 1　（两次应用 Leibniz 公式）

$$\begin{aligned}(uvw)^{(n)}&=((uv)w)^{(n)}\\&=\sum_{l+k=n}\frac{n!}{l!k!}(uv)^{(l)}w^{(k)}\end{aligned}$$

$$= \sum_{l+k=n} \frac{n!}{l!k!}\left(\sum_{i+j=l} \frac{l!}{i!j!} u^{(i)} v^{(j)}\right) w^{(k)}$$

$$= \sum_{\substack{l+k=n \\ i+j=l}} \frac{n!}{l!k!} \frac{l!}{i!j!} u^{(i)} v^{(j)} w^{(k)} = \sum_{i+j+k=n} \frac{n!}{i!j!k!} u^{(i)} v^{(j)} w^{(k)}.$$

解法 2 (归纳法)归纳可证

$$(uvw)^{(n)} = \sum_{i+j+k=n} \frac{n!}{i!j!k!} u^{(i)} v^{(j)} w^{(k)}.$$

当 $n=1$ 时,$(uvw)'=u'vw+uv'w+uvw'=\sum\limits_{i+j+k=1} u^{(i)} v^{(j)} w^{(k)}$.

假设当 $n=m$ 时,等式成立,即 $(uvw)^{(m)}=\sum\limits_{i+j+k=m}\frac{m!}{i!j!k!}u^{(i)} v^{(j)} w^{(k)}$. 则当 $n=m+1$ 时有

$$(uvw)^{(m+1)} = ((uvw)^{(m)})' = \sum_{i+j+k=m}\left(\frac{m!}{i!j!k!} u^{(i)} v^{(j)} w^{(k)}\right)'$$

$$= \sum_{i+j+k=m} \frac{m!}{i!j!k!}(u^{(i+1)} v^{(j)} w^{k} + u^{(i)} v^{(j+1)} w^{(k)} + u^{(i)} v^{(j)} w^{(k+1)})$$

$$= \sum_{i+j+k=m} \frac{m!}{i!j!k!} u^{(i+1)} v^{(j)} w^{(k)} + \sum_{i+j+k=m} \frac{m!}{i!j!k!} u^{(i)} v^{(j+1)} w^{(k)}$$

$$+ \sum_{i+j+k=m} \frac{m!}{i!j!k!} u^{(i)} v^{(j)} w^{(k+1)}$$

在第 1 个和式中,用 i 替代其中的 $i+1$,则 $i+j+k=m+1$. 原来的 i 变成 $i-1$,其余两式分别用 j 和 k 替代其中的 $j+1$ 和 $k+1$. 就有

$$(uvw)^{m+1} = \sum_{i+j+k=m+1} \frac{m!}{(i-1)!j!k!} u^{(i)} v^{(j)} w^{(k)} + \sum_{i+j+k=m+1} \frac{m!}{i!(j-1)!k!} u^{(i)} v^{(j)} w^{(k)}$$

$$+ \sum_{i+j+k=m+1} \frac{m!}{i!j!(k-1)!} u^{(i)} v^{(j)} w^{(k)}$$

$$= \sum_{i+j+k=m+1} \frac{m!}{i!j!k!}(i+j+k) u^{(i)} v^{(j)} w^{(k)}$$

$$= \sum_{i+j+k=m+1} \frac{(m+1)!}{i!j!k!} u^{(i)} v^{(j)} w^{(k)}.$$

故对 $\forall\, n\in\mathbb{N}$,$(uvm)^{(n)}=\sum\limits_{i+j+k=n}\frac{n!}{i!\ j!\ k!}u^{(i)} v^{(j)} w^{(k)}$. □

120. 设 $y=x^{n-1}\mathrm{e}^{\frac{1}{x}}$. 证明:$y^{(n)}=\frac{(-1)^n}{x^{n+1}}\mathrm{e}^{\frac{1}{x}}$.

证明 (归纳法)当 $n=1$ 时,$y=\mathrm{e}^{\frac{1}{x}}$,$y'=-\frac{1}{x^2}\mathrm{e}^{\frac{1}{x}}$,结论正确,假设当 $n\leqslant k-1$ 时,结论正确,即对 $y=x^{n-1}\mathrm{e}^{\frac{1}{x}}$,有

$$y^{(n)} = \frac{(-1)^n}{x^{n+1}}\mathrm{e}^{\frac{1}{x}},\quad n\leqslant k-1.$$

则当 $n=k$ 时,对 $y=x^{k-1}e^{\frac{1}{x}}$,有

$$\begin{aligned}
y^{(k)} &= (x^{k-1}e^{\frac{1}{x}})^{(k)} = [(x^{k-1}e^{\frac{1}{x}})']^{(k-1)} \\
&= ((k-1)x^{k-2}e^{\frac{1}{x}} - x^{k-3}e^{\frac{1}{x}})^{(k-1)} \\
&= ((k-1)x^{k-2}e^{\frac{1}{x}})^{(k-1)} - ((x^{k-3}e^{\frac{1}{x}})^{(k-2)})' \\
&= (k-1)\frac{(-1)^{k-1}}{x^k}e^{\frac{1}{x}} - \left(\frac{(-1)^{k-2}}{x^{k-1}}e^{\frac{1}{x}}\right)' \\
&= \frac{(-1)^{k-1}(k-1)}{x^k}e^{\frac{1}{x}} - (-1)^{k-2}\left(\frac{-(k-1)}{x^k}e^{\frac{1}{x}} - \frac{1}{x^{k+1}}e^{\frac{1}{x}}\right) \\
&= \frac{(-1)^k[(-k+1)x+(k-1)x+1]}{x^{k+1}}e^{\frac{1}{x}} \\
&= \frac{(-1)^k}{x^{k+1}}e^{\frac{1}{x}},
\end{aligned}$$

结论也成立,故对 $\forall n\in\mathbb{N}$,结论正确. □

121. 设 $y=\arctan x$. 证明:

$$y^{(n)} = \frac{P_{n-1}(x)}{(1+x^2)^n},$$

其中 P_{n-1} 为最高次项系数是 $(-1)^{n-1}n!$ 的 $n-1$ 次多项式.

证明　(归纳法)当 $n=1$ 时,$y'=\dfrac{1}{1+x^2}$,$P_0(x)=1$ 是 0 次多项式,最高项次数的系数是 $1=(-1)^0 1!$.

假设当 $n=k$ 时,等式成立,即

$$y^{(k)} = \frac{P_{k-1}(x)}{(1+x^2)^k},\quad P_{k-1}(x) = (-1)^{k-1}k!x^{k-1}+\cdots$$

是 $k-1$ 次多项式. 对其再求一次导数,有

$$\begin{aligned}
y^{(k+1)} &= \frac{P'_{k-1}(x)}{(1+x^2)^k} - \frac{k\cdot 2xP_{k-1}(x)}{(1+x^2)^{k+1}} \\
&= \frac{1}{(1+x^2)^{k+1}}[(x^2+1)P'_{k-1}(x) - 2kxP_{k-1}(x)].
\end{aligned}$$

其中,$P_{k-1}(x)=(-1)^{k-1}k!\ x^{k-1}+\cdots$,后面是次数低于 $k-1$ 的项. 因

$$\begin{aligned}
(x^2+1)P'_{k-1}(x) - 2kxP_{k-1}(x) &= x^2\cdot(-1)^{k-1}k!(k-1)x^{k-2}+\cdots \\
&\quad - 2kx[(-1)^{k-1}k!x^{k-1}+\cdots] \\
&= (-1)^k k![-(k-1)x^k + 2kx^k + \cdots] \\
&= (-1)^k k![(k+1)x^k + \cdots] \\
&= (-1)^k(k+1)!x^k + \cdots = P_k(x).
\end{aligned}$$

所以 $y^{(k+1)}=\dfrac{P_k(x)}{(1+x^2)^{k+1}}$,$P_k(x)$ 是最高次项系数为 $(-1)^k(k+1)!$ 的 k 次多项式. $n=$

$k+1$ 结论亦成立. □

122. 设 $f_n(x)=x^n\ln x, n\in\mathbb{N}$,求极限 $\lim\limits_{n\to+\infty}\dfrac{f_n^{(n)}\left(\frac{1}{n}\right)}{n!}$.

解 先求 $f_n(x)$ 的 1 阶导数,有

$$f_n'(x)=nx^{n-1}\ln x+x^{n-1}=nf_{n-1}(x)+x^{n-1}.$$

两边同求 $(n-1)$ 阶导数得

$$f_n^{(n)}(x)=nf_{n-1}^{(n-1)}(x)+(n-1)!,$$

$$\frac{f_n^{(n)}(x)}{n!}=\frac{f_{n-1}^{(n-1)}(x)}{(n-1)!}+\frac{1}{n},\quad n=1,2,\cdots.$$

将前 n 个排列起来并相加,即有

$$f_1'(x)=(x\ln x)'=1+\ln x,$$

$$\frac{f_2''(x)}{2!}=\frac{f_1'(x)}{1!}+\frac{1}{2},$$

$$\vdots$$

$$\frac{f_{n-1}^{(n-1)}(x)}{(n-1)!}=\frac{f_{n-2}^{(n-2)}(x)}{(n-2)!}+\frac{1}{n-1},$$

$$\frac{f_n^{(n)}(x)}{n!}=\frac{f_{n-1}^{(n-1)}(x)}{(n-1)!}+\frac{1}{n},$$

$$\frac{f_n^{(n)}(x)}{n!}=\ln x+1+\frac{1}{2}+\cdots+\frac{1}{n-1}+\frac{1}{n}.$$

令 $x=\dfrac{1}{n}$,就是 $\dfrac{f_n^{(n)}\left(\frac{1}{n}\right)}{n!}=\ln\dfrac{1}{n}+1+\dfrac{1}{2}+\cdots+\dfrac{1}{n}$,所以

$$\lim_{n\to+\infty}\frac{f_n^{(n)}\left(\frac{1}{n}\right)}{n!}=\lim_{n\to+\infty}\left(1+\frac{1}{2}+\cdots+\frac{1}{n}-\ln n\right)=c,$$

其中 c 为 Euler 常数. □

123. 证明:在 $\mathbb{R}$ 上不存在可导函数 f 满足 $f^2(x)=f(f(x))=-x^3+x^2+1$.

证明 (反证)假设有函数 f. 满足 $f^2(x)=-x^3+x^2+1$. 考虑函数 $f^2(x)$ 的不动点 x. 它满足等式

$$x=-x^3+x^2+1,\quad 即\quad x(x^2+1)=x^2+1.$$

解此方程得 $x=1$ 为 $f^2=f(f(x))$ 的惟一不动点.

设 $f(1)=p$,于是有 $1=f(f(1))=f(p)$,而 $f(f(p))=f(1)=p$,因此 p 也是 f^2 的不动点,但 f^2 有惟一不动点 1,故 $p=1$,即 $f(1)=1$.

由 $f^2(x)=f(f(x))=-x^3+x^2+1$,对 x 求导得

$$f'(f(x))f'(x)=-3x^2+2x.$$

令 $x=1$. 因为 $f(1)=1$,就得 $f'(1)f'(1)=-3+2=-1$. 于是得

$$[f'(1)]^2=-1.$$

矛盾,这样的函数 f 不存在. □

124. 证明:在 $\mathbb{R}$ 上不存在可导函数 f 满足 $f^2(x)=f(f(x))=x^2-3x+3$.

证法1 (同123题)考虑 $f^2=f\circ f$ 的不动点,令 $x=x^2-3x+3$,解得两个不动点 $x_1=1,x_2=3$.

设 $f(1)=\alpha$,则 $1=f(f(1))=f(\alpha)$,于是 $f(f(\alpha))=f(1)=\alpha$,α 也是 f^2 的不动点. 只有两种可能,$\alpha=1$ 或 $\alpha=3$. 求导数得 $f'(f(x))f'(x)=2x-3$.

(i) 若 $\alpha=1$,由 $f'(f(1))f'(1)=-1$,$f'^2(1)=-1$,矛盾.

(ii) 若 $\alpha=3=f(1)$,则 $f(3)=f(f(1))=1$,于是有

$$f'(f(1))f'(1)=-1,\quad f'(3)f'(1)=-1,$$
$$f'(f(3))f'(3)=3,\quad f'(1)f'(3)=3\neq -1.$$

矛盾.

证法2 由于 $f(f(x))=x^2-3x+3=\left(x-\frac{3}{2}\right)^2+\frac{3}{4}$,故 $f^2\geqslant\frac{3}{4}$,且 $[f(f(x))]'=f'(f(x))f'(x)=2x-3$. 它只有一个零点 $x_0=\frac{3}{2}$,即

$$f'\left(f\left(\frac{3}{2}\right)\right)f'\left(\frac{3}{2}\right)=0.$$

设 $f'\left(\frac{3}{2}\right)=0$. 因为 $\frac{3}{2}>\frac{3}{4}$,故 $\exists p\in\mathbb{R}$,使 $f(f(p))=\frac{3}{2}$. 此时,又 $f'(f^2(p))f'(f(p))=f'\left(\frac{3}{2}\right)f'(f(p))=0$,所以 $2f(p)-3=0$,$f(p)=\frac{3}{2}$,于是 $f\left(\frac{3}{2}\right)=f(f(p))=\frac{3}{2}$,$\frac{3}{2}$ 是 f 的不动点,也是 f^2 的不动点,由此推得 $f^2\left(\frac{3}{2}\right)=f\left(f\left(\frac{3}{2}\right)\right)=f\left(\frac{3}{2}\right)=\frac{3}{2}$,但 $f^2\left(\frac{3}{2}\right)=\frac{3}{4}\neq\frac{3}{2}$,矛盾.

若 $f'\left(f\left(\frac{3}{2}\right)\right)=0$,设 $f\left(\frac{3}{2}\right)=q$,即 $f'(q)=0$,于是

$$0=f'(q)f'(f(q))=(f(f(x)))'\big|_{x=q}.$$

但 $(f^2(x))'$ 只有一个零点 $x=\frac{3}{2}$,故 $q=\frac{3}{2}$. 于是又回到了 $f'\left(\frac{3}{2}\right)=0$. 同样产生矛盾.

故使 $f^2=x^2-3x+3$ 的 $\mathbb{R}$ 上的可导函数 f 不存在. □

125. 求 $(e^x\cos x)^{(n)}$ 与 $(e^x\sin x)^{(n)}$.

解法1

$$(e^x\cos x)'=e^x\cos x-e^x\sin x=e^x(\cos x-\sin x)=\sqrt{2}e^x\cos\left(\frac{\pi}{4}+x\right),$$

$$(e^x\cos x)''=\sqrt{2}e^x\left[\cos\left(\frac{\pi}{4}+x\right)-\sin\left(\frac{\pi}{4}+x\right)\right]=(\sqrt{2})^2e^x\cos\left(\frac{\pi}{4}\cdot 2+x\right).$$

归纳可得

$$(e^x\cos x)^{(n)}=2^{\frac{n}{2}}e^x\cos\left(\frac{n\pi}{4}+x\right).$$

同理$(e^x\sin x)^{(n)}=2^{\frac{n}{2}}e^x\sin\left(\frac{n\pi}{4}+x\right)$.

解法 2

$$\begin{aligned}(e^x\cos x)^{(n)}+i(e^x\sin x)^{(n)}&=(e^{(1+i)x})^{(n)}=(1+i)^n e^{(1+i)x}=2^{\frac{n}{2}}e^{\frac{n\pi}{4}i}e^{(1+i)x}\\&=2^{\frac{n}{2}}e^{x+i\left(\frac{n\pi}{4}+x\right)}=2^{\frac{n}{2}}e^x\cos\left(\frac{n\pi}{4}+x\right)+i2^{\frac{n}{2}}e^x\sin\left(\frac{n\pi}{4}+x\right),\end{aligned}$$

$$(e^x\cos x)^{(n)}=2^{\frac{n}{2}}e^x\cos\left(\frac{n\pi}{4}+x\right),\quad (e^x\sin x)^{(n)}=2^{\frac{n}{2}}e^x\sin\left(\frac{n\pi}{4}+x\right).$$ □

126. 设 $y=(1+\sqrt{x})^{2n+2}$, $n\in\mathbb{N}$. 求 $y^{(n)}(1)$.

解 设 $z=(1-\sqrt{x})^{2n+2}$. 容易证明 $z^{(n)}(1)=0$.

$$\begin{aligned}y+z&=(1+\sqrt{x})^{2n+2}+(1-\sqrt{x})^{2n+2}\\&=\sum_{k=0}^{2n+2}C_{2n+2}^{k}\left(x^{\frac{k}{2}}+(-1)^k x^{\frac{k}{2}}\right)=\sum_{k=0}^{n+1}C_{2n+2}^{2k}2x^k.\end{aligned}$$

$$\begin{aligned}(y+z)^{(n)}&=2(n!C_{2n+2}^{2n}+(n+1)!C_{2n+2}^{2n+2}x)=2n!((n+1)(2n+1)+(n+1)x).\\&=2(n+1)!(2n+1+x).\end{aligned}$$

$$y^{(n)}(1)=y^{(n)}(1)+z^{(n)}(1)=2(n+1)!(2n+1+1)=4(n+1)\cdot(n+1)!.$$ □

127. 设多项式 p 只有实零点,证明:$(p'(x))^2\geqslant p(x)p''(x)$对一切 $x\in\mathbb{R}$ 成立.

证法 1 对 n 次多项式用归纳法.

当 $n=1$ 时,$p_1=ax+b$. $p_1'=a$, $p_1''(x)=0$,故$(p_1'(x))^2a^2\geqslant 0=p_1(x)p_1''(x)$, $\forall x\in\mathbb{R}$.

假设当 $n=k$ 时,p_k 只有实零点,$(p_k'(x))^2\geqslant p_k(x)p_k''(x)$. $\forall x\in\mathbb{R}$. 则当 $n=k+1$ 时,$p_{k+1}(x)=(x-a)p_k(x)$为只有实零点的 $k+1$ 次多项式,$p_k(x)$为只有实零点的 k 次多项式.

$$p_{k+1}'(x)=p_k(x)+(x-a)p_k'(x),$$
$$p_{k+1}''(x)=2p_k'(x)+(x-a)p_k''(x).$$

$$\begin{aligned}(p_{k+1}'(x))^2-p_{k+1}(x)p_{k+1}''(x)&=p_k^2(x)+2(x-a)p_k(x)p_k'(x)+(x-a)^2p_k'^2(x)\\&\quad-(2(x-a)p_k(x)p_k'(x)+(x-a)^2p_k(x)p_k''(x))\\&=(p_k(x))^2+(x-a)^2((p_k'(x))^2-p_k(x)p_k''(x))\\&\geqslant(p_k(x))^2\geqslant 0.\end{aligned}$$

这就是$(p_{k+1}'(x))^2\geqslant p_{k+1}(x)p_{k+1}''(x)$,不等式成立.

对 $\forall$ 只有实零点的多项式 $p(x)$. 不等式

$$(p'(x))^2\geqslant p(x)p''(x)$$

对 $\forall x\in\mathbb{R}$ 都成立.

证法 2　设 $p(x)=a(x-x_1)(x-x_2)\cdots(x-x_n)$,则

$$p'(x)=p(x)\left(\frac{1}{x-x_1}+\frac{1}{x-x_2}+\cdots+\frac{1}{x-x_n}\right).$$

当 $x\neq x_i(i=1,2,\cdots,n)$时,有

$$\frac{p'(x)}{p(x)}=\frac{1}{x-x_1}+\frac{1}{x-x_2}+\cdots+\frac{1}{x-x_n},$$

再求导得

$$\frac{p''(x)p(x)-(p'(x))^2}{p^2(x)}=-\frac{1}{(x-x_1)^2}-\frac{1}{(x-x_2)^2}-\cdots-\frac{1}{(x-x_n)^2}<0.$$

于是,$p''(x)p(x)<(p'(x))^2, x\neq x_1,x_2,\cdots,x_n$.

当 $x=x_i(i=1,2,\cdots,n)$时,$p(x_i)=0,(p'(x_i))^2\geqslant 0=p(x_i)p''(x_i)$. 所以,对 $\forall x\in\mathbb{R}$,总有$(p'(x))^2\geqslant p(x)p''(x)$.　□

128. 设 $y=\arctan x$.

(1) 证明它满足方程$(1+x^2)y''+2xy'=0$;

(2) 求 $y^{(n)}(0)$.

证明　(1) $y'=\dfrac{1}{1+x^2}$,即$(1+x^2)y'=1$. 两边对 x 求导即得$(1+x^2)y''+2xy'=0$.

(2) 在等式

$$(1+x^2)y''+2xy'=0$$

两边求 $n-2$ 阶导数,利用 Leibniz 公式有

$$(1+x^2)y^{(n)}+(n-2)\cdot 2xy^{(n-1)}+2\frac{(n-2)(n-3)}{2}y^{(n-2)}+2xy^{(n-1)}+(n-2)\cdot 2y^{(n-2)}=0.$$

将 $x=0$ 代入有

$$y^{(n)}(0)+(n-2)(n-3)y^{(n-2)}(0)+2(n-2)y^{(n-2)}(0)=0,$$

即为 $y^{(n)}(0)+(n-1)(n-2)y^{(n-2)}(0)=0$,从而得递推公式

$$y^{(n)}(0)=-(n-1)(n-2)y^{(n-2)}(0).$$

而 $y'(0)=1, y''(0)=-\dfrac{2x}{(1+x^2)^2}\Bigg|_{x=0}=0$. 于是

$$\begin{aligned}y^{2m}(0)&=0,\quad m\in\mathbb{N};\\ y^{2m+1}(0)&=-2m(2m-1)[-(2m-2)\cdot(2m-3)]\cdots(-2\cdot 1)y'(0)\\ &=(-1)^m 2m!,\quad m\in\mathbb{N}.\end{aligned}$$

从而

$$y^{(n)}=\begin{cases}0, & n\text{ 为偶数},\\ (-1)^{\frac{n-1}{2}}(n-1)!, & n\text{ 为奇数}.\end{cases}$$

□

129. 设 $f(x)=\arctan x$. 证明:

$$f^{(n)}(x)=(n-1)!\cos^n f(x)\cdot\sin n\left(f(x)+\frac{\pi}{2}\right).$$

证明 令 $y=f(x)=\arctan x, x=\tan y$.

(归纳法)当 $n=1$ 时, $f'(x)=y'=\dfrac{1}{1+x^2}=\dfrac{1}{1+\tan^2 y}=\cos^2 y=\cos f(x)\sin\left(f(x)+\dfrac{\pi}{2}\right)$.
等式成立.

假设当 $n=k$ 时,有

$$f^{(k)}(x)=(k-1)!\cos^k f(x)\sin k\left(f(x)+\frac{\pi}{2}\right).$$

则当 $n=k+1$ 时,有

$$\begin{aligned}
f^{(k+1)}(x)=&\ (f^{(k)}(x))' \\
&=(k-1)!k\cos^{k-1}f(x)(-\sin f(x))\cdot f'(x)\cdot\sin k\left(f(x)+\frac{\pi}{2}\right) \\
&\quad+(k-1)!\cos^k f(x)\cdot\cos k\left(f(x)+\frac{\pi}{2}\right)\cdot kf'(x) \\
&=k!\cos^{k-1}f(x)\cdot f'(x)\left[-\sin f(x)\sin k\left(f(x)+\frac{\pi}{2}\right)+\cos f(x)\cos k\left(f(x)+\frac{\pi}{2}\right)\right] \\
&=k!\cos^{k-1}f(x)\cdot\cos^2 f(x)\cdot\cos\left(f(x)+kf(x)+\frac{k\pi}{2}\right) \\
&=k!\cos^{k+1}f(x)\sin\left(\frac{\pi}{2}+(k+1)f(x)+\frac{k\pi}{2}\right) \\
&=k!\cos^{k+1}f(x)\sin(k+1)\left(f(x)+\frac{\pi}{2}\right).
\end{aligned}$$

等式也成立. 因此对 $\forall n\in\mathbb{N}$,有

$$f^{(n)}(x)=(n-1)!\cos^n f(x)\sin n\left(f(x)+\frac{\pi}{2}\right).$$ □

130. 设函数 f 在 $[a,b]$ 上连续,在 (a,b) 内可导, $ab>0$. 试用三种方法证明: $\exists\xi\in(a,b)$, s. t.

$$\frac{1}{a-b}\begin{vmatrix} a & b \\ f(a) & f(b)\end{vmatrix}=f(\xi)-\xi f'(\xi).$$

(1) 对 $F(x)=\dfrac{f(x)}{x}, G(x)=\dfrac{1}{x}$ 应用 Cauchy 中值定理;

(2) 对 $F(x)=xf\left(\dfrac{ab}{x}\right)$ 应用 Lagrange 中值定理;

(3) 对 $F(x)=\begin{vmatrix} 1 & \frac{1}{x} & \frac{f(x)}{x} \\ 1 & \frac{1}{a} & \frac{f(a)}{a} \\ 1 & \frac{1}{b} & \frac{f(b)}{b} \end{vmatrix}$ 应用 Rolle 定理.

证法 1 由 $ab>0$ 知 a,b 同号,所以 $F(x)=\frac{f(x)}{x}$,$G(x)=\frac{1}{x}$ 在 $[a,b]$ 上连续,在 (a,b) 内可导,$F'(x)=\frac{xf'(x)-f(x)}{x^2}$,$G'(x)=-\frac{1}{x^2}$,由 Gauchy 中值定理,$\exists\xi\in(a,b)$,s. t.

$$\frac{1}{a-b}\begin{vmatrix} a & b \\ f(a) & f(b) \end{vmatrix}=\frac{af(b)-bf(a)}{a-b}=\frac{\frac{f(b)}{b}-\frac{f(a)}{a}}{\frac{1}{b}-\frac{1}{a}}=\frac{F(b)-F(a)}{G(b)-G(a)}$$

$$=\frac{F'(\xi)}{G'(\xi)}=\frac{\frac{\xi f'(\xi)-f(\xi)}{\xi^2}}{-\frac{1}{\xi^2}}=f(\xi)-\xi f'(\xi).$$

证法 2 同(1)的理由,$F(x)=xf\left(\frac{ab}{x}\right)$ 在 $[a,b]$ 上连续,在 (a,b) 内可导. $F'(x)=f\left(\frac{ab}{x}\right)-f'\left(\frac{ab}{x}\right)\frac{ab}{x}$. 由 Lagrange 中值定理. $\exists\eta\in(a,b)$ 使

$$\frac{1}{a-b}\begin{vmatrix} a & b \\ f(a) & f(b) \end{vmatrix}=\frac{af(b)-bf(a)}{a-b}=\frac{F(a)-F(b)}{a-b}=F'(\eta)$$

$$=f\left(\frac{ab}{\eta}\right)-\frac{ab}{\eta}f'\left(\frac{ab}{\eta}\right)=f(\xi)-\xi f'(\xi).$$

这里 $\xi=\frac{ab}{\eta}\in(a,b)$.

证法 3 $F(x)$ 在 $[a,b]$ 上连续,在 (a,b) 内可导.

$$F(a)=\begin{vmatrix} 1 & \frac{1}{a} & \frac{f(a)}{a} \\ 1 & \frac{1}{a} & \frac{f(a)}{a} \\ 1 & \frac{1}{b} & \frac{f(b)}{b} \end{vmatrix}=0=F(b),$$

$$F'(x)=\begin{vmatrix} 0 & -\frac{1}{x^2} & \frac{xf'(x)-f(x)}{x^2} \\ 1 & \frac{1}{a} & \frac{f(a)}{a} \\ 1 & \frac{1}{b} & \frac{f(b)}{b} \end{vmatrix}=\frac{1}{x^2}\left[(xf'(x)-f(x))\left(\frac{1}{b}-\frac{1}{a}\right)+\frac{f(b)}{b}-\frac{f(a)}{a}\right].$$

由 Rolle 定理，$\exists\xi\in(a,b)$，使 $F'(\xi)=0,\xi\neq0$，故

$$[\xi f'(\xi)-f(\xi)]\left(\frac{1}{b}-\frac{1}{a}\right)+\frac{f(b)}{b}-\frac{f(a)}{a}=0,$$

于是

$$\frac{1}{a-b}\begin{vmatrix} a & b \\ f(a) & f(b)\end{vmatrix}=\frac{\dfrac{f(b)}{b}-\dfrac{f(a)}{a}}{\dfrac{1}{b}-\dfrac{1}{a}}=f(\xi)-\xi f'(\xi).$$ □

131. 设 $f(x)=(x-x_0)^r g(x)$，g 在 $x_0\in\mathbb{R}$ 点处连续，且 $g(x_0)\neq0$，则称 x_0 为 f 的 r 重零点，其中 $r=1,2,\cdots$.

(1) 如果 g 可导，x_0 为 f 的 r 重零点，且 $g'(x)$ 在 x_0 邻近有界，证明：x_0 必为 $f'(x)$ 的 $r-1$ 重零点.

(2) 设 f 为 n 阶可导函数，如果 $f(x)=0$ 有 $n+1$ 个相异的实根. 证明：方程 $f^{(n)}(x)=0$ 至少有一个实根.

(3) 设 f 为可导函数，如果 $f(x)=0$ 有 s 个相异的实根 $x_1,\cdots,x_s$，它们的重数分别为 $r_1,\cdots,r_s$ 且 $r_1+\cdots+r_s=r$(称 $f(x)=0$ 按重数计恰有 r 个根)；记 $f(x)=(x-x_i)^{r_i}g_i(x)$，$g_i'(x_i)\neq0$，且 $g'(x)$ 在 x_i 邻近有界. 证明：$f'(x)$ 按重数计至少有 $r-1$ 个零点.

(4) 设 f 为 n 阶可导函数，如果 $f(x)=0$ 按重数计恰有 $n+1$ 个实根，且每个 $f^{(i)}(x)$ 对其各重零点具有如(1)中 f 在 x_0 点处的相应条件. 证明：方程 $f^{(n)}(x)=0$ 至少有一个实根.

证明 (1) 因为 x_0 为 f 的 r 重零点，则 $f(x)=(x-x_0)^r g(x)$，$g(x_0)\neq0$，且 g 在 x_0 处连续. 又因 g 可导，故

$$\begin{aligned} f'(x)&=r(x-x_0)^{r-1}g(x)+(x-x_0)^r g'(x)\\ &=(x-x_0)^{r-1}[rg(x)+(x-x_0)g'(x)]. \end{aligned}$$

显然

$$[rg(x)+(x-x_0)g'(x)]\big|_{x=x_0}=rg(x_0)\neq0.$$

又因为 $g'(x)$ 在 x_0 邻近有界，故

$$\lim_{x\to x_0}[rg(x)+(x-x_0)g'(x)]=rg(x_0)+0=rg(x_0)=[rg(x)+(x-x_0)g'(x)]\big|_{x=x_0},$$

即 $rg(x)+(x-x_0)g'(x)$ 在 x_0 点处连续. 从而，x_0 为 $f'(x)$ 的 $r-1$ 重零点.

(2) 设 $f(x)=0$ 的 $n+1$ 个相异实根为 $x_0,x_1,\cdots,x_n$，$x_0<x_1<\cdots<x_n$. 根据 Rolle 定理，$\exists x_{i-1}^1\in(x_{i-1},x_i)$，s. t. $f'(x_{i-1}^1)=0$，$i=1,2,\cdots,n$. 显然，$x_0^1,x_1^1,\cdots,x_{n-1}^1$ 为 $f'(x)=0$ 的 n 个相异实根. 同理，应用 Rolle 定理，$\exists x_{i-1}^2\in(x_{i-1}^1,x_i^1)$，s. t. $f''(x_{i-1}^2)=0$，$i=1,\cdots,n-1$. 依此类推，$\exists x_{i-1}^{n-1}\in(x_{i-1}^{n-2},x_i^{n-2})$，s. t. $f^{(n-1)}(x_{i-1}^{n-1})=0$，$i=1,2$. 再一次对 $f^{(n-1)}$ 应用 Rolle 定理，$\exists x_0^n\in(x_0^{n-1},x_1^{n-1})$，s. t. $f^{(n)}(x_0^n)=0$. 这就证明了 $f^{(n)}(x)=0$ 至少有一个实根(见 131 题图).

131 题图

(3) 根据(1)，$x_1,\cdots,x_s$ 是 $f'(x)=0$ 的重数分别为 $r_1-1,\cdots,r_s-1$ 的根，又根据 Rolle 定理知，$\exists x_i^1\in(x_i,x_{i+1})$，s. t. $f(x_i^1)=0$，$i=1,\cdots,s-1$. 于是，$f'(x)=0$ 按重数计至少(注意：$f'(x)=0$ 也许会产生其他的根!)有

$$(r_1-1)+\cdots+(r_s-1)+(s-1)=(r_1+\cdots+r_s)-1=r-1$$

个根.

(4) 由(3)知，$f'(x)=0$ 按重数计至少有 $(n+1)-1=n$ 个实根. 同理，由(3)，$f''(x)=0$ 按重数计至少有 $n-1$ 个实根. 依此推得，$f^{(n-1)}(x)=0$ 按重数计至少有 2 个实根. 再由(3)，$f^{(n)}(x)=0$ 至少有一个实根. □

注 (1) 对于 f 为多项式函数，131 题(1)，(3)，(4)中关于 f 的条件都是自然满足的.

(2) 如果在 131 题中对 $r>0$，完全类似可定义 r 重零点. 例如：$f(x)=(x-x_0)^{\frac{3}{2}}=(x-x_0)^{\frac{3}{2}}g(x)$，$g(x)\equiv1$，则 x_0 为 f 的$\dfrac{3}{2}$重零点. 但显然它不是任何 $r\in\{1,2,\cdots\}$重零点.

(3) 设

$$f(x)=\begin{cases}e^{-\frac{1}{x}}, & x>0,\\ 0, & x=0,\\ e^{\frac{1}{x}}, & x<0,\end{cases}$$

则 0 不是 f 的任何 $r\in(0,+\infty)$重零点.

更简单地，$x_0\in\mathbb{R}$ 不是 $f'(x)\equiv0$ 的 $r\in(0,+\infty)$重根.

132. 设函数 f 在$[a,b]$上连续，在(a,b)内可导，且 $f(a)=f(b)=0$. 证明：$\exists\xi\in(a,b)$，s. t.

$$f(\xi)+f'(\xi)=0.$$

证明 令 $F(x)=e^xf(x)$. 由条件，$F(x)$也在$[a,b]$上连续，在(a,b)内可导，且 $F(a)=e^af(a)=0=e^bf(b)=F(b)$. 由 Rolle 定理. $\exists\xi\in(a,b)$，s. t. $F'(\xi)=0$. 由

$$F'(x)=e^xf(x)+e^xf'(x)=e^x(f(x)+f'(x))$$

知 $0=e^\xi f(\xi)+e^\xi f'(\xi)=e^\xi(f(\xi)+f'(\xi))=0$. 而 $e^\xi\neq0$，因此

$$f(\xi)+f'(\xi)=0.$$ □

133. 设 f 与 g 在$[a,b]$上连续，在(a,b)内可导. 且 $f(a)=f(b)=0$. 证明：$\exists\xi\in(a,b)$，s. t.

$$f'(\xi)+f(\xi)g'(\xi)=0.$$

证法 1 令 $F(x)=f(x)e^{g(x)}$，由 f,g 所满足的条件知，$F(x)$在$[a,b]$上连续，在(a,b)内可导，且 $F(a)=f(a)e^{g(a)}=0=f(b)e^{g(b)}=F(b)$，$F'(x)=[f'(x)+f(x)g'(x)]e^{g(x)}$，由

Rolle 定理，$\exists\xi\in(a,b)$，s. t.

$$0=F'(\xi)=[f'(\xi)+f(\xi)g'(\xi)]e^{g(\xi)}.$$

由于 $e^{g(\xi)}\neq0$. 就得

$$f'(\xi)+f(\xi)g'(\xi)=0.$$

证法 2 (i) 若 $f\equiv0, x\in[a,b]$，则 $\forall\,\xi\in(a,b)$使得

$$f'(\xi)+f(\xi)g'(\xi)=0+0\cdot g'(\xi)=0.$$

(ii) 若 $f\not\equiv0$. 因 $f(a)=f(b)=0$，故$\exists a\leqslant a_1<b_1\leqslant b$，使 $f(a_1)=f(b_1)=0$，且 $f(x)>0$ (或<0) $\forall\,x\in(a_1,b_1)$.

令 $F(x)=\ln|f(x)|+g(x)$. 因为

$$\lim_{x\to a_1^+}F(x)=\lim_{x\to a_1^+}(\ln|f(x)|+g(x))=-\infty,$$

$$\lim_{x\to b_1^-}F(x)=\lim_{x\to b_1^-}(\ln|f(x)|+g(x))=-\infty.$$

所以$\exists\xi\in(a_1,b_1)$使 $F(\xi)=\max\limits_{a_1<x<b_1}F(x)$. 由 Fermat 定理

$$0=F'(\xi)=\frac{f'(\xi)}{f(\xi)}+g'(\xi),\quad f(\xi)>0(\text{或}<0)$$

因此 $f'(\xi)+f(\xi)g'(\xi)=0$. □

134. 设 $f:[0,1]\to\mathbb{R}$ 连续，在$(0,1)$内可导，$f(0)=0$，且 $\forall\,x\in(0,1)$都有 $f(x)\neq0$. 证明：$\exists\xi\in(0,1)$，s. t.

$$\frac{nf'(\xi)}{f(\xi)}=\frac{f'(1-\xi)}{f(1-\xi)},$$

其中，n 为自然数.

证法 1 令 $F(x)=(f(x))^nf(1-x)$，则 $F(x)$在$[0,1]$上连续，在$(0,1)$内可导，且 $F(0)=0=F(1)$. $F'(x)=n[f(x)]^{n-1}f(1-x)f'(x)-(f(x))^nf'(1-x)$. 由 Rolle 定理，$\exists\xi\in(0,1)$，s. t.

$$0=F'(\xi)=n(f(\xi))^{n-1}f(1-\xi)f'(\xi)-(f(\xi))^nf'(1-\xi).$$

由条件 $f(\xi)\neq0, f(1-\xi)\neq0$，故有

$$nf'(\xi)f(1-\xi)=f(\xi)f'(1-\xi),$$

$$\frac{nf'(\xi)}{f(\xi)}=\frac{f'(1-\xi)}{f(1-\xi)}.$$

证法 2 令 $F(x)=n\ln|f(x)|+\ln|f(1-x)|, x\in(0,1)$. 由于 $f(0)=0, f(1-1)=f(0)=0$，及 $f(x)\neq0, \forall\,x\in(0,1)$，故 F 在$(0,1)$中可导，且

$$F'(x)=\frac{nf'(x)}{f(x)}-\frac{f'(1-x)}{f(1-x)},$$

$$\lim_{x\to0^+}F(x)=\lim_{x\to0^+}[n\ln|f(x)|+\ln|f(1-x)|]=-\infty,$$

$$\lim_{x\to1^-}F(x)=\lim_{x\to1^-}[n\ln|f(x)|+\ln|f(1-x)|]=-\infty.$$

故$\exists\xi\in(0,1)$. 使 $f(\xi)=\max\limits_{x\in(0,1)}\{F(x)\}$. 由 Fermat 定理,得

$$0=F'(\xi)=\frac{nf'(\xi)}{f(\xi)}-\frac{f'(1-\xi)}{f(1-\xi)},$$

即$\frac{nf'(\xi)}{f(\xi)}=\frac{f'(1-\xi)}{f(1-\xi)}$. □

135. 设函数 f 在$[a,+\infty]$内可导,$f(a)<0$,且当 $x>a$ 时,$f'(x)>k>0$. 证明:f 有惟一的零点.

证明　由 $f(a)<0$ 知,$a-\frac{f(a)}{k}>a$. 在$\left[a,a-\frac{f(a)}{k}\right]$上应用 Lagrange 中值定理,$\exists\xi\in\left(a,a-\frac{f(a)}{k}\right)$,使得

$$f\left(a-\frac{f(a)}{k}\right)-f(a)=f'(\xi)\left(a-\frac{f(a)}{k}-a\right)>k\left(-\frac{f(a)}{k}\right)=-f(a).$$

所以 $f\left(a-\frac{f(a)}{k}\right)>0$. 根据连续函数的零值定理. $\exists c\in\left(a,a-\frac{f(a)}{k}\right)$, s. t. $f(c)=0$. c 即为 f 的零点.

另一方面,当 $x>a$ 时,$f'(x)>k>0$,故 f 在$[a,+\infty)$上严格单调增,故 $f(x)=0$ 至多只有一个根.

故 c 为 f 的惟一零点. □

136. 设函数 $f(x)$在$[0,1]$上连续,在$(0,1)$内可导,且$\forall x\in(0,1)$,有$|f'(x)|<1$ 及 $f(0)=f(1)$. 证明:$\forall x_1,x_2\in[0,1]$,有$|f(x_2)-f(x_1)|<\frac{1}{2}$.

证明　(1) 若 $x_1=x_2\in[0,1]$,则$|f(x_2)-f(x_1)|=0<\frac{1}{2}$.

(2) 若 $0<|x_2-x_1|<\frac{1}{2}$. 不妨设 $x_1<x_2$,f 在$[x_1,x_2]$上连续,在(x_1,x_2)内可导,由 Lagrange 中值定理,$\exists\xi\in(x_1,x_2)\subset[0,1]$,使得 $f(x_2)-f(x_1)=f'(\xi)(x_2-x_1)$,$|f'(\xi)|<1$,所以

$$|f(x_2)-f(x_1)|=|f'(\xi)||x_2-x_1|<|x_2-x_1|<\frac{1}{2}.$$

(3) 若$|x_2-x_1|>\frac{1}{2}$. 不妨设 $0\leqslant x_1<x_2\leqslant 1$. f 在$[0,x_1]$,$[x_2,1]$上都满足 Lagrange 中值定理的条件,$\exists\xi_1\in(0,x_1)$. $\xi_2\in(x_2,1)$,使得

$$|f(x_1)-f(0)|=|f'(\xi_1)|x_1,\quad|f(1)-f(x_2)|=|f'(\xi_2)|(1-x_2).$$

又 $f(0)=f(1)$,故

$$\begin{aligned}|f(x_2)-f(x_1)|&=|f(x_1)-f(x_2)|\\&=|f(x_1)-f(0)+f(1)-f(x_2)|\\&\leqslant|f(x_1)-f(0)|+|f(1)-f(x_2)|\end{aligned}$$

$$=|f'(\xi_1)|(x_1-0)+|f'(\xi_2)|(1-x_2)$$

$$\leqslant x_1+1-x_2=1-(x_2-x_1)<\frac{1}{2}. \qquad \square$$

137. 设 $f(x)$ 在 $[a,+\infty)$ 上可导,且 $\lim\limits_{x\to+\infty}\dfrac{f(x)}{x}=0$. 证明: $\varliminf\limits_{x\to+\infty}|f'(x)|=0$. 并构造函数 $f(x)$ 满足上述条件,但 $\varlimsup\limits_{x\to+\infty}|f'(x)|>0$.

证法 1 (反证)假设 $\varliminf\limits_{x\to+\infty}|f'(x)|\neq0$,则 $\varliminf\limits_{x\to+\infty}|f'(x)|=A>0$. 取 $\varepsilon=\dfrac{A}{2}>0$,则 $\exists M>\max\{0,a\}$,当 $x>M$ 时有

$$|f'(x)|>A-\frac{A}{2}=\frac{A}{2}.$$

对 $\forall x>M$,由 Lagrange 中值定理. $\exists\xi\in(M,x)$, s. t. $f'(\xi)(x-M)=f(x)-f(M)$. 于是

$$\varliminf_{x\to+\infty}\left|\frac{f(x)}{x}\right|=\varliminf_{x\to+\infty}\left|\frac{f(M)+f'(\xi)(x-M)}{x}\right|\geqslant\frac{A}{2}>0.$$

这与 $\lim\limits_{x\to+\infty}\dfrac{f(x)}{x}=0$,从而 $\lim\limits_{x\to+\infty}\left|\dfrac{f(x)}{x}\right|=0$ 矛盾. 所以

$$\varliminf_{x\to+\infty}|f'(x)|=0.$$

例如函数 $f(x)=\sin x$,满足 $\lim\limits_{x\to+\infty}\dfrac{f(x)}{x}=\lim\limits_{x\to+\infty}\dfrac{\sin x}{x}=0$,$f$ 在 $[0,+\infty)$ 中可导,但 $(\sin x)'=\cos x$,故有

$$\varlimsup_{x\to+\infty}|\cos x|=1>0.$$

证法 2 对 $\forall n\in\mathbb{N}$,$\exists\Delta_1>n$,当 $x>\Delta_1$ 时,有 $\left|\dfrac{f(n)}{x-n}\right|<\dfrac{1}{2n}$,及 $\left|\dfrac{x}{x-n}\right|<2$,因为 $\lim\limits_{x\to+\infty}\dfrac{f(x)}{x}=0$,所以存在 $\Delta>\Delta_1$,当 $x>\Delta$ 时,$\left|\dfrac{f(x)}{x}\right|<\dfrac{1}{4n}$,且

$$\left|\frac{f(x)-f(n)}{x-n}\right|\leqslant\left|\frac{f(x)}{x}\right|\cdot\frac{x}{x-n}+\left|\frac{f(n)}{x-n}\right|\leqslant\frac{1}{4n}\cdot2+\frac{1}{2n}=\frac{1}{n}.$$

另一方面,由 Lagrange 中值定理,$\exists\xi_n(x)\in(n,x)$, s. t.

$$|f'(\xi_n(x))|=\left|\frac{f(x)-f(n)}{x-n}\right|.$$

取 $n=1,2,\cdots$,得数列 $\xi_n(x)\in(n,x)$,$|f'(\xi_n(x))|<\dfrac{1}{n}$,且 $\lim\limits_{n,x\to+\infty}\xi_n(x)=+\infty$. 于是

$$\varliminf_{x\to+\infty}|f'(\xi_n)|=0,$$

所以 $\varliminf\limits_{x\to+\infty}|f'(x)|=0$.

证法 3　取$\{x_n\}$，使 $a<x_1<2x_1<x_2<2x_2<\cdots<x_n<2x_n<x_{n+1}<\cdots$，且 $\lim\limits_{x\to+\infty} x_n=+\infty$.

因为 $\lim\limits_{x\to+\infty}\dfrac{f(x)}{x}=0$，故对 $\forall\,\varepsilon>0$，$\exists A>0$，当 $x>A$ 时有 $\left|\dfrac{f(x)}{x}\right|<\dfrac{\varepsilon}{4}$，固定 A，$\exists N\in\mathbb{N}$，当 $n>N$ 时，$x_n>A$. 又 f 在$(a,+\infty)$中可导，由 Lagrange 中值定理，$\exists\xi_n(x)\in(x_n,2x_n)$，s. t.

$$|f'(\xi_n(x))|=\left|\frac{f(2x_n)-f(x_n)}{x_n}\right|\leqslant 2\left|\frac{f(2x_n)}{2x_n}\right|+\left|\frac{f(x_n)}{x_n}\right|<2\cdot\frac{\varepsilon}{4}+\frac{\varepsilon}{4}<\varepsilon.$$

所以 $\lim\limits_{n\to+\infty}|f'(\xi_n(x))|=0$，从而

$$\varliminf_{x\to+\infty}|f'(x)|=0.$$ □

138. 设 $f(x)$在$(a,+\infty)$上有有界的导函数，应用 Lagrange 中值定理证明：

$$\lim_{x\to+\infty}\frac{f(x)}{x\ln x}=0.$$

证法 1　设$|f'(x)|<M$，$\forall\,x\in(a,+\infty)$，任取定 $x_0>a$，则对 $\forall\,x>x_0$，由 Lagrange 中值定理. $\exists\xi_x\in(x_0,x)$，s. t.

$$f(x)-f(x_0)=f'(\xi_x)(x-x_0).$$

因$|f'(\xi_x)|<M$，故对 $\forall\,x>\max\{1,x_0\}$，有

$$\frac{-M(x-x_0)}{x\ln x}<\frac{f(x)-f(x_0)}{x\ln x}<\frac{M(x-x_0)}{x\ln x}.$$

而 $\lim\limits_{x\to+\infty}\dfrac{-M(x-x_0)}{x\ln x}=0=\lim\limits_{x\to+\infty}\dfrac{M(x-x_0)}{x\ln x}$. 由夹逼定理知

$$\lim_{x\to+\infty}\frac{f(x)-f(x_0)}{x\ln x}=0,$$

因此 $\lim\limits_{x\to+\infty}\dfrac{f(x)}{x\ln x}=\lim\limits_{x\to+\infty}\left[\dfrac{f(x)-f(x_0)}{x\ln x}+\dfrac{f(x_0)}{x\ln x}\right]=0+0=0.$

证法 2　用下一节的 L'Hospital 法则，更简单.

由 $f'(x)$有界知

$$\lim_{x\to+\infty}\frac{f(x)}{x\ln x}=\lim_{x\to+\infty}\frac{f'(x)}{\ln x+1}=0.$$ □

139. 设 $x_1=\sin x_0>0$，$x_{n+1}=\sin x_n$，$n\in\mathbb{N}$. 证明：$\lim\limits_{n\to+\infty}\sqrt{\dfrac{n}{3}}\,x_n=1$.

证明　$1\geqslant x_1=\sin x_0>0$. 故 $x_2=\sin x_1<x_1$，类推得 $0<x_{n+1}=\sin x_n<x_n$，$\{x_n\}$为单调减有下界 0 的数列，故$\{x_n\}$收敛. 设 $\lim\limits_{n\to+\infty}x_n=\alpha$，则 $\alpha=\lim\limits_{n\to+\infty}x_{n+1}=\sin\lim\limits_{n\to+\infty}x_n=\sin\alpha$. $\alpha\geqslant 0$. 故由 $\sin\alpha=\alpha$ 知 $\alpha=0$. 即 $\lim\limits_{n\to+\infty}x_n=0$.

于是 $\sin x_n\sim x_n(n\to+\infty)$. 考虑极限

$$\lim_{n\to+\infty} nx_n^2 = \lim_{n\to+\infty}\frac{n}{\dfrac{1}{x_n^2}} \xlongequal{\text{stolz 公式}} \lim_{n\to+\infty}\frac{1}{\dfrac{1}{x_{n+1}^2}-\dfrac{1}{x_n^2}}$$

$$= \lim_{n\to+\infty}\frac{(x_{n+1}x_n)^2}{x_n^2-x_{n+1}^2} \xlongequal{\text{令 } x_n=t} \lim_{t\to 0}\frac{(t\sin t)^2}{t^2-(\sin t)^2}$$

$$= \lim_{t\to 0}\frac{t^4}{t^2-\sin^2 t} \xlongequal{\text{L'Hospital}} \lim_{t\to 0}\frac{4t^3}{2t-\sin 2t}$$

$$= \lim_{t\to 0}\frac{12t^2}{2-2\cos 2t} = \lim_{t\to 0}\frac{6t^2}{2\sin^2 t} = \lim_{t\to 0}\frac{6t^2}{2t^2} = 3.$$

由此得 $\lim\limits_{n\to+\infty}\sqrt{\dfrac{n}{3}}x_n=1$. □

140. 应用 L'Hospital 法则或数学归纳法证明:

$$\lim_{x\to 0}\frac{1-\cos a_1x\cdots\cos a_nx}{x^2} = \frac{1}{2}\sum_{k=1}^n a_k^2.$$

证法 1 (L'Hospital 法则)

$$\lim_{x\to 0}\frac{1-\cos a_1x\cdots\cos a_nx}{x^2} = \lim_{x\to 0}\frac{\sum\limits_{k=1}^n a_i\cos a_1x\cdots\cos a_{k-1}x\sin a_kx\cos a_{k+1}x\cdots\cos a_nx}{2x}$$

$$= \lim_{x\to 0}\frac{1}{2}\sum_{k=1}^n \cos a_1x\cdots\cos a_{k-1}x\cos a_{k+1}x\cdots\cos a_nx\cdot a_k\frac{\sin a_kx}{x}$$

$$= \frac{1}{2}\sum_{k=1}^n \lim_{x\to 0}\cos a_1x\cdots\cos a_{k-1}x\cos a_{k+1}x\cdots\cos a_nx\cdot a_k^2\frac{\sin a_kx}{a_kx}$$

$$= \frac{1}{2}\sum_{k=1}^n 1\cdots 1\cdot a_k^2\cdot 1 = \frac{1}{2}\sum_{k=1}^n a_k^2.$$

证法 2 (归纳法)当 $n=1$ 时,$\lim\limits_{x\to 0}\dfrac{1-\cos a_1x}{x^2} = \lim\limits_{x\to 0}\dfrac{2\sin^2\dfrac{a_1x}{2}}{\left(\dfrac{a_1x}{2}\right)^2}\cdot\dfrac{a_1^2}{4} = \dfrac{a_1^2}{2}$.

假设当 $n=m$ 时,等式成立,则当 $n=m+1$ 时有

$$\lim_{x\to 0}\frac{1-\cos a_1x\cdots\cos ax\cos a_{m+1}x}{x^2} = \lim_{x\to 0}\left[\frac{1-\cos a_{m+1}x}{x^2}+\frac{\cos a_{m+1}x(1-\cos a_1x\cdots\cos a_mx)}{x^2}\right]$$

$$= \frac{1}{2}a_{m+1}^2 + 1\times\frac{1}{2}\sum_{k=1}^m a_k^2 = \frac{1}{2}\sum_{k=1}^{m+1}a_k^2.$$

等式也成立.故对 $\forall n\in\mathbb{N}$,结论成立. □

141. 证明:$\dfrac{a-b}{\sqrt{1+a^2}\sqrt{1+b^2}}<\arctan a-\arctan b<a-b$,其中 $0<b<a$.

证法 1 设 $f(x)=\arctan x$. 则 f 在 $[b,a]$ 上连续可导，$f'=\frac{1}{1+x^2}$. 由 Lagrange 中值定理，$\exists\xi\in(b,a)$，s. t.

$$\arctan a-\arctan a=\frac{1}{1+\xi^2}(a-b)<a-b.$$

为证另一半不等式. 令 $a=\tan\alpha$，$b=\tan\beta$，则

$$\frac{a-b}{\sqrt{1+a^2}\sqrt{1+b^2}}<\arctan a-\arctan b \iff \frac{\tan\alpha-\tan\beta}{\sec\alpha\sec\beta}<\alpha-\beta$$

$$\iff \sin\alpha\cos\beta-\sin\beta\cos\alpha<\alpha-\beta \iff \sin(\alpha-\beta)<\alpha-\beta.$$

$\sin(\alpha-\beta)<\alpha-\beta$ 当 $0<\alpha-\beta<\frac{\pi}{2}$ 成立.

证法 2 令 $F(x)=\arctan x-\arctan b-\frac{x-b}{\sqrt{1+x^2}\sqrt{1+b^2}}$，则

$$F'(x)=\frac{1}{1+x^2}-\frac{1}{\sqrt{1+b^2}}\frac{\sqrt{1+x^2}-\frac{x^2-bx}{\sqrt{1+x^2}}}{1+x^2}$$

$$=\frac{1}{1+x^2}\left[1-\frac{bx+1}{\sqrt{1+b^2}\sqrt{1+x^2}}\right]>0.$$

$F(x)$ 单调增，由 $a>b$ 得

$$\arctan a-\arctan b-\frac{a-b}{\sqrt{1+a^2}\sqrt{1+b^2}}=F(a)>F(b)=0.$$

由此得 $\arctan a-\arctan b>\frac{a-b}{\sqrt{1+a^2}\sqrt{1+b^2}}$.

另一方不等式的证明同证法 1. □

142. 证明下列不等式：

(1) 当 $0<x_1<x_2<\frac{\pi}{2}$ 时有 $\frac{\tan x_2}{\tan x_1}>\frac{x_2}{x_1}$；

(2) 当 $x,y>0$ 且 $\beta>\alpha>0$ 时有 $(x^\alpha+y^\alpha)^{\frac{1}{\alpha}}>(x^\beta+y^\beta)^{\frac{1}{\beta}}$；

(3) 设 $p\geqslant 2$，当 $x\in[0,1]$ 时有 $\left(\frac{1+x}{2}\right)^p+\left(\frac{1-x}{2}\right)^p\leqslant\frac{1}{2}(1+x^p)$.

证明 (1) 设 $f(x)=\frac{\tan x}{x}$，$0<x<\frac{\pi}{2}$，故 $0<\sin x<x$.

$$f'(x)=\frac{\frac{x}{\cos^2 x}-\tan x}{x^2}=\frac{x-\sin x\cos x}{x^2\cos^2 x}=\frac{2x-\sin 2x}{2x^2\cos^2 x}>0.$$

所以 f 在 $\left(0,\frac{\pi}{2}\right)$ 上严格增. 由 $0<x_1<x_2<\frac{\pi}{2}$，$f(x_1)<f(x_2)$，即 $\frac{\tan x_1}{x_1}<\frac{\tan x_2}{x_2}$，也就有

$$\frac{\tan x_2}{\tan x_1} > \frac{x_2}{x_1}.$$

(2) 若 $x=y, x^\alpha+y^\alpha=2x^\alpha, x^\beta+y^\beta=2x^\beta, \beta>\alpha>0, 2^{\frac{1}{\alpha}}>2^{\frac{1}{\beta}}, (x^\alpha+y^\alpha)^{\frac{1}{\alpha}}=2^{\frac{1}{\alpha}}x>2^{\frac{1}{\beta}}x=(x^\beta+y^\beta)^{\frac{1}{\beta}}$.

若 $x\neq y$. 不妨设 $x<y$. 记 $1>\frac{x}{y}=a>0$,令 $f(u)=(1+a^u)^{\frac{1}{u}}, u\in[\alpha,\beta]$,则 $f'(u)=f(u)\cdot\frac{\frac{a^u\ln a}{1+a^u}u-\ln(1+a^u)}{u^2}=f(u)\left[-\frac{1}{u^2}\ln(1+a^u)+\frac{a^u\ln a}{u(1+a^u)}\right]$. 由 $0<a<1$ 知 $\ln a<0$, $\ln(1+a^u)>0$. 故 $f'(u)<0, u\in(\alpha,\beta)$. $f(u)$ 在 $[\alpha,\beta]$ 中严格减. 于是 $f(\alpha)>f(\beta)$,即

$$(1+a^\alpha)^{\frac{1}{\alpha}} > (1+a^\beta)^{\frac{1}{\beta}}.$$

将 $a=\frac{x}{y}$ 代入得 $\left(1+\left(\frac{x}{y}\right)^\alpha\right)^{\frac{1}{\alpha}}>\left(1+\left(\frac{x}{y}\right)^\beta\right)^{\frac{1}{\beta}}$,化简为

$$\left[\frac{x^\alpha+y^\alpha}{y^\alpha}\right]^{\frac{1}{\alpha}} > \left[\frac{x^\beta+y^\beta}{y^\beta}\right]^{\frac{1}{\beta}}, \quad \frac{1}{y}(x^\alpha+y^\alpha)^{\frac{1}{\alpha}} > \frac{1}{y}(x^\beta+y^\beta)^{\frac{1}{\beta}}.$$

而 $y>0$,故有

$$(x^\alpha+y^\alpha)^{\frac{1}{\alpha}} > (x^\beta+y^\beta)^{\frac{1}{\beta}}.$$

(3) **方法 1** 令 $f(x)=2^{p-1}(1+x^p)-(1+x)^p-(1-x)^p, x\in[0,1]$,显然 f 在 $[0,1]$ 上连续,在 $(0,1)$ 内可导,$f(0)=2^{p-1}-1-1\geqslant 0$, $f(1)=2^p-2^p-0=0$. $f'(x)=2^{p-1}px^{p-1}-p(1+x)^{p-1}+p(1-x)^{p-1}=p((2x)^{p-1}-(1+x)^{p-1}+(1-x)^{p-1})$.

当 $p=2$ 时,$f(x)=0$. 此时即 $\left(\frac{1+x}{2}\right)^2+\left(\frac{1-x}{2}\right)^2=\frac{1}{2}(1+x^2)$.

当 $p>2$ 时,利用不等式

$$(a+b)^\sigma > a^\sigma + b^\sigma \quad (\sigma>1, a, b>0)$$

有 $(2x)^{p-1}+(1-x)^{p-1}<(2x+1-x)^{p-1}=(1+x)^{p-1}$,知 $f'(x)<0$. $f(x)$ 在 $[0,1]$ 上严格减,$f(x)\geqslant f(1)=0\ x\in[0,1]$,于是

$$2^{p-1}(1+x^p) \geqslant (1+x)^p+(1-x)^p.$$

整理得 $\left(\frac{1+x}{2}\right)^p+\left(\frac{1-x}{2}\right)^p\leqslant\frac{1}{2}(1+x^p)$.

方法 2 其实可直接令 $f(x)=\frac{1}{2}(1+x^p)-\left(\frac{1+x}{2}\right)^p-\left(\frac{1-x}{2}\right)^p$,于是

$$f'(x)=\frac{p}{2}\left\{x^{p-1}+\left(\frac{1-x}{2}\right)^{p-1}-\left(\frac{1+x}{2}\right)^{p-1}\right\}$$

$$\overset{\text{由注}}{\leqslant}\frac{p}{2}\left\{\left(x+\frac{1-x}{2}\right)^{p-1}-\left(\frac{1+x}{2}\right)^{p-1}\right\}=0.$$

所以当 $0\leqslant x\leqslant 1$ 时,$f(x)$ 单调减. 而 $f(1)=1-1^p-0=0$,从而当 $x\in[0,1]$ 时

$$0\leqslant f(x)=\frac{1}{2}(1+x^p)-\left(\frac{1+x}{2}\right)^p-\left(\frac{1-x}{2}\right)^p,$$

即 $\left(\frac{1+x}{2}\right)^p+\left(\frac{1-x}{2}\right)^p\leqslant\frac{1}{2}(1+x^p)$. □

注 不等式 $(a+b)^\sigma\geqslant a^\sigma+b^\sigma$. $a>0,b>0,\sigma\geqslant1$ 的证明.

令 $\varphi(x)=(x+b)^\sigma-x^\sigma-b^\sigma$,则 $\varphi(0)=0,\varphi'(x)=\sigma((x+b)^{\sigma-1}-x^{\sigma-1})\geqslant0$. 故 $\varphi(x)$ 当 $x>0$ 时单调增. $\varphi(a)=(a+b)^\sigma-a^\sigma-b^\sigma\geqslant\varphi(0)=0$. $(a+b)^\sigma\geqslant a^\sigma+b^\sigma$.

143. 设函数 f 在区间 $[0,\infty)$ 上可导, $f(0)=0$, 且 $f'(x)$ 严格增. 证明: $\frac{f(x)}{x}$ 在 $(0,+\infty)$ 上也严格增.

证法1 对 $\forall x>0$, f 在 $(0,x)$ 内可导, 由 $f'(x)$ 严格增及 Lagrange 中值定理, $\exists\xi\in(0,x)$ 使得

$$f(x)=f(x)-f(0)=f'(\xi)x<f'(x)x.$$

又 $\left(\frac{f(x)}{x}\right)'=\frac{xf'(x)-f(x)}{x^2}>0$,所以 $\frac{f(x)}{x}$ 在 $(0,+\infty)$ 严格增.

证法2 $\forall x_1,x_2\in(0,+\infty)$, $x_1<x_2$. 由 Lagrange 中值定理, $\exists\xi_1\in(0,x_1)$, $\xi_2\in(x_1,x_2)$, s. t.

$$f(x_1)=x_1f'(\xi_1),$$
$$f(x_2)-f(x_1)=f'(\xi_2)(x_2-x_1).$$

因为 $f'(x)$ 严格增,故 $f'(\xi_1)<f'(\xi_2)$,由此

$$\frac{f(x_1)}{x_1}=f'(\xi_1)<f'(\xi_2)=\frac{f(x_2)-f(x_1)}{x_2-x_1}.$$

于是

$$\begin{aligned}\frac{f(x_2)}{x_2}&=\frac{x_1}{x_2}\frac{f(x_1)-f(0)}{x_1}+\frac{x_2-x_1}{x_2}\frac{f(x_2)-f(x_1)}{x_2-x_1}\\&>\frac{x_1}{x_2}\frac{f(x_1)}{x_1}+\frac{x_2-x_1}{x_2}\frac{f(x_1)}{x_1}=\frac{f(x_1)}{x_1}.\end{aligned}$$

由 $x_1<x_2$ 的任取性知 $\frac{f(x)}{x}$ 在 $(0,+\infty)$ 上严格增. □

144. 求出使得不等式 $a^x\geqslant x^a(x>0)$ 成立的一切正数 a.

解 $a^x\geqslant x^a\Leftrightarrow x\ln a\geqslant a\ln x\Leftrightarrow\frac{\ln a}{a}\geqslant\frac{\ln x}{x}$.

令 $f(x)=\frac{\ln x}{x}$,则 f 在 $(0,+\infty)$ 连续可导,且

$$f'(x)=\frac{1-\ln x}{x^2}.$$

f 有惟一的极值点 $x=\mathrm{e}$,且是极大值点,故有

$$\frac{\ln e}{e} \geqslant \frac{\ln x}{x}.$$

对 $\forall a>0, a\neq e$. (i)若 $0<a<e$,则取 $x=\frac{a+e}{2}>a$,因 $f(x)$严格增,故 $f(x)=f\left(\frac{a+e}{2}\right)>f(a)$. (ii)若 $a>e$,因 f 严格单调减,取 $x=\frac{a+e}{2}<a$,则 $f(x)=f\left(\frac{a+e}{2}\right)>f(a)$.

只有 $a=e$ 时,才对 $\forall x>0$ 有 $f(a)\geqslant f(x)$,即当且仅当 $a=e$ 时,不等式 $a^x\geqslant x^a$ 才成立. □

145. 设 f 在$[a,+\infty)$上二阶可导,且 $f(a)>0, f'(a)<0$,当 $x>a$ 时,$f''(x)\leqslant 0$,证明:方程 $f(x)=0$ 在$(a,+\infty)$内有且仅有一根.

证明 由 $f''(x)\leqslant 0$,知 $f'(x)$在 $x>a$ 时单调减,所以当 $x>a$ 时,$f'(x)\leqslant f'(a)<0$,$f(x)$在$[a,+\infty)$上严格减,于是方程 $f(x)=0$ 在$[a,+\infty)$中至多有一根.

另一方面,当 $x>a$ 时

$$(f(x)-[f(a)+f'(a)(x-a)])'=f'(x)-f'(a)\leqslant 0.$$

故函数 $f(x)-[f(a)+f'(a)(x-a)]$在$[a,+\infty)$中单调减,从而

$$f(x)-[f(a)+f'(a)(x-a)]\leqslant f(a)-[f(a)+f'(a)(a-a)]=0,$$
$$f(x)\leqslant f(a)+f'(a)(x-a).$$

当 $x=a-\frac{f(a)}{f'(a)}>a$ 时,$f(a)+f'(a)(x-a)=0$,此时,$f(x)\leqslant 0$. 由连续函数的零值定理,$\exists c\in\left(a, a-\frac{f(a)}{f'(a)}\right]$, s. t. $f(c)=0$. 函数 $f(x)$在$(a,+\infty)$中有且仅有一根 c. □

146. 设 f 为开区间 I 上的二阶可导函数. 证明: f 为 I 上的凸函数$\Leftrightarrow f''(x)\geqslant 0$, $\forall x\in I$.

证明 ($\Leftarrow$) $\forall x_1, x_2\in I, x_1<x_2, \lambda\in[0,1], \lambda x_1+(1-\lambda)x_2\in[x_1,x_2]$. 由 f 可导,应用 Lagrange 中值定理,$\exists \xi_1\in(x_1, \lambda x_1+(1-\lambda)x_2), \xi_2\in(\lambda x_1+(1-\lambda)x_2, x_2)$, s. t.

$$\begin{aligned}
&\lambda f(x_1)+(1-\lambda)f(x_2)-f(\lambda x_1+(1-\lambda)x_2)\\
&=\lambda[f(x_1)-f(\lambda x_1+(1-\lambda)x_2)]+(1-\lambda)[f(x_2)-f(\lambda x_1+(1-\lambda)x_2)]\\
&=\lambda f'(\xi_1)(x_1-\lambda x_1-(1-\lambda)x_2)+(1-\lambda)f'(\xi_2)(x_2-\lambda x_1-(1-\lambda)x_2)\\
&=\lambda(1-\lambda)[f'(\xi_1)-f'(\xi_2)](x_1-x_2).
\end{aligned}$$

由于 $\xi_1<\xi_2$,f 二阶可导,故 $\exists \eta\in(\xi_1,\xi_2)$使得 $f'(\xi_1)-f'(\xi_2)=f''(\eta)\cdot(\xi_1-\xi_2)$. 再由条件 $f''(\eta)\geqslant 0, \xi_1-\xi_2<0$,得到

$$\begin{aligned}
&\lambda f(x_1)+(1-\lambda)f(x_2)-f(\lambda x_1+(1-\lambda)x_2)\\
&=\lambda(1-\lambda)f''(\eta)(\xi_1-\xi_2)(x_1-x_2)\geqslant 0,
\end{aligned}$$

即 $f(\lambda x_1+(1-\lambda)x_2)\leqslant\lambda f(x_1)+(1-\lambda)f(x_2)$.

($\Rightarrow$)一方面,由 L'Hospital 法则和导数定义知

$$\lim_{h\to 0}\frac{f(x+h)+f(x-h)-2f(x)}{h^2}=\lim_{h\to 0}\frac{f'(x+h)-f'(x-h)}{2h}$$

$$=\frac{1}{2}\lim_{h\to 0}\left[\frac{f'(x+h)-f'(x)}{h}+\frac{f'(x-h)-f'(x)}{-h}\right]$$

$$=\frac{1}{2}[f''(x)+f''(x)]=f''(x).$$

另一方面，f 为凸函数，故有

$$2f(x)=2f\left(\frac{x+h}{2}+\frac{x-h}{2}\right)\leqslant 2\left(\frac{1}{2}f(x+h)+\frac{1}{2}f(x-h)\right)$$

因此，$f(x+h)+f(x-h)-2f(x)\geqslant 0,\forall x\in I$. 于是得 $f''(x)\geqslant 0,\forall x\in I$. □

147. 设 f 在 $[a,b]$ 上连续，定义函数

$$D^2f(x)=\lim_{h\to 0}\frac{f(x+h)+f(x-h)-2f(x)}{h^2}.$$

又设 $\forall x\in(a,b)$，上述极限均存在，且 $D^2f(x)=0,x\in(a,b)$. 证明：$f(x)=c_1x+c_2$，其中 c_1,c_2 为常数.

证明 对 $\forall\varepsilon\in\mathbb{R}$，定义

$$f_\varepsilon(x)=f(x)-f(a)-\frac{f(b)-f(a)}{b-a}(x-a)+\varepsilon(x-a)(x-b),$$

则有 $f_\varepsilon(a)=f_\varepsilon(b)=0$. 而

$$D^2f_\varepsilon(x)=\lim_{h\to 0}\frac{f_\varepsilon(x+h)+f_\varepsilon(x-h)-2f_\varepsilon(x)}{h^2}$$

$$=\lim_{h\to 0}\frac{1}{h^2}\Big\{f(x+h)-f(a)-\frac{f(b)-f(a)}{b-a}(x+h-a)+\varepsilon(x+h-a)(x+h-b)$$

$$+f(x-h)-f(a)-\frac{f(b)-f(a)}{b-a}(x-h-a)+\varepsilon(x-h-a)(x-h-b)$$

$$-2\left(f(x)-f(a)-\frac{f(b)-f(a)}{b-a}(x-a)+\varepsilon(x-a)(x-b)\right)\Big\}$$

$$=\lim_{h\to 0}\frac{1}{h^2}\{f(x+h)+f(x-h)-2f(x)+\varepsilon\cdot 2h^2\}$$

$$=D^2f(x)+2\varepsilon=2\varepsilon.$$

可以证明，当 $\varepsilon>0$ 时，$f_\varepsilon(x)\leqslant 0$. 事实上，若 $\exists x_0\in(a,b)$，使 $f_\varepsilon(x_0)>0$，因为 $f_\varepsilon(a)=f_\varepsilon(b)=0$，$f_\varepsilon$ 连续，故 f_ε 在 (a,b) 中必有最大值. 令 $x^*=\min\{x\in(a,b)\mid f_\varepsilon$ 在 x 处取最大值$\}$. 由 $D^2f_\varepsilon(x^*)=2\varepsilon>0$，$\exists h>0$，s.t.

$$f_\varepsilon(x^*+h)+f_\varepsilon(x^*-h)-2f_\varepsilon(x^*)>0,$$

$$f_\varepsilon(x^*)<\frac{1}{2}[f_\varepsilon(x^*+h)+f_\varepsilon(x^*-h)]\leqslant f_\varepsilon(x^*).$$

矛盾. 故当 $\varepsilon>0$ 时，$f_\varepsilon(x)\leqslant 0$. 同理. 当 $\varepsilon<0$ 时，$f_\varepsilon(x)\geqslant 0$. 由 f_ε 的连续性知

$$f(x)-f(a)-\frac{f(b)-f(a)}{b-a}(x-a)=f_0(x)=0.$$

即

$$f(x)=f(a)+\frac{f(b)-f(a)}{b-a}(x-a)$$

是线性函数.令 $c_1=\dfrac{f(b)-f(a)}{b-a}$, $c_2=f(a)+\dfrac{f(b)-f(a)}{b-a}a$.就得

$$f(x)=c_1x+c_2.$$

□

注 同题中证明一样,可以知道,若 $D^2f(x)>0(<0)$,则 f 在 (a,b) 内不取最大(小)值.

148. 应用Jensen不等式证明:

(1) 设 $a_i>0(i=1,2,\cdots,n)$,则有

$$\frac{n}{\dfrac{1}{a_1}+\dfrac{1}{a_2}+\cdots+\dfrac{1}{a_n}}\leqslant\sqrt[n]{a_1a_2\cdots a_n}\leqslant\frac{a_1+a_2+\cdots+a_n}{n};$$

(2) 设 $a_i,b_i>0.(i=1,2,\cdots,n)$,则有Hölder不等式

$$\sum_{i=1}^n a_ib_i\leqslant\left(\sum_{i=1}^n a_i^p\right)^{\frac{1}{p}}\left(\sum_{i=1}^n b_i^q\right)^{\frac{1}{q}},$$

其中 $p>0,q>0,\dfrac{1}{p}+\dfrac{1}{q}=1$.

证明 (1) 令 $f(x)=\ln x,x>0$,则 $f'(x)=\dfrac{1}{x}$, $f''(x)=-\dfrac{1}{x^2}<0$.因此 f 在 $(0,+\infty)$ 上严格凹.对 $a_i>0(i=1,2,\cdots,n)$,取 $\lambda_i=\dfrac{1}{n}(i=1,2,\cdots,n)$.由Jensen不等式得

$$\ln\frac{a_1+a_2+\cdots+a_n}{n}\geqslant\frac{1}{n}(\ln a_1+\ln a_2+\cdots+\ln a_n)=\ln\sqrt[n]{a_1a_1\cdots a_n}.$$

即

$$\sqrt[n]{a_1a_1\cdots a_n}\leqslant\frac{a_1+a_2+\cdots+a_n}{n}.$$

由此知 $\dfrac{\dfrac{1}{a_1}+\dfrac{1}{a_2}+\cdots+\dfrac{1}{a_n}}{n}\geqslant\sqrt[n]{\dfrac{1}{a_1}\cdot\dfrac{1}{a_2}\cdot\cdots\cdot\dfrac{1}{a_n}}=\dfrac{1}{\sqrt[n]{a_1a_2\cdots a_n}}$,此即

$$\frac{n}{\dfrac{1}{a_1}+\dfrac{1}{a_2}+\cdots+\dfrac{1}{a_n}}\leqslant\sqrt[n]{a_1a_2\cdots a_n}.$$

(2) 由(1)知 $f(x)=\ln x$ 为凹函数. 对 $\lambda=\frac{1}{p}$,有

$$\ln\left(\frac{1}{p}A+\left(1-\frac{1}{p}\right)B\right)=\ln\left(\frac{1}{p}A+\frac{1}{q}B\right)\geqslant\frac{1}{p}\ln A+\frac{1}{q}\ln B=\ln A^{\frac{1}{p}}B^{\frac{1}{q}},$$

其中,$A>0,B>0$. 由此得$\frac{A}{p}+\frac{B}{q}\geqslant A^{\frac{1}{p}}B^{\frac{1}{q}}$.

令 $A=\frac{a_i^p}{\sum\limits_{i=1}^n a_i^p},B=\frac{b_i^q}{\sum\limits_{i=1}^n b_i^q}$, 则

$$\frac{a_i}{\left(\sum\limits_{i=1}^n a_i^p\right)^{\frac{1}{p}}}\cdot\frac{b_i}{\left(\sum\limits_{i=1}^n b_i^q\right)^{\frac{1}{q}}}=A^{\frac{1}{p}}B^{\frac{1}{q}}\leqslant\frac{A}{p}+\frac{B}{q}=\frac{a_i^p}{p\sum\limits_{i=1}^n a_i^p}+\frac{b_i^q}{q\sum\limits_{i=1}^n b_i^q}.$$

于是

$$\sum_{i=1}^n\frac{a_ib_i}{\left(\sum\limits_{i=1}^n a_i^p\right)^{\frac{1}{p}}\left(\sum\limits_{i=1}^n b_i^q\right)^{\frac{1}{q}}}\leqslant\sum_{i=1}^n\left[\frac{a_i^p}{p\sum\limits_{i=1}^n a_i^p}+\frac{b_i^q}{q\sum\limits_{i=1}^n b_i^q}\right]=\frac{1}{p}+\frac{1}{q}=1.$$

这就证明了

$$\sum_{i=1}^n a_ib_i\leqslant\left(\sum_{i=1}^n a_i^p\right)^{\frac{1}{p}}\sum_{i=1}^n(b_i^q)^{\frac{1}{q}}.$$

Hölder 不等式有广泛的用途. 在学习了多变量函数之后,还可以应用多元函数的条件极值的方法证明. 介绍如下.

求 n 元函数 $f(x_1,\cdots,x_n)=\sum\limits_{i=1}^n a_ix_i$ 在 $\sum\limits_{i=1}^n x_i^p=1$ 下的最大值. 由此再证 Hölder 不等式: $\sum\limits_{i=1}^n a_ib_i\leqslant\left(\sum\limits_{i=1}^n a_i^p\right)^{\frac{1}{p}}\left(\sum\limits_{i=1}^n b_i^q\right)^{\frac{1}{q}}$,其中 $p,q>0,\frac{1}{p}+\frac{1}{q}=1$.

用 Lagrange 乘数法. 令

$$F(x_1,x_2,\cdots,x_n)=f(x_1,x_2,\cdots,x_n)-\lambda\left(\sum_{i=1}^n x_i^p-1\right)=\sum_{i=1}^n a_ix_i+\lambda\left(\sum_{i=1}^n x_i^p-1\right),$$

则由

$$\begin{cases}\dfrac{\partial F}{\partial x_1}=a_1+\lambda px_1^{p-1}=0,\\ \dfrac{\partial F}{\partial x_2}=a_2+\lambda px_2^{p-1}=0,\\ \vdots\\ \dfrac{\partial F}{\partial x_n}=a_n+\lambda px_n^{p-1}=0,\\ \dfrac{\partial F}{\partial \lambda}=\sum\limits_{i=1}^n x_i^p-1=0\end{cases}$$

解得 $x_i=\left(-\frac{a_i}{\lambda p}\right)^{\frac{1}{p-1}}$，$\sum\limits_{i=1}^{n}x_i^p=1$，即 $\sum\limits_{i=1}^{n}\left(-\frac{a_i}{\lambda p}\right)^{\frac{p}{p-1}}=1\Leftrightarrow\sum\limits_{i=1}^{n}a_i^{\frac{p}{p-1}}=(-\lambda p)^{\frac{p}{p-1}}$，于是 $-\lambda p=\left(\sum\limits_{i=1}^{n}a_i^{\frac{p}{p-1}}\right)^{\frac{p-1}{p}}$，再代回 x_i 的表达式得

$$x_i=\frac{a_i^{\frac{1}{p-1}}}{\left(\sum\limits_{i=1}^{n}a_i^{\frac{p}{p-1}}\right)^{\frac{1}{p}}}.$$

$$f\left(\frac{a_1^{\frac{1}{p-1}}}{\left(\sum\limits_{i=1}^{n}a_i^{\frac{p}{p-1}}\right)^{\frac{1}{p}}},\cdots,\frac{a_n^{\frac{1}{p-1}}}{\left(\sum\limits_{i=1}^{n}a_i^{\frac{p}{p-1}}\right)^{\frac{1}{p}}}\right)=\sum_{i=1}^{n}a_i\cdot\frac{a_i^{\frac{1}{p-1}}}{\left(\sum\limits_{i=1}^{n}a_i^{\frac{p}{p-1}}\right)^{\frac{1}{p}}}$$

$$=\frac{1}{\left(\sum\limits_{i=1}^{n}a_i^{\frac{p}{p-1}}\right)^{\frac{1}{p}}}\sum_{i=1}^{n}a_i^{\frac{p}{p-1}}=\left(\sum_{i=1}^{n}a_i^{\frac{p}{p-1}}\right)^{1-\frac{1}{p}}=\left(\sum_{i=1}^{n}a_i^q\right)^{\frac{1}{q}}.$$

再用归纳法证这是所要求的最大值.

集合 $A_n=\left\{(x_1,x_2,\cdots,x_n)\in\mathbb{R}^n\ \middle|\ \sum\limits_{i=1}^{n}x_i^p=1\right\}$ 是 $\mathbb{R}^n$ 中的有界闭集，故连续函数 $f(x_1,x_2,\cdots,x_n)=\sum\limits_{i=1}^{n}a_ix_i$ 在 A_n 上达到最大值.

当 $n=1$ 时，$x_1^p=1$，$f(x_1)=a_1x_1$ 在 $x_1=1$ 处取最大值，$f(1)=a_1=(a_1^q)^{\frac{1}{q}}$.

假设当 $n=k$ 时，$f_k(x_1,\cdots,x_k)=\sum\limits_{i=1}^{k}a_ix_i$ 在 $\sum\limits_{i=1}^{k}x_i^p=1$ 下的最大值为

$$f_k\left(\frac{a_1^{\frac{1}{p-1}}}{\left(\sum\limits_{i=1}^{k}a_i^{\frac{p}{p-1}}\right)^{\frac{1}{p}}},\cdots,\frac{a_k^{\frac{1}{p-1}}}{\left(\sum\limits_{i=1}^{k}a_i^{\frac{p}{p-1}}\right)^{\frac{1}{p}}}\right)=\left(\sum_{i=1}^{k}a_i^q\right)^{\frac{1}{q}}.$$

则当 $n=k+1$ 时，$f_{k+1}(x_1,x_2,\cdots,x_k,x_{k+1})=\sum\limits_{i=1}^{k+1}a_ix_i$，由归纳知

$$f_{k+1}(x_1,\cdots,x_k,0)=f_k(x_1,\cdots,x_k)=\sum_{i=1}^{k}a_ix_i$$

取最大值

$$f_{k+1}\left(\frac{a_1^{\frac{1}{p-1}}}{\left(\sum\limits_{i=1}^{k}a_i^{\frac{p}{p-1}}\right)^{\frac{1}{p}}},\cdots,\frac{a_k^{\frac{1}{p-1}}}{\left(\sum\limits_{i=1}^{k}a_i^{\frac{p}{p-1}}\right)^{\frac{1}{p}}},0\right)=\left(\sum_{i=1}^{k}a_i^q\right)^{\frac{1}{q}}<\left(\sum_{i=1}^{k+1}a_i^q\right)^{\frac{1}{q}}.$$

由此知 f_{k+1} 在边界 ∂A_{k+1} 上的值小于 $\left(\sum\limits_{i=1}^{k+1}a_i^q\right)^{\frac{1}{q}}$，所以 f_{k+1} 的最大值在 A_{k+1} 内部达到. 即为

$$f_{k+1}\left(\frac{a_1^{\frac{1}{p-1}}}{\left(\sum_{i=1}^{k+1}a_i^{\frac{p}{p-1}}\right)^{\frac{1}{p}}},\cdots,\frac{a_{k+1}^{\frac{1}{p-1}}}{\left(\sum_{i=1}^{k+1}a_i^{\frac{p}{p-1}}\right)^{\frac{1}{p}}}\right)=\left(\sum_{i=1}^{k+1}a_i^q\right)^{\frac{1}{q}}.$$

由 $\frac{1}{p}+\frac{1}{q}=1$，知 $f(x_1,\cdots,x_n)=\sum_{i=1}^{n}a_ix_i$ 在 $\sum_{i=1}^{n}x_i^q=1$ 下的最大值为 $\left[\sum_{i=1}^{n}a_i^p\right]^{\frac{1}{p}}$. 而

$$\sum_{i=1}^{n}\left(\frac{b_i}{\left(\sum_{j=1}^{n}b_j^q\right)^{\frac{1}{q}}}\right)^q=\frac{\sum_{i=1}^{n}b_i^q}{\sum_{j=1}^{n}b_j^q}=1,$$故

$$\sum_{i=1}^{n}a_i\frac{b_i}{\left(\sum_{j=1}^{n}b_j^q\right)^{\frac{1}{q}}}=f\left(\frac{b_1}{\left(\sum_{j=1}^{n}b_j^q\right)^{\frac{1}{q}}},\cdots,\frac{b_n}{\left(\sum_{j=1}^{n}b_j^q\right)^{\frac{1}{q}}}\right)\leqslant\left(\sum_{i=1}^{n}a_i^p\right)^{\frac{1}{p}},$$

这就是

$$\frac{\sum_{i=1}^{n}a_ib_i}{\left(\sum_{j=1}^{n}b_j^q\right)^{\frac{1}{q}}}\leqslant\left(\sum_{i=1}^{n}a_i^p\right)^{\frac{1}{p}},$$

于是

$$\sum_{i=1}^{n}a_ib_i\leqslant\left(\sum_{i=1}^{n}a_i^p\right)^{\frac{1}{p}}\left(\sum_{i=1}^{n}b_i^q\right)^{\frac{1}{q}}.$$ □

149. 设 f 为区间 I 上的严格凸函数. 证明：若 $x_0\in I$ 为 f 的极小值点，则 x_0 为 f 在 I 上惟一的极小值点.

证明　(反证)假设 f 有两个极小值点，$x_1,x_3\in I$，$x_1<x_3$. 不妨设 $f(x_1)\leqslant f(x_3)$，因为 f 为严格凸函数，所以 f 在 $[x_1,x_3]$ 中连续，且 f 非常值. 因此，$\exists x_2\in(x_1,x_3)$，使 $f(x_2)$ 为 $f[x_1,x_3]$ 中的最大值，则 $f(x_1)<f(x_2)$，$f(x_3)<f(x_2)$. 于是有不等式

$$\frac{f(x_2)-f(x_1)}{x_2-x_1}>0>\frac{f(x_3)-f(x_1)}{x_3-x_1}.$$

但 f 在 I 上是严格凸的. 故有

$$\frac{f(x_2)-f(x_1)}{x_2-x_1}<\frac{f(x_3)-f(x_1)}{x_3-x_1}.$$

矛盾. □

150. 证明：区间 I 上的两个单调增的非负凸函数 f,g 之积仍为凸函数.

证明　f,g 都为 I 上的单调增的非负凸函数，故对 $\forall x_1,x_2\in I,\lambda\in(0,1)$，有

$$\lambda(1-\lambda)[f(x_1)g(x_1)+f(x_2)g(x_2)]-\lambda(1-\lambda)[f(x_1)g(x_2)+f(x_2)g(x_1)]$$
$$=\lambda(1-\lambda)[f(x_1)-f(x_2)][g(x_1)-g(x_2)]\geqslant0,$$

$$
\begin{aligned}
& f\cdot g((1-\lambda)x_1+\lambda x_2)\\
=\ & f((1-\lambda)x_1+\lambda x_2)g((1-\lambda)x_1+\lambda x_2)\\
\leqslant\ & [(1-\lambda)f(x_1)+\lambda f(x_2)][(1-\lambda)g(x_1)+\lambda g(x_2)]\\
=\ & (1-\lambda)^2 f(x_1)g(x_1)+\lambda^2 f(x_2)g(x_2)+\lambda(1-\lambda)[f(x_1)g(x_2)+f(x_2)g(x_1)]\\
\leqslant\ & (1-\lambda)^2 f(x_1)g(x_1)+\lambda^2 f(x_2)g(x_2)+\lambda(1-\lambda)[f(x_1)g(x_1)+f(x_2)g(x_2)]\\
=\ & (1-\lambda)f(x_1)g(x_1)+\lambda f(x_2)g(x_2)\\
=\ & (1-\lambda)f\cdot g(x_1)+\lambda f\cdot g(x_2).
\end{aligned}
$$

此即 $f\cdot g$ 是 I 上的凸函数. □

151. 设 $f(x)$ 为 $[0,+\infty)$ 上的凸函数, $f(0)=0$, 证明: $\dfrac{f(x)}{x}$ 为 $(0,+\infty)$ 上的单调增函数.

证明 $\forall x_1,x_2\in(0,+\infty)$, $x_1<x_2$, 由 f 在 $[0,+\infty)$ 为凸函数知

$$
\begin{aligned}
f(x_1)&=f\left(\frac{x_1}{x_2}\cdot x_2\right)=f\left(\frac{x_1}{x_2}\cdot x_2+\left(1-\frac{x_1}{x_2}\right)\cdot 0\right)\\
&\leqslant\frac{x_1}{x_2}f(x_2)+\frac{x_2-x_1}{x_2}f(0)=x_1\cdot\frac{f(x_2)}{x_2}.
\end{aligned}
$$

所以, $\dfrac{f(x_1)}{x_1}\leqslant\dfrac{f(x_2)}{x_2}$. 由 x_1,x_2 的任取性证得 $\dfrac{f(x)}{x}$ 为 $(0,+\infty)$ 上的单调增函数. □

152. 设 $f_1(x),f_2(x)$ 为 $[0,+\infty)$ 上的两个凸函数, $f_1(x)\geqslant 0$, $f_2(x)\geqslant 0$, 且 $f_1(0)=f_2(0)$. 证明: 函数 $\dfrac{f_1(x)f_2(x)}{x}$ 在 $(0,+\infty)$ 上也为凸函数.

证法 1 由题意, $f_1(x),f_2(x)$ 都满足 151 题的条件. 对 $\forall x_1,x_2\in(0,+\infty)$, $x_1<x_2$. 设 $x=tx_1+(1-t)x_2\in[x_1,x_2]$, $t\in[0,1]$, 则有

$$
\begin{gathered}
f_1(x)\leqslant tf_1(x_1)+(1-t)f_1(x_2),\\
f_2(x)\leqslant tf_2(x_1)+(1-t)f_2(x_2),\\
\frac{f_1(x_1)}{x_1}\leqslant\frac{f_1(x_2)}{x_2},\quad \frac{f_2(x_1)}{x_1}\leqslant\frac{f_2(x_2)}{x_2}.
\end{gathered}
$$

应用这四个不等式, 并注意到 $f_1(x)\geqslant 0$, $f_2(x)\geqslant 0$, 得

$$
\begin{aligned}
&\frac{f_1(x)f_2(x)}{x}-\left[t\frac{f_1(x_1)f_2(x_1)}{x_1}+(1-t)\frac{f_1(x_2)f_2(x_2)}{x_2}\right]\\
\leqslant\ &\frac{1}{x}\{t^2f_1(x_1)f_2(x_1)+(1-t)^2f_1(x_2)f_2(x_2)+t(1-t)[f_1(x_1)f_2(x_2)+f_1(x_2)f_2(x_1)]\}\\
&-\left[t\frac{f_1(x_1)f_2(x_1)}{x_1}+(1-t)\frac{f_1(x_2)f_2(x_2)}{x_2}\right]\\
=\ &tf_1(x_1)f_2(x_1)\left[\frac{t}{x}-\frac{1}{x_1}\right]+(1-t)f_1(x_2)f_2(x_2)\left[\frac{1-t}{x}-\frac{1}{x_2}\right]\\
&+\frac{t(1-t)}{x}[f_1(x_1)f_2(x_2)+f_1(x_2)f_2(x_1)]
\end{aligned}
$$

$$=tf_1(x_1)f_2(x_1)\cdot\frac{-(1-t)x_2}{xx_1}+(1-t)f_1(x_2)f_2(x_2)\frac{-tx_1}{xx_2}$$

$$+\frac{t(1-t)}{x}[f_1(x_1)f_2(x_2)+f_1(x_2)f_2(x_1)]$$

$$=\frac{t(1-t)x_2f_1(x_1)}{x}\left[\frac{f_2(x_2)}{x_2}-\frac{f_2(x_1)}{x_1}\right]+\frac{t(1-t)x_1f_1(x_2)}{x}\left[\frac{f_2(x_1)}{x_1}-\frac{f_2(x_2)}{x_2}\right]$$

$$=\frac{t(1-t)x_1x_2}{x}\left[\frac{f_2(x_2)}{x_2}-\frac{f_2(x_1)}{x_1}\right]\cdot\left[\frac{f_1(x_1)}{x_1}-\frac{f_1(x_2)}{x_2}\right]\leqslant 0,$$

即

$$\frac{f_1(x)f_2(x)}{x}\leqslant t\frac{f_1(x_1)f_2(x_1)}{x_1}+(1-t)\frac{f_1(x_2)f_2(x_2)}{x_2}.$$

所以，函数$\frac{f_1(x)f_2(x)}{x}$，$x\in(0,+\infty)$为凸函数.

证法2　首先证明：如果函数$F(x)$在区间I上有定义，在I内连续，且对$\forall x_1,x_2\in I$恒有$F\left(\frac{x_1+x_2}{2}\right)\leqslant\frac{F(x_1)+F(x_2)}{2}$，则$F$为$I$上的凸函数.

由条件，可用归纳法证明，对$\forall x_1,x_2,\cdots,x_{2^n}\in I$，有$F\left(\frac{x_1+x_2+\cdots+x_{2^n}}{2^n}\right)\leqslant\frac{F(x_1)+F(x_2)+\cdots+F(x_{2^n})}{2^n}$. 由此，对$\forall$的$x_1\in I,x_2\in I$和$\lambda=\frac{k}{2^n}\in(0,1)(k,n\in\mathbb{N})$，推得

$$F(\lambda x_1+(1-\lambda)x_2)=F\left(\frac{kx_1+(2^n-k)x_2}{2^n}\right)\leqslant\frac{kF(x_1)+(2^n-k)F(x_2)}{2^n}$$
$$=\lambda F(x_1)+(1-\lambda)F(x_2).$$

对$\forall\lambda\in(0,1)$，可取$\lambda_n=\frac{k}{2^n}$，s. t. $\lim\limits_{n\to+\infty}\lambda_n=\lambda$. 由于$F$连续，所以

$$F(\lambda x_1+(1-\lambda)x_2)=F[\lim_{n\to+\infty}\lambda_nx_1+(1-\lambda_n)x_2]$$
$$=\lim_{n\to+\infty}F(\lambda_nx_1+(1-\lambda_n)x_2)\leqslant\lim_{n\to+\infty}[\lambda_nF(x_1)+(1-\lambda_n)F(x_2)]$$
$$=\lambda F(x_1)+(1-\lambda)F(x_2).$$

由此证得F是I上的凸函数.

现在来证$\frac{f_1(x)f_2(x)}{x}$是$(0,+\infty)$上的凸函数.

令$F(x)=\frac{f_1(x)f_2(x)}{x}$. 只须证$F\left(\frac{x_1+x_2}{2}\right)\leqslant\frac{1}{2}[F(x_1)+F(x_2)]$，$x_1,x_2>0$. 由条件，知$\frac{f_1(x)}{x}$，$\frac{f_2(x)}{x}$都单调增. 因此

$$\left[\frac{f_2(x_1)}{x_1}-\frac{f_2(x_2)}{x_2}\right]\left[\frac{f_1(x_1)}{x_1}-\frac{f_1(x_2)}{x_2}\right]\geqslant 0,$$

即

$$[x_2f_2(x_1)-x_1f_2(x_2)][x_2f_1(x_1)-x_1f_1(x_2)]\geqslant 0.$$

将其展开得

$$x_1x_2f_1(x_1)f_2(x_2)+x_1x_2f_1(x_2)f_2(x_1)\leqslant x_2^2f_1(x_1)f_2(x_1)+x_1^2f_1(x_2)f_2(x_2),$$

$$f_1(x_1)f_2(x_2)+f_1(x_2)f_2(x_1)\leqslant \frac{x_2}{x_1}f_1(x_1)f_2(x_1)+\frac{x_1}{x_2}f_1(x_2)f_2(x_2),$$

$$-\frac{x_2f_1(x_1)f_2(x_1)}{x_1(x_1+x_2)}+\frac{f_1(x_2)f_2(x_2)}{x_1+x_2}+\frac{f_1(x_1)f_2(x_1)}{x_1+x_2}-\frac{x_1f_1(x_2)f_2(x_2)}{x_2(x_1+x_2)}\leqslant 0.$$

再由 f_1,f_2 非负,于是

$$\begin{aligned}F\left(\frac{x_1+x_2}{2}\right)&=\frac{f_1\left(\frac{x_1+x_2}{2}\right)f_2\left(\frac{x_1+x_2}{2}\right)}{\frac{x_1+x_2}{2}}\\&\leqslant\frac{[f_1(x_1)+f_1(x_2)][f_2(x_1)+f_2(x_2)]}{2(x_1+x_2)}\\&=\frac{1}{2}\left\{\frac{f_1(x_1)f_2(x_1)}{x_1}\left(1-\frac{x_2}{x_1+x_2}\right)+\frac{f_1(x_1)f_2(x_2)}{x_1+x_2}+\frac{f_1(x_2)f_2(x_1)}{x_1+x_2}\right.\\&\quad\left.+\frac{f_1(x_2)f_2(x_2)}{x_2}\left(1-\frac{x_1}{x_1+x_2}\right)\right\}\\&\leqslant\frac{1}{2}\left[\frac{f_1(x_1)f_2(x_1)}{x_1}+\frac{f_1(x_2)f_2(x_2)}{x_2}\right]\\&=\frac{1}{2}[F(x_1)+F(x_2)].\end{aligned}$$

因此. $F(x)=\dfrac{f_1(x)f_2(x)}{x}$是$(0,+\infty)$上的凸函数. □

153. 由 $f(x)=x\ln x,x>0$ 为凸函数,证明:

$$\left(\sum_{k=1}^{n}t_kx_k\right)^{\sum\limits_{k=1}^{n}t_kx_k}\leqslant\prod_{k=1}^{n}x_k^{t_kx_k},$$

其中 $x_k>0,t_k>0,\ \sum\limits_{k=1}^{n}t_k=1$.

证明 由 $f'(x)=1+\ln x,f''(x)=\dfrac{1}{x}>0,x>0$ 知 f 在$(0,+\infty)$上严格凸. 从而

$$\begin{aligned}\ln\left(\sum_{k=1}^{n}t_kx_k\right)^{\sum\limits_{k=1}^{n}t_kx_k}&=\left(\sum_{k=1}^{n}t_kx_k\right)\ln\left(\sum_{k=1}^{n}t_kx_k\right)\\&\leqslant\sum_{k=1}^{n}t_kx_k\ln x_k=\sum_{k=1}^{n}\ln x_k^{t_kx_k}=\ln\prod_{k=1}^{n}x_k^{t_kx_k},\end{aligned}$$

于是

$$\left(\sum_{k=1}^{n}t_kx_k\right)^{\sum\limits_{k=1}^{n}t_kx_k}\leqslant\prod_{k=1}^{n}x_k^{t_kx_k}.$$ □

154. 设 f 与 g 在 $(-\infty,+\infty)$ 上可导，它们在 $-\infty$ 与 $+\infty$ 上分别存在有限的极限，又设当 $x\in\mathbb{R}$ 时，$g'(x)\neq 0$. 证明：$\exists\xi\in(-\infty,+\infty)$, s. t.

$$\frac{f(+\infty)-f(-\infty)}{g(+\infty)-g(-\infty)}=\frac{f'(\xi)}{g'(\xi)}.$$

证明 令 $x=\tan t$. $t\in\left(-\frac{\pi}{2},\frac{\pi}{2}\right)$. 并定义

$$F(t)=f(\tan t),\quad G(t)=g(\tan t),$$

则

$$F\left(-\frac{\pi}{2}\right)=\lim_{t\to-\frac{\pi}{2}^+}f(\tan t)=f(-\infty);$$

$$F\left(\frac{\pi}{2}\right)=\lim_{t\to\frac{\pi}{2}^-}f(\tan t)=f(+\infty);$$

$$G\left(-\frac{\pi}{2}\right)=\lim_{t\to-\frac{\pi}{2}^+}g(\tan t)=g(-\infty),\quad G\left(\frac{\pi}{2}\right)=\lim_{t\to\frac{\pi}{2}^-}g(\tan t)=g(+\infty).$$

故 $F(t)$, $G(t)$ 在 $\left[-\frac{\pi}{2},\frac{\pi}{2}\right]$ 上连续，在 $\left(-\frac{\pi}{2},\frac{\pi}{2}\right)$ 内可导，由 Cauchy 中值定理，$\exists\alpha\in\left(-\frac{\pi}{2},\frac{\pi}{2}\right)$, s. t.

$$\frac{F\left(\frac{\pi}{2}\right)-F\left(-\frac{\pi}{2}\right)}{G\left(\frac{\pi}{2}\right)-G\left(-\frac{\pi}{2}\right)}=\frac{F'(\alpha)}{G'(\alpha)}=\frac{f'(\tan\alpha)\cdot\frac{1}{1+\alpha^2}}{g'(\tan\alpha)\cdot\frac{1}{1+\alpha^2}}=\frac{f'(\tan\alpha)}{g'(\tan\alpha)}.$$

令 $\xi=\tan\alpha\in(-\infty,+\infty)$，上式即为

$$\frac{f(+\infty)-f(-\infty)}{g(+\infty)-g(-\infty)}=\frac{f'(\xi)}{g'(\xi)}.$$ □

155. 设 f 与 g 可导，且对一切 x 都有

$$\begin{vmatrix} f(x) & g(x)\\ f'(x) & g'(x)\end{vmatrix}\neq 0.$$

证明：在 f 的任何两个不同零点之间，至少有 g 的一个零点.

证明 设 x_1, x_2 是 f 的两个零点，$x_1<x_2$，由条件，$f(x_1)=0=f(x_2)$，则 $g(x_1)\neq 0$, $g(x_2)\neq 0$.

(反证)假设 g 在 (x_1,x_2) 中无零点，令 $F(x)=\frac{f(x)}{g(x)}$，则 $F(x)$ 在 $[x_1,x_2]$ 上连续，在 (x_1,x_2) 中可导，且 $F'(x)=\frac{gf'-fg'}{g^2}=\frac{-1}{g^2}\begin{vmatrix} f(x) & g(x)\\ f'(x) & g'(x)\end{vmatrix}$. 由 Lagrange 中值定理，$\exists\xi\in(x_1,x_2)$, s. t.

$$0=F'(\xi)=-\frac{1}{g^2(\xi)}\begin{vmatrix} f(\xi) & g(\xi)\\ f'(\xi) & g'(\xi)\end{vmatrix}.$$

这与题设相矛盾. 故 g 在(x_1,x_2)中必有零点. □

156. 设 p 为一个实系数多项式,再构造一个多项式

$$q(x)=(1+x^2)p(x)p'(x)+x((p(x))^2+(p'(x))^2).$$

假设方程 $p(x)=0$ 有 n 个大于 1 的不同实根,证明:方程 $q(x)=0$ 至少有 $2n-1$ 个不同实根.

证明 因为

$$\begin{aligned}q(x)&=(1+x^2)p(x)p'(x)+xp^2(x)+x(p'(x))^2\\&=p(x)p'(x)+x^2p(x)p'(x)+xp^2(x)+x(p'(x))^2\\&=xp(x)(xp'(x)+p(x))+p'(x)(p(x)+xp'(x))\\&=(xp'(x)+p(x))(xp(x)+p'(x)),\end{aligned}$$

$q(x)=0$ 的根由 $xp'(x)+p(x)=0$ 和 $xp(x)+p'(x)=0$ 的根的并集组成.

令 $\varphi(x)=xp'(x)+p(x)=(xp(x))'$, $\psi(x)=xp(x)+p'(x)=\mathrm{e}^{-\frac{x^2}{2}}(\mathrm{e}^{\frac{x^2}{2}}p(x))'$.

设 $p(x)=0$ 恰有 $m(\geqslant n)$ 个大于 1 的不同的实根,依次为 $1<a_1<a_2<\cdots<a_m$,则 $\mathrm{e}^{\frac{x^2}{2}}p(x)=0$ 也恰有这 m 个不同的根. 由 Rolle 定理,$(\mathrm{e}^{\frac{x^2}{2}}p(x))'=0$ 至少有 $m-1$ 个不同的实根 $b_i(i=1,\cdots,m-1)$,且 $a_1<b_1<a_2<b_2<a_3<\cdots<a_{m-1}<b_{m-1}<a_m$. 即 $\varphi(x)$至少有这 $m-1$ 个实根.

$xp(x)=0$ 恰有 m 个大于 1 的实根,且显然 $x=0$ 也为它的一个根. 因此$(xp(x))'=0$ 至少有 m 个不同的实根 $c_i(i=0,1,\cdots,m-1)$,且 $0<c_0<a_1<c_1<a_2<\cdots<a_{m-1}<c_{m-1}<a_m$.

可以证明: $b_i\neq c_i(i=1,\cdots,m-1)$. 事实上,假设有 $b_k=c_k=x_0$, s. t. $\varphi(x_0)=\psi(x_0)$,即

$$\begin{cases}x_0p'(x_0)+p(x_0)=0,\\x_0p(x_0)+p'(x_0)=0.\end{cases}$$

由此可得$(x_0^2-1)p(x_0)=0$. 但 $1<a_k<x_0<a_{k+1}$, $p(x_0)\neq0$, $x_0^2>1$,矛盾.

由此,$q(x)=0$ 至少有 $2m-1$ 个不同的零点 $b_1,\cdots,b_{m-1}$ 和 $c_0,c_1,\cdots,c_{m-1}$. $2m-1\geqslant 2n-1$. □

157. 设 $n\in\mathbb{N}$,且 $f(x)=\sum\limits_{k=1}^{n}c_k\mathrm{e}^{\lambda_kx}$,其中 $\lambda_1,\lambda_2,\cdots,\lambda_n$ 为互不相等的实数,$c_1,c_2,\cdots,c_n$ 是不同时为 0 的实数. 试问: 函数 f 至多能有多少个实零点?

解 答案是至多有 $n-1$ 个实零点,下面证明之.

(归纳法)当 $n=1$ 时,$f(x)=c_1\mathrm{e}^{\lambda_1x}$,因 $c_1\neq0$. 故 f 没有零点. 假设当 $n=m$ 时,"$f(x)=\sum\limits_{k=1}^{m}c_k\mathrm{e}^{\lambda_kx}$ 至多有 $m-1$ 个实零点"的结论成立. 则当 $n=m+1$ 时,$c_{m+1}\neq0$, $f(x)=c_1\mathrm{e}^{\lambda_1x}+c_2\mathrm{e}^{\lambda_2x}+\cdots+c_m\mathrm{e}^{\lambda_mx}+c_{m+1}\mathrm{e}^{\lambda_{m+1}x}$. 将它写成

$$f(x)=\mathrm{e}^{\lambda_1x}(c_1+c_2\mathrm{e}^{(\lambda_2-\lambda_1)x}+\cdots+c_m\mathrm{e}^{(\lambda_m-\lambda_1)x}+c_{m+1}\mathrm{e}^{(\lambda_{m+1}-\lambda_1)x}).$$

$f(x)=0$ 的实根就是 $c_1+c_2\mathrm{e}^{(\lambda_2-\lambda_1)x}+\cdots+c_{m+1}\mathrm{e}^{(\lambda_{m+1}-\lambda_1)x}=0$ 的实根. 但 $g(x)=c_1+\sum_{k=2}^{m+1}c_k\mathrm{e}^{(\lambda_k-\lambda_1)x}$ 至多只有 m 个零点.(反证)否则. 若 $g(x)=0$ 有 $m+1$ 个零点,由 Rolle 定理. $g'(x)=0$ 至少有 m 个零点. 但

$$g'(x)=\sum_{k=2}^{m+1}c_k(\lambda_k-\lambda_1)\mathrm{e}^{(\lambda_k-\lambda_1)x}=\sum_{i=1}^{m}b_i\mathrm{e}^{\mu_i x},$$

其中 $b_i=c_{i+1}(\lambda_{i+1}-\lambda_1)$, $\mu_i=\lambda_{i+1}-\lambda_1$. 由 λ_i 互不相同, $c_{m+1}\neq 0$,满足假设条件,故 g' 至多只有 $m-1$ 个零点,矛盾.

这就证明了 $f(x)$ 至多只有 $n-1$ 个不同零点.

恰有 $n-1$ 个不同零点的例子是存在的,例如

$$f(x)=(\mathrm{e}^x-\mathrm{e})(\mathrm{e}^x-\mathrm{e}^2)\cdots(\mathrm{e}^x-\mathrm{e}^{n-1})=\sum_{k=1}^{n}c_k\mathrm{e}^{(k-1)x}.$$

其中 $c_n=1$, $c_1=(-1)^{n-1}\mathrm{e}^{\frac{n(n-1)}{2}}$ 都不为零. 它恰有 $n-1$ 个不同的根: $1,2,\cdots,n-1$. □

158. 函数 $f:[a,b]\to\mathbb{R}$ 在 $[a,b]$ 上可导,且 $f'(a)=f'(b)$. 证明: $\exists\xi\in(a,b)$, s. t.

$$f'(\xi)=\frac{f(\xi)-f(a)}{\xi-a}.$$

证明 先设 $f'(a)=f'(b)=0$,又令

$$\varphi(x)=\begin{cases}\dfrac{f(x)-f(a)}{x-a}, & a<x\leqslant b,\\ 0, & x=a.\end{cases}$$

则 $\varphi(x)$ 在 $[a,b]$ 上连续,在 (a,b) 内可导,且

$$\varphi'(x)=\frac{(x-a)f'(x)-(f(x)-f(a))}{(x-a)^2},\quad \varphi'(b)=-\frac{\varphi(b)}{b-a}.$$

分两种情况讨论.

(i) $\varphi(b)=\dfrac{f(b)-f(a)}{b-a}=0$,即 $f(b)=f(a)$,则由 $\varphi(a)=0$ 及 Rolle 定理, $\exists\xi\in(a,b)$, s. t.

$$0=\varphi'(\xi)=\frac{1}{(\xi-a)^2}[(\xi-a)f'(\xi)-(f(\xi)-f(a))],$$

即 $(\xi-a)f'(\xi)=f(\xi)-f(a)$, $\xi-a\neq 0$. 于是有

$$f'(\xi)=\frac{f(\xi)-f(a)}{\xi-a}.$$

(ii) $\varphi(b)\neq 0$. 由 $\varphi'(b)\varphi(b)=-\dfrac{\varphi^2(b)}{b-a}<0$,知 $\varphi(b)$ 与 $\varphi'(b)$ 异号. 当 $\varphi(b)>0$ 时, $0>\varphi'(b)=\lim\limits_{x\to b^-}\dfrac{\varphi(x)-\varphi(b)}{x-b}$, $\exists\delta>0$,在 $[b-\delta,b]$ 中, $\varphi(x)>\varphi(b)>0$. φ 在 (a,b) 内取到正的最大值; 同理,当 $\varphi(b)<0$ 时, $0<\varphi'(b)$, $\varphi(x)$ 在 (a,b) 内取到负的最小值. 此最值点 ξ 也是极值

点,所以总有 $\varphi'(\xi)=0$. 同(i)可得等式

$$f'(\xi)=\frac{f(\xi)-f(a)}{\xi-a}.$$

再考虑 $f'(a)=f'(b)\neq 0$ 时的情形. 此时令

$$F(x)=f(x)-xf'(a).$$

于是有

$$F'(a)=f'(a)-f'(a)=0,\quad F'(b)=f'(b)-f'(a)=0,\quad F'(x)=f'(x)-f'(a).$$

$F(x)$满足题设. $\exists\,\xi\in(a,b)$, s. t. $F'(\xi)=\dfrac{F(\xi)-F(a)}{\xi-a}$,即

$$\begin{aligned}f'(\xi)-f'(a)&=\frac{f(\xi)-\xi f'(a)-f(a)+af'(a)}{\xi-a}\\&=\frac{f(\xi)-f(a)}{\xi-a}-\frac{f'(a)(\xi-a)}{\xi-a},\end{aligned}$$

移项就得

$$f'(\xi)=\frac{f(\xi)-f(a)}{\xi-a}.$$

□

159. 设函数 f 在$[a,+\infty)$上可导,$f(a)=0$,且当 $x>a$ 时有$|f'(x)|\leqslant|f(x)|$. 证明:$f=0$.

证法 1 f 在$\left[a,a+\dfrac{1}{2}\right]$上连续可导,由 Lagrange 中值定理,对 $\forall\,x\in\left[a,a+\dfrac{1}{2}\right]$,有 $\xi_{x_1}\in(a,x)$, s. t.

$$|f(x)|=|f(x)-f(a)|=|f'(\xi_{x_1})|(x-a)\leqslant\frac{1}{2}|f'(\xi_{x_1})|\leqslant\frac{1}{2}|f(\xi_{x_1})|.$$

再对 f 在$[a,\xi_{x_1}]$上用 Lagrange 中值定理,并类推下去. f 在$\left[a,a+\dfrac{1}{2}\right]$上有界,设为$|f(x)|\leqslant k$,就得到

$$|f(x)|\leqslant\frac{1}{2}|f(\xi_{x_1})|\leqslant\left(\frac{1}{2}\right)^2|f(\xi_{x_2})|\leqslant\cdots\leqslant\left(\frac{1}{2}\right)^n|f(\xi_{x_n})|\leqslant\left(\frac{1}{2}\right)^n k.$$

令 $n\to+\infty$得$|f(x)|\leqslant\lim\limits_{n\to+\infty}\left(\dfrac{1}{2}\right)^n k=0$,$|f(x)|=0$,即 $f(x)=0$,$x\in\left[a,a+\dfrac{1}{2}\right]$.

然后再在$\left[a+\dfrac{1}{2},a+1\right]$上用上述方法,由 $f\left(a+\dfrac{1}{2}\right)=0$ 得 $f(x)=0$,$x\in[a,a+1]$,…,一步步推下去,就有

$$f(x)=0,\quad x\in[a,+\infty).$$

证法 2 因 $f(x)$在$[a,+\infty)$上可导,当然也连续,根据连续函数的最值定理,$\exists\,x_0\in\left[a,a+\dfrac{1}{2}\right]$, s. t.

$$M=\max_{x\in\left[a,a+\frac{1}{2}\right]}|f(x)|=f(x_0).$$

再根据 Lagrange 中值定理，$\exists \xi \in (a, x_0)$，s. t.

$$M = |f(x_0)| = |f(x_0) - f(a)| = |f'(\xi)(x_0 - a)| \leqslant |f(\xi)| \cdot \frac{1}{2} \leqslant \frac{M}{2},$$

立即推出

$$0 \leqslant \frac{1}{2}M \leqslant 0, \quad 0 \leqslant M \leqslant 0, \quad 即 \quad M = 0.$$

故在$\left[a, a+\frac{1}{2}\right]$上 $f \equiv 0$. 同理可证对 $\forall x \in \left[a+\frac{1}{2}(n-1), a+\frac{1}{2}n\right]$，$n \in \mathbb{N}$，有 $f(x)=0$. 因此，$f(x)=0$，$\forall x \in [a, +\infty)$，即 $f=0$.

证法 3　(反证)假设 $f(x) \not\equiv 0$，$x>a$，则必存在区间(x_0, x_1)，s. t. $f(x_0)=0$，但 $f(x) \neq 0$，$\forall x \in (x_0, x_1)$. 由连续函数的零值定理，不妨设 $f(x)>0$，$\forall x \in (x_0, x_1)$. 根据题设 $|f'(x)| \leqslant |f(x)|$，故有

$$\left|\frac{f'(x)}{f(x)}\right| \leqslant 1, \quad \forall x \in (x_0, x_1).$$

令 $y=y(x)=x-\ln f(x)$，则 $y'(x)=1-\frac{f'(x)}{f(x)} \geqslant 0$，$\forall x \in (x_0, x_1)$. 从而，$y=y(x)$为单调增的函数，这与

$$\lim_{x \to x_0^+} y(x) = \lim_{x \to x_0^+} (x - \ln f(x)) = +\infty$$

相矛盾. 因此，$f(x) \equiv 0$，$\forall x \in [a, +\infty)$.

证法 4　同证法 3，有

$$\left|\frac{f'(x)}{f(x)}\right| \leqslant 1, \quad \forall x \in (x_0, x_1).$$

令 $y=y(x)=\ln|f(x)|$，$x \in (x_0, x_1)$，则由 Lagrange 中值定理，$\exists \xi \in (x_0, x_1)$，s. t.

$$\left|\frac{y(x)-y(x_1)}{x-x_1}\right| = |y'(\xi)| = \left|\frac{f'(\xi)}{f(\xi)}\right| \leqslant 1,$$

所以

$$|y(x)| \leqslant |y(x)-y(x_1)| + |y(x_1)| \leqslant |x-x_1| + |y(x_1)|.$$

这与 $\lim\limits_{x \to x_0^+} y(x) = \lim\limits_{x \to x_0^+} \ln|f(x)| = -\infty$ 相矛盾. □

160. 设 f 在$[0, +\infty)$上可导，且 $0 \leqslant f(x) \leqslant \frac{x}{1+x^2}$. 证明：$\exists \xi>0$，s. t.

$$f'(\xi) = \frac{1-\xi^2}{(1+\xi^2)^2}.$$

证明　由 $0 \leqslant f(x) \leqslant \frac{x}{1+x^2}$，$\forall x \geqslant 0$ 及 $\lim\limits_{x \to +\infty} \frac{x}{1+x^2} = 0$，知 $f(0)=0$，$f(+\infty) = \lim\limits_{x \to +\infty} f(x) = 0$. 令

$$F(x) = f(x) - \frac{x}{1+x^2},$$

则 $F(x)$ 在 $[0,+\infty)$ 内可导，$F(0)=0$，$\lim\limits_{x\to+\infty}F(x)=0$，$\forall x\in[0,+\infty)$，$F(x)\leqslant 0$. 且 $F'(x)=f'(x)-\dfrac{1-x^2}{(1+x^2)^2}$.

若 $F(x)\equiv 0$，则 $\forall \xi>0$，均有 $0=F'(\xi)=f'(\xi)-\dfrac{1-\xi^2}{(1+\xi^2)^2}$.

若 $F(x)\not\equiv 0$，总有 $x\in[0,+\infty)$，使得 $F(x)<0$. 故 $F(x)$ 在 $(0,+\infty)$ 中取到最小值 $m<0$. 设 $F(\xi)=m=\min\limits_{x\in[0,+\infty)}F(x)$，则 ξ 也是 F 的极小值点. 由 Fermat 定理，$F'(\xi)=0$，即

$$f'(\xi)-\frac{1-\xi^2}{(1+\xi^2)^2}=0.$$

于是

$$f'(\xi)=\frac{1-\xi^2}{(1+\xi^2)^2}.$$

□

161. 设函数 f 在 $[0,1]$ 上连续，在 $(0,1)$ 内可导，且 $f(1)-f(0)=1$. 证明：对于 $k=0,1,\cdots,n-1$，$\exists \xi_k\in(0,1)$，s. t.

$$f'(\xi_k)=\frac{n!}{k!(n-1-k)!}\xi_k^k(1-\xi_k)^{n-1-k}.$$

证明 考虑一组多项式(Bernstein 基底)

$$B_i^n(x)=\mathrm{C}_n^i x^i(1-x)^{n-i},\quad i=0,1,2,\cdots,n.$$

显然

$$B_0^n(x)=(1-x)^n,\quad B_n^n(x)=x^n,\quad B_0^n(0)=1,B_0^n(1)=0,$$
$$B_i^n(0)=B_i^n(1)=0,\quad i=1,2,\cdots,n-1.$$

对 $k\leqslant n-1$，定义

$$\varphi(x)=B_0^n(x)+B_1^n(x)+\cdots+B_k^n(x),$$

于是有 $\varphi(0)=1$，$\varphi(1)=0$. 再设

$$F(x)=f(x)-(\varphi(x)f(0)+(1-\varphi(x))f(1)),$$

则 $F(0)=F(1)=0$，它满足 Rolle 定理的条件，故 $\exists \xi_k\in(0,1)$，s. t. $F'(\xi)=0$. 由 $F'(x)=f'(x)-f(0)\varphi'(x)+f(1)\varphi'(x)$ 得

$$0=F'(\xi_k)=f'(\xi_k)+\varphi'(\xi_k),\quad 即\quad f'(\xi_k)=-\varphi'(\xi_k).$$

而

$$\begin{aligned}\varphi'(x)=&(B_0^n(x))'+(B_1^n(x))'+\cdots+(B_k^n(x))'\\=&-n(1-x)^{n-1}+[n(1-x)^{n-1}-n(n-1)x(1-x)^{n-2}]\\&+\cdots+\left[\frac{n!}{(k-1)!(n-k)!}x^{k-1}(1-x)^{n-k}-\frac{n!}{k!(n-k-1)!}x^k(1-x)^{n-k-1}\right]\\=&-\frac{n!}{k!(n-k-1)!}x^k(1-x)^{n-k-1}=-nB_k^{n-1}(x).\end{aligned}$$

由此得

$$f'(\xi_k)=-\varphi'(\xi_k)=\frac{n!}{k!\ (n-1-k)!}\xi_k^k(1-\xi_k)^{n-1-k}.$$

□

162. 设函数 f 在$[a,b]$上连续，在(a,b)内 n 次可导，又设 $a=x_0<x_1<\cdots<x_n=b$. 证明：$\exists\xi\in(a,b)$, s. t.

$$\begin{vmatrix} 1 & 1 & \cdots & 1 \\ x_0 & x_1 & \cdots & x_n \\ \vdots & \vdots & & \vdots \\ x_0^{n-1} & x_1^{n-1} & \cdots & x_n^{n-1} \\ f(x_0) & f(x_1) & & f(x_n) \end{vmatrix} = \frac{1}{n!}f^{(n)}(\xi)\prod_{i>j}(x_i-x_j).$$

证明 构造一个 $n+2$ 阶行列式函数

$$\varphi(x)=\begin{vmatrix} 1 & 1 & 1 & \cdots & 1 \\ x & x_0 & x_1 & \cdots & x_n \\ \vdots & \vdots & \vdots & & \vdots \\ x^{n-1} & x_0^{n-1} & x_1^{n-1} & \cdots & x_n^{n-1} \\ x^n & x_0^n & x_1^n & \cdots & x_n^n \\ f(x) & f(x_0) & f(x_1) & \cdots & f(x_n) \end{vmatrix}.$$

显然，$\varphi(x_0)=\varphi(x_1)=\cdots=\varphi(x_n)=0$. 由 Rolle 定理，$\exists\, x_{i-1}<c_i<x_i$, s. t.

$$\varphi'(c_1)=\varphi'(c_2)=\cdots=\varphi'(c_n)=0.$$

再应用 Rolle 定理 $n-1$ 次，知有 $\xi\in(a,b)$. s. t.

$$\varphi^{(n)}(\xi)=0.$$

而

$$\varphi^{(n)}(\xi)=\begin{vmatrix} 0 & 1 & 1 & \cdots & 1 \\ 0 & x_0 & x_1 & \cdots & x_n \\ \vdots & \vdots & \vdots & & \vdots \\ 0 & x_0^{n-1} & x_1^{n-1} & \cdots & x_n^{n-1} \\ n! & x_0^n & x_1^n & \cdots & x_n^n \\ f^{(n)}(\xi) & f(x_0) & f(x_1) & \cdots & f(x_n) \end{vmatrix}$$

$$=(-1)^{n+3}f^{(n)}(\xi)\begin{vmatrix} 1 & \cdots & 1 \\ x_0 & \cdots & x_n \\ \vdots & & \vdots \\ x_0^{n-1} & \cdots & x_n^{n-1} \\ x_0^n & \cdots & x_n^n \end{vmatrix}+(-1)^{n+2}n!\begin{vmatrix} 1 & \cdots & 1 \\ x_0 & \cdots & x_n \\ \vdots & & \vdots \\ x_0^{n-1} & \cdots & x_n^{n-1} \\ f(x_0) & \cdots & f(x_n) \end{vmatrix}.$$

因此

$$f^{(n)}(\xi)\begin{vmatrix} 1 & \cdots & 1 \\ x_0 & \cdots & x_n \\ \vdots & & \vdots \\ x_0^{n-1} & \cdots & x_n^{n-1} \\ x_0^n & \cdots & x_n^n \end{vmatrix}=n!\begin{vmatrix} 1 & \cdots & 1 \\ x_0 & \cdots & x_n \\ \vdots & & \vdots \\ x_0^{n-1} & \cdots & x_n^{n-1} \\ f(x_0) & \cdots & f(x_n) \end{vmatrix},$$

即

$$\begin{vmatrix} 1 & 1 & \cdots & 1 \\ x_0 & x_1 & \cdots & x_n \\ \vdots & \vdots & & \vdots \\ x_0^{n-1} & x_1^{n-1} & \cdots & x_n^{n-1} \\ f(x_0) & f(x_1) & \cdots & f(x_n) \end{vmatrix} = \frac{1}{n!} f^{(n)}(\xi) \prod_{i>j} (x_i - x_j).$$ □

163. 设 $y_1 = c > 0$, $\frac{y_{n+1}}{n+1} = \ln\left(1 + \frac{y_n}{n}\right)$, $n \in \mathbb{N}$. 求极限 $\lim\limits_{n \to +\infty} y_n$.

解 令 $x_n = \frac{y_n}{n}$. 由 $y_1 > 0$, 知 $x_n > 0$, $0 < x_{n+1} = \ln(1 + x_n) < x_n$. 故数列 $\{x_n\}$ 单调减有下界, 因而收敛. 设 $\lim\limits_{n \to +\infty} x_n = x \geqslant 0$.

由关系式 $x_{n+1} = \ln(1 + x_n)$, 得 $x = \ln(1 + x)$. 因此 $x = 0$. 用 Stolz 公式及 L'Hospital 法则有

$$\begin{aligned} \lim_{n \to +\infty} y_n &= \lim_{n \to +\infty} n x_n = \lim_{n \to +\infty} \frac{n}{\frac{1}{x_n}} = \lim_{n \to +\infty} \frac{1}{\frac{1}{x_{n+1}} - \frac{1}{x_n}} \\ &= \lim_{n \to +\infty} \frac{x_{n+1} x_n}{x_n - x_{n+1}} = \lim_{n \to +\infty} \frac{x_n \ln(1 + x_n)}{x_n - \ln(1 + x_n)} \\ &\xlongequal{t = x_n} \lim_{t \to 0} \frac{t \ln(1+t)}{t - \ln(1+t)} = \lim_{t \to 0} \frac{\ln(1+t) + \frac{t}{1+t}}{1 - \frac{1}{1+t}} \\ &= \lim_{t \to 0} \frac{(1+t)\ln(1+t) + t}{t} = \lim_{t \to 0} \left((1+t) \frac{\ln(1+t)}{t} + 1 \right) \\ &= 1 + 1 = 2. \end{aligned}$$ □

164. 设函数 f 在点 x_0 有 n 阶导数 $(n \in \mathbb{N})$. 证明:

$$f^{(n)}(x_0) = \lim_{h \to 0} \frac{1}{h^n} \sum_{k=0}^{n} (-1)^{n-k} \mathrm{C}_n^k f(x_0 + kh).$$

证法 1 连续应用 $n-1$ 次 L'Hospital 法则, 后再根据 118 题(思考题 3.2 第 1 题)后的注, 有

$$\sum_{k=0}^{n} (-1)^{n-k} \mathrm{C}_n^k k^m = \begin{cases} 0, & m = 0, 1, \cdots, n-1, \\ n!, & m = n. \end{cases}$$

于是得

$$\begin{aligned} &\lim_{h \to 0} \frac{1}{h^n} \sum_{k=0}^{n} (-1)^{n-k} \mathrm{C}_n^k f(x_0 + kh) \\ &= \lim_{h \to 0} \frac{1}{n! h} \sum_{k=0}^{n} (-1)^{n-k} \mathrm{C}_n^k f^{(n-1)}(x_0 + kh) \cdot k^{n-1} \end{aligned}$$

$$
\begin{aligned}
&= \frac{1}{n!}\lim_{h\to 0}\sum_{k=0}^{n}(-1)^{n-k}C_n^k k^n \frac{f^{(n-1)}(x_0+kh)}{kh} \\
&= \frac{1}{n!}\lim_{h\to 0}\sum_{k=0}^{n}(-1)^{n-k}C_n^k k^n \frac{f^{(n-1)}(x_0+kh)-f^{(n-1)}(x_0)}{kh} \\
&= \frac{1}{n!}\sum_{k=0}^{n}(-1)^{n-k}C_n^k k^n \lim_{h\to 0}\frac{f^{(n-1)}(x_0+kh)-f^{(n-1)}(x_0)}{kh} \\
&= \frac{1}{n!}\sum_{k=0}^{n}(-1)^{n-k}C_n^k k^n f^{(n)}(x_0) = \frac{1}{n!}f^{(n)}(x_0)\sum_{k=0}^{n}(-1)^{n-k}C_n^k k^n \\
&= f^{(n)}(x_0).
\end{aligned}
$$

证法 2　应用第 4 章 Taylor 公式的知识有

$$
\begin{aligned}
&\lim_{h\to 0}\frac{1}{h^n}\sum_{k=0}^{n}(-1)^{n-k}C_n^k f(x_0+kh) \\
&\xlongequal{\text{Taylor 展开}} \lim_{h\to 0}\frac{1}{h^n}\sum_{k=0}^{n}(-1)^{n-k}C_n^k\Big[f(x_0)+f'(x_0)kh+\frac{f''(x_0)}{2!}(kh)^2 \\
&\quad +\cdots+\frac{f^{(n)}(x_0)}{n!}(kh)^n+o(h^n)\Big] \\
&= \lim_{h\to 0}\frac{1}{h^n}\Big[\Big(\sum_{k=0}^{n}(-1)^{n-k}C_n^k\Big)f(x_0)+\Big(\sum_{k=0}^{n}(-1)^{n-k}C_n^k k\Big)f'(x_0)h \\
&\quad +\cdots+\frac{f^{(n)}(x_0)}{n!}\Big(\sum_{k=0}^{n}(-1)^{n-k}C_n^k k^n\Big)h^n+o(h^n)\Big] \\
&= \lim_{h\to 0}[f^{(n)}(x_0)+o(1)] = f^{(n)}(x_0)+0 = f^{(n)}(x_0).
\end{aligned}
$$

其中,也应用了公式

$$
\sum_{k=0}^{n}(-1)^{n-k}C_n^k k^m = \begin{cases} 0, & m=0,1,\cdots,n-1, \\ n!, & m=n. \end{cases}
$$

□

165. 求最大的数 α 及最小的数 β,使满足下述不等式:

$$
\left(1+\frac{1}{n}\right)^{n+\alpha} \leqslant e \leqslant \left(1+\frac{1}{n}\right)^{n+\beta}.
$$

解

$$
\begin{aligned}
&\left(1+\frac{1}{n}\right)^{n+\alpha} \leqslant e \leqslant \left(1+\frac{1}{n}\right)^{n+\beta} \\
&\Leftrightarrow n+\alpha \leqslant \frac{1}{\ln\left(1+\frac{1}{n}\right)} \leqslant n+\beta \\
&\Leftrightarrow \alpha \leqslant \frac{1-n\ln\left(1+\frac{1}{n}\right)}{\ln\left(1+\frac{1}{n}\right)} = \frac{\frac{1}{n}-\ln\left(1+\frac{1}{n}\right)}{\frac{1}{n}\ln\left(1+\frac{1}{n}\right)} \leqslant \beta.
\end{aligned}
$$

令$\frac{1}{n}=x$，则$0<x\leqslant 1$. 设函数

$$f(x)=\frac{x-\ln(1+x)}{x\ln(1+x)},\quad 0<x\leqslant 1,$$

则问题变成求$f(x)$在$(0,1]$上的最小、最大值.

$$f'(x)=\frac{(1+x)\ln^2(1+x)-x^2}{(1+x)(x\ln(1+x))^2}.$$

再令$g(x)=(1+x)\ln^2(1+x)-x^2$，则$g'(x)=\ln^2(1+x)+2\ln(1+x)-2x$，$g'(0)=0$. 由$\ln(1+x)<x$，知$g''(x)=2\ln(1+x)\cdot\frac{1}{1+x}+\frac{2}{1+x}-2=\frac{2}{1+x}(\ln(1+x)-x)<0$. 因此，$g'(x)$在$(0,1]$中单调减，故$\forall x>0$，$g'(x)<g'(0)=0$. 于是又可得$g(x)$在$(0,1]$中也单调减. 而$g(0)=0$，因此，当$x\in(0,1]$时，$g(x)<0$，即

$$(1+x)\ln^2(1+x)-x^2<0.$$

由此知$f'(x)<0$，f在$(0,1)$中单调减，故此

$$\min_{x\in[0,1)}f(x)=f(1)=\frac{1-\ln 2}{\ln 2},$$

$$\sup_{x\in(0,1]}f(x)=\lim_{x\to 0^+}\frac{x-\ln(1+x)}{x\ln(1+x)}=\lim_{x\to 0^+}\frac{1-\frac{1}{1+x}}{\ln(1+x)+\frac{x}{1+x}}=\lim_{x\to 0^+}\frac{x}{(1+x)\ln(1+x)+x}$$

$$=\lim_{x\to 0^+}\frac{1}{(1+x)\frac{\ln(1+x)}{x}+1}=\frac{1}{1\times 1+1}=\frac{1}{2}.$$

$$\frac{1}{\ln 2}-1\leqslant f(x)\leqslant\frac{1}{2}.$$

这就是说最大的α是$\frac{1}{\ln 2}-1$，最小的β为$\frac{1}{2}$. □

166. 设函数f在点x_0的开邻域内具有二阶导数，证明：对充分小的$h\neq 0$，存在θ，$0<\theta<1$，使得

$$\frac{f(x_0+h)+f(x_0-h)-2f(x_0)}{h^2}=\frac{f''(x_0+\theta h)+f''(x_0-\theta h)}{2}.$$

证法1 令$F(h)=f(x_0+h)+f(x_0-h)$，因为f在点x_0的开邻域内二阶可导，故对充分小的h，$F(h)$有二阶导数，且

$$F'(h)=f'(x_0+h)-f'(x_0-h),\quad F''(h)=f''(x_0+h)+f''(x_0-h).$$

利用第4章的Taylor展开有

$$F(h)=F(0)+F'(0)h+\frac{F''(\theta h)}{2!}h^2$$

$$=2f(x_0)+[f'(x_0)-f'(x_0)]h+\frac{1}{2}[f''(x_0+\theta h)+f''(x_0-\theta h)]h^2$$

$$= 2f(x_0) + \frac{h^2}{2}[f''(x_0+\theta h) + f''(x_0-\theta h)], \quad 0<\theta<1.$$

即

$$f(x_0+h)+f(x_0-h)-2f(x_0) = \frac{h^2}{2}[f''(x_0+\theta h)+f''(x_0-\theta h)],$$

于是

$$\frac{f(x_0+h)+f(x_0-h)-2f(x_0)}{h^2} = \frac{f''(x_0+\theta h)+f''(x_0-\theta h)}{2}.$$

证法 2 令 $F(h)=f(x_0+h)+f(x_0-h)$. 对充分小的 h, F 二阶可导, 且 $F'(h)=f'(x_0+h)-f'(x_0-h)$, $F''(h)=f''(x_0+h)+f''(x_0-h)$, $F(0)=2f(x_0)$. 再设

$$\varphi(t) = F(t)+F'(t)(h-t), \quad \psi(t)=(h-t)^2.$$

于是

$$\varphi(0)=F(0)+F'(0)h=F(0), \quad \varphi(h)=F(h), \quad \psi(0)=h^2, \quad \psi(h)=0.$$

由 Cauchy 中值定理, $\exists\, 0<\theta<1$, s. t.

$$\frac{\varphi(h)-\varphi(0)}{\psi(h)-\psi(0)} = \frac{\varphi'(\theta h)}{\psi'(\theta h)},$$

即

$$\frac{f(x_0+h)+f(x_0-h)-2f(x_0)}{h^2} = -\frac{F(h)-F(0)}{-h^2} = -\frac{\varphi(h)-\varphi(0)}{\psi(h)-\psi(0)}$$

$$= -\frac{\varphi'(\theta h)}{\psi'(\theta h)} = -\frac{F''(\theta h)(h-\theta h)}{-2(h-\theta h)}$$

$$= \frac{f''(x_0+\theta h)+f''(x_0-\theta h)}{2}.$$

□

167. 设函数 f 在区间 $(a,+\infty)$ 上可导. 试用 L'Hospital 法则或 ε-Δ 法证明:

(1) 若 $\lim\limits_{x\to+\infty} f'(x)=0$, 则 $\lim\limits_{x\to+\infty}\frac{f(x)}{x}=0$;

(2) 若 $\lim\limits_{x\to+\infty}[f(x)+f'(x)]=r$, 则 $\lim\limits_{x\to+\infty} f(x)=r$.

证法 1 (L'Hospital 法则)

(1) 由 $\lim\limits_{x\to+\infty} x=+\infty$ 及定理 3.4.2 $\left(\frac{\cdot}{\infty}\text{型}\right)$ 立即有

$$\lim_{x\to+\infty}\frac{f(x)}{x} = \lim_{x\to+\infty}\frac{f'(x)}{1} = 0.$$

(2) 由 $\lim\limits_{x\to+\infty} \mathrm{e}^x=+\infty$ 及定理 3.4.2 得

$$\lim_{x\to+\infty} f(x) = \lim_{x\to+\infty}\frac{\mathrm{e}^x f(x)}{\mathrm{e}^x} = \lim_{x\to+\infty}\frac{\mathrm{e}^x(f(x)+f'(x))}{\mathrm{e}^x}$$

$$= \lim_{x\to+\infty}(f(x)+f'(x)) = r.$$

证法 2 （ε-Δ 方法）

(1) 对 $\forall \varepsilon>0$，由 $\lim\limits_{x\to+\infty} f'(x)=0$ 知，$\exists \Delta_1>0$，当 $x>\Delta_1$ 时，$|f'(x)|<\frac{\varepsilon}{2}$. 取 $\Delta=\frac{2|f(\Delta_1)|}{\varepsilon}+\Delta_1>\Delta_1$，当 $x>\Delta$ 时，由 Lagrange 中值定理，$\exists \xi\in(\Delta_1,x)$，使得

$$\begin{aligned}\left|\frac{f(x)}{x}-0\right|&=\frac{|f(x)|}{x}\leqslant\frac{|f(x)-f(\Delta_1)+f(\Delta_1)|}{x-\Delta_1}\\&\leqslant\left|\frac{f(x)-f(\Delta_1)}{x-\Delta_1}\right|+\frac{|f(\Delta_1)|}{x-\Delta_1}=|f'(\xi)|+\frac{|f(\Delta_1)|}{x-\Delta_1}\\&<\frac{\varepsilon}{2}+\frac{|f(\Delta_1)|}{\frac{2|f(\Delta_1)|}{\varepsilon}}=\varepsilon,\end{aligned}$$

所以 $\lim\limits_{x\to+\infty}\frac{f(x)}{x}=0$.

(2) 对 $\forall \varepsilon>0$，由 $\lim\limits_{x\to+\infty}[f(x)+f'(x)]=r$，知 $\exists \Delta_1>0$，当 $x>\Delta_1$ 时，有

$$|f(x)+f'(x)-r|<\frac{\varepsilon}{2}.$$

又因为 $\lim\limits_{x\to+\infty}|f(\Delta_1)-r|e^{\Delta_1-x}=0$，故 $\exists \Delta>\Delta_1>0$，当 $x>\Delta$ 时，

$$|f(\Delta_1)-r|\,e^{\Delta_1-x}<\frac{\varepsilon}{2}.$$

根据 Cauchy 中值定理，$\exists \xi\in(\Delta_1,x)$，s. t.

$$\frac{f(x)e^x-f(\Delta_1)e^{\Delta_1}}{e^x-e^{\Delta_1}}=\frac{(f(\xi)+f'(\xi))e^\xi}{e^\xi}=f(\xi)+f'(\xi).$$

将 $f(x)$解出有

$$f(x)=[f(\xi)+f'(\xi)](1-e^{\Delta_1-x})+f(\Delta_1)e^{\Delta_1-x}.$$

因此

$$\begin{aligned}|f(x)-r|&=|[f(\xi)+f'(\xi)-r](1-e^{\Delta_1-x})+f(\Delta_1)e^{\Delta_1-x}-re^{\Delta_1-x}|\\&\leqslant|f(\xi)+f'(\xi)-r|+|f(\Delta_1)-r|\,e^{\Delta_1-x}\\&<\frac{\varepsilon}{2}+\frac{\varepsilon}{2}=\varepsilon.\end{aligned}$$

这就证明了 $\lim\limits_{x\to+\infty}f(x)=r$. □

168. 设 f 在 $(-r,r)$ 上有 n 阶导数，且 $\lim\limits_{x\to0}f^{(n)}(x)=l$，$n\in\mathbb{N}$. 证明：$f^{(n)}(0)=l$.

证明 由定义及 Lagrange 中值定理得

$$\begin{aligned}f^{(n)}(0)&=\lim_{x\to0}\frac{f^{(n-1)}(x)-f^{(n-1)}(0)}{x-0}\\&\xlongequal[\text{或}(x,0)]{\xi(x)\in(0,x)}\lim_{x\to0}f^{(n)}(\xi(x))=\lim_{x\to0}f^{(n)}(x)=l.\end{aligned}$$ □

169. 设 I 为开区间. 函数 f 在 I 上为凸函数$\Leftrightarrow \forall c\in I,\exists a\in\mathbb{R}$, s. t.

$$f(x)\geqslant a(x-c)+f(c),\quad \forall x\in I.$$

对此作出几何解释.

证明　($\Rightarrow$)对$\forall x_1,x_2\in I,x_1<x_2<c$. 由于 f 在 I 上是凸函数,所以

$$\frac{f(x_1)-f(c)}{x_1-c}\leqslant\frac{f(x_2)-f(c)}{x_2-c}.$$

于是,当 $x<c$ 时,有

$$\frac{f(x)-f(c)}{x-c}\leqslant\lim_{x\to c^-}\frac{f(x)-f(c)}{x-c}=f'_-(c).$$

同理,当 $x>c$ 时,有

$$\frac{f(x)-f(c)}{x-c}\geqslant\lim_{x\to c^+}\frac{f(x)-f(c)}{x-c}=f'_+(c).$$

取 $a\in[f'_-(c),f'_+(c)]$. 于是对$\forall x\in I$,有

$$f(x)-f(c)\geqslant a(x-c),$$

即 $f(x)\geqslant a(x-c)+f(c)$.

($\Leftarrow$)设存在 $a\in\mathbb{R}$,对$\forall x,c\in I$,有

$$f(x)\geqslant a(x-c)+f(c).$$

任取 $x_1,x_2\in I,x_1<x_2$,取 $c\in(x_1,x_2)$,则

$$f(x_1)-f(c)\geqslant a(x_1-c),\quad \frac{f(x_1)-f(c)}{x_1-c}\leqslant a,$$

$$f(x_2)-f(c)\geqslant a(x_2-c),\quad \frac{f(x_2)-f(c)}{x_2-c}\geqslant a.$$

所以,有不等式

$$\frac{f(x_1)-f(c)}{x_1-c}\leqslant\frac{f(x_2)-f(c)}{x_2-c}.$$

故 f 在 I 上是凸函数.

几何解释: f 在 I 上为凸函数$\Leftrightarrow\forall c\in I,\exists a\in\mathbb{R}$, s. t. 曲线 $y=f(x)$在直线 $y=a(x-c)+f(c)$之上. □

170. 设 p 为多项式,如果

$$p'''(x)-p''(x)-p'(x)+p(x)\geqslant 0$$

在$(-\infty,+\infty)$上成立. 证明: $p\geqslant 0$.

证明　　$p'''(x)-p''(x)-p'(x)+p(x)=(p-p'')-(p-p'')'$.

令 $q=p-p''$,则 q 也是多项式. $p'''(x)-p''(x)-p'(x)+p(x)\geqslant 0\Leftrightarrow q-q'\geqslant 0$. 先证明: 若 $q\pm q'\geqslant 0$ 就有 $q\geqslant 0$.

由 $q\pm q'\geqslant 0$,知 $q\pm q'$ 是一偶次多项式,最高次项系数为正. $q\pm q'$ 的最高次就是 q 的最高次,故 $\lim\limits_{x\to\pm\infty}q=+\infty$. q 在$(-\infty,+\infty)$中有最小值点 x_0,也是极小值点. 由 Fermat 定理

$$q'(x_0)=0.$$

而对 $\forall x\in(-\infty,+\infty)$, $q(x)\geqslant q(x_0)$. 又 $0\leqslant q(x_0)\pm q'(x_0)=q(x_0)$. 所以

$$q(x)\geqslant q(x_0)\geqslant 0,\quad \forall x\in(-\infty,+\infty).$$

$$\begin{aligned}q\geqslant 0&\Rightarrow p-p''\geqslant 0\quad\Leftrightarrow\quad (p+p')-(p+p')'\geqslant 0\\&\Rightarrow p+p'\geqslant 0\Rightarrow p\geqslant 0.\end{aligned}$$

□

171. 设 $f:[0,+\infty)\to\mathbb{R}$, 且 $\forall x\in[0,+\infty)$, 有 $x=f(x)\mathrm{e}^{f(x)}$. 证明: (1) f 是严格增的; (2) $\lim\limits_{x\to+\infty}f(x)=+\infty$; (3) $\lim\limits_{x\to+\infty}\dfrac{f(x)}{\ln x}=1$.

证法 1 (1) 令 $x=0$, 得 $0=f(0)\mathrm{e}^{f(0)}$, 故得 $f(0)=0$. 又当 $x>0$ 时, $f(x)\mathrm{e}^{f(x)}=x>0$, 立即有 $f(x)>0$.

在 $x=f(x)\mathrm{e}^{f(x)}$ 两边对 x 求导, 有

$$1=f'(x)\mathrm{e}^{f(x)}+f(x)\mathrm{e}^{f(x)}f'(x)=f'(x)\mathrm{e}^{f(x)}(1+f(x)),$$

$$f'(x)=\frac{\mathrm{e}^{-f(x)}}{1+f(x)}>0,\quad x>0.$$

因此 f 在 $[0,+\infty)$ 上严格增.

(2) (反证) 若 $\lim\limits_{x\to+\infty}f(x)\neq+\infty$, 由 $f(x)$ 在 $[0,+\infty)$ 上严格增. $\lim\limits_{x\to+\infty}f(x)=l\in\mathbb{R}$. 但

$$+\infty=\lim_{x\to+\infty}x=\lim_{x\to+\infty}f(x)\mathrm{e}^{f(x)}=l\mathrm{e}^{l}.$$

矛盾. 故 $\lim\limits_{x\to+\infty}f(x)=+\infty$.

(3)
$$\begin{aligned}\lim_{x\to+\infty}\frac{f(x)}{\ln x}&\xlongequal{\text{L'Hospital}}\lim_{x\to+\infty}\frac{x}{\mathrm{e}^{f(x)}(1+f(x))}\\&=\lim_{x\to+\infty}\frac{f(x)\mathrm{e}^{f(x)}}{\mathrm{e}^{f(x)}(1+f(x))}=\lim_{x\to+\infty}\frac{1}{\dfrac{1}{f(x)}+1}=1.\end{aligned}$$

注意 证法 1 要用到 $f(x)$ 在 $(0,+\infty)$ 上可导的条件. 但题中无此条件, 因此, 该证法有缺欠, 正确的证法见证法 2.

证法 2 (1) (反证) 若 $\exists x_1<x_2$, $x_1,x_2\in[0,+\infty)$, s.t. $f(x_1)\geqslant f(x_2)$, 则

$$f(x_1)\mathrm{e}^{f(x_1)}=x_1<x_2=f(x_2)\mathrm{e}^{f(x_2)},$$

于是

$$1=\mathrm{e}^0\leqslant\mathrm{e}^{f(x_1)-f(x_2)}<\frac{f(x_2)}{f(x_1)}\leqslant 1.$$

矛盾. 因此, 对 $\forall x_1<x_2$, 总有 $f(x_1)<f(x_2)$, f 在 $[0,+\infty)$ 严格增.

(2) 同证法 1.

(3) 当 $x>0$ 时, 在 $x=f(x)\mathrm{e}^{f(x)}$ 两边取对数得

$$\ln x=\ln f(x)+f(x).$$

对该式变形有

$$\frac{\ln x}{f(x)}=\frac{\ln f(x)}{f(x)}+1.$$

由 $\lim\limits_{x\to+\infty}\frac{\ln f(x)}{f(x)}=\lim\limits_{t\to+\infty}\frac{\ln t}{t}=0$. 就有

$$\lim_{x\to+\infty}\frac{\ln x}{f(x)}=\lim_{x\to+\infty}\left(\frac{\ln f(x)}{f(x)}+1\right)=1.$$

因此 $\lim\limits_{x\to+\infty}\frac{f(x)}{\ln x}=1$. □

172. 方阵 $\boldsymbol{A}=(a_{ij})(i,j=1,2,\cdots,n)$，其中一切元素均为正数，其各行的和及各列的和均为 1. 设 $\boldsymbol{x}$ 是一个 n 维列向量，各分量均为正数. 令 $\boldsymbol{y}=\boldsymbol{Ax}$，并设 $\boldsymbol{x}$ 与 $\boldsymbol{y}$ 的分量分别为 $x_1, x_2,\cdots,x_n$ 及 $y_1,y_2,\cdots,y_n$. 证明：$y_1y_2\cdots y_n\geqslant x_1x_2\cdots x_n$.

证明 由 $\boldsymbol{y}=\boldsymbol{Ax}$，知

$$y_i=\sum_{j=1}^n a_{ij}x_j,\quad 且\quad \sum_{j=1}^n a_{ij}=1,\quad i=1,2,\cdots,n.$$

$f(x)=\ln x$ 是凹函数，所以

$$\ln y_i\geqslant\sum_{j=1}^n a_{ij}\ln x_j,\quad i=1,2,\cdots,n.$$

于是

$$\begin{aligned}\ln(y_1y_2\cdots y_n)&=\sum_{i=1}^n\ln y_i\geqslant\sum_{i=1}^n\left(\sum_{j=1}^n a_{ij}\ln x_j\right)\\&=\sum_{j=1}^n\left(\sum_{i=1}^n a_{ij}\right)\ln x_j\\&=\sum_{j=1}^n\ln x_j=\ln(x_1x_2\cdots x_n).\end{aligned}$$

所以

$$y_1y_2\cdots y_n\geqslant x_1x_2\cdots x_n.$$ □

173. 设 $a\geqslant2, x>0$. 证明：$a^x+a^{\frac{1}{x}}\leqslant a^{\frac{x+1}{x}}$；当且仅当 $a=2$ 与 $x=1$ 时，式中等号成立.

证法 1 x 必须不大于 1！只须注意到 $\lim\limits_{x\to+\infty}(a^x+a^{\frac{1}{x}})=+\infty>a=\lim\limits_{x\to+\infty}a^{\frac{x+1}{x}}$.

(1) 当 $x=1, a\geqslant2$ 时，$a^1+a^{\frac{1}{1}}=2a\leqslant a^2$，当且仅当 $a=2$ 时，等号成立.

(2) 当 $0<x<1$ 时，则 $\frac{1}{x}>1$. 而 $a\geqslant2$，故

$$a^x+a^{\frac{1}{x}}=a^{\frac{1}{x}}\left(\frac{1}{a^{\frac{1}{x}-x}}+1\right)<a^{\frac{1}{x}}(1+1)=2a^{\frac{1}{x}}.$$

$$a^{\frac{x+1}{x}}=aa^{\frac{1}{x}}\geqslant2a^{\frac{1}{x}}>a^x+a^{\frac{1}{x}}.$$

证法 2 当 $a\geqslant 2, x>0$ 时，

$$a^x+a^{\frac{1}{x}}\leqslant a^{\frac{x+1}{x}}\Leftrightarrow a^x\leqslant a^{\frac{1}{x}}(a-1)\Leftrightarrow a^{x-\frac{1}{x}}\leqslant a-1\Leftrightarrow x-\frac{1}{x}\leqslant \log_a(a-1).$$

令 $y(x)=x-\frac{1}{x}$. 因为 $y'(x)=1+\frac{1}{x^2}>0$，故 $y(x)$ 在 $(0,+\infty)$ 上严格增，且 $\lim\limits_{x\to 0^+}y(x)=\lim\limits_{x\to 0^+}\left(x-\frac{1}{x}\right)=-\infty$，$\lim\limits_{x\to+\infty}y(x)=\lim\limits_{x\to+\infty}\left(x-\frac{1}{x}\right)=+\infty$. 于是，$\exists_1 x^*=x^*(a)$，s. t. $x^*-\frac{1}{x^*}=\log_a(a-1)$. 显然，$x^*(2)=1$；当 $a>2$ 时，$x^*(a)>1$.

于是，当 $a\geqslant 2, 0<x\leqslant x^*(a)$ 时，$a^x+a^{\frac{1}{x}}\leqslant a^{\frac{x+1}{x}}$；当且仅当 $a=2$ 与 $x=x^*(a)$ 时，式中等号成立. □

174. 微分方程

$$\begin{cases}y''+p(x)y'+q(x)y=r(x), \quad x\in(a,b),\\ y(a)=A,\\ y(b)=B,\end{cases}$$

其中 $q(x)<0$，A,B 为常数，$p(x),q(x),r(x)$ 均连续. 如果这个方程在 $[a,b]$ 上有连续的解，则解必是惟一的.

证明 设 y_1,y_2 都是满足题中方程及条件的解，令

$$y=y_1-y_2.$$

则 y 满足方程

$$y''+p(x)y'+q(x)y=0,$$

且

$$y(a)=y_1(a)-y_2(a)=A-A=0, \quad y(b)=y_1(b)-y_2(b)=B-B=0.$$

若 $\exists c\in(a,b)$ 使得 $y(c)>0(<0)$，则 y 在 (a,b) 内取到最大(小)值，也是极大(小)值. 不妨设极大值在 c 处达到. 由 Fermat 定理，得

$$y'(c)=0.$$

于是有 $y''(c)+q(c)y(c)=0$，从而

$$y''(c)=-q(c)y(c)>0.$$

由 $y'(c)=0$ 及 $y''(c)>0$，知 c 是 y 的严格极小值点. 矛盾. 由此知 $y=0$ 对 $\forall x\in[a,b]$ 成立，故 $y_1\equiv y_2$，$x\in[a,b]$，解是惟一的. □

175. 令 $p_n(x)=1+x+\frac{x^2}{2!}+\cdots+\frac{x^n}{n!}$，$n\in\mathbb{N}$. 证明：

(1) 当 $x<0$ 时，$p_{2n}(x)>e^x>p_{2n+1}(x)$；

(2) 当 $x>0$ 时，$e^x>p_n(x)\geqslant\left(1+\frac{x}{n}\right)^n$；

(3) 对一切实数 x，有 $e^x=\sum\limits_{n=0}^{\infty}\frac{x^n}{n!}$.

证明 (1)(归纳法)当 $n=1$ 时，$p_{2n}(x)=p_2(x)=1+x+\frac{x^2}{2}$，$p_{2n+1}(x)=1+x+\frac{x^2}{2!}+\frac{x^3}{3!}$. 令 $f(x)=e^x-p_2(x)$. $g(x)=e^x-p_3(x)$. 当 $x\leqslant 0$ 时，则

$$f'(x)=e^x-1-x,\quad g'(x)=e^x-\left(1+x+\frac{x^2}{2!}\right)=f(x),$$

$$f''(x)=e^x-1<0,\quad g''(x)=e^x-1-x=f'(x).$$

因此，当 $x<0$ 时，$f'(x)$ 单调减，故 $f'(x)>f'(0)=0$，从而又知 $f(x)$ 在 $x<0$ 时单调增，$f(x)<f(0)=0$. 又 $g'(x)=f(x)<0$，$g(x)$ 单调减，$g(x)>g(0)=0$，即 $e^x-p_2(x)<0$，$e^x-p_3(x)>0$. 综上得

$$p_2(x)>e^x>p_3(x).$$

假设当 $n=k$ 时，有 $p_{2k}(x)>e^x>p_{2k+1}(x)$，则当 $n=k+1$ 时，因为

$$(e^x-p_{2(k+1)}(x))'=e^x-p_{2k+1}(x)>0,$$

故 $e^x-p_{2k+2}(x)$ 在 $x<0$ 时单调增，于是 $e^x-p_{2k+2}(x)<e^0-p_{2k+2}(0)=0$，从而 $e^x<p_{2k+2}(x)$.

又 $(e^x-p_{2k+3}(x))'=e^x-p_{2k+2}(x)<0$，$e^x-p_{2k+3}(x)$ 在 $x<0$ 时单调减，从而 $e^x-p_{2k+3}(x)>0$，即 $e^x>p_{2k+3}(x)$. 不等式成立.

由归纳法得，对 $\forall n\in\mathbb{N}$，当 $x<0$ 时，$p_{2n}(x)>e^x>p_{2n+1}(x)$.

(2) 当 $x>0$ 时，$(p_n(x))'=p_{n-1}(x)$，$e^x-1>0$，$(e^x-(1+x))'=e^x-1>0$，$e^x-(1+x)>e^0-(1+0)=0$，得 $e^x>1+x$. 用归纳法证得 $e^x>p_n(x)$，$x>0$. 又

$$\begin{aligned}\left(1+\frac{x}{n}\right)^n&=1+C_n^1\frac{x}{n}+C_n^2\left(\frac{x}{n}\right)^2+\cdots+C_n^k\left(\frac{x}{n}\right)^k+\cdots+C_n^n\left(\frac{x}{n}\right)^n\\&=1+x+\frac{n(n-1)}{2}\frac{x^2}{n^2}+\cdots+\frac{n(n-1)\cdots(n-k+1)}{k!}\frac{x^k}{n^k}+\cdots+\frac{n!}{n!}\frac{x^n}{n^n}\\&\leqslant 1+x+\frac{1}{2!}\left(1-\frac{1}{n}\right)x^2+\cdots+\frac{1}{k!}\left(1-\frac{1}{n}\right)\cdots\left(1-\frac{k-1}{n}\right)x^k+\cdots\\&\quad+\frac{1}{n!}\left(1-\frac{1}{n}\right)\cdots\left(1-\frac{n-1}{n}\right)x^n\\&\leqslant 1+x+\frac{x^2}{2!}+\cdots+\frac{1}{k!}x^k+\cdots+\frac{x^n}{n!}=p_n(x).\end{aligned}$$

所以，当 $x>0$ 时，$e^x>p_n(x)\geqslant\left(1+\frac{x}{n}\right)^n$.

(3) 由(1)当 $x<0$ 时，有

$$|e^x-p_{2n}(x)|\leqslant\frac{|x|^{2n+1}}{(2n+1)!}\to 0\quad(n\to+\infty),$$

$$|e^x-p_{2n+1}(x)|<\frac{|x|^{2n+1}}{(2n+1)!}\to 0\quad(n\to+\infty).$$

$$e^x=\lim_{n\to+\infty}p_n(x)=\sum_{k=0}^{\infty}\frac{x^k}{k!}.$$

而当 $x>0$ 时，由(2)及 $\lim\limits_{n\to+\infty}\left(1+\frac{x}{n}\right)^n=\mathrm{e}^x$ 就得 $\lim\limits_{n\to+\infty}p_n(x)=\mathrm{e}^x$，即 $\sum\limits_{k=0}^{\infty}\frac{x^n}{n!}=\mathrm{e}^x$. 合起来，对 $\forall x\in\mathbb{R}$，

$$\mathrm{e}^x=\sum_{n=0}^{\infty}\frac{x^n}{n!}. \qquad \square$$

176. 设 $f_0(x)=1, f_{k+1}(x)=xf_k(x)-f'_k(x)$. 证明：

(1) $f_n(x)$ 是首项系数为 1 的 n 次多项式；

(2) $f_n(x)$ 有 n 个不同实零点，且关于 0 对称地分布.

证明 (归纳法)(1) $f_0(x)=1, f_1(x)=x\cdot 1-0=x, f_2(x)=x\cdot x-1=x^2-1$ 都是首项(最高次项)系数为 1 的多项式.

设 $f_k(x)$ 是首项系数为 1 的 k 次多项式. $f'_k(x)$ 次数为 $k-1$，仍是多项式，所以 $f_{k+1}(x)$ 的首项即是 $f_k(x)$ 的首项乘以 x，次数高了 1，为 $k+1$，首项系数仍是 1. 故对 $\forall n\in\mathbb{N}, f_n(x)$ 是首项系数为 1 的 n 次多项式.

(2) $f_1(x)=x$ 有一个实根 $x=0$，$f_2(x)=x^2-1$ 有两个不同的实根 $x=\pm1$，关于 0 对称.

假设 $f_{2k}(x)$ 有 $2k$ 个不同的实根，且关于 0 对称地分布，则

$$\begin{aligned}f_{2k}(x)&=(x\pm x_1)\cdots(x\pm x_k)\quad(0<x_1<x_2<\cdots<x_k)\\&=(x^2-x_1^2)(x^2-x_2^2)\cdots(x^2-x_k^2),\end{aligned}$$

$f_{2k}(x)$ 是只含偶次项的多项式. $f'_{2k}(x)$ 只含奇次项，$xf_{2k}(x)$ 也只含奇次项，因此 $f_{2k+1}(x)=xf_{2k}(x)-f'_{2k}(x)$ 只含奇次项. 它必有 $x=0$ 为其根.

再考察 $f'_{2k}(x)$.

$$f'_{2k}(x)=\sum_{i=1}^{k}2x(x^2-x_1^2)\cdots(x^2-x_{i-1}^2)(x^2-x_{i+1}^2)\cdots(x^2-x_k^2),$$

$$f'_{2k}(\pm x_i)\neq 0,\quad i=1,2,\cdots,n,\quad 且\quad f'_{2k}(x_i)=-f'_{2k}(-x_i),$$

$$f_{2k+1}(\pm x_i)=\pm x_i f_{2k}(\pm x_i)-f'_{2k}(x_i)=-f'_{2k}(x_i)\neq 0.$$

又因为 $f'_{2k}(x_1)=2x_1\prod\limits_{i=2}^{2k}(x_1^2-x_i^2)<0, f'_{2k}(x_2)=2x_2(x_2^2-x_1^2)\prod\limits_{i=3}^{2k}(x_2^2-x_i^2)>0$，以此类推知，$f'_{2k}(x_i)$ 的符号是相间的，即 $f'_{2k}(x_{2i-1})<0, f'_{2k}(x_{2i})>0, i=1,2,\cdots,n, f'_{2k}(-x_{2i-1})>0, f'_{2k}(-x_{2i})<0$. 故 $f_{2k+1}(x)$ 在 $(-x_k,-x_{k-1}),\cdots,(-x_2,-x_1),(-x_1,x_1),(x_1,x_2),\cdots,(x_{k-1},x_k)$ 中必各有一零点，计 $2k-1$ 个不同的零点，且若 $\xi_i\in(x_i,x_{i+1})$ 为 $f_{2k+1}(x)$ 的零点，则 $-\xi_i$ 为 $f_{2k+1}(x)$ 在 $(-x_{i+1},-x_i)$ 之间的零点.

因为

$$\lim_{x\to-\infty}f_{2k+1}(x)=-\infty,\quad \lim_{x\to+\infty}f_{2k+1}(x)=+\infty,$$

$$f'_{2k}(-x_k)<0,\quad f'_{2k}(x_k)>0,\quad f_{2k+1}(-x_k)>0,\quad f_{2k+1}(x_k)<0.$$

于是在 $(-\infty,-x_k)$ 和 $(x_k,+\infty)$ 之间 $f_{2k+1}(x)$ 又各有 1 零点. 由此证得 $f_{2k+1}(x)$ 在 $(-\infty,$

$+\infty)$中有 $2k+1$ 个不同的零点.

用同样的方法,可推得 f_{2k+2} 在 $(-\infty,+\infty)$ 中有 $2k+2$ 个不同的零点. 即对 $\forall n\in\mathbb{N}$, $f_n(x)$ 有 n 个不同的实零点,且关于 0 对称地分布. □

177. 求函数 $f(x)=e^x\left[\frac{1}{x}-\frac{\ln(x-1)}{x}\right]$ 在 $[2,4]$ 上的最大值.

解法 1 先求 $f'(x)$.

$$f'(x)=e^x\left[\frac{1}{x}-\frac{\ln(x-1)}{x}-\frac{1}{x^2}-\frac{\frac{x}{x-1}-\ln(x-1)}{x^2}\right]$$

$$=\frac{e^x}{x^2(x-1)}[(x-1)^2(1-\ln(x-1))-x]$$

$$=\frac{e^x(x-1)}{x^2}\left[1-\ln(x-1)-\frac{x}{(x-1)^2}\right].$$

令 $g(x)=1-\ln(x-1)-\frac{x}{(x-1)^2}$, $x\in[2,4]$. 则

$$g'(x)=-\frac{1}{x-1}-\frac{x-1-2x}{(x-1)^3}=\frac{x(3-x)}{(x-1)^3}.$$

当 $2\leqslant x\leqslant 3$ 时, $g'(x)\geqslant 0$; 当 $3\leqslant x\leqslant 4$ 时, $g'(x)\leqslant 0$. 因而 $g(x)$ 在 $[2,3]$ 上单调增,在 $[3,4]$ 中单调减. 于是当 $x\in[2,4]$ 时

$$g(x)\leqslant g(3)=1-\ln 2-\frac{3}{4}=\frac{1}{4}-\frac{1}{2}\ln 4<\frac{1}{4}-\frac{1}{2}=-\frac{1}{4}<0.$$

当 $x\in[2,4]$ 时, $\frac{e^x(x-1)}{x^2}>0$. 故此时 $f'(x)=\frac{e^x(x-1)}{x^2}g(x)<0$. 因而 f 在 $[2,4]$ 上严格单调减,因此

$$\max_{x\in[2,4]}f(x)=f(2)=\frac{e^2}{2}.$$

解法 2 同解法 1,求得 $f'(x)=\frac{e^x}{x^2(x-1)}\{(x-1)^2[1-\ln(x-1)]-x\}$. 注意到当 $x>e+1$ 时,

$$f(x)=\frac{e^x}{x}(1-\ln(x-1))<0.$$

而 $f(2)=\frac{1}{2}e^2>0$. 故只须在区间 $[2,e+1]$ 上讨论 f 的最大值.

令 $h(x)=(x-1)^2(1-\ln(x-1))$, 则

$$h'(x)=2(x-1)(1-\ln(x-1))-(x-1)=(x-1)(1-2\ln(x-1)).$$

在 $[2,e+1]$ 上,当且仅当 $x=e^{\frac{1}{2}}+1$ 时, $h'(x)=0$, 且当 $2<x<e^{\frac{1}{2}}+1$ 时, $h'(x)>0$, $h(x)$ 单调增; 而在 $[e^{\frac{1}{2}}+1,e+1]$ 上, $h'(x)<0$, h 单调减, $h(e^{\frac{1}{2}}+1)=\max\limits_{x\in[2,e+1]}h(x)=\frac{e}{2}<2$, 因此

$$f'(x)=\frac{\mathrm{e}^x}{x^2(x-1)}[h(x)-x]<0.$$

于是 f 在 $[2,\mathrm{e}+1]$ 上单调减，立即知

$$\max_{x\in[2,4]}f(x)=\max_{x\in[2,\mathrm{e}+1]}f(x)=f(2)=\frac{\mathrm{e}^2}{2}.$$ □

178. 设 $f(x)$ 满足 $f''(x)+f'(x)g(x)-f(x)=0$，其中 $g(x)$ 为任一函数. 证明：若 $f(x_0)=f(x_1)=0(x_0<x_1)$，则 f 在 $[x_0,x_1]$ 上恒等于 0.

证明 （反证）假设 f 在 $[x_0,x_1]$ 上不恒为 0，则 $\exists x^*\in(x_0,x_1)$，s. t. $f(x^*)\neq 0$. 由条件，f 在 $[x_0,x_1]$ 上有二阶导数，故必在 $[x_0,x_1]$ 上连续. f 必在 $[x_0,x_1]$ 上达到最大、最小值.

若 $f(x^*)>0$，f 在 $[x_0,x_1]$ 上的最大值 $M>0$. 设 c 为最大值点，则 $c\in(x_0,x_1)$，故 c 也为极大值点. 由 Fermat 定理，$f'(c)=0$. 根据

$$f''(x)+f'(x)g(x)-f(x)=0$$

有

$$f''(c)+f'(c)g(c)-f(c)=0,$$

即 $f''(c)=f(c)=M>0$. 由 $f'(c)=0$，$f''(c)>0$，知 $f(c)$ 为严格极小值，矛盾.

若 $f(x^*)<0$，同理（或用 $-f$ 代替 f）导出矛盾. 于是 $f(x)$ 在 $[x_0,x_1]$ 上恒为 0.

注 题中"$g(x)$ 为任一函数"应理解为任一给定的函数. 因为证明中，用不着考虑 $g(x)$ 的性质.

179. 设 f 在 $(-\infty,+\infty)$ 上二阶可导，$f''>0$. 又设 $f(x_0)<0$，且 $\lim\limits_{x\to-\infty}f'(x)=\alpha<0$，$\lim\limits_{x\to+\infty}f'(x)=\beta>0$. 证明：方程 $f(x)=0$ 在 $(-\infty,+\infty)$ 上恰有两个根.

证明 因为 $\lim\limits_{x\to-\infty}f'(x)=\alpha<0$，$\lim\limits_{x\to+\infty}f'(x)=\beta>0$，故 $\exists a,b$，s. t. $a<x_0<b$，$f'(a)<0$，$f'(b)>0$. 又 $f''(x)>0$，所以 f' 严格单调增. 由于当 $x>b$ 时，

$$\{f(x)-[f(b)+f'(b)(x-b)]\}'=f'(x)-f'(b)>0,$$

所以

$$f(x)-[f(b)+f'(b)(x-b)]>f(b)-[f(b)+f'(b)(b-b)]=0,$$
$$f(x)>f(b)+f'(b)(x-b).$$

因此 $\lim\limits_{x\to+\infty}f(x)=+\infty$.

同理，当 $x<a$ 时，$f(x)>f(a)+f'(a)(x-a)$，$\lim\limits_{x\to-\infty}f(x)=+\infty$. 于是 $\exists c<a,d>b$，s. t. $f(c)>0$，$f(d)>0$. 而由题设 $f(x_0)<0$，$c<a<x_0<b<d$，根据连续函数的零值定理，$\exists\xi_1\in(c,x_0)$，$\xi_2\in(x_0,d)$，s. t.

$$f(\xi_1)=0=f(\xi_2).$$

再证 $f=0$ 只有两个根.（反证）假设有 $\xi_1,\xi_2,\xi_3\in(-\infty,+\infty)$，s. t. $f(\xi_1)=f(\xi_2)=f(\xi_3)=0$. 不妨设 $\xi_1<\xi_2<\xi_3$，由 Rolle 定理，$\exists\ \forall\eta_1\in(\xi_1,\xi_2)$，$\eta_2\in(\xi_2,\xi_3)$，s. t.

$$f'(\eta_1)=f'(\eta_2)=0.$$

再应用 Rolle 定理，$\exists\,\zeta\in(\eta_1,\eta_2)$，s. t. $f''(\zeta)=0$. 与已知 $f''>0$ 矛盾. 所以 f 不可能有三个零点. 恰有两个零点. □

180. 设在有界闭区间$[a,b]$上，函数 f 连续，g 可导，$g(a)=0$，$\lambda\neq 0$ 为常数. 如果 $\forall\, x\in[a,b]$有

$$|g(x)f(x)+\lambda g'(x)|\leqslant g(x).$$

证明：$g(x)=0$，$\forall\, x\in[a,b]$.（读者对照 159 题的结果和证法）

证法 1　（反证）假设 $g(x)\neq 0$，$x\in[a,b]$，则 $\exists$ 区间$(c,d)\subset(a,b)$，s. t. 在(c,d)内 $g(x)\neq 0$，而 $g(c)=0$. 根据题中不等式，在(c,d)内有

$$\left|f(x)+\lambda\frac{g'(x)}{g(x)}\right|\leqslant 1.$$

令 $h(x)=\ln|g(x)|$，$x\in(c,d)$，则 $h'(x)=\dfrac{g'(x)}{g(x)}$，上述不等式变为

$$|f(x)+\lambda h'(x)|\leqslant 1,\quad x\in(c,d).$$

但 $\lim\limits_{x\to c^+}h(x)=\lim\limits_{x\to c^+}\ln|g(x)|=-\infty$，即 $h(x)$在(c,d)内是无界的，再证 $h'(x)$在(c,d)内也无界.（反证）若 $h'(x)$在(c,d)内有界，则 $\exists\, M>0$，当 $x\in(c,d)$时，$|h'(x)|\leqslant M$. 取定 $x_0\in(c,d)$，对 $\forall\, x\in(c,d)$，$\exists\,\xi\in(c,d)$，s. t.

$$\begin{aligned}&|h(x)-h(x_0)|=|h'(\xi)||x-x_0|\leqslant M(d-c),\\&|h(x)|=|h(x)-h(x_0)+h(x_0)|\leqslant|h(x)-h(x_0)|+|h(x_0)|\\&\qquad\leqslant M(d-c)+|h(x_0)|,\end{aligned}$$

这与 $h(x)$在(c,d)上无界相矛盾，所以 $h'(x)$ $(x\in(c,d))$无界. 再由 f 在$[a,b]$上连续，因而有界，设$|f(x)|\leqslant k$，$x\in(a,b)$，将不等式$|f(x)+\lambda h'(x)|\leqslant 1$ 变化为

$$\left|\frac{f(x)}{\lambda}+h'(x)\right|\leqslant\frac{1}{\lambda},\qquad|f(x)|\leqslant k,$$

则

$$\begin{aligned}|h'(x)|&=\left|\frac{f(x)}{\lambda}+h'(x)-\frac{f(x)}{\lambda}\right|\leqslant\left|\frac{f(x)}{\lambda}+h'(x)\right|+\left|\frac{f(x)}{\lambda}\right|\\&\leqslant\frac{1}{|\lambda|}+\frac{k}{|\lambda|}=\frac{1+k}{|\lambda|}.\end{aligned}$$

有界，矛盾. 因而 $g(x)=0$，$x\in[a,b]$.

证法 2　这要用到 6.3 节关于变上限积分的知识.

令

$$G(x)=g(x)\mathrm{e}^{\frac{1}{\lambda}\int_a^x f(t)\mathrm{d}t},$$

则 $G(a)=0$，$G'(x)=\mathrm{e}^{\frac{1}{\lambda}\int_a^x f(t)\mathrm{d}t}\left[\dfrac{g(x)f(x)}{\lambda}+g'(x)\right]$，所以

$$|G'(x)| \leqslant \frac{1}{|\lambda|} e^{\frac{1}{\lambda}\int_a^x f(t)dt} |g(x)f(x) + \lambda g'(x)|$$

$$\leqslant \frac{1}{|\lambda|} e^{\frac{1}{\lambda}\int_a^x f(t)dt} |g(x)| = \frac{1}{\lambda} |G(x)|.$$

令正数 $\varepsilon < |\lambda|$ 充分小,使 $[a,a+\varepsilon] \subset [a,b]$. 设 d 为 $|G(x)|$ 在 $[a,a+\varepsilon]$ 上的最大值点. 若 $G(d) \neq 0$,则

$$0 \neq |G(d)| = |G(d) - G(a)| = |G'(\xi)||d-a| < \frac{1}{|\lambda|} |G(\xi)||\lambda| = |G(\xi)|,$$

其中 $a < \xi < d \leqslant a+\varepsilon < a+\lambda$, $|G(d)| < |G(\xi)|$,与 $|G(d)|$ 是 $|G(x)|$ 在 $[a,a+\varepsilon]$ 上的最大值矛盾. 因此有 $G(x)=0, x \in [a,a+\varepsilon]$,即 $g(x)=0$. 由此再推出在 $[a,a+2\varepsilon]$ 上 $g(x)=0,\cdots$,在 $[a,a+N\varepsilon]$ 上 $g(x) \equiv 0$. 当 $a+N\varepsilon \geqslant b$ 时. 就有在 $[a,b]$ 上, $g(x) \equiv 0$. □

第4章

Taylor公式

Ⅰ. Taylor 公式的重要定理

Taylor 公式是 Lagrange 中值定理的进一步推广,它是微分学的顶峰.掌握了 Taylor 公式之后,再回过头来看一看微分中值定理,将有一种"会当凌绝顶,一览众山小"的意境.

定理 4.1.1(惟一性) 设

$$f(x)=\sum_{k=0}^{n}a_k(x-x_0)^k+o((x-x_0)^n)$$

$$=\sum_{k=0}^{n}b_k(x-x_0)^k+o((x-x_0)^n),\quad x\to x_0,$$

则 $a_k=b_k,k=0,1,\cdots,n.$

定理 4.1.2(带 Peano(佩亚诺)型余项的 Taylor 公式) 设 f 在 x_0 有直至 n 阶的导数,则有

$$f(x)=\sum_{k=0}^{n}\frac{f^{(k)}(x_0)}{k!}(x-x_0)^k+R_n(x),$$

$$R_n(x)=o((x-x_0)^n),\quad x\to x_0.$$

定理 4.1.3(带 Lagrange 型余项与 Cauchy 型余项的 Taylor 公式) 设函数 f 在区间 I 上有 n 阶连续导数,在 $\mathring{I}$ 上有 $n+1$ 阶导数,$x_0\in\mathring{I}$,则有带 Lagrange 型余项的 Taylor 公式

$$f(x)=\sum_{k=0}^{n}\frac{f^{(k)}(x_0)}{k!}(x-x_0)^k+\frac{f^{(n+1)}(\xi)}{(n+1)!}(x-x_0)^{n+1}$$

$$=\sum_{k=0}^{n}\frac{f^{(k)}(x_0)}{k!}(x-x_0)^k+\frac{f^{(n+1)}(x_0+\theta(x-x_0))}{(n+1)!}(x-x_0)^{n+1},\quad \theta\in(0,1);$$

还有 Cauchy 型余项 Taylor 公式

$$f(x)=\sum_{k=0}^{n}\frac{f^{(k)}(x_0)}{k!}(x-x_0)^k+\frac{f^{(n+1)}(\xi)}{n!}(x-\xi)^n(x-x_0)$$

$$=\sum_{k=0}^{n}\frac{f^{(k)}(x_0)}{k!}(x-x_0)^k+\frac{f^{(n+1)}(x_0+\theta(x-x_0))}{n!}(1-\theta)^n(x-x_0)^{n+1},$$

其中 $\xi\in(x_0,x)$(或 $\xi\in(x,x_0)$),$\theta\in(0,1)$.

Ⅱ. 5 个重要的 Maclaurin 公式(展开式)($x_0=0$ 处的 Taylor 公式(展开式))

(1) $\mathrm{e}^x=\sum_{k=0}^{n}\frac{x^k}{k!}+R_n(x)$,

$$R_n(x)=\begin{cases}o(x^n), & \text{(Peano 余项)}\\ \frac{\mathrm{e}^{\xi}}{(n+1)!}x^{n+1}=\frac{\mathrm{e}^{\theta x}}{(n+1)!}x^{n+1}, & \text{(Lagrange 余项)}\\ \frac{\mathrm{e}^{\xi}}{n!}(x-\xi)^n x=\frac{\mathrm{e}^{\theta x}}{n!}(1-\theta)^n x^{n+1}; & \text{(Cauchy 余项)}\end{cases}$$

(2) $\sin x=\sum_{j=1}^{m}\frac{(-1)^{j-1}}{(2j-1)!}x^{2j-1}+R_{2m}(x)$,

$$R_{2m}(x)=\begin{cases}o(x^{2m}),\\ \frac{(-1)^m\cos\xi}{(2m+1)!}x^{2m+1}=\frac{(-1)^m\cos\theta x}{(2m+1)!}x^{2m+1},\\ \frac{(-1)^m\cos\xi}{(2m)!}(x-\xi)^{2m}x=\frac{(-1)^m\cos\theta x}{(2m)!}(1-\theta)^{2m}x^{2m+1};\end{cases}$$

(3) $\cos x=\sum_{j=0}^{m}(-1)^j\frac{x^{2j}}{(2j)!}+R_{2m+1}(x)$,

$$R_{2m+1}(x)=\begin{cases}o(x^{2m+1}),\\ \frac{(-1)^{m+1}\cos\xi}{(2m+2)!}x^{2m+2}=\frac{(-1)^{m+1}\cos\theta x}{(2m+2)!}x^{2m+2},\\ \frac{(-1)^{m+1}\cos\xi}{(2m+1)!}(x-\xi)^{2m+1}x=\frac{(-1)^{m+1}\cos\theta x}{(2m+1)!}(1-\theta)^{2m+1}x^{2m+2};\end{cases}$$

(4) $\ln(1+x)=\sum_{k=1}^{n}\frac{(-1)^{k-1}}{k}x^k+R_n(x),x>-1$,

$$R_n(x)=\begin{cases}o(x^n),\\ \frac{(-1)^n}{(n+1)(1+\xi)^{n+1}}x^{n+1}=\frac{(-1)^n}{(n+1)(1+\theta x)^{n+1}}x^{n+1},\\ \frac{(-1)^n}{(1+\xi)^{n+1}}(x-\xi)^n x=\frac{(-1)^n}{(1+\theta x)^{n+1}}(1-\theta)^n x^{n+1};\end{cases}$$

(5) $(1+x)^{\alpha}=1+\sum\limits_{k=1}^{n}\frac{\alpha(\alpha-1)\cdots(\alpha-k+1)}{k!}x^{k}+R_{n}(x), x>-1, \alpha\in\mathbb{R}$ 为常数，

$$R_{n}(x)=\begin{cases}o(x^{n}),\\ \dfrac{\alpha(\alpha-1)\cdots(\alpha-n)}{(n+1)!}(1+\xi)^{\alpha-n-1}x^{n+1}=\dfrac{\alpha(\alpha-1)\cdots(\alpha-n)}{(n+1)!}(1+\theta x)^{\alpha-n-1}x^{n+1},\\ \dfrac{\alpha(\alpha-1)\cdots(\alpha-n)}{n!}(1+\xi)^{\alpha-n-1}(x-\xi)^{n}x=\dfrac{\alpha(\alpha-1)\cdots(\alpha-n)}{n!}(1+\theta x)^{\alpha-n-1}(1-\theta)^{n}x^{n+1},\end{cases}$$

其中 ξ 介于 0 与 x 之间，$\theta\in(0,1)$.

特别地，当 $\alpha=-1$ 时，有带 Lagrange 余项的 Maclaurin 公式

$$\begin{aligned}\frac{1}{1+x}=(1+x)^{-1}&=\sum_{k=0}^{n}(-1)^{k}x^{k}+\frac{(-1)^{n+1}x^{n+1}}{(1+\xi)^{n+1}}\\&=\sum_{k=0}^{n}(-1)^{k}x^{k}+\frac{(-1)^{n+1}x^{n+1}}{(1+\theta x)};\end{aligned}$$

当 $\alpha=\frac{1}{2}$ 时，有带 Lagrange 余项的 Maclaurin 公式

$$\begin{aligned}\sqrt{1+x}&=(1+x)^{\frac{1}{2}}\\&=1+\sum_{k=1}^{n}\frac{(-1)^{k-1}(2k-3)!!}{(2k)!!}x^{k}+\frac{(-1)^{n}(2n-1)!!}{(2n+2)!!}\frac{x^{n+1}}{(1+\xi)^{n+\frac{1}{2}}}\\&=1+\sum_{k=1}^{n}\frac{(-1)^{k-1}(2k-3)!!}{(2k)!!}+\frac{(-1)^{n}(2n-1)!!}{(2n+2)!!}\frac{x^{n+1}}{(1+\theta x)^{n+\frac{1}{2}}},\end{aligned}$$

ξ 介于 0 与 x 之间，$0<\theta<1$.

Ⅲ. Taylor 展开的方法

由 Taylor 展开的惟一性定理 4.1.1 知，无论用何种方式展开，其结果都是一样的.

(1) 先求 $f^{(k)}(x_{0})$，再作 Taylor 展开（定理 4.1.2，定理 4.1.3，例 4.1.12 解法 3，思考题 14.2(1)).

(2) 应用多项式按高幂次向低幂次变形（例 4.1.7).

(3) 应用已知 Taylor 展开式（例 4.1.8，例 4.2.4，例 4.1.10，例 4.1.11，例 4.1.12 解法 1).

(4) 待定系数法（例 4.1.9 解法 1，例 4.1.12 解法 2，思考题 14.2(2)).

(5) 应用逐项积分. 如：

$$(\arctan x)'=\frac{1}{1+x^{2}}=\sum_{k=0}^{\infty}(-x^{2})^{k}=\sum_{k=0}^{\infty}(-1)^{k}x^{2k},$$

$$\begin{aligned}\arctan x&=\int_{0}^{x}(\arctan t)'\mathrm{d}t=\int_{0}^{x}\sum_{k=0}^{\infty}(-1)^{k}t^{2k}\mathrm{d}t\xlongequal{\text{逐项积分}}\sum_{k=0}^{\infty}(-1)^{k}\int_{0}^{x}t^{2k}\mathrm{d}t\\&=\sum_{k=0}^{\infty}(-1)^{k}\frac{x^{2k+1}}{2k+1},\end{aligned}$$

$$\arctan x=\sum_{k=0}^{n}(-1)^k\frac{x^{2k+1}}{2k+1}+o(x^{2n+1}),\quad x\to 0.$$

(6) 应用逐项求导. 如:

$$(x^3\arctan x)''=\left[\sum_{k=0}^{\infty}(-1)^k\frac{x^{2k+4}}{2k+1}\right]''=\sum_{k=0}^{\infty}(-1)^k\frac{(2k+4)(2k+3)}{2k+1}x^{2k+2},$$

$$(x^3\arctan x)''=\sum_{k=0}^{n}(-1)^k\frac{(2k+4)(2k+3)}{2k+1}x^{2k+2}+o(x^{2n+2}),\quad x\to 0.$$

建议读者应用① $(\arcsin x)'=\frac{1}{\sqrt{1-x^2}}=(1-x^2)^{-\frac{1}{2}}$ 与逐项积分给出 $\arcsin x$ 的 Maclaurin 展开式. ② 展开方法(1)与例 3.2.8(1)给出 $\arcsin x$ 的 Maclaurin 展开式.

Ⅳ. Taylor 公式的应用

参阅[1]第一册 266～678 页.

(1) 应用 Taylor 公式求极限(例 4.2.1～例 4.2.6).

(2) 应用 Taylor 公式证明不等式(例 4.2.8,例 4.2.9).

(3) 应用 Taylor 公式求极值(定理 4.2.1).

(4) 应用 Taylor 公式研究函数的局部形态(定理 4.2.2).

(5) 应用 Taylor 公式研究线性插值(例 4.2.10).

(6) 应用 Taylor 公式作近似计算(例 4.2.11～例 4.2.15).

181. 证明:(1) 设 $f(x)$在$(a,+\infty)$上可导,若 $\lim\limits_{x\to+\infty}f(x)$, $\lim\limits_{x\to+\infty}f'(x)$都存在且有限,则 $\lim\limits_{x\to+\infty}f'(x)=0$.

(2) 设 $f(x)$在$(a,+\infty)$上三阶可导,若 $\lim\limits_{x\to+\infty}f(x)$, $\lim\limits_{x\to+\infty}f'''(x)$都存在且有限,则 $\lim\limits_{x\to+\infty}f'(x)=\lim\limits_{x\to+\infty}f''(x)=\lim\limits_{x\to+\infty}f'''(x)=0$.

(3) 设 $f(x)$在$(a,+\infty)$上 n 阶可导. 若 $\lim\limits_{x\to+\infty}f(x)$, $\lim\limits_{x\to+\infty}f^{(n)}(x)$都存在且有限,则 $\lim\limits_{x\to+\infty}f^{(k)}(x)=0,k=1,2,\cdots,n$.

证明 (1) 设 $\lim\limits_{x\to+\infty}f(x)=A$,则 $\lim\limits_{x\to+\infty}f(x+1)=A$. 由 Lagrange 中值定理

$$\exists\xi\in(x,x+1),\text{s.t. }f'(\xi)=f(x+1)-f(x),\quad x\to+\infty\Rightarrow\xi\to+\infty,$$

故 $0=\lim\limits_{x\to+\infty}[f(x+1)-f(x)]=\lim\limits_{x\to+\infty}f'(\xi)=\lim\limits_{x\to+\infty}f'(x)$.

(2) 由题设和 Taylor 公式,有

$$f(x+1)=f(x)+f'(x)+\frac{1}{2!}f''(x)+\frac{1}{3!}f'''(\xi_1),\quad \xi_1\in(x,x+1),$$

$$f(x-1)=f(x)+f'(x)(-1)+\frac{1}{2!}f''(x)(-1)^2-\frac{1}{3!}f'''(\xi_2),\quad \xi_2\in(x-1,x).$$

两式相加得

$$f''(x)=f(x+1)+f(x-1)-2f(x)-\frac{1}{6}f'''(\xi_1)+\frac{1}{6}f'''(\xi_2).$$

由 $\lim\limits_{x\to+\infty}f(x)$ 和 $\lim\limits_{x\to+\infty}f'''(x)$ 存在有限，记为 $\lim\limits_{x\to+\infty}f(x)=A$，$\lim\limits_{x\to+\infty}f'''(x)=B$，又当 $x\to+\infty$ 时，$\xi_1\to+\infty$，$\xi_2\to+\infty$. 于是

$$\begin{aligned}\lim_{x\to+\infty}f''(x)&=\lim_{x\to+\infty}\left[f(x+1)+f(x-1)-2f(x)-\frac{1}{6}f'''(\xi_1)+\frac{1}{6}f'''(\xi_2)\right]\\&=A+A-2A-\frac{1}{6}B+\frac{1}{6}B=0.\end{aligned}$$

再由

$$f(x+1)=f(x)+f'(x)+\frac{1}{2}f''(\eta_1),\quad \eta_1\in(x,x+1),$$

$$f(x-1)=f(x)-f'(x)+\frac{1}{2}f''(\eta_2),\quad \eta_2\in(x-1,x).$$

两式相减得 $2f'(x)=f(x+1)-f(x-1)-\frac{1}{2}f''(\eta_1)+\frac{1}{2}f''(\eta_2)$，于是

$$\begin{aligned}\lim_{x\to+\infty}f'(x)&=\frac{1}{2}\lim_{x\to+\infty}\left[f(x+1)-f(x-1)-\frac{1}{2}f''(\eta_1)+\frac{1}{2}f''(\eta_2)\right]\\&=\frac{1}{2}[A-A+0+0]=0.\end{aligned}$$

再考虑 $f(n+1)=f(n)+f'(n)+\frac{1}{2}f''(n)+\frac{1}{6}f'''(\xi_n)$，$\xi_n\in(n,n+1)$，$\lim\limits_{n\to+\infty}\xi_n=+\infty$，所以

$$\begin{aligned}B&=\lim_{x\to+\infty}f'''(x)=\lim_{n\to+\infty}f'''(\xi_n)\\&=6\lim_{n\to+\infty}\left[f(n+1)-f(n)-f'(n)-\frac{1}{2}f''(n)\right]\\&=A-A-0-\frac{1}{2}\cdot 0=0.\end{aligned}$$

(3) 应用 Taylor 公式，有

$$f(x+m)=f(x)+mf'(x)+\frac{m^2}{2!}f''(x)+\cdots+\frac{m^{n-1}}{(n-1)!}f^{(n-1)}(x)+\frac{m^n}{n!}f^{(n)}(\xi_m(x)),$$

其中 $\xi_m(x)\in(x,x+m)$，$m=1,2,\cdots,n$.

由于 $f'(x),f''(x),\cdots,f^{(n-1)}(x)$ 均可用 $f(x+m)-f(x)$ 及 $f^{(n)}(\xi_m(x))$ 表达，而 $\lim\limits_{x\to+\infty}[f(x+m)-f(x)]$ 与 $\lim\limits_{x\to+\infty}f^{(n)}(\xi_m(x))=\lim\limits_{x\to+\infty}f^{(n)}(x)$ 均存在有限，故 $\lim\limits_{x\to+\infty}f^{(k)}(x)$ 均存在有限，分别记为 $\lim\limits_{x\to+\infty}f^{(k)}(x)=A_k$，$k=0,1,\cdots,n$.

在上面的 Taylor 公式中，令 $x\to+\infty$，则 $\xi_m(x)\to+\infty$，于是有

$$0=\lim_{x\to+\infty}[f(x+m)-f(x)]=m\lim_{x\to+\infty}f'(x)+\frac{m^2}{2}\lim_{x\to+\infty}f''(x)+\cdots$$
$$+\frac{m^{n-1}}{(n-1)!}\lim_{x\to+\infty}f^{(n-1)}(x)+\frac{m^n}{n!}\lim_{x\to+\infty}f^{(n)}(\xi_m(x)),$$

即

$$0=A_0-A_0=mA_1+\frac{m^2}{2!}A_2+\cdots+\frac{m^{n-1}}{(n-1)!}A_{n-1}+\frac{m^n}{n!}A_n,\quad m=1,2,\cdots,n.$$

列举出来为

$$\begin{cases}A_1+\dfrac{1}{2!}A_2+\cdots+\dfrac{1}{(n-1)!}A_{n-1}+\dfrac{1}{n!}A_n=0,\\ 2A_1+\dfrac{2^2}{2!}A_2+\cdots+\dfrac{2^{n-1}}{(n-1)!}A_{n-1}+\dfrac{2^n}{n!}A_n=0,\\ \qquad\vdots\\ nA_1+\dfrac{n^2}{2!}A_2+\cdots+\dfrac{n^{n-1}}{(n-1)!}A_{n-1}+\dfrac{n^n}{n!}A_n=0.\end{cases}$$

化简得

$$\begin{cases}A_1+\dfrac{1}{2!}A_2+\cdots+\dfrac{1}{(n-1)!}A_{n-1}+\dfrac{1}{n!}A_n=0,\\ A_1+\dfrac{2}{2!}A_2+\cdots+\dfrac{2^{n-2}}{(n-1)!}A_{n-1}+\dfrac{2^{n-1}}{n!}A_n=0,\\ \qquad\vdots\\ A_1+\dfrac{n}{2!}A_2+\cdots+\dfrac{n^{n-2}}{(n-1)!}A_{n-1}+\dfrac{n^{n-1}}{n!}A_n=0.\end{cases}$$

方程组的系数行列式为

$$\begin{vmatrix}1 & \frac{1}{2!} & \cdots & \frac{1}{(n-1)!} & \frac{1}{n!}\\ 1 & \frac{2}{2!} & \cdots & \frac{2^{n-2}}{(n-1)!} & \frac{2^{n-1}}{n!}\\ \vdots & \vdots & & \vdots & \vdots\\ 1 & \frac{n}{2!} & \cdots & \frac{n^{n-2}}{(n-1)!} & \frac{n^{n-1}}{n!}\end{vmatrix}=\frac{1}{1!2!\cdots n!}\begin{vmatrix}1 & 1 & \cdots & 1 & 1\\ 1 & 2 & \cdots & 2^{n-2} & 2^{n-1}\\ \vdots & \vdots & & \vdots & \vdots\\ 1 & n & \cdots & n^{n-2} & n^{n-1}\end{vmatrix}$$

$$\xlongequal{\text{Vandermonde 行列式}}\frac{1}{1!2!\cdots n!}(2-1)(3-1)\cdots(n-1)(3-2)(4-2)$$
$$\cdots(n-2)\cdots(n-(n-1))$$
$$=\frac{1}{1!2!\cdots n!}(n-1)!(n-2)!\cdots1!=\frac{1}{n!}\neq0.$$

所以,齐次方程组只有零解,即

$$A_1=A_2=\cdots=A_n=0.$$

也就是 $\lim\limits_{x\to+\infty}f^{(k)}(x)=0,k=1,2,\cdots,n.$ □

182. 设 $h>0$，函数 f 在 $U(a;h)$ 内具有 $n+2$ 阶连续导数，且 $f^{(n+2)}(a)\neq 0$. f 在 $U(a;h)$ 内的 Taylor 公式为

$$f(a+h)=f(a)+f'(a)h+\cdots+\frac{f^{(n)}(a)}{n!}h^n+\frac{f^{(n+1)}(a+\theta(h)h)}{(n+1)!}h^{n+1},\quad 0<\theta(h)<1.$$

证明：$\lim\limits_{h\to 0}\theta(h)=\dfrac{1}{n+2}$.

证明 由 f 在 $U(a;h)$ 内的 Taylor 展开

$$f(a+h)=f(a)+f'(a)h+\cdots+\frac{h^n}{n!}f^{(n)}(a)+\frac{h^{n+1}}{(h+1)!}f^{(n+1)}(a+\theta(h)h),\quad 0<\theta(h)<1$$

及 f 在 $U(a;h)$ 内展开到 h^{n+2} 次

$$f(a+h)=f(a)+f'(a)h+\cdots+\frac{h^n}{n!}f^{(n)}(a)+\frac{h^{n+1}}{(n+1)!}f^{(n+1)}(a)+\frac{h^{n+2}}{(n+2)!}f^{(n+2)}(\xi),$$

其中 ξ 介于 a 与 $a+h$ 之间，$\lim\limits_{h\to 0}\xi=a$.

两式相减得

$$\frac{h^{n+1}}{(n+1)!}\left[f^{(n+1)}(a+\theta(h)h)-f^{(n+1)}(a)\right]=\frac{h^{n+2}}{(n+2)!}f^{(n+2)}(\xi).$$

于是

$$\theta(h)=\frac{\dfrac{h}{n+2}f^{(n+2)}(\xi)}{\dfrac{f^{(n+1)}(a+\theta(h)h)-f^{(n+1)}(a)}{\theta(h)}}=\frac{f^{(n+2)}(\xi)}{\dfrac{f^{(n+1)}(a+\theta(h)h)-f^{(n+1)}(a)}{\theta(h)h}}\cdot\frac{1}{n+2}.$$

根据导数的定义及 f 的 $n+2$ 阶导数连续，有

$$\lim_{h\to 0}\theta(h)=\frac{f^{(n+2)}(a)}{f^{(n+2)}(a)}\cdot\frac{1}{n+2}=\frac{1}{n+2}.$$ □

注 “f 具有连续的 $n+2$ 阶导数”这一条件可减弱为 f 在 a 处有 $n+2$ 阶导数，下面一题给出了证明.

183. 设函数 $f(x)$ 在点 x_0 处有 $n+1$ 阶导数，且 $f^{(n+1)}(x_0)\neq 0$. 将 $f(x)$ 在 x_0 处按 Taylor 公式展开

$$f(x_0+h)=f(x_0)+f'(x_0)h+\cdots+\frac{f^{(n-1)}(x_0)}{(n-1)!}h^{n-1}+\frac{h^n}{n!}f^{(n)}(x_0+\theta(h)h),\quad \theta(h)\in(0,1).$$

证明：$\lim\limits_{h\to 0}\theta(h)=\dfrac{1}{n+1}$.

证明 $f(x)$ 在 x_0 处的 Taylor 展开(带 Peano 余项)为

$$f(x_0+h)=f(x_0)+f'(x_0)h+\cdots+\frac{h^n}{n!}f^{(n)}(x_0)+\frac{h^{n+1}}{(n+1)!}f^{(n+1)}(x_0)+o(h^{n+1}),$$

按题意的 Taylor 展开为

$$f(x_0+h)=f(x_0)+f'(x_0)h+\cdots+\frac{h^n}{n!}f^{(n)}(x_0+\theta(h)h),\quad \theta(h)\in(0,1).$$

两式相减得

$$\frac{h^n}{n!}[f^{(n)}(x_0+\theta(h)h)-f^{(n)}(x_0)]=\frac{h^{n+1}}{(n+1)!}f^{(n+1)}(x_0)+o(h^{n+1}).$$

应用导数的定义,有

$$\lim_{h\to 0}\theta(h)=\lim_{h\to 0}\frac{\frac{1}{n+1}f^{(n+1)}(x_0)+o(1)}{\frac{f^{(n)}(x_0+\theta(h)h)-f^{(n)}(x_0)}{\theta(h)h}}=\frac{f^{n+1}(x_0)}{(n+1)f^{(n+1)}(x_0)}=\frac{1}{n+1}.$$ □

184. 设函数 $f(x)$ 在 $(x_0-\delta,x_0+\delta)$ 内有 n 阶连续导数,且

$$f''(x_0)=f'''(x_0)=\cdots=f^{(n-1)}(x_0)=0,$$

但 $f^{(n)}(x_0)\neq 0$. 当 $0<|h|<\delta$ 时,

$$f(x_0+h)-f(x_0)=hf'(x_0+\theta(h)h),\quad 0<\theta(h)<1.$$

证明: $\lim\limits_{h\to 0}\theta(h)=\frac{1}{\sqrt[n-1]{n}}$.

证明 由题设知

$$\frac{f(x_0+h)-f(x_0)}{h}=f'(x_0+\theta(h)h),\quad 0<\theta(h)<1.$$

将 $f(x_0+h)$, $f'(x_0+\theta(h)h)$ 在 x_0 处 Taylor 展开,并注意到 $f^{(k)}(x_0)=0$, $k=2,3,\cdots,n-1$,有

$$f(x_0+h)=f(x_0)+hf'(x_0)+\frac{h^n}{n!}f^{(n)}(x_0+\theta_1 h),\quad 0<\theta_1<1,$$

$$f'(x_0+\theta(h)h)=f'(x_0)+\frac{(\theta(h)h)^{n-1}}{(n-1)!}f^{(n)}(x_0+\theta_2 h\theta(h)),\quad 0<\theta_2<1.$$

于是

$$f'(x_0)+\frac{h^{n-1}}{n!}f^{(n)}(x_0+\theta_1 h)=\frac{f(x_0+h)-f(x_0)}{h}=f'(x_0+\theta(h)h)$$

$$=f'(x_0)+\frac{(\theta(h))^{n-1}h^{n-1}}{(n-1)!}f^{(n)}(x_0+\theta_2 h\theta(h)).$$

推得

$$\frac{f^{(n)}(x_0+\theta_1 h)}{(\theta(h))^{n-1}nf^{(n)}(x_0+\theta_2 h\theta(h))}=1.$$

再由 $f^{(n)}(x)$ 连续,且 $f^{(n)}(x_0)\neq 0$,就有

$$\lim_{h\to 0}\theta(h)=\lim_{h\to 0}\left[\frac{f^{(n)}(x_0+\theta_1 h)}{nf^{n}(x_0+\theta_2 h\theta(h))}\right]^{\frac{1}{n-1}}=\left(\frac{1}{n}\cdot\frac{f^{(n)}(x_0)}{f^{(n)}(x_0)}\right)^{\frac{1}{n-1}}=\frac{1}{n^{\frac{1}{n-1}}}=\frac{1}{\sqrt[n-1]{n}}.$$ □

185. 设函数 $f(x)$ 与 $g(x)$ 在 $(-1,1)$ 内无限次可导,在 $[-1,1]$ 上连续,且

$$|f^{(n)}(x)-g^{(n)}(x)|\leqslant n!\,|x|,\quad |x|<1,n=0,1,2,\cdots$$

证明: $f(x)=g(x)$, $x\in[-1,1]$.

证明 由题意知

$$|f^{(n)}(0)-g^{(n)}(0)|\leqslant n!0=0,\quad n=0,1,2,\cdots$$

所以 $f^{(n)}(0)-g^{(n)}(0)=0,n=0,1,2,\cdots$. $\forall x\in(-1,1)$有

$$\begin{aligned}|f(x)-g(x)|&=\left|\sum_{k=0}^{n}\frac{1}{k!}[f^{(k)}(0)-g^{(k)}(0)]x^k+\frac{1}{(n+1)!}[f^{(n+1)}(\xi)-g^{(n+1)}(\xi)]x^{n+1}\right|\\&=\frac{1}{(n+1)!}|f^{(n+1)}(\xi)-g^{(n+1)}(\xi)||x|^{n+1}\leqslant\frac{(n+1)!}{(n+1)!}|\xi||x|^{n+1}\\&\leqslant|x|^{n+2}.\end{aligned}$$

其中 ξ 介于0与 x 之间,故 $|\xi|<|x|$. 令 $n\to+\infty$, $\forall x\in(-1,1)$. $|x|^{n+2}\to0(n\to+\infty)$,所以,$|f(x)-g(x)|=0$,从而 $f(x)=g(x)$, $\forall x\in(-1,1)$.

再由 f,g 在$[-1,1]$上连续,故

$$f(1)=\lim_{x\to1^-}f(x)=\lim_{x\to1^-}g(x)=g(1),$$

$$f(-1)=\lim_{x\to(-1)^+}f(x)=\lim_{x\to(-1)^+}g(x)=g(-1),$$

从而

$$f(x)=g(x),\quad x\in[-1,1].$$

□

186. 设函数 $f(x)$在$[0,1]$上二阶可导,$f(0)=f(1)=0$,并且在$[0,1]$上 $f(x)$的最小值为-1. 证明:$\exists\xi_1,\xi_2\in(0,1)$, s. t. $f''(\xi_1)\geqslant8$, $f''(\xi_2)\leqslant8$.

证明 设 f 在 x_0 处取到最小值 $-1<0=f(0)=f(1)$,所以 $x_0\in(0,1)$, x_0 也是 f 的极小值点. 由 Fermat 定理,$f'(x_0)=0$, $f(x_0)=-1$. 将 $f(x)$在 x_0 处 Taylor 展开,有

$$\begin{aligned}f(0)&=f(x_0)+f'(x_0)(0-x_0)+\frac{1}{2!}f''(\xi_1)(0-x_0)^2\\&=f(x_0)+\frac{x_0^2}{2!}f''(\xi_1),\quad \xi_1\in(0,x_0),\\f(1)&=f(x_0)+f'(x_0)(1-x_0)+\frac{1}{2!}f''(\xi_2)(1-x_0)^2\\&=f(x_0)+\frac{(1-x_0)^2}{2!}f''(\xi_2),\quad \xi_2\in(x_0,1).\end{aligned}$$

将 $f(0)=f(1)=0$, $f(x_0)=-1$ 代入得

$$\begin{cases}\dfrac{x_0^2}{2}f''(\xi_1)=1,\\\dfrac{(1-x_0)^2}{2}f''(\xi_2)=1.\end{cases}$$

(1) 若 $0<x_0\leqslant\frac{1}{2}$,则$\frac{1}{2}\leqslant1-x_0<1$,

$$f''(\xi_1)=\frac{2}{x_0^2}\geqslant\frac{2}{\left(\frac{1}{2}\right)^2}=8,$$

$$f''(\xi_2)=\frac{2}{(1-x_0)^2}\leqslant\frac{2}{\left(\frac{1}{2}\right)^2}=8.$$

(2) 若$\frac{1}{2}<x_0<1$,则 $0<1-x_0<\frac{1}{2}$,

$$f''(\xi_1)=\frac{2}{x_0^2}<\frac{2}{\left(\frac{1}{2}\right)^2}=8,$$

$$f''(\xi_2)=\frac{2}{(1-x_0)^2}>8.$$

□

187. 设 $f(x)$在(x_0-R,x_0+R)内有各阶导数,且对$\forall n\in\mathbb{N}$,有

$$|f^{(n)}(x)|\leqslant M(\text{常数}),\quad \forall x\in(x_0-R,x_0+R).$$

证明:$f(x)$在(x_0-R,x_0+R)内可展开为无穷 Taylor 级数,即

$$f(x)=\sum_{k=0}^{\infty}\frac{f^{(k)}(x_0)}{k!}(x-x_0)^k.$$

证明 由 $f(x)$在(x_0-R,x_0+R)内有各阶导数,f 在 x_0 处的 Taylor 展开式为

$$f(x)=\sum_{k=0}^{n}\frac{f^{(k)}(x_0)}{k!}(x-x_0)^k+R_n(x),$$

$$R_n(x)=\frac{f^{(n+1)}(\xi)}{(n+1)!}(x-x_0)^{n+1},\quad \xi\in(x_0-R,x_0+R).$$

估计 $R_n(x)$

$$0\leqslant|R_n(x)|=\left|\frac{f^{(n+1)}(\xi)}{(n+1)!}(x-x_0)^{n+1}\right|\leqslant\frac{M}{(n+1)!}R^{n+1}.$$

$\exists N_0\in\mathbb{N}$. s. t. $N_0\leqslant R<N_0+1$,故

$$0\leqslant\frac{R^{n+1}}{(n+1)!}=\frac{R^{N_0}}{N_0!}\cdot\frac{R}{N_0+1}\cdots\frac{R}{n+1}<\frac{R^{N_0+1}}{N_0!}\cdot\frac{1}{n+1}\to 0\quad(n\to+\infty).$$

从而$\lim\limits_{n\to+\infty}\frac{MR^{n+1}}{(n+1)!}=0$. 再由夹逼定理知

$$\lim_{n\to+\infty}|R_n(x)|=0,\quad 故\quad \lim_{n\to+\infty}R_n(x)=0.$$

于是

$$\sum_{k=0}^{\infty}\frac{f^{(k)}(x_0)}{k!}(x-x_0)^k=\lim_{n\to+\infty}\sum_{k=0}^{n}\frac{f^{(k)}(x_0)}{k!}(x-x_0)^k$$
$$=\lim_{n\to+\infty}(f(x)-R_n(x))=f(x)-0=f(x).$$

□

188. 设 $f(x)$在$(-1,1)$内二阶可导,$f(0)=f'(0)=0$,$|f''(x)|\leqslant|f(x)|+|f'(x)|$. 分别应用 Taylor 公式和 Lagrange 中值定理证明:$\exists\delta>0$,s. t. $f(x)=0$,$\forall x\in(-\delta,\delta)$.

证法 1(应用 Taylor 公式) f 在$(-1,1)$内二阶可导,故 f,f'连续. 令

$$M=\max_{-\frac{1}{4}\leqslant x\leqslant\frac{1}{4}}\{|f(x)|+|f'(x)|\}=|f(x_0)|+|f'(x_0)|,\quad x_0\in\left[-\frac{1}{4},\frac{1}{4}\right].$$

由 $f(0)=f'(0)=0$ 及 Taylor 公式有

$$\begin{aligned}f(x_0)&=f(0)+f'(0)x_0+\frac{1}{2!}f''(\xi_1)x_0^2\\&=\frac{1}{2!}f''(\xi_1)x_0^2,\quad \xi_1\in(0,x_0)\quad 或\quad \xi_1\in(x_0,0)\subset\left[-\frac{1}{4},\frac{1}{4}\right].\end{aligned}$$

$$\begin{aligned}f'(x_0)&=f'(0)+f''(\xi_2)x_0\\&=f''(\xi_2)x_0,\quad \xi_2\in(0,x_0)\quad 或\quad (x_0,0)\subset\left[-\frac{1}{4},\frac{1}{4}\right].\end{aligned}$$

于是

$$\begin{aligned}M&=|f(x_0)|+|f'(x_0)|=\frac{1}{2}|f''(\xi_1)x_0^2|+|f''(\xi_2)||x_0|\\&\leqslant\frac{1}{2}|f''(\xi_1)|\left(\frac{1}{4}\right)^2+|f''(\xi_2)|\cdot\frac{1}{4}\leqslant\frac{1}{4}(|f''(\xi_1)|+|f''(\xi_2)|)\\&\leqslant\frac{1}{4}(|f(\xi_1)|+|f'(\xi_1)|+|f(\xi_2)|+|f'(\xi_2)|)\\&\leqslant\frac{1}{4}(M+M)=\frac{M}{2}.\end{aligned}$$

从而 $0\leqslant\frac{M}{2}=M-\frac{M}{2}\leqslant 0$,于是得 $M=0$. 即 $f=0,x\in\left(-\frac{1}{4},\frac{1}{4}\right)$.

证法 2(应用 Lagrange 定理) 由条件$|f(x)|+|f'(x)|$在$\left[-\frac{1}{3},\frac{1}{3}\right]$中连续,它可取到最大值. 令

$$M=\max_{-\frac{1}{3}\leqslant x\leqslant\frac{1}{3}}\{|f(x)|+|f'(x)|\}=|f(x_0)|+|f'(x_0)|,\quad x_0\in\left[-\frac{1}{3},\frac{1}{3}\right].$$

由 Lagrange 中值定理. $\exists\,\xi_1,\xi_2\in[\min\{x_0,0\},\max\{x_0,0\}]\subset\left[-\frac{1}{3},\frac{1}{3}\right]$, s. t.

$$\begin{aligned}M&=|f(x_0)-f(0)|+|f'(x_0)-f'(0)|\\&=|f'(\xi_1)||x_0|+|f''(\xi_2)||x_0|\\&\leqslant[(|f(\xi_1)|+|f'(\xi_1)|)+(|f(\xi_2)|+|f'(\xi_2)|)]|x_0|\\&\leqslant\frac{1}{3}(M+M)=\frac{2}{3}M.\end{aligned}$$

因此 $M=0$. 所以,在$\left(-\frac{1}{3},\frac{1}{3}\right)$中,$f(x)=0$. □

189. 设 $p>0,q>0$,且 $p+q=1$,求极限 $\lim\limits_{n\to+\infty}\left(p\mathrm{e}^{\frac{qt}{\sqrt{npq}}}+q\mathrm{e}^{-\frac{pt}{\sqrt{npq}}}\right)$.

解 应用 Taylor 公式有

$$\mathrm{e}^{\frac{qt}{\sqrt{npq}}}=1+\frac{qt}{\sqrt{npq}}+\frac{1}{2}\frac{q^2t^2}{npq}+o\left(\frac{1}{n}\right),$$

$$\mathrm{e}^{-\frac{pt}{\sqrt{npq}}}=1-\frac{pt}{\sqrt{npq}}+\frac{1}{2}\frac{p^2t^2}{npq}+o\left(\frac{1}{n}\right).$$

于是

$$\begin{aligned}\lim_{n\to+\infty}\left(p\mathrm{e}^{\frac{qt}{\sqrt{npq}}}+q\mathrm{e}^{-\frac{pt}{\sqrt{npq}}}\right)&=\lim_{n\to+\infty}\left[p+q+\frac{pqt}{\sqrt{npq}}-\frac{pqt}{\sqrt{npq}}+\frac{1}{2}\left(\frac{q}{n}t^2+\frac{p}{n}t^2\right)+o\left(\frac{1}{n}\right)\right]\\&=\lim_{n\to+\infty}\left(1+\frac{1}{2n}t^2+o\left(\frac{1}{n}\right)\right)=1.\end{aligned}$$

□

190. 求极限 $\lim\limits_{n\to+\infty}\cos\frac{a}{n\sqrt{n}}\cos\frac{2a}{n\sqrt{n}}\cdots\cos\frac{na}{n\sqrt{n}}$.

解 由

$$\cos x=1-\frac{x^2}{2!}+\frac{x^4}{4!}+o(x^5)\qquad(x\to0),$$

$$\ln(1+x)=x-\frac{x^2}{2}+o(x^2)\qquad(x\to0).$$

得

$$\begin{aligned}\ln\cos\frac{ka}{n\sqrt{n}}&=\ln\left(1-\frac{1}{2}\frac{k^2a^2}{n^3}+o\left(\frac{1}{n^3}\right)\right)\\&=-\frac{1}{2}\cdot\frac{k^2a^2}{n^3}+o\left(\frac{1}{n^3}\right),\quad k=1,2,\cdots,n.\end{aligned}$$

于是

$$\begin{aligned}\sum_{k=1}^{n}\ln\cos\frac{ka}{n\sqrt{n}}&=-\frac{a^2}{2}\cdot\frac{1}{n^3}\sum_{k=1}^{n}k^2+o\left(\frac{1}{n^2}\right)\\&=-\frac{a^2}{2n^3}\cdot\frac{n(n+1)(2n+1)}{6}+o\left(\frac{1}{n^2}\right).\end{aligned}$$

所以

$$\lim_{n\to+\infty}\sum_{k=1}^{n}\ln\cos\frac{ka}{n\sqrt{n}}=-\frac{a^2}{6}.$$

从而

$$\lim_{n\to+\infty}\cos\frac{a}{n\sqrt{n}}\cos\frac{2a}{n\sqrt{n}}\cdots\cos\frac{na}{n\sqrt{n}}=\lim_{n\to+\infty}\mathrm{e}^{\sum\limits_{k=1}^{n}\ln\cos\frac{ka}{n\sqrt{n}}}=\mathrm{e}^{-\frac{a^2}{6}}.$$

□

191. $\mathbb{R}$ 上的二阶可导函数 $f(x)$ 满足 $f(0)=f'(0)=0$,且 $|f''(x)|\leqslant C|f(x)f'(x)|$,$\forall x\in\mathbb{R}$,其中 C 为正的常数.证明:$f(x)\equiv0$.

证法 1(反证)　假设 $f(x)\neq 0, x>0$. 则不妨设对 $\forall \varepsilon>0$,在 $[0,\varepsilon]$ 中,$f(x)\neq 0$. 不然的话,令

$$x_0=\max\{\delta>0 \mid f(x)=0, \quad \forall x\in[0,\delta]\},$$

则由 f,f' 的连续性知 $f(x_0)=f'(x_0)=0$,且对 $\forall \varepsilon>0$,在 $[x_0,x_0+\varepsilon]$ 中 $f(x)\neq 0$. 将 x_0 视作原点即可. 因而,在 $[0,\varepsilon]$ 中 $f'(x)\neq 0$.

取 $x_1>0$, s. t. $\dfrac{1}{x_1}>C$. 由 f,f' 在 $\mathbb{R}$ 上连续. 可设 $\max\limits_{x\in[0,x_1]}|f(x)|=M_0\in(0,1)$,且 $M_1=\max\limits_{x\in[0,x_1]}|f'(x)|>0$.

取 $x_2\in(0,x_1]$, s. t. $|f'(x_2)|=M_1$. 由 Lagrange 中值定理,$\exists x_3\in(0,x_2)$, s. t.

$$|f''(x_3)|=\left|\frac{f'(x_2)-f'(0)}{x_2-0}\right|=\left|\frac{f'(x_2)}{x_2}\right|=\frac{M_1}{x_2}.$$

则由题设

$$CM_1\geqslant C|f'(x_3)|\geqslant C|f(x_3)||f'(x_3)|\geqslant|f''(x_3)|=\left|\frac{f'(x_2)}{x_2}\right|\geqslant\left|\frac{f'(x_2)}{x_1}\right|>CM_1,$$

矛盾. 因而 $f(x)\equiv 0, x\in[0,+\infty)$.

同理可证,当 $x\leqslant 0$ 时,也有 $f(x)\equiv 0$(或用 $f(-x)$ 代 $f(x)$ 证).

所以,$\forall x\in\mathbb{R}, f(x)=0$.

证法 2　设若 $x_0\in\mathbb{R}, f(x_0)=f'(x_0)=0$,由 $f'(x)$ 的连续性可知 $\exists \varepsilon\in(0,1)$, s. t. 在 $(x_0-\varepsilon,x_0+\varepsilon)$ 中有

$$|f(x)|<1, \quad |f'(x)|<\frac{1}{C}.$$

对 $x\in(x_0-\varepsilon,x_0+\varepsilon)$,应用 Taylor 公式得

$$\begin{aligned}|f(x)|&=\left|f(x_0)+\frac{1}{1!}f'(x_0)(x-x_0)+\frac{1}{2!}f''(\xi_1)(x-x_0)^2\right|\\&=\frac{1}{2}|f''(\xi_1)||x-x_0|^2\leqslant\frac{1}{2}|f''(\xi_1)|\varepsilon^2\leqslant\frac{1}{2}C|f(\xi_1)f'(\xi_1)|,\end{aligned}$$

其中 ξ_1 满足: $x_0<\xi_1<x$(或 $x<\xi_1<x_0$). 于是 $|\xi_1-x_0|<|x-x_0|<\varepsilon<1$. 因此

$$|f(x)|\leqslant\frac{1}{2}C|f(\xi_1)f'(\xi_1)|\leqslant\frac{1}{2}C|f(\xi_1)|\cdot\frac{1}{C}=\frac{1}{2}|f(\xi_1)|.$$

对 $f(\xi_1)$ 同法讨论,$\exists \xi_2$, s. t. $x_0<\xi_2<\xi_1$(或 $x_0>\xi_2>\xi_1$)且

$$|f(\xi_1)|\leqslant\frac{1}{2}|f(\xi_2)|.$$

从而

$$|f(x)|\leqslant\frac{1}{2^2}|f(\xi_2)|.$$

继续使用这种方法. 可得 $\exists \xi_k\in(x_0-\varepsilon,x_0+\varepsilon)$, s. t.

$$|f(x)| \leqslant \frac{1}{2^k}|f(\xi_k)| < \frac{1}{2^k}.$$

令 $k \to +\infty$. 就得到 $f(x)=0, x\in(x_0-\varepsilon, x_0+\varepsilon)$.

令 $A_0=\sup\{A \mid f(x)=0, \forall x\in[0,A)\}$，则 $A_0=+\infty$. 否则，若 $0<A_0<+\infty$，则由 A_0 的定义及 f, f' 连续知 $f(A_0)=0, f'(A_0)=0$. 再根据上述论证知对 $\forall x\in[0,A_0+\varepsilon]$, $f(x)=0$. 这与 A_0 定义矛盾，故 $A_0=+\infty$.

同理，令 $A_1=\inf\{A \mid f(x)=0, \forall x\in(A,0]\}$，则 $A_1=-\infty$(或用 $f(-x)$ 代 $f(x)$ 证).

综上讨论，$f(x)\equiv 0, x\in\mathbb{R}$.

证法 3 (反证)假设 $f(x)\not\equiv 0$. 由 $f(0)=0$ 知，$\exists x_0\neq 0$, s. t. $f'(x_0)\neq 0$.

不妨设 $f'(x_0)>0, x_0>0$. 令

$$\alpha = \sup\{x \mid x\in[0,x_0], f'(x)=0\},$$

由 $f'(x)$ 的连续性知 $f'(\alpha)=0, f'(x)>0, x\in(\alpha,x_0]$. 在 (α,x_0) 中，令

$$F(x) = C\int_0^x |f(t)|\,\mathrm{d}t - \ln f'(x).$$

则由题设 $|f''(x)|\leqslant C|f(x)f'(x)|$ 及变上限函数的导数立即推出

$$F'(x) = C|f(x)| - \frac{f''(x)}{f'(x)} \geqslant 0,$$

于是 $F(x)$ 在 (α,x_0) 中单调增，因此 $\lim\limits_{x\to\alpha^+}F(x)$ 存在. 此极限或为 $-\infty$ 或为有限数. 由此可得

$$+\infty > \lim_{x\to\alpha^+}F(x) = \lim_{x\to\alpha^+}\left[C\int_0^x |f(t)|\,\mathrm{d}t - \ln f'(x)\right] = +\infty.$$

矛盾. 这就证明在 $\mathbb{R}$ 上 $f(x)\equiv 0$. □

注 证法 3 利用了第 6 章的变上限积分知识.

192. 设 $\mathbb{R}$ 上 n 阶可导函数 $f(x)$ 满足 $f(0)=f'(0)=\cdots=f^{(n-1)}(0)=0$，且存在正常数 C 与固定的 $j\in\{0,1,\cdots,n-1\}$，使 $|f^{(n)}(x)|\leqslant C|f^{(j)}(x)|, \forall x\in\mathbb{R}$ ($f^{(0)}(x)=f(x)$). 证明：$f(x)\equiv 0, \forall x\in\mathbb{R}$.

证法 1(反证) 假设 $f(x)\not\equiv 0, x\geqslant 0$，则不妨设 $\forall\varepsilon>0$，在 $[0,\varepsilon]$ 中，$f(x)\not\equiv 0$. 不然的话，令

$$x_0 = \max\{\delta>0 \mid f(x)=0. x\in[0,\delta]\}.$$

由 $f, f', \cdots, f^{(n-1)}$ 的连续性知 $f(x_0)=f'(x_0)=\cdots=f^{(n-1)}(x_0)=0$，且对 $\forall\varepsilon>0$，在 $[x_0, x_0+\varepsilon]$ 中 $f(x)\not\equiv 0$. 将 x_0 视作原点即可. 因而在 $[0,\varepsilon]$ 中，$f^{(j)}(x)\not\equiv 0, j=0,1,\cdots,n-1$.

取 $x_1\in(0,1)$，使 $\frac{1}{x_1}>C$. 由 $f^{(j)}$ 在 $\mathbb{R}$ 上连续，可设 $M_j=\max\limits_{x\in[0,x_1]}|f^{(j)}(x)|>0$. 令 $x_2\in[0,x_1]$，使 $f^{(j)}(x_2)=M_j$. 由 Lagrange 中值定理，得到 $x_3, x_4, \cdots, x_{n-j+2}$ 使

$$|f^{(i+1)}(x_{i-j+3})| = \left|\frac{f^{(i)}(x_{i-j+2})-f^{(i)}(0)}{x_{i-j+2}-0}\right| = \left|\frac{f^{(i)}(x_{i-j+2})}{x_{i-j+2}}\right|, \quad i=j,j+1,\cdots,n-1.$$

则 $0<x_{n-j+2}<x_{n-j+1}<\cdots<x_2\leqslant x_1<1$,并由题设得到

$$\begin{aligned}CM_j&\geqslant C\mid f^{(j)}(x_{n-j+2})\mid\geqslant\mid f^{(n)}(x_{n-j+2})\mid\\&=\left|\frac{f^{(n-1)}(x_{n-j+1})}{x_{n-j+1}}\right|=\left|\frac{f^{(n-2)}(x_{n-j})}{x_{n-j+1}x_{n-j}}\right|=\cdots\\&=\left|\frac{f^{(j)}(x_2)}{x_{n-j+1}x_{n-j}\cdots x_2}\right|\\&\geqslant\left|\frac{f^{(j)}(x_2)}{x_1}\right|>CM_j,\end{aligned}$$

矛盾.所以,对 $\forall x\geqslant 0,f(x)=0$.

类似可证对 $\forall x\leqslant 0,f(x)=0$(或用 $f(-x)$ 代替 $f(x)$ 证得).于是,$f(x)\equiv 0,x\in\mathbb{R}$.

证法 2 设若 $x_0\in\mathbb{R},f(x_0)=f'(x_0)=\cdots=f^{(n-1)}(x_0)=0$.选取 $0<\varepsilon<1$,s. t. $0<\frac{C}{(n-j)!}\varepsilon^{n-j}\leqslant r<1$,则当 $|x-x_0|<\varepsilon<1$ 时,对 $f^{(j)}(x)$ 应用 Taylor 公式,$\exists\xi_1\in(x_0,x)$(或 (x,x_0)),s. t.

$$\begin{aligned}\mid f^{(j)}(x)\mid&=\left|f^{(j)}(x_0)+\frac{f^{(j+1)}(x_0)}{1!}(x-x_0)+\cdots+\frac{f^{(n-1)}(x_0)}{(n-j-1)!}(x-x_0)^{n-j-1}\right.\\&\qquad\left.+\frac{f^{(n)}(\xi_1)}{(n-j)!}(x-x_0)^{n-j}\right|\\&=\frac{1}{(n-j)!}\mid f^{(n)}(\xi_1)\mid\mid x-x_0\mid^{n-j}\\&\leqslant\frac{1}{(n-j)!}C\varepsilon^{n-j}\mid f^{(j)}(\xi_1)\mid\\&\leqslant r\mid f^{(j)}(\xi_1)\mid\leqslant r^2\mid f^{(j)}(\xi_2)\mid\leqslant\cdots\\&\leqslant r^k\mid f^{(j)}(\xi_k)\mid\leqslant r^kM_j\to 0\quad(k\to+\infty).\end{aligned}$$

这就证明了.对 $\forall x\in(x_0-\varepsilon,x_0+\varepsilon)$,$f^{(j)}(x)=0$,其中 $x_0<\xi_k<\xi_{k-1}<\cdots<\xi_2<\xi_1<x$(或 $x_0>\xi_1>\xi_2>\cdots>\xi_{k-1}>\xi_k>x$).类似上题(191 题)证法 2 的最后部分,就有

$$f(x)\equiv 0,\quad x\in\mathbb{R}.$$

□

193. 设 f 在 (a,b) 内无穷阶可导,且各阶导数均只取正值.证明:对 $\forall x_0\in(a,b)$,$\exists r>0$,s. t. 当 $x\in[x_0-r,x_0+r]\subset(a,b)$ 时,有

$$f(x)=\sum_{k=0}^{\infty}\frac{f^{(k)}(x_0)}{k!}(x-x_0)^k.$$

证明 $\forall x_0\in(a,b)$,取 $0<\delta<\frac{1}{2}\min\{x_0-a,b-x_0\}$.对 $\forall\bar{x}_0\in(x_0-\delta,x_0+\delta)$,在 $[\bar{x}_0-\delta,\bar{x}_0+\delta]$ 中作有限 Taylor 展开,有

$$f(x)=\sum_{k=0}^{n}\frac{f^{(k)}(\bar{x}_0)}{k!}(x-\bar{x}_0)^k+\frac{f^{(n+1)}(\bar{\xi})}{(n+1)!}(x-\bar{x}_0)^{n+1},$$

其中 $\bar{\xi}$ 介于 $\bar{x}_0$ 与 x 之间,$\bar{\xi}\in(a,b)$.因 f 在 $[x_0-2\delta,x_0+2\delta]$ 中连续,故有界.设 $|f(x)|\leqslant$

$M, \forall x \in [x_0-2\delta, x_0+2\delta]$.

取 $x=\bar{x}_0+\delta$,则由 $f^{(j)}(x)>0(j\in\mathbb{N})$及上述 Taylor 展开得到

$$0<\frac{f^{(k)}(\bar{x}_0)}{k!}\delta^k \leqslant f(\bar{x}_0+\delta)-f(\bar{x}_0) \leqslant |f(\bar{x}_0+\delta)|+|f(\bar{x}_0)| \leqslant M+M=2M,$$

$$0<\frac{f^{(k)}(\bar{x}_0)}{k!} \leqslant \frac{2M}{\delta^k}, \quad k\in\mathbb{N}.$$

于是,再取 $0<r<\delta$,则$[x_0-r,x_0+r]\subset(x_0-\delta,x_0+\delta)\subset(a,b)$. 作 Taylor 展开有

$$f(x)=\sum_{k=0}^{n}\frac{f^{(k)}(x_0)}{k!}(x-x_0)^n+\frac{f^{(n+1)}(\xi)}{(n+1)!}(x-x_0)^{n+1}, \quad x\in[x_0-r,x_0+r],$$

其中 ξ 介于 x_0 与 x 之间,$\xi\in(x_0-r,x_0+r)\subset(x_0-\delta,x_0+\delta)$,因此

$$\left|\frac{f^{(n+1)}(\xi)}{(n+1)!}(x-x_0)^{n+1}\right| \leqslant \frac{2M}{\delta^{n+1}}r^{n+1}=2M\left(\frac{r}{\delta}\right)^{n+1} \to 0 \quad (n\to+\infty).$$

由此,当 $x\in[x_0-r,x_0+r]$时,有

$$\sum_{k=0}^{\infty}\frac{f^{(k)}(x_0)}{k!}(x-x_0)^k=\lim_{n\to+\infty}\sum_{k=0}^{n}\frac{f^{(k)}(x_0)}{k!}(x-x_0)^k=\lim_{n\to+\infty}\left[f(x)-\frac{f^{(n+1)}(\xi)}{(n+1)!}(x-x_0)^{n+1}\right]$$

$$=f(x)-0=f(x).$$

□

注 参阅 657 题.

194. 设函数 f 在$[0,2]$上满足$|f(x)|\leqslant1$ 及$|f''(x)|\leqslant1$. 证明:在区间$[0,2]$上 $f'(x)$ 有界,且 2 是最小的界.

证明 $\forall x\in(0,2)$. 将 $f(0)$,$f(2)$在 x 处 Taylor 展开得

$$f(0)=f(x)-xf'(x)+\frac{x^2}{2}f''(\xi_1), \quad \xi_1\in(0,x),$$

$$f(2)=f(x)+(2-x)f'(x)+\frac{(2-x)^2}{2}f''(\xi_2), \quad \xi_2\in(x,2).$$

两式相减,得

$$f(2)-f(0)=2f'(x)+\frac{1}{2}((2-x)^2f''(\xi_2)-x^2f''(\xi_1)),$$

$$|f'(x)|=\frac{1}{2}\left|f(2)-f(0)-\frac{1}{2}(2-x)^2f''(\xi_2)+\frac{1}{2}x^2f''(\xi_1)\right|.$$

由条件$|f(x)|\leqslant1$,$|f''(x)\leqslant1$ 知,对$\forall x\in(0,2)$

$$|f'(x)|\leqslant\frac{1}{2}\left(|f(2)|+|f(0)|+\frac{1}{2}x^2|f''(\xi_1)|+\frac{1}{2}(2-x)^2|f''(\xi_2)|\right)$$

$$\leqslant\frac{1}{2}\left[1+1+\frac{1}{2}(x^2+(2-x)^2)\cdot 1\right]$$

$$=1+\frac{1}{2}(x^2-2x+2)\leqslant 1+\frac{1}{2}\cdot 2=2.$$

再由 f'的连续性知在 $x=0,2$ 处亦有$|f'(x)|\leqslant2$.

注意到函数 $f(x)=\frac{1}{2}x^2-2x+1$, $f'(x)=x-2$. $f''(x)=1$,在$[0,2]$上,$f'(x)\leqslant 0$. f 是减函数,故 $-1=f(2)\leqslant f(x)\leqslant f(0)=1$, $|f(x)|\leqslant 1$,满足条件. $0\leqslant|f'(x)|\leqslant 2=|f'(0)|$,故 2 是最小的界. □

195. 设 $P_n(x)=1+\frac{x}{1!}+\frac{x^2}{2!}+\cdots+\frac{x^n}{n!}$, $n\in\mathbb{N}$;

(1) 当 n 为偶数时,$P_n>0$;

(2) 当 n 为奇数时,P_n 有惟一的实零点.

(3) P_{2n+1}的实零点记为 $x_n(n=0,1,2,\cdots)$. 证明:数列 x_n 严格单调减且趋于$-\infty$.

证明 由 e^x 的 Taylor 展开知

$$e^x=P_n(x)+R_n(x),\quad R_n(x)=\frac{e^{\theta x}}{(n+1)!}x^{n+1},\quad 0<\theta<1.$$

(1) 当n为偶数时,$n+1$ 为奇数. 由 $e^x>0$ 知,$P_n(x)>-R_n(x)$. 当 $x\geqslant 0$ 时,$P_n(x)\geqslant 1>0$;当 $x<0$ 时,则

$$P_n>-R_n(x)=-\frac{e^{\theta x}}{(n+1)!}x^{n+1}=\frac{e^{\theta x}}{(n+1)!}(-x)^{n+1}>0.$$

因此,对 $\forall x\in\mathbb{R}$, $P_n(x)>0$.

(2) 当 n 为奇数时,$n-1$ 为偶数,由(1)知 $P'_n=P_{n-1}>0$. P_n 在$\mathbb{R}$上严格增. 由 $\lim\limits_{x\to-\infty}P_n(x)=-\infty$, $P_n(0)=1>0$,知 $P_n(x)$有惟一的实零点 $x^*<0$.

(3) 设 $P_{2n+1}(x)=1+x+\frac{x^2}{2!}+\cdots+\frac{x^{2n+1}}{(2n+1)!}$的实零点为 x_n. 由(2)知 $x_n<0$. 进一步可以证明 $x_n>-2(n+1)$. 事实上

$$P_{2n+1}(-2n-2)=1-2(n+1)+\frac{4(n+1)^2}{2!}-\frac{8(n+1)^3}{3!}+\cdots+\frac{(2n+2)^{2n}}{2n!}-\frac{(2n+2)^{2n+1}}{(2n+1)!}.$$

当 $0\leqslant k\leqslant n$ 时,

$$\frac{(2n+2)^{2k}}{(2k)!}-\frac{(2n+2)^{2k+1}}{(2k+1)!}=\frac{(2n+2)^{2k}}{(2k+1)!}(2k+1-2n-2)=-[2(n-k)+1]\frac{(2n+2)^{2k}}{(2k+1)!}<0.$$

故 $P_{2n+1}(-2n-2)<0$,于是$-2n-2<x_n<0$.

再证 x_n 是严格减的. 设 $P_{2n+1}(x_n)=0$,则

$$P_{2n+3}(x_n)=P_{2n+1}(x_n)+\frac{x_n^{2n+2}}{(2n+2)!}+\frac{x_n^{2n+3}}{(2n+3)!}=\frac{x_n^{2n+2}}{(2n+3)!}(2n+3+x_n)$$

$$> \frac{x_n^{2n+2}}{(2n+3)!}(2n+3-(2n+2)) > 0.$$

所以,由 $P_{2n+3}(x)$严格增,P_{2n+3}的零点 $x_{n+1}<x_n$. 数列$\{x_n\}$严格减.

若数列$\{x_n\}$有有限的极限 x_0. 则 $0>x_n>x_0=\lim\limits_{n\to+\infty} x_n$. 于是

$$\begin{aligned} e^{x_0} < e^{x_n} &= P_{2n+1}(x_n)+\frac{e^{\xi_n}}{(2n+2)!}x_n^{2n+2} \\ &= \frac{e^{\xi_n}}{(2n+2)!}x_n^{2n+2} < \frac{x_0^{2n+2}}{(2n+2)!}, \end{aligned}$$

其中 $\xi_n\in(x_n,0)$,故 $e^{\xi_n}<1$,$0<e^{x_0}<\frac{x_0^{2n+2}}{(2n+2)!}\to 0(n\to+\infty)$,矛盾.

因此$\{x_n\}$无有限的极限,即 $\lim\limits_{n\to+\infty} x_n=-\infty$. □

196. 证明:多项式 $\sum\limits_{k=1}^{n}\frac{(2x-x^2)^k-2x^k}{k}$ 能被 x^{n+1} 整除.

证法 1 从 $\ln(1-x)$的 Taylor 展开

$$\ln(1-x)=-\sum_{k=1}^{n}\frac{x^k}{k}+o(x^n)$$

得到

$$-\ln(1-x)^2=-2\ln(1-x)=\sum_{k=1}^{n}\frac{2x^k}{k}+o(x^n),$$

$$-\ln(1-x)^2=-\ln(1-2x+x^2)=\sum_{k=1}^{n}\frac{(2x-x^2)^k}{k}+o(x^n),$$

两式相减得

$$0=\sum_{k=1}^{n}\frac{(2x-x^2)^k-2x^k}{k}+o(x^n).$$

所以

$$\sum_{k=1}^{n}\frac{(2x-x^2)^k-2x^k}{k}=o(x^n),\quad x\to 0.$$

右边是 x 的多项式,不含 $1,x,\cdots,x^n$ 各项,故 $\sum\limits_{k=1}^{n}\frac{(2x-x^2)^k-2x^k}{k}$能被 x^{n+1}整除.

证法 2 令

$$f(x)=\sum_{k=1}^{n}\frac{(2x-x^2)^k-2x^k}{k},$$

则 $f(0)=0$. 所以 x 能整除 $f(x)$. 令 $f(x)=a_rx^r+a_{r+1}x^{r+1}+\cdots+a_{2n}x^{2n}$,$r\geqslant 1$,$a_r\neq 0$. 由

$$\begin{aligned} f'(x) &= \sum_{k=1}^{n}[(2-2x)(2x-x^2)^{k-1}-2x^{k-1}] \\ &= (2-2x)\cdot\frac{1-(2x-x^2)^n}{1-(2x-x^2)}-\frac{2(1-x^n)}{1-x}=\frac{2-2(2-x)^nx^n-2+2x^n}{1-x} \end{aligned}$$

$$=\frac{2x^n[1-(2-x)^n]}{1-x}$$

$$=2x^n\frac{(1-(2-x))[1+(2-x)+(2-x)^2+\cdots+(2-x)^{n-1}]}{1-x}$$

$$=-2x^n[1+(2-x)+(2-x)^2+\cdots+(2-x)^{n-1}]$$

知，$f'(x)$能被 x^n 整除.

但

$$f'(x)=ra_rx^{r-1}+(r+1)a_{r+1}x^r+\cdots+2na_{2n}x^{2n-1}.$$

所以 $r-1\geqslant n, r\geqslant n+1$，故 $f(x)$能被 x^{n+1}整除. □

197. 设 $f(x)=\lim\limits_{n\to+\infty}n^x\left[\left(1+\frac{1}{n+1}\right)^{n+1}-\left(1+\frac{1}{n}\right)^n\right]$，求 $f(x)$的定义域和值域.

解法 1 由 $\ln(1+x)=x-\frac{x^2}{2}+\frac{x^3}{3}-\frac{x^4}{4}+\cdots$，知

$$n\ln\left(1+\frac{1}{n}\right)=1-\frac{1}{2n}+\frac{1}{3n^2}-\frac{1}{4n^3}+\cdots.$$

而

$$\left(1+\frac{1}{n}\right)^n=\mathrm{e}^{n\ln\left(1+\frac{1}{n}\right)}=\mathrm{e}^{1-\frac{1}{2n}+\frac{1}{3n^2}-\frac{1}{4n^3}+\cdots}$$

$$=\mathrm{e}\cdot\mathrm{e}^{-\frac{1}{2n}+\frac{1}{3n^2}-\frac{1}{4n^3}+\cdots}$$

$$=\mathrm{e}\left(1-\frac{1}{2n}+\frac{1}{3n^2}-\frac{1}{4n^3}+\cdots\right).$$

同理可得

$$\left(1+\frac{1}{n+1}\right)^{n+1}=\mathrm{e}\left(1-\frac{1}{2(n+1)}+\frac{1}{3(n+1)^2}-\frac{1}{4(n+1)^3}+\cdots\right).$$

于是

$$\left(1+\frac{1}{n+1}\right)^{n+1}-\left(1+\frac{1}{n}\right)^n=\mathrm{e}\left(\frac{1}{2n}-\frac{1}{2(n+1)}+\frac{1}{3(n+1)^2}-\frac{1}{3n^2}+\cdots\right)$$

$$=\mathrm{e}\left(\frac{1}{2n(n+1)}+o\left(\frac{1}{n^2}\right)\right)=\frac{\mathrm{e}}{2}\left(\frac{1}{n^2}+o\left(\frac{1}{n^2}\right)\right).$$

因此

$$f(x)=\lim_{n\to+\infty}n^x\left[\left(1+\frac{1}{n+1}\right)^{n+1}-\left(1+\frac{1}{n}\right)^n\right]$$

$$=\frac{\mathrm{e}}{2}\lim_{n\to+\infty}n^x\left(\frac{1}{n^2}+o\left(\frac{1}{n^2}\right)\right)$$

$$=\begin{cases}0, & x<2,\\ \frac{\mathrm{e}}{2}, & x=2,\\ +\infty, & x>2.\end{cases}$$

即 $f(x)$ 的定义域是 $(-\infty,2]$，值域是 $\left\{0,\dfrac{\mathrm{e}}{2}\right\}$.

解法 2 令 $F(t)=t^x\left[\left(1+\dfrac{1}{t+1}\right)^{t+1}-\left(1+\dfrac{1}{t}\right)^t\right]$，则 $x\neq-1,0$ 时有

$$\begin{aligned}
\lim_{t\to+\infty}F(t)&=\lim_{t\to+\infty}\left(1+\frac{1}{t}\right)^t\frac{\left[\left(1+\frac{1}{t+1}\right)^{t+1}\left(1+\frac{1}{t}\right)^{-t}-1\right]}{t^{-x}}\\
&=\mathrm{e}\lim_{t\to+\infty}\frac{\left(1+\frac{1}{t+1}\right)^{t+1}\left(1+\frac{1}{t}\right)^{-t}-1}{t^{-x}}\\
&\overset{\text{L'Hospital}}{=\!=\!=}\mathrm{e}\lim_{t\to+\infty}\frac{\left(1+\frac{1}{t+1}\right)^{t+1}\left(1+\frac{1}{t}\right)^{-t}\left\{\ln\frac{t+2}{t+1}+\frac{t+1}{t+2}-\ln\frac{t+1}{t}-\frac{t}{t+1}\right\}}{-xt^{-x-1}}\\
&=\mathrm{e}\lim_{t\to+\infty}\frac{\ln(t+2)-2\ln(t+1)+\ln t+\frac{1}{t+1}-\frac{1}{t+2}}{-xt^{-x-1}}\\
&=\mathrm{e}\lim_{t\to+\infty}\frac{\frac{1}{t+2}-\frac{2}{t+1}+\frac{1}{t}+\frac{1}{(t+2)^2}-\frac{1}{(t+1)^2}}{x(x+1)t^{-x-2}}\\
&=\mathrm{e}\lim_{t\to+\infty}\frac{(3t+4)t^{x+2}}{x(x+1)t(t+1)^2(t+2)^2}\\
&=\begin{cases}0, & x<2,\\ \dfrac{\mathrm{e}}{2}, & x=2,\\ +\infty, & x>2.\end{cases}
\end{aligned}$$

其实最后的结果当 $x=-1,0$ 时也正确. 由此知，$f(x)$ 的定义域为 $(-\infty,2]$，值域为 $\left\{0,\dfrac{\mathrm{e}}{2}\right\}$.

□

198. 设 f 为 $[a,b]$ 上的二阶可导函数，且满足

$$[f(x)]^2+[f''(x)]^2=r^2\ (r>0),$$

证明：$|f'(x)|\leqslant\left(\dfrac{2}{b-a}+\dfrac{b-a}{2}\right)r$，$\forall x\in[a,b]$.

证明 对 $\forall x\in[a,b]$，将 $f(a)$，$f(b)$ 在 x 处 Taylor 展开

$$f(a)=f(x)+f'(x)(a-x)+\frac{f''(\xi_1)}{2}(a-x)^2,$$

$$f(b)=f(x)+f'(x)(b-x)+\frac{f''(\xi_2)}{2}(b-x)^2,$$

其中 $\xi_1\in(a,x)$，$\xi_2\in(x,b)$. 由此得到

$$f(b)-f(a)=f'(x)(b-a)+\frac{f''(\xi_2)}{2}(b-x)^2-\frac{f''(\xi_1)}{2}(a-x)^2,$$

$$(b-a)f'(x)=f(b)-f(a)+\frac{f''(\xi_1)}{2}(a-x)^2-\frac{f'(\xi_2)}{2}(b-x)^2.$$

考虑二次函数 $g(x)=\frac{(a-x)^2}{2}+\frac{(b-x)^2}{2}$. 它在 $[a,b]$ 上的最大值为 $\frac{(b-a)^2}{2}$；又 $[f(x)]^2+[f''(x)]^2=r^2$ 意味着 $|f(x)|\leqslant r$, $|f''(x)|\leqslant r$, $\forall x\in[a,b]$. 于是

$$\begin{aligned}(b-a)\,|\,f'(x)\,|&\leqslant|\,f(b)\,|+|\,f(a)\,|+\frac{(a-x)^2}{2}\,|\,f''(\xi_1)\,|+\frac{(b-x)^2}{2}\,|\,f''(\xi_2)\,|\\&\leqslant 2r+r\left[\frac{(a-x)^2}{2}+\frac{(b-x)^2}{2}\right]\\&\leqslant 2r+r\,\frac{(b-a)^2}{2},\end{aligned}$$

$$|\,f'(x)\,|\leqslant\left(\frac{2}{b-a}+\frac{b-a}{2}\right)r.$$

□

199. 设 f 在 $[0,+\infty)$ 上二阶可导，$f''(x)$ 有界. $\lim\limits_{x\to+\infty}f(x)=0$. 证明：$\lim\limits_{x\to+\infty}f'(x)=0$.

证法 1 设 $|f''(x)|\leqslant M$, $\forall x\in[0,+\infty)$. 对 $\forall\varepsilon>0$，由 $\lim\limits_{x\to+\infty}f(x)=0$，$\exists\Delta_1>0$，当 $x>\Delta_1$ 时，有

$$|\,f(x)\,|<\frac{\varepsilon^2}{2}.$$

取 $\Delta_2>\Delta_1+\varepsilon$，当 $x>\Delta_2$ 时，再取 $x_0=x-\varepsilon>\Delta_1$，由中值定理，$\exists\xi\in(x_0,x)(\xi>\Delta_1)$, s. t.

$$|\,f'(\xi)\,|=\left|\frac{f(x)-f(x_0)}{x-x_0}\right|\leqslant\frac{|\,f(x)\,|+|\,f(x_0)\,|}{\varepsilon}<\varepsilon,$$

且 $x-\xi<x-x_0=\varepsilon$. 故 $\exists\eta\in(\xi,x)$, s. t.

$$\begin{aligned}|\,f'(x)\,|&=|\,f'(\xi)+f''(\eta)(x-\xi)\,|\\&\leqslant|\,f'(\xi)\,|+|\,f''(\eta)\,|\,|\,x-\xi\,|\\&<\varepsilon+M\varepsilon=(M+1)\varepsilon.\end{aligned}$$

即 $\lim\limits_{x\to+\infty}f'(x)=0$.

证法 2 设 $|\,f''(x)\,|\leqslant M$, $\forall x\geqslant 0$. 对 $\forall\varepsilon>0$. $\exists N\in\mathbb{N}$, s. t. $\frac{M}{2N}<\frac{\varepsilon}{3}$. 固定 N，因为 $\lim\limits_{x\to+\infty}f(x)=0$. 故 $\exists\Delta>0$. 当 $x>\Delta$ 时，有 $|f(x)|<\frac{\varepsilon}{3N}$，由 Taylor 公式得

$$f\left(x+\frac{1}{N}\right)-f(x)=f'(x)\,\frac{1}{N}+\frac{f''(\xi)}{2}\cdot\left(\frac{1}{N}\right)^2.$$

所以

$$\begin{aligned}|\,f'(x)\,|&=N\left|f\left(x+\frac{1}{N}\right)-f(x)-\frac{1}{2N^2}f''(\xi)\right|\\&\leqslant N\left(\left|f\left(x+\frac{1}{N}\right)\right|+|\,f(x)\,|\right)+\frac{|\,f''(\xi)\,|}{2N}\end{aligned}$$

$$< N\left(\frac{\varepsilon}{3N}+\frac{\varepsilon}{3N}\right)+\frac{M}{2N}<\frac{2}{3}\varepsilon+\frac{\varepsilon}{3}=\varepsilon.$$

即 $\lim\limits_{x\to+\infty} f'(x)=0$.

证法 3 设 $|f''(x)|\leqslant M$. 因 $\lim\limits_{x\to+\infty} f(x)=0$,故 $f(x)$ 在 $[0,+\infty)$ 上有界. 对 $\forall a\geqslant 0$. 令

$$M_k(a)=\sup\{|f^{(k)}(x)|\mid x\in[a,+\infty)\},\quad k=0,1,2,\quad f^{(0)}(x)=f(x).$$

由 $|f''(x)|\leqslant M$,知 $M_2(a)$ 对 $\forall a\in[0,+\infty)$ 一致有界 $(M_2(a)\leqslant M)$,且 $\lim\limits_{a\to+\infty} M_0(a)=0$. 由此可推得 $\lim\limits_{a\to+\infty} M_0(a)M_2(a)=0$.

由教材中例 4.1.16 知

$$0\leqslant M_1^2(a)\leqslant 2M_0(a)M_2(a).$$

应用夹逼定理得 $\lim\limits_{a\to+\infty} M_1^2(a)=0$,从而 $\lim\limits_{a\to+\infty} M_1(a)=0$,即 $\lim\limits_{x\to+\infty} f(x)=0$. □

200. 设 f 在 $\mathbb{R}$ 上有各阶导数,且 $\exists M>0$, s. t. 对 $\forall k\in\{0,1,2,\cdots\}$,有 $|f^{(k)}(x)|\leqslant M$, $\forall x\in\mathbb{R}$. 如果在一个无限有界集 E 上 $f\equiv 0$,证明:在 $\mathbb{R}$ 上 $f\equiv 0$.

证明 由 f 在 $\mathbb{R}$ 上连续. 在无限有界集 E 上恒为 0 知,对 $\forall x\in\bar{E}$(E 的闭包). $f(x)=0$,不妨设 E 为闭集. 即 $\forall x_n\in E$. $\lim\limits_{n\to+\infty} x_n=x_0$,蕴涵着 $x_0\in E$.

因为 E 是无限有界闭集. 所以存在互不相同的 $x_n\in E$, s. t. $\lim\limits_{n\to+\infty} x_n=x_0\in E$. 从 $\{x_n\}$ 中可选出严格单调的子列 $\{x_n^{(0)}\}$,仍有 $\lim\limits_{n\to+\infty} x_n^{(0)}=x_0\in E$. 为确定起见,不妨设

$$x_1^{(0)}<x_2^{(0)}<\cdots<x_n^{(0)}<\cdots<x_0.$$

且 $f(x_n^{(0)})=f(x_0)=0$, $n=1,2,\cdots$.

用归纳法可以证明,对 $\forall k\in\mathbb{N}$,存在以 x_0 为极限的严格单调增序列 $\{x_n^{(k)}\}$, s. t. $f^{(k)}(x_n^{(k)})=0$, $n=1,2,\cdots$. 事实上,由 Rolle 定理, $\exists x_n^{(1)}\in(x_n^{(0)},x_{n+1}^{(0)})$, s. t. $f'(x_n^{(1)})=0$, $n=1,2,\cdots$. 由 $\{x_n^{(0)}\}$ 以 x_0 为极限知 $\{x_n^{(1)}\}$ 也是以 x_0 为极限的严格单调增的序列.

假设 $\{x_n^{(k)}\}$ 是使 $f^{(k)}(x_n^{(k)})=0$ $(\forall n\in\mathbb{N})$ 的以 x_0 为极限的严格单调增序列,则由 $f\in C^\infty(\mathbb{R})$ 及 Rolle 定理可得一以 x_0 为极限的严格单调增序列 $\{x_n^{(k+1)}\}$, s. t. $x_n^{(k+1)}\in(x_n^{(k)}, x_{n+1}^{(k)})$, $n=1,2,\cdots$,且 $f^{(k+1)}(x_n^{(k+1)})=0$, $n=1,2,\cdots$.

对 $\forall k\geqslant 0$,由于 $\lim\limits_{n\to+\infty} x_n^{(k)}=x_0$, $f^{(k)}(x_n^{(k)})=0$ 及 $f^{(k)}$ 的连续性,总有

$$f^{(k)}(x_0)=\lim_{n\to+\infty} f^{(k)}(x_n^{(k)})=0,\quad k=0,1,2,\cdots.$$

对 $\forall x\in\mathbb{R}$. 将 $f(x)$ 在 x_0 处 Taylor 展开得

$$\begin{aligned} f(x)&=\sum_{k=0}^{n-1}\frac{f^{(k)}(x_0)}{k!}(x-x_0)^k+\frac{f^{(n)}(x_0+\theta(x-x_0))}{n!}(x-x_0)^n\\ &=\frac{f^{(n)}(x_0+\theta(x-x_0))}{n!}(x-x_0)^n,\quad 0<\theta<1, \end{aligned}$$

θ 依赖于 x 和 n. 但是,对 $\forall x\in\mathbb{R}$,有

$$0\leqslant|f(x)|=\left|\frac{f^{(n)}(x_0+\theta(x-x_0))}{n!}(x-x_0)^n\right|$$

$$\leqslant \frac{M}{n!} | x - x_0 |^n \to 0 \quad (n \to +\infty).$$

从而 $f(x)=0$. 由 $x\in\mathbb{R}$ 是任取的得 $f(x)\equiv 0, x\in\mathbb{R}$. □

201. 设 $f(x)$ 在闭区间 $[a,b]$ 上二阶可导，$f'\left(\frac{a+b}{2}\right)=0$.

(1) 证明：$\exists \xi\in(a,b)$, s. t.

$$| f''(\xi) | \geqslant \frac{4}{(b-a)^2} | f(b)-f(a) |;$$

(2) 说明常数 4 是最好的. 即对 $\forall M>4$，总可找到一个具体的区间 $[a,b]$ 及满足条件的 $f(x)$，使对 $\forall \xi\in(a,b)$，都有

$$| f''(\xi) | < \frac{M}{(b-a)^2} | f(b)-f(a) |;$$

(3) 如果再设 $f(x)\neq$ 常数，则 $\exists \xi\in(a,b)$, s. t.

$$| f''(\xi) | > \frac{4}{(b-a)^2} | f(b)-f(a) |.$$

证明 (1) 将 f 在 $x_0=\frac{a+b}{2}$ 处 Taylor 展开，$\exists c_1\in\left(\frac{a+b}{2},b\right), c_2\in\left(a,\frac{a+b}{2}\right)$, s. t.

$$f(b)=f\left(\frac{a+b}{2}\right)+f'\left(\frac{a+b}{2}\right)\frac{b-a}{2}+\frac{f''(c_1)}{2}\left(\frac{b-a}{2}\right)^2$$

$$=f\left(\frac{a+b}{2}\right)+\frac{f''(c_1)}{2}\frac{(b-a)^2}{4},$$

$$f(a)=f\left(\frac{a+b}{2}\right)+\frac{f''(c_2)}{2}\frac{(b-a)^2}{4}.$$

于是

$$f(b)-f(a)=\frac{(b-a)^2}{4}\frac{f''(c_1)-f''(c_2)}{2}.$$

$$\frac{4}{(b-a)^2} | f(b)-f(a) | = \frac{| f''(c_1)-f''(c_2) |}{2} \leqslant \frac{1}{2}[| f''(c_1) |+| f''(c_2) |]$$

$$\leqslant \max\{| f''(c_1) |, | f''(c_2) |\} = f''(\xi), \quad \xi \text{ 为 } c_1 \text{ 或 } c_2.$$

(2) 对 $\forall \varepsilon>0$，令 $M=4+\varepsilon>4$，取 $n\in\mathbb{N}$, s. t. $n>\frac{2}{\varepsilon}$. 作函数

$$f(x)=x^{2+\frac{1}{4n+1}}=\sqrt[4n+1]{x}\,x^2, \quad x\in[-1,1].$$

则

$$f'(x)=\left(2+\frac{1}{4n+1}\right)x^{1+\frac{1}{4n+1}},$$

$$f''(x)=\left(2+\frac{1}{4n+1}\right)\left(1+\frac{1}{4n+1}\right)x^{\frac{1}{4n+1}},$$

f 在$[-1,1]$上二阶可导，$f'\left(\frac{-1+1}{2}\right)=f'(0)=0$，$f$ 满足题设条件. $\forall x\in(-1,1)$，

$$\begin{aligned}|f''(x)|&<\left(2+\frac{1}{4n+1}\right)\left(1+\frac{1}{4n+1}\right)=2+\frac{3}{4n+1}+\frac{1}{(4n+1)^2}\\&<2+\frac{4}{4n+1}<2+\frac{1}{n}<2+\frac{\varepsilon}{2}\\&=\frac{4+\varepsilon}{2}=\frac{4+\varepsilon}{4}\cdot 2\\&=\frac{M}{(1-(-1))^2}\,|f(1)-f(-1)|.\end{aligned}$$

由此知 4 是最好的.

(3) 对 $f(x)$不为常值函数，$x\in[a,b]$，$f'\left(\frac{a+b}{2}\right)=0$. 分几种情形讨论. 记$\frac{4}{(b-a)^2}[f(b)-f(a)]=k$.

(i) $f(a)=f(b)$，$|k|=\frac{4}{(b-a)^2}|f(b)-f(a)|=0$. 若对 $\forall x$，总有$|f''(x)|=0$，即 $f''(x)\equiv 0$，则 $f'(x)=$常数$=f'\left(\frac{a+b}{2}\right)=0$，$f(x)=C$，$x\in[a,b]$，矛盾. 故必有 $\xi\in(a,b)$. s. t $f''(\xi)\neq 0$. $|f''(\xi)|>0=|k|$.

(ii) $f(a)\neq f(b)$，$f\left(\frac{a+b}{2}\right)=\frac{f(a)+f(b)}{2}$. 不妨设 $f(b)>f(a)$，则 $k>0$，$|k|=k$. 构造函数：

$$F(x)=\begin{cases}f(x)+\frac{k}{2}\left(x-\frac{a+b}{2}\right)^2, & x\in\left[a,\frac{a+b}{2}\right),\\ f(x)-\frac{k}{2}\left(x-\frac{a+b}{2}\right)^2, & x\in\left[\frac{a+b}{2},b\right].\end{cases}$$

$F\left(\frac{a+b}{2}-0\right)=f\left(\frac{a+b}{2}\right)=F\left(\frac{a+b}{2}\right)=F\left(\frac{a+b}{2}+0\right)$，$F$ 在$\frac{a+b}{2}$处连续，又

$$\begin{aligned}F'_-\left(\frac{a+b}{2}\right)&=\lim_{x\to\left(\frac{a+b}{2}\right)^-}\frac{f(x)+\frac{k}{2}\left(x-\frac{a+b}{2}\right)^2-f\left(\frac{a+b}{2}\right)}{x-\frac{a+b}{2}}\\&=f'\left(\frac{a+b}{2}\right)=0=F'_+\left(\frac{a+b}{2}\right),\end{aligned}$$

$F(x)$在$[a,b]$上可导，且

$$F'(x)=\begin{cases}f'(x)+k\left(x-\frac{a+b}{2}\right), & x\in\left[a,\frac{a+b}{2}\right),\\ f'(x)-k\left(x-\frac{a+b}{2}\right), & x\in\left[\frac{a+b}{2},b\right],\end{cases}$$

$$F'\left(\frac{a+b}{2}\right)=0.$$

(反证)若$\forall\xi\in(a,b)$.总有$|f''(\xi)|\leqslant k$,则当$\xi\in\left(\frac{a+b}{2},b\right)$时,

$$F''(\xi)=f''(\xi)-k\leqslant 0;$$

当$\xi\in\left(a,\frac{a+b}{2}\right)$时,

$$F''(\xi)=f''(\xi)+k\geqslant 0.$$

考虑在$\left[\frac{a+b}{2},b\right]$上,$F(x)$的 Taylor 展开,$\exists\xi\in\left(\frac{a+b}{2},x\right)$,s. t.

$$F(x)=F\left(\frac{a+b}{2}\right)+\frac{1}{2}F''(\xi)\left(x-\frac{a+b}{2}\right)^2\leqslant F\left(\frac{a+b}{2}\right)=f\left(\frac{a+b}{2}\right)=F(b).$$

故$F(b)$为$F(x)$在$\left[\frac{a+b}{2},b\right]$上的最大值.但由$F''(x)\leqslant 0$,$F'\left(\frac{a+b}{2}\right)=0$.$F'(x)$在$\left[\frac{a+b}{2},b\right]$上单调减,故$F'(x)\leqslant F'\left(\frac{a+b}{2}\right)=0$.于是$F(x)$在$\left[\frac{a+b}{2},b\right]$上单调减,因此$F(b)$为$F$在$\left[\frac{a+b}{2},b\right]$上的最小值.由此知$F(x)$在$\left[\frac{a+b}{2},b\right]$上为常值函数.

同理可证$F(x)$在$\left[a,\frac{a+b}{2}\right]$上也为常值函数,又$F$在$[a,b]$上连续,$F(x)$在$[a,b]$上为常值,与$f\neq$常数条件矛盾.故必存在$\xi\in(a,b)$,s. t.

$$\begin{aligned}f''(\xi)>k&=\frac{4}{(b-a)^2}[f(b)-f(a)]\\&=\frac{4}{(b-a)^2}|f(b)-f(a)|.\end{aligned}$$

(iii) $f(a)\neq f(b)$,$f\left(\frac{a+b}{2}\right)<\frac{f(a)+f(b)}{2}$.仍设$f(a)<f(b)$,$k=\frac{4}{(b-a)^2}[f(b)-f(a)]>0$.

构造函数

$$F(x)=f(x)-\frac{k}{2}\left(x-\frac{a+b}{2}\right)^2,\quad x\in[a,b].$$

则$F(x)$在$[a,b]$上二阶可导,且

$$F\left(\frac{a+b}{2}\right)=f\left(\frac{a+b}{2}\right),\quad F'(x)=f'(x)-k\left(x-\frac{a+b}{2}\right),F'\left(\frac{a+b}{2}\right)=0,$$

$$\begin{aligned}F(b)&=f(b)-\frac{k}{2}\left(\frac{b-a}{2}\right)^2=f(b)-\frac{f(b)-f(a)}{2}=\frac{f(a)+f(b)}{2}\\&>f\left(\frac{a+b}{2}\right)=F\left(\frac{a+b}{2}\right).\end{aligned}$$

将 $F(b)$ 在 $\frac{a+b}{2}$ 处 Taylor 展开，$\exists\,\xi\in\left(\frac{a+b}{2},b\right)$，s. t.

$$F(b)=F\left(\frac{a+b}{2}\right)+\frac{1}{2}F''(\xi)\left(b-\frac{a+b}{2}\right)^2=f\left(\frac{a+b}{2}\right)+\frac{F''(\xi)}{2}\,\frac{(b-a)^2}{4},$$

$$F''(\xi)=\frac{8}{(b-a)^2}\left[F(b)-F\left(\frac{a+b}{2}\right)\right]>0.$$

而 $F''(\xi)=f''(\xi)-k$，于是

$$f''(\xi)>k=\frac{4}{(b-a)^2}[f(b)-f(a)].$$

(iv) $f(a)\neq f(b)$，$f\left(\frac{a+b}{2}\right)>\frac{f(a)+f(b)}{2}$. 仍设 $f(a)<f(b)$，$k=\frac{4}{(b-a)^2}[f(b)-f(a)]>0$.

构造函数

$$F(x)=f(x)+\frac{k}{2}\left(x-\frac{a+b}{2}\right)^2,\quad x\in[a,b].$$

则 $F(x)$ 在 $[a,b]$ 上二阶可导，且

$$F(a)=f(a)+\frac{k}{2}\left(\frac{b-a}{2}\right)^2=f(a)+\frac{f(b)-f(a)}{2}=\frac{f(a)+f(b)}{2}$$

$$<f\left(\frac{a+b}{2}\right)=F\left(\frac{a+b}{2}\right),$$

$$F'(x)=f'(x)+k\left(x-\frac{a+b}{2}\right),\quad F'\left(\frac{a+b}{2}\right)=f'\left(\frac{a+b}{2}\right)=0,$$

$$F''(x)=f''(x)+k.$$

将 $F(a)$ 在 $\frac{a+b}{2}$ 处 Taylor 展开，$\exists\,\xi\in\left(a,\frac{a+b}{2}\right)$，s. t.

$$F(a)=F\left(\frac{a+b}{2}\right)+\frac{1}{2}F''(\xi)\left(a-\frac{a+b}{2}\right)^2=F\left(\frac{a+b}{2}\right)+\frac{(b-a)^2}{8}F''(\xi).$$

于是

$$F''(\xi)=\frac{8}{(b-a)^2}\left[F(a)-F\left(\frac{a+b}{2}\right)\right]<0,$$

$$f''(\xi)+k<0,$$

$$f''(\xi)<-k<0,$$

即 $|f''(\xi)|>k=\frac{4}{(b-a)^2}[f(b)-f(a)]$. □

第5章

不定积分

定义 5.1.2 在区间 I 上，如果 f 为 F 的导函数，即 $F'(x)=f(x)$ 或 $\mathrm{d}F=F'(x)\mathrm{d}x=f(x)\mathrm{d}x$，则称 F 为 f 在区间 I 上的一个原函数.

定理 5.1.2 设 $f(x)$ 在区间 I 上有原函数 $F(x)$，即 $F'(x)=f(x)$，$\forall x\in I$，则函数族

$$\{F(x)+C \mid C\in\mathbb{R}\}$$

为 $f(x)$ 在 I 上的全部原函数.

定义 5.1.3 设函数 $f(x)$ 在区间 I 上有一个原函数 $F(x)$，则函数族 $\{F(x)+C|C\in\mathbb{R}\}$ 就称为 $f(x)$ 在 I 上的**不定积分**，记作

$$\int f(x)\mathrm{d}x=F(x)+C.$$

求不定积分的方法：

(1) 用不定积分的定义 5.1.3.

(2) 用初等函数的基本公式表(参阅[1]第一册 286～289 页(1)～(10)).

(3) 应用不定积分的线性性.

定理 5.1.3 设 $f(x)$ 与 $g(x)$ 在区间 I 上都存在原函数，对 $\forall k_1,k_2\in\mathbb{R}$，且 $k_1^2+k_2^2\neq 0$，则 $k_1f(x)+k_2g(x)$ 在 I 上也存在原函数，且

$$\int[k_1f(x)+k_2g(x)]\mathrm{d}x=k_1\int f(x)\mathrm{d}x+k_2\int g(x)\mathrm{d}x.$$

(4) 换元(变量代换)积分法是通过换元(变量代换)将一个难算的不定积分换成一个易算的不定积分.

定理 5.2.1(不定积分的换元(变量代换)) 设 $g(u)$ 在 $[\alpha,\beta]$ 上有定义，$u=\varphi(x)$ 在 $[a,b]$ 上可导，且 $\alpha\leqslant\varphi(x)\leqslant\beta$，$x\in[a,b]$，并记

$$f(x)=g(\varphi(x))\varphi'(x),\quad x\in[a,b].$$

如果 $g(u)$ 在 $[\alpha,\beta]$ 上存在原函数 $G(u)$，则 $f(x)$ 在 $[a,b]$ 上也存在原函数 $F(x)=G(\varphi(x))$. 于是

$$\int f(x)\mathrm{d}x\xlongequal{\text{凑}}\int g(\varphi(x))\varphi'(x)\mathrm{d}x\xlongequal{u=\varphi(x)}\int g(u)\mathrm{d}u=G(u)+C=G(\varphi(x))+C.$$

如果 $\varphi'(x)\neq 0, x\in[a,b]$，则当 $f(x)$ 在 $[a,b]$ 上存在原函数 $F(x)$ 时，$g(u)$ 在 $[\alpha,\beta]$ 上也存在原函数 $G(u)$，且

$$G(u)=F(\varphi^{-1}(u))+C,$$

即

$$\int g(u)\mathrm{d}u \xlongequal{u=\varphi(x)} \int g(\varphi(x))\varphi'(x)\mathrm{d}x=\int f(x)\mathrm{d}x$$

$$=F(x)+C \xlongequal{x=\varphi^{-1}(u)} F(\varphi^{-1}(u))+C.$$

(5) 分部积分法是通过分部积分将一个难算的不定积分分出一部分，使得余下的另一部分的不定积分容易算.

定理 5.2.2(不定积分的分部积分法) 设 $u(x)$ 与 $v(x)$ 可导，不定积分 $\int u'(x)v(x)\mathrm{d}x$ 存在，则 $\int u(x)v'(x)\mathrm{d}x$ 也存在，且有

$$\int u(x)v'(x)\mathrm{d}x=u(x)v(x)-\int u'(x)v(x)\mathrm{d}x,$$

也可表示为

$$\int u(x)\mathrm{d}v(x)=u(x)v(x)-\int v(x)\mathrm{d}u(x).$$

分部积分有四种类型：

① 升幂：如：$\int x^2\arctan x\mathrm{d}x=\int \arctan x\mathrm{d}\,\frac{x^3}{3}=\frac{x^3}{3}\arctan x-\int\frac{x^3}{3(1+x^2)}\mathrm{d}x=\cdots$ (例 5.2.10(1)).

② 降幂：如：$\int x^2\mathrm{e}^{-x}\mathrm{d}x=\int x^2\mathrm{d}(-\mathrm{e}^{-x})=-x^2\mathrm{e}^{-x}+\int 2x\mathrm{e}^{-x}\mathrm{d}x=\cdots$(例 5.2.11(2)).

③ 循环：如：

$$I=\int \mathrm{e}^{ax}\cos bx\,\mathrm{d}x=\frac{1}{a}\int\cos bx\,\mathrm{d}\mathrm{e}^{ax}=\frac{1}{a}\left(\mathrm{e}^{ax}\cos bx+b\int\mathrm{e}^{ax}\sin bx\,\mathrm{d}x\right)=\frac{1}{a}\mathrm{e}^{ax}\cos bx+\frac{b}{a}J,$$

$$J=\int \mathrm{e}^{ax}\sin bx\,\mathrm{d}x=\frac{1}{a}\int\sin bx\,\mathrm{d}\mathrm{e}^{ax}=\frac{1}{a}\left(\mathrm{e}^{ax}\sin bx-b\int\mathrm{e}^{ax}\cos bx\,\mathrm{d}x\right)=\frac{1}{a}\mathrm{e}^{ax}\sin bx-\frac{b}{a}I,$$

$$\begin{cases}I=\dfrac{b\sin bx+a\cos bx}{a^2+b^2}\mathrm{e}^{ax}+C_1,\\[2ex] J=\dfrac{a\sin bx-b\cos bx}{a^2+b^2}\mathrm{e}^{ax}+C_2.\end{cases}$$

(例 5.2.12，例 5.2.13 解法 1)

④ 递推：如

$$I_{k-1}=\int\frac{\mathrm{d}t}{(t^2+r^2)^{k-1}}\xlongequal{\text{分部积分}}\frac{t}{(t^2+r^2)^{k-1}}-\int t[-(k-1)]\frac{2t}{(t^2+r^2)^k}\mathrm{d}t$$

$$=\frac{t}{(t^2+r^2)^{k-1}}+2(k-1)\int\frac{(t^2+r^2)-r^2}{(t^2+r^2)^k}\mathrm{d}t$$

$$
=\frac{t}{(t^2+r^2)^{k-1}}+2(k-1)I_{k-1}-2r^2(k-1)I_k,
$$

$$
I_k=\frac{t}{2r^2(k-1)(t^2+r^2)^{k-1}}+\frac{2k-3}{2r^2(k-1)}I_{k-1}\quad(\text{递推公式}).
$$

(6) 有理函数 $R(x)=\dfrac{P(x)}{Q(x)}=\dfrac{\alpha_0x^n+\alpha_1x^{n-1}+\cdots+\alpha_{n-1}x+\alpha_n}{\beta_0x^m+\beta_1x^{m-1}+\cdots+\beta_{m-1}x+\beta_m}$理论上是可积出来的(见[1]第一册 311～318 页). 代数学关于有理函数的部分分式分解定理从理论上证明了任何有理函数的不定积分都为初等函数. 但该有理函数的分母 $Q(x)$，当它的次数很高时，具体分解因子是十分困难的. 即使能因式分解，用待定系数法将此有理函数化为最简分式之和的计算也会十分烦琐.

(7) 三角函数有理式的不定积分

$$
\int R(\sin x,\cos x)\mathrm{d}x\xlongequal[t=\tan\frac{x}{2}]{\text{万能变换}}\int R\left(\frac{2t}{1+t^2},\frac{1-t^2}{1+t^2}\right)\frac{2}{1+t^2}\mathrm{d}t
$$

化为 t 的有理函数的积分. 因为有理函数理论上总可以被积出来，成为一个初等函数. 因此，万能变换 $t=\tan\dfrac{x}{2}$ 对三角函数有理式的不定积分理论上总是有效的. 这个变换称为“万能”，理由就在于此. 但如果右边积分中被积函数的分母的次数太高，往往难以积出来. 此时，“万能”就成为一个虚名了.

另外，还有几个可化三角函数不定积分为有理函数不定积分的变换. 有时，这些有理函数分母的幂次较低，积分比较容易.

① 若 $R(-\sin x,\cos x)=-R(\sin x,\cos x)$，令 $t=\cos x$；

② 若 $R(\sin x,-\cos x)=-R(\sin x,\cos x)$，令 $t=\sin x$；

③ 若 $R(-\sin x,-\cos x)=R(\sin x,\cos x)$，令 $t=\tan x$.

应该强调的是，在考虑上述这些变换之前，先要看一看是否用三角函数的公式(如：积化和差、倍角公式等)能使不定积分化为容易的不定积分.

(8) 用换元化具有无理根式的积分为有理函数的积分.

① $\displaystyle\int R\left(x,\sqrt[n]{\frac{ax+b}{cx+d}},\cdots,\sqrt[m]{\frac{ax+b}{cx+d}}\right)\mathrm{d}x$，其中 $a,b,c,d\in\mathbb{R},ad-bc\neq 0,n,\cdots,m\in\mathbb{N}$，$R(x,y_1,\cdots,y_k)$为 $k+1$ 元的实有理函数.

作变换 $t=\left(\dfrac{ax+b}{cx+d}\right)^{\frac{1}{s}}$，其中 s 为 $n,\cdots,m$ 的最小公倍数. 则

$$
x=\frac{dt^s-b}{a-ct^s},\quad \mathrm{d}x=\frac{st^{s-1}(ad-bc)}{(a-ct^s)^2}\mathrm{d}t.
$$

② $\displaystyle\int R(x,\sqrt{ax^2+bx+c})\,\mathrm{d}x$ 型不定积分，其中 $R(x,y)$ 为 x,y 的二元有理函数(参阅[1]第一册 322～325 页).

(i) 当 $a>0$,令 $\sqrt{ax^2+bx+c}=t-\sqrt{a}x$(或$\sqrt{a}x\pm t$),则

$$x=\frac{t^2-c}{b+2\sqrt{a}t},\quad \mathrm{d}x=\frac{2t(b+2\sqrt{a}t)-2\sqrt{a}(t^2-c)}{(b+2\sqrt{a}t)^2}\mathrm{d}t.$$

(ii) 当 $c>0$,令 $\sqrt{ax^2+bx+c}=tx+\sqrt{c}$(或 $tx-\sqrt{c}$),则

$$x=\frac{2\sqrt{c}t-b}{a-t^2},\mathrm{d}x=\frac{2a\sqrt{c}-2bt+2\sqrt{c}t^2}{(a-t^2)^2}\mathrm{d}t.$$

(iii) $b^2-4ac>0$,则 $ax^2+bx+c=0$ 有两个相异的实根 λ,μ. 作变换

$$\sqrt{ax^2+bx+c}=t(x-\lambda),x=\frac{a\mu-\lambda t^2}{a-t^2},\quad \mathrm{d}x=\frac{2a(\mu-\lambda)t}{(a-t^2)^2}\mathrm{d}t.$$

202. 计算不定积分:

(1) $\int\frac{\arcsin x}{x^2}\mathrm{d}x$;　　(2) $\int\frac{\mathrm{d}x}{\sqrt{\sin x\cos^7 x}}$;

(3) $\int x\ln\frac{1+x}{1-x}\mathrm{d}x$;　　(4) $\int \mathrm{e}^x\left(\frac{1-x}{1+x^2}\right)^2\mathrm{d}x$.

解 (1) $\int\frac{\arcsin x}{x^2}\mathrm{d}x\xlongequal{x=\sin t}\int t\mathrm{d}\left(\frac{-1}{\sin t}\right)$

$$=-\frac{t}{\sin t}+\int\frac{\mathrm{d}t}{\sin t}$$

$$=-\frac{t}{\sin t}-\ln\left|\frac{1+\cos t}{\sin t}\right|+C$$

$$=-\frac{\arcsin x}{x}-\ln\frac{1+\sqrt{1-x^2}}{x}+C.$$

(2) $$\int\frac{\mathrm{d}x}{\sqrt{\sin x\cos^7 x}}=\int\frac{\mathrm{d}x}{\left(\frac{\sin x}{\cos x}\right)^{\frac{1}{2}}\cos^4 x}=\int\frac{\mathrm{set}^2 x}{\tan^{\frac{1}{2}}x}\cdot\sec^2 x\mathrm{d}x$$

$$=\int\frac{1+\tan^2 x}{\tan^{\frac{1}{2}}x}\mathrm{d}\tan x\xlongequal{\tan x=t}\int\frac{1+t^2}{t^{\frac{1}{2}}}\mathrm{d}t$$

$$=\int(t^{-\frac{1}{2}}+t^{\frac{3}{2}})\mathrm{d}t=2\sqrt{t}+\frac{2}{5}t^{\frac{5}{2}}+C$$

$$=2\sqrt{\tan x}+\frac{2}{5}\tan^{\frac{5}{2}}x+C.$$

(3) 应用$\left(\ln\frac{1+x}{1-x}\right)'=\frac{1}{1+x}+\frac{1}{1-x}=\frac{2}{1-x^2}$,得

$$\int x\ln\frac{1+x}{1-x}\mathrm{d}x=\frac{x^2}{2}\ln\frac{1+x}{1-x}-\frac{1}{2}\int x^2\cdot\frac{2\mathrm{d}x}{1-x^2}$$

$$=\frac{x^2}{2}\ln\frac{1+x}{1-x}+\int\left(1-\frac{1}{1-x^2}\right)\mathrm{d}x$$

$$= \frac{x^2}{2}\ln\frac{1+x}{1-x} + x - \frac{1}{2}\ln\frac{1+x}{1-x} + C$$

$$= x + \frac{1}{2}(x^2-1)\ln\frac{1+x}{1-x} + C.$$

(4) 因 $\left(\frac{1-x}{1+x^2}\right)^2 = \frac{1+x^2-2x}{(1+x^2)^2} = \frac{1}{1+x^2} - \frac{2x}{(1+x^2)^2}$. 于是

$$\int e^x\left(\frac{1-x}{1+x^2}\right)^2 dx = \int \frac{e^x}{1+x^2}dx - \int \frac{2xe^x}{(1+x^2)^2}dx$$

$$= \int \frac{e^x}{1+x^2}dx - \int e^x d\left(\frac{-1}{1+x^2}\right)$$

$$= \int \frac{e^x}{1+x^2}dx + \frac{e^x}{1+x^2} - \int \frac{e^x}{1+x^2}dx$$

$$= \frac{e^x}{1+x^2} + C.$$

□

203. 设 $I_n = \int \frac{v^n}{\sqrt{u}}\,dx$，其中 $u = a_1 + b_1 x, v = a_2 + b_2 x$，求递推公式.

解　$I_n = \frac{2}{b_1}\sqrt{u}v^n - \int \frac{2}{b_1}\sqrt{u}nv^{n-1}b_2\,dx = \frac{2}{b_1}\sqrt{u}v^n - \frac{2b_2 n}{b_1}\int \sqrt{u}v^{n-1}dx.$

而

$$\int \sqrt{u}v^{n-1}dx = \int \frac{uv^{n-1}}{\sqrt{u}}dx = \int \frac{(a_1+b_1x)v^{n-1}}{\sqrt{u}}dx$$

$$= \int \frac{\left[a_1 + \frac{b_1}{b_2}(b_2x + a_2 - a_2)\right]v^{n-1}}{\sqrt{u}}dx$$

$$= \int \frac{\frac{b_1}{b_2}v^n + \left(a_1 - \frac{a_2b_1}{b_2}\right)v^{n-1}}{\sqrt{u}}dx$$

$$= \frac{1}{b_2}\int\left[\frac{b_1v^n}{\sqrt{u}} + (a_1b_2 - a_2b_1)\frac{v^{n-1}}{\sqrt{u}}\right]dx$$

$$= \frac{b_1}{b_2}I_n + \frac{a_1b_2 - a_2b_1}{b_2}I_{n-1}.$$

代入原 I_n 表达式得

$$I_n = \frac{2}{b_1}\sqrt{u}v^n - \frac{2n}{b_1}[b_1I_n + (a_1b_2 - a_2b_1)I_{n-1}],$$

$$I_n(1+2n) = \frac{2}{b_1}\sqrt{u}v^n - \frac{2n}{b_1}(a_1b_2 - a_2b_1)I_{n-1},$$

从而

$$I_n = \frac{2}{(2n+1)b_1}\left[\sqrt{u}v^n - n(a_1b_2 - a_2b_1)I_{n-1}\right].$$

□

204. 求不定积分：

(1) $\int \frac{\mathrm{d}x}{(x+a)^m(x+b)^n}, m,n\in\mathbb{N}$； (2) $\int \frac{\mathrm{d}x}{(1+x^n)\sqrt[n]{1+x^n}}$.

解法 1 (1) (i) 若 $a=b$，则

$$\int \frac{\mathrm{d}x}{(x+a)^m(x+a)^n}=\int \frac{\mathrm{d}x}{(x+a)^{m+n}}=-\frac{1}{(m+n-1)x^{m+n-1}}+C.$$

(ii) 若 $a\neq b, m=n=1$，则

$$\int \frac{\mathrm{d}x}{(x+a)(x+b)}=\int\left(\frac{1}{x+a}-\frac{1}{x+b}\right)\frac{1}{b-a}\mathrm{d}x=\frac{1}{b-a}\ln\left|\frac{x+a}{x+b}\right|+C.$$

(iii) 若 $a\neq b, m=1, n>1$(若 $a\neq b, m>1, n=1$ 类似)，则

$$\int \frac{\mathrm{d}x}{(x+a)(x+b)^n}=\int \frac{\mathrm{d}x}{\left(\frac{x+a}{x+b}\right)(x+b)^{n+1}}\xlongequal[x=\frac{a-bt}{t-1}]{\frac{x+a}{x+b}=t}\int \frac{-\frac{a-b}{(t-1)^2}}{t\left(\frac{a-b}{t-1}\right)^{n+1}}\mathrm{d}t$$

$$=-\int \frac{(t-1)^{n-1}}{t}\cdot\frac{\mathrm{d}t}{(a-b)^n}=-\frac{1}{(a-b)^n}\int \frac{1}{t}\sum_{k=0}^{n-1}(-1)^k C_{n-1}^k t^{n-k}\mathrm{d}t$$

$$=-\frac{1}{(a-b)^n}\int\left[\sum_{k=0}^{n-2}(-1)^k C_{n-1}^k t^{n-k-1}+\frac{(-1)^{n-1}}{t}\right]\mathrm{d}t$$

$$=-\frac{1}{(a-b)^n}\left[\sum_{k=0}^{n-2}\frac{(-1)^k}{n-k}C_{n-1}^k t^{n-k}+(-1)^{n-1}\ln|t|\right]+C$$

$$=-\frac{1}{(a-b)^n}\left[\sum_{k=0}^{n-2}\frac{(-1)^k}{n-k}C_{n-1}^k\left(\frac{x+a}{x+b}\right)^{n-k}+(-1)^{n-1}\ln\left|\frac{x+a}{x+b}\right|\right]+C.$$

(iv) 若 $a\neq b, m>1, n>1$. 令 $J_{m,n}=\int \frac{\mathrm{d}x}{(x+a)^m(x+b)^n}$，则

$$J_{m,n}=\int \frac{\mathrm{d}(x+a)}{(x+a)^m(x+b)^n}=-\frac{1}{m-1}\frac{1}{(x+a)^{m-1}(x+b)^n}+\frac{-n}{m-1}\int \frac{\mathrm{d}x}{(x+a)^{m-1}(x+b)^{n+1}}$$

$$=-\frac{1}{(m-1)(x+a)^{m-1}(x+b)^n}-\frac{n}{m-1}J_{m-1,n+1}.$$

利用此递推公式，最后化为(iii)的情形 $J_{1,m+n-1}$.

(2) 令 $1+x^n=t$，则 $x=(t-1)^{\frac{1}{n}}$，$\mathrm{d}x=\frac{1}{n}(t-1)^{\frac{1}{n}-1}\mathrm{d}t$. 于是

$$\int \frac{\mathrm{d}x}{(1+x^n)\sqrt[n]{1+x^n}}=\frac{1}{n}\int \frac{1}{t^{1+\frac{1}{n}}}\frac{(t-1)^{\frac{1}{n}}}{t-1}\mathrm{d}t=\frac{1}{n}\int \frac{1}{t(t-1)}\sqrt[n]{\frac{t-1}{t}}\mathrm{d}t$$

$$\xlongequal[t=\frac{1}{1-u^n}]{\sqrt[n]{\frac{t-1}{t}}=u}\frac{1}{n}\int \frac{1}{\frac{1}{1-u^n}\cdot\frac{u^n}{1-u^n}}u\cdot\frac{nu^{n-1}}{(1-u^n)^2}\mathrm{d}u$$

$$=\int \mathrm{d}u=u+C=\sqrt[n]{\frac{t-1}{t}}+C=\sqrt[n]{\frac{x^n}{1+x^n}}+C.$$

解法 2　(1) 将$\frac{1}{(x+a)^m(x+b)^n}$用待定系数法或凑合法分解为部分公式

$$\frac{1}{(x+a)^m(x+b)^n}=\frac{A_1}{x+a}+\frac{A_2}{(x+a)^2}+\cdots+\frac{A_m}{(x+a)^m}+\frac{B_1}{x+b}+\frac{B_2}{(x+b)^2}+\cdots+\frac{B_n}{(x+b)^n},$$

其中,$A_i(i=1,2,\cdots,m)$,$B_j(j=1,2,\cdots,n)$都为常数.则

$$\begin{aligned}\int \frac{\mathrm{d}x}{(x+a)^m(x+b)^n}&=\int \sum_{i=1}^{m}\frac{A_i}{(x+a)^i}\mathrm{d}x+\int \sum_{j=1}^{n}\frac{B_j}{(x+b)^j}\mathrm{d}x\\&=A_1\ln|x+a|+B_1\ln|x+b|+\sum_{i=2}^{m}\frac{A_i}{1-i}\frac{1}{(x+a)^{i-1}}\\&\quad+\sum_{j=2}^{n}\frac{B_j}{1-j}\frac{1}{(x+b)^{j-1}}+C.\end{aligned}$$

(2) 同解法 1,令 $1+x^n=t$,有

$$\begin{aligned}\int \frac{\mathrm{d}x}{(1+x^n)\sqrt[n]{1+x^n}}&=\frac{1}{n}\int \frac{1}{t(t-1)}\sqrt[n]{\frac{t-1}{t}}\mathrm{d}t\\&\xlongequal[t=\frac{1}{1-v}]{\frac{t-1}{t}=v}\int \frac{1}{\frac{v}{(1-v)^2}}\cdot\sqrt[n]{v}\cdot\frac{\mathrm{d}v}{(1-v)^2}=\frac{1}{n}\int v^{\frac{1}{n}-1}\mathrm{d}v\\&=v^{\frac{1}{n}}+C=\sqrt[n]{\frac{t-1}{t}}+C=\sqrt[n]{\frac{x^n}{1+x^n}}+C.\end{aligned}$$

□

205. 计算不定积分:

(1) $\int \frac{\mathrm{d}x}{2\sin x-\cos x+5}$;

(2) $\int \frac{\cos x\sin x}{\cos x+\sin x}\mathrm{d}x$;

(3) $\int \frac{\sin x}{1+\cos x+\sin x}\mathrm{d}x$;

(4) $\int \frac{\sin^2 x}{1+\sin^2 x}\mathrm{d}x$;

(5) $\int \frac{\mathrm{d}x}{\cos^4 x+\sin^4 x}$;

(6) $\int \frac{\sin x}{\cos^3 x+\sin^3 x}\mathrm{d}x$;

(7) $\int \sqrt{\tan x}\,\mathrm{d}x$;

(8) $\int \sqrt{\tan^2 x+2}\,\mathrm{d}x$;

(9) $\int \frac{\sin^2 x\cos x}{\sin x+\cos x}\mathrm{d}x$;

(10) $\int \frac{\mathrm{d}x}{(1+2^x)^4}$;

(11) $\int \sqrt{1+\sin x}\,\mathrm{d}x$;

(12) $\int \frac{x+\sin x}{1+\cos x}\mathrm{d}x$;

(13) $\int \arctan(1+\sqrt{x})\mathrm{d}x$.

解 (1) 作变换 $\tan\frac{x}{2}=t$,有

$$\int\frac{dx}{2\sin x-\cos x+5}=\int\frac{\frac{2}{1+t^2}dt}{\frac{4t}{1+t^2}-\frac{1-t^2}{1+t^2}+5}=\int\frac{dt}{3\left(t^2+\frac{2}{3}t+\frac{2}{3}\right)}$$

$$=\frac{1}{3}\int\frac{dt}{\left(t+\frac{1}{3}\right)^2+\frac{5}{9}}=\frac{1}{3}\times\frac{3}{\sqrt{5}}\arctan\frac{3\left(t+\frac{1}{3}\right)}{\sqrt{5}}+C$$

$$=\frac{1}{\sqrt{5}}\arctan\frac{3t+1}{\sqrt{5}}+C=\frac{1}{\sqrt{5}}\arctan\frac{3\tan\frac{x}{2}+1}{\sqrt{5}}+C.$$

(2) 利用三角恒等式 $1=\cos^2x+\sin^2x$,有

$$\int\frac{\cos x\sin x}{\cos x+\sin x}dx=\frac{1}{2}\int\left[\frac{1+2\cos x\sin x}{\cos x+\sin x}-\frac{1}{\cos x+\sin x}\right]dx$$

$$=\frac{1}{2}\int\left[\cos x+\sin x-\frac{1}{\sqrt{2}\cos\left(x-\frac{\pi}{4}\right)}\right]dx$$

$$=\frac{1}{2}\left(\sin x-\cos x-\frac{1}{\sqrt{2}}\ln\left|\sec\left(x-\frac{\pi}{4}\right)+\tan\left(x-\frac{\pi}{4}\right)\right|\right)+C$$

$$=\frac{1}{2}(\sin x-\cos x)-\frac{1}{2\sqrt{2}}\ln\left|\frac{\sqrt{2}+\sin x-\cos x}{\sin x+\cos x}\right|+C.$$

(3) 作变换 $\tan\frac{x}{2}=t$,则

$$\int\frac{\sin x}{1+\cos x+\sin x}dx=\int\frac{\frac{2t}{1+t^2}}{\frac{1+t^2+1-t^2+2t}{1+t^2}}\cdot\frac{2}{1+t^2}dt$$

$$=2\int\frac{t}{(1+t^2)(1+t)}dt=\int\left(\frac{1+t}{1+t^2}-\frac{1}{1+t}\right)dt$$

$$=\arctan t+\frac{1}{2}\ln(1+t^2)-\ln|1+t|+C$$

$$=\arctan\left(\tan\frac{x}{2}\right)+\frac{1}{2}\ln\left(1+\tan^2\frac{x}{2}\right)-\ln\left|1+\tan\frac{x}{2}\right|+C$$

$$=\arctan\left(\tan\frac{x}{2}\right)-\ln\left|\cos\frac{x}{2}+\sin\frac{x}{2}\right|+C.$$

(4) 作变换 $\tan x=t$,则

$$\int\frac{\sin^2x}{1+\sin^2x}dx=\int\frac{\tan^2x}{\sec^2x+\tan^2x}dx$$

$$= \int \frac{t^2}{1+2t^2} \cdot \frac{dt}{1+t^2} = \int \left(\frac{1}{1+t^2} - \frac{1}{1+2t^2}\right) dt$$

$$= \arctan t - \frac{1}{\sqrt{2}} \arctan \sqrt{2} t + C$$

$$= x - \frac{1}{\sqrt{2}} \arctan(\sqrt{2} \tan x) + C.$$

（5）**解法 1**　作变换 $u = \tan 2x$，则 $x = \frac{1}{2}\arctan u$，$dx = \frac{du}{2(1+u^2)}$，于是

$$\int \frac{1}{\cos^4 x + \sin^4 x} dx = \int \frac{dx}{\left(\frac{1+\cos 2x}{2}\right)^2 + \left(\frac{1-\cos 2x}{2}\right)^2}$$

$$= \int \frac{2dx}{1+\cos^2 2x} = \int \frac{2\sec^2 2x}{1+\sec^2 2x} dx = \int \frac{2(1+\tan^2 2x)}{2+\tan^2 2x} dx$$

$$= \int \frac{2(1+u^2)}{2+u^2} \cdot \frac{du}{2(1+u^2)} = \int \frac{du}{2+u^2}$$

$$= \frac{1}{\sqrt{2}} \arctan \frac{u}{\sqrt{2}} + C = \frac{1}{\sqrt{2}} \arctan\left(\frac{1}{\sqrt{2}} \tan 2x\right) + C.$$

解法 2　作变换 $\tan x = u$，则 $x = \arctan u$，于是

$$\int \frac{dx}{\cos^4 x + \sin^4 x} = \int \frac{\sec^2 x}{1+\tan^4 x} \cdot \sec^2 x dx = \int \frac{1+\tan^2 x}{1+\tan^4 x} d\tan x$$

$$= \int \frac{1+u^2}{1+u^4} du = \int \frac{1+u^2}{(1-\sqrt{2}u+u^2)(1+\sqrt{2}u+u^2)} du$$

$$= \frac{1}{2} \int \left(\frac{1}{u^2-\sqrt{2}u+1} + \frac{1}{u^2+\sqrt{2}u+1}\right) du$$

$$= \int \left[\frac{1}{1+(\sqrt{2}u-1)^2} + \frac{1}{1+(\sqrt{2}u+1)^2}\right] du$$

$$= \frac{1}{\sqrt{2}} \left[\arctan(\sqrt{2}u-1) + \arctan(\sqrt{2}u+1)\right] + C$$

$$= \frac{1}{\sqrt{2}} \left[\arctan(\sqrt{2}\tan x - 1) + \arctan(\sqrt{2}\tan x + 1)\right] + C$$

$$= \frac{1}{\sqrt{2}} \arctan\left(\frac{1}{\sqrt{2}} \tan 2x\right) + C.$$

注　由于

$$\tan\left[\arctan(\sqrt{2}u-1) + \arctan(\sqrt{2}u+1)\right]$$

$$= \frac{\sqrt{2}u - 1 + \sqrt{2}u + 1}{1-(\sqrt{2}u-1)(\sqrt{2}u+1)} = \frac{\sqrt{2}u}{1-u^2} = \frac{1}{\sqrt{2}} \frac{2\tan x}{1-\tan^2 x} = \frac{1}{\sqrt{2}} \tan 2x,$$

故 $\arctan(\sqrt{2}u-1) + \arctan(\sqrt{2}u+1) = \arctan\left(\frac{1}{\sqrt{2}} \tan 2x\right)$.

(6) 作变换 $\tan x=u$,则

$$\int\frac{\sin x}{\cos^3x+\sin^3x}\mathrm{d}x=\int\frac{\tan x}{1+\tan^3x}\sec^2x\mathrm{d}x$$

$$=\int\frac{u}{1+u^3}\mathrm{d}u=\int\frac{u}{(1+u)(1-u+u^2)}\mathrm{d}u=\frac{1}{3}\int\left(\frac{u+1}{1-u+u^2}-\frac{1}{1+u}\right)\mathrm{d}u$$

$$=\frac{1}{6}\int\frac{2u-1}{1-u+u^2}\mathrm{d}u+\frac{1}{2}\int\frac{1}{1-u+u^2}\mathrm{d}u-\frac{1}{3}\int\frac{\mathrm{d}u}{1+u}$$

$$=\frac{1}{6}\ln(u^2-u+1)-\frac{1}{3}\ln|1+u|+\frac{1}{2}\cdot\frac{2}{\sqrt{3}}\arctan\frac{2}{\sqrt{3}}\left(u-\frac{1}{2}\right)+C$$

$$=\frac{1}{6}\ln\frac{u^2-u+1}{(1+u)^2}+\frac{1}{\sqrt{3}}\arctan\frac{1}{\sqrt{3}}(2u-1)+C$$

$$=\frac{1}{6}\ln\frac{\tan^2x+1-\tan x}{(1+\tan x)^2}+\frac{1}{\sqrt{3}}\arctan\frac{1}{\sqrt{3}}(2\tan x-1)+C$$

$$=\frac{1}{6}\ln\frac{1-\sin x\cos x}{1+2\sin x\cos x}+\frac{1}{\sqrt{3}}\arctan\frac{1}{\sqrt{3}}(2\tan x-1)+C.$$

(7) 作变换 $t=\sqrt{\tan x}$,则 $x=\arctan t^2$. 于是

$$\int\sqrt{\tan x}\,\mathrm{d}x=\int\frac{t}{1+t^4}\cdot 2t\mathrm{d}t=2\int\frac{t^2}{1+t^4}\mathrm{d}t$$

$$=\frac{\sqrt{2}}{2}\int\left(\frac{t}{1-\sqrt{2}t+t^2}-\frac{t}{1+\sqrt{2}t+t^2}\right)\mathrm{d}t$$

$$=\frac{\sqrt{2}}{4}\int\left(\frac{2t-\sqrt{2}+\sqrt{2}}{t^2-\sqrt{2}t+1}-\frac{2t+\sqrt{2}-\sqrt{2}}{t^2+\sqrt{2}t+1}\right)\mathrm{d}t$$

$$=\frac{\sqrt{2}}{4}\int\left[\frac{2t-\sqrt{2}}{t^2-\sqrt{2}t+1}-\frac{2t+\sqrt{2}}{t^2+\sqrt{2}t+1}+\frac{\sqrt{2}}{\frac{1}{2}+\left(t-\frac{1}{\sqrt{2}}\right)^2}+\frac{\sqrt{2}}{\frac{1}{2}+\left(t+\frac{1}{\sqrt{2}}\right)^2}\right]\mathrm{d}t$$

$$=\frac{\sqrt{2}}{4}\ln\frac{t^2-\sqrt{2}t+1}{t^2+\sqrt{2}t+1}+\frac{1}{\sqrt{2}}\arctan(\sqrt{2}t-1)+\frac{1}{\sqrt{2}}\arctan(\sqrt{2}t+1)+C$$

$$=\frac{\sqrt{2}}{4}\ln\frac{t^2-\sqrt{2}t+1}{t^2+\sqrt{2}t+1}+\frac{1}{\sqrt{2}}\arctan\frac{\sqrt{2}t}{1+t^2}+C$$

$$=\frac{\sqrt{2}}{4}\ln\frac{1+\tan x-\sqrt{2\tan x}}{1+\tan x+\sqrt{2\tan x}}+\frac{1}{\sqrt{2}}\arctan\frac{\sqrt{2\tan x}}{1+\tan x}+C.$$

(8) **解法 1**

$$\int\sqrt{\tan^2x+2}\,\mathrm{d}x\xlongequal[x=\arctan\sqrt{t-2}]{\tan^2x+2=t}\int\sqrt{t}\cdot\frac{\mathrm{d}t}{2\sqrt{t-2}(1+t-2)}$$

$$\xlongequal[t=\frac{2u^2}{u^2-1}]{u=\sqrt{\frac{t}{t-2}}}\frac{1}{2}\int u\frac{1}{\frac{u^2+1}{u^2-1}}\cdot\frac{-4u}{(u^2-1)^2}\mathrm{d}u$$

$$=-2\int\frac{u^2}{(u^2+1)(u^2-1)}\mathrm{d}u=-\int\left(\frac{1}{u^2+1}+\frac{1}{u^2-1}\right)\mathrm{d}u$$

$$=\int\left[\frac{1}{2}\left(\frac{1}{u+1}-\frac{1}{u-1}\right)-\frac{1}{1+u^2}\right]\mathrm{d}u$$

$$=\frac{1}{2}\ln\left|\frac{u+1}{u-1}\right|-\arctan u+C$$

$$=\frac{1}{2}\ln\frac{\sqrt{\tan^2x+2}+\sqrt{\tan^2x}}{\sqrt{\tan^2x+2}-\sqrt{\tan^2x}}-\arctan\sqrt{\frac{\tan^2x+2}{\tan^2x}}+C$$

$$=\frac{1}{2}\ln\frac{2(\tan^2x+1)+2|\tan x|\sqrt{\tan^2x+2}}{2}-\arctan\sqrt{1+2\cot^2x}+C$$

$$=\frac{1}{2}\ln(\sec^2x+|\tan x|\sqrt{\tan^2x+2})-\arctan\sqrt{1+2\cot^2x}+C.$$

解法 2

$$\int\sqrt{\tan^2x+2}\,\mathrm{d}x\xlongequal[x=\arctan t]{t=\tan x}\int\sqrt{t^2+2}\cdot\frac{\mathrm{d}t}{1+t^2}$$

$$\xlongequal[t=\frac{u^2-2}{2u}]{\sqrt{t^2+2}=u-t}\int\frac{u^4+4u^2+4}{u(u^4+4)}\mathrm{d}u=\int\left(\frac{1}{u}+\frac{4u}{u^4+4}\right)\mathrm{d}u$$

$$=\int\frac{\mathrm{d}u}{u}+2\int\frac{\mathrm{d}u^2}{4+(u^2)^2}=\ln u+\arctan\frac{u^2}{2}+C$$

$$=\ln(\tan x+\sqrt{\tan^2x+2})+\arctan\frac{(\tan x+\sqrt{\tan^2x+2})^2}{2}+C$$

$$=\ln(\tan x+\sqrt{\tan^2x+2})+\arctan(\sec^2x+\tan x\sqrt{\tan^2x+2})+C.$$

(9) $$\int\frac{\sin^2x\cos x}{\sin x+\cos x}\mathrm{d}x=\frac{1}{2}\int\frac{\sin x(1+2\sin x\cos x-1)}{\sin x+\cos x}\mathrm{d}x$$

$$=\frac{1}{2}\int\sin x(\sin x+\cos x)\mathrm{d}x-\frac{1}{2}\int\frac{\sin x}{\sin x+\cos x}\mathrm{d}x.$$

$$I=-\int\frac{\sin x}{\sin x+\cos x}\mathrm{d}x=\int\frac{\cos x-\sin x-\cos x}{\sin x+\cos x}\mathrm{d}x$$

$$=\int\frac{\mathrm{d}(\sin x+\cos x)}{\sin x+\cos x}-\int\frac{\cos x+\sin x-\sin x}{\sin x+\cos x}\mathrm{d}x$$

$$=\ln|\sin x+\cos x|-x-I,$$

故

$$I=-\int\frac{\sin x}{\sin x+\cos x}\mathrm{d}x=\frac{1}{2}\ln|\sin x+\cos x|-\frac{x}{2}+C_1.$$

于是

$$原式=\frac{1}{2}\int(\sin^2x+\sin x\cos x)\mathrm{d}x+\frac{1}{2}I$$

$$= \frac{1}{4}\int(1-\cos 2x+\sin 2x)\mathrm{d}x+\frac{1}{2}I$$

$$= \frac{1}{4}\left(x-\frac{1}{2}\sin 2x-\frac{1}{2}\cos 2x\right)+\frac{1}{4}\ln|\sin x+\cos x|-\frac{x}{4}+C$$

$$= \frac{1}{4}\ln|\sin x+\cos x|-\frac{1}{8}\sin 2x-\frac{1}{8}\cos 2x+C.$$

(10) 作变换 $2^x=t$,即 $x=\frac{\ln t}{\ln 2}$,则

$$\int\frac{\mathrm{d}x}{(1+2^x)^4}=\int\frac{1}{(1+t)^4}\cdot\frac{\mathrm{d}t}{t\ln 2}$$

$$=\frac{1}{\ln 2}\int\left[\frac{1}{t}-\frac{1}{1+t}-\frac{1}{(1+t)^2}-\frac{1}{(1+t)^3}-\frac{1}{(1+t)^4}\right]\mathrm{d}t$$

$$=\frac{1}{\ln 2}\left[\ln t-\ln(1+t)+\frac{1}{1+t}+\frac{1}{2(1+t)^2}+\frac{1}{3(1+t)^3}\right]+C$$

$$=\frac{1}{\ln 2}\left[\ln\frac{t}{1+t}+\frac{6t^2+15t+11}{6(1+t)^3}\right]+C$$

$$=\frac{1}{\ln 2}\left(\ln\frac{2^x}{2^x+1}+\frac{6\times 2^{2x}+15\times 2^x+11}{6(1+2^x)^3}\right)+C.$$

也可不作变换直接解得

$$\int\frac{\mathrm{d}x}{(1+2^x)^4}=\int\frac{1+2^x-2^x}{(1+2^x)^4}\mathrm{d}x$$

$$=-\frac{1}{\ln 2}\int\frac{\mathrm{d}(1+2^x)}{(1+2^x)^4}+\int\frac{\mathrm{d}x}{(1+2^x)^3}=\frac{1}{\ln 2}\frac{1}{3(1+2^x)^3}+\int\frac{1+2^x-2^x}{(1+2^x)^3}\mathrm{d}x$$

$$=\frac{1}{\ln 2}\frac{1}{3(1+2^x)^3}-\frac{1}{\ln 2}\int\frac{\mathrm{d}(1+2^x)}{(1+2^x)^3}+\int\frac{1+2^x-2^x}{(1+2^x)^2}\mathrm{d}x$$

$$=\frac{1}{\ln 2}\left[\frac{1}{3(1+2^x)^3}+\frac{1}{2(1+2^x)^2}\right]-\frac{1}{\ln 2}\int\frac{\mathrm{d}(1+2^x)}{(1+2^x)^2}+\int\frac{1+2^x-2^x}{1+2^x}\mathrm{d}x$$

$$=\frac{1}{\ln 2}\left[\frac{1}{3(1+2^x)^3}+\frac{1}{2(1+2^x)^2}+\frac{1}{1+2^x}\right]-\frac{1}{\ln 2}\ln(1+2^x)+x+C$$

$$=\frac{1}{\ln 2}\left(\ln\frac{2^x}{1+2^x}+\frac{6\times 2^{2x}+15\times 2^x+11}{6(1+2^x)^3}\right)+C.$$

(11) **解法 1** 利用例 5.1.7

$$\int\sqrt{1+\sin x}\,\mathrm{d}x=\int\sqrt{\left(\cos\frac{x}{2}+\sin\frac{x}{2}\right)^2}\,\mathrm{d}x=\int\sqrt{2\sin^2\left(\frac{x}{2}+\frac{\pi}{4}\right)}\,\mathrm{d}x$$

$$\xlongequal[x=2u-\frac{\pi}{2}]{\frac{x}{2}+\frac{\pi}{4}=u} 2\sqrt{2}\int\sqrt{\sin^2 u}\,\mathrm{d}u=2\sqrt{2}\int|\sin u|\,\mathrm{d}u$$

$$\xlongequal{\text{例 5.1.7}} 2\sqrt{2}F(u)+C.$$

其中

$$F(u)=\begin{cases}-\cos u+4k, & 2k\pi\leqslant u<(2k+1)\pi,\\ \cos u+4k+2, & (2k+1)\pi\leqslant u<(2k+2)\pi,\end{cases}$$

即

$$f(x)=F\left(\frac{x}{2}+\frac{\pi}{4}\right)=\begin{cases}-\cos\left(\frac{x}{2}+\frac{\pi}{4}\right)+4k, & 4k\pi-\frac{\pi}{2}\leqslant x\leqslant 4k\pi+\frac{3}{2}\pi,\\ \cos\left(\frac{x}{2}+\frac{\pi}{4}\right)+4k+2, & (4k+2)\pi-\frac{\pi}{2}\leqslant x<(4k+4)\pi-\frac{\pi}{2}.\end{cases}$$

$$\int\sqrt{1+\sin x}\,\mathrm{d}x=2\sqrt{2}f(x)+C.$$

解法 2 直接得

$$\int\sqrt{1+\sin x}\,\mathrm{d}x=\int\sqrt{\left(\cos\frac{x}{2}+\sin\frac{x}{2}\right)^2}\,\mathrm{d}x$$

$$=\int\left|\cos\frac{x}{2}+\sin\frac{x}{2}\right|\mathrm{d}x=\begin{cases}\int\left(\cos\frac{x}{2}+\sin\frac{x}{2}\right)\mathrm{d}x, & \cos\frac{x}{2}+\sin\frac{x}{2}\geqslant 0,\\ \int\left(-\cos\frac{x}{2}-\sin\frac{x}{2}\right)\mathrm{d}x, & \cos\frac{x}{2}+\sin\frac{x}{2}<0.\end{cases}$$

设

$$f(x)=\begin{cases}2\left(\sin\frac{x}{2}-\cos\frac{x}{2}\right)+C_k, & 4k\pi-\frac{\pi}{2}\leqslant x<4k\pi+\frac{3}{2}\pi,\\ 2\left(-\sin\frac{x}{2}+\cos\frac{x}{2}\right)+D_k, & 4k\pi+\frac{3\pi}{2}\leqslant x<4(k+1)\pi-\frac{\pi}{2}.\end{cases}$$

取 $C_0=0$,即

$$f(x)=\begin{cases}2\left(\sin\frac{x}{2}-\cos\frac{x}{2}\right), & -\frac{\pi}{2}<x<\frac{3}{2}\pi,\\ 2\left(-\sin\frac{x}{2}+\cos\frac{x}{2}\right)+D_0, & \frac{3}{2}\pi\leqslant x<2\pi+\frac{3}{2}\pi.\end{cases}$$

令 $x=\frac{3}{2}\pi$,得 $f\left(\frac{3}{2}\pi-0\right)=2\sqrt{2}$,$f\left(\frac{3}{2}\pi+0\right)=-2\sqrt{2}+D_0$. 由 $f\left(\frac{3}{2}\pi-0\right)=f\left(\frac{3}{2}\pi+0\right)$,得 $D_0=4\sqrt{2}$.

令 $x=\frac{7}{2}\pi=4\pi-\frac{\pi}{2}$,$k=1$,就有

$$f\left(\frac{7}{2}\pi-0\right)=2\sqrt{2}+D_0=6\sqrt{2},f\left(\frac{7}{2}\pi\right)=f\left(\frac{7}{2}\pi+0\right)=-2\sqrt{2}+C_1,$$

$$-2\sqrt{2}+C_1=6\sqrt{2},\quad C_1=8\sqrt{2}=D_0+4\sqrt{2}.$$

进一步,用归纳法可证 $D_k-C_k=4\sqrt{2}$,$C_{k+1}-D_k=4\sqrt{2}$. 于是

$$f(x)=\begin{cases}2\left(\sin\frac{x}{2}-\cos\frac{x}{2}\right)+C_k, & 4k\pi-\frac{\pi}{2}\leqslant x<4k\pi+\frac{3}{2}\pi,\\ 2\left(-\sin\frac{x}{2}+\cos\frac{x}{2}\right)+D_k, & 4k\pi+\frac{3}{2}\pi\leqslant x<4(k+1)\pi-\frac{\pi}{2}.\end{cases}$$

其中 $C_0=0,D_k=C_k+4\sqrt{2},C_{k+1}=D_k+4\sqrt{2}$.从而

$$\int\sqrt{1+\sin x}\,\mathrm{d}x=f(x)+C.$$

(12) 作变换 $t=\tan\frac{x}{2}$,则

$$\begin{aligned}\int\frac{x+\sin x}{1+\cos x}\mathrm{d}x&=\int\frac{2\arctan t+\frac{2t}{1+t^2}}{1+\frac{1-t^2}{1+t^2}}\cdot\frac{2}{1+t^2}\mathrm{d}t\\&=\int\frac{2\arctan t+\frac{2t}{1+t^2}}{2}\cdot 2\mathrm{d}t=\int 2\arctan t\mathrm{d}t+\int\frac{2t\mathrm{d}t}{1+t^2}\\&=2t\arctan t-2\int\frac{t}{1+t^2}\mathrm{d}t+2\int\frac{t}{1+t^2}\mathrm{d}t\\&=2t\arctan t+C=x\tan\frac{x}{2}+C.\end{aligned}$$

或利用三角恒等式和分部积分,有

$$\begin{aligned}\int\frac{x+\sin x}{1+\cos x}\mathrm{d}x&=\int\frac{x}{2\cos^2\frac{x}{2}}\mathrm{d}x+\int\frac{2\sin\frac{x}{2}\cos\frac{x}{2}}{2\cos^2\frac{x}{2}}\mathrm{d}x\\&=x\tan\frac{x}{2}-\int\tan\frac{x}{2}\mathrm{d}x+\int\tan\frac{x}{2}\mathrm{d}x\\&=x\tan\frac{x}{2}+C.\end{aligned}$$

(13) 作变换$\sqrt{x}=t$,即 $x=t^2$,于是

$$\begin{aligned}\int\arctan(1+\sqrt{x})\mathrm{d}x&=\int\arctan(1+t)\cdot 2t\mathrm{d}t\\&=t^2\arctan(1+t)-\int t^2\frac{\mathrm{d}t}{1+(1+t)^2}\\&=t^2\arctan(1+t)-\int\left[1-\frac{2(t+1)}{1+(1+t)^2}\right]\mathrm{d}t\\&=t^2\arctan(1+t)-t+\ln(1+(1+t)^2)+C\\&=x\arctan(1+\sqrt{x})-\sqrt{x}+\ln(2+2\sqrt{x}+x)+C.\end{aligned}$$

□

第 6 章

Riemann积分

Ⅰ. $[a,b]$上函数 f Riemann 可积的充分条件和必要条件

定义 6.1.1 如果$\exists J\in\mathbb{R}$, s. t. 对$\forall\varepsilon>0$, $\exists\delta>0$, 当$[a,b]$的任何分割 T: $a=x_0<x_1\cdots<x_n=b$, $\|T\|=\max\limits_{1\leqslant i\leqslant n}\Delta x_i=\max\limits_{1\leqslant i\leqslant n}\{x_i-x_{i-1}\}<\delta$, $\forall\xi_i\in[x_{i-1},x_i]$, $i=1,2,\cdots,n$, 有

$$\left|\sum_{i=1}^{n}f(\xi_i)\Delta x_i-J\right|<\varepsilon,$$

则称 J 为 $\sum\limits_{i=1}^{n}f(\xi_i)\Delta x_i$ 当 $\|T\|\to0$ 时的极限，称它为 f 在$[a,b]$上的 **Riemann 积分**，记作

$$J=\int_a^b f(x)\mathrm{d}x=\lim_{\|T\|\to0}\sum_{i=1}^{n}f(\xi_i)\Delta x_i.$$

定理 6.1.2(Riemann 可积的必要条件) 设 f 在$[a,b]$上 Riemann 可积，则 f 在$[a,b]$上有界. 但反之不真(如：Dirichlet 函数).

由此推得无界函数不是 Riemann 可积的.

定理 6.1.4(Riemann 可积的充要条件) 设函数 f 在$[a,b]$上有界，即$|f(x)|\leqslant M$, $\forall x\in[a,b]$，则下面结论等价：

(1) f 在$[a,b]$上的 Riemann 可积.

(2) f 在$[a,b]$上的上积分与下积分相等，即 $S=s$.

(3) 对$\forall\varepsilon>0$，存在$[a,b]$的某个分割 T, s. t. 振幅和

$$S(T)-s(T)=\sum_{i=1}^{n}\omega_i\Delta x_i<\varepsilon.$$

(4) 存在$[a,b]$的分割串 T_m, $m=1,2,\cdots$, s. t.

$$\lim_{m\to+\infty}[S(T_m)-s(T_m)]=0.$$

(5) $\lim\limits_{\|T\|\to0}[S(T)-s(T)]=0$.

(6) 对$\forall\varepsilon>0$，存在$[a,b]$的某个分割 T, s. t. 对$\forall\xi=(\xi_1,\xi_2,\cdots,\xi_n)$, $\xi_i\in[x_{i-1},x_i]$, $i=$

$1,2,\cdots,n$,有

$$|S(T,f,\xi)-J|=\left|\sum_{i=1}^{n}f(\xi_i)\Delta x_i-J\right|<\varepsilon.$$

(7) 对$\forall\varepsilon>0$,$\forall\eta>0$,存在$[a,b]$的某个分割T,s.t.

$$\sum_{\omega_i\geqslant\varepsilon}\Delta x_i<\eta.$$

(8) (Lebesgue)f在$[a,b]$上几乎处处(a.e.即 almost everywhere)连续,即f的不连续点集$D_{不}^{f}$(简记为$D_{不}$)为零测集(定义6.1.2),记作 meas $D_{不}=0$.

Ⅱ. Riemann 可积函数的类型(参阅[1]第一册 341~347 页)

(1) $[a,b]$上的连续函数;$[a,b]$上只有有限个不连续点的有界函数;$[a,b]$上只有至多可数个不连续点的有界函数,它们在$[a,b]$上都是 Riemann 可积的.

(2) 设f在$[a,b]$上有界,且不连续点集$D_{不}^{f}$为零测集,即 meas $D_{不}^{f}=0$,则f在$[a,b]$上 Riemann 可积.

(3) f在$[a,b]$上定义,且在(a,b)上单调,则f在$[a,b]$上 Riemann 可积;f在$[a,b]$上定义,且分(有限)段单调,则f在$[a,b]$上 Riemann 可积.

(4) Riemann 函数

$$R(x)=\begin{cases}\dfrac{1}{q}, & x=\dfrac{p}{q},p\text{ 与 }q\text{ 互质(互素)},\\ 1, & x=0,1,\\ 0, & x\text{ 为}(0,1)\text{ 中的无理数}\end{cases}$$

在$[0,1]$上是 Riemann 可积的.

(5) 设f,g在$[a,b]$上 Riemann 可积,则$cf(c\in\mathbb{R})$,$f\pm g$,fg,$|f|$在$[a,b]$上 Riemann 可积;f在任何子区间$[\alpha,\beta]\subset[a,b]$上也可积.

(6) 设f在$[a,b]$上连续,φ在$[\alpha,\beta]$上 Riemann 可积,$a\leqslant\varphi(t)\leqslant b$,$t\in[\alpha,\beta]$,则$f\circ\varphi$在$[\alpha,\beta]$上也 Riemann 可积.

Ⅲ. Riemann 积分的简单性质(参阅[1]第一册 354~357 页)

Ⅳ. 积分的第一、二中值定理

定理 6.2.5(积分第一中值定理) 设f在$[a,b]$上连续,则必$\exists\,\xi\in[a,b]$,s.t.

$$\int_a^b f(x)\mathrm{d}x=f(\xi)(b-a).$$

定理 6.2.6(推广的积分第一中值定理)　设 f 与 g 都在$[a,b]$上连续,且 $g(x)$在$[a,b]$上不变号,则 $\exists\,\xi\in[a,b]$, s. t.

$$\int_a^b f(x)g(x)\mathrm{d}x = f(\xi)\int_a^b g(x)\mathrm{d}x.$$

特别地,当 $g(x)\equiv 1$ 时,它就是定理 6.2.5.

定理 6.2.7(积分第二中定理)　设 f 在$[a,b]$上 Riemann 可积.

(1) 如果 g 在$[a,b]$上单调减,且 $g(x)\geqslant 0, x\in[a,b]$,则 $\exists\,\xi\in[a,b]$, s. t.

$$\int_a^b f(x)g(x)\mathrm{d}x = g(a)\int_a^\xi f(x)\mathrm{d}x;$$

(2) 如果 g 在$[a,b]$上单调增,且 $g(x)\geqslant 0, x\in[a,b]$,则 $\exists\,\eta\in[a,b]$, s. t.

$$\int_a^b f(x)g(x)\mathrm{d}x = g(b)\int_\eta^b f(x)\mathrm{d}x.$$

定理 6.2.8(一般的积分第二中值定理)　设 f 在$[a,b]$上 Riemann 可积,g 为单调函数,则 $\exists\,\xi\in[a,b]$, s. t.

$$\int_a^b f(x)g(x)\mathrm{d}x = g(a)\int_a^\xi f(x)\mathrm{d}x + g(b)\int_\xi^b f(x)\mathrm{d}x.$$

Ⅴ. 微积分基本定理、微积分基本公式

定理 6.3.1　设 f 在$[a,b]$上 Riemann 可积,则变上限积分

$$\Phi(x) = \int_a^x f(t)\mathrm{d}t$$

为满足 Lipschitz 条件的函数. 特别地,$\Phi(x)$在$[a,b]$上一致连续,当然也是连续的.

定理 6.3.2(微积分基本定理)　设 f 在$[a,b]$上 Riemann 可积,且在 $x_0\in[a,b]$连续,则

$$\Phi(x) = \int_a^x f(t)\mathrm{d}t$$

在 x_0 处可导,且

$$\Phi'(x_0) = f(x_0).$$

推论 6.3.1　设 f 在$[a,b]$上连续,$\Phi(x) = \int_a^x f(t)\mathrm{d}t, x\in[a,b]$,则 $\Phi'(x) = f(x)$,即 $\Phi(x)$为 $f(x)$在$[a,b]$上的一个原函数. 从而

$$\int f(x)\mathrm{d}x = \Phi(x) + C = \int_a^x f(t)\mathrm{d}t + C.$$

推论 6.3.2　设 $u(x), v(x)$在(c,d)上可导,$a\leqslant u(x)\leqslant b, a\leqslant v(x)\leqslant b, x\in(c,d)$,则

$$\left(\int_{v(x)}^{u(x)} f(t)\mathrm{d}t\right)' = f(u(x))u'(x) - f(v(x))v'(x).$$

定理 6.3.3(微积分基本公式或 Newton-Leibniz 公式)　设 f 在$[a,b]$上连续,F 为 f 在

$[a,b]$上的任一原函数,即 $F'(x)=f(x)$, $\forall x\in[a,b]$,则

$$\int_a^b f(x)\mathrm{d}x=\int_a^b F'(x)\mathrm{d}x=F(b)-F(a)=F(x)\Big|_a^b.$$

微积分基本公式是体现导数(微分)与积分有着密切联系的重要公式.

定理 6.3.4(推广的微积分基本公式或推广的 Newton-Leibniz 公式) 设 f 在$[a,b]$上 Riemann 可积,F 在$[a,b]$上连续,且在$[a,b]$上除有限个点外,

$$F'(x)=f(x)$$

成立.则

$$\int_a^b f(x)\mathrm{d}x=F(b)-F(a)=F(x)\Big|_a^b.$$

Ⅵ. Riemann 积分的换元(变量代换)与分部积分

定理 6.4.1(Riemann 积分的换元(变量代换)) 设 $f(x)$在$[a,b]$上连续,$x=\varphi(t)$在$[\alpha,\beta]$上连续可导,且 $\varphi([\alpha,\beta])\subset[a,b]$,$\varphi(\alpha)=a$,$\varphi(\beta)=b$,则

$$\int_a^b f(x)\mathrm{d}x=\int_\alpha^\beta f(\varphi(t))\varphi'(t)\mathrm{d}t=\int_\alpha^\beta f\circ\varphi(t)\varphi'(t)\mathrm{d}t.$$

定理 6.4.2(Riemann 积分的分部积分法) 设 $u(x)$,$v(x)$为$[a,b]$上的连续可导的函数,则有 Riemann 积分的分部积分公式

$$\int_a^b u(x)v'(x)\mathrm{d}x=u(x)v(x)\Big|_a^b-\int_a^b u'(x)v(x)\mathrm{d}x,$$

即

$$\int_a^b u(x)\mathrm{d}v(x)=u(x)v(x)\Big|_a^b-\int_a^b v(x)\mathrm{d}u(x).$$

进而,有下面定理.

定理 6.4.3(推广的分部积分公式) 设 $u(x)$,$v(x)$在$[a,b]$上具有 $n+1$ 阶连续导数,则有

$$\int_a^b u(x)v^{(n+1)}(x)\mathrm{d}x=[u(x)v^{(n)}(x)-u'(x)v^{(n-1)}(x)+\cdots+(-1)^n u^{(n)}(x)v(x)]\Big|_a^b$$
$$+(-1)^{n+1}\int_a^b u^{(n+1)}(x)v(x)\mathrm{d}x,\quad n=0,1,2,\cdots.$$

由定理 6.4.3 立即得到带积分型的 Taylor 公式.

例 6.4.1(带积分型的 Taylor 公式) 设 $f(x)$在 x_0 的某开邻域 $U(x_0)$内有 $n+1$ 阶连续导数,则有

$$f(x)=\sum_{k=0}^n\frac{f^{(k)}(x_0)}{k!}(x-x_0)^k+\frac{1}{n!}\int_{x_0}^x f^{(n+1)}(t)(x-t)^n\mathrm{d}t.$$

Ⅶ．单变量(一元)广义积分(无穷积分与瑕积分)

定义 6.5.1　设函数 f 在无穷区间 $[a,+\infty)$ 上有定义，且在任何有限区间 $[a,u]$ 上 Riemann 可积，如果存在极限

$$\lim_{u\to+\infty}\int_a^u f(x)\mathrm{d}x = J,$$

则称此极限 J 为函数 f 在 $[a,+\infty)$ 上的**无穷积分**，记作

$$J = \lim_{u\to+\infty}\int_a^u f(x)\mathrm{d}x = \int_a^{+\infty} f(x)\mathrm{d}x.$$

如果 J 为实数，就称无穷积分 $\int_a^{+\infty} f(x)\mathrm{d}x$ **收敛**；否则，称 $\int_a^{+\infty} f(x)\mathrm{d}x$ **发散**.

定义 6.5.2　设函数 f 在区间 $(a,b]$ 上有定义，在点 a 的任一右开邻域内无界，但在任何内闭区间 $[v,b]\subset(a,b]$ 上 Riemann 可积. 如果存在极限

$$\lim_{v\to a^+}\int_v^b f(x)\mathrm{d}x = J,$$

则称此极限 J 为无界函数 f 在 $(a,b]$ 上的**瑕积分**，记作

$$J = \lim_{v\to a^+}\int_v^b f(x)\mathrm{d}x = \int_a^b f(x)\mathrm{d}x.$$

如果 J 为实数，则称 $\int_a^b f(x)\mathrm{d}x$ **收敛**；否则，称 $\int_a^b f(x)\mathrm{d}x$ **发散**. 上述点 a 称为 f 的**瑕点**.

类似可给出其他类型的无穷积分和瑕积分的定义，无穷积分和瑕积分统称为**广义积分**或**反常积分**.

关于广义积分同样有 Newton-Leibniz 公式，换元公式及分部积分公式. 只须注意它们是通常相应公式的极限. 例如：

定理 6.5.1　设函数 f 在 $[a,+\infty)$ 上有定义，在任何内闭区间 $[a,u]$ 上 Riemann 可积，f 有原函数 F，且 $F(+\infty)=\lim\limits_{u\to+\infty}F(u)$ 存在，则

$$\int_a^{+\infty} f(x)\mathrm{d}x = \lim_{u\to+\infty}\int_a^u f(x)\mathrm{d}x = \lim_{u\to+\infty}F(x)\Big|_a^u = F(x)\Big|_a^{+\infty} = F(+\infty)-F(a).$$

定义 6.5.3　设 f 在任何有限区间 $[a,u]$ 上 Riemann 可积. 如果 $\int_a^{+\infty}|f(x)|\mathrm{d}x$ 收敛，则称 $\int_a^{+\infty} f(x)\mathrm{d}x$ **绝对收敛**. 此时，$\int_a^{+\infty} f(x)\mathrm{d}x$ 也收敛. 反之不成立(见[1]第一册定义 6.5.3 后的反例).

收敛但非绝对收敛的积分 $\int_a^{+\infty} f(x)\mathrm{d}x$ 称为**条件收敛**的.

Ⅷ. 无穷积分(瑕积分)收敛的各种判别法

(1) 应用定义 6.5.1(定义 6.5.2).

(2) Cauchy 准则定理 6.5.2(定理 6.5.6).

(3) 关于 $\lambda f+\mu g$ 的引理 6.5.1(引理 6.5.4).

(4) 关于 f 与 $|f|$ 的引理 6.5.3(引理 6.5.6).

(5) 关于 $|f(x)|\leqslant g(x)$ 的比较判别法定理 6.5.3(定理 6.5.7).

(6) 关于 $\lim\limits_{x\to+\infty}\dfrac{|f(x)|}{g(x)}=c\left(关于 \lim\limits_{x\to a^+}\dfrac{|f(x)|}{g(x)}=c\right)$ 的比较判别法的极限形式定理 6.5.3′(定理 6.5.7′).

(7) 与 $\displaystyle\int_a^{+\infty}\frac{\mathrm{d}x}{x^p}$ 比较的推论 6.5.1 $\left(与\displaystyle\int_a^b\frac{\mathrm{d}x}{(x-a)^p} 比较的推论 6.5.2\right)$.

(8) 与 $\displaystyle\int_a^{+\infty}\frac{\mathrm{d}x}{x^p}$ 比较的极限形式推论 6.5.1′ $\left(与\displaystyle\int_a^b\frac{\mathrm{d}x}{(x-a)^p} 比较的极限形式推论 6.5.2'\right)$.

(9) 关于 $\displaystyle\int_a^{+\infty}f(x)g(x)\mathrm{d}x$ 的 Dirichlet 判别法定理 6.5.4 $\left(关于瑕点为 a 的瑕积分 \displaystyle\int_a^b f(x)g(x)\mathrm{d}x 有 Dirichlet 判别法\right)$.

(10) 关于 $\displaystyle\int_a^{+\infty}f(x)g(x)\mathrm{d}x$ 的 Abel 判别法定理 6.5.5 $\left(关于瑕点为 a 的瑕积分 \displaystyle\int_a^b f(x)g(x)\mathrm{d}x 有 Abel 判别法\right)$.

206. 设 $m\in\mathbb{N}$,用积分的定义证明:$\displaystyle\int_a^b x^m\mathrm{d}x=\frac{1}{m+1}(b^{m+1}-a^{m+1})$.

证法 1 作 $[a,b]$ 的分割 T:$a=x_0<x_1<\cdots<x_n=b$,任取 $\xi_i\in[x_{i-1},x_i]$,积分和为

$$\sum_{i=1}^n\xi_i^m\Delta x_i=\sum_{i=1}^n\xi_i^m(x_i-x_{i-1}).$$

令 $\eta_i=\left(\dfrac{x_{i-1}^m+x_{i-1}^{m-1}x_i+\cdots+x_{i-1}x_i^{m-1}+x_i^m}{m+1}\right)^{\frac{1}{m}}$,显然,$\eta_i\in(x_{i-1},x_i)$,$i=1,2,\cdots,n$.

$$\sum_{i=1}^n\xi_i^m\Delta x_i=\sum_{i=1}^n\eta_i^m\Delta x_i+\sum_{i=1}^n(\xi_i^m-\eta_i^m)\Delta x_i.$$

而

$$\sum_{i=1}^n\eta_i^m\Delta x_i=\sum_{i=1}^n\frac{(x_{i-1}^m+x_{i-1}^{m-1}x_i+\cdots+x_{i-1}x_i^{m-1}+x_i^m)(x_i-x_{i-1})}{m+1}$$

$$= \sum_{i=1}^{n} \frac{x_i^{m+1} - x_{i-1}^{m+1}}{m+1} = \frac{1}{m+1} \sum_{i=1}^{n} (x_i^{m+1} - x_{i-1}^{m+1}) = \frac{b^{m+1} - a^{m+1}}{m+1}.$$

函数 $f(x)=x^m$ 在$[a,b]$上连续,因而一致连续. 对 $\forall \varepsilon>0$, $\exists \delta>0$, 当 $x_1, x_2 \in [a,b]$, $|x_1 - x_2| < \delta$ 时, $|x_1^m - x_2^m| < \frac{\varepsilon}{b-a}$. 让分割 T 满足 $\|T\| < \delta$, 则 $|\xi_i - \eta_i| < |x_i - x_{i-1}| \leqslant \|T\| < \delta$, 于是 $|\xi_i^m - \eta_i^m| < \frac{\varepsilon}{b-a}$. 于是

$$\left| \sum_{i=1}^{n} \xi_i^m \Delta x_i - \frac{b^{m+1} - a^{m+1}}{m+1} \right| = \left| \sum_{i=1}^{n} \xi_i^m \Delta x_i - \sum_{i=1}^{n} \eta_i^m \Delta x_i \right| \leqslant \sum_{i=1}^{n} | \xi_i^m - \eta_i^m | \Delta x_i$$

$$< \frac{\varepsilon}{b-a} \sum_{i=1}^{n} \Delta x_i = \frac{\varepsilon}{b-a}(b-a) = \varepsilon.$$

所以

$$\int_a^b x^m \mathrm{d}x = \lim_{\|T\| \to 0} \sum_{i=1}^{n} \xi_i^m \Delta x_i = \frac{b^{m+1} - a^{m+1}}{m+1}.$$

证法 2 因为 $f(x)=x^m$ 在$[a,b]$上连续,所以它在$[a,b]$上 Riemann 可积,因此

$$\int_a^b x^m \mathrm{d}x = \lim_{n \to +\infty} \sum_{i=1}^{n} \eta_i^m \Delta x_i = \lim_{n \to +\infty} \sum_{i=1}^{n} \frac{x_{i-1}^m + x_{i-1}^{m-1} x_i + \cdots + x_i^m}{m+1} (x_i - x_{i-1})$$

$$= \lim_{n \to +\infty} \sum_{i=1}^{n} \frac{x_i^{m+1} - x_{i-1}^{m+1}}{m+1} = \frac{1}{m+1}(b^{m+1} - a^{m+1}).$$

证法 3 由于 $f(x)=x^m$ 在$[a,b]$上连续,因而在$[a,b]$上 Riemann 可积,不妨设 $a>0$, 取$[a,b]$的一个分割 T: $a<aq<aq^2<\cdots<aq^n=b$, $q=\left(\frac{b}{a}\right)^{\frac{1}{n}}>1$, 并令 $\xi_i=aq^i$ $(i=1,2,\cdots,n)$. 于是

$$\int_a^b x^m \mathrm{d}x = \lim_{n \to +\infty} \sum_{i=1}^{n} (aq^i)^m (aq^i - aq^{i-1})$$

$$= \lim_{n \to +\infty} \sum_{i=1}^{n} a^{m+1} q^{(m+1)i} \left(1 - \frac{1}{q}\right)$$

$$= a^{m+1} \lim_{n \to +\infty} \sum_{i=1}^{n} \left(\frac{b}{a}\right)^{\frac{m+1}{n} i} \left(1 - \left(\frac{a}{b}\right)^{\frac{1}{n}}\right)$$

$$= a^{m+1} \lim_{n \to +\infty} \left(1 - \left(\frac{a}{b}\right)^{\frac{1}{n}}\right) \cdot \frac{\left(\frac{b}{a}\right)^{\frac{m+1}{n}} \left\{1 - \left[\left(\frac{b}{a}\right)^{\frac{m+1}{n}}\right]^n\right\}}{1 - \left(\frac{b}{a}\right)^{\frac{m+1}{n}}}$$

$$= a^{m+1} \left(1 - \left(\frac{b}{a}\right)^{m+1}\right) \lim_{n \to +\infty} \frac{1 - \left(\frac{a}{b}\right)^{\frac{1}{n}}}{\left(\frac{a}{b}\right)^{\frac{m+1}{n}} - 1}$$

$$= a^{m+1}\left(\left(\frac{b}{a}\right)^{m+1}-1\right)\lim_{n\to+\infty}\frac{1-\left(\frac{a}{b}\right)^{\frac{1}{n}}}{1-\left[\left(\frac{a}{b}\right)^{\frac{1}{n}}\right]^{m+1}}$$

$$= (b^{m+1}-a^{m+1})\lim_{n\to+\infty}\frac{1}{1+\left(\frac{a}{b}\right)^{\frac{1}{n}}+\cdots+\left(\frac{a}{b}\right)^{\frac{m}{n}}}$$

$$= \frac{b^{m+1}-a^{m+1}}{m+1}.$$ □

207. 应用 206 题提示(2) 的方法证明：$\int_a^b \frac{\mathrm{d}x}{x} = \ln\frac{b}{a}, 0<a<b.$

证明 函数 $f(x)=\frac{1}{x}$ 在 $[a,b]$ 上连续，因而 Riemann 可积，作分割 T：$a<aq<\cdots<aq^n=b, q=\left(\frac{b}{a}\right)^{\frac{1}{n}}$，取 $\xi_i=x_i=aq^i=a\left(\frac{b}{a}\right)^{\frac{i}{n}}(i=1,2,\cdots,n)$，其 Riemann 和为

$$\sum_{i=1}^{n}\frac{1}{a\left(\frac{b}{a}\right)^{\frac{i}{n}}}\left[a\left(\frac{b}{a}\right)^{\frac{i}{n}}-a\left(\frac{b}{a}\right)^{\frac{i-1}{n}}\right]=\sum_{i=1}^{n}\left[1-\left(\frac{b}{a}\right)^{-\frac{1}{n}}\right]=n\left[1-\left(\frac{a}{b}\right)^{\frac{1}{n}}\right].$$

故

$$\int_a^b\frac{\mathrm{d}x}{x}=\lim_{n\to+\infty}\sum_{i=1}^{n}\frac{1}{a\left(\frac{b}{a}\right)^{\frac{i}{n}}}\Delta x_i$$

$$=\lim_{n\to+\infty}n\left[1-\left(\frac{a}{b}\right)^{\frac{1}{n}}\right]=\lim_{n\to+\infty}\frac{1-\left(\frac{a}{b}\right)^{\frac{1}{n}}}{\frac{1}{n}}$$

$$=-\lim_{x\to0}\frac{\left(\frac{a}{b}\right)^{x}-1}{x}=-\ln\frac{a}{b}=\ln\frac{b}{a}.$$ □

208. 设正数列 $\{a_n\}$ 满足 $\lim_{n\to+\infty}\int_0^{a_n}x^n\mathrm{d}x=2$，证明：$\lim_{n\to+\infty}a_n=1.$

证明 由 206 题知

$$\int_0^{a_n}x^n\mathrm{d}x=\frac{a_n^{n+1}-0^{n+1}}{n+1}=\frac{a_n^{n+1}}{n+1}.$$

再由 $2=\lim_{n\to+\infty}\int_0^{a_n}x^n\mathrm{d}x=\lim_{n\to+\infty}\frac{a_n^{n+1}}{n+1}$，得 $\lim_{n\to+\infty}\frac{a_n^{n+1}}{2(n+1)}=1$. 令 $b_{n+1}=\frac{a_n^{n+1}}{2(n+1)}$，于是 $\lim_{n\to+\infty}b_{n+1}=1$，即 $\lim_{n\to+\infty}\ln b_{n+1}=0$. 进一步得到

$$\lim_{n\to+\infty}\frac{\ln b_{n+1}}{n+1}=0,$$

即 $\lim\limits_{n\to+\infty}\ln b_{n+1}{}^{\frac{1}{n+1}}=0$，$\lim\limits_{n\to+\infty}b_{n+1}{}^{\frac{1}{n+1}}=\lim\limits_{n\to+\infty}\mathrm{e}^{\ln b_{n+1}{}^{\frac{1}{n+1}}}=\mathrm{e}^0=1$. 即

$$\lim_{n\to+\infty}\frac{a_n}{\sqrt[n+1]{2(n+1)}}=\lim_{n\to+\infty}b_{n+1}{}^{\frac{1}{n+1}}=1.$$

因此

$$\begin{aligned}\lim_{n\to+\infty}a_n&=\lim_{n\to+\infty}\frac{a_n}{\sqrt[n+1]{2(n+1)}}\cdot\sqrt[n+1]{2(n+1)}\\&=\lim_{n\to+\infty}\frac{a_n}{\sqrt[n]{2(n+1)}}\lim\sqrt[n+1]{2(n+1)}\\&=1.\end{aligned}$$

□

209. (1)设 f 在$[a,b]$上 Riemann 可积，证明：开区间(a,b)内至少有 f 的一个连续点.

(2) 设 $f\geqslant0$ 且在$[a,b]$上 Riemann 可积，证明：

(i)$\int_a^b f(x)\mathrm{d}x=0\Leftrightarrow$(ii)$f$ 在连续点处都必取零值.

$\Leftrightarrow$(iii)f 在$[a,b]$上几乎处处为零.

(3) 设 $f\geqslant0$ 且有界. 如果 f 在$[a,b]$上几乎处处为零，则是否有$\int_a^b f(x)\mathrm{d}x=0$?

证法1 (1) f 在$[a,b]$上 Riemann 可积$\Leftrightarrow f$ 有界且在$[a,b]$上几乎处处连续. (a,b)的长度为 $b-a$，(a,b)不为零测集，(a,b)内必有 f 的连续点.

(2) ((i)$\Rightarrow$(ii)) (反证)假设 f 在连续点 x_0(不妨设 $x_0\in(a,b)$)处不为 0，则 $f(x_0)>0$. 于是$\exists\delta>0$，当 $x\in(x_0-\delta,x_0+\delta)\subset[a,b]$时，$\left|f(x)-f(x_0)\right|<\frac{1}{2}f(x_0)$，则 $f(x)>f(x_0)-\frac{1}{2}f(x_0)=\frac{1}{2}f(x_0)>0$. 由此得

$$0=\int_a^b f(x)\mathrm{d}x\geqslant\int_{x_0-\delta}^{x_0+\delta}f(x)\mathrm{d}x>\frac{1}{2}\int_{x_0-\delta}^{x_0+\delta}f(x_0)\mathrm{d}x=\delta f(x_0)>0.$$

矛盾，故 f 在任何连续点处为 0.

((ii)$\Rightarrow$(iii)) f 在$[a,b]$上 Riemann 可积，故 f 在$[a,b]$上几乎处处连续，由(ii)f 在连续点处皆取零值，故 f 在$[a,b]$上几乎处处取零值.

((iii)$\Rightarrow$(i)) f 几乎处处取零值，在$\forall(c,d)\subset[a,b]$中，f 必有零点，设 T：$a=x_0<x_1<\cdots<x_n=b$ 为$[a,b]$的一个分割，取 $\xi_i\in[x_{i-1},x_i]$，s. t. $f(\xi_i)=0$，则

$$\int_a^b f(x)\mathrm{d}x=\lim_{\|T\|\to0}\sum_{i=1}^n f(\xi_i)\Delta x_i=\lim_{\|T\|\to0}\sum_{i=0}^n 0\Delta x_i=\lim_{\|T\|\to0}0=0.$$

(3) 答：否，反例如下：

$$f(x)=\begin{cases}1, & x\text{ 为有理数},\\0, & x\text{ 为无理数},\end{cases}\quad x\in[0,1].$$

$f(x)\geqslant 0$,在$[0,1]$上有界且几乎处处为零,但$f(x)$在$[0,1]$上非 Riemann 可积.

证法 2 参阅 214 题(即思考题 6.1 的题 9). □

注 在《实变函数》中,(2)中(iii)⇒(i)为:

f 在$[a,b]$上 Riemann 可积,故

$$(R)\int_a^b f(x)\mathrm{d}x=(L)\int_a^b f(x)\mathrm{d}x=(L)\int_{[a,b]-D_{\text{不}}^f} f(x)\mathrm{d}x$$

$$\xlongequal{f\xlongequal{\text{a. e. 连续}}0} 0(b-a)=0.$$

其中(R)表示 Riemann 积分,(L)表示 Lebesgue 积分.

210. 设 f,g 均为$[a,b]$上的 Riemann 可积函数,$f\overset{\text{a. e.}}{\geqslant}g,x\in[a,b]$. 证明:

$$\int_a^b f(x)\mathrm{d}x=\int_a^b g(x)\mathrm{d}x$$

$\Leftrightarrow f$ 与 g 在$[a,b]$上几乎处处相等,即 $f\xlongequal{\text{a. e.}}g,x\in[a,b]$.

证明 ($\Leftarrow$)取分割 T,由条件,取 $\xi_i\in[x_{i-1},x_i]$满足 $f(\xi_i)=g(\xi_i)$,则

$$\int_a^b f(x)\mathrm{d}x=\lim_{\|T\|\to 0}\sum_{i=1}^n f(\xi_i)\Delta x_i=\lim_{\|T\|\to 0}\sum_{i=1}^n g(\xi_i)\Delta x_i=\int_a^b g(x)\mathrm{d}x.$$

特别地,若 f 在$[a,b]$上 Riemann 可积,$f\xlongequal{\text{a. e.}}0,x\in[a,b]$,就有$\int_a^b f(x)\mathrm{d}x=\int_a^b 0\mathrm{d}x=0$.

($\Rightarrow$) 令 $F(x)=f(x)-g(x),x\in[a,b]$. 由题意,$F(x)$在$[a,b]$上 Riemann 可积,$F(x)\overset{\text{a. e.}}{\geqslant}0,x\in[a,b]$. 由积分定义. 取了分割 T 后,取 $\xi_i\in[x_{i-1},x_i]$使得 $F(\xi_i)\geqslant 0$. 于是有

$$\int_a^b F(x)\mathrm{d}x=\lim_{\|T\|\to 0}\sum_{i=1}^n F(\xi_i)\Delta x_i\geqslant\lim_{\|T\|\to 0}\sum_{i=1}^n 0\cdot\Delta x_i=0.$$

令

$$F^+(x)=\begin{cases}F(x), & F(x)\geqslant 0,\\ 0, & F(x)<0,\end{cases}\quad F^-(x)=\begin{cases}0, & F(x)\geqslant 0,\\ -F(x), & F(x),\end{cases}\quad x\in[a,b].$$

则 $F(x)=F^+(x)-F^-(x)$,在任意区间$[\alpha,\beta]$上有

$$\omega^{F^+}([\alpha,\beta])\leqslant\omega^F([\alpha,\beta]),\omega^{F^-}([\alpha,\beta])\leqslant\omega^F([\alpha,\beta]).$$

因此,对分割 T: $a=x_0<x_1<\cdots<x_n=b$,总有

$$\sum_{i=0}^n\omega_i^{F^\pm}\Delta x_i\leqslant\sum_{i=0}^n\omega_i^F\Delta x_i,$$

所以由 F 在$[a,b]$上 Riemann 可积知 $F^\pm$ 在$[a,b]$上也 Riemann 可积.

又因 $F(x)\overset{\text{a. e.}}{\geqslant}0$,所以 $F^-(x)\xlongequal{\text{a. e.}}0$,于是$\int_a^b F^-(x)\mathrm{d}x=0$(根据本题充分性的证明).

$$\int_a^b F(x)\mathrm{d}x=\int_a^b(F^+(x)-F^-(x))\mathrm{d}x$$

$$= \int_a^b F^+(x)\mathrm{d}x - \int_a^b F^-(x)\mathrm{d}x = \int_a^b F^+(x)\mathrm{d}x \geqslant 0.$$

另一方面，又有

$$\int_a^b F(x)\mathrm{d}x = \int_a^b [f(x)-g(x)]\mathrm{d}x = \int_a^b f(x)\mathrm{d}x - \int_a^b g(x)\mathrm{d}x = 0.$$

所以$\int_a^b F^+(x)\mathrm{d}x = 0$. $F^+(x) \geqslant 0$，在$[a,b]$上 Riemann 可积，再由上题(2)知

$$F^+(x) \overset{\text{a.e.}}{=\!=} 0,$$

即 $F(x)\overset{\text{a.e.}}{=\!=}0$. 从而 $f(x)-g(x)\overset{\text{a.e.}}{=\!=}0$，$f(x)\overset{\text{a.e.}}{=\!=}g(x)$，$x\in[a,b]$. □

211. 设 f,g 均为$[a,b]$上的 Riemann 可积函数，证明：

$$\int_a^b [f(x)-g(x)]^2\mathrm{d}x = 0 \Leftrightarrow f \overset{\text{a.e.}}{=\!=} g, x\in[a,b].$$

证明 由于 f,g 均在$[a,b]$上 Riemann 可积，所以 f,g 在$[a,b]$上几乎处处连续，$f-g$ 及$(f-g)^2$ 也在$[a,b]$上几乎处处连续，因而 Riemann 可积，且$[f(x)-g(x)]^2\geqslant 0$，$x\in[a,b]$，由 209 题中(2)，

$$\begin{aligned}\int_a^b [f(x)-g(x)]^2\mathrm{d}x = 0 &\Leftrightarrow [f(x)-g(x)]^2 \text{ 在连续点处都取零值}\\ &\Leftrightarrow [f(x)-g(x)]^2 \overset{\text{a.e.}}{=\!=} 0\\ &\Leftrightarrow f(x)-g(x) \overset{\text{a.e.}}{=\!=} 0\\ &\Leftrightarrow f(x) \overset{\text{a.e.}}{=\!=} g(x),\quad x\in[a,b].\end{aligned}$$

□

212. 设 f,g 均为$[a,b]$上的有界函数，且仅在$[a,b]$中有限个点处 $f(x)\neq g(x)$，证明：当 f 在$[a,b]$上 Riemann 可积时，g 在$[a,b]$上也 Riemann 可积，且$\int_a^b f(x)\mathrm{d}x = \int_a^b g(x)\mathrm{d}x$.

证明 由于 f 在$[a,b]$上 Riemann 可积，对$[a,b]$的任一分割

$$T: a < x_0 < x_1 < \cdots < x_n = b$$

及任取的 $\xi_i\in[x_{i-1},x_i]$总有

$$\int_a^b f(x)\mathrm{d}x = \lim_{\|T\|\to 0}\sum_{i=1}^n f(\xi_i)\Delta x_i.$$

因为在$[a,b]$中，仅有有限个点处 $f(x)\neq g(x)$. 设这些点为 $p_1<p_2<\cdots<p_m$. $m\in\mathbb{N}$.

当 $\xi_i\neq p_j$，$i=1,2,\cdots,n$，$j=1,2,\cdots,m$ 时，则 $g(\xi_i)=f(\xi_i)$. 于是对$\forall$分割 T，$\forall\xi_i$ 都有

$$\left|\sum_{i=1}^n g(\xi_i)\Delta x_i - \int_a^b f(x)\mathrm{d}x\right| = \left|\sum_{i=1}^n f(\xi_i)\Delta x_i - \int_a^b f(x)\mathrm{d}x\right| + 2mM\|T\|,$$

其中$|f(x)|\leqslant M$，$|g(x)|\leqslant M$，$\forall x\in[a,b]$. 因此，$g(x)$在$[a,b]$也 Riemann 可积，且

$$\int_a^b g(x)\mathrm{d}x = \lim_{\|T\|\to 0}\sum_{i=1}^n g(\xi_i)\Delta x_i = \int_a^b f(x)\mathrm{d}x.$$ □

213. 设 f 与 g 在$[a,b]$上均 Riemann 可积，证明：

$$\lim_{\|T\|\to 0}\sum_{i=1}^n f(\xi_i)g(\eta_i)\Delta x_i = \int_a^b f(x)g(x)\mathrm{d}x,$$

其中 $T: a=x_0<x_1<\cdots<x_n=b$ 为$[a,b]$的分割，$\xi_i,\eta_i\in[x_{i-1},x_i]$.

证明 因为 f,g 均在$[a,b]$上 Riemann 可积，所以根据例 6.1.9，$f(x)g(x)$也在$[a,b]$上 Riemann 可积. 故对 $\forall\varepsilon>0$，$\exists\delta_1>0$，当$[a,b]$的分割

$$T: a = x_0 < x_1 < \cdots < x_n = b,\ \|T\| < \delta_1$$

时

$$\left|\sum_{i=1}^n f(\xi_i)g(\xi_i)(x_i - x_{i-1}) - \int_a^b f(x)g(x)\mathrm{d}x\right| < \frac{\varepsilon}{2}.$$

其中 $\xi_i\in[x_{i-1},x_i]$. 设 $M=\sup\limits_{x\in[a,b]}|f(x)|$. 由 g 在 $[a,b]$上可积，$\exists\delta_2>0$，当 $\|T\|<\delta_2$ 时，有

$$\sum_{i=1}^n\left[\sup_{x\in[x_{i-1},x_i]}g(x) - \inf_{x\in[x_{i-1},x_i]}g(x)\right](x_i - x_{i-1}) = \sum_{i=1}^n\omega_i^g(x_i - x_{i-1}) < \frac{\varepsilon}{2(M+1)}.$$

于是，当 $\|T\|<\delta=\min\{\delta_1,\delta_2\}$，$\xi_i,\eta_i\in[x_{i-1},x_i]$时，

$$\begin{aligned}
&\left|\sum_{i=1}^n f(\xi_i)g(\eta_i)(x_i - x_{i-1}) - \sum_{i=1}^n f(\xi_i)g(\xi_i)(x_i - x_{i-1})\right| \\
=&\left|\sum_{i=1}^n f(\xi_i)[g(\eta_i) - g(\xi_i)](x_i - x_{i-1})\right| \\
=&\sum_{i=1}^n |f(\xi_i)|\,|g(\eta_i) - g(\xi_i)|(x_i - x_{i-1}) \\
\leqslant& M\sum_{i=1}^n |g(\eta_i) - g(\xi_i)|(x_i - x_{i-1}) \\
\leqslant& M\sum_{i=1}^n\omega_i^g(x_i - x_{i-1}) < M\cdot\frac{\varepsilon}{2(M+1)} < \frac{\varepsilon}{2}.
\end{aligned}$$

所以

$$\begin{aligned}
&\left|\sum_{i=1}^n f(\xi_i)g(\eta_i)\Delta x_i - \int_a^b f(x)g(x)\mathrm{d}x\right| \\
=&\left|\sum_{i=1}^n f(\xi_i)g(\eta_i)\Delta x_i - \sum_{i=1}^n f(\xi_i)g(\xi_i)\Delta x_i + \sum_{i=1}^n f(\xi_i)g(\xi_i)\Delta x_i - \int_a^b f(x)g(x)\mathrm{d}x\right| \\
\leqslant&\left|\sum_{i=1}^n f(\xi_i)g(\eta_i)\Delta x_i - \sum_{i=1}^n f(\xi_i)g(\xi_i)\Delta x_i\right| + \left|\sum_{i=1}^n f(\xi_i)g(\xi_i)\Delta x_i - \int_a^b f(x)g(x)\mathrm{d}x\right| \\
<&\frac{\varepsilon}{2} + \frac{\varepsilon}{2} = \varepsilon.
\end{aligned}$$

即证明了 $\lim\limits_{\|T\|\to 0}\sum\limits_{i=1}^{n} f(\xi_i)g(\eta_i)\Delta x_i = \int_a^b f(x)g(x)\mathrm{d}x$. □

214. 设 f 在$[a,b]$上 Riemann 可积，直接用闭区间套原理按下面顺序逐一证明：f 在$[a,b]$内必定有无限多个处处稠密的连续点.

(1) 若 T 为$[a,b]$的一个分割，使得 $S(T)-s(T)<b-a$，则在 T 中存在某个小区间

$$\Delta_i=[x_{i-1},x_i], 使\ \omega_i^f<1.$$

(2) 存在闭区间$[a_1,b_1]\subset(a,b)$，使得

$$\omega^f([a_1,b_1])=\sup_{x\in[a_1,b_1]}f(x)-\inf_{x\in[a_1,b_1]}f(x)<1, b_1-a_1<\frac{b-a}{2}.$$

(3) 存在闭区间$[a_2,b_2]\subset(a_1,b_1)$，使得

$$\omega^f([a_2,b_2])=\sup_{x\in[a_2,b_2]}f(x)-\inf_{x\in[a_2,b_2]}f(x)<\frac{1}{2}, b_2-a_2<\frac{b-a}{2^2}.$$

(4) 继续以上方法，求出一闭区间序列$[a_n,b_n]\subset(a_{n-1},b_{n-1})$，使得

$$\omega^f([a_n,b_n])=\sup_{x\in[a_n,b_n]}f(x)-\inf_{x\in[a_n,b_n]}f(x)<\frac{1}{n}, b_n-a_n<\frac{b-a}{2^n}.$$

根据闭区间套原理，$\exists_1 x_0\in\bigcap\limits_{n=1}^{\infty}[a_n,b_n]$，则 x_0 为 f 的连续点.

(5) 上面求得的 f 的连续点集在$[a,b]$内处处稠密.

证明 (1)(反证)若 T 中任一小区间$[x_{i-1},x_i]$上都有 $\omega_i^f\geqslant 1, i=1,2,\cdots,n$. 则

$$b-a>S(T)-s(T)=\sum_{i=1}^{n}\omega_i^f\Delta x_i\geqslant\sum_{i=1}^{n}1\cdot\Delta x_i=b-a.$$

矛盾. 故必 $\exists\,\Delta_i=[x_{i-1},x_i]$，使 $\omega_i^f<1$.

(2) f 在$[a,b]$上 Riemann 可积，由定理 6.1.4(3)可知，对 $\forall\,\varepsilon>0$，$\exists\,[a,b]$的分割 T，使得 $S(T)-s(T)<\varepsilon(b-a)$，同(1)的证明. $\exists\,T$ 中的小区间$[x_{i-1},x_i]$，使得在$[x_{i-1},x_i]$中，$\omega_i^f<\varepsilon$.

取 $\varepsilon=1$，即为(1).

取$[a_1,b_1]\subset[x_{i-1},x_i]\subset[a,b]$，使 $b_1-a_1<\frac{b-a}{2}$，

$$\begin{aligned}\omega^f([a_1,b_1])&=\sup_{x\in[a_1,b_1]}f(x)-\inf_{x\in[a_1,b_1]}f(x)\\&\leqslant\sup_{x\in[x_{i-1},x_i]}f(x)-\inf_{x\in[x_{i-1},x_i]}f(x)=\omega_i^f<1.\end{aligned}$$

(3) 取 $\varepsilon=\frac{1}{2}$，f 在$[a_1,b_1]\subset[a,b]$上也可积. 由(2)可知，$\exists$ 闭区间$[a_2,b_2]\subset(a_1,b_1)$，$b_2-a_2<\frac{b_1-a_1}{2}<\frac{b-a}{2^2}$，s. t.

$$\omega^f([a_2,b_2])=\sup_{x\in[a_2,b_2]}f(x)-\inf_{x\in[a_2,b_2]}f(x)<\frac{1}{2}.$$

(4) 继续上述方法,可得一闭区间序列:

$(a,b)\supset[a_1,b_1]\supset(a_1,b_1)\supset[a_2,b_2]\supset\cdots\supset(a_{n-1},b_{n-1})\supset[a_n,b_n]\supset\cdots$. 满足 $b_n-a_n<\frac{b-a}{2^n}$,

$$\omega^f([a_n,b_n])=\sup_{x\in[a_n,b_n]}f(x)-\inf_{x\in[a_n,b_n]}f(x)<\frac{1}{n}.$$

根据闭区间套原理,$\exists_1 x_0\in\bigcap_{n=1}^{\infty}[a_n,b_n]$. 于是

$$0\leqslant\omega^f(x_0)=\lim_{n\to+\infty}\omega^f([a_n,b_n])\leqslant\lim_{n\to+\infty}\frac{1}{n}=0.$$

即 $\omega^f(x_0)=0$. f 在 x_0 是连续的.

(5) f 在$[a,b]$上 Riemann 可积,在$[a,b]$的任一子区间上也可积.

$\forall x_0\in[a,b]$,(α,β)是 x_0 的任一开邻域. f 在$[\alpha,\beta]\cap[a,b]$上 Riemann 可积,故 $\exists x_1\in(\alpha,\beta)\cap[a,b]$, f 在 x_1 处连续. 所以 f 的连续点集在$[a,b]$中稠密. □

215. 设 f 在$[a,b]$上 Riemann 可积,且处处有 $f(x)>0$. 证明:$\int_a^b f(x)\mathrm{d}x>0$.

证法 1 由 f 在$[a,b]$上 Riemann 可积,及 209(1)题,214 题,可知 $\exists x_0\in(a,b)$. s. t. f 在 x_0 连续. 所以 $\exists\ 0<\delta<\min(x_0-a,b-x_0)$. s. t. 在$[x_0-\delta,x_0+\delta]$上

$$\left|f(x)-f(x_0)\right|<\frac{f(x_0)}{2},$$

即 $\frac{3}{2}f(x_0)>f(x)>\frac{f(x_0)}{2}>0$. 由 $f(x)>0,x\in[a,b]$,

$$\int_a^b f(x)\mathrm{d}x\geqslant\int_{x_0-\delta}^{x_0+\delta}f(x)\mathrm{d}x>\int_{x_0-\delta}^{x_0+\delta}\frac{f(x_0)}{2}\mathrm{d}x=\frac{f(x_0)}{2}(x_0+\delta-(x_0-\delta))=\delta f(x_0)>0.$$

证法 2 由 $f(x)>0$ 知,$\int_a^b f(x)\mathrm{d}x\geqslant 0$. (反证) 假设$\int_a^b f(x)\mathrm{d}x=0$. 则对 $\forall\varepsilon>0$, $\exists\delta_\varepsilon>0$,当$[a,b]$的分割

$$T_\varepsilon: a=x_0<x_1<\cdots<x_n=b,\quad \|T_\varepsilon\|<\delta_\varepsilon$$

时,有

$$0\leqslant\sum_{i=1}^{n}\sup f([x_{i-1},x_i])\Delta x_i=\sum_{i=1}^{n}\sup f([x_{i-1},x_i])\Delta x_i-\int_a^b f(x)\mathrm{d}x<\varepsilon(b-a).$$

于是,$\exists$某个闭区间$[x_{i_0-1},x_{i_0}]$,s. t.

$$0\leqslant\sup f([x_{i_0-1},x_{i_0}])<\varepsilon.$$

取 $\varepsilon=1,0<\delta<1$,记$[x_{i_0-1},x_{i_0}]$为$[a_1,b_1]$,则

$$0<f(x)\leqslant 1,\quad x\in[a_1,b_1],\quad b_1-a_1<1.$$

又因为 $0\leqslant\int_{a_1}^{b_1}f(x)\mathrm{d}x\leqslant\int_a^b f(x)\mathrm{d}x=0$. 所以$\int_{a_1}^{b_1}f(x)\mathrm{d}x=0$. 同理，$\exists[a_2,b_2]\subset[a_1,b_1]$，$b_2-a_2<\frac{1}{2}$, s. t. $0<f(x)\leqslant\frac{1}{2}$, $x\in[a_2,b_2]$. 如此推下去，得一闭区间序列：

$$[a,b]\supset[a_1,b_1]\supset[a_2,b_2]\supset\cdots\supset[a_n,b_n]\supset\cdots$$

满足 $b_n-a_n<\frac{1}{n}\to 0$, $0<f(x)\leqslant\frac{1}{n}$, $x\in[a_n,b_n]$. 由闭区间套原理，$\exists_1 x_0\in[a_n,b_n]$, $n=1,2,\cdots$. $0<f(x_0)\leqslant\frac{1}{n}$, $n=1,2,\cdots$. 令 $n\to+\infty$ 得 $f(x_0)=0$. 这与题设 $f(x_0)>0$ 矛盾. 所以 $\int_a^b f(x)\mathrm{d}x>0$. □

216. 证明：

$$\int_0^{\frac{\pi}{2}}\mathrm{e}^{-R\sin x}\mathrm{d}x\begin{cases}<\frac{\pi}{2R}(1-\mathrm{e}^{-R}), & R>0,\\ >\frac{\pi}{2R}(1-\mathrm{e}^{-R}), & R<0,\\ =\frac{\pi}{2}, & R=0.\end{cases}$$

证法 1 例 3.5.5 证明了不等式

$$\frac{2}{\pi}\leqslant\frac{\sin x}{x}<1,\quad x\in\left(0,\frac{\pi}{2}\right).$$

等号仅当 $x=\frac{\pi}{2}$ 时成立. 当 $R>0$ 时，$-R\sin x<-\frac{2R}{\pi}x$, $x\in\left(0,\frac{\pi}{2}\right)$，应用此不等式及 Newton-Leibniz 公式得

$$\int_0^{\frac{\pi}{2}}\mathrm{e}^{-R\sin x}\mathrm{d}x<\int_0^{\frac{\pi}{2}}\mathrm{e}^{-\frac{2R}{\pi}x}\mathrm{d}x=-\frac{\pi}{2R}\mathrm{e}^{-\frac{2R}{\pi}x}\Big|_0^{\frac{\pi}{2}}=\frac{\pi}{2R}(\mathrm{e}^0-\mathrm{e}^{-\frac{2R}{\pi}\cdot\frac{\pi}{2}})=\frac{\pi}{2R}(1-\mathrm{e}^{-R}).$$

当 $R<0$ 时，$-R\sin x>-\frac{2R}{\pi}x$, $x\in\left(0,\frac{\pi}{2}\right)$. 由此

$$\int_0^{\frac{\pi}{2}}\mathrm{e}^{-R\sin x}\mathrm{d}x>\int_0^{\frac{\pi}{2}}\mathrm{e}^{-\frac{2R}{\pi}x}\mathrm{d}x=\frac{\pi}{2R}(1-\mathrm{e}^{-R}).$$

当 $R=0$ 时，则

$$\int_0^{\frac{\pi}{2}}\mathrm{e}^{-R\sin x}\mathrm{d}x=\int_0^{\frac{\pi}{2}}\mathrm{e}^0\mathrm{d}x=x\Big|_0^{\frac{\pi}{2}}=\frac{\pi}{2}.$$

证法 2 用定义证明：$\int_a^b\mathrm{e}^{cx}\mathrm{d}x=\frac{1}{c}(\mathrm{e}^b-\mathrm{e}^a)$.

e^{cx}在$[a,b]$上连续，因而可积，n 等分$[a,b]$，$\Delta x_i=\frac{b-a}{n}$，取 $\xi_i=x_i=a+\frac{b-a}{n}i$, $i=1,2,\cdots,n$. 于是

$$\begin{aligned}
\int_a^b e^{cx}dx &= \lim_{n\to+\infty}\sum_{i=1}^n e^{c\left(a+\frac{b-a}{n}i\right)}\frac{b-a}{n}\\
&= e^{ca}\lim_{n\to+\infty}\frac{b-a}{n}\sum_{i=1}^n e^{c\frac{b-a}{n}i}\\
&= e^{ca}\lim_{n\to+\infty}\frac{b-a}{n}\cdot\frac{e^{c\frac{b-a}{n}}\left(1-\left(e^{c\frac{b-a}{n}}\right)^n\right)}{1-e^{c\frac{b-a}{n}}}\\
&= \frac{1}{c}e^{ca}\left(1-e^{c(b-a)}\right)\lim_{n\to+\infty}\frac{c\,\frac{b-a}{n}}{1-e^{c\frac{b-a}{n}}}\cdot e^{c\frac{b-a}{n}}\\
&= \frac{1}{c}\left(e^{ca}-e^{cb}\right)\lim_{x\to0}\frac{x}{1-e^x}e^x\\
&= \frac{1}{c}\left(e^{ca}-e^{cb}\right)(-1)e^0=\frac{1}{c}\left(e^{cb}-e^{ca}\right).
\end{aligned}$$

再同证法 1 可得：

当 $R>0$ 时，$\int_0^{\frac{\pi}{2}}e^{-R\sin x}dx<\int_0^{\frac{\pi}{2}}e^{-\frac{2R}{\pi}x}dx=-\frac{\pi}{2R}(1-e^{-R})$；

当 $R<0$ 时，$\int_0^{\frac{\pi}{2}}e^{-R\sin x}dx>\int_0^{\frac{\pi}{2}}e^{-\frac{2R}{\pi}x}dx=-\frac{\pi}{2R}(1-e^{-R})$；

当 $R=0$ 时，$\int_0^{\frac{\pi}{2}}e^0dx=\frac{\pi}{2}$.

证法 3 用微分中值定理证明$\int_a^b e^{cx}dx=\frac{1}{c}(e^{cb}-e^{ca})$.

对$[a,b]$的分割 T：$a=x_0<x_1<\cdots<x_n=b$. 由 Lagrange 中值定理，$\exists\,\eta_i\in(x_{i-1},x_i)$，s. t. $e^{cx_i}-e^{cx_{i-1}}=ce^{c\eta_i}(x_i-x_{i-1})=c\,e^{c\eta_i}\Delta x_i$，于是

$$\int_a^b e^{cx}dx=\lim_{\|T\|\to0}\sum_{i=1}^n e^{c\eta_i}\Delta x_i=\lim_{\|T\|\to0}\sum_{i=1}^n\frac{1}{c}\left(e^{cx_i}-e^{cx_{i-1}}\right)=\frac{1}{c}\left(e^{cb}-e^{ca}\right).$$

其余部分的证法同证法 1.

217. 设 f 为$[0,\pi]$上的连续函数，它满足

$$\int_0^\pi f(\theta)\cos\theta d\theta=\int_0^\pi f(\theta)\sin\theta d\theta=0,$$

证明：f 在$(0,\pi)$内至少有两个零点.

证明 如果 $f(x)\equiv0,x\in[0,\pi]$. 显然满足要求，故不妨设 $f\not\equiv0$.

由于在$(0,\pi)$ 内 $\sin\theta>0$，故由$\int_0^\pi f(\theta)\sin\theta d\theta=0$ 知，在$[0,\pi]$ 内 f 必定变号. 由 f 的连续性，f 在$(0,\pi)$内有零点，设为 θ_0，即 $f(\theta_0)=0$.

(反证)假设 f 在$(0,\pi)$内只有一个零点 θ_0，则 f 在$(0,\theta_0)$与(θ_0,π)内异号，而在$(0,\theta_0)$内不变号，在(θ_0,π)内也不变号. 因而 $f(\theta)\sin(\theta-\theta_0)$在$(0,\pi)$内不变号. 所以

$$
\begin{aligned}
0 &\neq \int_0^{\pi} f(\theta)\sin(\theta-\theta_0)\mathrm{d}\theta \\
&= \int_0^{\pi} [f(\theta)\sin\theta\cos\theta_0 - f(\theta)\cos\theta\sin\theta_0]\mathrm{d}\theta \\
&= \cos\theta_0\int_0^{\pi} f(\theta)\sin\theta\mathrm{d}\theta - \sin\theta_0\int_0^{\pi} f(\theta)\cos\theta\mathrm{d}\theta \\
&= 0.
\end{aligned}
$$

矛盾.因此 f 在$(0,\pi)$上必定还有零点,故 f 在$(0,\pi)$内至少有两个零点. □

218. (1) 设 $f(x)$ 在$[a,b]$上连续,且$\int_a^b f(x)\mathrm{d}x=0$,$\int_a^b xf(x)\mathrm{d}x=0$.证明:至少存在两点 $x_1,x_2\in(a,b)$ 使得 $f(x_1)=f(x_2)=0$.

(2) 设 $f(x)$ 为定义在$[a,b]$上的连续函数,如果它的前 n 个矩全为 0,即

$$\int_a^b f(x)\mathrm{d}x=\int_a^b xf(x)\mathrm{d}x=\cdots=\int_a^b x^{n-1}f(x)\mathrm{d}x=0.$$

证明:函数 $f(x)$或者恒为 0 或者在(a,b)上至少改变 n 次符号,且 f 至少有 n 个零点.

证法 1 (1) 参看书中例 6.2.8.

(2) 只须证明 $f\not\equiv 0$ 的情况.

(归纳法)(1) 的结论是当 $n=2$ 时的结论.假设当 $n=m$ 时,结论成立,则当 $n=m+1$ 时,条件成为

$$\int_a^b f(x)\mathrm{d}x=\int_a^b xf(x)\mathrm{d}x=\cdots=\int_a^b x^{m-1}f(x)\mathrm{d}x=\int_a^b x^m f(x)\mathrm{d}x=0.$$

要证明 f 至少改变 $m+1$ 次符号,且至少有 $m+1$ 个零点.

(反证) 由归纳假设,f 连续且$\int_a^b x^k f(x)\mathrm{d}x=0,k=0,1,\cdots,m$,$f$ 在(a,b) 内至少改变 m 次符号,且有 m 个零点.假设 f 在(a,b) 内只有 m 个零点,$x_1<x_2<\cdots<x_m$,则 f 在区间(a,x_1),(x_1,x_2),$\cdots$,(x_m,b) 中都不变号,而在相邻的两个区间内符号相反.因此,函数

$$f(x)(x-x_1)(x-x_2)\cdots(x-x_m)$$

在(a,b)上不变号.从而

$$\int_a^b f(x)(x-x_1)(x-x_2)\cdots(x-x_m)\mathrm{d}x\neq 0.$$

但

$$
\begin{aligned}
&\int_a^b f(x)(x-x_1)\cdots(x-x_m)\mathrm{d}x \\
&=\int_a^b x^m f(x)\mathrm{d}x-\sum_{i=1}^m x_i\int_a^b x^{m-1}f(x)\mathrm{d}x+\cdots \\
&\quad+(-1)^{m-1}\sum_{i=1}^n x_1\cdots x_{i-1}x_{i+1}\cdots x_m\int_a^b xf(x)\mathrm{d}x+(-1)^m x_1\cdots x_m\int_a^b f(x)\mathrm{d}x \\
&=0,
\end{aligned}
$$

矛盾.

故 f 在(a,b)上至少有 $m+1$ 个零点.结论对 $n=m+1$ 也对.这就证明了,对 $\forall n\in\mathbb{N}$.结论都正确.

证法 2 (2)只须证 $f\not\equiv 0$ 的情形.

(反证)假设 f 在(a,b)上至多只改变 $n-1$ 次符号.因 $\int_a^b f(x)\mathrm{d}x=0$,所以 $f(x)$在(a,b)上至少改变一次符号,故必存在 $k(1\leqslant k\leqslant n-1)$个零点$\{x_i\mid i=1,2,\cdots,k,x_1<x_2<\cdots<x_k\}$,使得 $f(x)$在每个小区间(a,x_1),(x_1,x_2),$\cdots$,(x_{k-1},x_k),(x_k,b)上不恒为零,且不改变符号,但在相邻的两个小区间上改变符号.因此

$$f(x)(x-x_1)(x-x_2)\cdots(x-x_k)$$

在(a,b)上保持一定的符号.又根据题设条件有 $\int_a^b f(x)(x-x_1)(x-x_2)\cdots(x-x_k)\mathrm{d}x=0$,$1\leqslant k\leqslant n-1$.从而

$$f(x)(x-x_1)(x-x_2)\cdots(x-x_k)=0,\quad x\in(a,b).$$

故有 $f(x)=0,x\in(a,b)$,这与 $f\not\equiv 0$ 相矛盾. □

219. 设 $f(x)$在$[a,b]$上 Riemann 可积,且它的一切矩全为 0,即

$$\int_a^b f(x)x^n\mathrm{d}x=0,\quad n=0,1,2,\cdots.$$

证明:f 在每一连续点处为 0.特别当 f 连续时,$f=0$.

证明 对 $\forall\varepsilon>0$,因为 f 在$[a,b]$上 Riemann 可积,所以存在 Darboux 上和与 Darboux 下和

$$S(T,f)=\sum_{k=1}^n M_k\Delta x_k,s(T,f)=\sum_{k=1}^n m_k\Delta x_k,$$

使得

$$S(T,f)-s(T,f)<\frac{\varepsilon}{3},$$

其中 $M_k=\sup\limits_{x\in[x_{k-1},x_k]}f(x)$,$m_k=\inf\limits_{x\in[x_{k-1},x_k]}f(x)$.

定义阶梯函数 $M(x)$与 $m(x)$如下:

$$M(x)=\begin{cases}M_k, & x\in[x_{k-1},x_k),\quad k=1,2,\cdots,n-1;\\ M_n, & x\in[x_{n-1},x_n],\end{cases}$$

$$m(x)=\begin{cases}m_k, & x\in[x_{k-1},x_k),\quad k=1,2,\cdots,n-1;\\ m_n, & x\in[x_{n-1},x_n].\end{cases}$$

易见,$m(x)\leqslant f(x)\leqslant M(x)$,且

$$\max\left\{\int_a^b \left|f(x)-m(x)\right|\mathrm{d}x,\int_a^b\left|f(x)-M(x)\right|\mathrm{d}x\right\}$$

$$\leqslant\int_a^b[M(x)-m(x)]\mathrm{d}x=\sum_{k=1}^n(M_k-m_k)\Delta x_k$$

$$=S(T,f)-s(T,f)<\frac{\varepsilon}{3}.$$

对于阶梯函数 $m(x)$，作折线函数(见 219 题图)：

$$\varphi(x)=\begin{cases}m_k, & x\in[x_{k-1},x_k-\delta],\\ \text{直线段}, & x\in(x_k-\delta,x_k], \qquad k=1,2,\cdots,n-1.\\ m_n, & x\in(x_{n-1},x_n],\end{cases}$$

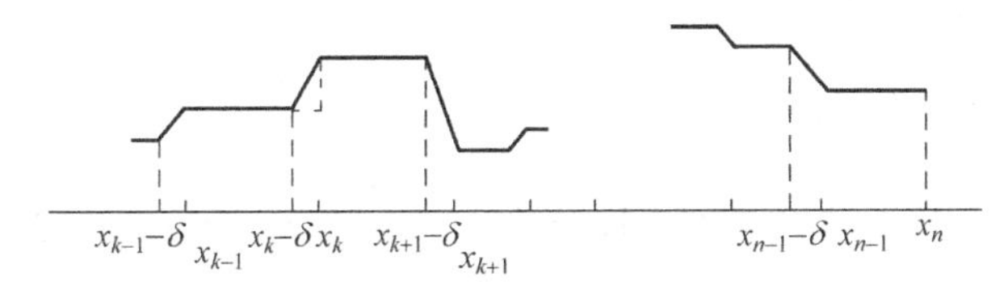

219 题图

其中直线段是指连接点$(x_k-\delta,m_k)$及点(x_k,m_{k+1})的一次函数

$$y=m_k+\frac{m_{k+1}-m_k}{\delta}(x-x_k).$$

显然，$\varphi(x)$为$[a,b]$上的连续函数，且当 $\delta>0$ 充分小时有

$$\int_a^b\left|m(x)-\varphi(x)\right|\mathrm{d}x\leqslant n\delta(M-m)<\frac{\varepsilon}{3},$$

其中 $M=\sup\limits_{x\in[a,b]}f(x),m=\inf\limits_{x\in[a,b]}f(x)$.

再根据 Weierstrass 逼近定理(定理 14.3.5)，存在多项式函数 $P(x)$. s. t

$$\left|\varphi(x)-P(x)\right|<\frac{\varepsilon}{3(b-a)},\quad \forall x\in[a,b].$$

于是

$$\int_a^b\left|\varphi(x)-P(x)\right|\mathrm{d}x<\frac{\varepsilon}{3(b-a)}(b-a)=\frac{\varepsilon}{3}.$$

由此得到

$$0\leqslant\int_a^b f^2(x)\mathrm{d}x=\int_a^b f(x)[f(x)-P(x)+P(x)]\mathrm{d}x$$

$$\leqslant M\int_a^b\left|f(x)-P(x)\right|\mathrm{d}x+\left|\int_a^b f(x)P(x)\mathrm{d}x\right|$$

$$=M\int_a^b\left|f(x)-m(x)+m(x)-\varphi(x)+\varphi(x)-P(x)\right|\mathrm{d}x+0$$

$$\leqslant M\left[\int_a^b\left|f(x)-m(x)\right|\mathrm{d}x+\int_a^b\left|m(x)-\varphi(x)\right|\mathrm{d}x+\int_a^b\left|\varphi(x)-P(x)\right|\mathrm{d}x\right]$$

$$< M\left(\frac{\varepsilon}{3}+\frac{\varepsilon}{3}+\frac{\varepsilon}{3}\right)=M\varepsilon.$$

令 $\varepsilon \to 0^+$ 得到

$$0 \leqslant \int_a^b f^2(x)\mathrm{d}x \leqslant 0.$$

即$\int_a^b f^2(x)\mathrm{d}x=0$.

因为 f 的连续点必是 $f^2(x)$的连续点. 所以 f 在每个连续点处取零值.(反证)若不然. 设 x_0 为 f 的连续点,又 $f(x_0)\neq 0$,则 $f^2(x_0)>0$,$f^2(x)$在 x_0 处连续. 取 $\varepsilon=\frac{f^2(x_0)}{2}>0$, $\exists\,\delta>0$,当$\left|x-x_0\right|<\delta$时,得

$$\left|f^2(x)-f^2(x_0)\right|<\frac{f^2(x_0)}{2},\text{于是 } f^2(x)>\frac{f^2(x_0)}{2}>0.$$

$$\int_a^b f^2(x)\mathrm{d}x > \int_{x_0-\delta}^{x_0+\delta} f^2(x)\mathrm{d}x > \int_{x_0-\delta}^{x_0+\delta}\frac{f^2(x_0)}{2}\mathrm{d}x = f^2(x_0)\delta > 0,$$

矛盾. 所以 $f(x)\overset{\text{a.e.}}{=\!=}0, x\in[a,b]$.

特别地,当 $f(x)$在$[a,b]$上连续时,$f(x)=0, x\in[a,b]$. □

220. 设函数 f 在$[0,+\infty)$上连续,且 $\lim\limits_{x\to+\infty}f(x)=a$. 证明:$\lim\limits_{x\to+\infty}\frac{1}{x}\int_0^x f(t)\mathrm{d}x=a$.

证法 1 对$\forall\,\varepsilon>0$,由于 $\lim\limits_{x\to+\infty}f(x)=a$,$\exists\,\Delta_1>0$,当 $x>\Delta_1$ 时

$$\left|f(x)-a\right|<\frac{\varepsilon}{3}.$$

取 $\Delta=\max\left\{\Delta_1,\frac{3\left|a\Delta_1\right|}{\varepsilon},\frac{3\left|\int_0^{\Delta_1}f(t)\mathrm{d}t\right|}{\varepsilon}\right\}$,当 $x>\Delta$ 时,有

$$\begin{aligned}\left|\frac{1}{x}\int_0^x f(x)\mathrm{d}t-a\right| &= \left|\frac{\int_0^{\Delta_1}f(t)\mathrm{d}t+\int_{\Delta_1}^x f(t)\mathrm{d}t-a(\Delta_1+x-\Delta_1)}{x}\right| \\ &= \frac{\left|\int_0^{\Delta_1}f(t)\mathrm{d}t+\int_{\Delta_1}^x f(t)\mathrm{d}t-\int_{\Delta_1}^x a\mathrm{d}t-a\Delta_1\right|}{x} \\ &\leqslant \frac{\left|\int_0^{\Delta_1}f(t)\mathrm{d}t\right|}{\Delta}+\frac{\int_{\Delta_1}^x\left|f(t)-a\right|\mathrm{d}t}{x}+\frac{\left|a\Delta_1\right|}{\Delta} \\ &\leqslant \frac{\varepsilon}{3}+\frac{\varepsilon}{3}\,\frac{x-\Delta_1}{x}+\frac{\varepsilon}{3}<\varepsilon.\end{aligned}$$

所以 $\lim\limits_{x\to+\infty}\frac{1}{x}\int_0^x f(t)\mathrm{d}t=a$.

证法 2 由 f 在 $[0,+\infty)$ 上连续及推论 6.3.1 知 $\left(\int_0^x f(t)\mathrm{d}t\right)'=f(x)$. 应用推广的 L'Hospital 法则有

$$\lim_{x\to+\infty}\frac{1}{x}\int_0^x f(t)\mathrm{d}x=\lim_{x\to+\infty}\frac{f(x)}{1}=a. \qquad \square$$

221. 设函数 f 在 $[0,\pi]$ 上连续, $n\in\mathbb{N}$. 证明:

$$\lim_{n\to+\infty}\int_0^{\pi}f(x)\left|\sin nx\right|\mathrm{d}x=\frac{2}{\pi}\int_0^{\pi}f(x)\mathrm{d}x.$$

证明 对 $k\in\mathbb{N}$, 有

$$\int_{(k-1)\frac{\pi}{n}}^{k\frac{\pi}{n}}\left|\sin nx\right|\mathrm{d}x\xlongequal{nx=u}\frac{1}{n}\int_{(k-1)\pi}^{k\pi}\left|\sin u\right|\mathrm{d}u=\frac{1}{n}\int_0^{\pi}\sin u\mathrm{d}u=\frac{2}{n}.$$

因为 f 在 $[0,\pi]$ 连续, 应用积分中值定理得

$$\begin{aligned}\int_0^{\pi}f(x)\left|\sin nx\right|\mathrm{d}x&=\sum_{k=1}^{n}\int_{(k-1)\frac{\pi}{n}}^{k\frac{\pi}{n}}f(x)\left|\sin nx\right|\mathrm{d}x\\&=\sum_{k=1}^{n}f(\xi_k)\int_{(k-1)\frac{\pi}{n}}^{k\frac{\pi}{n}}\left|\sin nx\right|\mathrm{d}x=\sum_{k=1}^{n}f(\xi_k)\cdot\frac{2}{n}\\&=\frac{2}{\pi}\sum_{k=1}^{n}f(\xi_k)\cdot\frac{\pi}{n}.\end{aligned}$$

所以

$$\lim_{n\to+\infty}\int_0^{\pi}f(x)\left|\sin nx\right|\mathrm{d}x=\frac{2}{\pi}\lim_{n\to+\infty}\sum_{k=1}^{n}f(\xi_k)\frac{\pi}{n}\xlongequal{\text{积分定义}}\frac{2}{\pi}\int_0^{\pi}f(x)\mathrm{d}x. \qquad \square$$

注 本题函数 f 的条件可减弱为在 $[0,\pi]$ 上 Riemann 可积. 但此时不能应用积分中值定理. 另证如下:

同上有 $\int_{\frac{k-1}{n}\pi}^{\frac{\pi}{n}}\left|\sin nx\right|\mathrm{d}x=\frac{2}{\pi}$.

n 等分 $[0,\pi]$, 记 $m_k=\inf\left\{f(x)\,\middle|\,x\in\left[\frac{k-1}{n}\pi,\frac{k}{n}\pi\right]\right\}$, $M_k=\sup\left\{f(x)\,\middle|\,x\in\left[\frac{k-1}{n}\pi,\frac{k}{n}\pi\right]\right\}$, 则

$$m_k\int_{\frac{k-1}{n}\pi}^{\frac{k}{n}\pi}\left|\sin nx\right|\mathrm{d}x\leqslant\int_{\frac{k-1}{n}\pi}^{\frac{k}{n}\pi}f(x)\left|\sin nx\right|\mathrm{d}x\leqslant M_k\int_{\frac{k-1}{n}\pi}^{\frac{k}{n}\pi}\left|\sin nx\right|\mathrm{d}x.$$

即 $\frac{2}{n}m_k\leqslant\int_{\frac{k-1}{n}\pi}^{\frac{\pi}{n}}f(x)\left|\sin nx\right|\mathrm{d}x\leqslant\frac{2}{n}M_k$, 于是

$$\frac{2}{\pi}\sum_{k=1}^{n}m_k\frac{\pi}{n}\leqslant\sum_{k=1}^{n}\int_{\frac{k-1}{n}\pi}^{\frac{k}{n}\pi}f(x)\left|\sin nx\right|\mathrm{d}x\leqslant\frac{2}{\pi}\sum_{k=1}^{n}M_k\frac{\pi}{n}.$$

由 f 在 $[0,\pi]$ 上可积, 有

$$\lim_{n\to+\infty}\sum_{k=1}^{n}m_k\cdot\frac{\pi}{n}=\int_0^{\pi}f(x)\mathrm{d}x=\lim_{n\to+\infty}\sum_{k=1}^{n}M_k\cdot\frac{\pi}{n},$$

由夹逼定理,立即有

$$\lim_{n\to+\infty}\int_0^{\pi}f(x)\left|\sin nx\right|\mathrm{d}x=\lim_{n\to+\infty}\sum_{k=1}^{n}\int_{\frac{k-1}{n}\pi}^{\frac{k}{n}\pi}f(x)\left|\sin nx\right|\mathrm{d}x=\frac{2}{\pi}\int_0^{\pi}f(x)\mathrm{d}x.$$ □

222. 设 f 是$(-\infty,+\infty)$上的周期为 T 的连续函数. 证明:

$$\lim_{x\to+\infty}\frac{1}{x}\int_0^{x}f(x)\mathrm{d}t=\frac{1}{T}\int_0^{T}f(x)\mathrm{d}t.$$

证明 对 $\forall x>T$, $\exists n\in\mathbb{N}$, s. t. $x=nT+x'$, $0\leqslant x'<T$. 于是

$$\frac{1}{x}\int_0^{x}f(t)\mathrm{d}t=\frac{1}{nT+x'}\int_0^{nT+x'}f(t)\mathrm{d}t=\frac{1}{nT+x'}\left[\int_0^{nT}f(t)\mathrm{d}t+\int_0^{x'}f(t)\mathrm{d}t\right].$$

由于 f 是以 T 为周期的连续函数,故

$$\int_0^{T}f(t)\mathrm{d}t=\int_T^{2T}f(t)\mathrm{d}t=\cdots=\int_{(n-1)T}^{nT}f(t)\mathrm{d}t,$$

所以

$$\frac{1}{x}\int_0^{x}f(t)\mathrm{d}t=\frac{n}{nT+x'}\int_0^{T}f(t)\mathrm{d}t+\frac{1}{nT+x'}\int_0^{x'}f(t)\mathrm{d}t.$$

又 f 连续,故

$$\left|\int_0^{x'}f(t)\mathrm{d}t\right|\leqslant\int_0^{T}\left|f(t)\right|\mathrm{d}t=a.$$

于是

$$\left|\frac{1}{x}\int_0^{x}f(t)\mathrm{d}t-\frac{1}{T}\int_0^{T}f(t)\mathrm{d}t\right|\leqslant\left|\frac{n}{nT+x'}-\frac{1}{T}\right|\left|\int_0^{T}f(t)\mathrm{d}t\right|+\frac{a}{x}$$

$$\leqslant\left|\frac{x'}{T(nT+x')}\right|\left|\int_0^{T}\left|f(t)\right|\mathrm{d}t+\frac{a}{x}\right.$$

$$\leqslant\frac{a}{x}+\frac{a}{x}=\frac{2a}{x}\to 0\quad(x\to+\infty).$$

即 $\displaystyle\lim_{x\to+\infty}\frac{1}{x}\int_0^{x}f(t)\mathrm{d}t=\frac{1}{T}\int_0^{T}f(t)\mathrm{d}t.$ □

223. (1) 设 f 与 g 分别为区间$[a,b]$上的非负与正值连续函数. 证明:

$$\lim_{n\to+\infty}\sqrt[n]{\int_a^{b}g(x)[f(x)]^n\mathrm{d}x}=\max_{a\leqslant x\leqslant b}\{f(x)\}.$$

(2) 设 f 与 g 皆为$[a,b]$上的正值连续函数,证明:

$$\lim_{n\to+\infty}\frac{\displaystyle\int_a^{b}g(x)f^{n+1}(x)\mathrm{d}x}{\displaystyle\int_a^{b}g(x)f^{n}(x)\mathrm{d}x}=\max_{a\leqslant x\leqslant b}\{f(x)\}.$$

其中 $f^n(x)=[f(x)]^n$.

证法 1 (1) 若 $f(x)\equiv 0, x\in[a,b]$，等式显然成立. 现设 $f(x)\not\equiv 0, x\in[a,b]$. 由 f 在 $[a,b]$ 上连续知，$\exists x_0\in[a,b]$，使得 $f(x_0)=M=\max\limits_{a\leqslant x\leqslant b}f(x)>0$. 不失一般性，设 $a<x_0<b$. 对 $\forall\, 0<\varepsilon<M$，$\exists\,\delta>0$，当 $x\in(x_0-\delta,x_0+\delta)\subset[a,b]$ 时，有

$$f(x_0)\geqslant f(x)>f(x_0)-\frac{\varepsilon}{2}=M-\frac{\varepsilon}{2}.$$

于是

$$\left(M-\frac{\varepsilon}{2}\right)\sqrt[n]{\int_{x_0-\delta}^{x_0+\delta}g(x)\,\mathrm{d}x}\leqslant\sqrt[n]{\int_a^b g(x)f^n(x)\,\mathrm{d}x}\leqslant M\sqrt[n]{\int_a^b g(x)\,\mathrm{d}x}.$$

因为 $g(x)>0$ 且在 $[a,b]$ 上连续，所以

$$\int_a^b g(x)\,\mathrm{d}x>\int_{x_0-\delta}^{x_0+\delta}g(x)\,\mathrm{d}x>0,$$

$$\lim_{n\to+\infty}\sqrt[n]{\int_{x_0-\delta}^{x_0+\delta}g(x)\,\mathrm{d}x}=1=\lim_{n\to+\infty}\sqrt[n]{\int_a^b g(x)\,\mathrm{d}x},$$

所以 $\exists N\in\mathbb{N}$，当 $n>N$ 时

$$M-\varepsilon<\sqrt[n]{\int_a^b g(x)f^n(x)\,\mathrm{d}x}<M+\varepsilon,$$

故 $\lim\limits_{n\to+\infty}\sqrt[n]{\int_a^b g(x)f^n(x)\,\mathrm{d}x}=M=\max\limits_{a\leqslant x\leqslant b}\{f(x)\}$.

(2) 设 $a_n=\int_a^b g(x)f^n(x)\,\mathrm{d}x$ 为一数列. 由 Schwarz(或 Cauchy) 不等式有

$$\begin{aligned}
a_n^2&=\left[\int_a^b g(x)f^n(x)\,\mathrm{d}x\right]^2\\
&=\left[\int_a^b g^{\frac{1}{2}}(x)f^{\frac{n-1}{2}}(x)\cdot g^{\frac{1}{2}}(x)f^{\frac{n+1}{2}}(x)\,\mathrm{d}x\right]^2\\
&\leqslant\int_a^b\left[g^{\frac{1}{2}}(x)f^{\frac{n-1}{2}}(x)\right]^2\mathrm{d}x\cdot\int_a^b\left[g^{\frac{1}{2}}(x)f^{\frac{n+1}{2}}(x)\right]^2\mathrm{d}x\\
&=\int_a^b g(x)f^{n-1}(x)\,\mathrm{d}x\cdot\int_a^b g(x)f^{n+1}(x)\,\mathrm{d}x=a_{n-1}a_{n+1}.
\end{aligned}$$

因为 $f(x),g(x)$ 都是 $[a,b]$ 上的正值连续函数，所以 $a_n>0$. 从而

$$\frac{a_{n+1}}{a_n}\geqslant\frac{a_n}{a_{n-1}}.$$

数列 $b_n=\dfrac{a_n}{a_{n-1}}$ 为单调增数列.

令 $M=\max\limits_{a\leqslant x\leqslant b}f(x)>0$，则

$$b_n=\frac{a_n}{a_{n-1}}=\frac{\int_a^b g(x)f^n(x)\,\mathrm{d}x}{\int_a^b g(x)f^{n-1}(x)\,\mathrm{d}x}\leqslant\frac{M\int_a^b g(x)f^{n-1}(x)\,\mathrm{d}x}{\int_a^b g(x)f^{n-1}(x)\,\mathrm{d}x}=M.$$

故$\{b_n\}$收敛. 于是

$$\lim_{n\to+\infty}\frac{\int_a^b g(x)f^{n+1}(x)\mathrm{d}x}{\int_a^b g(x)f^n(x)\mathrm{d}x}=\lim_{n\to+\infty}b_{n+1}=\lim_{n\to+\infty}\frac{a_{n+1}}{a_n}$$

$$\xlongequal{\text{由例 1.2.6(2)}}\lim_{n\to+\infty}\sqrt[n+1]{\frac{a_{n+1}}{a_n}\cdot\frac{a_n}{a_{n-1}}\cdots\frac{a_2}{a_1}\cdot a_1}$$

$$=\lim_{n\to+\infty}\sqrt[n+1]{a_{n+1}}=\lim_{n\to+\infty}\sqrt[n]{a_n}$$

$$=\lim_{n\to+\infty}\sqrt[n]{\int_a^b g(x)f^n(x)\mathrm{d}x}\xlongequal{\text{由(1)}}M=\max_{a\leqslant x\leqslant b}\{f(x)\}.$$

证法 2 (1) 同证法 1,对$\forall\varepsilon>0$,有

$$\left(M-\frac{\varepsilon}{2}\right)\sqrt[n]{\int_{x_0-\delta}^{x_0+\delta}g(x)\mathrm{d}x}\leqslant\sqrt[n]{\int_a^b g(x)f^n(x)\mathrm{d}x}\leqslant M\sqrt[n]{\int_a^b g(x)\mathrm{d}x}.$$

令$n\to+\infty$得到

$$M-\frac{\varepsilon}{2}=\left(M-\frac{\varepsilon}{2}\right)\lim_{n\to+\infty}\sqrt[n]{\int_{x_0-\delta}^{x_0+\delta}g(x)\mathrm{d}x}$$

$$=\left(M-\frac{\varepsilon}{2}\right)\varliminf_{n\to+\infty}\sqrt[n]{\int_{x_0-\delta}^{x_0+\delta}g(x)\mathrm{d}x}\leqslant\varliminf_{n\to+\infty}\sqrt[n]{\int_a^b g(x)f^n(x)\mathrm{d}x}$$

$$\leqslant\varlimsup_{n\to+\infty}\sqrt[n]{\int_a^b g(x)f^n(x)\mathrm{d}x}\leqslant M\varlimsup_{n\to+\infty}\sqrt[n]{\int_a^b g(x)\mathrm{d}x}$$

$$=M\lim_{n\to+\infty}\sqrt[n]{\int_a^b g(x)\mathrm{d}x}=M.$$

再令$\varepsilon\to0$,即得

$$M\leqslant\varliminf_{n\to+\infty}\sqrt[n]{\int_a^b g(x)f^n(x)\mathrm{d}x}\leqslant\varlimsup_{n\to+\infty}\sqrt[n]{\int_a^b g(x)f^n(x)\mathrm{d}x}\leqslant M.$$

所以

$$\lim_{n\to+\infty}\sqrt[n]{\int_a^b g(x)f^n(x)\mathrm{d}x}=\varliminf_{n\to+\infty}\sqrt[n]{\int_a^b g(x)f^n(x)\mathrm{d}x}=\varlimsup_{n\to+\infty}\sqrt[n]{\int_a^b g(x)f^n(x)\mathrm{d}x}=M.$$

(2) 设$M=\max\limits_{a\leqslant x\leqslant b}\{f(x)\}$,对于给定的$0<\varepsilon<M$,令

$$A=\{x\mid f(x)>M-\varepsilon,x\in(a,b)\}\neq\varnothing,$$

$$B=\left\{x\,\middle|\,f(x)>M-\frac{\varepsilon}{2},x\in(a,b)\right\}\neq\varnothing.$$

因f连续,则A,B皆为开集,且$B\subset A\subset[a,b]$. 因此

$$\int_a^b g(x)f^{n+1}(x)\mathrm{d}x\geqslant\int_A g(x)f^{n+1}(x)\mathrm{d}x\geqslant(M-\varepsilon)\int_A g(x)f^n(x)\mathrm{d}x,$$

$$\int_A g(x)f^n(x)\mathrm{d}x \geqslant \int_B g(x)f^n(x)\mathrm{d}x \geqslant \left(M-\frac{\varepsilon}{2}\right)^n\int_B g(x)\mathrm{d}x.$$

于是

$$\begin{aligned}
M &= \frac{M\int_a^b g(x)f^n(x)\mathrm{d}x}{\int_a^b g(x)f^n(x)\mathrm{d}x} \geqslant \frac{\int_a^b g(x)f^{n+1}(x)\mathrm{d}x}{\int_a^b g(x)f^n(x)\mathrm{d}x} \\
&\geqslant \frac{\int_A g(x)f^{n+1}(x)\mathrm{d}x}{\int_a^b g(x)f^n(x)\mathrm{d}x} \geqslant (M-\varepsilon)\frac{\int_A g(x)f^n(x)\mathrm{d}x}{\int_A g(x)f^n(x)\mathrm{d}x + \int_{[a,b]-A} g(x)f^n(x)\mathrm{d}x} \\
&= (M-\varepsilon)\frac{1}{1+\dfrac{\int_{[a,b]-A} g(x)f^n(x)\mathrm{d}x}{\int_A g(x)f^n(x)\mathrm{d}x}},
\end{aligned}$$

又

$$0 < \frac{\int_{[a,b]-A} g(x)f^n(x)\mathrm{d}x}{\int_A g(x)f^n(x)\mathrm{d}x} \leqslant \frac{\int_{[a,b]-A} g(x)f^n(x)\mathrm{d}x}{\int_B g(x)f^n(x)\mathrm{d}x} \leqslant \frac{(M-\varepsilon)^n}{\left(M-\frac{\varepsilon}{2}\right)^n}\frac{\int_a^b g(x)\mathrm{d}x}{\int_B g(x)\mathrm{d}x}.$$

而 $\lim\limits_{n\to+\infty}\dfrac{(M-\varepsilon)^n}{\left(M-\frac{\varepsilon}{2}\right)^n} = \lim\limits_{n\to+\infty}\left(\dfrac{M-\varepsilon}{M-\frac{\varepsilon}{2}}\right)^n = 0$,故

$$\lim_{n\to+\infty}\frac{\int_{[a,b]-A} g(x)f^n(x)\mathrm{d}x}{\int_A g(x)f^n(x)\mathrm{d}x} = 0.$$

因此,$\exists\, n\in\mathbb{N}$,当 $n>N$ 时,有

$$(M-\varepsilon)\frac{1}{1+\dfrac{\int_{[a,b]-A} g(x)f^n(x)\mathrm{d}x}{\int_A g(x)f^n(x)\mathrm{d}x}} > M-2\varepsilon,$$

所以

$$M \geqslant \frac{\int_a^b g(x)f^{n+1}(x)\mathrm{d}x}{\int_a^b g(x)f^n(x)\mathrm{d}x} > M-2\varepsilon,$$

$$\lim_{n\to+\infty}\frac{\int_a^b g(x)f^{n+1}(x)\mathrm{d}x}{\int_a^b g(x)f^n(x)\mathrm{d}x} = M = \max_{a\leqslant x\leqslant b}\{f(x)\}.$$

这一部分也可用类似(1)中的证法 2 的方法：

$$M \geqslant \overline{\lim_{n\to+\infty}} \frac{\int_a^b g(x) f^{n+1}(x)\mathrm{d}x}{\int_a^b g(x) f^n(x)\mathrm{d}x} \geqslant \underline{\lim_{n\to+\infty}} \frac{\int_a^b g(x) f^{n+1}(x)\mathrm{d}x}{\int_a^b g(x) f^n(x)\mathrm{d}x}$$

$$\geqslant (M-\varepsilon) \underline{\lim_{n\to+\infty}} \frac{\int_A g(x) f^n(x)\mathrm{d}x}{\int_A g(x) f^n(x)\mathrm{d}x + \int_{[a,b]-A} g(x) f^n(x)\mathrm{d}x}$$

$$= (M-\varepsilon) \lim_{n\to+\infty} \frac{\int_A g(x) f^n(x)\mathrm{d}x}{\int_A g(x) f^n(x)\mathrm{d}x + \int_{[a,b]-A} g(x) f^n(x)\mathrm{d}x}$$

$$= M-\varepsilon.$$

令 $\varepsilon\to 0$，即得

$$\lim_{n\to+\infty} \frac{\int_a^b g(x) f^{n+1}(x)\mathrm{d}x}{\int_a^b g(x) f^n(x)\mathrm{d}x} = \underline{\lim_{n\to+\infty}} \frac{\int_a^b g(x) f^{n+1}(x)\mathrm{d}x}{\int_a^b g(x) f^n(x)\mathrm{d}x} = \overline{\lim_{n\to+\infty}} \frac{\int_a^b g(x) f^{n+1}(x)\mathrm{d}x}{\int_a^b g(x) f^n(x)\mathrm{d}x} = M. \quad \square$$

224. 进一步证明：积分第一中值定理 6.2.5 与推广积分第一中值定理 6.2.6 中，可选 ξ 使得 $\xi\in(a,b)$.

证明 (1) 定理 6.2.5 的证明中已有

$$m \leqslant \frac{1}{b-a}\int_a^b f(x)\mathrm{d}x \leqslant M.$$

(i) 如果 $\frac{1}{b-a}\int_a^b f(x)\mathrm{d}x = m$，则 $f(x)\equiv m, x\in[a,b]$.（否则，若 $\exists x_0\in[a,b]$, s. t. $f(x_0)>m$，则由定理 6.2.2(3)，$0<\frac{1}{b-a}\int_a^b (f(x)-m)\mathrm{d}x = 0$，矛盾）. 于是，$\forall \xi\in(a,b)$ 有

$$f(\xi) = m = \frac{1}{b-a}\int_a^b f(x)\mathrm{d}x.$$

(ii) 如果 $\frac{1}{b-a}\int_a^b f(x)\mathrm{d}x = M$. 同理可证 $f(x)\equiv M, x\in[a,b]$. $\forall \xi\in(a,b)$ 有

$$f(\xi) = M = \frac{1}{b-a}\int_a^b f(x)\mathrm{d}x.$$

(iii) 如果 $m<\frac{1}{b-a}\int_a^b f(x)\mathrm{d}x<M$，则由连续函数的最值定理和介值定理，$\exists x_1\in[a,b]$, $x_2\in[a,b]$, s. t. $f(x_1)=m, f(x_2)=M, \mu=\frac{1}{b-a}\int_a^b f(x)\mathrm{d}x\in(m,M)=(f(x_1),f(x_2))$. 故 $\exists \xi\in(\min\{x_1,x_2\},\max\{x_1,x_2\})\subset(a,b)$, s. t.

$$f(\xi)=\mu=\frac{1}{b-a}\int_a^b f(x)\mathrm{d}x.$$

(2) 定理 6.2.6 中，若$\int_a^b g(x)\mathrm{d}x=0$,则

$$\int_a^b f(x)g(x)\mathrm{d}x=0=f(\xi)\int_a^b g(x)\mathrm{d}x,\quad \forall\,\xi\in(a,b).$$

若$\int_a^b g(x)\mathrm{d}x>0$,则有

$$m\leqslant\frac{\int_a^b f(x)g(x)\mathrm{d}x}{\int_a^b g(x)\mathrm{d}x}\leqslant M.$$

类似(1)有：

(i) 如果 $\dfrac{\int_a^b f(x)g(x)\mathrm{d}x}{\int_a^b g(x)\mathrm{d}x}=m$,则 $f(x)=m,\forall\,x\in[a,b]$. 对 $\forall\,\xi\in(a,b)$,

$$f(\xi)=m=\frac{\int_a^b f(x)g(x)\mathrm{d}x}{\int_a^b g(x)\mathrm{d}x};$$

(ii) 如果 $\dfrac{\int_a^b f(x)g(x)\mathrm{d}x}{\int_a^b g(x)\mathrm{d}x}=M$,则 $f(x)=M,\forall\,x\in[a,b]$,于是,$\forall\,\xi\in(a,b)$ 有

$$f(\xi)=M=\frac{\int_a^b f(x)g(x)\mathrm{d}x}{\int_a^b g(x)\mathrm{d}x};$$

(iii) 如果

$$m<\frac{\int_a^b f(x)g(x)\mathrm{d}x}{\int_a^b g(x)\mathrm{d}x}<M.$$

则$\exists\,x_1,x_2\in[a,b]$,使 $f(x_1)=m,f(x_2)=M$.

$$\mu=\frac{\int_a^b f(x)g(x)\mathrm{d}x}{\int_a^b g(x)\mathrm{d}x}\in(m,M)=(f(x_1),f(x_2)).$$

由 f 连续,$\exists\,\xi\in(\min\{x_1,x_2\},\max\{x_1,x_2\})\subset(a,b)$, s. t.

$$f(\xi)=\mu=\frac{\int_a^b f(x)g(x)\mathrm{d}x}{\int_a^b g(x)\mathrm{d}x}.$$

□

225. 设 f,g 均在 $[a,b]$ 上 Riemann 可积，$g(x)$ 在 $[a,b]$ 上不变号，$M=\sup\limits_{a\leqslant x\leqslant b}\{f(x)\}$，$m=\inf\limits_{a\leqslant x\leqslant b}\{f(x)\}$. 证明：$\exists\mu\in[m,M]$, s. t.

$$\int_a^b f(x)g(x)\mathrm{d}x=\mu\int_a^b g(x)\mathrm{d}x.$$

证明 由 g 不变号，不妨设 $g(x)\geqslant 0, x\in[a,b]$. 于是有

$$mg(x)\leqslant f(x)g(x)\leqslant Mg(x),\quad x\in[a,b]$$

根据定理 6.2.2(2)，有

$$m\int_a^b g(x)\mathrm{d}x\leqslant\int_a^b f(x)g(x)\mathrm{d}x\leqslant M\int_a^b g(x)\mathrm{d}x.$$

(1) 若 $\int_a^b g(x)\mathrm{d}x=0$，上式成为

$$0\leqslant\int_a^b f(x)g(x)\mathrm{d}x\leqslant 0.$$

$\forall\mu\in[m,M]$ 均有

$$\int_a^b f(x)g(x)\mathrm{d}x=0=\mu\cdot 0=\mu\int_a^b g(x)\mathrm{d}x.$$

(2) 若 $\int_a^b g(x)\mathrm{d}x\neq 0$，则有

$$m\leqslant\frac{\int_a^b f(x)g(x)\mathrm{d}x}{\int_a^b g(x)\mathrm{d}x}\leqslant M.$$

令 $\mu=\dfrac{\int_a^b f(x)g(x)\mathrm{d}x}{\int_a^b g(x)\mathrm{d}x}$，则 $\mu\in[m,M]$ 且 $\int_a^b f(x)g(x)\mathrm{d}x=\mu\int_a^b g(x)\mathrm{d}x$. □

226. 设 f 与 g 在 $[a,b]$ 上 Riemann 可积，证明 Cauchy-Schwarz 不等式

$$\left[\int_a^b f(x)g(x)\mathrm{d}x\right]^2\leqslant\int_a^b f^2(x)\mathrm{d}x\cdot\int_a^b g^2(x)\mathrm{d}x,$$

其中等号当且仅当 $f\overset{\text{a. e.}}{=\!=}\lambda g$ 或 $g\overset{\text{a. e.}}{=\!=}\lambda f, x\in[a,b]$ 时成立.

证法 1 因 f,g 都在 $[a,b]$ 上可积. 故 f^2,g^2,fg 与在 $[a,b]$ 上 Riemann 可积. 对 $\forall t\in\mathbb{R}$，有

$$\begin{aligned}0&\leqslant\int_a^b\left[f(x)-tg(x)\right]^2\mathrm{d}x\\&=\int_a^b f^2(x)\mathrm{d}x-2t\int_a^b f(x)g(x)\mathrm{d}x+t^2\int_a^b g^2(x)\mathrm{d}x.\end{aligned}$$

(1) 如果 $\int_a^b g^2(x)\mathrm{d}x=0$，由例 6.2.3(2)，$g(x)\overset{\text{a. e.}}{=\!=}0, x\in[a,b]$，则

$$\left[\int_a^b f(x)g(x)\mathrm{d}x\right]^2=\left[\int_a^b f(x)\cdot 0\mathrm{d}x\right]^2=0=\int_a^b f^2(x)\mathrm{d}x\cdot\int_a^b g^2(x)\mathrm{d}x.$$

(2) 如果$\int_a^b g^2(x)\mathrm{d}x>0$,则上面关于$t$的二次三项式非负,其判别式$\Delta\leqslant 0$,

$$0\geqslant\Delta=4\left[\int_a^b f(x)g(x)\mathrm{d}x\right]^2-4\int_a^b f^2(x)\mathrm{d}x\cdot\int_a^b g^2(x)\mathrm{d}x,$$

即

$$\left[\int_a^b f(x)g(x)\mathrm{d}x\right]^2\leqslant\int_a^b f^2(x)\mathrm{d}x\cdot\int_a^b g^2(x)\mathrm{d}x.$$

当等号成立时,$\Delta=0$.二次三项式

$$t^2\int_a^b g^2(x)\mathrm{d}x-2t\int_a^b f(x)g(x)\mathrm{d}x+\int_a^b f^2(x)\mathrm{d}x$$

有惟一的实根λ,即

$$0=\lambda^2\int_a^b g^2(x)\mathrm{d}x-2\lambda\int_a^b f(x)g(x)\mathrm{d}x+\int_a^b f^2(x)\mathrm{d}x=\int_a^b[f(x)-\lambda g(x)]^2\mathrm{d}x.$$

由例6.2.3(2). $f(x)-\lambda g(x)\xlongequal{\text{a. e.}}0$,即$f\xlongequal{\text{a. e.}}\lambda g$.

反过来,当$f=\lambda g$时,显然有

$$\begin{aligned}\left[\int_a^b f(x)g(x)\mathrm{d}x\right]^2&=\left[\int_a^b\lambda g(x)g(x)\mathrm{d}x\right]^2\\&=\lambda^2\left[\int_a^b g^2(x)\mathrm{d}x\right]^2=\int_a^b[\lambda g(x)]^2\mathrm{d}x\cdot\int_a^b g^2(x)\mathrm{d}x\\&=\int_a^b f^2(x)\mathrm{d}x\cdot\int_a^b g^2(x)\mathrm{d}x.\end{aligned}$$

等号成立.同理当$g(x)=\lambda f(x)$时,等式也成立.

证法2 对$[a,b]$的任何分割T: $a=x_0<x_1<\cdots<x_n=b$有Cauchy-Schwarz不等式:

$$\begin{aligned}\left[\sum_{i=1}^n f(\xi_i)g(\xi_i)\Delta x_i\right]^2&=\left[\sum_{i=1}^n f(\xi_i)\sqrt{\Delta x_i}\,g(\xi_i)\sqrt{\Delta x_i}\right]^2\\&\leqslant\sum_{i=1}^n f^2(\xi_i)\Delta x_i\cdot\sum g^2(\xi_i)\Delta x_i.\end{aligned}$$

所以

$$\begin{aligned}\left(\int_a^b f(x)g(x)\mathrm{d}x\right)^2&=\lim_{\|T\|\to 0}\left(\sum_{i=1}^n f(\xi_i)g(\xi_i)\Delta x_i\right)^2\\&\leqslant\lim_{\|T\|\to 0}\sum_{i=1}^n f^2(\xi_i)\Delta x_i\cdot\lim_{\|T\|\to 0}\sum_{i=1}^n g^2(\xi_i)\Delta x_i\\&=\int_a^b f^2(x)\mathrm{d}x\cdot\int_a^b g^2(x)\mathrm{d}x.\end{aligned}$$

□

227. 应用Cauchy-Schwarz不等式证明:

(1) 设f在$[a,b]$上Riemann可积,则

$$\left[\int_a^b f(x)\mathrm{d}x\right]^2\leqslant(b-a)\int_a^b f^2(x)\mathrm{d}x;$$

(2) 设 f 在$[a,b]$上 Riemann 可积，且 $f(x)\geqslant m>0$，则

$$\int_a^b f(x)\mathrm{d}x\cdot\int_a^b\frac{1}{f(x)}\mathrm{d}x\geqslant(b-a)^2;$$

(3) 设 f 与 g 都在$[a,b]$上 Riemann 可积，则有 Minkowski 不等式

$$\left[\int_a^b(f(x)+g(x))^2\mathrm{d}x\right]^{\frac{1}{2}}\leqslant\left[\int_a^b f^2(x)\mathrm{d}x\right]^{\frac{1}{2}}+\left[\int_a^b g^2(x)\mathrm{d}x\right]^{\frac{1}{2}}.$$

证明 (1) 由 Cauchy-Schwarz 不等式，立即有

$$\left[\int_a^b f(x)\mathrm{d}x\right]^2=\left[\int_a^b f(x)\cdot 1\mathrm{d}x\right]^2\leqslant\int_a^b f^2(x)\mathrm{d}x\cdot\int_a^b 1^2\mathrm{d}x=(b-a)\int_a^b f^2(x)\mathrm{d}x.$$

(2) 由 Cauchy-Schwarz 不等式，有

$$\begin{aligned}\int_a^b f(x)\mathrm{d}x\cdot\int_a^b\frac{1}{f(x)}\mathrm{d}x&=\int_a^b(\sqrt{f(x)})^2\mathrm{d}x\cdot\int_a^b\left(\frac{1}{\sqrt{f(x)}}\right)^2\mathrm{d}x\\&\geqslant\left[\int_a^b\sqrt{f(x)}\cdot\frac{1}{\sqrt{f(x)}}\mathrm{d}x\right]^2=\left(\int_a^b\mathrm{d}x\right)^2=(b-a)^2.\end{aligned}$$

(3) 因为由 Cauchy-Schwarz 不等式得

$$\begin{aligned}\int_a^b(f(x)+g(x))^2\mathrm{d}x&=\int_a^b f^2(x)\mathrm{d}x+2\int_a^b f(x)g(x)\mathrm{d}x+\int_a^b g^2(x)\mathrm{d}x\\&\leqslant\int_a^b f^2(x)\mathrm{d}x+\int_a^b g^2(x)\mathrm{d}x+2\sqrt{\int_a^b f^2(x)\mathrm{d}x\cdot\int_a^b g^2(x)\mathrm{d}x}\\&=\left(\sqrt{\int_a^b f^2(x)\mathrm{d}x}\right)^2+2\sqrt{\int_a^b f^2(x)\mathrm{d}x}\cdot\sqrt{\int_a^b g^2(x)\mathrm{d}x}+\left(\sqrt{\int_a^b g^2(x)\mathrm{d}x}\right)^2\\&=\left(\sqrt{\int_a^b f^2(x)\mathrm{d}x}+\sqrt{\int_a^b g^2(x)\mathrm{d}x}\right)^2,\end{aligned}$$

所以

$$\left[\int_a^b(f(x)+g(x))^2\mathrm{d}x\right]^{\frac{1}{2}}\leqslant\left[\int_a^b f^2(x)\mathrm{d}x\right]^{\frac{1}{2}}+\left[\int_a^b g^2(x)\mathrm{d}x\right]^{\frac{1}{2}}.$$ □

228. 设 f 为$(0,+\infty)$上的连续减函数，$f(x)>0$；又设

$$a_n=\sum_{k=1}^n f(k)-\int_1^n f(x)\mathrm{d}x$$

证明：数列$\{a_n\}$收敛.

证明 因为 f 为连续减函数，所以对 $\forall k\in\mathbb{N}$，$f(k+1)\leqslant f(x)\leqslant f(k)$，$x\in[k,k+1]$，故

$$\begin{aligned}a_n&=\sum_{k=1}^n f(k)-\int_1^n f(x)\mathrm{d}x=\sum_{k=1}^n f(k)-\sum_{k=1}^{n-1}\int_k^{k+1}f(x)\mathrm{d}x\\&\geqslant\sum_{k=1}^n f(k)-\sum_{k=1}^{n-1}\int_k^{k+1}f(k)\mathrm{d}x\end{aligned}$$

$$= \sum_{k=1}^{n} f(k) - \sum_{k=1}^{n-1} f(k) = f(n) > 0,$$

又

$$a_{n+1} - a_n = f_{(n+1)} - \int_n^{n+1} f(x)\mathrm{d}x \leqslant f(n+1) - \int_n^{n+1} f(n+1)\mathrm{d}x = 0.$$

数列$\{a_n\}$单调减有下界,因而收敛. □

229. 设 f 在$[a,b]$上 Riemann 可积,φ 在$[\alpha,\beta]$上单调且连续可导,$\varphi(\alpha)=a$,$\varphi(\beta)=b$. 证明:$\int_a^b f(x)\mathrm{d}x = \int_\alpha^\beta f(\varphi(t))\varphi'(t)\mathrm{d}t$.

证法1 由题意 φ 在$[\alpha,\beta]$上单调增,分割区间$[\alpha,\beta]$,

$$T: \alpha = t_0 < t_1 < \cdots < t_n = \beta,$$

由此得$[a,b]$的一个分割 $a=\varphi(\alpha)=\varphi(t_0)\leqslant\varphi(t_1)\leqslant\cdots\leqslant\varphi(t_n)=\varphi(\beta)=b$. 可能有 $x_i=\varphi(t_i)=\varphi(t_{i+1})=x_{i+1}$但不影响证明. 由 φ 在$[\alpha,\beta]$上连续,因而一致连续,所以当$\|T\|$充分小时,$\Delta x_i=x_i-x_{i-1}=\varphi(t_i)-\varphi(t_{i-1})$也充分小,且$\exists\,\theta_i\in(t_{i-1},t_i)$. s. t. $\Delta x_i=\varphi(t_i)-\varphi(t_{i-1})=\varphi'(\theta_i)\Delta t_i=\varphi'(\theta_i)(t_i-t_{i-1})$.

由 f 在$[a,b]$上可积知 f 在$[a,b]$上有界. 设$|f(x)|\leqslant M$, $\forall\, x\in[a,b]$. 任取 $t_i',t_i''\in[t_{i-1},t_i]$,$t_i'<t_i''$有

$$\begin{aligned}
&|f(\varphi(t_i''))\varphi'(t_i'')-f(\varphi(t_i'))\varphi'(t_i')|\Delta t_i\\
\leqslant&[|f(\varphi(t_i''))-f(\varphi(t_i'))||\varphi'(t_i'')|\Delta t_i+|f(\varphi(t_i'))||\varphi'(t_i'')-\varphi'(t_i')|]\Delta t_i\\
=&|f(\varphi(t_i''))-f(\varphi(t_i'))|\varphi'(t_i'')|\Delta t_i-|f(\varphi(t_i''))-f(\varphi(t_i'))|\Delta x_i\\
&+|f(\varphi(t_i''))-f(\varphi(t_i'))|\Delta x_i+|f(\varphi(t_i'))||\varphi'(t_i'')-\varphi'(t_i')|\Delta t_i\\
\leqslant&|f(\varphi(t_i''))-f(\varphi(t_i'))|(|\varphi'(t_i'')|\Delta t_i-\varphi'(\theta_i)\Delta t_i)\\
&+|f(\varphi(t_i''))-f(\varphi(t_i'))|\Delta x_i+|f(\varphi(t_i'))||\varphi'(t_i'')-\varphi'(t_i')|\Delta t_i\\
\leqslant&2M\omega_i^{\varphi'}\Delta t_i+\omega_i^f\Delta x_i+M\omega_i^{\varphi'}\Delta t_i.
\end{aligned}$$

由于 f 与 φ'都可积,所以,对$\forall\,\varepsilon>0$,$\exists\,\delta>0$,当$\|T\|<\delta$时,有

$$\sum_{i=1}^n \omega_i^{f\circ\varphi'}\Delta t_i \leqslant 3M\sum_{i=1}^n \omega_i^{\varphi'}\Delta t_i + \sum_{i=1}^n \omega_i^f \Delta x_i < \varepsilon,$$

因此,$f(\varphi'(t))$在$[\alpha,\beta]$上可积,进一步,就取 $\theta_i\in(t_{i-1},t_i)$. 根据定义有

$$\begin{aligned}
\int_a^b f(x)\mathrm{d}x &= \lim_{\max\limits_{1\leqslant i\leqslant n}\{\Delta x_i\}\to 0}\sum_{i=1}^n f(\varphi(\theta_i))\Delta x_i\\
&= \lim_{\|T\|\to 0}\sum_{i=1}^n f(\varphi(\theta_i))\varphi'(\theta_i)\Delta t_i\\
&= \int_\alpha^\beta f(\varphi(t))\varphi'(t)\mathrm{d}t.
\end{aligned}$$

证法2 设 $\alpha=t_0<t_1<\cdots<t_n=\beta$ 为$[\alpha,\beta]$的任一分割,由 φ 单调增,它导致$[a,b]$的一个分割 $a=x_0<x_1<\cdots<x_n=b$,其中 $x_i=\varphi(t_i)$,$i=0,1,\cdots,n$(注意:可能会有 $x_{i-1}=x_i$,但

它不影响证明). 且当$\max\limits_{1\leqslant i\leqslant n}\{\Delta t_i\}\to 0$时，有$\max\limits_{1\leqslant i\leqslant n}\{\Delta x_i\}\to 0$. 因为$f$在$[a,b]$上 Riemann 可积，所以

$$|f(x)|<M,\quad \forall x\in[a,b]$$

此外，对$\forall\varepsilon>0$，$\exists\delta>0$，当$\max\limits_{1\leqslant i\leqslant n}\{\Delta x_i\}<\delta$时，必有

$$\left|\sum_{i=1}^{n}f(\xi_i)\Delta x_i-\int_a^b f(x)\mathrm{d}x\right|<\frac{\varepsilon}{2},$$

其中$\xi_i\in[x_{i-1},x_i]$为任意点.

又因为φ'连续，故它在$[\alpha,\beta]$上一致连续. 于是，对$\forall\delta>0$，$\exists\sigma>0$，当$\max\limits_{1\leqslant i\leqslant n}\{\Delta t_i\}<\sigma$时，有$\max\limits_{1\leqslant i\leqslant n}\{\Delta x_i\}=\max\limits_{1\leqslant i\leqslant n}\{\varphi(t_i)-\varphi(t_{i-1})\}=\max\limits_{1\leqslant i\leqslant n}\{\varphi'(\theta_i)\Delta t_i\}<\delta$，且

$$|\varphi'(\theta')-\varphi'(\theta'')|<\frac{\varepsilon}{2M(\beta-\alpha)},\theta',\quad \theta''\in[t_{i-1},t_i],i=1,2,\cdots,n.$$

由此，对$\forall\eta_i\in[t_{i-1},t_i]$，$i=1,2,\cdots,n$，有

$$\begin{aligned}&\left|\sum_{i=1}^{n}f(\varphi(\eta_i))\varphi'(\eta_i)\Delta t_i-\int_a^b f(x)\mathrm{d}x\right|\\&\leqslant\sum_{i=1}^{n}\left|f(\varphi(\eta_i))\right|\left|\varphi'(\eta_i)-\varphi'(\theta_i)\right|\Delta t_i+\left|\sum_{i=1}^{n}f(\varphi(\eta_i))\varphi'(\theta_i)\Delta t_i-\int_a^b f(x)\mathrm{d}x\right|\\&<M\cdot\frac{\varepsilon}{2M(\beta-\alpha)}(\beta-\alpha)+\left|\sum_{i=1}^{n}f(\varphi(\eta_i))\Delta x_i-\int_a^b f(x)\mathrm{d}x\right|\\&<\frac{\varepsilon}{2}+\frac{\varepsilon}{2}=\varepsilon.\end{aligned}$$

这表明$f(\varphi(t))\varphi'(t)$在$[\alpha,\beta]$上是 Riemann 可积的，且

$$\int_a^\beta f(\varphi(t))\varphi'(t)\mathrm{d}t=\lim_{\max\limits_{1\leqslant i\leqslant n}\{\Delta t_i\}\to 0}\sum_{i=1}^{n}f(\varphi(\eta_i))\varphi'(\eta_i)\Delta t_i=\int_a^b f(x)\mathrm{d}x.\qquad\square$$

230. 设f为$[a,b]$上的连续函数，g为连续可导的单调函数，试用一个比较简单的论述. 证明积分第二中值定理：

$$\int_a^b f(x)g(x)\mathrm{d}x=g(a)\int_a^\xi f(x)\mathrm{d}x+g(b)\int_\xi^b f(x)\mathrm{d}x.$$

证明 f在$[a,b]$上连续，根据推论 6.3.1 函数

$$\Phi(x)=\int_a^x f(t)\mathrm{d}t$$

可导，且$\Phi'(x)=f(x)$，由g为连续可导的单调函数知$g'(x)$在$[a,b]$上连续且不变号. 再应用定积分的分部积分法和积分第一中值定理，就有

$$\begin{aligned}\int_a^b f(x)g(x)\mathrm{d}x&=\int_a^b(\Phi(x))'g(x)\mathrm{d}x\\&=\Phi(x)g(x)\Big|_a^b-\int_a^b\Phi(x)g'(x)\mathrm{d}x\end{aligned}$$

$$= g(b)\int_a^b f(t)\mathrm{d}t - g(a)\int_a^a f(t)\mathrm{d}t - \Phi(\xi)\int_a^b g'(x)\mathrm{d}x$$

$$= g(b)\int_a^b f(x)\mathrm{d}x - \int_a^\xi f(t)\mathrm{d}t \cdot g(x)\Big|_a^b$$

$$= g(b)\int_a^b f(t)\mathrm{d}x - (g(b)-g(a))\int_a^\xi f(x)\mathrm{d}x$$

$$= g(b)\left[\int_a^b f(t)\mathrm{d}x - \int_a^\xi f(x)\mathrm{d}x\right] + g(a)\int_a^\xi f(x)\mathrm{d}x$$

$$= g(a)\int_a^\xi f(x)\mathrm{d}x + g(b)\int_\xi^b f(x)\mathrm{d}x. \qquad \square$$

231. 设 $f(x)$在$[a,b]$上连续可导，而

$$\Delta_n = \int_a^b f(x)\mathrm{d}x - \frac{b-a}{n}\sum_{k=1}^n f\left(a + k\cdot\frac{b-a}{n}\right).$$

证明：(1) $-\frac{1}{2}\left(\frac{b-a}{n}\right)^2\sum_{k=1}^n M_k \leqslant \Delta_n \leqslant -\frac{1}{2}\left(\frac{b-a}{n}\right)^2\sum_{k=1}^n m_k$，其中

$$m_k = \min\left\{f'(x)\,\middle|\, a+(k-1)\frac{b-a}{n} \leqslant x \leqslant a+k\frac{b-a}{n}\right\},$$

$$M_k = \max\left\{f'(x)\,\middle|\, a+(k-1)\frac{b-a}{n} \leqslant x \leqslant a+k\frac{b-a}{n}\right\}.$$

(2) $\lim\limits_{n\to+\infty} n\Delta_n = -\frac{b-a}{2}[f(b)-f(a)]$.

证明　(1) 应用 Lagrange 中值定理. $\exists\, \xi_k \in \left(a+(k-1)\frac{b-a}{n}, a+k\frac{b-a}{n}\right)$, s. t.

$$\Delta_n = \int_a^b f(x)\mathrm{d}x - \frac{b-a}{n}\sum_{k=1}^n f\left(a+k\frac{b-a}{n}\right)$$

$$= \sum_{k=1}^n \int_{a+(k-1)\frac{b-a}{n}}^{a+k\frac{b-a}{n}} \left[f(x) - f\left(a+k\frac{b-a}{n}\right)\right]\mathrm{d}x$$

$$= \sum_{k=1}^n \int_{a+(k-1)\frac{b-a}{n}}^{a+k\frac{b-a}{n}} f'(\xi_k)\left[x - \left(a+k\frac{b-a}{n}\right)\right]\mathrm{d}x$$

$$\geqslant \sum_{k=1}^n M_k \int_{a+(k-1)\frac{b-a}{n}}^{a+k\frac{b-a}{n}} \left[x - \left(a+k\frac{b-a}{n}\right)\right]\mathrm{d}x$$

$$= \frac{1}{2}\sum_{k=1}^n M_k \left[x - \left(a+k\frac{b-a}{n}\right)\right]^2 \Big|_{a+(k-1)\frac{b-a}{n}}^{a+k\frac{b-a}{n}}$$

$$= -\frac{1}{2}\left(\frac{b-a}{n}\right)^2\sum_{k=1}^n M_k.$$

同理有 $\Delta_n \leqslant -\frac{1}{2}\left(\frac{b-a}{n}\right)^2\sum_{k=1}^n m_k$. 合起来便是

$$-\frac{1}{2}\left(\frac{b-a}{n}\right)^2\sum_{k=1}^{n}M_k\leqslant\Delta_n\leqslant-\frac{1}{2}\left(\frac{b-a}{n}\right)^2\sum_{k=1}^{n}m_k.$$

(2) 由(1)得

$$-\frac{b-a}{2}\sum_{k=1}^{n}M_k\frac{b-a}{n}\leqslant n\Delta_n\leqslant-\frac{b-a}{2}\sum_{k=1}^{n}m_k\frac{b-a}{n}.$$

再由 f'连续,因而可积得

$$\lim_{n\to+\infty}\left[-\frac{b-a}{2}\sum_{k=1}^{n}M_k\frac{b-a}{n}\right]=-\frac{b-a}{2}\int_a^b f'(x)\mathrm{d}x=-\frac{b-a}{2}[f(b)-f(a)],$$

$$\lim_{n\to+\infty}\left[-\frac{b-a}{2}\sum_{k=1}^{n}m_k\frac{b-a}{n}\right]=-\frac{b-a}{2}\int_a^b f'(x)\mathrm{d}x=-\frac{b-a}{2}[f(b)-f(a)],$$

应用夹逼定理有

$$\lim_{n\to+\infty}n\Delta_n=-\frac{b-a}{2}[f(b)-f(a)].$$

□

232. 设 f 为$[a,b]$上的连续函数,且对任一满足$\int_a^b g(x)\mathrm{d}x=0$的连续函数 g 有$\int_a^b f(x)g(x)\mathrm{d}x=0$,证明 f 为常值函数.

证法 1 令 $g(x)=f(x)-\frac{1}{b-a}\int_a^b f(x)\mathrm{d}x$,则 g 在$[a,b]$上连续,且

$$\begin{aligned}\int_a^b g(x)\mathrm{d}x&=\int_a^b\left[f(x)-\frac{1}{b-a}\int_a^b f(x)\mathrm{d}x\right]\mathrm{d}x\\&=\int_a^b f(x)\mathrm{d}x-\int_a^b\left[\frac{1}{b-a}\int_a^b f(x)\mathrm{d}x\right]\mathrm{d}x\\&=\int_a^b f(x)\mathrm{d}x-(b-a)\cdot\frac{1}{b-a}\int_a^b f(x)\mathrm{d}x=0.\end{aligned}$$

由题设

$$\int_a^b f(x)g(x)\mathrm{d}x=0$$

所以

$$\begin{aligned}\int_a^b g^2(x)\mathrm{d}x&=\int_a^b g(x)\left[f(x)-\frac{1}{b-a}\int_a^b f(x)\mathrm{d}x\right]\mathrm{d}x\\&=\int_a^b f(x)g(x)\mathrm{d}x-\frac{1}{b-a}\int_a^b g(x)\left[\int_a^b f(x)\mathrm{d}x\right]\mathrm{d}x\\&=0-\frac{1}{b-a}\int_a^b f(x)\mathrm{d}x\int_a^b g(x)\mathrm{d}x\\&=0.\end{aligned}$$

由 g 连续得

$$0=g(x)=f(x)-\frac{1}{b-a}\int_a^b f(x)\mathrm{d}x,\quad x\in[a,b],$$

即 $f(x)=\frac{1}{b-a}\int_a^b f(x)\mathrm{d}x, x\in[a,b]$ 为常数.

证法 2 (反证)假设在$[a,b]$上，$f\not\equiv$常数，因为 f 在$[a,b]$上连续，根据最值定理，$\exists x_1$，$x_2\in[a,b]$，s. t.

$$f(x_1)=\min\{f(x)\mid x\in[a,b]\}<\max\{f(x)\mid x\in[a,b]\}=f(x_2).$$

不妨设 $x_1<x_2$，且 $M=f(x_2)>0$. 于是 $\exists a<x_3<x_4<b$. s. t.

$$0<f(x_3)<\frac{f(x_3)+f(x_4)}{2}<f(x_4).$$

取充分小的 $\delta>0$，s. t. $a<x_3-\delta<x_3+\delta<x_4-\delta<x_4+\delta<b$，

$$f(x)<\frac{f(x_3)+f(x_4)}{2}, x\in(x_3-\delta,x_3+\delta);\ f(x)>\frac{f(x_3)+f(x_4)}{2}, x\in(x_4-\delta,x_4+\delta).$$

如题 232 图，作函数

$$g(x)=\begin{cases}-\frac{1}{\delta}(x-(x_3-\delta)), & x\in[x_3-\delta,x_3],\\ \frac{1}{\delta}(x-(x_3+\delta)), & x\in[x_3,x_3+\delta],\\ \frac{1}{\delta}(x-(x_4-\delta)), & x\in[x_4-\delta,x_4],\\ -\frac{1}{\delta}(x-(x_4+\delta)), & x\in[x_4,x_4+\delta],\\ 0, & \text{其他}.\end{cases}$$

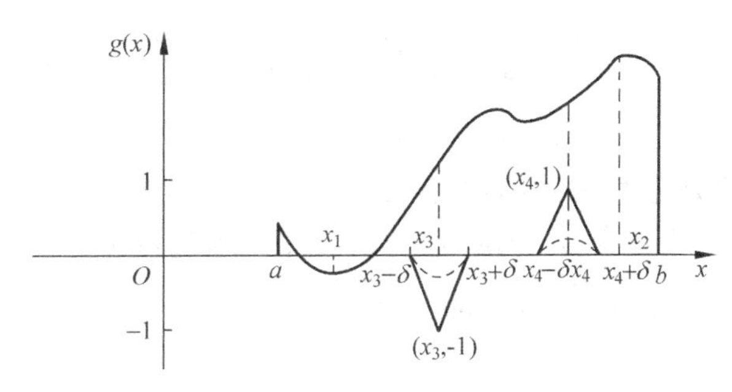

题 232 图

显然，g 在$[a,b]$上连续，且$\int_a^b g(x)\mathrm{d}x=0$. 但是

$$\begin{aligned}0&=\int_a^b f(x)g(x)\mathrm{d}x=\int_{x_3-\delta}^{x_3+\delta}f(x)g(x)\mathrm{d}x+\int_{x_4-\delta}^{x_4+\delta}f(x)g(x)\mathrm{d}x\\&=\int_{x_4-\delta}^{x_4+\delta}f(x)g(x)\mathrm{d}x-\int_{x_3-\delta}^{x_3+\delta}f(x)\mid g(x)\mid\mathrm{d}x\end{aligned}$$

$$>\frac{f(x_3)+f(x_4)}{2}\int_{x_4-\delta}^{x_4+\delta}g(x)\mathrm{d}x-\frac{f(x_3)+f(x_4)}{4}\int_{x_3-\delta}^{x_3+\delta}|g(x)|\mathrm{d}x$$

$$=0,$$

矛盾.所以 $f(x)=$常数,$x\in[a,b]$. □

注 也可作函数

$$\varphi(x)=\begin{cases}-\sqrt{\delta^2-(x-x_3)^2}, & x_3-\delta\leqslant x\leqslant x_3+\delta,\\ \sqrt{\delta^2-(x-x_4)^2}, & x_4-\delta\leqslant x\leqslant x_4+\delta,\text{(见题 232 图中虚线)}\\ 0, & \text{其他}.\end{cases}$$

起到证法 2 中 $g(x)$的作用.

233. 求出满足下列条件的所有函数 $f(x)$:

(1) f 在$[0,1]$上连续且非负;

(2) $\int_0^1 f(x)\mathrm{d}x=1$;

(3) $\exists\alpha\in\mathbb{R}$,s. t.

$$\int_0^1 xf(x)\mathrm{d}x=\alpha,\quad\int_0^1 x^2f(x)\mathrm{d}x=\alpha^2.$$

解法 1 从$\int_0^1 f(x)\mathrm{d}x=1$ 知 $f(x)\not\equiv 0,x\in[a,b]$.因为 $f(x)\geqslant 0$,故对 $\forall\alpha\in\mathbb{R}$,$(x-\alpha)^2f(x)\geqslant 0$,但不恒为 0,$x\in[0,1]$,因此

$$\begin{aligned}0&<\int_0^1(x-\alpha)^2f(x)\mathrm{d}x\\&=\int_0^1 x^2f(x)\mathrm{d}x-2\alpha\int_0^1 xf(x)\mathrm{d}x+\alpha^2\int_0^1 f(x)\mathrm{d}x\\&=\alpha^2-2\alpha\alpha+\alpha^2=0.\end{aligned}$$

矛盾.故不存在同时满足题中三个条件的函数.

解法 2 f 在$[0,1]$上不变号,由定理 6.2.6,$\exists\xi\in(0,1)$,s. t.

$$\alpha=\int_0^1 xf(x)\mathrm{d}x=\xi\int_0^1 f(x)\mathrm{d}x=\xi>0.$$

令

$$\varphi(x)=\frac{x\sqrt{f(x)}}{\alpha},\psi(x)=\sqrt{f(x)},\quad x\in[0,1],$$

因为 f 在$[0,1]$上连续,所以 $\varphi(x),\psi(x),\varphi(x)\psi(x),\dfrac{\varphi^2(x)+\psi^2(x)}{2}$都在$[0,1]$上连续,且 $\varphi(x)\geqslant 0,\psi(x)\geqslant 0$.于是

$$\begin{aligned}\int_0^1[\varphi(x)-\psi(x)]^2\mathrm{d}x&=\int_0^1\varphi^2(x)\mathrm{d}x-2\int_0^1\varphi(x)\psi(x)\mathrm{d}x+\int_0^1\psi^2(x)\mathrm{d}x\\&=\int_0^1\frac{x^2f(x)}{\alpha^2}\mathrm{d}x-2\int_0^1\frac{1}{\alpha}xf(x)\mathrm{d}x+\int_0^1 f(x)\mathrm{d}x\end{aligned}$$

$$=\frac{\alpha^2}{\alpha^2}-2\frac{\alpha}{\alpha}+1=0.$$

由$[\varphi(x)-\psi(x)]^2$在$[0,1]$上连续非负知$\varphi(x)-\psi(x)=0$，即

$$\frac{x\sqrt{f(x)}}{\alpha}=\sqrt{f(x)},\quad x\in[0,1],$$

$$(x-\alpha)\sqrt{f(x)}=0,\quad x\in[0,1].$$

于是当$x\in[0,1]-\{\alpha\}$时，$f(x)=0$，再由f的连续性知$f(\alpha)=0$. 因此

$$f(x)\equiv 0,\quad x\in[0,1].$$

而$1=\int_0^1 f(x)\mathrm{d}x=\int_0^1 0\mathrm{d}x=0$，矛盾. 所以不存在满足题中条件的函数$f$.

解法3 由Cauchy-Schwarz不等式得

$$\alpha^2=\left[\int_0^1 xf(x)\mathrm{d}x\right]^2\leqslant\int_0^1[x\sqrt{f(x)}]^2\mathrm{d}x\int_0^1(\sqrt{f(x)})^2\mathrm{d}x$$

$$=\int_0^1 x^2f(x)\mathrm{d}x\int_0^1 f(x)\mathrm{d}x=\alpha^2\cdot 1=\alpha^2.$$

所以

$$\left[\int_0^1 xf(x)\mathrm{d}x\right]^2=\int_0^1 x^2f(x)\mathrm{d}x\int_0^1 f(x)\mathrm{d}x.$$

$\exists\lambda\in\mathbb{R}$, s. t. $x\sqrt{f(x)}=\lambda\sqrt{f(x)}$. 于是当$x\in[0,1]-\{\lambda\}$时，$f(x)=0$. 由$f$的连续性知$f(x)=0,x\in[0,1]$. 这与$\int_0^1 f(x)\mathrm{d}x=1$矛盾. 故不存在题中所要求的函数. □

234. 设函数f在$(-\infty,+\infty)$上连续，并且$g(x)=f(x)\int_0^x f(t)\mathrm{d}t$为$(-\infty,+\infty)$上的减函数. 证明：$f(x)\equiv 0$.

证明 令$F(x)=\int_0^x f(t)\mathrm{d}t$，则由$f$在$(-\infty,+\infty)$上连续知$F(x)$在$(-\infty,+\infty)$中可导，且$F'(x)=f(x)$. 于是

$$(F^2(x))'=2F(x)F'(x)=2f(x)\int_0^x f(t)\mathrm{d}t=2g(x).$$

故$(F^2(x))'$为$(-\infty,+\infty)$上的减函数. 而

$$(F^2(x))'_{x=0}=2f(0)\int_0^0 f(t)\mathrm{d}t=0.$$

因此，当$x<0$时，$(F^2(x))'=2g(x)>[F^2(x)]'_{x=0}=0$，当$x>0$时，$2g(x)=(F^2(x))'<[F^2(x)]'_{x=0}=0$. 于是$F^2(x)$在$(-\infty,0)$中单调增，在$(0,+\infty)$中单调减. 所以在$(-\infty,+\infty)$中，有

$$0\leqslant F^2(x)\leqslant F^2(0)=0.$$

由此得$\int_0^x f(t)\mathrm{d}t = F(x) = 0$. $f(x) = F'(x) = 0$. □

235. 求出所有$[0,+\infty)$上的正值连续函数$g(x)$,使得对$\forall x>0$有

$$\frac{1}{2}\int_0^x [g(t)]^2 \mathrm{d}t = \frac{1}{x}\left(\int_0^x g(t)\mathrm{d}t\right)^2.$$

证明 在$\frac{1}{2}\int_0^x [g(t)]^2 \mathrm{d}t = \frac{1}{x}\left(\int_0^x g(t)\mathrm{d}t\right)^2$两边对$x$求导得

$$\frac{1}{2}g^2(x) = \frac{2}{x}g(x)\int_0^x g(t)\mathrm{d}t - \frac{1}{x^2}\left(\int_0^x g(t)\mathrm{d}t\right)^2.$$

由于$g(x) > 0, x \geqslant 0$. 故$\int_0^x g(t)\mathrm{d}t > 0, \forall x > 0$. 移项得方程

$$\left(\int_0^x g(t)\mathrm{d}t\right)^2 - 2xg(x)\int_0^x g(t)\mathrm{d}t + \frac{x^2}{2}g^2(x) = 0.$$

解此方程,得

$$\int_0^x g(t)\mathrm{d}t = xg(x) \pm \frac{1}{2}\sqrt{2x^2 g^2(x)} = xg(x) \pm \frac{1}{\sqrt{2}}xg(x).$$

由$g(x)$连续,故$\int_0^x g(t)\mathrm{d}t = xg(x) + \frac{x}{\sqrt{2}}g(x)$或$\int_0^x g(t)\mathrm{d}t = xg(x) - \frac{x}{\sqrt{2}}g(x)$. 再求导,有

$$g(x) = \left(1+\frac{1}{\sqrt{2}}\right)[g(x) + xg'(x)] \text{ 或 } g(x) = \left(1-\frac{1}{\sqrt{2}}\right)[g(x) + xg'(x)].$$

移项,化简成

$$g(x) = -(\sqrt{2}+1)xg'(x) \text{ 或 } g(x) = (\sqrt{2}-1)xg'(x).$$

再次注意到$g(x)>0$,故有$(x>0)$

$$\frac{g'(x)}{g(x)} = -\frac{1}{(\sqrt{2}+1)x} = -\frac{\sqrt{2}-1}{x} \text{ 或 } \frac{g'(x)}{g(x)} = \frac{1}{(\sqrt{2}-1)x} = \frac{\sqrt{2}+1}{x}.$$

积分得

$$\ln g(x) = -(\sqrt{2}-1)\ln x + \ln c_1 \text{ 或 } \ln g(x) = (\sqrt{2}+1)\ln x + \ln c_2, c_1, c_2 > 0,$$

$$g(x) = c_1 x^{1-\sqrt{2}} \text{ 或 } g(x) = c_2 x^{\sqrt{2}+1}.$$

因为g在$x=0$处连续,但$x^{1-\sqrt{2}}$在$x=0$处无意义. 因此$g(x)=c_2x^{\sqrt{2}+1}$. 所以,$g(x)=cx^{\sqrt{2}+1}$为所需求的函数,$c>0$为任意常数. □

236. 设$m,n \in \mathbb{N}$, $B(m,n) = \sum_{k=0}^{n} \mathrm{C}_n^k \frac{(-1)^k}{m+k+1}$. 证明:

(1) $B(m,n) = \int_0^1 x^m(1-x)^n \mathrm{d}x$;

(2) $B(m,n) = B(n,m)$;

(3) $B(m,n)=\dfrac{m!n!}{(m+n+1)!}$.

证明 (1) 因为 $m,n\in\mathbb{N}$，所以 $x^m(1-x)^n$ 在 $[0,1]$上连续.

$$\begin{aligned}\int_0^1 x^m(1-x)^n\mathrm{d}x&=\int_0^1 x^m\sum_{k=0}^{n}\mathrm{C}_n^k(-x)^k\mathrm{d}x=\int_0^1\sum_{k=0}^{n}(-1)^k\mathrm{C}_n^k x^{m+k}\mathrm{d}x\\&=\sum_{k=0}^{n}\mathrm{C}_n^k(-1)^k\int_0^1 x^{m+k}\mathrm{d}x=\sum_{k=0}^{n}\mathrm{C}_n^k(-1)^k\left.\frac{x^{m+k+1}}{m+k+1}\right|_0^1\\&=\sum_{k=0}^{n}\mathrm{C}_n^k\frac{(-1)^k}{m+k+1}=B(m,n).\end{aligned}$$

(2) $$\begin{aligned}B(m,n)&=\int_0^1 x^m(1-x)^n\mathrm{d}x\xlongequal{x=1-t}\int_1^0(1-t)^m t^n(-\mathrm{d}t)\\&=\int_0^1 t^n(1-t)^m\mathrm{d}t=B(n,m).\end{aligned}$$

(3) $$\begin{aligned}B(m,n)&=\int_0^1 x^m(1-x)^n\mathrm{d}x\\&=\frac{1}{m+1}\int_0^1(1-x)^n\mathrm{d}x^{m+1}\\&=\frac{1}{m+1}\left[(1-x)^n x^{m+1}\Big|_0^1-\int_0^1 x^{m+1}n(1-x)^{n-1}(-\mathrm{d}x)\right]\\&=\frac{n}{m+1}\int_0^1 x^{m+1}(1-x)^{n-1}\mathrm{d}x\\&=\frac{n}{m+1}B(m+1,n-1)\\&=\frac{n(n-1)}{(m+1)(m+2)}B(m+2,n-2)=\cdots\\&=\frac{n(n-1)\cdots 2}{(m+1)(m+2)\cdots(m+n-1)}B(m+n-1,1)\\&=\frac{n!}{(m+1)(m+2)\cdots(m+n-1)}\int_0^1 x^{m+n-1}(1-x)\mathrm{d}x\\&=\frac{n!}{(m+1)(m+2)\cdots(m+n-1)}\left[\frac{x^{m+n}}{m+n}(1-x)\Big|_0^1+\frac{1}{m+n}\int_0^1 x^{m+n}\mathrm{d}x\right]\\&=\frac{n!}{(m+1)(m+2)\cdots(m+n-1)}\left.\frac{x^{m+n+1}}{(m+n)(m+n+1)}\right|_0^1\\&=\frac{n!}{(m+n+1)(m+n)\cdots(m+1)}=\frac{m!n!}{(m+n+1)!}.\end{aligned}$$

□

237. 对于 $\alpha\in(0,1]$,定义 $f_\alpha(x)=\left[\frac{\alpha}{x}\right]-\alpha\left[\frac{1}{x}\right]$. 证明:$\int_0^1 f_\alpha(x)\mathrm{d}x=\alpha\ln\alpha$.

证明 将 $f_\alpha(x)$ 表示为

$$\begin{aligned}f_\alpha(x)&=\left[\frac{\alpha}{x}\right]-\alpha\left[\frac{1}{x}\right]=-\left(\frac{\alpha}{x}-\left[\frac{\alpha}{x}\right]\right)+\alpha\left(\frac{1}{x}-\left[\frac{1}{x}\right]\right)\\&=-\varphi_\alpha(x)+\psi_\alpha(x),\quad \alpha\in(0,1],\quad x\in(0,1].\end{aligned}$$

$$\begin{aligned}\int_0^1\varphi_\alpha(x)\mathrm{d}x&=\int_0^1\left(\frac{\alpha}{x}-\left[\frac{\alpha}{x}\right]\right)\mathrm{d}x\\&=\int_0^\alpha\left(\frac{\alpha}{x}-\left[\frac{\alpha}{x}\right]\right)\mathrm{d}x+\int_\alpha^1\left(\frac{\alpha}{x}-\left[\frac{\alpha}{x}\right]\right)\mathrm{d}x\\&\xlongequal{x=\alpha t}\int_0^1\left(\frac{1}{t}-\left[\frac{1}{t}\right]\right)\alpha\,\mathrm{d}t+\int_\alpha^1\left(\frac{\alpha}{x}-\left[\frac{\alpha}{x}\right]\right)\mathrm{d}x\\&=\int_0^1\psi_\alpha(x)\mathrm{d}x+\int_\alpha^1\left(\frac{\alpha}{x}-\left[\frac{\alpha}{x}\right]\right)\mathrm{d}x.\end{aligned}$$

当 $x>\alpha$ 时,$\left[\frac{\alpha}{x}\right]=0$,所以

$$\begin{aligned}\int_0^1 f_\alpha(x)\mathrm{d}x&=-\int_0^1\varphi_\alpha(x)\mathrm{d}x+\int_0^1\psi_\alpha(x)\mathrm{d}x\\&=-\int_0^1\psi_\alpha(x)\mathrm{d}x-\int_\alpha^1\left(\frac{\alpha}{x}-\left[\frac{\alpha}{x}\right]\right)\mathrm{d}x+\int_0^1\psi_\alpha(x)\mathrm{d}x\\&=-\int_\alpha^1\frac{\alpha}{x}\mathrm{d}x+\int_\alpha^1\left[\frac{\alpha}{x}\right]\mathrm{d}x=-\alpha\ln x\Big|_\alpha^1+0=\alpha\ln\alpha.\end{aligned}$$

□

238. 设 $I(m,n)=\int_0^{\frac{\pi}{2}}\cos^m x\sin^n x\,\mathrm{d}x\,(m,n\in\mathbb{N})$. 证明

$$I(m,n)=\frac{m-1}{m+n}I(m-2,n)=\frac{n-1}{m+n}I(m,n-2).$$

并求 $I(2m,2n)$.

证明 (1) $I(m,n)=\int_0^{\frac{\pi}{2}}\cos^m x\sin^n x\,\mathrm{d}x$

$$\begin{aligned}&\xlongequal{x=\frac{\pi}{2}-t}\int_{\frac{\pi}{2}}^0\cos^m\left(\frac{\pi}{2}-t\right)\sin^n\left(\frac{\pi}{2}-t\right)(-\mathrm{d}t)\\&=\int_0^{\frac{\pi}{2}}\cos^n t\sin^m t\,\mathrm{d}t=I(n,m).\end{aligned}$$

(2) 应用分部积

$$\begin{aligned}I(m,n)&=\int_0^{\frac{\pi}{2}}\cos^m x\sin^n x\,\mathrm{d}x=\int_0^{\frac{\pi}{2}}\cos^{m-1}x\sin^n x\,\mathrm{d}\sin x\\&=\frac{1}{n+1}\sin^{n+1}x\cos^{m-1}x\Big|_0^{\frac{\pi}{2}}-\frac{m-1}{n+1}\int_0^{\frac{\pi}{2}}\cos^{m-2}x(-\sin x)\sin^{n+1}x\,\mathrm{d}x\end{aligned}$$

$$=\frac{m-1}{n+1}\int_0^{\frac{\pi}{2}}\cos^{m-2}x\sin^n x(1-\cos^2 x)\mathrm{d}x$$

$$=\frac{m-1}{n+1}\int_0^{\frac{\pi}{2}}(\cos^{m-2}x\sin^n x-\cos^m x\sin^n x)\mathrm{d}x$$

$$=\frac{m-1}{n+1}(I(m-2,n)-I(m,n)).$$

移项化简得

$$\left(1+\frac{m-1}{n+1}\right)I(m,n)=\frac{m-1}{n+1}I(m-2,n),$$

$$I(m,n)=\frac{m-1}{m+n}I(m-2,n).$$

(3) $I(m,n)=I(n,m)=\frac{n-1}{n+m}I(n-2,m)=\frac{n-1}{m+n}I(m,n-2)$.

(4) 先计算 $I(2,2)$,有

$$I(2,2)=\int_0^{\frac{\pi}{2}}\cos^2 x\sin^2 x\mathrm{d}x=\frac{1}{4}\int_0^{\frac{\pi}{2}}\sin^2 2x\mathrm{d}x$$

$$=\frac{1}{8}\int_0^{\frac{\pi}{2}}(1-\cos 4x)\mathrm{d}x=\frac{1}{8}\cdot\frac{\pi}{2}=\frac{1}{4}\cdot\frac{1}{2}\cdot\frac{\pi}{2}.$$

根据递推公式

$$I(2m,2n)=\frac{2m-1}{2m+2n}I(2m-2,2n)=\frac{(2m-1)(2m-3)}{(2m+2n)(2m+2n-2)}I(2m-4,2n)$$

$$=\cdots=\frac{(2m-1)(2m-3)\cdots 5\cdot 3}{(2m+2n)(2m+2n-2)\cdots(2n+4)}I(2,2n)$$

$$=\frac{(2m-1)!!}{(2m+2n)(2m+2n-2)\cdots(2n+4)}\cdot\frac{2n-1}{2n+2}I(2,2n-2)$$

$$=\cdots=\frac{(2m-1)!!\qquad(2n-1)!!}{(2m+2n)(2m+2n-2)\cdots(2n+4)(2n+2)\cdots 6}\cdot I(2,2)$$

$$=\frac{(2m-1)!!(2n-1)!!}{(2m+2n)!!}\cdot\frac{\pi}{2}.$$

□

239. 设 $x>0$,证明不等式

$$\left|\int_x^{x+c}\sin t^2\mathrm{d}t\right|<\frac{1}{x},\text{其中 } c>0.$$

证明 令 $f(x)=\int_x^{x+c}\sin t^2\mathrm{d}t$. 作变换 $t^2=u$,则

$$f(x)=\int_x^{x+c}\sin t^2\mathrm{d}t=\frac{1}{2}\int_{x^2}^{(x+c)^2}\frac{1}{\sqrt{u}}\sin u\mathrm{d}u$$

$$=-\frac{1}{2}\left.\frac{\cos u}{\sqrt{u}}\right|_{x^2}^{(x+c)^2}-\frac{1}{4}\int_{x_2}^{(x+c)^2}\frac{\cos u}{u^{\frac{3}{2}}}\mathrm{d}u$$

$$=\frac{\cos x^2}{2x}-\frac{\cos(x+c)^2}{2(x+c)}-\frac{1}{4}\int_{x^2}^{(x+c)^2}\frac{\cos u}{u^{3/2}}\mathrm{d}u.$$

$\exists\, u_0\in[x^2,(x+c)^2]$, s. t. $\left|\frac{\cos u_0}{u_0^{3/2}}\right|<\frac{1}{u_0^{3/2}}$,因此当 $x>0$ 时,有

$$\begin{aligned}|f(x)|&\leqslant\left|\frac{\cos x^2}{2x}\right|+\left|\frac{\cos(x+c)^2}{2(x+c)}\right|+\frac{1}{4}\int_{x^2}^{(x+c)^2}\left|\frac{\cos u}{u^{3/2}}\right|\mathrm{d}u\\&<\frac{1}{2x}+\frac{1}{2(x+c)}+\frac{1}{4}\int_{x_2}^{(x+c)^2}\frac{\mathrm{d}u}{u^{3/2}}\\&=\frac{1}{2x}+\frac{1}{2(x+c)}+\frac{1}{4}(-2u^{-\frac{1}{2}})\Big|_{x^2}^{(x+c)^2}\\&=\frac{1}{2x}+\frac{1}{2(x+c)}+\frac{1}{2}\left(\frac{1}{x}-\frac{1}{x+c}\right)=\frac{1}{x}.\end{aligned}$$

□

注 下列证法有不妥之处.

$$|f(x)|=\left|\int_x^{x+c}\sin t^2\,\mathrm{d}t\right|\xlongequal{t^2=u}\frac{1}{2}\left|\int_{x_2}^{(x+c)^2}\frac{\sin u}{\sqrt{u}}\mathrm{d}u\right|$$

$$\xlongequal[\exists\xi\in[x^2,(x+c)^2]]{\text{第二积分中值定理}}\frac{1}{2\sqrt{x^2}}\left|\int_{x^2}^{\xi}\sin u\,\mathrm{d}u\right|=\frac{1}{2x}|\cos x^2-\cos\xi|$$

$$\leqslant\frac{2}{2x}=\frac{1}{x}.$$

这里是 $\left|\int_x^{x+c}\sin t^2\,\mathrm{d}t\right|\leqslant\frac{1}{x}$,证不出"$<$"来.

240. 计算下列两个积分的比值:

$$\int_0^1\frac{\mathrm{d}t}{\sqrt{1-t^4}},\quad\int_0^1\frac{\mathrm{d}t}{\sqrt{1+t^4}}.$$

解 当 $t\to1$ 时,$\frac{1}{\sqrt{1-t^4}}\sim\frac{1}{2\sqrt{1-t}}$,故$\int_0^1\frac{\mathrm{d}t}{\sqrt{1-t^4}}$ 收敛. 作变换 $t^2=\sin\theta$,有

$$\int_0^1\frac{\mathrm{d}t}{\sqrt{1-t^4}}=\int_0^{\frac{\pi}{2}}\frac{1}{\sqrt{1-\sin^2\theta}}\cdot\frac{\cos\theta}{2\sqrt{\sin\theta}}\mathrm{d}\theta=\frac{1}{2}\int_0^{\frac{\pi}{2}}\frac{\mathrm{d}\theta}{\sqrt{\sin\theta}}.$$

作变换 $t^2=\tan\theta$,有

$$\int_0^1\frac{\mathrm{d}t}{\sqrt{1+t^4}}=\int_0^{\frac{\pi}{4}}\frac{1}{\sqrt{1+\tan^2\theta}}\frac{\sec^2\theta}{2\sqrt{\tan\theta}}\mathrm{d}\theta=\int_0^{\frac{\pi}{4}}\frac{\mathrm{d}\theta}{2\cos\theta\sqrt{\frac{\sin\theta}{\cos\theta}}}$$

$$=\frac{1}{2}\int_0^{\frac{\pi}{4}}\frac{\mathrm{d}\theta}{\sqrt{\sin\theta\cos\theta}}=\frac{\sqrt{2}}{2}\int_0^{\frac{\pi}{4}}\frac{\mathrm{d}\theta}{\sqrt{\sin2\theta}}\xlongequal{2\theta=\varphi}\frac{\sqrt{2}}{2}\int_0^{\frac{\pi}{2}}\frac{1}{\sqrt{\sin\varphi}}\frac{\mathrm{d}\varphi}{2}$$

$$=\frac{1}{2\sqrt{2}}\int_0^{\frac{\pi}{2}}\frac{\mathrm{d}\theta}{\sqrt{\sin\theta}}.$$

因此

$$\frac{\displaystyle\int_0^1 \frac{\mathrm{d}t}{\sqrt{1-t^4}}}{\displaystyle\int_0^1 \frac{\mathrm{d}t}{\sqrt{1+t^4}}}=\sqrt{2}. \qquad \square$$

241. 令 $\varphi(x)=-\int_0^x \ln\cos t\mathrm{d}t$，$|x|\leqslant\frac{\pi}{2}$. 证明：

$$\varphi(x)=-x\ln 2+2\varphi\left(\frac{\pi}{4}+\frac{x}{2}\right)-2\varphi\left(\frac{\pi}{4}-\frac{x}{2}\right),$$

并计算 $\varphi\left(\frac{\pi}{2}\right)$. 再计算下列积分：

(1) $\int_0^{\frac{\pi}{2}} \ln\sin x\mathrm{d}x$； (2) $\int_0^{\pi} x\ln\sin x\mathrm{d}x$； (3) $\int_0^{\frac{\pi}{2}} x\cot x\mathrm{d}x$；

(4) $\int_0^1 \frac{\ln x}{\sqrt{1-x^2}}\mathrm{d}x$； (5) $\int_0^1 \frac{\arcsin x}{x}\mathrm{d}x$.

证法 1

$$\begin{aligned}
\varphi(x)&=-\int_0^x \ln\cos t\mathrm{d}t=-\int_0^x \ln\left[\cos\frac{\pi}{2}+\cos t\right]\mathrm{d}t\\
&=-\int_0^x \ln\left[2\cos\frac{\frac{\pi}{2}+t}{2}\cos\frac{\frac{\pi}{2}-t}{2}\right]\mathrm{d}t\\
&=-\int_0^x\left[\ln 2+\ln\cos\left(\frac{\pi}{4}+\frac{t}{2}\right)+\ln\cos\left(\frac{\pi}{4}-\frac{t}{2}\right)\right]\mathrm{d}t\\
&=-x\ln 2-\int_0^x \ln\cos\left(\frac{\pi}{4}+\frac{t}{2}\right)\mathrm{d}t-\int_0^x \ln\cos\left(\frac{\pi}{4}-\frac{t}{2}\right)\mathrm{d}t\\
&=-x\ln 2-\int_{\frac{\pi}{4}}^{\frac{\pi}{4}+\frac{x}{2}} \ln\cos\theta\cdot 2\mathrm{d}\theta-\int_{\frac{\pi}{4}}^{\frac{\pi}{4}-\frac{x}{2}} \ln\cos\theta(-2\mathrm{d}\theta)\\
&=-x\ln 2-2\int_0^{\frac{\pi}{4}+\frac{x}{2}} \ln\cos\theta\,\mathrm{d}\theta+2\int_0^{\frac{\pi}{4}} \ln\cos\theta\mathrm{d}\theta+2\int_{\frac{\pi}{4}}^{\frac{\pi}{4}-\frac{x}{2}} \ln\cos\theta\,\mathrm{d}\theta\\
&=-x\ln 2-2\int_0^{\frac{\pi}{4}+\frac{x}{2}} \ln\cos\theta\mathrm{d}\theta+2\int_0^{\frac{\pi}{4}-\frac{x}{2}} \ln\cos\theta\mathrm{d}\theta\\
&=-x\ln 2+2\varphi\left(\frac{\pi}{4}+\frac{x}{2}\right)-2\varphi\left(\frac{\pi}{4}-\frac{x}{2}\right).
\end{aligned}$$

证法 2 因为

$$\begin{aligned}
&\left[-x\ln 2+2\varphi\left(\frac{\pi}{4}+\frac{x}{2}\right)-2\varphi\left(\frac{\pi}{4}-\frac{x}{2}\right)\right]'\\
&=\left(-x\ln 2-2\int_0^{\frac{\pi}{4}+\frac{x}{2}} \ln\cos t\mathrm{d}t+2\int_0^{\frac{\pi}{4}-\frac{x}{2}} \ln\cos t\mathrm{d}t\right)'
\end{aligned}$$

$$=-\ln 2-2\ln\cos\left(\frac{\pi}{4}+\frac{x}{2}\right)\cdot\frac{1}{2}+2\ln\cos\left(\frac{\pi}{4}-\frac{x}{2}\right)\left(-\frac{1}{2}\right)$$

$$=-\ln 2\cos\left(\frac{\pi}{4}+\frac{x}{2}\right)\cos\left(\frac{\pi}{4}-\frac{x}{2}\right)$$

$$=-\ln\left[\cos\frac{\pi}{2}+\cos x\right]=-\ln\cos x$$

$$=\varphi'(x),$$

且 $\varphi(0)=0$,所以

$$\varphi(x)=\left(-x\ln 2+2\varphi\left(\frac{\pi}{4}+\frac{x}{2}\right)-2\varphi\left(\frac{\pi}{4}-\frac{x}{2}\right)\right)+c,$$

$$0=\varphi(0)=2\varphi\left(\frac{\pi}{4}\right)-2\varphi\left(\frac{\pi}{4}\right)+c=c,$$

即

$$\varphi(x)=-x\ln 2+2\varphi\left(\frac{\pi}{4}+\frac{x}{2}\right)-2\varphi\left(\frac{\pi}{4}-\frac{x}{2}\right).$$

由此得

$$\varphi\left(\frac{\pi}{2}\right)=-\frac{\pi}{2}\ln 2+2\varphi\left(\frac{\pi}{4}+\frac{\pi}{4}\right)-2\varphi\left(\frac{\pi}{4}-\frac{\pi}{4}\right)=-\frac{\pi}{2}\ln 2+2\varphi\left(\frac{\pi}{2}\right),$$

$$\varphi\left(\frac{\pi}{2}\right)=-\int_0^{\frac{\pi}{2}}\ln\cos t\mathrm{d}t=\frac{\pi}{2}\ln 2.$$

或 $\int_0^{\frac{\pi}{2}}\ln\cos t\mathrm{d}t=-\frac{\pi}{2}\ln 2$.

再计算(1)～(5)题.

(1) 有两种方法:

(i) $$\int_0^{\frac{\pi}{2}}\ln\sin x\mathrm{d}x\xlongequal{x=\frac{\pi}{2}-u}\int_{\frac{\pi}{2}}^{0}\ln\sin\left(\frac{\pi}{2}-u\right)(-\mathrm{d}u)$$

$$=\int_0^{\frac{\pi}{2}}\ln\cos u\mathrm{d}u=-\frac{\pi}{2}\ln 2.$$

(ii) $$\int_0^{\frac{\pi}{2}}\ln\sin x\mathrm{d}x\xlongequal{x=2t}\int_0^{\frac{\pi}{4}}2\ln\sin 2t\mathrm{d}t$$

$$=2\int_0^{\frac{\pi}{4}}[\ln 2+\ln\sin t+\ln\cos t]\mathrm{d}t$$

$$=2\ln 2\cdot\frac{\pi}{4}+2\int_0^{\frac{\pi}{4}}\ln\sin t\mathrm{d}t+2\int_0^{\frac{\pi}{4}}\ln\sin\left(\frac{\pi}{2}-t\right)\mathrm{d}t$$

$$=\frac{\pi}{2}\ln 2+2\int_0^{\frac{\pi}{4}}\ln\sin t\mathrm{d}t+2\int_{\frac{\pi}{2}}^{\frac{\pi}{4}}\ln\sin u(-\mathrm{d}u)$$

$$=\frac{\pi}{2}\ln 2+2\int_0^{\frac{\pi}{4}}\ln\sin t\mathrm{d}t+2\int_{\frac{\pi}{4}}^{\frac{\pi}{2}}\ln\sin u\mathrm{d}u$$

$$=\frac{\pi}{2}\ln 2+2\int_0^{\frac{\pi}{2}}\ln\sin t\mathrm{d}t.$$

移项化简,即得

$$\int_0^{\frac{\pi}{2}}\ln\sin x\mathrm{d}x=-\frac{\pi}{2}\ln 2=\int_0^{\frac{\pi}{2}}\ln\cos x\mathrm{d}x.$$

(2) $$\begin{aligned}\int_0^{\pi}x\ln\sin x\mathrm{d}x&=\int_0^{\frac{\pi}{2}}x\ln\sin x\mathrm{d}x+\int_{\frac{\pi}{2}}^{\pi}x\ln\sin x\mathrm{d}x\\&=\int_0^{\frac{\pi}{2}}x\ln\sin x\mathrm{d}x+\int_{\frac{\pi}{2}}^{0}(\pi-t)\ln\sin(\pi-t)(-\mathrm{d}t)\\&=\int_0^{\frac{\pi}{2}}x\ln\sin x\mathrm{d}x+\int_0^{\frac{\pi}{2}}\pi\ln\sin t\mathrm{d}t-\int_0^{\frac{\pi}{2}}t\ln\sin t\mathrm{d}t\\&=\pi\int_0^{\frac{\pi}{2}}\ln\sin t\mathrm{d}t=-\frac{\pi^2}{2}\ln 2.\end{aligned}$$

(3) $$\int_0^{\frac{\pi}{2}}x\cot x\mathrm{d}x=\int_0^{\frac{\pi}{2}}x\frac{\cos x}{\sin x}\mathrm{d}x=x\ln\sin x\Big|_0^{\frac{\pi}{2}}-\int_0^{\frac{\pi}{2}}\ln\sin x\mathrm{d}x=\frac{\pi}{2}\ln 2.$$

(4) $$\int_0^1\frac{\ln x}{\sqrt{1-x^2}}\mathrm{d}x\xlongequal{x=\sin t}\int_0^{\frac{\pi}{2}}\frac{\ln\sin t}{\cos t}\cos t\mathrm{d}t=\int_0^{\frac{\pi}{2}}\ln\sin t\mathrm{d}t=-\frac{\pi}{2}\ln 2.$$

(5)

(i) $$\int_0^1\frac{\arcsin x}{x}\mathrm{d}x\xlongequal{x=\sin t}\int_0^{\frac{\pi}{2}}\frac{t}{\sin t}\cdot\cos t\mathrm{d}t=\int_0^{\frac{\pi}{2}}t\cot t\mathrm{d}t\xlongequal{(3)}\frac{\pi}{2}\ln 2.$$

(ii) $$\begin{aligned}\int_0^1\frac{\arcsin x}{x}\mathrm{d}x&=\arcsin x\cdot\ln x\Big|_0^1-\int_0^1\frac{\ln x}{\sqrt{1-x^2}}\mathrm{d}x\\&\xlongequal{(4)}0-\left(-\frac{\pi}{2}\ln 2\right)=\frac{\pi}{2}\ln 2.\end{aligned}$$

□

242. 分别作变换 $x=\tan t$ 与 $x=\frac{1}{u}$,计算无穷积分

$$\int_0^{+\infty}\frac{\mathrm{d}x}{(1+x^2)(1+x^\alpha)},\quad\alpha\in\mathbb{R}.$$

解法 1 作变换 $x=\tan t$,有

$$\begin{aligned}\int_0^{+\infty}\frac{\mathrm{d}x}{(1+x^2)(1+x^\alpha)}&=\int_0^{\frac{\pi}{2}}\frac{\sec^2 t}{\sec^2 t(1+\tan^\alpha t)}\mathrm{d}t\\&=\int_0^{\frac{\pi}{2}}\frac{\cos^\alpha t}{\cos^\alpha t+\sin^\alpha t}\mathrm{d}t\xlongequal{t=\frac{\pi}{2}-\theta}\int_{\frac{\pi}{2}}^{0}\frac{\sin^\alpha\theta}{\sin^\alpha\theta+\cos^\alpha\theta}(-\mathrm{d}\theta)\\&=\int_0^{\frac{\pi}{2}}\frac{\sin^\alpha t}{\cos^\alpha t+\sin^\alpha t}\mathrm{d}t.\end{aligned}$$

所以

$$\int_0^{+\infty}\frac{\mathrm{d}x}{(1+x^2)(1+x^\alpha)}=\frac{1}{2}\left[\int_0^{\frac{\pi}{2}}\frac{\cos^\alpha t}{\cos^\alpha t+\sin^\alpha t}\mathrm{d}t+\int_0^{\frac{\pi}{2}}\frac{\sin^\alpha t}{\cos^\alpha t+\sin^\alpha t}\mathrm{d}t\right]$$

$$=\frac{1}{2}\int_0^{\frac{\pi}{2}}\mathrm{d}t=\frac{\pi}{4}.$$

解法 2 作变换 $x=\frac{1}{u}$,有

$$\int_0^{+\infty}\frac{\mathrm{d}x}{(1+x^2)(1+x^\alpha)}=\int_{+\infty}^0\frac{-\frac{1}{u^2}\mathrm{d}u}{\left(1+\frac{1}{u^2}\right)\left(1+\frac{1}{u^\alpha}\right)}$$

$$=\int_0^{+\infty}\frac{u^\alpha}{(1+u^2)(u^\alpha+1)}\mathrm{d}u=\int_0^{+\infty}\frac{x^\alpha}{(1+x^2)(1+x^\alpha)}\mathrm{d}x,$$

于是

$$2\int_0^{+\infty}\frac{\mathrm{d}x}{(1+x^2)(1+x^\alpha)}=\int_0^{+\infty}\frac{\mathrm{d}x}{(1+x^2)(1+x^\alpha)}+\int_0^{+\infty}\frac{x^\alpha}{(1+x^2)(1+x^\alpha)}\mathrm{d}x$$

$$=\int_0^{+\infty}\frac{1+x^\alpha}{(1+x^2)(1+x^\alpha)}\mathrm{d}x=\int_0^{+\infty}\frac{\mathrm{d}x}{1+x^2}=\arctan x\Big|_0^{+\infty}$$

$$=\frac{\pi}{2}.$$

因此 $\int_0^{+\infty}\frac{\mathrm{d}x}{(1+x^2)(1+x^\alpha)}=\frac{\pi}{4}$.

解法 3 作变换 $x=\tan t$,有

$$\int_0^{+\infty}\frac{\mathrm{d}x}{(1+x^2)(1+x^\alpha)}=\int_0^{\frac{\pi}{2}}\frac{\mathrm{d}t}{1+\tan^\alpha t}$$

$$=\!=\!=\int_0^{\frac{\pi}{2}}\frac{-\mathrm{d}\left(\frac{\pi}{2}-t\right)}{1+\cot^\alpha\left(\frac{\pi}{2}-t\right)}\xlongequal{\frac{\pi}{2}-t=u}\int_0^{\frac{\pi}{2}}\frac{\mathrm{d}u}{1+\cot^\alpha u}$$

$$=\int_0^{\frac{\pi}{2}}\left(1-\frac{\cot^\alpha u}{1+\cot^\alpha u}\right)\mathrm{d}u=\frac{\pi}{2}-\int_0^{\frac{\pi}{2}}\frac{1}{\tan^\alpha u+1}\mathrm{d}u.$$

于是

$$\int_0^{\frac{\pi}{2}}\frac{\mathrm{d}x}{(1+x^2)(1+x^\alpha)}=\int_0^{\frac{\pi}{2}}\frac{\mathrm{d}t}{1+\tan^\alpha t}=\frac{1}{2}\cdot\frac{\pi}{2}=\frac{\pi}{4}.$$

□

243. 应用 $\int_0^{\frac{\pi}{2}}\ln\sin x\mathrm{d}x=\int_0^{\frac{\pi}{2}}\ln\cos x\mathrm{d}x=-\frac{\pi}{2}\ln 2$,证明:

(1) $\int_0^{\pi}\theta\ln\sin\theta\mathrm{d}\theta=-\frac{\pi^2}{2}\ln 2$;

(2) $\int_0^{\pi}\frac{\theta\sin\theta}{1-\cos\theta}\mathrm{d}\theta=2\pi\ln 2$.

证明 (1) 参阅 241 题(2).

(2) 应用分部积分有

$$\begin{aligned}\int_0^\pi \frac{\theta\sin\theta}{1-\cos\theta}\mathrm{d}\theta &= \int_0^\pi \theta\,\frac{\mathrm{d}(1-\cos\theta)}{1-\cos\theta}\\ &= \theta\ln(1-\cos\theta)\Big|_0^\pi - \int_0^\pi \ln(1-\cos\theta)\,\mathrm{d}\theta\\ &= \pi\ln 2 - \int_0^\pi \ln 2\sin^2\frac{\theta}{2}\mathrm{d}\theta\\ &= \pi\ln 2 - \int_0^\pi \left(\ln 2 + 2\ln\sin\frac{\theta}{2}\right)\mathrm{d}\theta\\ &\xlongequal{\theta=2t} \pi\ln 2 - \pi\ln 2 - 4\int_0^{\frac{\pi}{2}} \ln\sin t\,\mathrm{d}t\\ &= -4\left(-\frac{\pi}{2}\ln 2\right) = 2\pi\ln 2.\end{aligned}$$

□

244. 举例说明：$\int_a^{+\infty} f(x)\mathrm{d}x$ 收敛时，$\int_a^{+\infty} f^2(x)\mathrm{d}x$ 不一定收敛；$\int_a^{+\infty} f(x)\mathrm{d}x$ 绝对收敛时，$\int_a^{+\infty} f^2(x)\mathrm{d}x$ 也不一定收敛.

解 如题 244 图，取

$$f(x)=\begin{cases} n^4\left(x-n+\dfrac{1}{n^3}\right), & n-\dfrac{1}{n^3}<x\leqslant n,\\ -n^4\left(x-n-\dfrac{1}{n^3}\right), & n<x\leqslant n+\dfrac{1}{n^3}, \quad n=1,2,\cdots,\\ 0, & \text{其他}.\end{cases}$$

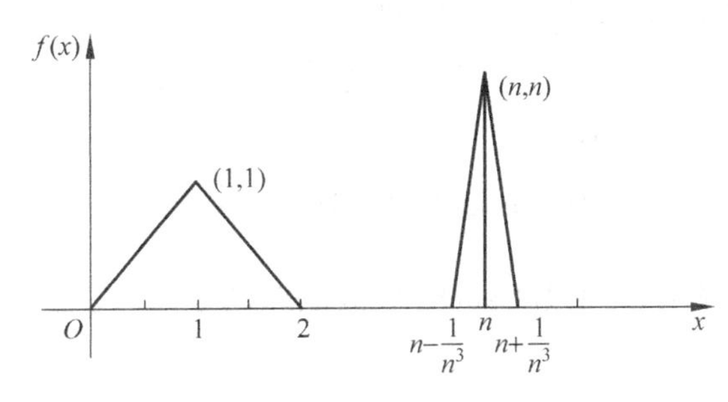

题 244 图

于是

$$\int_0^{+\infty} f(x)\mathrm{d}x = \lim_{n\to+\infty}\sum_{k=1}^n \frac{1}{2}\cdot\frac{2}{k^3}k = \lim_{n\to+\infty}\sum_{k=1}^n \frac{1}{k^2}$$

收敛，但是

$$\int_0^{+\infty} f^2(x)\mathrm{d}x = \lim_{n\to+\infty}\sum_{k=1}^{n}\frac{1}{2}\cdot\frac{2}{k^3}k^2 = \lim_{n\to+\infty}\sum_{k=1}^{n}\frac{1}{k}$$

发散.

注意 $f(x)\geqslant 0$. $\int_0^{+\infty} f(x)\mathrm{d}x$ 收敛,即绝对收敛. 但$\int_0^{+\infty} f^2(x)\mathrm{d}x$ 发散. □

245. 证明:若$\int_a^{+\infty} f(x)\mathrm{d}x$ 绝对收敛,且 $\lim\limits_{n\to+\infty} f(x)=0$,则$\int_a^{+\infty} f^2(x)\mathrm{d}x$ 必定收敛.

证明 因为 $\lim\limits_{x\to+\infty} f(x)=0$,所以 $\exists\,\Delta>0$,当 $x>\Delta$ 时,$|f(x)|<1$. 因此

$$|f^2(x)|\leqslant 1\cdot|f(x)|.$$

由$\int_a^{+\infty}|f(x)|\mathrm{d}x$ 收敛及比较判别法知$\int_a^{+\infty} f^2(x)\mathrm{d}x$ 也收敛. □

246. 证明:f 为$[a,+\infty)$上的单调函数,且$\int_a^{+\infty} f(x)\mathrm{d}x$ 收敛,则 $\lim\limits_{x\to+\infty} f(x)=0$,且 $f(x)=o\left(\dfrac{1}{x}\right)$,$x\to+\infty$.

证明 不妨设 f 在$[a,+\infty)$上单调减,且 $\lim\limits_{x\to+\infty} f(x)=A$.

若 $A>0$,$\exists\,\Delta$,当 $x>\Delta$ 时,$f(x)>\dfrac{A}{2}>0$,则

$$\begin{aligned}\int_a^{+\infty} f(x)\mathrm{d}x &= \int_a^{\Delta} f(x)\mathrm{d}x+\int_{\Delta}^{+\infty} f(x)\mathrm{d}x\\ &> \int_a^{\Delta} f(x)\mathrm{d}x+\int_{\Delta}^{+\infty}\frac{A}{2}\mathrm{d}x\to+\infty,\text{发散}.\end{aligned}$$

与$\int_a^{+\infty} f(x)\mathrm{d}x$ 收敛相矛盾.

若 $A<0$,同理导出矛盾. 故必有 $A=0$,即 $\lim\limits_{x\to+\infty} f(x)=0$ 且

$$f(x)\geqslant 0,\quad x\in[a,+\infty).$$

又根据 f 单调减,$\forall\, x>0$ 有

$$\int_{\frac{x}{2}}^{x} f(t)\mathrm{d}t\geqslant\int_{\frac{x}{2}}^{x} f(x)\mathrm{d}t=\frac{x}{2}f(x),$$

于是 $0\leqslant f(x)\leqslant\dfrac{2}{x}\int_{\frac{x}{2}}^{x} f(t)\mathrm{d}t$. 根据 Cauchy 收敛原理,$\forall\,\varepsilon>0$,$\exists\,\Delta_1>0$,当 $x',x''>\Delta_1$ 时,有

$$\left|\int_{x'}^{x''} f(t)\mathrm{d}t\right|<\varepsilon.$$

即 $\lim\limits_{x\to+\infty}\int_{\frac{x}{2}}^{x} f(t)\mathrm{d}t=0$,再由 $0\leqslant xf(x)\leqslant 2\int_{\frac{x}{2}}^{x} f(t)\mathrm{d}t\to 0\,(x\to+\infty)$,得

$$\lim_{x\to+\infty}\frac{f(x)}{\frac{1}{x}}=\lim_{x\to+\infty} xf(x)=0,\quad\text{即}\quad f(x)=o\left(\frac{1}{x}\right),\quad x\to+\infty.$$ □

247. 举例说明：瑕积分$\int_a^b f(x)\mathrm{d}x$收敛时，$\int_a^b f^2(x)\mathrm{d}x$不一定收敛；$\int_a^b f(x)\mathrm{d}x$绝对收敛时，$\int_a^b f^2(x)\mathrm{d}x$也不一定收敛.

解 $\int_0^1 \frac{\mathrm{d}x}{\sqrt{x}} = 2\sqrt{x}\Big|_0^1 = 2$ 收敛且绝对收敛.

$$\int_0^1 \left(\frac{1}{\sqrt{x}}\right)^2 \mathrm{d}x = \int_0^1 \frac{1}{x}\mathrm{d}x = \ln x\Big|_0^1 = +\infty,\text{发散}. \qquad \square$$

248. 证明：若f在$[a,+\infty)$上可导，且$\int_a^{+\infty} f(x)\mathrm{d}x$与$\int_a^{+\infty} f'(x)\mathrm{d}x$都收敛，则$\lim\limits_{x\to+\infty} f(x)=0$.

证法1 对$\forall\varepsilon>0$，由$\int_a^{+\infty} f'(x)\mathrm{d}x$收敛及Cauchy准则. $\exists\Delta>a$，当$x_1,x_2>\Delta$时，有

$$\varepsilon > \left|\int_{x_1}^{x_2} f'(x)\mathrm{d}x\right| = |f(x_2)-f(x_1)|,$$

再由Cauchy收敛原理，$\lim\limits_{x\to+\infty} f(x)$存在有限.

设$\lim\limits_{x\to+\infty} f(x)=A$.

若$A\neq 0$，则$A>0$(或$A<0$). $\exists\Delta_1>a$，当$x>\Delta_1$时，

$$|f(x)-A|<\frac{A}{2},\quad f(x)>\frac{A}{2}>0.$$

于是

$$\int_a^{+\infty} f(x)\mathrm{d}x = \int_a^{\Delta_1} f(x)\mathrm{d}x + \int_{\Delta_1}^{+\infty} f(x)\mathrm{d}x \geqslant \int_a^{\Delta_1} f(x)\mathrm{d}x + \int_{\Delta_1}^{+\infty}\frac{A}{2}\mathrm{d}x = +\infty,$$

$\int_a^{+\infty} f(x)\mathrm{d}x$发散，这与$\int_a^{+\infty} f(x)\mathrm{d}x$收敛相矛盾.

若$A<0$，同理导出矛盾. 所以必有$A=0$，即$\lim\limits_{x\to+\infty} f(x)=0$.

证法2 因为$\int_a^{+\infty} f'(x)\mathrm{d}x$收敛，所以有

$$\int_a^{+\infty} f'(t)\mathrm{d}t = \lim_{x\to+\infty}\int_a^x f'(t)\mathrm{d}t = \lim_{x\to+\infty}[f(x)-f(a)],$$

因此

$$\lim_{x\to+\infty} f(x) = \lim_{x\to+\infty}[f(x)-f(a)+f(a)] = \int_a^{+\infty} f'(t)\mathrm{d}t + f(a).$$

$\lim\limits_{x\to+\infty} f(x)$存在有限，设$\lim\limits_{x\to+\infty} f(x) = A = \int_a^{+\infty} f'(t)\mathrm{d}t + f(a)$.

$A=0$的证法同证法1. $\square$

249. (1) 设f在$[a,b]$上二阶可导，且$f''(x)>0$. 证明：

$$f\left(\frac{a+b}{2}\right)\leqslant\frac{1}{b-a}\int_a^b f(x)\mathrm{d}x\leqslant\frac{f(a)+f(b)}{2}.$$

上述题设条件改为"f为$[a,b]$上的凸函数"，证明上述不等式依然成立.

(2) 设 $f(x)$ 在 $[a,b]$ 上二阶可导，且 $f''(x)>0, f(x)\leqslant 0, x\in[a,b]$. 证明：

$$f(x)\geqslant \frac{2}{b-a}\int_a^b f(x)\mathrm{d}x,\quad x\in[a,b].$$

(3) 设 φ 在 $[0,a]$ 上连续，$f(x)$ 二阶可导，且 $f''(x)\geqslant 0$. 证明：

$$\frac{1}{a}\int_0^a f(\varphi(t))\mathrm{d}t\geqslant f\left(\frac{1}{a}\int_0^a \varphi(t)\mathrm{d}t\right).$$

(4) 设 f 在 $[a,b]$ 上连续，且 $f(x)>0$. 则

$$\ln\left(\frac{1}{b-a}\int_a^b f(x)\mathrm{d}x\right)\geqslant \frac{1}{b-a}\int_a^b \ln f(x)\mathrm{d}x.$$

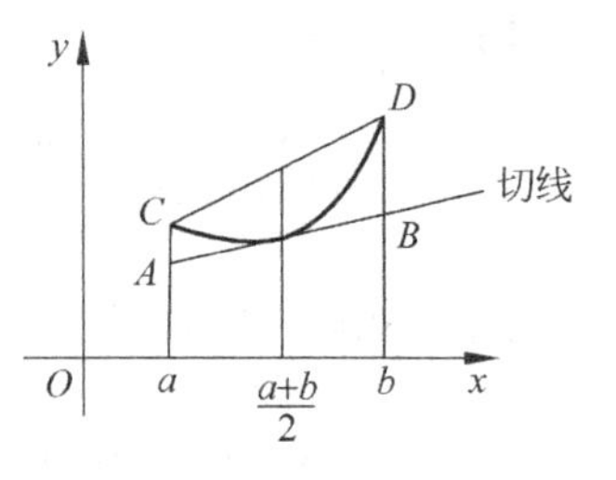

249 题图

证明 (1) **证法 1** 因 $f''(x)>0$，故 f 在 $[a,b]$ 上严格凸，不妨设 $f>0$. 如 249 题图所示

$$S_{AabB}\leqslant \int_a^b f(x)\mathrm{d}x\leqslant S_{CabD},$$

其中，

$$S_{AabB}=f\left(\frac{a+b}{2}\right)(b-a),\quad S_{CabD}=\frac{f(a)+f(b)}{2}(b-a).$$

即

$$(b-a)f\left(\frac{a+b}{2}\right)\leqslant \int_a^b f(x)\mathrm{d}x\leqslant (b-a)\ \frac{f(a)+f(b)}{2}.$$

因此有

$$f\left(\frac{a+b}{2}\right)\leqslant \frac{1}{b-a}\int_a^b f(x)\mathrm{d}x\leqslant \frac{f(a)+f(b)}{2}.$$

证法 2 (只要求 f 为 $[a,b]$ 上 Riemann 可积的凸函数)当 $x\in\left[\frac{a+b}{2},b\right]$ 时，$a+b-x\in\left[a,\frac{a+b}{2}\right]$. 因为 f 是凸函数，所以有

$$f\left(\frac{a+b}{2}\right)=f\left(\frac{a+b-x+x}{2}\right)\leqslant \frac{1}{2}[f(a+b-x)+f(x)].$$

于是

$$\begin{aligned}\int_a^b f(x)\mathrm{d}x&=\int_a^{\frac{a+b}{2}} f(x)\mathrm{d}x+\int_{\frac{a+b}{2}}^b f(x)\mathrm{d}x=\int_a^{\frac{a+b}{2}} f(x)\mathrm{d}x+\int_{\frac{a+b}{2}}^a f(a+b-u)(-\mathrm{d}u)\\&=\int_a^{\frac{a+b}{2}} f(x)\mathrm{d}x+\int_a^{\frac{a+b}{2}} f(a+b-x)\mathrm{d}x=\int_a^{\frac{a+b}{2}}[f(x)+f(a+b-x)]\mathrm{d}x\\&\geqslant 2\int_a^{\frac{a+b}{2}} f\left(\frac{a+b}{2}\right)\mathrm{d}x=2f\left(\frac{a+b}{2}\right)\frac{b-a}{2}=(b-a)f\left(\frac{a+b}{2}\right),\end{aligned}$$

即

$$f\left(\frac{a+b}{2}\right)\leqslant \frac{1}{b-a}\int_a^b f(x)\mathrm{d}x.$$

再作变换 $t=\dfrac{b-x}{b-a}$,即 $x=ta+(1-t)b,0\leqslant t\leqslant 1$,则有

$$\begin{aligned}\int_a^b f(x)\mathrm{d}x &= \int_1^0 f(ta+(1-t)b)(a-b)\mathrm{d}t \\ &= (b-a)\int_0^1 f(ta+(1-t)b)\mathrm{d}t \\ &\leqslant (b-a)\int_0^1 [tf(a)+(1-t)f(b)]\mathrm{d}t \\ &= (b-a)\left[f(a)\cdot\frac{1}{2}+\frac{1}{2}f(b)\right]=\frac{b-a}{2}[f(a)+f(b)],\end{aligned}$$

(曲边四边形 $CabD$ 面积$\leqslant$梯形 $CabD$ 的面积(见 249 题图))即

$$\frac{1}{b-a}\int_a^b f(x)\mathrm{d}x\leqslant\frac{1}{2}[f(a)+f(b)].$$

对题中第一个不等式,还有两个证法.

证法 3 由 $f''(x)>0$,f 在$[a,b]$上为凸函数,对 $\forall x_1,x_2\in[a,b]$,总有

$$f\left(\frac{x_1+x_2}{2}\right)\leqslant\frac{1}{2}[f(x_1)+f(x_2)].$$

由于 f 在$[a,b]$上 Riemann 可积,可给$[a,b]$一个特殊的分割 T: $a=x_0<x_1<\cdots<x_{m-1}<x_m=\dfrac{a+b}{2}<y_{m-1}<\cdots<y_1<y_0=b$,满足 x_i 与 y_i 关于 $x_m=\dfrac{a+b}{2}$对称,$i=1,\cdots,m-1$. 因此 $\Delta x_i=x_i-x_{i-1}=y_{i-1}-y_i=\Delta y_i>0,i=1,2,\cdots,m-1$.

再取 $\xi_i\in[x_{i-1},x_i]$与 $\eta_i\in[y_i,y_{i-1}]$关于$\dfrac{a+b}{2}$对称,即$\dfrac{1}{2}(\xi_i+\eta_i)=\dfrac{a+b}{2}$,$i=1,2,\cdots,m-1$. 由 f 在$[a,b]$上为凸函数知

$$f\left(\frac{a+b}{2}\right)=f\left(\frac{\xi_i+\eta_i}{2}\right)\leqslant\frac{1}{2}[f(\xi_i)+f(\eta_i)],\quad i=1,2,\cdots,m-1.$$

由这样的分割及 ξ_i,η_i 的取法有 Riemann 和

$$\begin{aligned}&\sum_{i=1}^{m-1}f(\xi_i)\Delta x_i+\sum_{i=1}^{m-1}f(\eta_i)\Delta y_i=\sum_{i=1}^{m-1}[f(\xi_i)+f(\eta_i)]\Delta x_i \\ \geqslant&\sum_{i=1}^{m-1}2f\left(\frac{a+b}{2}\right)\Delta x_i=2f\left(\frac{a+b}{2}\right)\sum_{i=1}^{m-1}\Delta x_i \\ =&\,2f\left(\frac{a+b}{2}\right)\cdot\frac{b-a}{2}=(b-a)f\left(\frac{b+a}{2}\right).\end{aligned}$$

令$\|T\|\to 0$ 即得

$$(b-a)f\left(\frac{a+b}{2}\right)\leqslant\int_a^b f(x)\mathrm{d}x,\quad 即\quad f\left(\frac{a+b}{2}\right)\leqslant\frac{1}{b-a}\int_a^b f(x)\mathrm{d}x.$$

证法 4 由 $f''(x)>0$. f 在$[a,b]$上是凸的,它的图像在任一切线的上方,即,$\forall t,x\in$

$[a,b]$,总有

$$f(x)\geqslant f(t)+f'(t)(x-t).$$

取 $t=\dfrac{a+b}{2}$,就是 $f(x)\geqslant f\left(\dfrac{a+b}{2}\right)+f'\left(\dfrac{a+b}{2}\right)\left(x-\dfrac{a+b}{2}\right)$. 积分得

$$\begin{aligned}\int_a^b f(x)\mathrm{d}x&\geqslant\int_a^b f\left(\frac{a+b}{2}\right)\mathrm{d}x+\int_a^b f'\left(\frac{a+b}{2}\right)\left(x-\frac{a+b}{2}\right)\mathrm{d}x\\&=(b-a)f\left(\frac{a+b}{2}\right)+f'\left(\frac{a+b}{2}\right)\left[\frac{x-\frac{a+b}{2}}{2}\right]^2\Bigg|_a^b\\&=(b-a)f\left(\frac{a+b}{2}\right),\end{aligned}$$

即 $f\left(\dfrac{a+b}{2}\right)\leqslant\dfrac{1}{b-a}\displaystyle\int_a^b f(x)\mathrm{d}x$.

(2) f 为$[a,b]$上的凸函数,故对 $\forall\, x,t\in[a,b]$有

$$f(x)\geqslant f(t)+f'(t)(x-t).$$

对 t 积分,有

$$\begin{aligned}(b-a)f(x)=\int_a^b f(x)\mathrm{d}t&\geqslant\int_a^b f(t)\mathrm{d}t+\int_a^b f'(t)(x-t)\mathrm{d}t\\&=\int_a^b f(t)\mathrm{d}t+x\int_a^b f'(t)\mathrm{d}t-\int_a^b tf'(t)\mathrm{d}t\\&=\int_a^b f(t)\mathrm{d}t+x\int_a^b f'(t)\mathrm{d}t-tf(t)\Big|_a^b+\int_a^b f(t)\mathrm{d}t\\&=2\int_a^b f(t)\mathrm{d}t+xf(t)\Big|_a^b-bf(b)+af(a)\\&=2\int_a^b f(t)\mathrm{d}t+xf(b)-xf(a)-bf(b)+af(a)\\&=2\int_a^b f(x)\mathrm{d}x+(x-b)f(b)+(a-x)f(a).\end{aligned}$$

再由 $f(x)\leqslant0,x\in[a,b],x-b\leqslant0,a-x\leqslant0$,知

$$(x-b)f(b)+(a-x)f(a)\geqslant0.$$

因此

$$(b-a)f(x)\geqslant2\int_a^b f(x)\mathrm{d}x,\quad 即\quad f(x)\geqslant\frac{2}{b-a}\int_a^b f(x)\mathrm{d}x.$$

(3) **证法1** 令$\dfrac{1}{a}\displaystyle\int_0^a\varphi(t)\mathrm{d}t=x_0$. $f(x)$ 有二阶导数,由 f 在 x_0 处的 Taylor 展开式及 $f''(x)\geqslant0$,有

$$f(x)=f(x_0)+f'(x_0)(x-x_0)+\frac{(x-x_0)^2}{2!}f''(\xi)$$

$$\geqslant f(x_0)+f'(x_0)(x-x_0),\quad \xi\text{介于}\ x_0\ \text{与}\ x\ \text{之间}.$$

令 $x=\varphi(t)$，就得 $f(\varphi(t))\geqslant f(x_0)+f'(x_0)(\varphi(t)-x_0)$. 积分得

$$\begin{aligned}\int_0^a f(\varphi(t))\mathrm{d}t&\geqslant\int_0^a f(x_0)\mathrm{d}t+f'(x_0)\int_0^a\varphi(t)\mathrm{d}t-x_0f'(x_0)\int_0^a\mathrm{d}t\\&=af(x_0)+ax_0f'(x_0)-ax_0f'(x_0)\\&=af(x_0)=af\left(\frac{1}{a}\int_0^a\varphi(t)\mathrm{d}t\right),\end{aligned}$$

即 $\frac{1}{a}\int_0^a f(\varphi(t))\mathrm{d}t\geqslant f\left(\frac{1}{a}\int_0^a\varphi(t)\mathrm{d}t\right)$.

证法2 将 $[0,a]$ n 等分，记 $\Delta x_i=\Delta x=\frac{a}{n}$，由 $\varphi,f\circ\varphi$ 的可积性得

$$\frac{1}{a}\int_0^a f(\varphi(t))\mathrm{d}t=\frac{1}{a}\lim_{n\to+\infty}\sum_{k=1}^n f\left(\varphi\left(\frac{ka}{n}\right)\right)\frac{a}{n}=\lim_{n\to+\infty}\frac{1}{n}\sum_{k=1}^n f\left(\varphi\left(\frac{ka}{n}\right)\right),$$

$$\frac{1}{a}\int_0^a\varphi(t)\mathrm{d}t=\frac{1}{a}\lim_{n\to+\infty}\sum_{k=1}^n\varphi\left(\frac{ka}{n}\right)\cdot\frac{a}{n}=\lim_{n\to+\infty}\frac{1}{n}\sum_{k=1}^n\varphi\left(\frac{ka}{n}\right).$$

因为 $f''(x)\geqslant 0$，故 f 为凸函数. 由 Jensen 不等式

$$f\Big(\sum_{i=1}^n\lambda_i x_i\Big)\leqslant\sum_{i=1}^n\lambda_i f(x_i),\quad\sum_{i=1}^n\lambda_i=1,\quad\lambda_i>0,$$

从而得

$$f\left(\frac{1}{n}\sum_{k=1}^n\varphi\left(\frac{ka}{n}\right)\right)\leqslant\sum_{i=1}^n\frac{1}{n}f\left(\varphi\left(\frac{ka}{n}\right)\right).$$

再由 f 的连续性，有

$$\begin{aligned}f\left(\frac{1}{a}\int_0^a\varphi(t)\mathrm{d}t\right)&=f\left(\frac{1}{a}\lim_{n\to+\infty}\frac{a}{n}\sum_{k=1}^n\varphi\left(\frac{ka}{n}\right)\right)\\&=\lim_{n\to+\infty}f\left(\frac{1}{n}\sum_{k=1}^n\varphi\left(\frac{ka}{n}\right)\right)\\&\leqslant\lim_{n\to+\infty}\sum_{k=1}^n\frac{1}{n}f\left(\varphi\left(\frac{ka}{n}\right)\right)=\frac{1}{a}\int_0^a f(\varphi(t))\mathrm{d}t.\end{aligned}$$

(4) $(-\ln x)''=\frac{1}{x^2}>0(x>0)$，故 $-\ln x$ 为 $(0,+\infty)$ 上的凸函数. $f(x)$ 在 $[a,b]$ 上连续，且 $f(x)>0$. 则 $f(x+a)$ 在 $[0,b-a]$ 上连续，$g(t)=f(t+a)>0$. 由(3)立即得

$$\frac{1}{b-a}\int_0^{b-a}-\ln g(t)\mathrm{d}t\geqslant-\ln\left(\frac{1}{b-a}\int_0^{b-a}g(t)\mathrm{d}t\right),$$

去负号得

$$\ln\left(\frac{1}{b-a}\int_0^{b-a}f(t+a)\mathrm{d}t\right)\geqslant\frac{1}{b-a}\int_0^{b-a}f(t+a)\mathrm{d}t.$$

令 $t+a=x$，即有

$$\ln\left(\frac{1}{b-a}\int_a^b f(x)\mathrm{d}x\right)\geqslant\frac{1}{b-a}\int_a^b f(x)\mathrm{d}x.$$ □

250. 设 $f(x)$在$[a,b]$上具有一阶导函数,$f(a)=f(b)=0$. 证明:

(1) $\exists\xi\in(a,b)$, s. t.

$$|f'(\xi)|\geqslant\frac{4}{(b-a)^2}\left|\int_a^b f(x)\mathrm{d}x\right|.$$

(2) 若 $f(x)\not\equiv 0, x\in[a,b]$,则 $\exists\xi\in(a,b)$, s. t.

$$|f'(\xi)|>\frac{4}{(b-a)^2}\int_a^b|f(x)|\mathrm{d}x\geqslant\frac{4}{(b-a)^2}\left|\int_a^b f(x)\mathrm{d}x\right|.$$

进而,有

(3) 设 $f(x)$在$[a,b]$上具有一阶导函数,$f(a)=f(b)=0$,且 $f(x)\not\equiv 0$,则 $\exists\xi\in(a,b)$, s. t.

$$|f'(\xi)|>\frac{4}{(b-a)^2}\left|\int_a^b f(x)\mathrm{d}x\right|$$

$\Leftrightarrow$函数 $F(x)$在$[a,b]$上二阶可导,$F'(a)=F'(b)=0$,且 $F(x)\not\equiv$常数,则 $\exists\xi\in(a,b)$, s. t.

$$|F''(\xi)|>\frac{4}{(b-a)^2}|F(b)-F(a)|.$$

证明 (1) f 在$[a,b]$上可导,令 $M=\sup\limits_{x\in[a,b]}\{|f'(x)|\}$.

(i) 若 $M=+\infty$, $\frac{4}{(b-a)^2}\left|\int_a^b f(x)\mathrm{d}x\right|$为一定数,故必 $\exists\xi\in(a,b)$ s. t. $|f'(\xi)|\geqslant\frac{4}{(b-a)^2}\left|\int_a^b f(x)\mathrm{d}x\right|$.

(ii) 若 $M<+\infty$,由 Lagrange 中值定理,$\exists a\leqslant\xi_1\leqslant x\leqslant\frac{a+b}{2}$, s. t.

$$f(x)=f(a)+f'(\xi_1)(x-a)=f'(\xi_1)(x-a),\quad x\in\left[a,\frac{a+b}{2}\right],$$

同理,由 $f(b)=0$, $\exists\xi_2\in\left(\frac{a+b}{2},b\right)$, s. t.

$$f(x)=f'(\xi_2)(x-b),\quad x\in\left[\frac{a+b}{2},b\right].$$

于是

$$\begin{aligned}\left|\int_a^b f(x)\mathrm{d}x\right|&\leqslant\int_2^{\frac{a+b}{2}}|f(x)|\mathrm{d}x+\int_{\frac{a+b}{2}}^b|f(x)|\mathrm{d}x\\&=\int_a^{\frac{a+b}{2}}|f'(\xi_1)|(x-a)\mathrm{d}x+\int_{\frac{a+b}{2}}^b|f'(\xi_2)|(b-x)\mathrm{d}x\\&\leqslant M\left[\int_a^{\frac{a+b}{2}}(x-a)\mathrm{d}x+\int_{\frac{a+b}{2}}^b(b-x)\mathrm{d}x\right]\end{aligned}$$

$$= M\frac{1}{2}\left[(x-a)^2\Big|_a^{\frac{a+b}{2}} - (b-x)^2\Big|_{\frac{a+b}{2}}^b\right]$$

$$= \frac{M}{2}\left[\frac{(b-a)^2}{4} + \frac{(b-a)^2}{4}\right] = \frac{M}{4}(b-a)^2.$$

即 $\sup\limits_{x\in[a,b]}\{f'(x)\} = M \geqslant \frac{4}{(b-a)^2}\left|\int_a^b f(x)\mathrm{d}x\right|$.

如果$\exists\,\xi\in(a,b)$, s. t. $|f'(\xi)| = M = \sup\limits_{x\in[a,b]}\{f'(x)\}$. 则上述不等式即为

$$|f'(\xi)| = M \geqslant \frac{4}{(b-a)^2}\left|\int_a^b f(x)\mathrm{d}x\right|.$$

如果对 $\forall\, x\in[a,b]$，都有 $|f'(x)| < M$，根据定理 6.2.2(3)，上述不等式中只成立不等号，即总有 $M > \frac{4}{(b-a)^2}\left|\int_a^b f(x)\mathrm{d}x\right|$，由 M 的定义知，$\exists\,\xi\in(a,b)$, s. t.

$$|f'(\xi)| \geqslant \frac{4}{(b-a)^2}\left|\int_a^b f(x)\mathrm{d}x\right|.$$

其他证法，见 250′题.

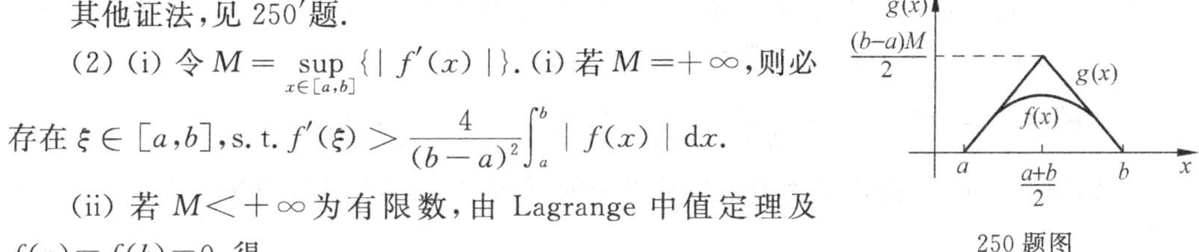

250 题图

(2) (i) 令 $M = \sup\limits_{x\in[a,b]}\{|f'(x)|\}$. (i) 若 $M = +\infty$，则必存在 $\xi\in[a,b]$, s. t. $f'(\xi) > \frac{4}{(b-a)^2}\int_a^b |f(x)|\,\mathrm{d}x$.

(ii) 若 $M < +\infty$ 为有限数，由 Lagrange 中值定理及 $f(a) = f(b) = 0$，得

$$\begin{cases} |f(x)| = |f'(\xi_1)|(x-a) \leqslant M(x-a), & a < \xi_1 < x \leqslant \frac{a+b}{2}, \\ |f(x)| = |f'(\xi_2)|(b-x) \leqslant M(b-x), & \frac{a+b}{2} \leqslant x < \xi_2 < b, \end{cases}$$

令(见 250 题图)

$$g(x) = \begin{cases} M(x-a), & a \leqslant x \leqslant \frac{a+b}{2}, \\ M(b-x), & \frac{a+b}{2} < x \leqslant b, \end{cases}$$

则 $g(x)$ 在 $[a,b]$ 上连续非负，但在 $\frac{a+b}{2}$ 处不可导而 $f(x)$ 可导，故 $|f(x)| \leqslant g(x)$，且 $|f(x)| \not\equiv g(x)$. 必$\exists\, x_0\in(a,b)$, s. t. $|f(x_0)| < g(x_0)$，由定理 6.2.2(3)得

$$\int_a^b |f(x)|\,\mathrm{d}x < \int_a^b g(x)\mathrm{d}x.$$

注意，这里是不等号成立！

计算 $\int_a^b g(x)\mathrm{d}x$ 得

$$\int_a^b |f(x)|\mathrm{d}x < \int_a^b g(x)\mathrm{d}x = M\left[\int_a^{\frac{a+b}{2}} (x-a)\mathrm{d}x + \int_{\frac{a+b}{2}}^b (b-x)\mathrm{d}x\right] = \frac{(b-a)^2}{4}M.$$

即有

$$M > \frac{4}{(b-a)^2}\int_a^b |f(x)|\mathrm{d}x \geqslant \frac{4}{(b-a)^2}\left|\int_a^b f(x)\mathrm{d}x\right|.$$

由 M 为上确界，$\exists x_1 \in [a,b]$, s. t. $|f'(x_1)| > \frac{4}{(b-a)^2}\int_a^b |f(x)|\mathrm{d}x$. 再由 Darboux 定理，$\exists \xi \in (a,b)$, s. t.

$$|f'(\xi)| > \frac{4}{(b-a)^2}\int_a^b |f(x)|\mathrm{d}x \geqslant \frac{4}{(b-a)^2}\left|\int_a^b f(x)\mathrm{d}x\right|.$$

(3) ($\Leftarrow$) 设 $F(x)=\int_a^x f(x)\mathrm{d}x$，由 f 在 $[a,b]$ 上可导知，$F(x)$ 在 $[a,b]$ 上二阶可导，且 $F(a)=0$, $F'(x)=f(x)$, $F''(x)=f'(x)$. $F'(a)=f(a)=0=f(b)=F'(b)$. $f(x)\neq 0 \Rightarrow F(x)\neq$ 常数. 由条件，$\exists \xi \in (a,b)$, s. t.

$$|f'(\xi)| = |F''(\xi)| > \frac{4}{(b-a)^2}|F(b)-F(a)| = \frac{4}{(b-a)^2}\left|\int_a^b f(x)\mathrm{d}x\right|.$$

($\Rightarrow$) 令 $f(x)=F'(x)$. F 二阶可导，$F(x)\neq$ 常数，$F'(a)=F'(b)=0$. 分别得到 $f(x)$ 一阶可导，$f(x)\not\equiv 0$. $f(a)=f(b)=0$. $\exists \xi\in(a,b)$, s. t.

$$|F''(\xi)| = |f'(\xi)| > \frac{4}{(b-a)^2}\left|\int_a^b f(x)\mathrm{d}x\right| = \frac{4}{(b-a)^2}|F(b)-F(a)|. \qquad \square$$

这里的不等号成立，是由前面所证轻易得来的，但若要求不利用积分来证是很难的. 下面的 250′题只证了“$\geqslant$”.

250′. 设函数 F 在 $[a,b]$ 上二阶可导，$F'(a)=F'(b)=0$. 证明：$\exists \xi\in(a,b)$, s. t.

$$|F''(\xi)| \geqslant \frac{4}{(b-a)^2}|F(b)-F(a)|.$$

证法 1 由连续函数的介值定理，$\exists \theta\in[a,b]$, s. t.

$$F(\theta) = \frac{1}{2}[F(a)+F(b)].$$

不妨设 $a\leqslant\theta\leqslant\frac{a+b}{2}$. 由 Taylor 公式，$\exists \xi\in(a,\theta)\subset(a,b)$, s. t.

$$F(\theta) = F(a)+F'(a)(\theta-a)+\frac{F''(\xi)}{2!}(\theta-a)^2 = F(a)+\frac{F''(\xi)}{2}(\theta-a)^2.$$

于是

$$|F''(\xi)| = \frac{2|F(\theta)-F(a)|}{(\theta-a)^2} \geqslant \frac{|F(b)-F(a)|}{\left(\frac{b-a}{2}\right)^2} = \frac{4}{(b-a)^2}|F(b)-F(a)|.$$

证法 2 将 $F(x)$ 分别在 a 和 b 处 Taylor 展开得

$$F(x) = F(a)+F'(a)(x-a)+\frac{F''(\xi_1)}{2!}(x-a)^2, \quad a<\xi_1<x\leqslant b,$$

$$F(x) = F(b)+F'(b)(x-b)+\frac{F''(\xi_2)}{2!}(x-b)^2, \quad a\leqslant x<\xi_2<b.$$

由 $F'(a)=F'(b)=0$,取 $x=\dfrac{a+b}{2}$,就有

$$F\left(\frac{a+b}{2}\right)-F(a)=\frac{F''(\xi_1)}{2}\left(\frac{b-a}{2}\right)^2,$$

$$F\left(\frac{a+b}{2}\right)-F(b)=\frac{F''(\xi_2)}{2}\left(\frac{b-a}{2}\right)^2.$$

因此

$$\begin{aligned}|F''(\xi)|&=\max\{|F''(\xi_1)|,|F''(\xi_2)|\}\geqslant\frac{1}{2}[|F''(\xi_1)|+|F''(\xi_2)|]\\&\geqslant\frac{1}{2}|F''(\xi_1)-F''(\xi_2)|\\&=\frac{1}{2}\frac{8}{(b-a)^2}|F(a)-F(b)|=\frac{4}{(b-a)^2}|F(b)-F(a)|,\end{aligned}$$

其中 ξ 为 ξ_1 或 ξ_2.

证法3 令 $G(x)=(x-a)^2$. 两次应用 Cauchy 中值定理,$\exists\,\eta_1\in\left(a,\dfrac{a+b}{2}\right)$,$\xi_1\in(a,\eta_1)$,s. t.

$$\begin{aligned}\frac{F\left(\frac{a+b}{2}\right)-F(a)}{\left(\frac{b-a}{2}\right)^2}&=\frac{F\left(\frac{a+b}{2}\right)-F(a)}{G\left(\frac{a+b}{2}\right)-G(a)}=\frac{F'(\eta_1)}{G'(\eta_1)}\\&=\frac{F'(\eta_1)}{2(\eta_1-a)}=\frac{F'(\eta_1)-F'(a)}{2(\eta_1-a)-2(a-a)}=\frac{F''(\xi_1)}{2G''(\xi_1)}=\frac{F''(\xi_1)}{2}.\end{aligned}$$

同理,$\exists\,\eta_2\in\left(\dfrac{a+b}{2},b\right)$,$\xi_2\in(\eta_2,b)$,s. t.

$$\frac{F\left(\frac{a+b}{2}\right)-F(b)}{\left(\frac{b-a}{2}\right)^2}=\frac{F\left(\frac{a+b}{2}\right)-F(b)}{\left(\frac{a+b}{2}-b\right)^2-(b-b)^2}=\frac{F'(\eta_2)}{2(\eta_2-b)}=\frac{F''(\xi_2)}{2},$$

取 ξ_1 或 ξ_2,s. t.

$$\begin{aligned}|F''(\xi)|&=\max\{|F''(\xi_1)|,|F''(\xi_2)|\}\\&\geqslant\frac{1}{2}[|F''(\xi_1)|+|F''(\xi_2)|]\geqslant\frac{1}{2}|F''(\xi_1)-F''(\xi_2)|\\&=\frac{1}{2}\left|2\frac{F\left(\frac{a+b}{2}\right)-F(a)}{\left(\frac{b-a}{2}\right)^2}-2\frac{F\left(\frac{a+b}{2}\right)-F(b)}{\left(\frac{b-a}{2}\right)^2}\right|\\&=\frac{4}{(b-a)^2}|F(b)-F(a)|.\end{aligned}$$

□

注 令 $f(x)=F'(x)$,由 F 满足的条件,得 $f(x)$ 满足 250(1) 题中的条件. 令 $F(x)=$

$\int_a^x f(x)\mathrm{d}x$，f 满足 250(1) 题中的条件，则 F 满足 250′ 题中的条件，其结论都相应成立. 这两题有等价性.

251. (1) 设 f 在$[a,b]$上可导，$f\left(\frac{a+b}{2}\right)=0$. 证明：$\exists\xi\in(a,b)$，s. t.

$$|f'(\xi)|\geqslant\frac{4}{(b-a)^2}\int_a^b|f(x)|\mathrm{d}x\geqslant\frac{4}{(b-a)^2}\left|\int_a^b f(x)\mathrm{d}x\right|.$$

(2) 设 f 在$[a,b]$上可导，$f\left(\frac{a+b}{2}\right)=0$，$f(x)\not\equiv 0$. 证明：$\exists\xi\in(a,b)$，s. t.

$$|f'(\xi)|>\frac{4}{(b-a)^2}\left|\int_a^b f(x)\mathrm{d}x\right|.$$

举例说明：$|f'(\xi)|>\frac{4}{(b-a)^2}\int_a^b|f(x)|\mathrm{d}x$ 未必成立.

(3) 上述(2)$\Leftrightarrow$设 $F(x)$在$[a,b]$上二阶可导，$F'\left(\frac{a+b}{2}\right)=0$. $F(x)\not\equiv$常数，则 $\exists\xi\in(a,b)$，s. t.

$$|F''(\xi)|>\frac{4}{(b-a)^2}|F(b)-F(a)|.$$

证明 (1) 令 $M=\sup\limits_{x\in[a,b]}|f'(x)|$. 若 $M=+\infty$，则对于定数$\frac{4}{(b-a)^2}\int_a^b|f(x)|\mathrm{d}x$，必 $\exists\xi\in(a,b)$，s. t. $|f'(\xi)|>\frac{4}{(b-a)^2}\int_a^b|f(x)|\mathrm{d}x\geqslant\frac{4}{(b-a)^2}\left|\int_a^b f(x)\mathrm{d}x\right|$.

令设 $0\leqslant M<+\infty$为一非负数. 由 Lagrange 中值定理. $\exists\theta$ 介于 x 与$\frac{a+b}{2}$之间，s. t.

$$\frac{f(x)-f\left(\frac{a+b}{2}\right)}{x-\frac{a+b}{2}}=f'(\theta).$$

由于 $f\left(\frac{a+b}{2}\right)=0$. $|f'(\theta)|\leqslant M$，上式演变为

$$|f(x)|=\left|f'(\theta)\left(x-\frac{a+b}{2}\right)\right|\leqslant M\left|x-\frac{a+b}{2}\right|.$$

从而

$$\begin{aligned}\int_a^b|f(x)|\mathrm{d}x&\leqslant M\int_a^b\left|x-\frac{a+b}{2}\right|\mathrm{d}x\\&=M\left[\int_a^{\frac{a+b}{2}}\left(\frac{a+b}{2}-x\right)\mathrm{d}x+\int_{\frac{a+b}{2}}^b\left(x-\frac{a+b}{2}\right)\mathrm{d}x\right]\\&=M\left[-\frac{1}{2}\left(\frac{a+b}{2}-x\right)^2\Big|_a^{\frac{a+b}{2}}+\frac{1}{2}\left(x-\frac{a+b}{2}\right)^2\Big|_{\frac{a+b}{2}}^b\right]\end{aligned}$$

$$= \frac{M}{2}\left[\frac{(b-a)^2}{4}+\frac{(b-a)^2}{4}\right]=\frac{(b-a)^2}{4}M.$$

于是

$$M=\sup_{x\in[a,b]}\{|f'(x)|\}\geqslant\frac{4}{(b-a)^2}\int_a^b|f(x)|\,\mathrm{d}x.$$

若 $M>\frac{4}{(b-a)^2}\int_a^b|f(x)|\,\mathrm{d}x$,则由 M 的定义,导数的 Darboux 定理 3.3.5,必 $\exists\xi\in(a,b)$, s. t.

$$|f'(\xi)|>\frac{4}{(b-a)^2}\int_a^b|f(x)|\,\mathrm{d}x.$$

而 $M=\frac{4}{(b-a)^2}\int_a^b|f(x)|\,\mathrm{d}x$ 当且仅当 $|f(x)|=M\left|x-\frac{a+b}{2}\right|$, $|f'(x)|=M$. $\forall\xi\in(a,b)$ 有

$$|f'(\xi)|=M=\frac{4}{(b-a)^2}\int_a^b|f(x)|\,\mathrm{d}x.$$

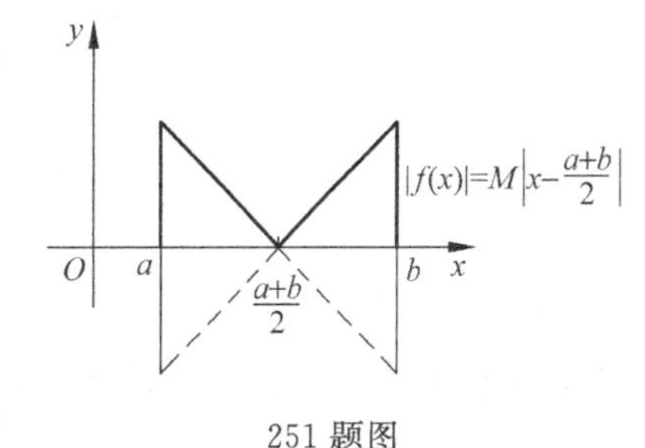

251 题图

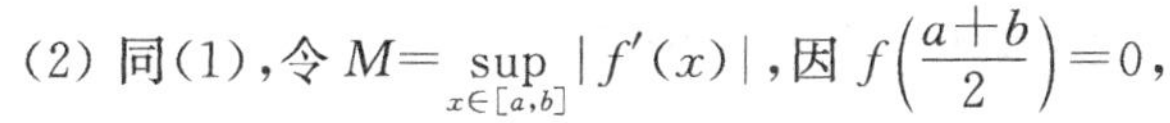
(2) 同(1),令 $M=\sup_{x\in[a,b]}|f'(x)|$,因 $f\left(\frac{a+b}{2}\right)=0$, $f\neq0$,故 $M>0$.(反证)假设对 $\forall x\in(a,b)$,总有

$$|f'(x)|\leqslant\frac{4}{(b-a)^2}\left|\int_a^b f(x)\mathrm{d}x\right|=c.$$

则

$$\begin{aligned}c&=\frac{4}{(b-a)^2}\left|\int_a^b f(x)\mathrm{d}x\right|=\frac{4}{(b-a)^2}\left|\int_a^b\left[f(x)-f\left(\frac{a+b}{2}\right)\right]\mathrm{d}x\right|\\&=\frac{4}{(b-a)^2}\left|\int_a^b f'(\xi_x)\left(x-\frac{a+b}{2}\right)\mathrm{d}x\right|\\&\leqslant\frac{4}{(b-a)^2}\int_a^b|f'(\xi_x)|\left|x-\frac{a+b}{2}\right|\mathrm{d}x\\&\leqslant\frac{4c}{(b-a)^2}\int_a^b\left|x-\frac{a+b}{2}\right|\mathrm{d}x\\&=\frac{4c}{(b-a)^2}\cdot\frac{(b-a)^2}{4}=c.\end{aligned}$$

因此,有

$$\begin{aligned}\left|\int_a^b f(x)\mathrm{d}x\right|&=\left|\int_a^b f'(\xi_x)\left(x-\frac{a+b}{2}\right)\mathrm{d}x\right|=\int_a^b|f'(\xi_x)|\left|x-\frac{a+b}{2}\right|\mathrm{d}x\\&=\int_a^b c\left|x-\frac{a+b}{2}\right|\mathrm{d}x.\end{aligned}$$

这意味着 $f=c\left(x-\frac{a+b}{2}\right)$ 或 $f(x)=c\left(\frac{a+b}{2}-x\right)$. 从而

$$\int_a^b f(x)\mathrm{d}x = \int_a^b c\left(x - \frac{a+b}{2}\right)\left(或\int_a^b c\left(\frac{a+b}{2} - x\right)\mathrm{d}x\right) = 0.$$

所以 $c=0$,因而 $f(x)\equiv 0$. 这与 $f\not\equiv 0$ 矛盾. 因此,$\exists\, \xi\in(a,b)$, s. t.

$$|f'(\xi)| > \frac{4}{(b-a)^2}\left|\int_a^b f(x)\mathrm{d}x\right|.$$

反例:令 $f(x)=x-\dfrac{a+b}{2}$,它在$[a,b]$上可导,$f\left(\dfrac{a+b}{2}\right)=0$,$f(x)\not\equiv 0$. $f'(x)=1$,$x\in[a,b]$.

$$\begin{aligned}
\frac{4}{(b-a)^2}\int_a^b |f(x)|\mathrm{d}x &= \frac{4}{(b-a)^2}\left[\int_a^b \left|x-\frac{a+b}{2}\right|\mathrm{d}x\right] \\
&= \frac{4}{(b-a)^2}\left[\int_a^{\frac{a+b}{2}}\left(\frac{a+b}{2}-x\right)\mathrm{d}x + \int_{\frac{a+b}{2}}^b\left(x-\frac{a+b}{2}\right)\mathrm{d}x\right] \\
&= \frac{4}{(b-a)^2}\left[-\frac{1}{2}\left(\frac{a+b}{2}-x\right)\Big|_a^{\frac{a+b}{2}} + \frac{1}{2}\left(x-\frac{a+b}{2}\right)\Big|_{\frac{a+b}{2}}^b\right] \\
&= \frac{2}{(b-a)^2}\left[\left(\frac{b-a}{2}\right)^2 + \left(\frac{b-a}{2}\right)^2\right] = 1 = f'(x).
\end{aligned}$$

不存在 $\xi\in(a,b)$, s. t. $1 = f'(\xi) > \dfrac{4}{(b-a)^2}\displaystyle\int_a^b |f(x)|\mathrm{d}x = 1$.

(3) 与 250 题(2) 类似.

令 $f(x) = F'(x)$,$F(x) = \displaystyle\int_a^x f(t)\mathrm{d}t$,则

$F(x)$ 在$[a,b]$ 上二阶可导 $\Leftrightarrow f(x)$ 在$[a,b]$ 上有一阶导函数.

$$F'\left(\frac{a+b}{2}\right) = 0 \Leftrightarrow f\left(\frac{a+b}{2}\right) = 0,$$

$$F(x) \neq 常数 \Leftrightarrow f(x) \not\equiv 0,$$

$$\exists\, \xi\in(a,b),\ \text{s. t.}\ |F''(\xi)| > \frac{4}{(b-a)^2}|F(b)-F(a)|$$

$$\Leftrightarrow \exists\, \xi\in(a,b),\ \text{s. t.}\quad |f'(\xi)| > \frac{4}{(b-a)^2}\left|\int_a^b f(x)\mathrm{d}x\right|. \qquad \square$$

注 此题可与 201 题(复习题 4 中第 11 题)对应.

252. 设 $a,b>0$,f 在$[-a,b]$ 上连续. 又设 $f>0$ 且$\displaystyle\int_{-a}^b xf(x)\mathrm{d}x = 0$. 证明:

$$\int_{-a}^b x^2 f(x)\mathrm{d}x \leqslant ab\int_{-a}^b f(x)\mathrm{d}x.$$

证明 二次函数 $\varphi(x) = x^2-(b-a)x$ 在 $x=\dfrac{b-a}{2}$ 时取最小值,而 $\varphi(-a)=ab=\varphi(b)$ 是 $\varphi(x)$ 在$[-a,b]$上的最大值,即 $x^2-(b-a)x\leqslant ab$,$x\in[-a,b]$. 由条件$\displaystyle\int_{-a}^b xf(x)\mathrm{d}x=0$ 及 $f>0$ 得

$$\int_{-a}^{b} x^2 f(x)\mathrm{d}x = \int_{-a}^{b} [x^2-(b-a)x]f(x)\mathrm{d}x \leqslant \int_{-a}^{b} abf(x)\mathrm{d}x = ab\int_{-a}^{b} f(x)\mathrm{d}x.$$ □

253. 证明不等式

$$\int_{-1}^{1}(1-x^2)^n\mathrm{d}x \geqslant \frac{4}{3\sqrt{n}},\quad n\in\mathbb{N},$$

且当 $n\geqslant 2$ 时，严格不等号成立.

证明 当 $0\leqslant x\leqslant 1$ 时，$(1-x^2)^n \geqslant 1-nx^2$，且当 $n=1$ 时等号成立. 当 $n\geqslant 2$ 时，成立严格不等式 $(1-x^2)^n > 1-nx^2$. 于是

$$\begin{aligned}\int_{-1}^{1}(1-x^2)^n\mathrm{d}x &= 2\int_{0}^{1}(1-x^2)^n\mathrm{d}x \geqslant 2\int_{0}^{\frac{1}{\sqrt{n}}}(1-x^2)^n\mathrm{d}x\\ &\geqslant 2\int_{0}^{\frac{1}{\sqrt{n}}}(1-nx^2)\mathrm{d}x = 2\left[x-\frac{nx^3}{3}\Big|_{0}^{\frac{1}{\sqrt{n}}}\right]\\ &= 2\,\frac{2}{3\sqrt{n}} = \frac{4}{3\sqrt{n}}.\end{aligned}$$ □

254. 说明：$\int_0^{\pi}\cos nx\cos^n x\,\mathrm{d}x = \frac{\pi}{2^n}, n=0,1,2,\cdots$.

证明 应用归纳法可证(见注)

$$\cos^n\theta = \frac{1}{2^{n-1}}\cos n\theta + \varphi_n(\theta),$$

其中 $\varphi_n(\theta)$ 是 $1,\cos\theta,\cdots,\cos(n-1)\theta$ 的线性组合.

再由

$$\begin{aligned}\int_0^{\pi}\cos n\theta\cos k\theta\,\mathrm{d}\theta &= \frac{1}{2}\int_0^{\pi}[\cos(n+k)\theta+\cos(n-k)\theta]\mathrm{d}\theta\\ &= \begin{cases}\dfrac{\pi}{2}, & k=n,\\ 0, & k\neq n,\end{cases}\quad n=0,1,\cdots,\quad k=0,2,\cdots,n.\end{aligned}$$

得

$$\begin{aligned}\int_0^{\pi}\cos nx\cos^n x\,\mathrm{d}x &= \int_0^{\pi}\cos nx\left[\frac{1}{2^{n-1}}\cos nx+\varphi(x)\right]\mathrm{d}x\\ &= \frac{1}{2^{n-1}}\int_0^{\pi}\cos^2 nx\,\mathrm{d}x = \frac{\pi}{2^n}.\end{aligned}$$ □

注 证明 $\cos^n\theta = \frac{1}{2^{n-1}}\cos n\theta + \varphi_n(\theta)$. $\varphi_n(\theta)$ 是 $1,\cos\theta,\cdots,\cos(n-1)\theta$ 的线性组合.

归纳法 当 $n=1$ 时，$\cos^1\theta=\cos\theta$. 当 $n=2$ 时，$\cos^2\theta = \frac{1}{2}\cos 2\theta + \frac{1}{2}$.

假设当 $n=k$ 时有 $\cos^k\theta = \frac{1}{2^{k-1}}\cos k\theta + \varphi_k(\theta)$，则当 $n=k+1$ 时有

$$\cos^{k+1}\theta = \cos^k\theta\cos\theta = \frac{1}{2^{k-1}}\cos k\theta\cos\theta + \varphi_k(\theta)\cos\theta$$

$$= \frac{1}{2^k}[\cos(k+1)\theta + \cos(k-1)\theta] + \varphi_k(\theta)\cos\theta$$

$$= \frac{1}{2^k}\cos(k+1)\theta + \frac{1}{2^k}\cos(k-1)\theta + \varphi_k(\theta)\cos\theta,$$

而 $\cos m\theta\cos\theta = \frac{1}{2}[\cos(m+1)\theta + \cos(m-1)\theta]$. 当 $m=0,1,\cdots,k-1$ 时，$m+1\leqslant k$，所以 $\frac{1}{2^k}\cos(k-1)\theta + \varphi_k(\theta)\cos\theta = \varphi_{k+1}(\theta)$ 为 $1,\cos\theta,\cdots,\cos k\theta$ 的线性组合，

$$\cos^n\theta = \frac{1}{2^{n-1}}\cos n\theta + \varphi_n(\theta).$$

结论成立. □

255. 设 f 在$[0,1]$上连续，并且$\int_0^1 x^k f(x)\mathrm{d}x = 0, k=0,1,\cdots,n-1, \int_0^1 x^n f(x)\mathrm{d}x = 1$. 证明：$\exists\,\xi\in(0,1)$, s. t. $|f(\xi)|\geqslant 2^n(n+1)$.

证明 (反证)假设对 $\forall\, x\in(0,1)$, $|f(x)|<2^n(n+1)$. 则

$$1 = \int_0^1 x^n f(x)\mathrm{d}x = \int_0^1 \left(x-\frac{1}{2}\right)^n f(x)\mathrm{d}x$$

$$\leqslant \int_0^1 \left|x-\frac{1}{2}\right|^n |f(x)|\mathrm{d}x < 2^n(n+1)\int_0^1 \left|x-\frac{1}{2}\right|^n \mathrm{d}x$$

$$= 2^n(n+1)\left[\int_0^{\frac{1}{2}}\left(\frac{1}{2}-x\right)^n\mathrm{d}x + \int_{\frac{1}{2}}^1\left(x-\frac{1}{2}\right)^n\mathrm{d}x\right]$$

$$= 2^n(n+1)\cdot 2\int_{\frac{1}{2}}^1\left(x-\frac{1}{2}\right)^n\mathrm{d}x$$

$$= 2^{n+1}\left(x-\frac{1}{2}\right)^{n+1}\Bigg|_{\frac{1}{2}}^1 = 1.$$

矛盾. 故必 $\exists\,\xi\in(0,1)$, s. t. $|f(\xi)|\geqslant 2^n(n+1)$. □

256. 设函数 f 在$[a,b]$上连续，非负且严格单调增，由积分中值定理，$\forall\, k\in\mathbb{N}$, $\exists_1 x_k\in[a,b]$, s. t.

$$f^k(x_k) = \frac{1}{b-a}\int_a^b f^k(t)\mathrm{d}t.$$

证明：$\lim\limits_{k\to+\infty} x_k = b$.

证明 对 $\forall\, 0<\varepsilon<\frac{b-a}{2}$, $b-\varepsilon, b-2\varepsilon\in[a,b]$. 由 f 严格单调增知

$$f(b-2\varepsilon) < f(b-\varepsilon).$$

再由 f 非负，严格单调增. 不妨设 $f(x)>0, x\in[a,b]$. 因此

$$\frac{f(b-\varepsilon)}{f(b-2\varepsilon)}>1,$$

从而 $\lim\limits_{k\to+\infty}\frac{f^k(b-\varepsilon)}{f^k(b-2\varepsilon)}=\lim\limits_{k\to+\infty}\left[\frac{f(b-\varepsilon)}{f(b-2\varepsilon)}\right]^k=+\infty$. $\exists N\in\mathbb{N}$. 当 $k>N$ 时,有

$$\frac{f^k(b-\varepsilon)}{f^k(b-2\varepsilon)}>\frac{b-a}{\varepsilon},$$

即 $\varepsilon f^k(b-\varepsilon)>(b-a)f^k(b-2\varepsilon)$, $k>N$.

由于 $f(x)>0$,所以

$$\int_a^b f^k(t)\,\mathrm{d}t>\int_{b-\varepsilon}^b f^k(t)\,\mathrm{d}t>f^k(b-\varepsilon)\int_{b-\varepsilon}^b \mathrm{d}t=\varepsilon f^k(b-\varepsilon)>(b-a)f^k(b-2\varepsilon),$$

即 $\frac{1}{b-a}\int_a^b f^k(t)\,\mathrm{d}t>f^k(b-2\varepsilon)$. 由条件, $\exists_1 x_k$, s. t.

$$f^k(x_k)=\frac{1}{b-a}\int_a^b f^k(t)\,\mathrm{d}t>f^k(b-2\varepsilon).$$

因此, $b\geqslant x_k>b-2\varepsilon$,

$$|x_k-b|<2\varepsilon.$$

这就证明了 $\lim\limits_{k\to+\infty}x_k=b$. □

257. 设 f 是一个 n 次多项式,且满足 $\int_0^1 x^k f(x)\,\mathrm{d}x=0$, $k=1,2,\cdots,n$. 证明:

$$\int_0^1 f^2(x)\,\mathrm{d}x=(n+1)^2\left(\int_0^1 f(x)\,\mathrm{d}x\right)^2.$$

证明 设 $f(x)=a_0+a_1x+\cdots+a_nx^n$, $a_n\neq 0$. 由此得

$$\begin{aligned}\int_0^1 x^k f(x)\,\mathrm{d}x&=\int_0^1(a_0x^k+a_1x^{k+1}+\cdots+a_nx^{n+k})\,\mathrm{d}x\\&=\frac{a_0}{k+1}+\frac{a_1}{k+2}+\cdots+\frac{a_n}{k+n+1}\\&=\frac{p(k)}{(k+1)(k+2)\cdots(k+n+1)},\end{aligned}$$

其中 $p(k)$ 是 k 的 n 次多项. 因为 $\int_0^1 x^k f(x)\,\mathrm{d}x=0$, $k=1,2,\cdots,n$,所以有表达式

$$p(k)=c(k-1)(k-2)\cdots(k-n).$$

而

$$\int_0^1 f(x)\,\mathrm{d}x=a_0+\frac{a_1}{2}+\cdots+\frac{a_n}{n+1}=\frac{p(0)}{1\cdot 2\cdot\cdots\cdot(n+1)}=\frac{c(-1)^n n!}{(n+1)!}=\frac{(-1)^n c}{n+1}.$$

从而 $c=(-1)^n(n+1)\int_0^1 f(x)\,\mathrm{d}x$.

另一方面,在等式

$$\frac{a_0}{k+1}+\frac{a_1}{k+2}+\cdots+\frac{a_n}{k+n+1}=\frac{p(k)}{(k+1)(k+2)\cdots(k+n+1)}$$

$$= \frac{c(k-1)(k-2)\cdots(k-n)}{(k+1)(k+2)\cdots(k+n+1)}$$

两边同乘$(k+1)$后令$k=-1$就有

$$a_0 = \frac{c(-1)^n(n+1)!}{n!} = c(-1)^n(n+1) = (n+1)^2\int_0^1 f(x)\mathrm{d}x.$$

于是

$$\int_0^1 f^2(x)\mathrm{d}x = \int_0^1 (a_0 + a_1x + \cdots + a_nx^n)f(x)\mathrm{d}x$$

$$= a_0\int_0^1 f(x)\mathrm{d}x = (n+1)^2\left(\int_0^1 f(x)\mathrm{d}x\right)^2. \qquad \square$$

258. 设函数 f 在区间$[0,+\infty)$上单调增,证明:$\varphi(x)=\int_0^x f(t)\mathrm{d}t$ 在$[0,+\infty)$上为凸函数. 如果 f 在区间$[0,+\infty)$上单调增且连续,试用简单方法证之.

证法 1 先用简单方法. f 在$[0,+\infty)$上单调增且连续,则 $\varphi(x)=\int_0^x f(t)\mathrm{d}t$ 在$[0,+\infty)$上可微,且 $\varphi'(x)=f(x)$ 在$[0,+\infty)$上单调增. $\forall$ 取 $0<x_1<x_2<x_3$. 由 Lagrange 中值定理,$\exists \xi_1\in(x_1,x_2)$,$\xi_2\in(x_2,x_3)$, s. t.

$$\frac{\varphi(x_2)-\varphi(x_1)}{x_2-x_1} = \varphi'(\xi_1) < \varphi'(\xi_2) = \frac{\varphi(x_3)-\varphi(x_2)}{x_3-x_2}.$$

由定理 3.6.1,$\varphi(x)$是$[0,+\infty)$上的凸函数.

再证一般的. 因为 f 单调增,对$\forall x_1,x_2,x_3\in[0,+\infty)$,$x_1<x_2<x_3$ 有

$$f(x_2) = \frac{1}{x_3-x_2}\int_{x_2}^{x_3} f(x_2)\mathrm{d}t \leqslant \frac{1}{x_3-x_2}\int_{x_2}^{x_3} f(t)\mathrm{d}t = \frac{\varphi(x_3)-\varphi(x_2)}{x_3-x_2}.$$

而

$$\frac{\varphi(x_2)-\varphi(x_1)}{x_2-x_1} = \frac{\int_0^{x_2} f(t)\mathrm{d}t - \int_0^{x_1} f(t)\mathrm{d}t}{x_2-x_1} = \frac{\int_{x_1}^{x_2} f(t)\mathrm{d}t}{x_2-x_1} \leqslant \frac{\int_{x_1}^{x_2} f(x_2)\mathrm{d}t}{x_2-x_1} = f(x_2).$$

所以

$$\frac{\varphi(x_2)-\varphi(x_1)}{x_2-x_1} \leqslant \frac{\varphi(x_3)-\varphi(x_2)}{x_3-x_2}.$$

由定理 3.6.1,$\varphi(x)$在$[0,+\infty)$为凸函数.

证法 2

$\varphi(x)$在$[0,+\infty)$为凸函数

$$\Leftrightarrow \varphi(\lambda_1x_1+\lambda_2x_2) \leqslant \lambda_1\varphi(x_1)+\lambda_2\varphi(x_2),\ \forall x_1,x_2\in[0,+\infty),$$
$$0\leqslant\lambda_1,\lambda_2\leqslant 1,\lambda_1+\lambda_2=1.$$

$$\Leftrightarrow \int_0^{x_1} f(t)\mathrm{d}t + \int_{x_1}^{\lambda_1x_1+\lambda_2x_2} f(t)\mathrm{d}t = \int_0^{\lambda x_1+\lambda_2x_2} f(t)\mathrm{d}t$$

$$\leqslant\lambda_1\int_0^{x_1}f(t)\mathrm{d}t+\lambda_2\int_0^{x_2}f(t)\mathrm{d}t\qquad(0\leqslant\lambda_1,\lambda_2\leqslant 1,\lambda_1+\lambda_2=1)$$

$$=\int_0^{x_1}f(t)\mathrm{d}t+\lambda_2\left(\int_0^{x_2}f(t)\mathrm{d}t-\int_0^{x_1}f(t)\mathrm{d}t\right)$$

$$\Leftrightarrow\int_{x_1}^{\lambda_1x_1+\lambda_2x_2}f(t)\mathrm{d}t\leqslant\lambda_2\int_{x_1}^{x_2}f(t)\mathrm{d}t.$$

这最后的不等式是成立的.事实上,由于 $0\leqslant\lambda_2\leqslant 1$,所以对 $u\geqslant 0$ 有 $\lambda_2u\leqslant u$,故 $f(x_1+\lambda_2u)\leqslant f(x_1+u)$.因此有

$$\int_{x_1}^{\lambda_1x_1+\lambda_2x_2}f(t)\mathrm{d}t=\int_{x_1}^{x_1+\lambda_2(x_2-x_1)}f(t)\mathrm{d}t\xlongequal{t=x_1+\lambda_2u}\int_0^{x_2-x_1}f(x_1+\lambda_2u)\lambda_2\mathrm{d}u$$

$$\leqslant\lambda_2\int_0^{x_2-x_1}f(x_1+u)\mathrm{d}u\xlongequal{v=x_1+u}\lambda_2\int_{x_1}^{x_2}f(v)\mathrm{d}v$$

$$=\lambda_2\int_{x_1}^{x_2}f(t)\mathrm{d}t.$$

所以 $\varphi(x)$ 为凸函数.

证法 3 对 $\forall c\in[0,+\infty)$.

若 $x<c$,由 f 为增函数,则

$$\int_c^x f(t)\mathrm{d}t=-\int_x^c f(t)\mathrm{d}t\geqslant-\int_x^c f(c)\mathrm{d}t=f(c)(x-c).$$

若 $x>c$,则

$$\int_c^x f(t)\mathrm{d}t\geqslant\int_c^x f(c)\mathrm{d}t=f(c)(x-c).$$

因此,$\forall x\neq c$,总有

$$\varphi(x)-\varphi(c)=\int_0^x f(t)\mathrm{d}t-\int_0^c f(t)\mathrm{d}t=\int_c^x f(t)\mathrm{d}t\geqslant f(c)(x-c).$$

于是 $\varphi(x)\geqslant\varphi(c)+f(c)(x-c)$.由 169 题(复习题 3 中 16 题)知 $\varphi(x)$ 为 $[0,+\infty)$ 上的凸函数. □

259. 设 $f(x)$ 二阶连续可导,$f\geqslant 0$,$f''\leqslant 0$.证明:$\forall c\in[a,b]$,有 $f(c)\leqslant\frac{2}{b-a}\int_a^b f(x)\mathrm{d}x$.

证明 因为 $f''\leqslant 0$.f 在 $[a,b]$ 上为凹函数,所以任何两点之间的割线一定在曲线下方.$\forall c\in[a,b]$,当 $x\in[a,c]$ 时,$f(x)\geqslant\frac{1}{2}[f(a)+f(c)]$;当 $x\in[c,b]$ 时,$f(x)\geqslant\frac{1}{2}[f(c)+f(b)]$,见 259 题图.所以,利用 $f(a)\geqslant 0$,$f(b)\geqslant 0$,有

f(x)
O a c b x

259 题图

$$\int_a^b f(x)\mathrm{d}x=\int_a^c f(x)\mathrm{d}x+\int_c^b f(x)\mathrm{d}x$$

$$\geqslant\int_a^c\frac{f(a)+f(c)}{2}\mathrm{d}x+\int_c^b\frac{f(c)+f(b)}{2}\mathrm{d}x$$

$$= \frac{1}{2}[(f(a)+f(c))(c-a)+(f(c)+f(b))(b-c)]$$

$$\geqslant \frac{1}{2}[f(c)(c-a)+f(c)(b-c)]$$

$$= \frac{f(c)}{2}(b-a).$$

即 $f(c) \leqslant \dfrac{2}{b-a}\displaystyle\int_a^b f(x)\mathrm{d}x.$ □

260. 对 $n \in \mathbb{N}$,定义 $I_n = \displaystyle\int_0^{\frac{\pi}{2}} \frac{\sin^2 nt}{\sin t}\mathrm{d}t$. 求极限 $\displaystyle\lim_{n\to+\infty} \frac{I_n}{\ln n}$.

证明 先计算 I_1.

$$I_1 = \int_0^{\frac{\pi}{2}} \frac{\sin^2 t}{\sin t}\mathrm{d}t = \int_0^{\frac{\pi}{2}} \sin t\mathrm{d}t = 1,$$

$$I_2 - I_1 = \int_0^{\frac{\pi}{2}} \frac{\sin^2 2t - \sin^2 t}{\sin t}\mathrm{d}t = \int_0^{\frac{\pi}{2}} (4\sin t\cos^2 t - \sin t)\mathrm{d}t = \frac{1}{3}.$$

一般地,有

$$I_{n+1} - I_n = \int_0^{\frac{\pi}{2}} \frac{\sin^2(n+1)t - \sin^2 nt}{\sin t}\mathrm{d}t$$

$$= \int_0^{\frac{\pi}{2}} \frac{\frac{1}{2}(1-\cos 2(n+1)t - 1 + \cos 2nt)}{\sin t}\mathrm{d}t$$

$$= \int_0^{\frac{\pi}{2}} \frac{\sin(2n+1)t\sin t}{\sin t}\mathrm{d}t$$

$$= \int_0^{\frac{\pi}{2}} \sin(2n+1)t\mathrm{d}t = -\frac{\cos(2n+1)t}{2n+1}\Big|_0^{\frac{\pi}{2}}$$

$$= \frac{1}{2n+1}.$$

由此得 $I_n = I_n - I_{n-1} + I_{n-1} - I_{n-2} + \cdots + I_2 - I_1 + I_1 = 1 + \dfrac{1}{3} + \dfrac{1}{5} + \cdots + \dfrac{1}{2n-1}$. 由 Stolz 公式得

$$\lim_{n\to+\infty} \frac{I_n}{\ln n} = \lim_{n\to+\infty} \frac{I_{n+1} - I_n}{\ln(n+1) - \ln n} = \lim_{n\to+\infty} \frac{1}{(2n+1)\ln\left(1+\frac{1}{n}\right)}$$

$$= \lim_{n\to+\infty} \frac{\frac{1}{n}}{\ln\left(1+\frac{1}{n}\right)} \cdot \frac{n}{2n+1} = 1 \times \frac{1}{2} = \frac{1}{2}.$$ □

261. 设 f 在 $[a,b]$ 上连续,若 $\displaystyle\int_a^b f(x)g(x)\mathrm{d}x = 0$ 对 $[a,b]$ 上一切满足条件 $g(a) = g(b) = 0$ 的连续函数 g 成立. 证明:在 $[a,b]$ 上,$f(x) \equiv 0$.

证法1 令 $g(x)=(x-a)^2(x-b)^2f(x)$，则由 f 在$[a,b]$上连续知 $g(x)$在$[a,b]$上连续，且 $g(a)=0=g(b)$. 由题设

$$0=\int_a^b f(x)g(x)\mathrm{d}x=\int_a^b (x-a)^2(x-b)^2f^2(x)\mathrm{d}x$$

因此对 $\forall x\in[a,b]$，$(x-a)^2(x-b)^2f^2(x)\equiv 0$，从而 $f^2(x)\equiv 0$. $x\in(a,b)$. 即

$$f(x)\equiv 0,\quad x\in(a,b).$$

再由 f 连续，得 $f(x)\equiv 0$，$x\in[a,b]$.

证法2 对 $\forall\, 0<\delta<\frac{b-a}{2}$，构造函数

$$g_\delta(x)=\begin{cases}\dfrac{f(a+\delta)}{\delta}(x-a), & x\in[a,a+\delta],\\ f(x), & x\in(a+\delta,b-\delta),\\ \dfrac{f(b-\delta)}{\delta}(b-x), & x\in[b-\delta,b].\end{cases}$$

显然，$g_\delta(x)$在$[a,b]$上连续，且 $g(a)=0=g(b)$. 根据题意有

$$\begin{aligned}0=\int_a^b f(x)g(x)\mathrm{d}x&=\int_a^{a+\delta} f(x)\,\frac{f(a+\delta)}{\delta}(x-a)\mathrm{d}x\\&\quad+\int_{b-\delta}^b f(x)\,\frac{f(b-\delta)}{\delta}(b-x)\mathrm{d}x+\int_{a+\delta}^{b-\delta} f^2(x)\mathrm{d}x.\end{aligned}$$

令 $\delta\to 0^+$，得

$$\int_a^b f^2(x)\mathrm{d}x=0.$$

故在$[a,b]$上，$f^2(x)\equiv 0$，即 $f(x)\equiv 0$，$x\in[a,b]$. □

262. 设函数 f 在$[-1,1]$上可导，$M=\sup\limits_{x\in[-1,1]}|f'(x)|$. 如果 $\exists a\in(0,1)$，s. t. $\int_{-a}^a f(x)\mathrm{d}x=0$. 证明：

$$\left|\int_{-1}^1 f(x)\mathrm{d}x\right|\leqslant M(1-a^2).$$

证法1 构造$[0,1]$上的函数 $F(x)=f(x)+f(-x)$，由题中条件 $F(x)$在$[-1,1]$中可导，且 $F'(x)=f'(x)-f'(-x)$，故$|F'(x)|\leqslant 2M$. 再由

$$\begin{aligned}0&=\int_{-a}^a f(x)\mathrm{d}x=\int_{-a}^0 f(x)\mathrm{d}x+\int_0^a f(x)\mathrm{d}x=\int_a^0 f(-x)(-\mathrm{d}x)+\int_0^a f(x)\mathrm{d}x\\&=\int_0^a[f(x)+f(-x)]\mathrm{d}x=\int_0^a F(x)\mathrm{d}x.\end{aligned}$$

根据积分第一中值定理，$\exists\,\xi\in[0,a]$，s. t.

$$aF(\xi)=\int_0^a F(x)\mathrm{d}x=0.$$

而 $a\neq 0$，故 $F(\xi)=0$. 于是

$$\begin{aligned}\left|\int_{-1}^{1} f(x)\mathrm{d}x\right| &= \left|\int_{-1}^{-a} f(x)\mathrm{d}x + \int_{-a}^{a} f(x)\mathrm{d}x + \int_{a}^{1} f(x)\mathrm{d}x\right| \\ &= \left|\int_{1}^{a} f(-x)(-\mathrm{d}x) + \int_{a}^{1} f(x)\mathrm{d}x\right| \\ &= \left|\int_{a}^{1} F(x)\mathrm{d}x\right| = \left|\int_{a}^{1}[F(x)-F(\xi)]\mathrm{d}x\right| \\ &= \left|\int_{a}^{1} F'(\eta)(x-\xi)\mathrm{d}x\right| \leqslant \int_{a}^{1} |F'(\eta)|(x-\xi)\mathrm{d}x \\ &\leqslant 2M\int_{a}^{1}(x-\xi)\mathrm{d}x = M(x-\xi)^2\Big|_{a}^{1} \\ &= M(1-2\xi+\xi^2-a^2+2a\xi-\xi^2) = M(1-a^2)+M2\xi(a-1) \\ &\leqslant M(1-a^2).\end{aligned}$$

证法 2 由积分第一中值定理及 $a\neq 0$，$\exists\, \xi_1\in[-a,0]$，$\xi_2\in[0,a]$，s. t.

$$\begin{aligned}f(\xi_1)+f(\xi_2) &= \frac{1}{a}\int_{-a}^{0} f(x)\mathrm{d}x + \frac{1}{a}\int_{0}^{a} f(x)\mathrm{d}x \\ &= \frac{1}{a}\int_{-a}^{a} f(x)\mathrm{d}x = 0,\end{aligned}$$

又根据 Lagrange 中值定理，$\exists\, c_1\in(-1,-a)$，$c_2\in(a,1)$，s. t.

$$f(x)-f(\xi_1) = f'(c_1)(x-\xi_1),\quad x\in(-1,-a),$$
$$f(x)-f(\xi_2) = f'(c_2)(x-\xi_2),\quad x\in(a,1).$$

从而

$$\begin{aligned}\left|\int_{-1}^{1} f(x)\mathrm{d}x\right| &= \left|\int_{-1}^{-a} f(x)\mathrm{d}x + \int_{a}^{1} f(x)\mathrm{d}x\right| \\ &= \left|\int_{-1}^{-a} f(x)\mathrm{d}x - f(\xi_1)(-a+1) - f(\xi_2)(1-a) + \int_{a}^{1} f(x)\mathrm{d}x\right| \\ &= \left|\int_{-1}^{-a}[f(x)-f(\xi_1)]\mathrm{d}x + \int_{a}^{1}[f(x)-f(\xi_2)]\mathrm{d}x\right| \\ &= \left|\int_{-1}^{-a} f'(c_1)(x-\xi_1)\mathrm{d}x + \int_{a}^{1} f'(c_2)(x-\xi_2)\mathrm{d}x\right| \\ &\leqslant \int_{-1}^{-a} |f'(c_1)||x-\xi_1|\mathrm{d}x + \int_{a}^{1} |f'(c_2)|(x-\xi_2)\mathrm{d}x \\ &\leqslant M\left[\int_{-1}^{-a}(\xi_1-x)\mathrm{d}x + \int_{a}^{1}(x-\xi_2)\mathrm{d}x\right] \\ &= M\frac{1}{2}\left[-(\xi_1-x)^2\Big|_{-1}^{-a} + (x-\xi_2)^2\Big|_{a}^{1}\right] \\ &= \frac{M}{2}[2-2a^2+2(a-1)(\xi_2-\xi_1)] \\ &\leqslant M(1-a^2).\end{aligned}$$

□

263. 设 f 在$[a,b]$上连续可导. 证明:

$$\max_{a\leqslant x\leqslant b}|f(x)|\leqslant\frac{1}{b-a}\left|\int_a^b f(x)\mathrm{d}x\right|+\int_a^b|f'(x)|\mathrm{d}x.$$

证法 1 由积分第一中值定理. $\exists\xi\in[a,b]$, s. t.

$$f(\xi)=\frac{1}{b-a}\int_a^b f(x)\mathrm{d}x.$$

$\forall x\in[a,b]$, $f(x)-f(\xi)=\int_\xi^x f'(t)\mathrm{d}t$. 所以

$$\begin{aligned}|f(x)|&=\left|f(\xi)+\int_\xi^x f'(t)\mathrm{d}t\right|\\&\leqslant|f(\xi)|+\left|\int_\xi^x|f'(t)|\mathrm{d}t\right|\\&\leqslant|f(\xi)|+\int_a^b|f'(t)|\mathrm{d}t\\&=\frac{1}{b-a}\left|\int_a^b f(x)\mathrm{d}x\right|+\int_a^b|f'(x)|\mathrm{d}x.\end{aligned}$$

f 在$[a,b]$上连续,其最大值在$[a,b]$上达到,因此有

$$\max_{a\leqslant x\leqslant b}|f(x)|\leqslant\frac{1}{b-a}\left|\int_a^b f(x)\mathrm{d}x\right|+\int_a^b|f'(x)|\mathrm{d}x.$$

证法 2 由连续函数的最值定理, $\exists x_0\in[a,b]$, s. t. $|f(x_0)|=\max\limits_{a\leqslant x\leqslant b}|f(x)|$. 再根据积分第一中值定理, $\exists\xi\in[a,b]$, s. t. $f(\xi)=\frac{1}{b-a}\int_a^b f(x)\mathrm{d}x$. 于是

$$\begin{aligned}\max_{a\leqslant x\leqslant b}|f(x)|&=|f(x_0)|\\&=\left|f(\xi)+\int_\xi^{x_0}f'(x)\mathrm{d}x\right|\leqslant|f(\xi)|+\left|\int_\xi^{x_0}|f'(x)|\mathrm{d}x\right|\\&\leqslant\frac{1}{b-a}\left|\int_a^b f(x)\mathrm{d}x\right|+\int_a^b|f'(x)|\mathrm{d}x.\end{aligned}$$

□

264. 设 f 在$(0,+\infty)$上连续,且 $\forall x>0$ 有

$$\int_x^{x^2}f(t)\mathrm{d}t=\int_1^x f(t)\mathrm{d}t,$$

试求出满足上述条件的一切函数 f.

解法 1 因为 f 在$(0,+\infty)$上连续,故其变限积分可导. 等式

$$\int_x^{x^2}f(t)\mathrm{d}t=\int_1^x f(t)\mathrm{d}t$$

两边对 x 求导得

$$2xf(x^2)-f(x)=f(x).$$

化简得 $f(x^2)=\frac{f(x)}{x}$,反复运用该等式有

$$f(x)=\frac{f(x^{\frac{1}{2}})}{x^{\frac{1}{2}}}=\frac{f(x^{\frac{1}{4}})}{x^{\frac{1}{2}}\cdot x^{\frac{1}{4}}}=\cdots=\frac{f(x^{\frac{1}{2^n}})}{x^{\frac{1}{2}+\frac{1}{4}+\cdots+\frac{1}{2^n}}}=\frac{f(x^{\frac{1}{2^n}})x^{\frac{1}{2^n}}}{x},\quad n\in\mathbb{N}.$$

再由 f 连续,令 $n\to+\infty$ 得

$$f(x)=\lim_{n\to+\infty}f(x)=\lim_{n\to+\infty}\frac{f(x^{\frac{1}{2^n}})x^{\frac{1}{2^n}}}{x}=\frac{f(1)}{x}\cdot 1=\frac{f(1)}{x}.$$

定义 $f(1)=c$ 为任意实常数. 就有 $f(x)=\frac{c}{x}$.

解法 2 同解法 1 得 $xf(x^2)=f(x)$. 两边乘以 x 就有

$$x^2f(x^2)=xf(x).$$

令 $F(x)=xf(x)$,得 $F(x^2)=F(x)$,$x>0$,或 $F(x)=F(x^{\frac{1}{2}})$. 于是有

$$F(x)=\lim_{n\to+\infty}F(x)=\lim_{n\to+\infty}F(x^{\frac{1}{2^n}})=F(1)=f(1).$$

在 $(0,+\infty)$ 上 $F(x)$ 为常值函数,即 $xf(x)$ 为常值函数. 故

$$f(x)=\frac{c}{x},\quad c\text{ 为任意实常数}.$$ □

265. 设 f 在 $[0,1]$ 上二阶连续可导,$f(0)=f(1)=0$,且当 $x\in(0,1)$ 时,$f(x)\neq 0$. 证明:

$$\int_a^b\left|\frac{f''(x)}{f(x)}\right|\mathrm{d}x\geqslant 4.$$

证法 1 因为在 $(0,1)$ 中,$f(x)\neq 0$,f 连续,所以 f 在 $(0,1)$ 中不变号. 不妨设 $f(x)>0$,$x\in(0,1)$. 由 $f(0)=f(1)=0$,知 f 的最大值在 $(0,1)$ 内某点 x_0 处取到,且 $f'(x_0)=0$. 由 Lagrange 中值定理,$\exists\,\xi_1\in(0,x_0)$,$\xi_2\in(x_0,1)$,s. t.

$$\frac{f(x_0)}{x_0}=\frac{f(x_0)-f(0)}{x_0-0}=f'(\xi_1),\quad \xi_1\in(0,x_0),$$
$$\frac{f(x_0)}{x_0-1}=\frac{f(x_0)-f(1)}{x_0-1}=f'(\xi_2),\quad \xi_2\in(x_0,1).$$

于是

$$\begin{aligned}\int_0^1\left|\frac{f''(x)}{f(x)}\right|\mathrm{d}x&=\int_0^1\frac{|f''(x)|}{f(x)}\mathrm{d}x\geqslant\int_{\xi_1}^{\xi_2}\frac{|f''(x)|}{f(x)}\mathrm{d}x\\&\geqslant\frac{1}{f(x_0)}\int_{\xi_1}^{\xi_2}|f''(x)|\mathrm{d}x\geqslant\frac{1}{f(x_0)}\left|\int_{\xi_1}^{\xi_2}f''(x)\mathrm{d}x\right|\\&=\frac{1}{f(x_0)}|f'(\xi_2)-f'(\xi_1)|\\&=\frac{1}{f(x_0)}\left|\frac{f(x_0)}{x_0-1}-\frac{f(x_0)}{x_0}\right|=\left|\frac{1}{x_0(x_0-1)}\right|\\&=\frac{1}{x_0(1-x_0)}\geqslant\left(\frac{2}{x_0+(1-x_0)}\right)^2=4.\end{aligned}$$

证法 2 由 $f(0)=f(1)=0$ 及 Rolle 定理，$\exists x_0\in(0,1)$，s. t. $f'(x_0)=0$.

当 $x\in[0,x_0]$时，

$$f'(x)=f'(x_0)+\int_{x_0}^{x}f''(x)\mathrm{d}x=-\int_{x}^{x_0}f''(x)\mathrm{d}x,$$

$$|f'(x)|\leqslant\int_{x}^{x_0}|f''(x)|\mathrm{d}x\leqslant\int_{0}^{x_0}|f''(x)|\mathrm{d}x,$$

$$|f(x)|=\left|f(0)+\int_0^x f'(x)\mathrm{d}x\right|\leqslant\left|\int_0^x f'(x)\mathrm{d}x\right|\leqslant\int_0^{x_0}|f'(x)|\mathrm{d}x.$$

由积分第一中值定理，$\exists \xi\in[0,x_0]$，s. t.

$$|f(x)|\leqslant\int_0^{x_0}|f'(x)|\mathrm{d}x=|f'(\xi)|x_0\leqslant x_0\int_0^{x_0}|f''(x)|\mathrm{d}x.$$

当 $x\in[x_0,1]$时，同样根据积分第一中值定理也有

$$|f'(x)|=\left|f'(x_0)+\int_{x_0}^{x}f''(x)\mathrm{d}x\right|=\left|\int_{x_0}^{x}f''(x)\mathrm{d}x\right|$$

$$\leqslant\int_{x_0}^{x}|f''(x)|\mathrm{d}x\leqslant\int_{x_0}^{1}|f''(x)|\mathrm{d}x,$$

$$|f(x)|=\left|-\int_x^1 f'(x)\mathrm{d}x\right|\leqslant\int_x^1|f'(x)|\mathrm{d}x\leqslant(1-x_0)\int_{x_0}^1|f''(x)|\mathrm{d}x.$$

于是

$$\begin{aligned}\int_0^1\left|\frac{f''(x)}{f(x)}\right|\mathrm{d}x&=\int_0^{x_0}\left|\frac{f''(x)}{f(x)}\right|\mathrm{d}x+\int_{x_0}^1\left|\frac{f''(x)}{f(x)}\right|\mathrm{d}x\\&\geqslant\int_0^{x_0}\frac{|f''(x)|}{x_0\int_0^{x_0}|f''(x)|\mathrm{d}x}\mathrm{d}x+\int_{x_0}^1\frac{|f''(x)|}{(1-x_0)\int_{x_0}^1|f''(x)|\mathrm{d}x}\mathrm{d}x\\&=\frac{1}{x_0}+\frac{1}{1-x_0}=\frac{1}{x_0(1-x_0)}\\&=\frac{1}{\frac{1}{4}-\left(\frac{1}{2}-x_0\right)^2}\geqslant 4.\end{aligned}$$

□

266. 设 f 在$[a,b]$上连续，单调增. 证明：$\int_a^b xf(x)\mathrm{d}x\geqslant\frac{a+b}{2}\int_a^b f(x)\mathrm{d}x$.

证法 1 设$\frac{a+b}{2}=c$，则 $c-a=\frac{b-a}{2}=b-c$. f 在$[a,b]$上连续，单调增，所以当 $x\in[a,c]$时，$f(x)\leqslant f(c)$；当 $x\in[c,b]$时，$f(x)\geqslant f(c)$. 于是

$$\begin{aligned}&\int_a^b xf(x)\mathrm{d}x-\frac{a+b}{2}\int_a^b f(x)\mathrm{d}x\\&=\int_a^b\left(x-\frac{a+b}{2}\right)f(x)\mathrm{d}x=\int_a^c(x-c)f(x)\mathrm{d}x+\int_c^b(x-c)f(x)\mathrm{d}x\end{aligned}$$

$$
\begin{aligned}
&= \int_a^c -(c-x)f(x)\mathrm{d}x + \int_c^b (x-c)f(x)\mathrm{d}x \\
&\geqslant \int_a^c -(c-x)f(c)\mathrm{d}x + \int_c^b (x-c)f(c)\mathrm{d}x \\
&= f(c)\left[\int_a^c (c-x)\mathrm{d}(c-x) + \int_c^b (x-c)\mathrm{d}(x-c)\right] \\
&= \frac{f(c)}{2}\left[(c-x)^2\Big|_a^c + (x-c)^2\Big|_c^b\right] \\
&= \frac{1}{2}f(c)\left[-(c-a)^2+(b-c)^2\right] = 0.
\end{aligned}
$$

这就证明了$\int_a^b xf(x)\mathrm{d}x \geqslant \frac{a+b}{2}\int_a^b f(x)\mathrm{d}x$.

证法 2 令

$$
F(t) = \int_a^t xf(x)\mathrm{d}x - \frac{a+t}{2}\int_a^t f(x)\mathrm{d}x,
$$

则 $F(0)=0$. 由 f 的连续性知 $F(t)$可导,且

$$
\begin{aligned}
F'(t) &= tf(t) - \frac{1}{2}\int_a^t f(x)\mathrm{d}x - \frac{a+t}{2}f(t) \\
&= \frac{1}{2}(t-a)f(t) - \frac{1}{2}\int_a^t f(x)\mathrm{d}x.
\end{aligned}
$$

因为 f 单调增,故$\int_a^t f(x)\mathrm{d}x \leqslant \int_a^t f(t)\mathrm{d}x = (t-a)f(t)$. 由此知 $F'(t)\geqslant 0$, F 在$[a,b]$上也单调增,所以

$$
\int_a^b xf(x)\mathrm{d}x - \frac{a+b}{2}\int_a^b f(x)\mathrm{d}x = F(b) \geqslant F(a) = 0.
$$

结论得证.

注 从证明可以看出,当 f 在$[a,b]$上连续、严格单调增时,不等号"$\leqslant(\geqslant)$"改为严格不等号"$<(>)$",最后结论应为

$$
\int_a^b xf(x)\mathrm{d}x > \frac{a+b}{2}\int_a^b f(x)\mathrm{d}x. \qquad \square
$$

267. 设 $b>a>0$. 证明不等式:$\ln\frac{b}{a}>\frac{2(b-a)}{a+b}$.

证法 1 设 $f(x)=-\frac{1}{x}$,则 f 在$[a,b]$上连续、严格增. 利用 266 题后注的结论有

$$
\begin{aligned}
-\ln\frac{b}{a} &= -\int_a^b \frac{1}{x}\mathrm{d}x = \int_a^b\left(-\frac{1}{x}\right)\mathrm{d}x \\
&\leqslant \frac{2}{a+b}\int_a^b x\cdot\left(-\frac{1}{x}\right)\mathrm{d}x = \frac{2}{a+b}(a-b) = -\frac{2(b-a)}{a+b},
\end{aligned}
$$

即 $\ln\frac{b}{a}>\frac{2(b-a)}{a+b}$.

证法 2　直接考虑函数 $f(x)=\dfrac{1}{x}(0<a\leqslant x\leqslant b)$，它在 $[a,b]$ 上为凸函数，在点 $\left(\dfrac{a+b}{2},\dfrac{2}{a+b}\right)$ 处的切线方程为

$$y=-\frac{4}{(a+b)^2}x+\frac{4}{a+b}.$$

曲线 $y=\dfrac{1}{x}(x\in[a,b])$ 在上述切线上方，即 $\dfrac{1}{x}\geqslant\dfrac{4}{(a+b)^2}(a+b-x)$ 且等号仅在 $x=\dfrac{a+b}{2}$ 时成立，所以

$$\ln\frac{b}{a}=\int_a^b\frac{1}{x}\mathrm{d}x>\int_a^b\frac{4}{(a+b)^2}(a+b-x)\mathrm{d}x$$

$$=-\frac{2}{(a+b)^2}(a+b-x)^2\Big|_a^b=\frac{2}{(a+b)^2}(b^2-a^2)=\frac{2(b-a)}{a+b}.$$

从 267 题图中就一目了然了.

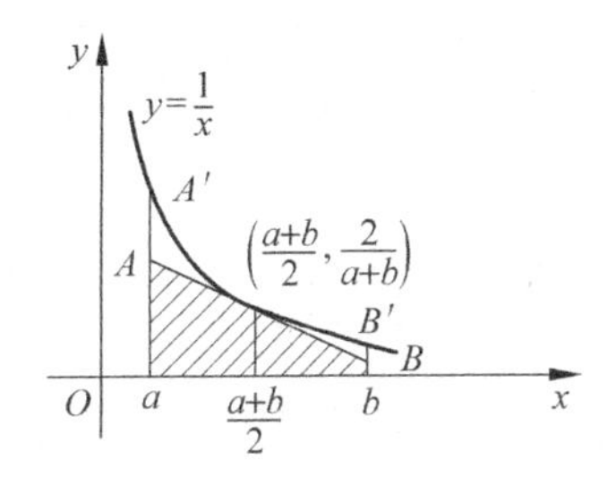

267 题图

268. 设函数 f 在 $[0,1]$ 上二阶连续可导，且 $f(0)=f(1)=f'(0)=0,f'(1)=1$. 证明：

$$\int_0^1[f''(x)]^2\mathrm{d}x\geqslant 4.$$

指出式中等号成立的条件.

证明　构造一个三次多项式 $p(x)$，满足 $p(0)=p(1)=p'(0)=0,p'(1)=1$. 于是有 $p(x)=kx^2(x-1)$，由 $1=p'(1)=k\cdot 1=k$，得 $p(x)=x^3-x^2,p''(x)=6x-2,p^{(4)}(x)=0$，因此

$$\int_0^1[p''(x)]^2\mathrm{d}x=\int_0^1(36x^2-24x+4)\mathrm{d}x=12-12+4=4.$$

当 $f(x)=p(x)=x^3-x^2$ 时，等号成立. 考虑积分 $\int_0^1([f''(x)]^2-[p''(x)]^2)\mathrm{d}x$，有

$$\int_0^1([f''(x)]^2-[p''(x)]^2)\mathrm{d}x$$

$$=\int_0^1(f''(x)-p''(x))^2\mathrm{d}x+\int_0^1 2f''(x)p''(x)\mathrm{d}x-2\int_0^1 p''^2(x)\mathrm{d}x.$$

$$=\int_0^1[f''(x)-p''(x)]^2\mathrm{d}x+2f'(x)p''(x)\Big|_0^1-2\int_0^1 f'(x)p'''(x)\mathrm{d}x-8$$

$$= \int_0^1 [f''(x) - p''(x)]^2 \mathrm{d}x + 2f'(1)p''(1) - 2f'(0)p''(0) - 2f(x)p'''(x)\Big|_0^1$$

$$+ 2\int_0^1 f(x)p^{(4)}(x)\mathrm{d}x - 8$$

$$= \int_0^1 [f''(x) - p''(x)]^2 \mathrm{d}x + 2\times 1\times 4 - 0 - 0 + 0 - 8 \geqslant 0.$$

所以，$\int_0^1 [f''(x)]^2 \mathrm{d}x \geqslant \int_0^1 [p''(x)]^2 \mathrm{d}x = 4$，且等号仅当 $f''(x) = p''(x)$ 时成立. 再由 f 与 p 满足的条件知，仅当 $f(x) = p(x) = x^3 - x^2$ 时，等号成立. □

269. 设函数 f 在 $[0,1]$ 上 Riemann 可积，且有正数 m 与 M，使得 $m \leqslant f(x) \leqslant M$，$\forall x \in [0,1]$. 证明：

$$1 \leqslant \int_0^1 f(x)\mathrm{d}x \int_0^1 \frac{\mathrm{d}x}{f(x)} \leqslant \frac{(m+M)^2}{4mM}.$$

证法 1 因为 $f(x) \geqslant m > 0$，所以对 $\forall x, y \in [0,1]$ 有

$$\frac{f(x)}{f(y)} + \frac{f(y)}{f(x)} \geqslant 2\sqrt{\frac{f(x)}{f(y)} \cdot \frac{f(y)}{f(x)}} = 2.$$

从而

$$\begin{aligned} 2\int_0^1 f(x)\mathrm{d}x \int_0^1 \frac{\mathrm{d}x}{f(x)} - 2 &= \int_0^1 f(x)\mathrm{d}x \int_0^1 \frac{\mathrm{d}y}{f(y)} + \int_0^1 f(y)\mathrm{d}y \int_0^1 \frac{\mathrm{d}x}{f(x)} - 2 \\ &= \int_0^1 \int_0^1 \left[\frac{f(x)}{f(y)}\mathrm{d}x\right]\mathrm{d}y + \int_0^1 \left[\int_0^1 \frac{f(y)}{f(x)}\mathrm{d}x\right]\mathrm{d}y - \int_0^1 \left(\int_0^1 2\mathrm{d}x\right)\mathrm{d}y \\ &= \int_0^1 \left[\int_0^1 \left[\frac{f(x)}{f(y)} + \frac{f(y)}{f(x)} - 2\right]\mathrm{d}x\right]\mathrm{d}y \geqslant 0, \end{aligned}$$

于是

$$\int_0^1 f(x)\mathrm{d}x \int_0^1 \frac{\mathrm{d}x}{f(x)} \geqslant 1.$$

另一方面，有

$$1 + \frac{m}{M} - m\int_0^1 \frac{\mathrm{d}x}{f(x)} - \frac{1}{M}\int_0^1 f(x)\mathrm{d}x = \int_0^1 (f(x) - m)\left(\frac{1}{f(x)} - \frac{1}{M}\right)\mathrm{d}x \geqslant 0.$$

所以

$$1 + \frac{m}{M} \geqslant m\int_0^1 \frac{\mathrm{d}x}{f(x)} + \frac{1}{M}\int_0^1 f(x)\mathrm{d}x \geqslant 2\sqrt{\frac{m}{M}\int_0^1 f(x)\mathrm{d}x \int_0^1 \frac{\mathrm{d}x}{f(x)}},$$

$$\int_0^1 f(x)\mathrm{d}x \int_0^1 \frac{\mathrm{d}x}{f(x)} \leqslant \frac{\left(1 + \frac{m}{M}\right)^2}{4 \cdot \frac{m}{M}} = \frac{(m+M)^2}{4mM}.$$

证法 2 由题意即得

$$\frac{(f(x) - m)(f(x) - M)}{f(x)} \leqslant 0, \quad x \in [0,1].$$

变形为

$$f(x)-(m+M)+\frac{mM}{f(x)}\leqslant 0.$$

积分就有

$$\int_0^1 f(x)\mathrm{d}x+mM\int_0^1\frac{\mathrm{d}x}{f(x)}\leqslant m+M.$$

令 $u=mM\int_0^1\frac{\mathrm{d}x}{f(x)}$,则$\int_0^1 f(x)\mathrm{d}x+u\leqslant m+M$,或

$$u\int_0^1 f(x)\mathrm{d}x\leqslant(m+M)u-u^2=\left(\frac{m+M}{2}\right)^2-\left(u+\frac{m+M}{2}\right)^2\leqslant\frac{(m+M)^2}{4}.$$

所以

$$mM\int_0^1\frac{\mathrm{d}x}{f(x)}\int_0^1 f(x)\mathrm{d}x=u\int_0^1 f(x)\mathrm{d}x\leqslant\frac{(m+M)^2}{4}.$$

即证得

$$1\leqslant\int_0^1 f(x)\mathrm{d}x\int_0^1\frac{\mathrm{d}x}{f(x)}\leqslant\frac{(m+M)^2}{4mM}.$$ □

270. 设 $x(t)$在$[0,a]$上连续,且满足

$$|x(t)|\leqslant M+k\int_0^t|x(t)|\mathrm{d}t,$$

这里 M 与 k 为正常数. 证明:$|x(t)|\leqslant Me^{kt}$,$t\in[0,a]$.

证明 令 $y(t)=M+k\int_0^t|x(t)|\mathrm{d}t$,则

$$y'(t)=k|x(t)|\leqslant ky(t),\quad y(t)\geqslant|x(t)|.$$

而$(\mathrm{e}^{-kt}y(t))'=-k\mathrm{e}^{-kt}y(t)+\mathrm{e}^{-kt}y'(t)=\mathrm{e}^{-kt}(y'-ky)\leqslant 0$. 因此函数 $\mathrm{e}^{-kt}y(t)$在$[0,a]$上单调减,故

$$M=y(0)=\mathrm{e}^{-k\cdot 0}y(0)\geqslant\mathrm{e}^{-kt}y(t),\quad t\in[0,a],$$

即 $M\mathrm{e}^{kt}\geqslant y(t)\geqslant|x(t)|$,$t\in[0,a]$. □

271. 设 f 为$[-1,1]$上的连续函数,且对$[-1,1]$上的任何偶函数 g,积分 $\int_{-1}^1 f(x)g(x)\mathrm{d}x=0$. 证明:$f$ 在$[-1,1]$上为奇函数.

证明 由 $f(x)$为$[-1,1]$上的连续函数,$f(-x)$也在$[-1,1]$上连续,且$\frac{1}{2}[f(x)+f(-x)]$及$\frac{1}{2}[f(x)-f(-x)]$分别为$[-1,1]$的偶函数和奇函数. 又 $f(x)=\frac{1}{2}[f(x)+f(-x)]+\frac{1}{2}[f(x)-f(-x)]$,所以

$$0=\int_{-1}^1 f(x)\frac{1}{2}[f(x)+f(-x)]\mathrm{d}x$$

$$= \frac{1}{4}\int_{-1}^{1}[(f(x)+f(-x))^2+(f^2(x)-f^2(-x))]\mathrm{d}x.$$

$$= \frac{1}{4}\left[\int_{-1}^{1}(f(x)+f(-x))^2\mathrm{d}x+\int_{-1}^{1}f^2(x)\mathrm{d}x-\int_{-1}^{1}f^2(-x)\mathrm{d}x\right].$$

令 $t=-x$,得

$$\int_{-1}^{1}f^2(x)\mathrm{d}x-\int_{-1}^{1}f^2(-x)\mathrm{d}x=\int_{-1}^{1}f^2(x)\mathrm{d}x-\int_{1}^{-1}f^2(t)(-\mathrm{d}t)$$

$$=\int_{-1}^{1}f^2(x)\mathrm{d}x-\int_{-1}^{1}f^2(t)\mathrm{d}t=0.$$

由此知

$$\int_{-1}^{1}[f(x)+f(-x)]^2\mathrm{d}x=0.$$

由 $f(x)+f(-x)$ 连续知 $[f(x)+f(-x)]^2=0$,即 $\forall x\in[-1,1]$ 有

$$f(-x)=-f(x),$$

f 是 $[-1,1]$ 上的奇函数. □

272. 设 $a,b,n\in\mathbb{N}$,令 $f(x)=\dfrac{x^n(a-bx)^n}{n!}$. 证明:

(1) $f\left(\dfrac{a}{b}-x\right)=f(x)$;

(2) $f^{(k)}(x)(0\leqslant k\leqslant 2n)$ 当 $x=0,x=\dfrac{a}{b}$ 时取整数值,当 $k\geqslant 2n+1$ 时,$f^{(k)}(x)=0$;

(3) 假设 μ 为有理数,即 $\mu=\dfrac{a}{b}$,a 与 b 为既约正整数. 则可证 $\int_0^{\mu}f(x)\sin x\mathrm{d}x$ 为整数. 由此证明 μ 不可能为有理数,即 μ 为无理数.

证明 (1) $f\left(\dfrac{a}{b}-x\right)=\dfrac{\left(\dfrac{a}{b}-x\right)^n\left[a-b\left(\dfrac{a}{b}-x\right)\right]^n}{n!}$

$$=\frac{\frac{1}{b^n}(a-bx)^n[a-(a-bx)]^n}{n!}=\frac{(a-bx)^n(bx)^n}{b^n n!}$$

$$=\frac{(a-bx)^n x^n}{n!}=f(x).$$

(2) $f^{(k)}(x)=\dfrac{1}{n!}\sum\limits_{i=0}^{k}\mathrm{C}_k^i(x^n)^{(i)}[(a-bx)^n]^{(k-i)}$

$$=\frac{1}{n!}\sum_{i=0}^{k}\mathrm{C}_k^i n(n-1)\cdots(n-i+1)x^{n-i}((a-bx)^n)^{(k-i)}.$$

当 $k\leqslant n-1$ 时,每项中都含 x 因子,所以 $f^{(k)}(0)=0$. 当 $k\geqslant n$ 时,如果 $i>n$,则 $(x^n)^{(i)}=0$. 故

$$f^{(k)}(0)=\frac{1}{n!}\mathrm{C}_k^n n!((a-bx)^n)^{(k-n)}\Big|_{x=0}=\mathrm{C}_k^n((a-bx)^n)^{(k-n)}\Big|_{x=0}$$

是一个整数. 对称地, $f^{(k)}\left(\frac{a}{b}\right)$也一样是整数. 当 $k\geqslant 2n+1$ 时, $f^{(k)}(x)=0$.

(3) 假设 $\mu=\frac{a}{b}$是有理数, a,b 为既约正整数, 考虑函数 $f(x)=\frac{x^n(a-bx)^n}{n!}$, 则积分

$$\begin{aligned}\int_0^{\mu} f(x)\sin x\mathrm{d}x &= -f(x)\cos x\Big|_0^{\mu}+\int_0^{\mu} f'(x)\cos x\mathrm{d}x\\ &= \int_0^{\mu} f'(x)\cos x\mathrm{d}x = f'(x)\sin x\Big|_0^{\mu}-\int_0^{\mu} f''(x)\sin x\mathrm{d}x\\ &= \cdots = \text{整数} + (-1)^n\int_0^{\mu} f^{(2n)}(x)\sin x\mathrm{d}x\\ &= \text{整数} + (-1)^n\ \text{整数}\int_0^{\mu}\sin x\mathrm{d}x = \text{整数}.\end{aligned}$$

另一方面, 当 $x\in(0,\mu)=\left(0,\frac{a}{b}\right)$时, 有

$$\begin{aligned}0<f(x) &= \frac{1}{n!}(ax-bx^2)^n = \frac{1}{n!b^n}[abx-(bx)^2]^n\\ &= \frac{1}{n!b^n}\left[\left(\frac{a}{2}\right)^2-\left(\frac{a}{2}-bx\right)^2\right]^n \leqslant \frac{1}{n!b^n}\left(\frac{a}{2}\right)^{2n}\\ &= \frac{1}{n!}\cdot\left(\frac{a}{b}\right)^n\cdot\frac{a^n}{4^n} = \frac{\mu^n}{n!}\cdot\left(\frac{a}{4}\right)^n.\end{aligned}$$

所以有

$$1\leqslant\int_0^{\mu} f(x)\sin x\mathrm{d}x < \frac{1}{n!}\left(\frac{\mu a}{4}\right)^n\int_0^{\mu}\mathrm{d}x = \frac{\mu\left(\frac{\mu a}{4}\right)^n}{n!}\to 0\quad(n\to+\infty),$$

矛盾. 所以 μ 为无理数. □

273. 设函数 f 在$[0,2]$上连续可导, $f(0)=f(2)=1$, 且 $|f'|\leqslant 1$. 证明:

$$1\leqslant\int_0^2 f(x)\mathrm{d}x\leqslant 3.$$

证明 由条件, 对 $\forall x\in(0,1)$有

$$\left|\frac{f(x)-f(0)}{x-0}\right| = |f'(\xi)|\leqslant 1,\quad \xi\in(0,x).$$

即当 $x\in[0,1]$时, $|f(x)-1|\leqslant x$, $1-x\leqslant f(x)\leqslant 1+x$.

根据积分性质得

$$\frac{1}{2}=\int_0^1(1-x)\mathrm{d}x\leqslant\int_0^1 f(x)\mathrm{d}x\leqslant\int_0^1(1+x)\mathrm{d}x=\frac{3}{2}.$$

同理, 当 $x\in(1,2)$时, 有

$$-1\leqslant\frac{f(x)-f(2)}{x-2}\leqslant 1,\quad x-2<0,$$

$$x-2\leqslant f(x)-f(2)\leqslant 2-x,$$

即 $x-1\leqslant f(x)\leqslant 3-x$, $x\in[1,2]$. 于是

$$\frac{1}{2}=\int_1^2(x-1)\mathrm{d}x\leqslant\int_1^2 f(x)\mathrm{d}x\leqslant\int_1^2(3-x)\mathrm{d}x=\frac{3}{2}.$$

所以

$$\begin{aligned}1=\frac{1}{2}+\frac{1}{2}&=\int_0^1(1-x)\mathrm{d}x+\int_1^2(x-1)\mathrm{d}x\\&\leqslant\int_0^1 f(x)\mathrm{d}x+\int_1^2 f(x)\mathrm{d}x=\int_0^2 f(x)\mathrm{d}x\\&\leqslant\int_0^1(1+x)\mathrm{d}x+\int_1^2(3-x)\mathrm{d}x=\frac{3}{2}+\frac{3}{2}=3.\end{aligned}$$

□

274. 证明:$\int_0^x \mathrm{e}^{xt-t^2}\mathrm{d}t=\mathrm{e}^{\frac{x^2}{4}}\int_0^x \mathrm{e}^{-\frac{t^2}{4}}\mathrm{d}t$.

证明 作变换 $u=t-\dfrac{x}{2}$ 得

$$\begin{aligned}\int_0^x \mathrm{e}^{xt-t^2}\mathrm{d}t&=\int_0^x \mathrm{e}^{\frac{x^2}{4}-\left(t-\frac{x}{2}\right)^2}\mathrm{d}\left(t-\frac{x}{2}\right)\\&=\mathrm{e}^{\frac{x^2}{4}}\int_{-\frac{x}{2}}^{\frac{x}{2}}\mathrm{e}^{-u^2}\mathrm{d}u=2\mathrm{e}^{\frac{x^2}{4}}\int_0^{\frac{x}{2}}\mathrm{e}^{-u^2}\mathrm{d}u\\&\xlongequal{u=\frac{v}{2}}2\mathrm{e}^{\frac{x^2}{4}}\int_0^x \mathrm{e}^{-\frac{v^2}{4}}\ \frac{1}{2}\mathrm{d}v=\mathrm{e}^{\frac{x^2}{4}}\int_0^x \mathrm{e}^{-\frac{v^2}{4}}\mathrm{d}v\\&=\mathrm{e}^{\frac{x^2}{4}}\int_0^x \mathrm{e}^{-\frac{t^2}{4}}\mathrm{d}t.\end{aligned}$$

□

275. 证明:(1) $\forall n\in\mathbb{N}$,积分 $I_n=\int_0^1\frac{1}{x}\left[\left(\ln x+\ln\frac{1+x}{1-x}\right)^n-\ln^n x\right]\mathrm{d}x$ 是收敛的.

(2) 当 n 为偶数时,$I_n=0$.

证明 (1) 因为

$$\begin{aligned}\frac{1}{x}\left[\left(\ln x+\ln\frac{1+x}{1-x}\right)^n-\ln^n x\right]&=\frac{1}{x}\left[\ln^n x+\sum_{k=1}^n \mathrm{C}_n^k\ln^{n-k}x\ln^k\left(\frac{1+x}{1-x}\right)-\ln^n x\right]\\&=\frac{1}{x}\sum_{k=1}^n \mathrm{C}_n^k\ln^{n-k}x\ln^k\left(\frac{1+x}{1-x}\right)\end{aligned}$$

和

$$\begin{aligned}\ln\frac{1+x}{1-x}&=\ln(1+x)-\ln(1-x)=\left(x-\frac{x^2}{2}+\frac{x^3}{3}-\cdots\right)-\left(-x-\frac{x^2}{2}-\frac{x^3}{3}-\cdots\right)\\&=2x\left(1+\frac{x^2}{3}+\frac{x^4}{5}+\cdots\right).\end{aligned}$$

所以

$$\int_0^{\frac{1}{2}}\frac{1}{x}\mathrm{C}_n^k\ln^{n-k}x\ln^k\frac{1+x}{1-x}\mathrm{d}x=\int_0^{\frac{1}{2}}2^k x^{k-1}\mathrm{C}_n^k\ln^{n-k}x\left(\sum_{j=0}^{\infty}\frac{x^{2j}}{2j+1}\right)^k\mathrm{d}x.$$

再由当 $l\geqslant 0, m\geqslant 1$ 时

$$A_m=\int_0^{\frac{1}{2}} x^l \ln^m x\,dx=\frac{x^{l+1}}{l+1}\ln^m x\Big|_0^{\frac{1}{2}}-\frac{m}{l+1}\int_0^{\frac{1}{2}} x^l\ln^{m-1}x\,dx$$

$$=\frac{\left(\frac{1}{2}\right)^{l+1}}{l+1}(-1)^m\ln^m 2-\frac{m}{l+1}\int_0^{\frac{1}{2}}x^l\ln^{m-1}x\,dx=c-\frac{m}{l+1}A_{m-1}.$$

再反复使用分部积分知 A_m 收敛.

当 $x\to 1$ 时,

$$\frac{1}{x}C_n^k\ln^{n-k}x\ln^k\frac{1+x}{1-x}\sim C_n^k\ln^{n-k}x\ln^k\frac{2}{1-x}=C_n^k\ln^{n-k}x(\ln 2-\ln(1-x))^k.$$

而

$$\int_{\frac{1}{2}}^1\ln^{n-k}x\ln^j(1-x)\,dx\xlongequal{t=1-x}\int_{\frac{1}{2}}^0\ln^{n-k}(1-t)\ln^j t(-dt)=\int_0^{\frac{1}{2}}\ln^{n-k}(1-t)\ln^j t\,dt$$

$$=\int_0^{\frac{1}{2}}\left(-t-\frac{t^2}{2}-\cdots\right)^{n-k}\ln^j t\,dt,$$

$$\frac{\left(-t-\frac{t^2}{2}-\cdots\right)^{n-k}\ln^j t}{t^{n-k}\ln^j t}=\left(-1-\frac{t}{2}-\cdots\right)^{n-k}\to(-1)^{n-k}\quad(t\to 0)$$

与 $\int_0^{\frac{1}{2}}t^{n-k}\ln^j t\,dt$ 收敛. 因此

$$\int_0^{\frac{1}{2}}\left(-t-\frac{t^2}{2}-\cdots\right)^{n-k}\ln^j t\,dt=\int_{\frac{1}{2}}^1\ln^{n-k}x\ln^j(1-x)\,dx$$

收敛.

$$\int_0^1\frac{1}{x}\left[\left(\ln x+\ln\frac{1+x}{1-x}\right)^n-\ln^n x\right]dx$$

$$=\int_0^{\frac{1}{2}}\frac{1}{x}\left[\left(\ln x+\ln\frac{1+x}{1-x}\right)^n-\ln^n x\right]dx+\int_{\frac{1}{2}}^1\frac{1}{x}\left[\left(\ln x+\ln\frac{1+x}{1-x}\right)^n-\ln^n x\right]dx$$

$$=\int_0^{\frac{1}{2}}\frac{1}{x}\sum_{k=1}^n C_n^k\ln^{n-k}x\ln^k\frac{1+x}{1-x}dx+\int_{\frac{1}{2}}^1\frac{1}{x}\sum_{k=1}^n C_n^k\ln^{n-k}x\ln^k\frac{1+x}{1-x}dx$$

$$=\sum_{k=1}^n C_n^k\left[\int_0^{\frac{1}{2}}\frac{1}{x}\ln^{n-k}x\ln^k\frac{1+x}{1-x}dx+\int_{\frac{1}{2}}^1\frac{1}{x}\ln^{n-k}x\ln^{n-k}x\ln^k\frac{1+x}{1-x}dx\right]$$

收敛.

(2) 令 $J_k=C_n^k\int_0^1\frac{1}{x}\ln^{n-k}x\ln^k\frac{1+x}{1-x}dx$,则

$$J_k = C_n^k \int_0^1 \ln^k \frac{1+x}{1-x} \mathrm{d} \frac{\ln^{n-k+1} x}{n-k+1}$$

$$= \frac{n(n-1)\cdots(n-k+1)}{(n-k+1)\cdot k!} \left(\ln \frac{1+x}{1-x}\right)^k \cdot (\ln x)^{n-k+1} \Big|_0^1$$

$$- \frac{n(n-1)\cdots(n-k+2)}{k!} \cdot k \int_0^1 \left(\ln \frac{1+x}{1-x}\right)^{k-1} (\ln x)^{n-(k-1)} \left(\frac{1}{1+x} - \frac{-1}{1-x}\right) \mathrm{d}x$$

$$= -\frac{n(n-1)\cdots(n-(k-1)+1)}{(k-1)!} \int_0^1 \left(\ln \frac{1+x}{1-x}\right)^{k-1} (\ln x)^{n-(k-1)} \cdot \frac{2}{1-x^2} \mathrm{d}x,$$

作变换 $t=\frac{1-x}{1+x}$,则 $x=\frac{1-t}{1+t}$,$\mathrm{d}x=-\frac{2}{(1+t)^2}\mathrm{d}t$,于是

$$J_k = -C_n^{k-1} \int_1^0 \left(\ln \frac{1}{t}\right)^{k-1} \left(\ln \frac{1-t}{1+t}\right)^{n-k+1} \cdot \frac{2(1+t)^2}{4t} \cdot \left(-\frac{2}{(1+t)^2}\right) \mathrm{d}t$$

$$= -C_n^{k-1} \int_0^1 \frac{1}{t} (\ln t)^{k-1} (-1)^{k-1} \left(\ln \frac{1+t}{1-t}\right)^{n-k+1} (-1)^{n-k+1} \mathrm{d}t$$

$$= C_n^{n-k+1} (-1)^{n+1} \int_0^1 \frac{1}{t} (\ln t)^{k-1} \left(\ln \frac{1+t}{1-t}\right)^{n-k+1} \mathrm{d}t$$

$$= (-1)^{n+1} J_{n-k+1}.$$

当 $n=2m$ 为偶数时,有 $J_k=-J_{2m-k+1}$,故

$$\text{原式} = \sum_{k=1}^{2m} J_k = J_1 + \cdots + J_m + J_{m+1} + \cdots + J_{2m}$$

$$= (J_1 + J_{2m}) + (J_2 + J_{2m-1}) + \cdots + (J_m + J_{m+1})$$

$$= \underbrace{0 + 0 + \cdots + 0}_{m\text{个}} = 0.$$

□

276. 证明:$\int_0^{+\infty} \left(\frac{\sin x}{x}\right)^2 \mathrm{d}x = \int_0^{+\infty} \frac{\sin x}{x} \mathrm{d}x.$

证明

$$\int_0^{+\infty} \left(\frac{\sin x}{x}\right)^2 \mathrm{d}x = \int_0^{+\infty} \sin^2 x \mathrm{d}\left(-\frac{1}{x}\right)$$

$$= -\frac{\sin^2 x}{x}\Big|_0^{+\infty} + \int_0^{+\infty} \frac{2\sin x\cos x}{x} \mathrm{d}x$$

$$= \int_0^{+\infty} \frac{\sin 2x}{2x} \mathrm{d}(2x) = \int_0^{+\infty} \frac{\sin t}{t} \mathrm{d}t$$

$$= \int_0^{+\infty} \frac{\sin x}{x} \mathrm{d}x.$$

□

277. 计算积分:

(1) $\int_0^{+\infty} \frac{\ln x}{(1+x)\sqrt{x}} \mathrm{d}x$;　　(2) $\int_0^{\frac{\pi}{2}} \frac{\mathrm{d}x}{1+\tan^{100} x}$;

(3) $\int_1^{+\infty} \left(\frac{1}{[x]} - \frac{1}{x}\right) \mathrm{d}x$;　　(4) $\int_0^{+\infty} \frac{\mathrm{e}^{-x^2}}{\left(x^2+\frac{1}{2}\right)^2} \mathrm{d}x.$

解法 1 (1) 作变换 $x=\frac{1}{t}$,有

$$\int_0^1 \frac{\ln x}{(1+x)\sqrt{x}}\mathrm{d}x=\int_{+\infty}^1 \frac{\ln\frac{1}{t}}{\left(1+\frac{1}{t}\right)\sqrt{\frac{1}{t}}}\left(-\frac{1}{t^2}\right)\mathrm{d}t$$

$$=\int_1^{+\infty}\frac{-\ln t}{(t+1)\sqrt{t}}\mathrm{d}t=-\int_1^{+\infty}\frac{\ln x}{(1+x)\sqrt{x}}\mathrm{d}x.$$

因此

$$\int_0^{+\infty}\frac{\ln x}{(1+x)\sqrt{x}}\mathrm{d}x=\int_0^1\frac{\ln x}{(1+x)\sqrt{x}}\mathrm{d}x+\int_1^{+\infty}\frac{\ln x}{(1+x)\sqrt{x}}\mathrm{d}x=0.$$

(2) 作变换 $\tan x=t$,得

$$\int_0^{\frac{\pi}{2}}\frac{\mathrm{d}x}{1+\tan^{100}x}=\int_0^{+\infty}\frac{\mathrm{d}t}{(1+t^{100})(1+t^2)}\xlongequal[\text{思考题 6.5.3 题}]{\text{242 题}}\frac{\pi}{4}.$$

(3) 由于

$$\int_1^{n+1}\frac{1}{[x]}\mathrm{d}x=\sum_{k=1}^{n}\int_k^{k+1}\frac{\mathrm{d}x}{[x]}=\sum_{k=1}^{n}\int_k^{k+1}\frac{1}{k}\mathrm{d}x=\sum_{k=1}^{n}\frac{1}{k},$$

$$\int_1^{n+1}\frac{1}{x}\mathrm{d}x=\ln x\Big|_1^{n+1}=\ln(n+1),$$

所以

$$\int_1^{n+1}\left(\frac{1}{[x]}-\frac{1}{x}\right)\mathrm{d}x=1+\frac{1}{2}+\cdots+\frac{1}{n}-\ln(n+1)$$

$$=1+\frac{1}{2}+\cdots+\frac{1}{n}-\ln n-\ln\left(1+\frac{1}{n}\right).$$

令 $n\to+\infty$,得

$$\int_1^{+\infty}\left(\frac{1}{[x]}-\frac{1}{x}\right)\mathrm{d}x=\lim_{n\to+\infty}\left(\sum_{k=1}^{n}\frac{1}{k}-\ln n\right)-\lim_{n\to+\infty}\ln\left(1+\frac{1}{n}\right)$$

$$=C(\text{为 Euler 常数}).$$

(4) 先作变换 $u=\sqrt{2}x$,得

$$\int_0^{+\infty}\frac{e^{-x^2}}{\left(x^2+\frac{1}{2}\right)^2}\mathrm{d}x\xlongequal{x=\frac{u}{\sqrt{2}}}\int_0^{+\infty}\frac{e^{-\frac{u^2}{2}}}{\frac{1}{4}(u^2+1)^2}\frac{\mathrm{d}u}{\sqrt{2}}$$

$$\xlongequal{t=\frac{1}{u}}\int_{+\infty}^0\frac{4t^4e^{-\frac{1}{2t^2}}}{\sqrt{2}(1+t^2)^2}\left(-\frac{1}{t^2}\right)\mathrm{d}t$$

$$=\int_0^{+\infty}\frac{2\sqrt{2}t^2e^{-\frac{1}{2t^2}}}{(t^2+1)^2}\mathrm{d}t=2\sqrt{2}\int_0^{+\infty}\left(\frac{1}{t^2+1}\right)'\left(-\frac{t}{2}\right)e^{-\frac{1}{2t^2}}\mathrm{d}t$$

$$=2\sqrt{2}\left[-\frac{t}{2}e^{-\frac{1}{2t^2}}\frac{1}{t^2+1}\Big|_0^{+\infty}-\int_0^{+\infty}\frac{1}{t^2+1}\mathrm{d}\left(-\frac{t}{2}e^{-\frac{1}{2t^2}}\right)\right]$$

$$= 2\sqrt{2}\int_0^{+\infty} \frac{1}{t^2+1} \cdot \frac{1}{2} e^{-\frac{1}{2t^2}} \left(1+\frac{1}{t^2}\right) dt$$

$$= \sqrt{2}\int_0^{+\infty} \frac{1}{t^2} e^{-\frac{1}{2t^2}} dt \xlongequal{s=\frac{1}{2t^2}} \sqrt{2}\int_{+\infty}^0 e^{-s} \cdot 2s \frac{1}{\sqrt{2}} \left(-\frac{1}{2s^{\frac{3}{2}}}\right) ds$$

$$= \int_0^{+\infty} e^{-s} s^{-\frac{1}{2}} ds = \Gamma\left(\frac{1}{2}\right) = \sqrt{\pi}.$$

解法 2 (4)

$$\int_0^{+\infty} \frac{e^{-x^2}}{\left(x^2+\frac{1}{2}\right)^2} dx = \int_0^{+\infty} \frac{4e^{-x^2}}{(2x^2+1)^2} dx$$

$$\xlongequal{x=\frac{1}{t}} 4\int_{+\infty}^0 \frac{e^{-\frac{1}{t^2}} t^4}{(2+t^2)^2} \left(-\frac{1}{t^2}\right) dt = 2\int_0^{+\infty} t e^{-\frac{1}{t^2}} \frac{d(2+t^2)}{(2+t^2)^2}$$

$$= -2\left[\frac{t}{t^2+2} e^{-\frac{1}{t^2}} \Big|_0^{+\infty} - \int_0^{+\infty} \frac{1}{t^2+2}\left(1+\frac{2}{t^2}\right) e^{-\frac{1}{t^2}} dt\right]$$

$$= 2\int_0^{+\infty} \frac{e^{-\frac{1}{t^2}}}{t^2} dt \xlongequal{\frac{1}{t^2}=s} \int_0^{+\infty} e^{-s} s^{-\frac{1}{2}} ds = \Gamma\left(\frac{1}{2}\right) = \sqrt{\pi}.$$

解法 3 (4) 先求不定积分

$$\int \frac{e^{-x^2}}{\left(x^2+\frac{1}{2}\right)^2} dx = -\int \frac{e^{-x^2}}{2x} d\left(\frac{1}{x^2+\frac{1}{2}}\right)$$

$$= -\frac{e^{-x^2}}{2x\left(x^2+\frac{1}{2}\right)} + \int \frac{1}{x^2+\frac{1}{2}} \cdot e^{-x^2} \frac{-2x^2-1}{2x^2} dx$$

$$= \frac{-e^{-x^2}}{2x\left(x^2+\frac{1}{2}\right)} - \int \frac{e^{-x^2}}{x^2} dx$$

$$= -\frac{e^{-x^2}}{2x\left(x^2+\frac{1}{2}\right)} + \frac{e^{-x^2}}{x} - \int e^{-x^2} \cdot (-2x) \cdot \frac{1}{x} dx$$

$$= \frac{e^{-x^2}(-1+2x^2+1)}{2x\left(x^2+\frac{1}{2}\right)} + 2\int e^{-x^2} dx$$

$$= \frac{x e^{-x^2}}{x^2+\frac{1}{2}} + 2\int e^{-x^2} dx.$$

由此得

$$\int_0^{+\infty} \frac{e^{-x^2}}{\left(x^2+\frac{1}{2}\right)^2} dx = \frac{x e^{-x^2}}{x^2+\frac{1}{2}} \Bigg|_0^{+\infty} + 2\int_0^{+\infty} e^{-x^2} dx = \sqrt{\pi}.$$

□

解法 4 (4) 应用广义重积分的交换积分次序.

因为 $e^{-x^2}=\int_x^{+\infty}2te^{-t^2}dt$,所以

$$\int_0^{+\infty}\frac{e^{-x^2}}{\left(x^2+\frac{1}{2}\right)^2}dx=\int_0^{+\infty}\left[\int_x^{+\infty}\frac{2te^{-t^2}}{\left(x^2+\frac{1}{2}\right)^2}dt\right]dx$$

$$\xlongequal{\text{交换积分次序}}\int_0^{+\infty}\left(2te^{-t^2}\int_0^t\frac{dx}{\left(x^2+\frac{1}{2}\right)^2}\right)dt$$

$$=\int_0^{+\infty}2te^{-t^2}\left(\sqrt{2}\arctan\sqrt{2}t+\frac{t}{t^2+\frac{1}{2}}\right)dt$$

$$=\int_0^{+\infty}\frac{2t^2}{t^2+\frac{1}{2}}e^{-t^2}dt+\int_0^{+\infty}2\sqrt{2}te^{-t^2}\arctan\sqrt{2}tdt$$

$$=2\int_0^{+\infty}e^{-t^2}dt-\int_0^{+\infty}\frac{e^{-t^2}}{t^2+\frac{1}{2}}dt-\int_0^{+\infty}\sqrt{2}\arctan\sqrt{2}tde^{-t^2}$$

$$=2\int_0^{+\infty}e^{-t^2}dt-\int_0^{+\infty}\frac{e^{-t^2}}{t^2+\frac{1}{2}}dt-\left(\sqrt{2}\arctan\sqrt{2}te^{-t^2}\Big|_0^{+\infty}-\int_0^{+\infty}\frac{e^{-t^2}}{t^2+\frac{1}{2}}dt\right)$$

$$=2\int_0^{+\infty}e^{-t^2}dt=\sqrt{\pi}.$$

□

278. 设 f 为$[-1,1]$上的连续函数. 证明 $\lim\limits_{h\to 0^+}\int_{-1}^1\frac{h}{h^2+x^2}f(x)dx=\pi f(0)$.

证明 因为 f 在$[-1,1]$上连续,所以,对 $\forall\varepsilon>0$, $\exists 0<\eta<\frac{1}{2}$, s. t. 当$|x|<\eta$时,$|f(x)-f(0)|<\frac{\varepsilon}{4\pi}$. 又 f 在$[-1,1]$上有界,令 $M=\max\limits_{x\in[-1,1]}\{|f(x)|\}$. 固定 η,取 $0<\delta<\frac{\varepsilon}{4M}\frac{\eta}{1-\eta}$,当 $0<h<\delta$ 时有

$$\left|\int_{-1}^{-\eta}\frac{h}{h^2+x^2}f(x)dx\right|\leqslant M\int_{-1}^{-\eta}\frac{|h|}{h^2+x^2}dx=M\int_\eta^1\frac{|h|}{h^2+x^2}dx$$

$$<M\int_\eta^1\frac{\delta}{\eta}dx=M\delta\,\frac{1-\eta}{\eta}<\frac{\varepsilon}{4},$$

$$\left|\int_\eta^1\frac{h}{h^2+x^2}f(x)dx\right|\leqslant M\int_\eta^1\frac{|h|}{h^2+x^2}dx<\frac{\varepsilon}{4},$$

$$\left|2\arctan\frac{\eta}{h}-\pi\right||f(0)|<\frac{\varepsilon}{4}.$$

于是

$$\begin{aligned}
&\left|\int_{-1}^{1}\frac{h}{h^2+x^2}f(x)\mathrm{d}x-\pi f(0)\right|\\
\leqslant&\left|\int_{-1}^{-\eta}\frac{h}{h^2+x^2}f(x)\mathrm{d}x\right|+\left|\int_{\eta}^{1}\frac{h}{h^2+x^2}f(x)\mathrm{d}x\right|+\left|\int_{-\eta}^{\eta}\frac{h}{h^2+x^2}f(x)\mathrm{d}x-\pi f(0)\right|\\
<&\frac{\varepsilon}{4}+\frac{\varepsilon}{4}+\left|f(\xi_\eta)\int_{-\eta}^{\eta}\frac{h}{h^2+x^2}\mathrm{d}x-\pi f(0)\right|\\
<&\frac{\varepsilon}{2}+\left|f(\xi_\eta)2\arctan\frac{\eta}{h}-\pi f(0)\right|\\
<&\frac{\varepsilon}{2}+|f(\xi_\eta)-f(0)|2\arctan\frac{\eta}{h}+|f(0)|\left|2\arctan\frac{\eta}{h}-\pi\right|\\
<&\frac{\varepsilon}{2}+\frac{\varepsilon}{4}+\frac{\varepsilon}{4}=\varepsilon.
\end{aligned}$$

因此 $\lim\limits_{h\to0^+}\int_{-1}^{1}\frac{h}{h^2+x^2}f(x)\mathrm{d}x=\pi f(0)$. □

279. 设 f 为 $[-1,1]$ 上的连续函数. 证明：$\lim\limits_{\lambda\to0^+}\frac{1}{2\lambda}\int_{-1}^{1}f(x)\mathrm{e}^{-\frac{|x|}{\lambda}}\mathrm{d}x=f(0)$.

证法 1 由于 f 在 $[-1,1]$ 上连续，因而有界. 设 $|f(x)|\leqslant M=\max\limits_{x\in[-1,1]}[|f(x)|]$，则

$$\left|\frac{1}{2\lambda}\int_{-1}^{-\sqrt{\lambda}}f(x)\mathrm{e}^{-\frac{|x|}{\lambda}}\mathrm{d}x\right|\leqslant\frac{M}{2\lambda}\int_{-1}^{-\sqrt{\lambda}}\mathrm{e}^{\frac{x}{\lambda}}\mathrm{d}x=\frac{M}{2}\mathrm{e}^{\frac{x}{\lambda}}\Big|_{-1}^{-\sqrt{\lambda}}=\frac{M}{2}(\mathrm{e}^{-\frac{1}{\sqrt{\lambda}}}-\mathrm{e}^{-\frac{1}{\lambda}})\to0(\lambda\to0^+).$$

同理

$$\left|\frac{1}{2\lambda}\int_{\sqrt{\lambda}}^{1}f(x)\mathrm{e}^{-\frac{|x|}{\lambda}}\mathrm{d}x\right|\to0\quad(\lambda\to0^+).$$

于是

$$\begin{aligned}
&\left|\frac{1}{2\lambda}\int_{-\sqrt{\lambda}}^{\sqrt{\lambda}}f(x)\mathrm{e}^{-\frac{|x|}{\lambda}}\mathrm{d}x-f(0)\right|\xlongequal{\text{积分第一中值定理}}\left|\frac{f(\xi(\lambda))}{2\lambda}\int_{-\sqrt{\lambda}}^{\sqrt{\lambda}}\mathrm{e}^{-\frac{|x|}{\lambda}}\mathrm{d}x-f(0)\right|\\
=&\left|\frac{f(\xi(\lambda))}{\lambda}\int_{-\sqrt{\lambda}}^{0}\mathrm{e}^{\frac{x}{\lambda}}\mathrm{d}t-f(0)\right|=\left|f(\xi(\lambda))(1-\mathrm{e}^{-\frac{1}{\sqrt{\lambda}}})-f(0)\right|\\
\leqslant&|f(\xi(\lambda))-f(0)|+M\mathrm{e}^{-\frac{1}{\sqrt{\lambda}}}\to0\quad(\lambda\to0^+).
\end{aligned}$$

然后有

$$\begin{aligned}
&\left|\frac{1}{2\lambda}\int_{-1}^{1}f(x)\mathrm{e}^{-\frac{|x|}{\lambda}}\mathrm{d}x-f(0)\right|\\
\leqslant&\left|\frac{1}{2\lambda}\int_{-1}^{-\sqrt{\lambda}}f(x)\mathrm{e}^{-\frac{|x|}{\lambda}}\mathrm{d}x\right|+\left|\frac{1}{2\lambda}\int_{\sqrt{\lambda}}^{1}f(x)\mathrm{e}^{-\frac{|x|}{\lambda}}\mathrm{d}x\right|+\left|\frac{1}{2\lambda}\int_{-\sqrt{\lambda}}^{\sqrt{\lambda}}f(x)\mathrm{e}^{-\frac{|x|}{\lambda}}\mathrm{d}x\right|\\
&\to0\quad(\lambda\to0^+).
\end{aligned}$$

即 $\lim\limits_{\lambda\to0^+}\frac{1}{2\lambda}\int_{-1}^{1}f(x)\mathrm{e}^{-\frac{|x|}{\lambda}}\mathrm{d}x=f(0)$.

证法 2 由 f 的连续性，$\exists M>0$，对 $\forall x\in[-1,1]$，$|f(x)|<M$. 对 $\forall 0<\varepsilon<M$，$\exists\delta>$

0，当$|x|<\delta$时，$|f(x)-f(0)|<\frac{\varepsilon}{3}$. 固定$\delta$，再取$0<\delta'<\delta$，当$0<\lambda<\delta'$时，有

$$|e^{-\frac{\delta}{\lambda}}-e^{-\frac{1}{\lambda}}|<\frac{\varepsilon}{6M},\quad |e^{-\frac{1}{\lambda}}f(0)|<\frac{\varepsilon}{3}.$$

因此

$$\begin{aligned}
&\left|\frac{1}{2\lambda}\int_{-1}^{1}f(x)e^{-\frac{|x|}{\lambda}}dx-f(0)\right|\\
&=\left|\frac{1}{2\lambda}\int_{-1}^{1}[f(x)-f(0)]e^{-\frac{|x|}{\lambda}}dx-e^{-\frac{1}{\lambda}}f(0)\right|\\
&\leqslant\frac{1}{2\lambda}\int_{-1}^{-\delta}|f(x)-f(0)|e^{-\frac{|x|}{\lambda}}dx+\frac{1}{2\lambda}\int_{\delta}^{1}[f(x)-f(0)]e^{-\frac{|x|}{\lambda}}dx\\
&\quad+\frac{1}{2\lambda}\int_{-\delta}^{\delta}|f(x)-f(0)|e^{-\frac{|x|}{\lambda}}dx+|e^{-\frac{1}{\lambda}}f(0)|\\
&\leqslant\frac{2M}{2}\left[\frac{1}{\lambda}\int_{-1}^{-\delta}e^{-\frac{|x|}{\lambda}}dx+\frac{1}{\lambda}\int_{\delta}^{1}e^{-\frac{|x|}{\lambda}}dx\right]\\
&\quad+\frac{1}{2\lambda}\cdot\frac{\varepsilon}{3}\cdot 2\int_{0}^{\delta}e^{-\frac{x}{\lambda}}dx+\frac{\varepsilon}{3}\\
&=2M|e^{-\frac{\delta}{\lambda}}-e^{-\frac{1}{\lambda}}|+\frac{\varepsilon}{3}(1-e^{-\frac{\delta}{\lambda}})+\frac{\varepsilon}{3}\\
&\quad<2M\cdot\frac{\varepsilon}{6M}+\frac{\varepsilon}{3}+\frac{\varepsilon}{3}=\varepsilon.
\end{aligned}$$

即$\lim\limits_{\lambda\to 0^+}\frac{1}{2\lambda}\int_{-1}^{1}f(x)e^{-\frac{|x|}{\lambda}}dx=f(0)$. □

280. 设f在$[0,\pi]$上 Riemann 可积. 证明：不能同时有

$$\int_0^{\pi}(f(x)-\sin x)^2dx\leqslant\frac{3}{4},\quad \int_0^{\pi}(f(x)-\cos x)^2dx\leqslant\frac{3}{4}.$$

证明 (反证)假设$\int_0^{\pi}(f(x)-\sin x)^2dx\leqslant\frac{3}{4}$与$\int_0^{\pi}(f(x)-\cos x)^2dx\leqslant\frac{3}{4}$同时成立.

则

$$\begin{aligned}
3<\pi&=\left(x+\frac{\cos 2x}{2}\right)\Big|_0^{\pi}=\int_0^{\pi}(1-\sin 2x)dx\\
&=\int_0^{\pi}(\sin^2x+\cos^2x-\sin 2x)dx=\int_0^{\pi}(\sin x-\cos x)^2dx\\
&\leqslant\int_0^{\pi}(|f(x)-\sin x|+|f(x)-\cos x|)^2dx\\
&=\int_0^{\pi}(f(x)-\sin x)^2dx+\int_0^{\pi}(f(x)-\cos x)^2dx+\int_0^{\pi}2|f(x)-\sin x||f(x)-\cos x|dx\\
&\leqslant 2\left[\int_0^{\pi}(f(x)-\sin x)^2+\int_0^{\pi}(f(x)-\cos x)^2dx\right]
\end{aligned}$$

$$\leqslant 2\left(\frac{3}{4}+\frac{3}{4}\right)=3.$$

矛盾.故式中两个不等式不能同时成立. □

281. f 在$[a,b]$上二阶连续可导.证明:$\exists \xi\in(a,b)$,s.t.

$$\int_a^b f(x)\mathrm{d}x=(b-a)f\left(\frac{a+b}{2}\right)+\frac{(b-a)^3}{24}f''(\xi).$$

证法 1 因为 f 在$[a,b]$上二阶连续可导.所以函数

$$F(x)=\int_a^x f(t)\mathrm{d}t$$

在$[a,b]$上三阶连续可导.且 $F(a)=0$,$F'(x)=f(x)$.根据 Taylor 公式,分别 $\exists \xi_1\in\left(a,\frac{a+b}{2}\right)$,$\xi_2\in\left(\frac{a+b}{2},b\right)$,s.t.

$$0=F(a)=F\left(\frac{a+b}{2}\right)+F'\left(\frac{a+b}{2}\right)\frac{a-b}{2}+\frac{1}{2!}F''\left(\frac{a+b}{2}\right)\left(\frac{a-b}{2}\right)^2+\frac{1}{3!}F'''(\xi_1)\left(\frac{a-b}{2}\right)^3,$$

$$\int_a^b f(x)\mathrm{d}x=F(b)=F\left(\frac{a+b}{2}\right)+F'\left(\frac{a+b}{2}\right)\left(\frac{b-a}{2}\right)+\frac{1}{2!}F''\left(\frac{a+b}{2}\right)\left(\frac{b-a}{2}\right)^2+\frac{1}{3!}F'''(\xi_2)\left(\frac{b-a}{2}\right)^3.$$

如此可得

$$\int_a^b f(t)\mathrm{d}t=F(b)-F(a)=2F'\left(\frac{a+b}{2}\right)\frac{b-a}{2}+\frac{1}{3!}[F'''(\xi_1)+F'''(\xi_2)]\left(\frac{b-a}{2}\right)^3.$$

由 $F'''(x)$连续及介值定理(或 Darboux 定理) $\exists \xi\in[\xi_1,\xi_2]$,s.t.

$$f''(\xi)=F'''(\xi)=\frac{F'''(\xi_1)+F'''(\xi_2)}{2}=\frac{1}{2}[f''(\xi_1)+f''(\xi_2)].$$

所以

$$\int_a^b f(x)\mathrm{d}x=F'\left(\frac{a+b}{2}\right)(b-a)+\frac{(b-a)^3}{48}[F'''(\xi_1)+F'''(\xi_2)]$$

$$=(b-a)F'\left(\frac{a+b}{2}\right)+\frac{(b-a)^3}{24}f''(\xi).$$

证法 2 由 Taylor 公式,$\exists \eta\in(a,b)$,s.t. $\forall x\in[a,b]$有

$$f(x)=f\left(\frac{a+b}{2}\right)+f'\left(\frac{a+b}{2}\right)\left(x-\frac{a+b}{2}\right)+\frac{1}{2}f''(\eta(x))\left(x-\frac{a+b}{2}\right)^2.$$

积分得

$$\int_a^b f(x)\mathrm{d}x=(b-a)f\left(\frac{a+b}{2}\right)+f'\left(\frac{a+b}{2}\right)\int_a^b\left(x-\frac{a+b}{2}\right)\mathrm{d}x+\frac{1}{2}\int_a^b f''(\eta(x))\left(x-\frac{a+b}{2}\right)^2\mathrm{d}x.$$

由于 $f''(x)$连续,$\left(x-\frac{a+b}{2}\right)^2$ 在$[a,b]$上不变号,故 $\exists \xi\in[a,b]$,s.t.

$$\int_a^b f''(\eta(x))\left(x-\frac{a+b}{2}\right)^2\mathrm{d}x=f''(\xi)\int_a^b\left(x-\frac{a+b}{2}\right)^2\mathrm{d}x=f''(\xi)\cdot\frac{2}{3}\left(\frac{b-a}{2}\right)^3.$$

所以

$$\int_a^b f(x)\mathrm{d}x = (b-a)f\left(\frac{a+b}{2}\right)+0+\frac{1}{2}\cdot\frac{2}{3}\cdot\frac{(b-a)^3}{8}f''(\xi)$$

$$=(b-a)f\left(\frac{a+b}{2}\right)+\frac{(b-a)^3}{24}f''(\xi).$$

证法 3 记 M 为满足

$$\int_a^b f(x)\mathrm{d}x = (b-a)f\left(\frac{a+b}{2}\right)+\frac{(b-a)^3}{24}M$$

的实数. 令

$$F(x) = \int_a^x f(x)\mathrm{d}x - (x-a)f\left(\frac{a+x}{2}\right)-\frac{(x-a)^3}{24}M,$$

则 $F(x)$在$[a,b]$上连续可导,且 $F(a)=F(b)=0$. 由 Rolle 定理,$\exists\,\eta\in(a,b)$, s. t.

$$0=F'(\eta)=f(\eta)-f\left(\frac{a+\eta}{2}\right)-(\eta-a)f'\left(\frac{a+\eta}{2}\right)\cdot\frac{1}{2}-\frac{(\eta-a)^2}{8}M.$$

于是,$f(\eta)=f\left(\frac{a+\eta}{2}\right)+\frac{\eta-a}{2}f'\left(\frac{a+\eta}{2}\right)+\frac{(\eta-a)^2}{8}M$. 再由 Taylor 公式得

$$f(\eta)=f\left(\frac{a+\eta}{2}\right)+\frac{\eta-a}{2}f'\left(\frac{a+\eta}{2}\right)+\frac{(\eta-a)^2}{8}f''(\xi),\quad \xi\in\left(\frac{a+\eta}{2},\eta\right)\subset(a,b).$$

比较二式即得 $M=f''(\xi)$. 因此,$\exists\,\xi\in(a,b)$, s. t.

$$\int_a^b f(x)\mathrm{d}x = (b-a)f\left(\frac{a+b}{2}\right)+\frac{(b-a)^3}{24}f''(\xi).$$

□

282. 设 $F(x)=\begin{cases}\int_0^x \cos\frac{1}{t}\mathrm{d}t, & x\neq 0,\\ 0, & x=0.\end{cases}$ 求 $F'(0)$.

解 根据题意由导数定义有

$$F'(0)=\lim_{x\to 0}\frac{F(x)-F(0)}{x-0}=\lim_{x\to 0}\frac{\int_0^x\cos\frac{1}{t}\mathrm{d}t}{x}.$$

对 $\forall\,\varepsilon>0$,取 $\delta=\frac{\varepsilon}{2}$,当 $0<x<\delta$ 时有

$$\left|\frac{\int_0^x\cos\frac{1}{t}\mathrm{d}t}{x}\right| \overset{t=\frac{1}{u}}{=\!=\!=} \left|\frac{\int_{+\infty}^{\frac{1}{x}}-\frac{\cos u}{u^2}\mathrm{d}u}{x}\right| = \frac{1}{x}\left|\frac{\sin u}{u^2}\Big|_{\frac{1}{x}}^{+\infty}+\int_{\frac{1}{x}}^{+\infty}\frac{2\sin u}{u^3}\mathrm{d}u\right|$$

$$\leqslant\frac{1}{x}\left(\left|-\frac{\sin\frac{1}{x}}{\frac{1}{x^2}}\right|+\frac{2}{x}\int_{\frac{1}{x}}^{+\infty}\frac{\mathrm{d}u}{u^3}\right)$$

$$=x\left|\sin\frac{1}{x}\right|+\frac{1}{x}\left(-\frac{1}{u^2}\right)\Big|_{\frac{1}{x}}^{+\infty}=x\left|\sin\frac{1}{x}\right|+x\leqslant 2x<2\delta=\varepsilon.$$

同理,当 $0>x>-\delta$ 时,也有

$$\left|\frac{\int_0^x \cos\frac{1}{t}\mathrm{d}t}{x}\right|<\varepsilon.$$

所以

$$F'(0)=\lim_{x\to 0}\frac{\int_0^x \cos\frac{1}{t}\mathrm{d}t}{x}=0.$$

□

283. 函数 u 在 $[0,+\infty)$ 上满足积分—微分方程

$$\begin{cases}u'(t)=u(t)+\int_0^1 u(x)\mathrm{d}x,\\ u(0)=1.\end{cases}$$

试确定函数 u.

解 记 $c=\int_0^1 u(x)\mathrm{d}x$. 按题意方程变成

$$u'(t)=u(t)+c,\quad u'(t)-u(t)=c.$$

两边同乘 e^{-t} 得

$$c\mathrm{e}^{-t}=\mathrm{e}^{-t}u'(t)-u\mathrm{e}^{-t}=(u\mathrm{e}^{-t})',$$

于是

$$\begin{aligned}c(1-\mathrm{e}^{-t})&=\int_0^t c\mathrm{e}^{-t}\mathrm{d}t=\int_0^t (u(t)\mathrm{e}^{-t})'\mathrm{d}t\\&=u(t)\mathrm{e}^{-t}-u(0)=u(t)\mathrm{e}^{-t}-1,\\u(t)&=(c+1)\mathrm{e}^t-c.\end{aligned}$$

又

$$c=\int_0^1 u(t)\mathrm{d}t=\int_0^1[(c+1)\mathrm{e}^t-c]\mathrm{d}t=(c+1)(\mathrm{e}-1)-c,$$

解得 $c=\frac{\mathrm{e}-1}{3-\mathrm{e}}$. 所以方程的解为

$$u(t)=\frac{2}{3-\mathrm{e}}\mathrm{e}^t-\frac{\mathrm{e}-1}{3-\mathrm{e}}.$$

□

第7章

$(\mathbb{R}^n,\rho_0^n)$的拓扑、n元函数的连续与极限

Ⅰ. $(\mathbb{R}^n,\boldsymbol{\rho}_0^n)$的拓扑$\mathscr{T}_{\rho_0^n}$

定义 7.1.1 如果非空集合 X 的子集族

$$\mathscr{T}=\{U \mid U\text{ 具有某性质}\}$$

满足:

(1) $X,\varnothing\in\mathscr{T}$;

(2) 若 $U_1,U_2\in\mathscr{T}$,则 $U_1\cap U_2\in\mathscr{T}$;

(3) $\bigcup\limits_{U\in\mathscr{T}_0\subset\mathscr{T}} U\in\mathscr{T}$(或表达为 $U_\alpha\in\mathscr{T},\alpha\in\Gamma$(指标集),必有 $\bigcup\limits_{\alpha\in\Gamma} U_\alpha\in\mathscr{T}$).

则称 $\mathscr{T}$ 为 X 上的一个**拓扑**,$(X,\mathscr{T})$称为 X 上的一个**拓扑空间**.

$U\in\mathscr{T}$ 称为$(X,\mathscr{T})$中的**开集**,开集的余(补)集称为**闭集**.

定义 7.1.2 设$(X,\mathscr{T})$为拓扑空间,$A\subset X$,$x\in X$(不必属于 A),如果对 x 的任何**开邻域**(含 x 的开集)U 必有

$$U\cap(A\backslash\{x\})=(U\backslash\{x\})\cap A\neq\varnothing,$$

则称 x 为 A 的**聚点**.记 A 的聚点的全体为 A' 或 A^d,称为 A 的**导集**.而 $\overline{A}=A\cup A'$ 称为 A 的**闭包**.

定义 7.1.3 设$\{x_n\}$为$(X,\mathscr{T})$中的点列,如果 $\exists\, x\in X$,对 x 的任何开邻域 U,$\exists\, N\in\mathbb{N}$,当 $n>N$ 时,有 $x_n\in U$,则称$\{x_n\}$**收敛于** x,记作 $\lim\limits_{n\to+\infty} x_n=x$ 或 $x_n\to x(n\to+\infty)$,而 x 称为点列$\{x_n\}$的**极限**.

定义 7.1.5 设$(X,\mathscr{T})$为拓扑空间,$x\in X$,x 的一个开邻域族 $\mathscr{T}_x^*$,若对 x 的任何开邻域 U,均有 $U_0\in\mathscr{T}_x^*$,s.t. $x\in U_0\subset U$,则称 $\mathscr{T}_x^*$ 为 x 的一个**局部基**.若 $\mathscr{T}_x^*$ 为至多可数集,则称 $\mathscr{T}_x^*$ 为 x 的一个**可数局部基**.

如果 $\forall\, x\in X$ 均有可数局部基,则称$(X,\mathscr{T})$为 $\mathbf{A}_1$ **空间**或**具有第一可数性公理**的拓扑空间.

如果有 $\mathscr{T}^* \subset \mathscr{T}$，对 $\forall U \in \mathscr{T}$，有 $U = \bigcup\limits_{V \in \mathscr{T}_0^* \subset \mathscr{T}^*} V$（即 $\forall x \in U, \exists V \in \mathscr{T}^*$, s.t. $x \in V \subset U$），则称 $\mathscr{T}^*$ 为 $(X,\mathscr{T})$ 的一个**拓扑基**. 换言之，$\mathscr{T}$ 是由 $\mathscr{T}^*$ 生成的. 进而，当 $\mathscr{T}^*$ 为至多可数集时，称 $\mathscr{T}^*$ 为 $(X,\mathscr{T})$ 的一个**可数拓扑基**. 有可数拓扑基的拓扑空间 $(X,\mathscr{T})$ 称为 **A_2 空间或具有第二可数性公理**的拓扑空间.

显然，A_2 空间 $\Rightarrow A_1$ 空间（设 $\mathscr{T}^*$ 为 $(X,\mathscr{T})$ 的可数拓扑基，则 $\mathscr{T}_x^* = \{U \mid U \in \mathscr{T}^*, x \in U\}$ 为 x 处的可数局部基）. 但 A_2 空间 $\not\Leftarrow A_1$ 空间（例 7.1.2）.

定义 7.1.6 设 $(X,\mathscr{T})$ 为拓扑空间，如果 $\forall p,q \in X, p \neq q$ 均有 p 的开邻域 U 与 q 的开邻域 V, s.t. $U \cap V = \varnothing$，则称 $(X,\mathscr{T})$ 为 **T_2 空间或 Hausdorff 空间**.

例 7.1.6 设 $(X,\mathscr{T})$ 为拓扑空间，$Y \subset X$ 为非空集合，记

$$\mathscr{T}_Y = \{U \cap Y \mid U \in \mathscr{T}\},$$

则 $\mathscr{T}_Y$ 为 Y 上的一个拓扑，称 $(Y,\mathscr{T}_Y)$ 为 $(X,\mathscr{T})$ 的**诱导拓扑空间或子拓扑空间**.

定义 7.1.4 设 X 的非空集合，

$$\rho\colon X \times X \to \mathbb{R}, \quad (x,y) \mapsto \rho(x,y)$$

为映射，如果满足：

(1) $\rho(x,y) \geqslant 0$；且 $\rho(x,y) = 0 \Leftrightarrow x = y$（正定性）；

(2) $\rho(x,y) = \rho(y,x)$（对称性）；

(3) $\rho(x,z) \leqslant \rho(x,y) + \rho(y,z)$（三角（点）不等式）.

则称 ρ 为 X 上的一个**度量**（或**距离**），(X,ρ) 称为 X 上的一个**度量（距离）空间**，$\rho(x,y)$ 称为**点 x 与 y 的距离**.

易证 X 上的子集族

$$\mathscr{T}_\rho = \{U \mid \forall x \in U, \exists \delta > 0, \text{s.t. 开球 } B(x;\delta) \subset U\}$$

为 X 上的一个拓扑，称为**由 ρ 诱导的拓扑**. 其中以 x 为中心，δ 为半径的**开球** $B(x;\delta) = \{y \mid y \in X, \rho(y,x) < \delta\}$ 为 $(X,\mathscr{T}_\rho)$ 中的开集（引理 7.1.2）.

引理 7.1.3 设 (X,ρ) 为度量空间，$Y \subset X$ 为非空集合，$\rho_Y = \rho|_Y\colon Y \times Y \to \mathbb{R}$，则 (Y,ρ_Y) 为度量空间，称为 (X,ρ) 的**子度量空间**. 并且 $\mathscr{T}_{\rho_Y} = (\mathscr{T}_\rho)_Y$.

引理 7.1.4 设 (X,ρ) 为度量空间，则 $(X,\mathscr{T}_\rho)$ 为 A_1, T_2 空间.

例 7.1.7 $\forall n \in \mathbb{N}, \mathbb{R}^n = \{\boldsymbol{x} = (x_1, x_2, \cdots, x_n) \mid x_i \in \mathbb{R}, i = 1,2,\cdots,n\}$

$\langle \boldsymbol{x}, \boldsymbol{y} \rangle = \sum\limits_{i=1}^n x_i y_i$ 为向量 $\boldsymbol{x}$ 与 $\boldsymbol{y}$ 的内积，也记为 $\boldsymbol{x} \cdot \boldsymbol{y}$.

$\|\boldsymbol{x}\| = \sqrt{\langle \boldsymbol{x}, \boldsymbol{x} \rangle}$ 为 $\boldsymbol{x}$ 的模或范数或长度.

$$\rho_0^n\colon \mathbb{R}^n \times \mathbb{R}^n \to \mathbb{R}, \quad (\boldsymbol{x},\boldsymbol{y}) \mapsto \rho_0^n(\boldsymbol{x},\boldsymbol{y}) = \sqrt{\sum_{i=1}^n (x_i - y_i)^2} = \|\boldsymbol{x} - \boldsymbol{y}\|,$$

其中 $\boldsymbol{x} = (x_1, x_2, \cdots, x_n)$，$\boldsymbol{y} = (y_1, y_2, \cdots, y_n)$，则 $(\mathbb{R}^n, \rho_0^n)$ 为一个度量空间，它诱导的拓扑空

间为$(\mathbb{R}^n,\mathcal{T}_{\rho_0^n})$，这就是通常的 **$n$ 维 Euclid 空间**. 并且它是 A_2，T_2 空间.

定理 7.1.2(闭集的性质) 设$(X,\mathcal{T})$为拓扑空间，则闭集族

$$\mathcal{F}=\{F \mid F \text{ 为}(X,\mathcal{T})\text{ 中的闭集}\}$$

具有如下性质：

(1) $X,\varnothing\in\mathcal{F}$；

(2) 若 $F_1,F_2\in\mathcal{F}$，则 $F_1\cup F_2\in\mathcal{F}$；

(3) $\bigcap\limits_{F\in\mathcal{F}_0\subset\mathcal{F}} F\in\mathcal{F}$(或表达为：若 $F_\alpha\in\mathcal{F}$，$\alpha\in\Gamma$(指标集)，必有 $\bigcap\limits_{\alpha\in\Gamma}F_\alpha\in\mathcal{F}$).

定理 7.1.3(导集的性质)

(1) $\varnothing'=\varnothing$；

(2) $A\subset B$ 蕴涵 $A'\subset B'$；

(3) $(A\cup B)'=A'\cup B'$.

定理 7.1.4(闭包的性质)

(1) $\overline{\varnothing}=\varnothing$；

(2) $A\subset B$ 蕴涵着 $\overline{A}\subset\overline{B}$；

(3) $\overline{A\cup B}=\overline{A}\cup\overline{B}$；

(4) $\overline{(\overline{A})}=\overline{A}$.

定理 7.1.5 设$(X,\mathcal{T})$为拓扑空间，则：

(1) A 为闭集

$\Leftrightarrow$(2) $A'\subset A$

$\Leftrightarrow$(3) $\overline{A}=A$

$\Rightarrow$(4) $\forall x_n\in A$，$\lim\limits_{n\to+\infty}x_n=x$，则 $x\in A$.

定理 7.1.6 设(X,ρ)为度量空间，$A\subset X$，则：

(1) x 为 A 的聚点，即 $x\in A'$

$\Leftrightarrow$(2) 对 x 的任何开邻域 U，$U\cap A$ 为无限集，即 U 中含 A 的无限个点

$\Leftrightarrow$(3) $\exists\{x_k\}\subset A$，x_k 互异且 $x_k\neq x$，s. t. $\lim\limits_{k\to+\infty}x_k=x$.

定理 7.1.8 设$(X,\mathcal{T})$为 A_1 空间，则：

$$A\text{ 闭集}\Leftrightarrow\forall x_n\in A,\quad\lim_{n\to+\infty}x_n=x,\text{则 }x\in A.$$

定理 7.1.9 设$(X,\mathcal{T})$为 T_2 空间，点列$\{x_n\}\subset X$ 收敛，则$\{x_n\}$的极限是惟一的.

推论 7.1.1 设(X,ρ)为度量空间，$A\subset X$，则：

(1) A 为闭集$\Leftrightarrow\forall x_n\in A$，$\lim\limits_{n\to+\infty}x_n=x$，则 $x\in A$；

(2) 如果点列$\{x_n\}\subset X$ 收敛，则极限是惟一的.

Ⅱ. 连续映射、拓扑映射；连通与道路连通

定义 7.2.1 设$(X,\mathscr{T}_1)$与$(Y,\mathscr{T}_2)$为拓扑空间，$f: X\to Y$为映射，$x_0\in X$. 如果对$f(x_0)\in Y$的任何开邻域V，均存在x_0的开邻域U，使得

$$f(U)\subset V,$$

则称 **f 在 x_0 连续**. 如果f在X上的每一点处连续，则称f为X上的**连续映射**或f在X上是**连续**的. 如果f为一一连续映射，且f^{-1}也连续，则称f为**拓扑映射**或**同胚**. 如果$(X,\mathscr{T}_1)$与$(Y,\mathscr{T}_2)$之间存在一个同胚，则称它们为**同胚的拓扑空间**，记作$(X,\mathscr{T}_1)\cong(Y,\mathscr{T}_2)$，简记为$X\cong Y$；否则称为**不同胚的拓扑空间**，记作$(X,\mathscr{T}_1)\not\cong(Y,\mathscr{T}_2)$，简记为$X\not\cong Y$.

定理 7.2.2 设$(X,\mathscr{T}_1)$与$(Y,\mathscr{T}_2)$为拓扑空间，$f: X\to Y$为映射，则：

(1) f为连续映射

$\Leftrightarrow$(2) 开集V的逆象$f^{-1}(V)=\{x\mid x\in X,f(x)\in V\}$为开集

$\Leftrightarrow$(3) 闭集F的逆象$f^{-1}(F)=\{x\mid x\in X,f(x)\in F\}$为闭集

$\Rightarrow$(4) $\forall x\in X,\forall x_n\in X$，且$\lim\limits_{n\to+\infty}x_n=x$蕴涵着$\lim\limits_{n\to+\infty}f(x_n)=f(x)$.

推论 7.2.1 设$(X,\mathscr{T}_1)$与$(Y,\mathscr{T}_2)$为拓扑空间，$f: X\to Y$为映射，则：

f在$x_0\in X$处连续$\Rightarrow\forall x_n\in X$，且$\lim\limits_{n\to+\infty}x_n=x_0$蕴涵着$\lim\limits_{n\to+\infty}f(x_n)=f(x_0)$.

定理 7.2.3 设$(X,\mathscr{T}_1)$为A_1空间(特别是度量空间)，$(Y,\mathscr{T}_2)$为拓扑空间，$f: X\to Y$为映射，则

$$f\text{ 在 }x_0\in X\text{ 处连续}\Leftrightarrow\forall x_n\in X,\quad\lim_{n\to+\infty}x_n=x_0\text{ 蕴涵着}\lim_{n\to+\infty}f(x_n)=f(x_0).$$

定理 7.2.1 在度量空间$(X,\mathscr{T}_{\rho_1})$与$(Y,\mathscr{T}_{\rho_2})$中，$f: X\to Y$为映射，$x_0\in X$，则：

(1) f在x_0处连续.

(2) $\forall\varepsilon>0,\exists\delta>0$, s. t. $f(B(x_0;\delta))\subset B(f(x_0),\varepsilon)$.

(3) $\forall\varepsilon>0,\exists\delta>0$，当$x\in X,\rho_1(x,x_0)<\delta$时，有$\rho_2(f(x),f(x_0))<\varepsilon$.

定理 7.2.4 设$(\mathbb{R}^n,\mathscr{T}_{\rho_0^n})$与$(\mathbb{R}^m,\mathscr{T}_{\rho_0^m})$为通常的$n$维与$m$维 Euclid 拓扑空间，$Y$为$(\mathbb{R}^n,\mathscr{T}_{\rho_0^n})$中的子拓扑空间，则以下结论等价：

(1) $\boldsymbol{f}=(f_1,f_2,\cdots,f_m): Y\to\mathbb{R}^m$在$\boldsymbol{x}^0=(x_1^0,x_2^0,\cdots,x_n^0)$处连续.

(2) $f_i: Y\to\mathbb{R}$在$\boldsymbol{x}_0$处连续，$i=1,2,\cdots,m$.

其中$\boldsymbol{f}(\boldsymbol{x})=(f_1(\boldsymbol{x}),\cdots,f_m(\boldsymbol{x}))=(f_1(x_1,x_2,\cdots,x_n),\cdots,f_m(x_1,x_2,\cdots,x_m))$.

定义 7.2.2 设$(X,\mathscr{T})$为拓扑空间，$[0,1]$为通常的 Euclid 直线$(\mathbb{R}^1,\mathscr{T}_{\rho_0})$的子拓扑空间. 如果对$\forall p,q\in X$，存在连接$p$与$q$的一条道路，即存在连续映射

$$\sigma: [0,1]\to X,$$

s. t. $\sigma(0)=p,\sigma(1)=q$，则称$(X,\mathscr{T})$为**道路连通**的拓扑空间. 如：凸集，$(\mathbb{R}^n,\mathscr{T}_{\rho_0^n})$中的开球、闭球.

定义 7.2.3 设$(X,\mathscr{T})$为拓扑空间. 如果X为两个不相交的非空开集的并，则称

$(X,\mathscr{T})$为**非连通**的拓扑空间. 否则,称为**连通**的拓扑空间.

易见：

$$
\begin{aligned}
(X,\mathscr{T})\text{ 非连通} &\Leftrightarrow X\text{ 为两个不相交的非空闭集的并}\\
&\Leftrightarrow X\text{ 含有一个非空的真子集,它既为开集又为闭集}.
\end{aligned}
$$

直线上的区间都是连通的.

定理 7.2.5 $(X,\mathscr{T})$道路连通必连通. 但反之不真(例 7.2.5,例 7.2.6).

定理 7.2.6 设$(X,\mathscr{T})$为拓扑空间,Y为$(X,\mathscr{T})$的连通子集(即Y作为子拓扑空间是连通的),且$Y\subset Z\subset\overline{Y}$,则$Z$也连通. 特别地,$\overline{Y}$是连通的.

定理 7.2.7 设$(X,\mathscr{T}_1)$与$(Y,\mathscr{T}_2)$都为拓扑空间,f: $X\to Y$为连续映射.

(1) 如果$(X,\mathscr{T}_1)$连通,则$f(X)$也连通.

(2) 如果$(X,\mathscr{T}_1)$道路连通,则$f(X)$也道路连通.

定理 7.2.8 设U为$(\mathbb{R}^n,\mathscr{T}_{\rho_0^n})$中的开集,则：

(1) U折线连通

$\Leftrightarrow$(2) U道路连通

$\Leftrightarrow$(3) U连通.

Ⅲ. 紧致、可数紧致、列紧、序列紧致

定理 7.3.1 设$(X,\mathscr{T})$为拓扑空间.

(1) **紧致空间**：X的任何开覆盖必有有限子覆盖；

(2) **可数紧致空间**：X的任何可数开覆盖必有有限子覆盖；

(3) **列紧空间**：X的任何无限子集A必有聚点$a\in X$；

(4) **序列紧致空间**：X中每个点列$\{x_n\}$必有收敛于$x\in X$的子点列$\{x_{n_k}\}$；

(5) 任何递降非空闭集序列$\{F_i\}$必有交,即$\exists x\in\bigcap_{n=1}^{\infty}F_n\left(\text{或}\bigcap_{n=1}^{\infty}F_n\neq\varnothing\right)$. 则

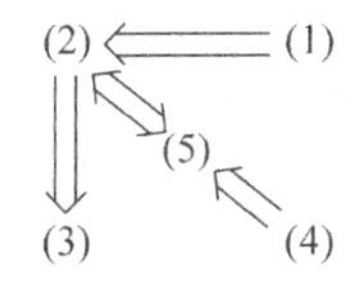

定理 7.3.2 对于度量空间(X,ρ)诱导的拓扑空间$(X,\mathscr{T}_\rho)$,关于定理 7.3.1,有

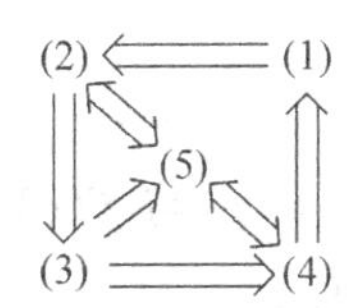

定理 7.3.3 在$(X,\mathscr{T}_\rho)$中，如果$A\subset X$(作为子拓扑空间)序列紧致(或可数紧致，或列紧，或紧致)，则A为$(X,\mathscr{T}_\rho)$中的有界闭集.但反之不真(如$(\mathbb{R}^1,\rho_0^1)$中子集$A=(0,1)$).

定理 7.3.4(闭集套原理) 序列紧致(或可数紧致，或列紧，或紧致)度量空间$(X,\mathscr{T}_\rho)$中的递降非空闭集(如$(\mathbb{R}^n,\mathscr{T}_{\rho_0^n})$中的递降$n$维闭区间(即$n$维闭长方体))序列$\{F_n\}$，$F_1\supset F_2\supset\cdots\supset F_n\supset F_{n+1}\supset\cdots$，且$F_n$的直径$d(F_n)=\mathrm{diam}F_n=\sup\{\rho(x',x'')\mid x',x''\in F_n\}\to 0(n\to+\infty)$，则$\exists_1 x\in\bigcap\limits_{n=1}^{\infty}F_n$.

定理 7.3.6 设A为$(\mathbb{R}^n,\mathscr{T}_{\rho_0^n})$的子拓扑空间，对于定理 7.3.1 中的(1)～(5)及(6)有界闭集，有

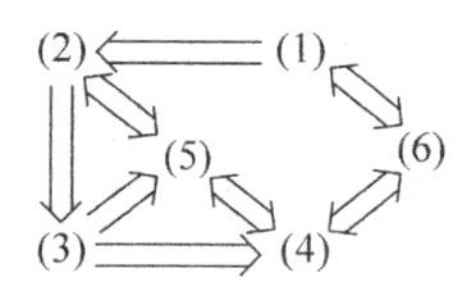

定义 7.3.1 如果(X,ρ)中的任何 Cauchy(基本)点列$\{x_n\}$(即$\forall\varepsilon>0$，$\exists N\in\mathbb{N}$，当$n,m>N$时，有$\rho(x_n,x_m)<\varepsilon$)都收敛(于$X$中的点)，则称$(X,\rho)$为**完备度量(距离)空间**.

定理 7.3.5 (1) $(\mathbb{R}^n,\rho_0^n)$为完备度量空间；

(2) 序列紧致(或可数紧致，或列紧，或紧致)度量空间(X,ρ)是完备度量空间.

例 7.3.2 $\mathbb{R}^n$在$(\mathbb{R}^n,\mathscr{T}_{\rho_0^n})$中非紧致.

定理 7.3.7 设$(X,\mathscr{T}_1)$与$(Y,\mathscr{T}_2)$都为拓扑空间，$f\colon X\to Y$为连续映射.

(1) 如果$(X,\mathscr{T}_1)$紧致，则$f(X)$也紧致；

(2) 如果$(X,\mathscr{T}_1)$可数紧致，则$f(X)$也可数紧致；

(3) 如果$(X,\mathscr{T}_1)$序列紧致，则$f(X)$也序列紧致.

推论 7.3.2 设(X,ρ_1)与(Y,ρ_2)都为度量空间，$f\colon X\to Y$为连续映射.如果$(X,\mathscr{T}_{\rho_1})$序列紧致(或可数紧致，或列紧，或紧致)，则$f(X)$也序列紧致(或可数紧致，或列紧，或紧致).

定理 7.3.8 紧致拓扑空间$(X,\mathscr{T})$的闭子集A为紧致子集.

定理 7.3.9 T_2空间$(X,\mathscr{T})$中的紧致子集A为闭子集.

定理 7.3.10 设$(X,\mathscr{T}_1)$为紧致空间，$(Y,\mathscr{T}_2)$为T_2空间，$f\colon X\to Y$为一一连续映射，则f为同胚.

Ⅳ.零值定理、介值定理、最值定理及一致连续性定理

定理 7.4.1(介值定理) 设$(X,\mathscr{T})$连通，$(\mathbb{R}^1,\mathscr{T}_{\rho_0^1})=(\mathbb{R},\mathscr{T}_{\rho_0^1})$为通常的实直线，$f\colon X\to\mathbb{R}^1$为连续函数，$p,q\in X$，则$f$达到介于$f(p)$与$f(q)$之间的一切值，即$\exists\xi\in X$，s. t. $f(\xi)=r\in[\min\{f(p),f(q)\},\max\{f(p),f(q)\}]$.

定理 7.4.2(零(根)值定理) 设$(X,\mathscr{T})$连通，$f\colon X\to\mathbb{R}$为连续函数，$p,q\in X$.如果

$f(p)f(q)\leqslant 0$,则 $\exists\,\xi\in X$,s. t. $f(\xi)=0$.

定理 7.4.3(最值定理) 设$(X,\mathscr{T})$为紧致(或可数紧致,或序列紧致)空间,$(\mathbb{R}^1,\mathscr{T}_{\rho_0}^1)$为通常的一维 Euclid 空间,$f\colon X\to\mathbb{R}^1$ 为连续函数,则 f 在 X 上必达到最大值与最小值. 此时

$$f(X)=\left[\min_{x\in X}f(x),\max_{x\in X}f(x)\right].$$

推论 7.4.1 设$(X,\mathscr{T}_\rho)$为列紧度量空间,$(\mathbb{R}^1,\mathscr{T}_{\rho_0}^1)$为通常的一维 Euclid 空间,$f\colon X\to\mathbb{R}^1$ 为连续函数,则 f 在 X 上必达到最大值与最小值.

定理 7.4.4(Lebesgue 数定理) 设(X,ρ)为序列紧致(或可数紧致,或列紧,或紧致)的度量空间,$\mathscr{T}$为$(X,\mathscr{T}_\rho)$ 的一个开覆盖$\left(\text{即 } X=\bigcup\limits_{I\in\mathscr{T}}I,\ I\text{ 为}(X,\mathscr{T}_\rho)\text{ 中的开集}\right)$,则必存在一个正数$\lambda=\lambda(\mathscr{T})$具有性质:如果 $A\subset X$,其直径 $d(A)=\operatorname{diam}A=\sup\{\rho(x',x'')\mid x',x''\in A\}<\lambda=\lambda(\mathscr{T})$时,必有 $I\in\mathscr{T}$,s. t. $A\subset I$. 我们称 $\lambda=\lambda(\mathscr{T})$为开覆盖 $\mathscr{T}$的一个 **Lebesgue 数**.

定理 7.4.5(一致连续性定理) 设(X,ρ_1)为序列紧致(或可数紧致,或列紧,或紧致)的度量空间,(Y,ρ_2)为度量空间,$f\colon X\to Y$ 的连续映射,则 f 在 X 上一致连续,即 $\forall\,\varepsilon>0$,$\exists\,\delta>0$,当 $x',x''\in X$,$\rho_1(x',x'')<\delta$ 时,有 $\rho_2(f(x'),f(x''))<\varepsilon$.

定理 7.4.6(延拓定理) 设(X,ρ_1)与(Y,ρ_2)为度量空间,$A\subset X$.

(1) 如果 $\overline{A}$ 为$(X,\mathscr{T}_{\rho_1})$的序列紧致(或可数紧致,或列紧,或紧致)子集,$f\colon\overline{A}\to Y$ 连续,则 f 在 $\overline{A}$(当然,也在 A)上一致连续.

(2) 如果 $f\colon A\to Y$ 一致连续,$\overline{f(A)}$为(Y,ρ_2)的完备子度量空间,则存在连续映射$\tilde{f}\colon\overline{A}\to Y$,s. t. $\tilde{f}|_A=f|_A$,即$\tilde{f}$为 f 的(连续)延拓.

Ⅴ. *n* 元函数的连续与极限

定义 7.5.1 设 $A\subset\mathbb{R}^n$,$f\colon A\to\mathbb{R}^1$,

$$\boldsymbol{x}=(x_1,x_2,\cdots,x_n)\mapsto y=f(\boldsymbol{x})=f(x_1,x_2,\cdots,x_n)\in\mathbb{R}^1$$

为 n 元函数. $\boldsymbol{x}^0\in\overline{A}$,如果 $\forall\,\varepsilon>0$,$\exists\,\delta>0$,当 $\boldsymbol{x}\in A$,且 $0<\|\boldsymbol{x}-\boldsymbol{x}^0\|<\delta$ 时,有

$$|f(\boldsymbol{x})-l|<\varepsilon,$$

则称 f 当 $\boldsymbol{x}$(在 A 中或沿 A)趋于 $\boldsymbol{x}^0$ 时,有**极限** l,记作

$$\begin{aligned}\lim_{\boldsymbol{x}\to\boldsymbol{x}^0}f(\boldsymbol{x})&=\lim_{(x_1,x_2,\cdots,x_n)\to(x_1^0,x_2^0,\cdots,x_n^0)}f(x_1,x_2,\cdots,x_n)\\&=\lim_{\substack{x_1\to x_1^0\\x_2\to x_2^0\\\vdots\\x_n\to x_n^0}}f(x_1,x_2,\cdots,x_n)=l.\end{aligned}$$

显然

$$\lim_{\substack{\boldsymbol{x}\to\boldsymbol{x}^0\\\boldsymbol{x}\in A}}f(\boldsymbol{x})=l\Leftrightarrow\lim_{\substack{\boldsymbol{x}\to\boldsymbol{x}^0\\\boldsymbol{x}\in B}}f(\boldsymbol{x})=l,\quad\forall\,B\subset A.$$

因此,如果有 $B\subset A$,s. t.

$$\lim_{\substack{\boldsymbol{x}\to\boldsymbol{x}^0\\ \boldsymbol{x}\in B}} f(\boldsymbol{x})$$

不存在;或者有 $B_1\subset A, B_2\subset A$,s. t.

$$\lim_{\substack{\boldsymbol{x}\to\boldsymbol{x}^0\\ \boldsymbol{x}\in B_1}} f(\boldsymbol{x}) = l_1 \neq l_2 = \lim_{\substack{\boldsymbol{x}\to\boldsymbol{x}^0\\ \boldsymbol{x}\in B_2}} f(\boldsymbol{x}),$$

则

$$\lim_{\substack{\boldsymbol{x}\to\boldsymbol{x}^0\\ \boldsymbol{x}\in A}} f(\boldsymbol{x})$$

不存在.

其他各种类似的极限的定义读者可类似讨论.

定理 7.5.1 设 $X\times Y\subset\mathbb{R}^2$,$x_0\in X'$,$y_0\in Y'$(故$(x_0,y_0)\in(X\times Y)'$),$f\colon X\times Y\to\mathbb{R}^1$ 为二元函数. 如果二重极限

$$\lim_{\substack{x\to x_0\\ y\to y_0}} f(x,y) = l \quad (\text{实数},+\infty,-\infty,\infty),$$

且 $\forall\, y\in Y(\forall\, x\in X)$,单重极限 $\lim\limits_{x\to x_0} f(x,y)$($\lim\limits_{y\to y_0} f(x,y)$)存在,则累次极限

$$\lim_{y\to y_0}\lim_{x\to x_0} f(x,y) = l \quad (\lim_{x\to x_0}\lim_{y\to y_0} f(x,y) = l).$$

对 n 元函数 $f(x_1,x_2,\cdots,x_n)$ 也有 n 重极限与累次极限的概念,且有相同的结果. 与一元函数一样,n 元函数的极限有惟一性定理,如果 f,g 有有限极限,$c\in\mathbb{R}$,则

$$\lim_{\boldsymbol{x}\to\boldsymbol{x}^0}(f\pm g)(\boldsymbol{x}) = \lim_{\boldsymbol{x}\to\boldsymbol{x}^0} f(\boldsymbol{x}) \pm \lim_{\boldsymbol{x}\to\boldsymbol{x}^0} g(\boldsymbol{x}), \quad \lim_{\boldsymbol{x}\to\boldsymbol{x}^0}(fg)(\boldsymbol{x}) = \lim_{\boldsymbol{x}\to\boldsymbol{x}^0} f(\boldsymbol{x}) \cdot \lim_{\boldsymbol{x}\to\boldsymbol{x}^0} g(\boldsymbol{x}),$$

$$\lim_{\boldsymbol{x}\to\boldsymbol{x}^0}(cf)(\boldsymbol{x}) = c\lim_{\boldsymbol{x}\to\boldsymbol{x}^0} f(\boldsymbol{x}), \quad \lim_{\boldsymbol{x}\to\boldsymbol{x}^0}\frac{f}{g}(\boldsymbol{x}) = \frac{\lim\limits_{\boldsymbol{x}\to\boldsymbol{x}^0} f(\boldsymbol{x})}{\lim\limits_{\boldsymbol{x}\to\boldsymbol{x}^0} g(\boldsymbol{x})} (\text{当} \lim_{\boldsymbol{x}\to\boldsymbol{x}^0} g(\boldsymbol{x}) \neq 0 \text{ 时}).$$

根据定义 7.5.1,f 在 $\boldsymbol{x}^0$ 连续$\Leftrightarrow \lim\limits_{\boldsymbol{x}\to\boldsymbol{x}^0} f(\boldsymbol{x}) = f(\boldsymbol{x}^0)$,即 $\forall\,\varepsilon>0$,$\exists\,\delta>0$,当 $x\in A$,且 $\rho_0^n(\boldsymbol{x},\boldsymbol{x}^0)=\|\boldsymbol{x}-\boldsymbol{x}^0\|<\delta$ 时,有 $|f(\boldsymbol{x})-f(\boldsymbol{x}^0)|<\varepsilon$.

定理 7.5.2 设 $A\subset\mathbb{R}^n$,$\boldsymbol{x}^0\in A$,f 与 g 在 $\boldsymbol{x}^0$ 均连续,则 $f\pm g$,fg,$cf(c\in\mathbb{R})$,$\dfrac{f}{g}(g(\boldsymbol{x}^0)\neq 0)$也都在 $\boldsymbol{x}^0$ 处连续.

284. (1) 设(X,ρ)为度量空间,$A\subset X$. 证明:$(A')'\subset A'$,即导集 A' 必为闭集.

(2) 举出一个度量空间(X,ρ),$A\subset X$,使得$(A')'\not\supset A'$.

(3) 设 $X=\{a,b\}$,$A=\{a\}$. 验证在$(X,\mathscr{T}_{平庸})$中$(A')'\not\subset A'$,$(A')'\not\supset A'$.

证明 (1) 对 $\forall\, x\in(A')'$ 及 x 的开邻域 U. 因为 $U\cap(A'\setminus\{x\})\neq\varnothing$,故 $\exists\, y\in U\cap(A'\setminus\{x\})$. 又因 U 为开集,所以 $\exists\,\delta\in(0,\rho(x,y))$,s. t. $B(y,\delta)\subset U$. 再由 $y\in A'$ 知,$\exists\, z\in B(y,\delta)\cap(A\setminus\{y\})$. 显然 $z\neq x$. 所以 $z\in U\cap(A\setminus\{x\})$. 即 $x\in A'$(见 284 题图).

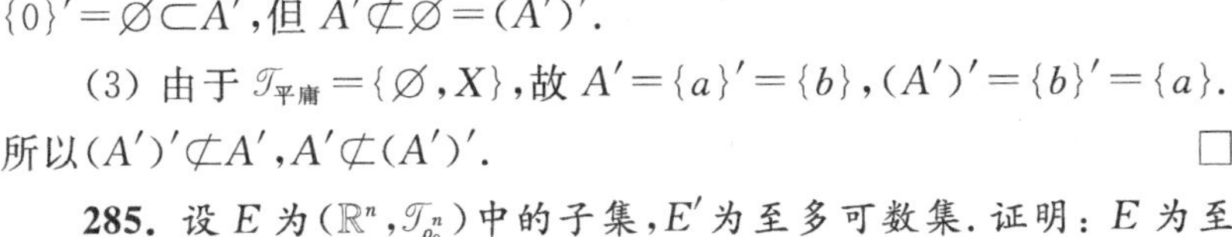

(2) 令$(X,\rho)=(\mathbb{R}^1,\mathscr{T}_{\rho_0^1})$,$A=\left\{\frac{1}{n}\,\middle|\, n\in\mathbb{N}\right\}$,则$A'=\{0\}$.$(A')'=\{0\}'=\varnothing\subset A'$,但$A'\not\subset\varnothing=(A')'$.

(3) 由于$\mathscr{T}_{平庸}=\{\varnothing,X\}$,故$A'=\{a\}'=\{b\}$,$(A')'=\{b\}'=\{a\}$.所以$(A')'\not\subset A'$,$A'\not\subset(A')'$. □

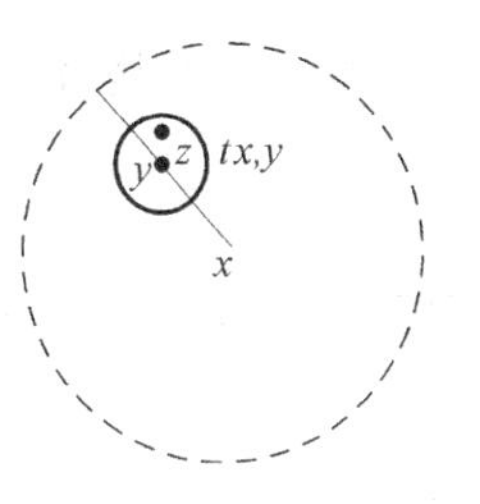

284 题图

285. 设E为$(\mathbb{R}^n,\mathscr{T}_{\rho_0^n})$中的子集,$E'$为至多可数集.证明:$E$为至多可数集.

证明 (反证)假设E不为至多可数集,即E为不可数集.由于E'至多可数,所以$E-E'$为不可数集.对$\forall\,\boldsymbol{x}\in E-E'$,$\boldsymbol{x}$不为$E-E'$的聚点(否则它亦为$E$的聚点!).故必存在$\mathbb{R}^n$中的有理球$B(\boldsymbol{x}^1;\,r)$s.t.$\boldsymbol{x}\in B(\boldsymbol{x}^1;\,r)$,且

$$(E-E')\cap B(\boldsymbol{x}^1;\,r)$$

为有限集.这样的有理球至多可数个,设为$\{B(\boldsymbol{x}^m;\,r_m)\mid m\in\mathbb{N}\}$,则

$$E-E'=\bigcup_{m=1}^{\infty}[(E-E')\cap B(\boldsymbol{x}^m;\,r_m)]$$

为至多可数集,这与$E-E'$为不可数集矛盾.于是E为至多可数集. □

注 此题的其他证法可参看[11]例1.6.5.

286. 设$(X,\mathscr{T})$为拓扑空间.证明:$(X,\mathscr{T})$非连通$\Leftrightarrow X$中存在两个非空子集A与B是隔离的,即$(A\cap\overline{B})\cup(B\cap\overline{A})=\varnothing$.

证明 $(\Rightarrow)$ X非连通,由定义,$X=A\cup B$,$A,B\in\mathscr{T}$,$A\neq\varnothing$,$B\neq\varnothing$,$A\cap B=\varnothing$.所以$A=X\backslash B=B^c$,$B=A^c$.所以,A,B都是X中的闭集,于是

$$\overline{A}=A,\quad \overline{B}=B.$$

由此知

$$A\cap\overline{B}=A\cap B=\varnothing,\quad B\cap\overline{A}=B\cap A=\varnothing.$$

从而

$$(A\cap\overline{B})\cup(B\cap\overline{A})=\varnothing\cup\varnothing=\varnothing.$$

即A与B是隔离的.

$(\Leftarrow)$设$X=A\cup B$,A,B非空,且$(A\cap\overline{B})\cup(B\cap\overline{A})=\varnothing$.立即有$A\cap\overline{B}=\varnothing$,$B\cap\overline{A}=\varnothing$.因此$A\cap B=\varnothing$.于是

$$\overline{B}=\overline{B}\cap X=\overline{B}\cap(A\cup B)=(\overline{B}\cap A)\cup(\overline{B}\cap B)=\varnothing\cup B=B.$$

即B为X中的闭集.同理A也为X中的闭集.又

$$B=X\backslash A=A^c,\quad A=B^c.$$

所以,A,B都是X中的非空不交开集,$X=A\cup B$非连通. □

287. 设Y,Z都是拓扑空间$(X,\mathscr{T})$的子集,其中Y是连通的.试问:如果$Z\cap Y\neq\varnothing$与$Z\cap Y'\neq\varnothing$,那么$Z\cap\partial Y\neq\varnothing$?

解 答案是否定的. 举反例如下. 设

$$(X,\mathscr{T})=(\mathbb{R}^n,\mathscr{T}_{\rho_0^n}),\quad Y=\{\boldsymbol{x}\in\mathbb{R}^n\mid\|\boldsymbol{x}\|\leqslant 1\},\quad Z=\left\{\boldsymbol{x}\in\mathbb{R}^n\mid\|\boldsymbol{x}\|\leqslant\frac{1}{2}\right\}.$$

则 Y,Z 均为连通的闭集, $Y'=Y$. 于是有

$$Z\cap Y=Z\neq\varnothing,\quad Z\cap Y'=Z\neq\varnothing,$$

但是

$$Z\cap\partial Y=\left\{\boldsymbol{x}\in\mathbb{R}^n\mid\|\boldsymbol{x}\|\leqslant\frac{1}{2},\|\boldsymbol{x}\|=1\right\}=\varnothing.$$ □

288. 设 Y 为拓扑空间 $(X,\mathscr{T})$ 的一个子集. 证明 $\overline{Y}$ 为 $(X,\mathscr{T})$ 的一个非连通子集 $\Leftrightarrow X$ 中存在两个非空集合 A 与 B 使得 $Y\subset A\cup B$, $\overline{A}\cap\overline{B}=\varnothing$, $Y\cap A\neq\varnothing$ 与 $Y\cap B\neq\varnothing$.

证明 ($\Leftarrow$)如果 X 中存在两个非空集合 A 与 B, s. t.

$$Y\subset A\cup B,\quad\overline{A}\cap\overline{B}=\varnothing,\quad Y\cap A\neq\varnothing,\quad Y\cap B\neq\varnothing.$$

则 $\overline{Y}\subset\overline{A\cup B}=\overline{A}\cup\overline{B}$,

$$\overline{Y}=(\overline{Y}\cap\overline{A})\cup(\overline{Y}\cap\overline{B}),\quad\overline{Y}\cap\overline{A}\neq\varnothing,\quad\overline{Y}\cap\overline{B}\neq\varnothing.$$

且 $\overline{Y}\cap\overline{A}$, $\overline{Y}\cap\overline{B}$ 都为闭集. 而

$$(\overline{Y}\cap\overline{A})\cap(\overline{Y}\cap\overline{B})=\overline{Y}\cap(\overline{A}\cap\overline{B})=\overline{Y}\cap\varnothing\neq\varnothing.$$

所以, $\overline{Y}$ 为 $(X,\mathscr{T})$ 的一个非连通子集.

($\Rightarrow$)设 $\overline{Y}$ 为 $(X,\mathscr{T})$ 中的一个非连通子集, 则

$$\overline{Y}=A\cup B,$$

这里, A,B 为 $(X,\mathscr{T})$ 中两个非空不交的闭集. 于是

$$\overline{A}=A,\quad\overline{B}=B,\quad\overline{A}\cup\overline{B}=A\cap B=\varnothing.$$

$$Y\subset\overline{Y}=A\cup B.$$

若 $Y\cap A=\varnothing$, 则 $Y\subset B$, $\overline{Y}\subset\overline{B}$. 从而 $A\cup B\subset\overline{B}=B$. 就推得 $A\subset B$. 这与 $A\cap B=\varnothing$ 矛盾. 因此

$$Y\cap A\neq\varnothing.$$

同理, $Y\cap B\neq\varnothing$. □

289. 在 Euclid 平面 $(\mathbb{R}^2,\mathscr{T}_{\rho_0^2})$ 中, 令

$$L_{\frac{1}{n}}=\left\{(x,y)\mid x-\frac{1}{n}y=0\right\}\subset\mathbb{R}^2,\quad n=1,2,\cdots,$$

$$L_0=\{(0,y)\mid y\in\mathbb{R}\}\subset\mathbb{R}^2.$$

证明: $\forall A\subset L_0$, 子集 $A\cup\left(\bigcup\limits_{n=1}^{\infty}L_{\frac{1}{n}}\right)$ 是连通的. 它是道路连通的吗?

证明 分两种情形讨论.

(1) 当 $A\cup\{\boldsymbol{0}\}$ 为 L_0 中的道路连通集时, $A\cup\left(\bigcup\limits_{n=1}^{\infty}L_{\frac{1}{n}}\right)$ 也为道路连通集. 事实上,

$\forall \boldsymbol{x}\in A\cup\left(\bigcup_{n=1}^{\infty}L_{\frac{1}{n}}\right)$必有直线道路与原点$O$相连接. 所以$A\cup\left(\bigcup_{n=1}^{\infty}L_{\frac{1}{n}}\right)$道路连通.

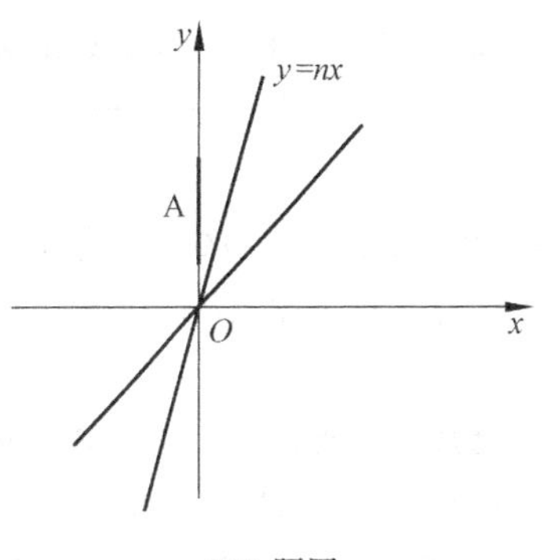

289 题图

(2) 当$A\cup\{\boldsymbol{0}\}$在L_0中非道路连通时(见289题图), 必存在$\boldsymbol{x}\in A$, s. t. $\boldsymbol{x}$与原点O在L_0中无连接的道路. 由此推得$\boldsymbol{x}$与$\forall \boldsymbol{y}\in\bigcup_{n=1}^{\infty}L_{\frac{1}{n}}$在$A\cup\bigcup_{n=1}^{\infty}L_{\frac{1}{n}}$中无道路相连接. 从而$A\cup\left(\bigcup_{n=1}^{\infty}L_{\frac{1}{n}}\right)$非道路连通. 事实上,若$\boldsymbol{x}$与$\boldsymbol{y}$有道路$\sigma:[0,1]\to A\cup\left(\bigcup_{n=1}^{\infty}L_{\frac{1}{n}}\right)$, s. t. $\sigma(0)=\boldsymbol{x}$, $\sigma(1)=\boldsymbol{y}\in L_{\frac{1}{n_0}}$,则必有$\sigma(\alpha)=\boldsymbol{0}$. 不妨设

$$\alpha_0=\inf\{\alpha\in[0,1]\mid\sigma(\alpha)=\boldsymbol{0}\},$$

于是$\sigma(\alpha_0)=0$. 所以$\sigma(t\alpha_0)$为L_0中连接$\boldsymbol{x}$与原点O的一条道路. 这与$\boldsymbol{x}$与O在L_0中无连接的道路相矛盾.

再证明$A\cup\left(\bigcup_{n=1}^{\infty}L_{\frac{1}{n}}\right)$是连通的. 因为$L_{\frac{1}{n}}$是直线,所以是连通的,且$L_{\frac{1}{n}}\cap L_{\frac{1}{m}}=\{\boldsymbol{0}\}$, $\forall n,m\in\mathbb{N}$. 应用[12]52-53页例1.4.9,例1.4.10知$\bigcup_{n=1}^{\infty}L_{\frac{1}{n}}$连通. 或者由上述知$\bigcup_{n=1}^{\infty}L_{\frac{1}{n}}$道路连通,所以它也是连通的. 又因为

$$\bigcup_{n=1}^{\infty}L_{\frac{1}{n}}\subset A\cup\left(\bigcup_{n=1}^{\infty}L_{\frac{1}{n}}\right)\subset L_0\cup\left(\bigcup_{n=1}^{\infty}L_{\frac{1}{n}}\right)=\overline{\bigcup_{n=1}^{\infty}L_{\frac{1}{n}}},$$

根据定理7.2.6, $A\cup\left(\bigcup_{n=1}^{\infty}L_{\frac{1}{n}}\right)$连通. □

290. 设A为单位球面$S^n(n\geqslant 2)$的一个至多可数的子集. 证明: $S^n\setminus A$是道路连通的.

证法1 $\forall \boldsymbol{p},\boldsymbol{q}\in S^n\setminus A$, $\boldsymbol{p}\neq\boldsymbol{q}$,作大圆弧$\overset{\frown}{\boldsymbol{pq}}$的垂直平分线(大圆弧)$l$,取$\boldsymbol{r}\in l$,过$\boldsymbol{p},\boldsymbol{r},\boldsymbol{q}$作平面交$S^n$得圆弧$\overset{\frown}{\boldsymbol{prq}}$. 因为$A$是至多可数集, l为不可数集,所以圆弧数也不可数,因此必有$S^n\setminus A$中连接$\boldsymbol{p}$与$\boldsymbol{q}$的一条道路$\overset{\frown}{\boldsymbol{pr_0q}}$,从而$S^n\setminus A$是道路连通的(290题图(1)).

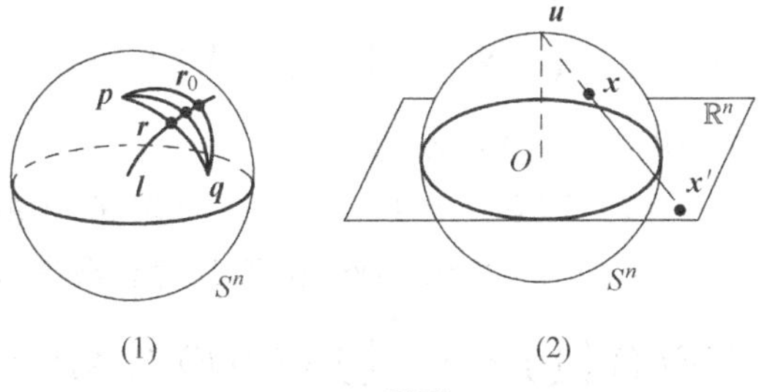

(1) (2)

290 题图

证法 2 $\forall\, \boldsymbol{p},\boldsymbol{q}\in S^n\backslash A$,取 $\boldsymbol{u}\in S^n\backslash(\{\boldsymbol{p},\boldsymbol{q}\}\cup A)$,过原点 O 作平面$\mathbb{R}^n$ 垂直于半径 $O\boldsymbol{u}$,再从 $\boldsymbol{u}$ 作 $S^n\backslash\{\boldsymbol{u}\}$到$\mathbb{R}^n$ 上的投影 $\varphi_{\boldsymbol{u}}$:$\varphi_{\boldsymbol{u}}(\boldsymbol{x})=\boldsymbol{x}'$(290 题图(2)),则

$$\varphi_{\boldsymbol{u}}:S^n-\{\boldsymbol{u}\}\to\mathbb{R}^n$$

为同胚. 由于 $\varphi_{\boldsymbol{u}}(A)\subset\mathbb{R}^n$ 为至多可数集以及例 7.2.4,在$\mathbb{R}^n\backslash\varphi_{\boldsymbol{u}}(A)$中必有连接 $\varphi_{\boldsymbol{u}}(\boldsymbol{p})$到$\varphi_{\boldsymbol{u}}(\boldsymbol{q})$的一条道路. 所以在 $S^n\backslash A$ 中必有连接 $\boldsymbol{p}$ 与 $\boldsymbol{q}$ 的一条道路. 从而 $S^n\backslash A$ 是道路连通的.

□

291. 证明:n 维 Euclid 空间$\mathbb{R}^n(n\geqslant 2)$(或 n 维单位球面 $S^n(n\geqslant 1)$)不能嵌入到实数空间$\mathbb{R}^1$ 中去,即不存在同胚 $f:\mathbb{R}^n\to f(\mathbb{R}^n)\subset\mathbb{R}^1$(或 $f:S^n\to f(S^n)\subset\mathbb{R}^1$).

证明 (反证)假设存在同胚

$$f:\mathbb{R}^n\to f(\mathbb{R}^n)\subset\mathbb{R}^1\quad(n\geqslant 2),$$

则必有 $y_1<y_2<y_3$,$y_i\in\mathbb{R}^1$,$i=1,2,3$,s. t.

$$f(\boldsymbol{x}_i)=y_i,\quad \boldsymbol{x}_i\in\mathbb{R}^n,\quad i=1,2,3.$$

于是有

$$f:\mathbb{R}^n\backslash\{\boldsymbol{x}_2\}\to f(\mathbb{R}^n)\backslash\{y_2\},$$

根据例 7.2.4,$\mathbb{R}^n\backslash\{\boldsymbol{x}_2\}$连通($n\geqslant 2$). 再由定理 7.2.7(1),$f(\mathbb{R}^n\backslash\{\boldsymbol{x}_2\})=f(\mathbb{R}^n)\backslash\{y_2\}$也连通. 但显然 $f(\mathbb{R}^n)\backslash\{y_2\}$不连通,矛盾. 所以,$\mathbb{R}^n$ 不能嵌入到$\mathbb{R}^1$ 中去.

关于 $S^n(n\geqslant 1)$可类似证明. □

292. (粘结引理)设$\{X_\alpha\mid\alpha\in\Gamma\}$为拓扑空间$(X,\mathscr{T}_X)$的一族子拓扑空间,并且 $X=\bigcup\limits_{\alpha\in\Gamma}X_\alpha$;$(Y,\mathscr{T}_Y)$为拓扑空间,如果 $\forall\,\alpha\in\Gamma$,$f_\alpha:X_\alpha\to Y$ 都为连续映射,且

$$f_\alpha\big|_{X_\alpha\cap X_\beta}=f_\beta\big|_{X_\alpha\cap X_\beta},\quad\forall\,\alpha,\beta\in\Gamma.$$

则 $\exists_1 f:X\to Y$,s. t. $f\big|_{X_\alpha}=f_\alpha$,$\forall\,\alpha\in\Gamma$,并且当下述条件之一成立的 f 必连续:

(1) $\forall\,\alpha\in\Gamma$,X_α 为$(X,\mathscr{T}_X)$的开集;

(2) Γ 为有限集,$\forall\,\alpha\in\Gamma$,X_α 为$(X,\mathscr{T}_X)$的闭集.

证法 1 $\forall\, x\in X=\bigcup\limits_{\alpha\in\Gamma}X_\alpha$,则 $\exists\,\alpha_0\in\Gamma$,s. t. $x\in X_{\alpha_0}$. 令 $f(x)=f_{\alpha_0}(x)$. 当 $\exists\,\alpha,\beta\in\Gamma$,s. t. $x\in X_\alpha\cap X_\beta$ 时,依题意,$f_\alpha(x)=f_\beta(x)$. 因此,我们确实定义了惟一的一个映射 $f:X\to Y$.

(1) $\forall\, V\in\mathscr{T}_Y$,因 f_α 连续,故 $f_\alpha^{-1}(V)$为 X_α 中的开集,而 X_α 为$(X,\mathscr{T}_X)$中的开集,所以 $f_\alpha^{-1}(V)$为$(X,\mathscr{T}_X)$中的开集. 从而

$$f^{-1}(V)=f^{-1}(V)\cap\left(\bigcup_{\alpha\in\Gamma}X_\alpha\right)=\bigcup_{\alpha\in\Gamma}(f^{-1}(V)\cap X_\alpha)=\bigcup_{\alpha\in\Gamma}f_\alpha^{-1}(V)$$

为$(X,\mathscr{T}_X)$中的开集. 这就证明了 f 为连续映射.

(2) 对$(Y,\mathscr{T}_Y)$中的任意闭集 F,因 f_α 连续,故 $f_\alpha^{-1}(F)$为 X_α 中的闭集,而 X_α 为$(X,\mathscr{T}_X)$中的闭集. 易证 $f_\alpha^{-1}(F)$为$(X,\mathscr{T}_X)$中的闭集. 因此,由于 Γ 为有限集,得到

$$f^{-1}(F)=f^{-1}(F)\cap\left(\bigcup_{\alpha\in\Gamma}X_\alpha\right)=\bigcup_{\alpha\in\Gamma}(f^{-1}(F)\cap X_\alpha)=\bigcup_{\alpha\in\Gamma}f_\alpha^{-1}(F)$$

为$(X,\mathscr{T}_X)$中的闭集. 根据定理 7.2.2(3)知 f 为连续映射.

证法 2 (1) $\forall x\in X=\bigcup\limits_{\alpha\in\Gamma}X_\alpha$，则$\exists\alpha_0\in\Gamma$, s. t. $x\in X_{\alpha_0}$. 由于 $f=f_{\alpha_0}: X_{\alpha_0}\to Y$ 连续，故对 $f(x)=f_{\alpha_0}(x)$的任何开邻域 V，存在 x 在 X_{α_0} 中的开邻域 U, s. t. $f(U)=f_{\alpha_0}(U)\subset V$. 由于 X_{α_0} 为$(X,\mathscr{T}_X)$中的开集. 易证 U 也为$(X,\mathscr{T}_X)$中 x 的开邻域. 这表明 f 在 x 点处连续. 由 x 任取知 f 在$(X,\mathscr{T}_X)$上连续. □

293. 设 A 与 B 为$(\mathbb{R}^n,\mathscr{T}_{\rho_0^n})$中两个不相交的闭集. 证明：存在一个连续函数 $f: \mathbb{R}^n\to\mathbb{R}$, s. t. $f|_A=1, f|_B=0$.

证明 $\forall\varepsilon>0$，由 $\rho(\boldsymbol{x}',E)$的定义，$\exists\boldsymbol{y}\in E$, s. t.

$$\rho_0^n(\boldsymbol{x}',\boldsymbol{y})<\rho_0^n(\boldsymbol{x}',E)+\frac{\varepsilon}{2}.$$

则

$$\begin{aligned}\rho_0^n(\boldsymbol{x}'',E)&\leqslant\rho_0^n(\boldsymbol{x}'',\boldsymbol{y})\leqslant\rho_0^n(\boldsymbol{x}',\boldsymbol{y})+\rho_0^n(\boldsymbol{x}',\boldsymbol{x}'')\\&<\rho_0^n(\boldsymbol{x}',E)+\frac{\varepsilon}{2}+\rho_0^n(\boldsymbol{x}',\boldsymbol{x}'').\end{aligned}$$

同理

$$\rho_0^n(\boldsymbol{x}',E)<\rho_0^n(\boldsymbol{x}'',E)+\frac{\varepsilon}{2}+\rho_0^n(\boldsymbol{x}',\boldsymbol{x}'').$$

于是，当 $\rho_0^n(\boldsymbol{x}',\boldsymbol{x}'')<\delta=\frac{\varepsilon}{2}$时，有

$$|\rho_0^n(\boldsymbol{x}',E)-\rho_0^n(\boldsymbol{x}'',E)|<\frac{\varepsilon}{2}+\rho_0^n(\boldsymbol{x}',\boldsymbol{x}'')<\frac{\varepsilon}{2}+\delta=\frac{\varepsilon}{2}+\frac{\varepsilon}{2}=\varepsilon.$$

因此，$\rho_0^n(\boldsymbol{x},E)$为$\mathbb{R}^n$ 上的一致连续函数，当然也为连续函数.

令 $f: \mathbb{R}^n\to[0,1]$，

$$f(\boldsymbol{x})=\frac{\rho_0^n(\boldsymbol{x},B)}{\rho_0^n(\boldsymbol{x},A)+\rho_0^n(\boldsymbol{x},B)}.$$

显然，f 连续，且

$$f(\boldsymbol{x})=\begin{cases}1, & \boldsymbol{x}\in A,\\0, & \boldsymbol{x}\in B.\end{cases}$$

□

294. 设$(X,\mathscr{T}_1)$与$(Y,\mathscr{T}_2)$都为拓扑空间，$f: X\to Y$ 为映射. 证明：

$$f\text{ 为连续映射}\Leftrightarrow\forall A\subset X,\text{有 }f(\overline{A})\subset\overline{f(A)}.$$

证明 $(\Rightarrow)$设 $A\subset X$，显然有 $f(A)\subset\overline{f(A)}\overset{\text{闭}}{\subset}Y$，由定理 7.2.2(3) $f^{-1}(\overline{f(A)})$为$(X,\mathscr{T}_1)$中的闭集. 所以$\overline{f^{-1}(\overline{f(A)})}=f^{-1}(\overline{f(A)})\supset A$, $\overline{A}\subset f^{-1}(\overline{f(A)})$，从而，$f(\overline{A})\subset\overline{f(A)}$.

$(\Leftarrow)$设 V 为$(Y,\mathscr{T}_2)$中的开集，V^c 则为$(Y,\mathscr{T}_2)$中的闭集. 令 $A=f^{-1}(V^c)$由题意，得

$$f(\overline{f^{-1}(V^c)})=f(\overline{A})\subset\overline{f(A)}=\overline{f(f^{-1}(V^c))}=\overline{V^c}=V^c.$$

于是

$$\overline{f^{-1}(V^c)} \subset f^{-1}(V^c) \subset \overline{f^{-1}(V^c)}.$$

所以 $f^{-1}(V^c)=\overline{f^{-1}(V^c)}$为 X 中的闭集. 由定理 7.2.2(3). f 为连续映射. □

295. 举出连续函数 $f: \mathbb{R}^1 \to \mathbb{R}^1$ 及 $A \subset \mathbb{R}^1$, 使 $f(\overline{A}) \not\supset \overline{f(A)}$.

解 令

$$f: \mathbb{R}^1 \to \mathbb{R}^1, \quad x \mapsto f(x) = \arctan x,$$

$A=\mathbb{R}^1=\overline{A}$, 则

$$f(\overline{A}) = f(\mathbb{R}^1) = \left(-\frac{\pi}{2}, \frac{\pi}{2}\right),$$

$$\overline{f(A)} = \overline{f(\mathbb{R}^1)} = \overline{\left(-\frac{\pi}{2}, \frac{\pi}{2}\right)} = \left[-\frac{\pi}{2}, \frac{\pi}{2}\right] \not\subset \left(-\frac{\pi}{2}, \frac{\pi}{2}\right) = f(\overline{A}).$$ □

296. 在定理 7.3.2 中, 证明: (3)⇒(5), (5)⇒(4).

证明 (3)⇒(5).

设$(X,\mathscr{T})$为列紧空间, 即 X 的任何无限子集 A 必有聚点 $a \in X$. 又设$\{F_i\}$为递降非空闭集序列. 取 $x_i \in F_i$, $i=1,2,\cdots$.

如果$\{x_i\}$为有限点集, 则必无限项相同, 记为 x_{i_0}, 于是

$$x_{i_0} \in \bigcap_{i=1}^{\infty} F_i.$$

如果$\{x_i\}$中只有有限项相同, 不妨设 $A=\{x_i \mid i=1,2,\cdots, x_i \neq x_j, i \neq j\}$时, A 为 X 的无限子集, 由(3)A 必有聚点 $x_0 \in X$. 因此, $\exists\, x_{i_k} \to x_0\ (k \to +\infty)$. 因为 F_i 为递降非空闭集序列, 故 $x_{i_k} \in F_i$, $\forall\, i_k \geqslant i$, 由此得 $x_0 \in F_i$, $\forall\, i$, 即 $x_0 \in \bigcap\limits_{i=1}^{\infty} F_i$.

(5)⇒(4)(反证)假设 X 中有点列$\{x_i\}$无收敛子序列. 显然$\{x_i\}$中至多有有限项相同. 不妨设$\{x_i\}$中各项彼此不同. 令

$$F_i = \{x_i, x_{i+1}, \cdots\}, \quad i = 1,2,\cdots.$$

则$\{F_i\}$为递降非空闭集序列, 根据(5)必有 $x_0 \in \bigcap\limits_{i=1}^{n} F_i = \varnothing$, 矛盾. □

297. 设$(X,\mathscr{T})$为 T_2 空间, $A \subset X$ 为$(X,\mathscr{T})$中的紧致子集, $x \in A^c$. 证明: x 与 A 分别存在开邻域 U 和 V, 使得 $U \cap V = \varnothing$.

证明 任取 $y \in A$, 因为 $x \in A^c$, 所以 $x \neq y$. 由$(X,\mathscr{T})$为 T_2 空间知, $\exists\, x$ 与 y 的邻域 U_y 和 V_y, s. t. $U_y \cap V_y = \varnothing$.

$$\mathscr{I} = \{V_y \mid y \in A, \exists\, U_y \ni x, V_y \ni y, \text{s. t.}\, U_y \cap V_y = \varnothing\}$$

是紧致子集 A 的一个开覆盖, 所以存在有限子覆盖

$$\mathscr{I}^* = \{V_{y_1}, V_{y_1}, \cdots, V_{y_n}\}.$$

令$V=\bigcup\limits_{i=1}^{n}V_{y_i}$，$U=\bigcap\limits_{i=1}^{n}U_{y_i}$. 显然$A\subset V$，$x\in U$，且

$$\begin{aligned}U\cap V&=\left(\bigcap_{i=1}^{n}U_{y_i}\right)\cap\left(\bigcup_{j=1}^{n}V_{y_j}\right)\\&=\bigcup_{j=1}^{n}\left(V_{y_j}\cap\left(\bigcap_{i=1}^{n}U_{y_i}\right)\right)\\&\subset\bigcup_{j=1}^{n}(V_{y_j}\cap U_{y_j})=\bigcup_{j=1}^{n}\varnothing=\varnothing.\end{aligned}$$

□

298. 设$(X,\mathscr{T})$为T_2空间. 如果A与B为$(X,\mathscr{T})$的不交紧致子集，则A与B分别存在开邻域U和V，使得$U\cap V=\varnothing$.

证明　$A\cap B=\varnothing$，$\forall x\in A$，$x\overline{\in}B$，由上题(297题)，分别存在x与紧致子集B的开邻域U_x与V_x，s.t. $U_x\cap V_x=\varnothing$，显然开集族$\{U_x\mid x\in A\}$是紧致子集A的一个开覆盖. 因此它有有限开覆盖$\{U_{x_1},\cdots,U_{x_n}\}$. 令

$$U=\bigcup_{i=1}^{n}U_{x_i},\quad V=\bigcap_{j=1}^{n}V_{x_i},$$

则U为A的开邻域，V为B的开邻域，且

$$\begin{aligned}U\cap V&=\left(\bigcup_{i=1}^{n}U_{x_i}\right)\cap\left(\bigcap_{j=1}^{n}V_{x_j}\right)\\&=\bigcup_{i=1}^{n}(U_{x_i}\cap V_{x_1}\cap V_{x_2}\cap\cdots\cap V_{x_n})\\&=\bigcup_{i=1}^{n}\varnothing=\varnothing.\end{aligned}$$

□

299. 证明：T_2空间$(X,\mathscr{T})$中任意多个紧致子集的交仍为紧致子集.

证明　设$A_\alpha(\alpha\in\Gamma)$都是$T_2$空间$(X,\mathscr{T})$中的紧致子集. 由定理7.3.9，$A_\alpha$为$(X,\mathscr{T})$中的闭子集. 再由定理7.1.2(3)，得$\bigcap\limits_{\alpha\in\Gamma}A_\alpha$也是$(X,\mathscr{T})$中的闭子集. $\bigcap\limits_{\alpha\in\Gamma}A_\alpha\subset A_\alpha(\forall\alpha\in\Gamma)$是紧致子集中的闭集，由定理7.3.8. $\bigcap\limits_{\alpha\in\Gamma}A_\alpha$也是紧致的.　□

300. 设(X,ρ)为度量空间，A为$(X,\mathscr{T}_\rho)$的列紧子集. 证明：A为有界闭集.

证法1　参阅书中

$$(3)\xRightarrow{\text{定理7.3.2}}(4)\xRightarrow[\text{证法1}]{\text{定理7.3.3}}A\text{ 有界},A\text{ 闭}.$$

证法2　参阅书中

$$(3)\xRightarrow{\text{定理7.3.2}}(4)\xRightarrow{\text{定理7.3.2}}(1)\xRightarrow[\text{证法3}]{\text{定理7.3.3}}A\text{ 有界闭}.$$

□

301. 设(X,ρ)为度量空间，X中的两个非空子集A与B的距离$\rho(A,B)$定义为

$$\rho(A,B)=\inf\{\rho(x,y)\mid x\in A,y\in B\}.$$

当 $A=\{a\}$ 时，$\rho(a,B)=\rho(\{a\},B)=\inf\{\rho(a,y)\mid y\in B\}$ 称为 a 与集合 B 之间的距离. 证明：

(1) 如果 A 与 B 为 (X,ρ) 中的两个非空紧致子集，则 $\exists a\in A$ 与 $b\in B$, s. t. $\rho(a,b)=\rho(A,B)$；

(2) 设 $X=\{-1\}\cup(0,1)$ 作为 $(\mathbb{R}^1,\mathscr{T}_{\rho_0^1})$ 的子度量空间，$A=\{-1\}$，与 $B=(0,1)$ 分别为 X 的紧致子集与闭集，易见它无(1)中的结论；

(3) 设 A 与 B 分别为 $(\mathbb{R}^n,\rho_0^n)$ 中的非空紧致子集与非空闭集，则 $\exists \boldsymbol{a}\in A$ 与 $\boldsymbol{b}\in B$, s. t. $\rho_0^n(\boldsymbol{a},\boldsymbol{b})=\rho_0^n(A,B)$；

(4) 在 $(\mathbb{R}^2,\rho_0^2)$ 中给出两个不相交的非空闭集 A 与 B，使得 $\rho_0^2(A,B)=0$，但不存在 $\boldsymbol{a}\in A$，不存在 $\boldsymbol{b}\in B$, s. t. $\rho_0^2(\boldsymbol{a},\boldsymbol{b})=\rho_0^2(A,B)$；

(5) 设 A 与 B 分别为度量空间 (X,ρ) 的非空紧子集与非空闭集. 则

$$\rho(A,B)=0 \quad\Leftrightarrow\quad A\cap B\neq\varnothing.$$

证明 (1) 由 $\rho(A,B)$ 的定义，$\exists a_n\in A, b_n\in B, n\in\mathbb{N}$, s. t.

$$\lim_{n\to+\infty}\rho(a_n,b_n)=\inf\{\rho(x,y)\mid x\in A,y\in B\}=\rho(A,B).$$

因为 A 与 B 都是 (X,ρ) 中的紧致子集，由定理 7.3.2 知，A 与 B 在 (X,ρ) 中都为序列紧致的. 所以，$\exists a\in A, b\in B$, s. t.

$$a=\lim_{k\to+\infty}a_{n_k},\quad b=\lim_{k\to+\infty}b_{n_k},$$

再根据 ρ 的连续性得

$$\rho(a,b)=\rho(\lim_{k\to+\infty}a_{n_k},\lim_{k\to+\infty}b_{n_k})=\lim_{k\to+\infty}\rho(a_{n_k},b_{n_k})=\rho(A,B).$$

(2) 显然

$$\rho(A,B)=\rho(\{-1\},(0,1))=\inf_{0<y<1}\rho(-1,y)=\lim_{y\to0^+}(y+1)=1$$

$$\neq\rho(-1,y),\ \forall\, y\in(0,1).$$

(3) 如(1)，取 $\boldsymbol{a}_n\in A, \boldsymbol{b}_n\in B$, s. t.

$$\lim_{m\to+\infty}\rho_0^n(\boldsymbol{a}_m,\boldsymbol{b}_m)=\inf\{\rho_0^n(\boldsymbol{x},\boldsymbol{y})\mid \boldsymbol{x}\in A,\boldsymbol{y}\in B\}=\rho(A,B).$$

因为 A 紧致，故 $\exists \boldsymbol{a}_{m_k}$, s. t. $\lim\limits_{k\to+\infty}\boldsymbol{a}_{m_k}=\boldsymbol{a}_0$. 由此得

$$\lim_{k\to+\infty}\rho_0^n(\boldsymbol{a}_{m_k},\boldsymbol{b}_{m_k})=\rho(A,B).$$

此时，$\{\boldsymbol{b}_{m_k}\mid k\in\mathbb{N}\}\subset B$ 为有界点集，故 $\{\boldsymbol{b}_{m_k}\}$ 必有收敛子列 $\{\boldsymbol{b}_{m_k'}\}$，记 $\lim\limits_{k\to+\infty}\boldsymbol{b}_{m_k'}=\boldsymbol{b}_0\in B$. 于是有

$$\rho_0^n(\boldsymbol{a}_0,\boldsymbol{b}_0)=\rho_0^n(\lim_{k\to+\infty}\boldsymbol{a}_{m_k'},\lim_{k\to+\infty}\boldsymbol{b}_{m_k'})=\lim_{k\to+\infty}\rho_0^n(\boldsymbol{a}_{m_k'},\boldsymbol{b}_{m_k'})=\rho(A,B).$$

(4) 设

$$A\left\{\left(x,\frac{1}{x}\right)\middle|\, x\in(0,+\infty)\right\},$$

$$B=\{(x,0)\mid x\in(0,+\infty)\}.\quad(\text{见 301 题图})$$

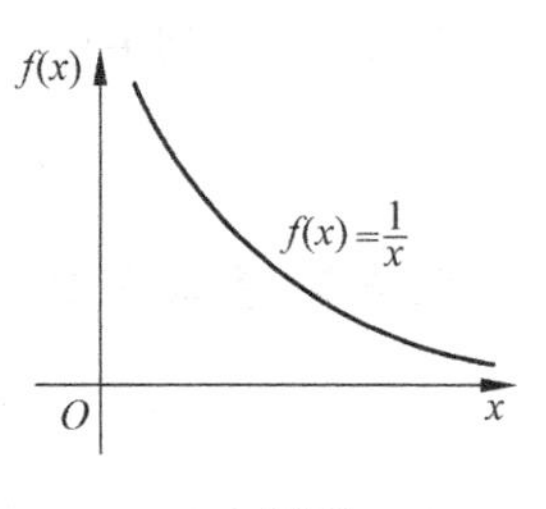

301 题图

显然，$\rho_0^2(A,B)=\lim\limits_{n\to+\infty}\rho_0^2\left(\left(n,\frac{1}{n}\right),(n,0)\right)=\lim\limits_{n\to+\infty}\frac{1}{n}=0$. 但 $\forall\left\{\left(x,\frac{1}{x}\right)\right\},\{(y,0)\}$，有

$$\rho_0^2\left\{\left(x,\frac{1}{x}\right),(y,0)\right\}=\sqrt{(x-y)^2+\frac{1}{x^2}}\neq 0.$$

故不存在$(a,b)\in A\times B$, s. t. $\rho_0^2(a,b)=0=\rho_0^2(A,B)$.

(5) $(\Leftarrow)A\cap B\neq\varnothing$, $\exists z\in A\cap B$, 于是

$$\rho(A,B)=\inf\{\rho(x,y)\mid x\in A,y\in B\}=\rho(z,z)=0.$$

$(\Rightarrow)$由$\rho(A,B)=0$, 知$\exists a_n\in A, b_n\in B$, s. t.

$$\lim_{n\to+\infty}\rho(a_n,b_n)=\rho(A,B)=0.$$

又因A紧致,所A序列紧致, $\exists\{a_n\}$的子列$\{a_{n_k}\}$, s. t.

$$\lim_{k\to+\infty}a_{n_k}=a_0\in A.$$

由三角不等式知

$$0\leqslant\rho(b_{n_k},a_0)\leqslant\rho(b_{n_k},a_{n_k})+\rho(a_{n_k},a_0)\to 0\quad(k\to+\infty).$$

所以$\lim\limits_{n\to+\infty}b_{n_k}=a_0\in B$. 故

$$a_0\in A\cap B,\quad A\cap B\neq\varnothing.$$

□

302. 证明:不存在由$[0,1]$到圆周上的一一连续映射.

证法1 (反证)假设存在一一连续映射$f:[0,1]\to S^1\subset\mathbb{R}^2$, 则$f(0),f(1)\in S^1$, 且$f(0)\neq f(1)$. 于是$(0,1)$在连续映射

$$f|_{(0,1)}:(0,1)\to S^1$$

下的像为

$$f((0,1))=S^1-\{f(0),f(1)\}.$$

因为$(0,1)$是连通的. 所以$S^1-\{f(0),f(1)\}=f((0,1))$也连通. 这显然与$S^1-\{f(0),f(1)\}$非连通矛盾.

证法2 (反证)假设存在一一连续映射$f:[0,1]\to S^1$. 因为$[0,1]$与S^1都是紧致T_2空间. 由定理7.3.10知, f为同胚. 所以

$$f:[0,1]\backslash\left\{\frac{1}{2}\right\}\to S^1\backslash\left\{f\left(\frac{1}{2}\right)\right\}$$

也为同胚,但$[0,1]\backslash\left\{\frac{1}{2}\right\}$不连通,而$S^1\backslash\left\{f\left(\frac{1}{2}\right)\right\}$连通,矛盾. □

303. 证明:不存在由$[0,1]$到$[0,1]\times[0,1]$上的一一连续映射.

证明 (反证)假设存在一一连续映射$f:[0,1]\to[0,1]\times[0,1]$. 因为$[0,1]$与$[0,1]\times[0,1]$都为紧致$T_2$空间,所以由定理7.3.10知$f$为同胚. 于是

$$f:[0,1]\backslash\left\{\frac{1}{2}\right\}\to[0,1]\times[0,1]\backslash\left\{f\left(\frac{1}{2}\right)\right\}$$

也为同胚,但$[0,1]\times[0,1]\backslash\left\{f\left(\frac{1}{2}\right)\right\}$是连通集,而$[0,1]\backslash\left\{\frac{1}{2}\right\}$为非连通集,矛盾. □

304. 设 $E\subset\mathbb{R}^n$，$\boldsymbol{f}: E\to\mathbb{R}^m$.

(1) 如果 E 为闭集，$\boldsymbol{f}$ 连续. 则 f 的图像

$$G(\boldsymbol{f})=\{(\boldsymbol{x},\boldsymbol{f}(\boldsymbol{x}))\mid \boldsymbol{x}\in E\}$$

为 $\mathbb{R}^{n+m}$ 中的闭集；

(2) 如果 E 为紧致集，$\boldsymbol{f}$ 连续，则 $G(\boldsymbol{f})$ 也为紧致集；

(3) 如果 $G(\boldsymbol{f})$ 为紧致集，则 $\boldsymbol{f}$ 连续；

(4) 如果 $G(\boldsymbol{f})$ 为闭集，$\boldsymbol{f}$ 是否连续？

证明 令

$$\begin{aligned}\boldsymbol{g}&: E\to G(\boldsymbol{f}),\\ &\boldsymbol{x}\mapsto \boldsymbol{g}(\boldsymbol{x})=(\boldsymbol{x},\boldsymbol{f}(\boldsymbol{x}));\\ \boldsymbol{p}&: G(\boldsymbol{f})\to E,\\ &(\boldsymbol{x},\boldsymbol{f}(\boldsymbol{x}))\to \boldsymbol{p}(\boldsymbol{x},\boldsymbol{f}(\boldsymbol{x}))=\boldsymbol{x}.\end{aligned}$$

(1) 由 $\boldsymbol{g},\boldsymbol{p}$ 的定义有

$$\begin{aligned}\boldsymbol{p}\circ\boldsymbol{g}(\boldsymbol{x})&=\boldsymbol{p}(\boldsymbol{x},\boldsymbol{f}(\boldsymbol{x}))=\boldsymbol{x},\\ \boldsymbol{g}\circ\boldsymbol{p}(\boldsymbol{x},\boldsymbol{f}(\boldsymbol{x}))&=\boldsymbol{g}(\boldsymbol{x})=(\boldsymbol{x},\boldsymbol{f}(\boldsymbol{x})).\end{aligned}$$

所以 $\boldsymbol{p}$ 与 $\boldsymbol{g}$ 互为逆映射. 显然投影 $\boldsymbol{p}$ 是连续的. 当 $\boldsymbol{f}$ 连续时，$\boldsymbol{g}$ 也是连续的. 于是 $\boldsymbol{g},\boldsymbol{p}$ 都为同胚. 由 E 为闭集知

$$G(\boldsymbol{f})=\boldsymbol{g}(E)=\boldsymbol{p}^{-1}(E)$$

为闭集.

或对 $\forall(\boldsymbol{x}_n,\boldsymbol{f}(\boldsymbol{x}_n))\in G(\boldsymbol{f})$，若 $\lim\limits_{n\to+\infty}(\boldsymbol{x}_n,\boldsymbol{f}(\boldsymbol{x}_n))=(\boldsymbol{x}_0,\boldsymbol{y}_0)$，则由 $\boldsymbol{x}_n\in E$，E 为 $\mathbb{R}^n$ 中的闭集得 $\lim\limits_{n\to+\infty}\boldsymbol{x}_n=\boldsymbol{x}_0\in E$. 因此 $\boldsymbol{y}_0=\lim\limits_{n\to+\infty}\boldsymbol{f}(\boldsymbol{x}_n)=\boldsymbol{f}(\boldsymbol{x}_0)$. 所以 $(\boldsymbol{x}_0,\boldsymbol{y}_0)=(\boldsymbol{x}_0,\boldsymbol{f}(\boldsymbol{x}_0))\in G(\boldsymbol{f})$. 从而，$G(\boldsymbol{f})$ 为闭集.

(2) 因为 $\boldsymbol{f}$ 连续，所以 $\boldsymbol{g}$ 也连续，E 紧致，因此 $G(\boldsymbol{f})=\boldsymbol{g}(E)$ 也紧致.

(3) 如果 $G(\boldsymbol{f})$ 为紧致集，根据定理 7.3.8，$G(\boldsymbol{f})$ 中的任何闭集 F 也是紧致集. 又投影 $\boldsymbol{p}$ 是连续的，所以 $\boldsymbol{p}(F)$ 也必为 $\mathbb{R}^n$ 中的紧致集，而 $\mathbb{R}^n$ 为 T_2 空间，其紧致子集 $\boldsymbol{p}(F)$ 为 $\mathbb{R}^n$ 中的闭集，于是 $\boldsymbol{g}^{-1}(F)=\boldsymbol{p}(F)$ 为闭集，所以 g 连续，因此 $\boldsymbol{f}$ 也连续.

(4) 不一定. 反例：

$$f: E=\mathbb{R}^1\to\mathbb{R}^1,$$

$$x\mapsto f(x)=\begin{cases}\dfrac{1}{x}, & x\neq 0,\\ 0, & x=0.\end{cases}$$

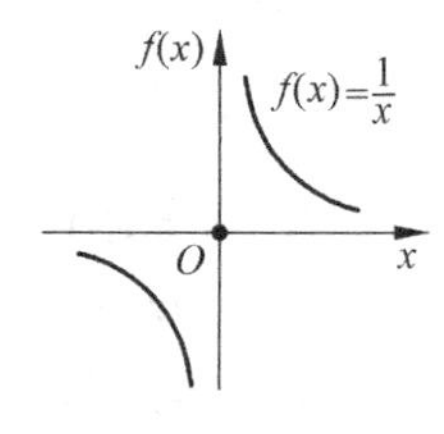

304 题图

显然(见 304 题图)

$$G(f)=\{(x,f(x))\mid x\in\mathbb{R}\}=\left\{\left(x,\frac{1}{x}\right)\middle| x\neq 0\right\}\cup\{0,0\}$$

为闭集. 但 f 在 $x=0$ 处不连续. □

305. 设$\boldsymbol{\varphi}: S^n\to S^n$ 为一个同胚，满足：$\forall\, \boldsymbol{x}\in S^n$，有$\boldsymbol{\varphi}(\boldsymbol{\varphi}(\boldsymbol{x}))=\boldsymbol{x}$，其中 $n\in\mathbb{Z}_+$. 证明：对任何连续映射 $f: S^n\to\mathbb{R}$. $\exists\,\boldsymbol{\xi}\in S^n$, s. t. $f(\boldsymbol{\xi})=f(\boldsymbol{\varphi}(\boldsymbol{\xi}))$. 当$\boldsymbol{\varphi}(\boldsymbol{x})=-\boldsymbol{x}$ 时，它就是例 7.4.1.

证明 令 $F(\boldsymbol{x})=f(\boldsymbol{x})-f(\boldsymbol{\varphi}(\boldsymbol{x}))$，则

$$\begin{aligned}F(\boldsymbol{p})\cdot F(\boldsymbol{\varphi}(\boldsymbol{p}))&=[f(\boldsymbol{p})-f(\boldsymbol{\varphi}(\boldsymbol{p}))]\cdot[f(\boldsymbol{\varphi}(\boldsymbol{p}))-f(\boldsymbol{\varphi}(\boldsymbol{\varphi}(\boldsymbol{p})))]\\&=[f(\boldsymbol{p})-f(\boldsymbol{\varphi}(\boldsymbol{p}))]\cdot[f(\boldsymbol{\varphi}(\boldsymbol{p}))-f(\boldsymbol{p})]\\&=-[f(\boldsymbol{p})-f(\boldsymbol{\varphi}(\boldsymbol{p}))]^2\leqslant 0.\end{aligned}$$

等号当且仅当 $f(\boldsymbol{p})=f(\boldsymbol{\varphi}(\boldsymbol{p}))$时成立. $\boldsymbol{p}$ 即为所求的$\boldsymbol{\xi}$.

若不等号成立. 则根据零(根)值定理(定理 7.4.2). $\exists\,\boldsymbol{\xi}\in S^n$, s. t.

$$0=F(\boldsymbol{\xi})=f(\boldsymbol{\xi})-f(\boldsymbol{\varphi}(\boldsymbol{\xi})),$$

也即$\exists\,\boldsymbol{\xi}\in S^n$, s. t. $f(\boldsymbol{\xi})=f(\boldsymbol{\varphi}(\boldsymbol{\xi}))$. □

306. 设$(\mathbb{R}^n,\mathcal{T}_{\rho_0^n})$为 n 维 Euclid 空间，$f: \mathbb{R}^n\to\mathbb{R}^1$ 为连续映射. 证明：在$\mathbb{R}^1$ 中最多存在两个点，每个点在 f 下的原像为非空的至多可数集.

证明 (反证)假设$\exists\, a,b,c\in\mathbb{R}^1$, $a<b<c$, s. t. $f^{-1}(\{a\})$, $f^{-1}(\{b\})$, $f^{-1}(\{c\})$都是非空的至多可数集. 由连续映射

$$f: \mathbb{R}^n\backslash f^{-1}(\{b\})\to\mathbb{R}^1\backslash\{b\}$$

将连通集$\mathbb{R}^n\backslash f^{-1}(\{b\})$(根据例 7.2.4)映为$\mathbb{R}^1\backslash\{b\}$中的不连通集，与定理 7.2.7(1)的结论相矛盾. □

307. 设 $\boldsymbol{A}=(a_{ij})$为 $n\times n$ 的实方阵，将它视为$\mathbb{R}^{n^2}$ 中一个点$(a_{11},a_{12},\cdots,a_{1n},a_{21},a_{22},\cdots,a_{2n},\cdots,a_{n1},a_{n2},\cdots,a_{nn})$，于是，将$\{\boldsymbol{A}=(a_{ij})\mid a_{ij}\in\mathbb{R}\}$视为 n^2 维 Euclid 空间$(\mathbb{R}^{n^2},\mathcal{T}_{\rho_0^{n^2}})$. 考虑 n 阶正交群

$$O(n)=O(n,\mathbb{R})=\{\boldsymbol{P}\mid \boldsymbol{P}\boldsymbol{P}^{\mathrm{T}}=\boldsymbol{P}^{\mathrm{T}}\boldsymbol{P}=\boldsymbol{I},\boldsymbol{P}\text{ 为 }n\times n\text{ 实矩阵}\},$$

其中 $\boldsymbol{I}$ 为单位矩阵，$\boldsymbol{P}$ 为 $n\times n$ 实矩阵. 满足 $\boldsymbol{P}\boldsymbol{P}^{\mathrm{T}}=\boldsymbol{P}^{\mathrm{T}}\boldsymbol{P}=\boldsymbol{I}$ 的实矩阵称为 **n 阶(实)正交矩阵**. 显然，有$(\det\boldsymbol{P})^2=\det\boldsymbol{P}\det\boldsymbol{P}^{\mathrm{T}}=\det\boldsymbol{P}\boldsymbol{P}^{\mathrm{T}}=\det\boldsymbol{I}=1$, $\det\boldsymbol{P}=\pm1$. 证明：

(1) $O(n)$为$\mathbb{R}^{n^2}$ 中的有界闭集，即为紧致集；

(2) $O^+(n)=O^+(n,\mathbb{R})=\{\boldsymbol{P}\mid\boldsymbol{P}\boldsymbol{P}^{\mathrm{T}}=\boldsymbol{P}^{\mathrm{T}}\boldsymbol{P}=\boldsymbol{I},\det\boldsymbol{P}=1\}$与 $O^-(n)=O^-(n,\mathbb{R})=\{\boldsymbol{P}\mid\boldsymbol{P}\boldsymbol{P}^{\mathrm{T}}=\boldsymbol{P}^{\mathrm{T}}\boldsymbol{P}=\boldsymbol{I},\det\boldsymbol{P}=-1\}$都是道路连通的；

(3) $O(n)$不是道路连通的，也不是连通的.

证明

(1) $\forall\,\boldsymbol{A}=(a_{ij})\in O(n)$，有

$$\sum_{i,j=1}^n a_{ij}^2=\sum_{i=1}^n\left(\sum_{j=1}^n a_{ij}a_{ij}\right)=\sum_{i=1}^n\delta_{ii}=\sum_{i=1}^n 1=n.$$

因此 $O(n)\subset\mathbb{R}^{n^2}$ 为有界集.

设有 n 阶实正交实矩阵序列 $\boldsymbol{P}(m)$, $\lim\limits_{m\to+\infty}\boldsymbol{P}(m)=\boldsymbol{P}$,则

$$\boldsymbol{P}\boldsymbol{P}^{\mathrm{T}}=\lim_{m\to+\infty}[\boldsymbol{P}(m)\boldsymbol{P}^{\mathrm{T}}(m)]=\lim_{m\to+\infty}\boldsymbol{I}=\boldsymbol{I}.$$

所以 $\boldsymbol{P}\in O(n)$. $O(n)\subset\mathbb{R}^{n^2}$ 为闭集,因而 $O(n)$ 为紧致集.

(2) $\forall\boldsymbol{P}\in O(n)$,由线性代数知识知,$\exists\boldsymbol{Q}\in O(n)$, s. t.

$$\boldsymbol{P}=\boldsymbol{Q}^{-1}\begin{pmatrix}1&&&&&&&\\&\ddots&&&&&&\\&&1&&&&&\\&&&\cos\theta_1&-\sin\theta_1&&&\\&&&\sin\theta_1&\cos\theta_1&&&\\&&&&&\ddots&&\\&&&&&&\cos\theta_k&-\sin\theta_k\\&&&&&&\sin\theta_k&\cos\theta_k\end{pmatrix}\boldsymbol{Q}.$$

令 $\boldsymbol{\varphi}:[0,1]\to O^{+}(n)$,

$$\boldsymbol{\varphi}(t)=\boldsymbol{Q}^{-1}\begin{pmatrix}1&&&&&&&\\&\ddots&&&&&&\\&&1&&&&&\\&&&\cos t\theta_1&-\sin t\theta_1&&&\\&&&\sin t\theta_1&\cos t\theta_1&&&\\&&&&&\ddots&&\\&&&&&&\cos t\theta_k&-\sin t\theta_k\\&&&&&&\sin t\theta_k&\cos t\theta_k\end{pmatrix}\boldsymbol{Q}.$$

显然 $\boldsymbol{\varphi}(t)$ 连续,且 $\boldsymbol{\varphi}(0)=\boldsymbol{I}$, $\boldsymbol{\varphi}(1)=\boldsymbol{P}$. $\boldsymbol{\varphi}$ 为 $O^{+}(n)$ 中连接 $\boldsymbol{I}$ 和 $\boldsymbol{P}$ 的一条道路,从而 $O^{+}(n)$ 是道路连通的.

$\forall\boldsymbol{P}\in O^{-}(n)$, $\exists\boldsymbol{Q}\in O(n)$, s. t.

$$\boldsymbol{P}=\boldsymbol{Q}^{-1}\begin{pmatrix}-1&&&&&&&&\\&1&&&&&&&\\&&\ddots&&&&&&\\&&&1&&&&&\\&&&&\cos\theta_1&-\sin\theta_1&&&\\&&&&\sin\theta_1&\cos\theta_1&&&\\&&&&&&\ddots&&\\&&&&&&&\cos\theta_k&-\sin\theta_k\\&&&&&&&\sin\theta_k&\cos\theta_k\end{pmatrix}\boldsymbol{Q}.$$

同理可证 $O^{-}(n)$ 也是道路连通的.

(3)(反证)假设 $O(n)$ 连通(或道路连通). 由于

$$\det: O(n) \to \mathbb{R}^1$$
$$\boldsymbol{P} \mapsto \det \boldsymbol{P}$$

为连续映射,且

$$\det \boldsymbol{I} = \det\mathrm{diag}(1,1,\cdots,1) = 1, \quad \det\mathrm{diag}(-1,1,\cdots,1) = -1.$$

由零值定理必 $\exists \boldsymbol{P}\in O(n)$, s. t. $\det\boldsymbol{P}=0$. 这与 $\det\boldsymbol{P}=\pm 1$ 相矛盾. 所以 $O(n)$ 非连通,也非道路连通. □

308. 设 $GL(n,\mathbb{R})=\{\boldsymbol{A}=(a_{ij})\mid \det\boldsymbol{A}\neq 0, \boldsymbol{A}$ 为 $n\times n$ 实矩阵$\}$称它为 **n 阶一般线性群.** 证明:

(1) $GL(n,\mathbb{R})$ 非紧致;

(2) $GL^+(n,\mathbb{R})=\{\boldsymbol{A}\mid \det\boldsymbol{A}>0, \boldsymbol{A}$ 为 $n\times n$ 实矩阵$\}$与 $GL^-(n,\mathbb{R})=\{\boldsymbol{A}\mid \det\boldsymbol{A}<0, \boldsymbol{A}$ 为 $n\times n$ 实矩阵$\}$都是道路连通的;

(3) $GL(n,\mathbb{R})$ 不是道路连通的,也不是连通的.

证明 (1) 矩阵

$$\boldsymbol{A} = \begin{pmatrix} m & & & \\ & m & & \\ & & \ddots & \\ & & & m \end{pmatrix} = (a_{ij}), \quad \det\boldsymbol{A} = m^n,$$

$\boldsymbol{A}\in GL(n,\mathbb{R})$, $\sum\limits_{i,j=1}^{n} a_{ij}^2 = nm^2 \to +\infty (m\to+\infty)$,故 $GL(n,\mathbb{R})$ 无界. 所以非紧致.

(2) 对 $\forall \boldsymbol{A}\in GL(n,\mathbb{R})$,设 $\boldsymbol{A}=(\boldsymbol{a}_1,\boldsymbol{a}_2,\cdots,\boldsymbol{a}_n)$,则$(\boldsymbol{a}_1,\boldsymbol{a}_2,\cdots,\boldsymbol{a}_n)$为$\mathbb{R}^n$ 的一个基,由 Gram-Schmidt 正交化过程得到

$$\begin{aligned} \boldsymbol{b}_1 &= \boldsymbol{a}_1, \\ \boldsymbol{b}_2 &= \lambda_{21}\boldsymbol{a}_1 + \boldsymbol{a}_2, \\ &\vdots \\ \boldsymbol{b}_n &= \lambda_{n1}\boldsymbol{a}_1 + \cdots + \lambda_{n,n-1}\boldsymbol{a}_{n-1} + \boldsymbol{a}_n \end{aligned}$$

为 n 个正交向量,令

$$\boldsymbol{b}_k(t) = \frac{t(\lambda_{k_1}\boldsymbol{a}_1 + \cdots + \lambda_{k,k-1}\boldsymbol{a}_{k-1}) + \boldsymbol{a}_k}{(1-t) + t\|\lambda_{k1}\boldsymbol{a}_1 + \cdots + \lambda_{k,k-1}\boldsymbol{a}_{k-1} + \boldsymbol{a}_k\|}$$

则 $\boldsymbol{B}(0)=(\boldsymbol{b}_1(0),\boldsymbol{b}_2(0),\cdots,\boldsymbol{b}_n(0))=(\boldsymbol{a}_1,\boldsymbol{a}_2,\cdots,\boldsymbol{a}_n)=\boldsymbol{A}$, $\boldsymbol{B}(1)=(\boldsymbol{b}_1(1),\boldsymbol{b}_2(1),\cdots,\boldsymbol{b}_n(1))=\left(\frac{\boldsymbol{b}_1}{\|\boldsymbol{b}_1\|},\frac{\boldsymbol{b}_2}{\|\boldsymbol{b}_2\|},\cdots,\frac{\boldsymbol{b}_n}{\|\boldsymbol{b}_n\|}\right)\in O(n)$.

$\forall \boldsymbol{A}\in GL^+(n,\mathbb{R})$,根据连续函数的零值定理 $\boldsymbol{B}(1)\in O^+(n)$,由上题,$\boldsymbol{O}^+(n)$道路连通,所以 $GL^+(n,\mathbb{R})$道路连通.

$\forall A\in G^-(n,\mathbb{R})$,则 $\boldsymbol{B}(1)\in O^-(n)$. 所以,$GL^-(n,\mathbb{R})$道路连通.

(3)(同上题(3),反证)假设 $GL(n,\mathbb{R})$ 连通(或道路连通).

$$\det: GL(n,\mathbb{R}) \to \mathbb{R}^1$$
$$\boldsymbol{A} \mapsto \det\boldsymbol{A}$$

为连续映射,且

$$\operatorname{diag}(1,1,\cdots,1) = \boldsymbol{I} \in GL(n,\mathbb{R}), \quad \operatorname{diag}(-1,1,\cdots,1) \in GL(n,\mathbb{R}),$$
$$\det\operatorname{diag}(1,1,\cdots,1) = 1, \quad \det\operatorname{diag}(-1,1,\cdots,1) = -1.$$

由零值定理,$\exists \boldsymbol{A} \in GL^+(n,\mathbb{R})$. s. t. $\det\boldsymbol{A}=0$,矛盾. □

309. 设

$$f(x,y) = \begin{cases} xy\dfrac{x^2-y^2}{x^2+y^2}, & (x,y) \neq (0,0), \\ 0, & (x,y) = (0,0). \end{cases}$$

证明:$\lim\limits_{(x,y)\to(0,0)} f(x,y)=0$.

证明 对 $\forall \varepsilon>0$,取 $\delta=\varepsilon$,当 $\rho_0^2((x,y),(0,0))<\delta$ 时,有

$$|f(x,y)-0| = \left|xy\frac{x^2-y^2}{x^2+y^2}\right| \leqslant |xy| = |x||y| \leqslant |x| < \delta = \varepsilon.$$

所以 $\lim\limits_{(x,y)\to(0,0)} f(x,y)=0$. □

310. 设

$$f(x,y) = \begin{cases} 1, & 0<y<x^2, -\infty<x<+\infty, \\ 0, & \text{其余部分} \end{cases}$$

证明:二重极限 $\lim\limits_{(x,y)\to(0,0)} f(x,y)$ 不存在(310 题图).

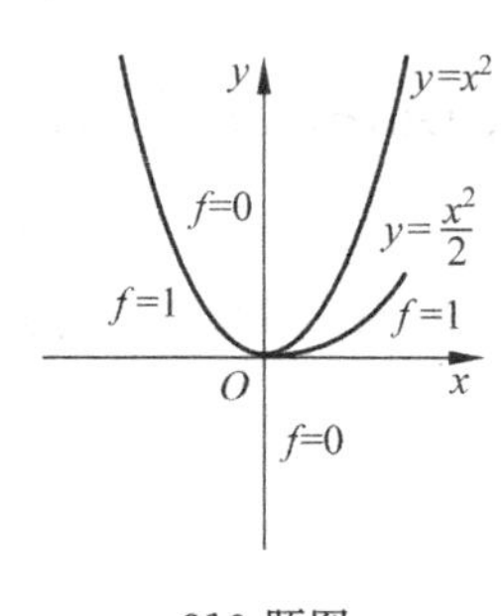

310 题图

证明 因为

$$\lim_{\left(x,\frac{x^2}{2}\right)\to(0,0)} f(x,y) = \lim_{\left(x,\frac{x^2}{2}\right)\to(0,0)} f\left(x,\frac{x^2}{2}\right) = \lim_{x\to 0} 1 = 1,$$

$$\lim_{(0,y)\to(0,0)} f(x,y) = \lim_{(0,y)\to(0,0)} f(0,y) = \lim_{y\to 0} 0 = 0 \neq 1$$
$$= \lim_{\left(x,\frac{x^2}{2}\right)\to(0,0)} f(x,y),$$

所以 $\lim\limits_{(x,y)\to(0,0)} f(x,y)$ 不存在. □

311. 证明:

$$f(x,y) = \frac{1}{1-xy}$$

在 $D=[0,1)\times[0,1)$ 上连续,但不一致连续.

证明 对 $\forall (x,y) \in D=[0,1)\times[0,1)$,$1-xy>0$. 所以 $f(x,y)$ 在 D 上有定义,根据连续函数在四则运算下保持连续性定理,对 $\forall (x_0,y_0) \in D$ 有

$$\lim_{(x,y)\to(x_0,y_0)} f(x,y) = \lim_{(x,y)\to(x_0,y_0)} \frac{1}{1-xy} = \frac{1}{1-x_0y_0} = f(x_0,y_0),$$

所以 $f(x,y)$在 D 上连续.

但 $f(x,y)$在 D 上非一致连续,事实上,在 D 中取两点列 $a_n=\left(1-\frac{1}{n},1-\frac{1}{n}\right)$及 $b_n=\left(1-\frac{2}{n},1-\frac{2}{n}\right)$,当 $n\to+\infty$时有

$$\rho(a_n,b_n)=\sqrt{\left[\left(1-\frac{2}{n}\right)-\left(1-\frac{1}{n}\right)\right]^2+\left[\left(1-\frac{2}{n}\right)-\left(1-\frac{1}{n}\right)\right]}=\frac{\sqrt{2}}{n}\to 0.$$

但

$$\left|f\left(1-\frac{2}{n},1-\frac{2}{n}\right)-f\left(1-\frac{1}{n},1-\frac{1}{n}\right)\right|=\frac{1}{1-\left(1-\frac{2}{n}\right)^2}-\frac{1}{1-\left(1-\frac{1}{n}\right)^2}$$

$$=\frac{n^2}{4n-4}-\frac{n^2}{2n-1}=\left|\frac{n^2(-2n+3)}{4(2n^2-3n+1)}\right|\to+\infty.$$ □

312. 设 $f(x,y)$定义在闭矩形$[a,b]\times[c,d]$上.如果 f 对 y 在$[c,d]$上处处连续,对 x 在$[a,b]$(且关于$[c,d]$中任何 y!)为一致连续.证明:f 在$[a,b]\times[c,d]$上处处连续.

证明 任取$(x_0,y_0)\in[a,b]$.对$\forall\varepsilon>0$,因 $f(x,y)$对 x 在$[a,b]$(且关于 y)上一致连续,所以$\exists\delta_1>0$,当 $x',x''\in[a,b]$,$|x'-x''|<\delta$时,对$\forall y\in[c,d]$有

$$|f(x',y)-f(x'',y)|<\frac{\varepsilon}{2}.$$

又因 $f(x_0,y)$在 y_0 处连续,故$\exists\delta_2>0$,当$|y-y_0|<\delta$时,有

$$|f(x_0,y)-f(x_0,y_0)|<\frac{\varepsilon}{2}.$$

取 $\delta=\min(\delta_1,\delta_2)$,当$|x-x_0|<\delta$,$|y-y_0|<\delta$时

$$|f(x,y)-f(x_0,y_0)|\leqslant|f(x,y)-f(x_0,y)|+|f(x_0,y)-f(x_0,y_0)|$$
$$<\frac{\varepsilon}{2}+\frac{\varepsilon}{2}=\varepsilon.$$

则 $f(x,y)$在(x_0,y_0)处连续,由$(x_0,y_0)\in[a,b]\times[c,d]$的任取性,$f$ 在$[a,b]\times[c,d]$上连续. □

313. (尤格定理)设 f 在$\mathbb{R}^2$ 上分别对每一自变量 x 和 y 是连续的,并且每当固定 x 时,f 对 y 是单调的.证明:f 为$\mathbb{R}^2$ 上的二元连续函数.

证明 任取$(x_0,y_0)\in\mathbb{R}^2$.对$\forall\varepsilon>0$,由 f 对 y 是连续的,故$\exists\delta_1>0$,当 $0<|y-y_0|<\delta_1$时,有

$$|f(x_0,y)-f(x_0,y_0)|<\frac{\varepsilon}{2},$$

即

$$-\frac{\varepsilon}{2}<f(x_0,y)-f(x_0,y_0)<\frac{\varepsilon}{2}.$$

对于点$(x_0,y_0-\delta_1)$和$(x_0,y_0+\delta_1)$，f在这两点关于x连续，故$\exists\delta_2>0$，当$0<|x-x_0|<\delta_2$时，有

$$|f(x,y_0-\delta_1)-f(x_0,y_0-\delta_1)|<\frac{\varepsilon}{2},$$

$$|f(x,y_0+\delta_1)-f(x_0,y_0+\delta_1)|<\frac{\varepsilon}{2}.$$

由于对固定的x，f对y单调．不妨设为单调增．

取$0<\delta<\min\{\delta_1,\delta_2\}$，当$|x-x_0|<\delta$，$|y-y_0|<\delta$时，有

$$\begin{aligned}f(x,y)-f(x_0,y_0)&<f(x,y_0+\delta)-f(x_0,y_0)\\&<f(x,y_0+\delta)-f(x_0,y_0+\delta)+f(x_0,y_0+\delta)-f(x_0,y_0)\\&<\frac{\varepsilon}{2}+\frac{\varepsilon}{2}=\varepsilon,\end{aligned}$$

$$\begin{aligned}f(x,y)-f(x_0,y_0)&>f(x,y_0-\delta)-f(x_0,y_0-\delta)+f(x_0,y_0-\delta)-f(x_0,y_0)\\&>-\frac{\varepsilon}{2}-\frac{\varepsilon}{2}=-\varepsilon.\end{aligned}$$

合起来便是$-\varepsilon<f(x,y)-f(x_0,y_0)<\varepsilon$，即$|f(x,y)-f(x_0,y_0)|<\varepsilon$．因而$f(x,y)$在$(x_0,y_0)$处连续，由$(x_0,y_0)\in\mathbb{R}^2$的任取性知$f$在$\mathbb{R}^2$上连续．　□

314. 设$\lim\limits_{y\to y_0}\varphi(y)=a$，$\lim\limits_{x\to x_0}\psi(x)=0$．且在$(x_0,y_0)$附近有$|f(x,y)-\varphi(y)|\leqslant\psi(x)$．证明：

$$\lim_{(x,y)\to(x_0,y_0)}f(x,y)=a.$$

证明　对$\forall\varepsilon>0$，由$\lim\limits_{y\to y_0}\varphi(y)=a$及$\lim\limits_{x\to x_0}\psi(x)=0$，$\exists\delta>0$，当$|x-x_0|<\delta$，$|y-y_0|<\delta$时，有

$$|\varphi(y)-a|<\frac{\varepsilon}{2},\quad |\psi(x)|=|\psi(x)-0|<\frac{\varepsilon}{2}.$$

又由$|f(x,y)-\varphi(y)|\leqslant\psi(x)$知

$$\begin{aligned}|f(x,y)-a|&\leqslant|f(x,y)-\varphi(y)|+|\varphi(y)-a|\\&\leqslant\psi(x)+|\varphi(y)-a|\\&<\frac{\varepsilon}{2}+\frac{\varepsilon}{2}=\varepsilon.\end{aligned}$$

因此$\lim\limits_{(x,y)\to(x_0,y_0)}f(x,y)=a$．　□

315. 设A为$(\mathbb{R}^n,\mathscr{T}_{\rho_0^n})$中的有界开集，$f:A\to\mathbb{R}$为一致连续的函数．证明：

(1) 可将f连续地延拓到$\overline{A}$上；　(2) f在A上有界．

证法1　(1) 因为A为$(\mathbb{R}^n,\mathscr{T}_{\rho_0^n})$中的有界开集，所以$\overline{A}$为$(\mathbb{R}^n,\mathscr{T}_{\rho_0^n})$中的有界闭集，因而为紧致集．$\overline{A}$即为$(\mathbb{R}^n,\mathscr{T}_{\rho_0^n})$的完备子度量空间．根据延拓定理7.4.6(2)，$f$可连续地延拓到$\overline{A}$上．

(2) 因为f延拓到$\overline{A}$上后成为紧致集$\overline{A}$上的连续函数，根据最值定理7.4.3，有

$$|f(\boldsymbol{x})|\leqslant\max\{|\min_{\boldsymbol{x}\in\overline{A}}f(\boldsymbol{x})|,|\max_{\boldsymbol{x}\in\overline{A}}f(\boldsymbol{x})|\}=M,\quad\forall\boldsymbol{x}\in\overline{A}.$$

当然$|f(\boldsymbol{x})|\leqslant M,\boldsymbol{x}\in A$. 故$f$在$A$上有界.

证法2 (1) 同证法1.

(2)(反证)假设f在有界开集A上无上界,则$\exists \boldsymbol{x}_n\in A$, s. t. $f(\boldsymbol{x}_n)>n$,且$|f(\boldsymbol{x}_{n+1})-f(\boldsymbol{x}_n)|>1$. $\{\boldsymbol{x}_n\}$为有界点列,其必有收敛子列收敛于$\boldsymbol{x}_0\in\bar{A}$. 不失一般性可假设该子列即为$\{\boldsymbol{x}_n\}$.

因为f在A上一致连续,故对$\varepsilon<1$,必$\exists\delta>0$,当$\boldsymbol{x}',\boldsymbol{x}''\in A$, $\rho_0^n(\boldsymbol{x}',\boldsymbol{x}'')<\delta$时,有

$$|f(\boldsymbol{x}')-f(\boldsymbol{x}'')|<\varepsilon<1.$$

当n充分大时,$\rho_0^n(\boldsymbol{x}_n,\boldsymbol{x}_{n+1})<\delta$. 但$|f(\boldsymbol{x}_{n+1})-f(\boldsymbol{x}_n)|>1>\varepsilon$,矛盾. 所以$f$在$A$上必有上界,同理可证,$f$在$A$必有下界. 因而$f$在$A$上有界. □

316. 设$u=\varphi(x,y)$与$v=\psi(x,y)$在xy平面中的点集A上一致连续;φ与ψ将点集A映为uv平面中的点集D,$f(u,v)$在D上一致连续. 证明:复合函数$f(\varphi(x,y),\psi(x,y))$在$A$上一致连续.

证明 $\forall\varepsilon>0$,因为f在D上一致连续,故$\exists\eta>0$当$\rho_0^2((u',v'),(u'',v''))<\eta$时,有

$$|f(u',v')-f(u'',v'')|<\varepsilon.$$

又因为$u=\varphi(x,y)$, $v=\psi(x,y)$在A上一致连续,故对上述$\eta>0$, $\exists\delta>0$,当$\rho_0^2((x',y'),(x'',y''))<\delta$时,有

$$|\varphi(x',y')-\varphi(x'',y'')|<\frac{\eta}{\sqrt{2}},$$

$$|\psi(x',y')-\psi(x'',y'')|<\frac{\eta}{\sqrt{2}}.$$

于是

$$\begin{aligned}&\rho_0^2((\varphi(x',y'),\psi(x',y')),(\varphi(x'',y''),\psi(x'',y'')))\\ =&\sqrt{[\varphi(x',y')-\varphi(x'',y'')]^2+[\psi(x',y')-\psi(x'',y'')]^2}\\ <&\sqrt{\left(\frac{\eta}{\sqrt{2}}\right)^2+\left(\frac{\eta}{\sqrt{2}}\right)^2}=\eta.\end{aligned}$$

所以

$$|f(\varphi(x',y'),\psi(x',y'))-f(\varphi(x'',y''),\psi(x'',y''))|<\varepsilon.$$

这就证明了复合函数$f(\varphi(x,y),\psi(x,y))$在$A$上一致连续. □

317. 设$(\mathbb{R}^n,\mathscr{T}_{\rho_0^n})$为$n$维Euclid空间,$f:\mathbb{R}^n\to\mathbb{R}$为连续函数,$\alpha\in\mathbb{R}$,

$$E=\{\boldsymbol{x}=(x_1,x_2,\cdots,x_n)\mid f(\boldsymbol{x})=f(x_1,x_2,\cdots,x_n)>\alpha\}\subset\mathbb{R}^n,$$

$$F=\{\boldsymbol{x}=(x_1,x_2,\cdots,x_n)\mid f(\boldsymbol{x})=f(x_1,x_2,\cdots,x_n)\geqslant\alpha\}\subset\mathbb{R}^n.$$

证明:E为$(\mathbb{R}^n,\mathscr{T}_{\rho_0^n})$中的开集,$F$为$(\mathbb{R}^n,\mathscr{T}_{\rho_0^n})$中的闭集.

证明 任取$\boldsymbol{x}^0\in E$. 因$f(\boldsymbol{x}^0)>\alpha$和$f:\mathbb{R}^n\to\mathbb{R}$为连续函数,故对$\varepsilon_0=f(\boldsymbol{x}^0)-\alpha>0$, $\exists\delta>0$,当$\boldsymbol{x}\in B(\boldsymbol{x}^0;\delta)$时,有

$$f(\boldsymbol{x})>f(\boldsymbol{x}^0)-(f(\boldsymbol{x}^0)-\alpha)=\alpha.$$

所以，$\boldsymbol{x}\in E, B(\boldsymbol{x};\delta)\subset E$，即 E 为开集.

同理，$E_1=\{\boldsymbol{x}=(x_1,x_2,\cdots,x_n)\mid f(\boldsymbol{x})=f(x_1,x_2,\cdots,x_n)<\alpha\}\subset\mathbb{R}^n$ 也为开集，因而 $F=\mathbb{R}^n\backslash E_1$ 为闭集.

或直接证. 对 $\forall\,\boldsymbol{x}^m\in F, m=1,2,\cdots$，若 $\lim\limits_{m\to+\infty}\boldsymbol{x}^m=\boldsymbol{x}^0$，则由 $f(\boldsymbol{x}^m)\geqslant\alpha$ 推得

$$f(\boldsymbol{x}^0)=\lim_{m\to+\infty}f(\boldsymbol{x}^m)\geqslant\alpha.$$

所以，$\boldsymbol{x}^0\in F$. 根据推论 7.1.1(1)，F 为闭集. □

318. 设 $f(x,y)=\dfrac{1}{xy}, r=\sqrt{x^2+y^2}, k>1$.

$$D_1=\left\{(x,y)\mid\frac{x}{k}\leqslant y\leqslant kx\right\},\quad D_2=\{(x,y)\mid x>0,y>0\}.$$

试分别讨论 $i=1,2$ 时极限 $\lim\limits_{\substack{r\to+\infty\\(x,y)\in D_i}}f(x,y)$ 是否存在？并说明理由.

解

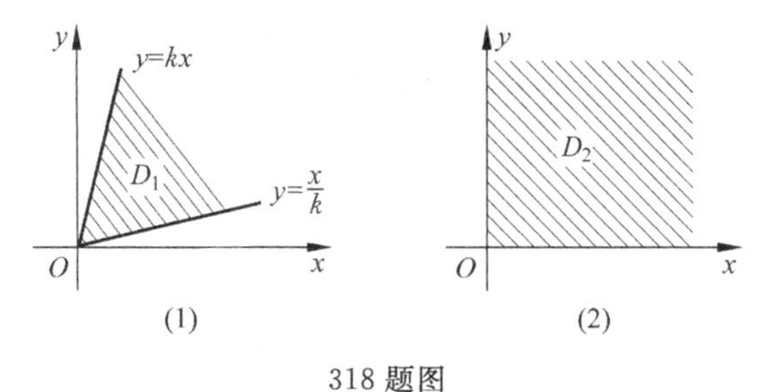

318 题图

(1) 见 318 题图(1). 由 $r=\sqrt{x^2+y^2}\leqslant\sqrt{x^2+(kx)^2}=\sqrt{1+k^2}\,x$，故当 $(x,y)\in D_1, r\to+\infty, x\to+\infty$ 时，$y\geqslant\dfrac{x}{k}\to+\infty$. 因此

$$\lim_{\substack{r\to+\infty\\(x,y)\in D_1}}\frac{1}{xy}=0.$$

(2) D_2 见 318 题(2). 分别取

(i) $(x_n,y_n)=(n,n)\in D_2$；(ii) $(x_n',y_n')=\left(n,\dfrac{1}{n}\right)\in D_2$，

分别得 $r_n=\sqrt{2}n\to+\infty$ 及 $r_n'=n\sqrt{1+\dfrac{1}{n^4}}\to+\infty$. 从而得

(i) $\lim\limits_{n\to+\infty}\dfrac{1}{x_ny_n}=\lim\limits_{n\to+\infty}\dfrac{1}{n^2}=0$；(ii) $\lim\limits_{n\to+\infty}\dfrac{1}{x_n'y_n'}=\lim\limits_{n\to+\infty}\dfrac{1}{1}=1\neq0$.

所以 $\lim\limits_{\substack{r\to+\infty\\(x,y)\in D_2}}\dfrac{1}{xy}$ 不存在. □

319. 设 $f(t)$ 在开区间 (a,b) 内连续可导，在开区间 $(a,b)\times(a,b)$ 内定义函数

$$F(x,y)=\begin{cases}\dfrac{f(x)-f(y)}{x-y}, & x\neq y,\\ f'(x), & x=y.\end{cases}$$

证明：$\forall c\in(a,b)$，有 $\lim\limits_{(x,y)\to(c,c)}F(x,y)=f'(c)$.

证明 因为 $(x,y)\to(c,c)$ 时，$(x,y)\neq(c,c)$. 所以，根据 Lagrange 中值定理，$\exists\xi$ 介于 x,y 之间 s. t. 当 $x\neq y$ 时，有

$$F(x,y)=\frac{f(x)-f(y)}{x-y}=f'(\xi).$$

当 $(x,y)\to(c,c)$ 时，$\xi\to c$. 由 $f'(x)$ 的连续性，有

$$\lim_{(x,y)\to(c,c)}F(x,y)=\lim_{\xi\to c}f'(\xi)=f'(c).$$

当 $x=y$ 时，$(x,y)\to(c,c)$ 时，有

$$\lim_{(x,y)\to(c,c)}F(x,y)=\lim_{(x,y)\to(c,c)}f'(x)=f'(c).$$

所以 $\lim\limits_{(x,y)\to(c,c)}F(x,y)=f'(c)$. □

320. 设 $\varphi(x)$ 在 $[a,b]$ 上连续，令 $f(x,y)=\varphi(x)$，$(x,y)\in D=[a,b]\times(-\infty,+\infty)$. 证明：$f$ 在 D 上连续且为一致连续函数.

证明 因为 $\varphi(x)$ 在有界闭区间 $[a,b]$ 上连续，因而在 $[a,b]$ 上一致连续，对 $\forall\varepsilon>0$，$\exists\delta>0$，s. t. 当 $x',x''\in[a,b]$，$|x'-x''|<\delta$ 时，有

$$|\varphi(x')-\varphi(x'')|<\varepsilon.$$

此时，$\forall y',y''\in(-\infty,+\infty)$，有

$$|f(x',y')-f(x'',y'')|=|\varphi(x')-\varphi(x'')|<\varepsilon.$$

所以 $f(x,y)$ 在 $[a,b]\times(-\infty,+\infty)$ 上一致连续，因而也连续.

$f(x,y)$ 在 D 上连续也可直接证明.

$\forall$ 取 $(x_0,y_0)\in D$. 由 φ 在 x_0 处连续，对 $\forall\varepsilon>0$，$\exists\delta>0$，当 $|x-x_0|<\delta$ 时，有 $|\varphi(x)-\varphi(x_0)|<\varepsilon$. 所以当 $\rho_0^2((x,y),(x_0,y_0))<\delta$ 时，$|x,-x_0|<\delta$，于是

$$|f(x,y)-f(x_0,y_0)|=|\varphi(x)-\varphi(x_0)|<\varepsilon.$$

$f(x,y)$ 在 (x_0,y_0) 处连续，由 $(x_0,y_0)\in D$ 的任取性，f 在 D 上连续. □

321. 设 f 在 $\mathbb{R}^2$ 上连续，且 $\lim\limits_{r\to+\infty}f(x,y)=a$，$r=\sqrt{x^2+y^2}$. 证明：

(1) f 在 $\mathbb{R}^2$ 上有界； (2) f 在 $\mathbb{R}^2$ 上一致连续.

证明 (1) 由 $\lim\limits_{r\to+\infty}f(x,y)=a$. 取 $\varepsilon_0=1$，则 $\exists R_0>0$，s. t. 当 $r=\sqrt{x^2+y^2}>R_0$ 时，有

$$|f(x,y)-a|<1,\quad a-1<f(x,y)<a+1.$$

于是，当 $r>R_0$ 时，有 $|f(x,y)|<\max\{|a-1|,|a+1|\}$.

当 $r\leqslant R_0$ 时，因为 $D=\{(x,y)\in\mathbb{R}^2\mid\sqrt{x^2+y^2}\leqslant R_0\}$ 为紧致集. f 在 $D\subset\mathbb{R}^2$ 上连续，根据最值定理 7.4.3，f 在 D 上达到最大值 M 与最小值 m. 由此知在 $\mathbb{R}^2$ 上有

$$|f(x,y)|\leqslant \max\{|a-1|,|a+1|,|M|,|m|\}.$$

即 f 在$\mathbb{R}^2$ 上有界.

(2) 对 $\forall \varepsilon>0$,由于 $\lim\limits_{r\to+\infty} f(x,y)=a$. 故 $\exists R_1>0$,当 $r>R_1$ 时,$|f(x,y)-a|<\frac{\varepsilon}{2}$,即

$$a-\frac{\varepsilon}{2}<f(x,y)<a+\frac{\varepsilon}{2},$$

于是对 $\forall(x',y'),(x'',y'')$满足 $\sqrt{x'^2+y'^2}>R_1$, $\sqrt{x''^2+y''^2}>R_1$,有

$$|f(x',y')-f(x'',y'')|\leqslant|f(x',y')-a|+|a-f(x'',y'')|<\frac{\varepsilon}{2}+\frac{\varepsilon}{2}=\varepsilon.$$

又因 f 在紧致集 $D_1=\{(x,y)\in\mathbb{R}^2\mid\sqrt{x^2+y^2}<R_1+1\}$上连续,所以在 D_1 上一致连续. 对上述 $\varepsilon>0$,$\exists\delta_1>0$,当 $(x',y'),(x'',y'')\in D$,且 $\rho((x',y'),(x'',y''))=\sqrt{(x'-x'')^2+(y'-y'')^2}<\delta$ 时,有

$$|f(x',y')-f(x'',y'')|<\varepsilon.$$

令 $\delta=\min\{\delta_1,1\}$,则当 $\rho_0^2((x',y'),(x'',y''))<\delta$ 时,有

(i) $(x',y'),(x'',y'')$同属于 $G=\{(x,y)\in\mathbb{R}^2\mid\sqrt{x^2+y^2}>R_1\}$;

(ii) 或$(x',y'),(x'',y'')$同属于 $D_1=\{(x,y)\in\mathbb{R}^2\mid\sqrt{x^2+y^2}\leqslant R_1+1\}$.

因此必有

$$|f(x',y')-f(x'',y'')|<\varepsilon.$$

所以 f 在$\mathbb{R}^2$ 上一致连续. □

322. 叙述并证明二元函数的局部保号性.

保号性定理:设 $\lim\limits_{(x,y)\to(a,b)} f(x,y)=A>0$(或$<0$). 则 $\exists(a,b)$的去心开邻域 U,当$(x,y)\in U$ 时,有

$$f(x,y)>\frac{A}{2}>0\quad\left(\text{或}<\frac{A}{2}<0\right).$$

证明 由条件,$\lim\limits_{(x,y)\to(a,b)} f(x,y)=A>0$,所以对 $\varepsilon_0=\frac{A}{2}>0\left(\text{或}-\frac{A}{2}>0\right)$,$\exists(a,b)$的去心开邻域 U,当$(x,y)\in U$ 时,有

$$|f(x,y)-A|<\varepsilon_0=\frac{A}{2}\quad\left(\text{或}=-\frac{A}{2}\right).$$

于是得

$$\frac{A}{2}<f(x,y)<\frac{3A}{2}\quad\left(\text{或}\frac{3}{2}A<f(x,y)<\frac{A}{2}\right)$$

即 $f(x,y)>\frac{A}{2}>0\left(\text{或 } f(x,y)<\frac{A}{2}<0\right)$. □

323. 设 E 与 F 为度量空间$(X,\mathscr{T}_\rho)$中的两个不相交的闭集. 证明:

(1) $U_E=\{x\mid\rho(x,E)<\rho(x,F)\}\subset X$ 与 $U_F=\{x\mid\rho(x,E)>\rho(x,F)\}\subset X$ 分别为 E 与 F

的两个不相交的开邻域；

(2) $U_E=\bigcup\limits_{x\in E}B\left(x;\ \frac{1}{3}\rho(x,F)\right)$与$U_F=\bigcup\limits_{x\in F}B\left(x;\ \frac{1}{3}\rho(x,E)\right)$分别为$E$与$F$的两个不相交的开邻域.

(3) 设f：$X\to[0,1]$，$x\mapsto f(x)=\dfrac{\rho(x,E)}{\rho(x,E)+\rho(x,F)}$，则$U_E=f^{-1}\left(\left[0,\frac{1}{2}\right)\right)$与$U_F=f^{-1}\left(\left(\frac{1}{2},1\right]\right)$分别为$E$与$F$的两个不相交的开邻域.

证明　(1) 对$\forall x\in E$，$\rho(x,E)=\rho(x,x)=0$，因$E\cap F=\varnothing$，所以$x\notin F$. 又E，F均为闭集，故$\rho(x,F)>0=\rho(x,E)$. 于是$x\in U_E$，即$E\subset U_E$.

此外，对$\forall x_0\in U_E$，由$\rho(x,E)$，$\rho(x,F)$连续知，$\exists\delta>0$，当$x\in B(x_0;\ \delta)$时，有

$$\rho(x,E)<\rho(x_0,E)+\frac{\rho(x_0,F)-\rho(x_0,E)}{2}=\frac{\rho(x_0,E)+\rho(x_0,F)}{2}$$

$$=\rho(x_0,F)-\frac{\rho(x_0,F)-\rho(x_0,E)}{2}<\rho(x,F).$$

所以，$x\in U_E$，$B(x_0;\ \delta)\subset U_E$. 由此知$U_E$为开集，从而为$E$的开邻域.

同理U_F为F的开邻域. $U_E\cap U_F=\varnothing$是显然的.

(2) 开球$B\left(x;\ \frac{1}{3}\rho(x,F)\right)$为含$x$的开集，所以$U_E=\bigcup\limits_{x\in E}B\left(x;\ \frac{1}{3}\rho(x,F)\right)\supset E$为$E$的开邻域，同理$U_F=\bigcup\limits_{x\in F}B\left(x;\ \frac{1}{3}\rho(x,E)\right)$为$F$的开邻域.

(反证)假设$\exists z\in U_E\cap U_F$，则

$$z\in B\left(x;\ \frac{1}{3}\rho(x,F)\right)\cap B\left(y;\ \frac{1}{3}\rho(y,E)\right),\ x\in E,y\in F,$$

于是

$$\rho(x,y)\leqslant\rho(x,z)+\rho(z,y)<\frac{1}{3}\rho(x,F)+\frac{1}{3}\rho(y,E)$$

$$\leqslant\frac{1}{3}\rho(x,y)+\frac{1}{3}\rho(y,x)=\frac{2}{3}\rho(x,y).$$

由此得$0\leqslant\frac{1}{3}\rho(x,y)<0$，矛盾. 因此$U_E\cap U_F=\varnothing$.　□

(3) 根据293题(思考题7.2中第8题)的证明知$\rho(x,E)$，$\rho(x,F)$都是X上的连续函数. 所以f也是X上的连续函数. $\left[0,\frac{1}{2}\right)$与$\left(\frac{1}{2},1\right]$为$[0,1]$中的不交开集. 所以$U_E$与$U_F$分别为$E$与$F$的不相交的开邻域.　□

324. 设(X,ρ)为度量空间，$A\neq\varnothing$，且$A\subset X$，则f：$X\to\mathbb{R}$，$f(x)=\rho(x,A)$为X上的一致连续函数.

证明　请查阅293题的证明.　□

注 本题与[1]中第二册练习题7.4中的第3题雷同.

325. 设函数 $f(x,y)$ 在 $[a,A]\times[b,B]$ 上连续,而函数列 $\{\varphi_n(x)\}$ 在 $[a,A]$ 上一致收敛,且 $b\leqslant\varphi_n(x)\leqslant B,n\in\mathbb{Z}_+$. 证明:函数列 $\{F_n(x)\}=\{f(x,\varphi_n(x))\}$ 也在 $[a,A]$ 上一致收敛.

证法1 因为 $f(x,y)$ 在紧集 $[a,A]\times[b,B]$ 上连续,所以一致连续,故对 $\forall\varepsilon>0,\exists\delta>0$,当 $(x',y'),(x'',y'')\in[a,A]\times[b,B]$,且 $\rho((x',y'),(x'',y''))<\delta$ 时,有

$$|f(x',y')-f(x'',y'')|<\varepsilon.$$

又因 $\{\varphi_n\}$ 在 $[a,A]$ 上一致收敛,记作 $\varphi_n(x)\rightrightarrows\varphi(x),x\in[a,A]$. 对上述 $\delta>0,\exists N\in\mathbb{N}$, s. t. 当 $n>N$ 时,有

$$|\varphi_n(x)-\varphi(x)|<\delta,\quad\forall x\in[a,A].$$

此即 $\rho((x,\varphi_n(x)),(x,\varphi(x)))=|\varphi_n(x)-\varphi(x)|<\delta$,所以有

$$|F_n(x)-F(x)|=|f(x,\varphi_n(x))-f(x,\varphi(x))|<\varepsilon,\quad\forall x\in[a,A].$$

根据函数列一致收敛的定义,$\{F_n(x)\}=\{f(x,\varphi_n(x))\}$ 在 $[a,A]$ 上一致收敛于 $f(x,\varphi(x))$.

证法2 同证法1知 $f(x,y)$ 在紧集 $[a,A]\times[b,B]$ 上一致连续,故对 $\forall\varepsilon>0,\exists\delta>0$,当 $\rho((x',y'),(x'',y''))<\delta((x',y'),(x'',y'')\in[a,A]\times[b,B])$ 时,有

$$|f(x',y')-f(x',y'')|<\varepsilon.$$

对上述 $\delta>0$. 由于 $\{\varphi_n(x)\}$ 在 $[a,A]$ 上一致收敛,故 $\exists N\in\mathbb{N}$,当 $m,n>N$ 时,有

$$|\varphi_n(x)-\varphi_m(x)|<\delta,\quad\forall x\in[a,A].$$

此时有

$$|F_n(x)-F_m(x)|=|f(x,\varphi_n(x))-f(x,\varphi_m(x))|<\varepsilon,\quad\forall x\in[a,A].$$

由 Cauchy 收敛准则,$\{F_n(x)\}$ 在 $[a,A]$ 上一致收敛. □

326. 设(1)函数 $f(x,y)$ 于 $(a,A)\times(b,B)$ 内是连续的;(2)函数 $\varphi(x)$ 于区间 (a,A) 内连续且 $b<\varphi(x)<B$. 证明:函数

$$F(x)=f(x,\varphi(x))$$

在区间 (a,A) 内是连续的.

证明 任取 $x_0\in(a,A)\quad y_0=\varphi(x_0)\in(b,B)$. 对 $\forall\varepsilon>0$,由于 $f(x,y)$ 在 (x_0,y_0) 处连续,故 $\exists\eta>0$,当 $(x,y)\in(a,A)\times(b,B),\rho((x,y),(x_0,y_0))<\eta$ 时,有

$$|f(x,y)-f(x_0,y_0)|<\frac{\varepsilon}{2}.$$

对上述 $\eta>0$. 由 $\varphi(x)$ 在 x_0 处连续,故 $\exists\delta_1>0$,当 $x\in(a,A),|x-x_0|<\delta_1$ 时,有

$$|\varphi(x)-\varphi(x_0)|<\eta.$$

取 $\delta=\min\{\eta,\delta_1\}$,当 $|x-x_0|<\delta$ 时,有

$$\rho(x,\varphi(x)),(x,\varphi(x_0))=|\varphi(x)-\varphi(x_0)|<\eta,$$

$$\rho((x,\varphi(x_0)),(x_0,\varphi(x_0)))=|x-x_0|<\delta\leqslant\eta.$$

因此

$$|F(x)-F(x_0)|=|f(x,\varphi(x))-f(x_0,\varphi(x_0))|$$

$$\leqslant |f(x,\varphi(x))-f(x,\varphi(x_0))|+|f(x,\varphi(x_0))-f(x_0,\varphi(x_0))|$$
$$<\frac{\varepsilon}{2}+\frac{\varepsilon}{2}=\varepsilon.$$

于是 $F(x)$在 x_0 处连续,由 $x_0\in(a,A)$的任取性知 $F(x)$在(a,A)内是连续的. □

327. 设(1)函数 $f(x,y)$于$(a,A)\times(b,B)$内是连续的;(2)函数 $x=\varphi(u,v)$,$y=\psi(u,v)$在$(a',A')\times(b',B')$内是连续的,并分别有属于(a,A)与(b,B)的值.证明:函数

$$F(u,v)=f(\varphi(u,v),\psi(u,v))$$

在$(a',A')\times(b',B')$内连续.

证明 记 $D=(a,A)\times(b,B)$,$D'=(a',A')\times(b',B')$.任取$(u_0,v_0)\in D'$,则$(x_0,y_0)=(\varphi(u_0,v_0),\psi(u_0,v_0))\in D$.

对$\forall\varepsilon>0$,由于 $f(x,y)$在$(x_0,y_0)\in D$ 处连续,故$\exists\eta>0$,当$(x,y)\in D$,$\rho((x,y),(x_0,y_0))<\eta$时,有

$$|f(x,y)-f(x_0,y_0)|<\varepsilon.$$

对上述 $\eta>0$,因为$\varphi(u,v)$,$\psi(u,v)$在(u_0,v_0)处连续,所以$\exists\delta>0$,当$(u,v)\in D'$,$\rho((u,v),(u_0,v_0))<\delta$时,有

$$|\varphi(u,v)-\varphi(u_0,v_0)|<\frac{\eta}{\sqrt{2}},\quad |\psi(u,v)-\psi(u_0,v_0)|<\frac{\eta}{\sqrt{2}}.$$

此时,$(\varphi(u,v),\psi(u,v))\in D$.且

$$\begin{aligned}&\rho((\varphi(u,v),\psi(u,v)),(\varphi(u_0,v_0),\psi(u_0,v_0)))\\&=[(\varphi(u,v)-\varphi(u_0,v_0))^2+(\psi(u,v)-\psi(u_0,v_0))^2]^{\frac{1}{2}}\\&<\left[\left(\frac{\eta}{\sqrt{2}}\right)^2+\left(\frac{\eta}{\sqrt{2}}\right)^2\right]^{\frac{1}{2}}=\eta.\end{aligned}$$

所以

$$|F(u,v)-F(u_0,v_0)|=|f(\varphi(u,v),\psi(u,v))-f(\varphi(u_0,v_0),\psi(u_0,v_0))|<\varepsilon.$$

这就证明了 $F(u,v)$在(u_0,v_0)处连续.由$(u_0,v_0)\in D'$的任意性知 $F(u,v)$在 $D'=(a',A')\times(b',B')$内连续. □

328. 设$(u,v)=F(x,y)=(f(x,y),g(x,y))$,其中

$$u=f(x,y)=\begin{cases}\dfrac{x}{(x^2+y^2)^\alpha}\ln(|x|+|y|), & x^2+y^2\neq 0,\\ 0, & x^2+y^2=0;\end{cases}$$

$$v=g(x,y)=\begin{cases}\dfrac{y}{(x^2+y^2)^\alpha}\ln(|x|+|y|), & x^2+y^2\neq 0,\\ 0, & x^2+y^2=0.\end{cases}$$

讨论 $F(x,y)$的连续性.

解 (1) 当$(x_0,y_0)\neq(0,0)$(即 $x_0^2+y_0^2\neq 0$)时,由连续函数的四则运算及复合的定理

知，$f(x,y)$，$g(x,y)$在(x_0,y_0)处连续. 由此，$f(x,y)$，$g(x,y)$在$\mathbb{R}^2-\{(0,0)\}$中连续.

(2) 应用 L'Hospital 法则知，当$\beta>0$时，$\lim\limits_{v\to+\infty}\dfrac{\ln v}{v^\beta}=0$. 从而，当$\beta>0$时，$\lim\limits_{x\to0^+}x^\beta\ln x=0$.

当$(x_0,y_0)=(0,0)$时，取$x,y\in\mathbb{R}^2$，且$0<x^2+y^2<1$.

(i) 当$\alpha\geqslant\dfrac{1}{2}$时，$(x^2+y^2)^\alpha\leqslant(x^2+y^2)^{\frac{1}{2}}$，所以

$$\left|\frac{x}{(x^2+y^2)^\alpha}\ln(|x|+|y|)\right|\geqslant\frac{|x|}{(x^2+y^2)^{\frac{1}{2}}}|\ln(|x|+|y|)|,$$

$$\lim_{\substack{x\to0\\y=0}}\frac{|x|}{(x^2+y^2)^{\frac{1}{2}}}|\ln(|x|+|y|)|=\lim_{x\to0}|\ln|x||=+\infty.$$

所以$\lim\limits_{(x,y)\to(0,0)}f(x,y)$不存在，$f(x,y)$在$(0,0)$处不连续. 同理，$g(x,y)$在$(0,0)$处也不连续.

(ii) 当$\alpha<\dfrac{1}{2}$时，$1-2\alpha>0$，故$(|x|+|y|)^{1-2\alpha}\ln(|x|+|y|)\to0((x,y)\to(0,0))$. 又

$\dfrac{|x|}{(x^2+y^2)^{\frac{1}{2}}}\leqslant1$，$\dfrac{(x^2+y^2)^{\frac{1}{2}-\alpha}}{(|x|+|y|)^{2(\frac{1}{2}-\alpha)}}\leqslant1$，都有界，因此

$$\left|\frac{x}{(x^2+y^2)^\alpha}\ln(|x|+|y|)-0\right|=\frac{|x|}{(x^2+y^2)^\alpha}|\ln(|x|+|y|)|$$

$$=\frac{|x|}{(x^2+y^2)^{\frac{1}{2}}}\cdot\frac{(x^2+y^2)^{\frac{1}{2}-\alpha}}{(|x|+|y|)^{2(\frac{1}{2}-\alpha)}}\cdot|(|x|+|y|)^{1-2\alpha}\ln(|x|+|y|)|$$

$$\to0((x,y)\to(0,0)).$$

所以

$$\lim_{(x,y)\to(0,0)}f(x,y)=0=f(0,0).$$

$f(x,y)$在$(0,0)$处连续. 同理，$g(x,y)$在$(0,0)$处连续.

综上所述可得：

当$\alpha<\dfrac{1}{2}$时，$F(x,y)$在$\mathbb{R}^2$内处处连续.

当$\alpha\geqslant\dfrac{1}{2}$时，$F(x,y)$在$\mathbb{R}^2-\{(0,0)\}$中处处连续，$(0,0)$是$F(x,y)$的不连续点. □

329. (杨忠道定理)拓扑空间$(X,\mathscr{T})$的任一子集A的导集A'为闭集$\Leftrightarrow(X,\mathscr{T})$的每个独点集的导集为闭集.

证法1 ($\Rightarrow$)显然.

($\Leftarrow$)设$A\subset X$为非空子集. $\forall x\in A$，由题意$\{x\}'$为闭集，$(\{x\}')'\subset\{x\}'$. $A=\{x\}\cup(A\backslash\{x\})$. 由于

$$(A\backslash\{x\})'\subset(A\backslash\{x\})'\cup(A\backslash\{x\})=\overline{A\backslash\{x\}},$$

所以，$((A\backslash\{x\})')'\subset(\overline{A\backslash\{x\}})'\subset\overline{(\overline{A\backslash\{x\}})}=\overline{A\backslash\{x\}}$. 由此得

$$\begin{aligned}(A')' &= ((\{x\}\cup(A\backslash\{x\}))')' \\ &= (\{x\}')' \cup ((A\backslash\{x\})')' \\ &\subset (\{x\})' \cup (A\backslash\{x\})' \cup (A\backslash\{x\}) \\ &\subset A' \cup (A\backslash\{x\}).\end{aligned}$$

于是

$$\begin{aligned}(A')' &\subset \bigcap_{x\in A}(A'\cup(A\backslash\{x\})) \\ &= A'\cup\Big(\bigcap_{x\in A}(A\backslash\{x\})\Big) = A'\cup\varnothing = A'.\end{aligned}$$

因此,A'为闭集.

对 $A=\varnothing$,显然有 $A'=\varnothing'=\varnothing$,$A'$为闭集.

证法 2 $(\Leftarrow)$(反证)假设非空集合 A 的导集 A'不是闭集,则必 $\exists x\in(A')'$,但 $x\notin A'$. 因为$(A')'\subset(A'\cup A)'\subset A'\cup A$,所以 $x\in A$. 但 $x\notin A'\cup(A\backslash\{x\})$. 又$\{x\}'$为闭集,及 $A'=(A\backslash\{x\})'\cup\{x\}'$,故

$$A'\cup(A\backslash\{x\}) = (A\backslash\{x\})'\cup(x)'\cup(A\backslash\{x\}) = \overline{A\backslash\{x\}}\cup\{x\}'$$

也为闭集. 所以

$$x\notin(A'\cup(A\backslash\{x\}))' = (A')'\cup(A\backslash\{x\})'.$$

由此推得 $x\notin(A')'$,矛盾. 因此 A'为闭集. □

330. 设$(X,\mathscr{T})$为拓扑空间,$\{A_\alpha\mid\alpha\in\Gamma\}$为 X 中的一个子集族,如果 $\forall\alpha\in\Gamma$,导集 A_α'为$(X,\mathscr{T})$中的闭集,则集合 $\Big(\bigcup_{\alpha\in\Gamma}A_\alpha\Big)'$ 也为闭集.

证明 由条件,$\forall\alpha\in\Gamma$,A_α'为$(X,\mathscr{T})$中的闭集,故

$$(A_\alpha')'\subset A_\alpha',\quad \forall\alpha\in\Gamma.$$

记 $A=\bigcup_{\alpha\in\Gamma}A_\alpha$,$\forall x\in A$,$\exists\alpha_0\in\Gamma$,s. t. $x\in A_{\alpha_0}$,根据定理 7.1.3 及$(A')'\subset A\cup A'$,有

$$\begin{aligned}\Big(\Big(\bigcup_{\alpha\in\Gamma}A_\alpha\Big)'\Big)' &= (A')' = ((\{x\}\cup A\backslash\{x\})')' \\ &\subset (A_{\alpha_0}')'\cup((A\backslash\{x\})')' \overset{A_{\alpha_0}'\text{闭}}{\subset} A_{\alpha_0}'\cup((A\backslash\{x\})\cup(A\backslash\{x\})') \\ &= A_{\alpha_0}'\cup(A\backslash\{x\})'\cup(A\backslash\{x\}) = (A_{\alpha_0}\cup(A\backslash\{x\}))'\cup(A\backslash\{x\}) \\ &= A'\cup(A\backslash\{x\}).\end{aligned}$$

因此

$$(A')'\subset\bigcap_{x\in A}(A'\cup(A\backslash\{x\})) = A'\cup\Big(\bigcap_{x\in A}(A\backslash\{x\})\Big) = A'\cup\varnothing = A'.$$

所以 A'为闭集. □

331. (1) 证明:$(\mathbb{R}^n,\mathscr{T}_{\rho_0^n})$中至多可数个稠密开集的交为$(\mathbb{R},\mathscr{T}_{\rho_0^n})$中的稠密集;

(2) 一般的度量空间$(X,\mathscr{T}_\rho)$,上述结论正确吗?

(3) 对完备的度量空间$(X,\mathscr{T}_\rho)$,上述结论正确吗?

(1) **证明** 设$\{G_m|m\in\mathbb{N}\}$为$(\mathbb{R}^n,\mathscr{T}_{\rho_0^n})$中的至多可数的稠密开集.对$\forall\, \boldsymbol{x}\in\mathbb{R}^n$及$\boldsymbol{x}$的任何开邻域$U$,因为$G_1$为稠密开集,所以$\exists\, \boldsymbol{x}_1\in G_1\cap U$,又因$G_1\cap U$为开集,故必有闭球$\overline{B(\boldsymbol{x}_1;\delta_1)}\left(0<\delta_1<\frac{1}{1}\right)$,s. t.

$$\overline{B(\boldsymbol{x}_1;\delta_1)}\subset G_1\cap U.$$

G_2也是稠密开集,$G_1\cap G_2\cap B(\boldsymbol{x}_1;\delta_1)$也为开集,必有$\boldsymbol{x}_2\in G_1\cap G_2\cap B(\boldsymbol{x}_1;\delta_1)$,取$\overline{B(\boldsymbol{x}_2;\delta_2)}\left(0<\delta_2<\frac{1}{2}\right)$. s. t.

$$\overline{B(\boldsymbol{x}_2;\delta_2)}\subset G_1\cap G_2\cap B_1(\boldsymbol{x}_1;\delta_1).$$

依次类推,得一递降闭球序列

$$\overline{B(\boldsymbol{x}_1;\delta_1)}\supset\overline{B(\boldsymbol{x}_2;\delta_2)}\supset\cdots\supset\overline{B(\boldsymbol{x}_n;\delta_n)}\supset\cdots,\quad 0<\delta_n<\frac{1}{n},$$

根据闭球套原理,$\exists_1\boldsymbol{x}_0\in\bigcap\limits_{m=1}^{\infty}B(\boldsymbol{x}_m;\delta_m)\subset\bigcap\limits_{m=1}^{\infty}G_m$且$x_0\in U$.这就证明了$\bigcap\limits_{m=1}^{\infty}G_m$为$(\mathbb{R}^n,\mathscr{T}_{\rho_0^n})$中的稠密集.

(2) 不必正确.有例为证.

设$(\mathbb{Q}^n,\rho_0^n|_{\mathbb{Q}^n})$为$(\mathbb{R}^n,\rho_0^n)$的子度量空间.

$$\mathbb{Q}^n=\{r_m\mid m\in\mathbb{N}\}.$$

则$\mathbb{Q}^n\setminus\{r_m\}(m\in\mathbb{N})$都是$(\mathbb{Q}^n,\rho_0^n|_{\mathbb{Q}^n})$中的稠密开集,但

$$\bigcap_{m=1}^{\infty}(\mathbb{Q}^n\setminus\{r_m\})\xlongequal{\text{de Morgan}}\left(\bigcup_{m=1}^{\infty}\{r_m\}\right)^c=\{\mathbb{Q}^n\}^c=\varnothing.$$

(3) 当(X,ρ)为完备度量空间时,结论仍成立.证明仿照(1). □

332. 设$Y,Y_\alpha(\alpha\in\Gamma)$都是拓扑空间$(X,\mathscr{T})$的连通子集.如果$\forall\,\alpha\in\Gamma,Y_\alpha\cap Y\neq\varnothing$,则$\left(\bigcup\limits_{\alpha\in\Gamma}Y_\alpha\right)\cup Y$为$(X,\mathscr{T})$的连通子集.上述"连通"改为"道路连通"结论为何?并说明理由.

证明(反证) 假设$Z=\left(\bigcup\limits_{\alpha\in\Gamma}Y_\alpha\right)\cup Y$非连通,则$\exists$非空的两个开集$A$与$B$,s. t. $Z=A\cup B,A\cap B=\varnothing$.于是

$$Y\subset Z=A\cup B.$$

由于A,B不交,所以$Y\cap A$与$Y\cap B$也不交,又

$$(Y\cap A)\cup(Y\cap B)=Y\cap(A\cup B)=Y.$$

所以,$Y\cap A,Y\cap B$中必有一为空集,不妨设$Y\cap B=\varnothing$.于是$Y\subset A$.

对$\forall\,\alpha\in\Gamma,Y_\alpha\subset Z=A\cup B$.又$Y_\alpha\cap Y\neq\varnothing$,同上推得

$$Y_\alpha\subset A,\quad\forall\,\alpha\in\Gamma.$$

因此$Z=Y\cup\left(\bigcup\limits_{\alpha\in\Gamma}Y_\alpha\right)\subset A$,从而$B=\varnothing$,矛盾.这就证明了$\left(\bigcup\limits_{\alpha\in\Gamma}Y_\alpha\right)\cup Y$是连通的.

其他证法参阅[12]例 1.4.9.

若将“连通”改为“道路连通”结论也对，即 $\left(\bigcup_{\alpha\in\Gamma} Y_\alpha\right)\cup Y$ 也为$(X,\mathscr{T})$的道路连通子集.

证明如下：

$$\forall\, p,q\in Z=\left(\bigcup_{\alpha\in\Gamma} Y_\alpha\right)\cup Y.$$

(1) 当 $p\in Y_\alpha,q\in Y_\beta$ 时，由 $Y_\alpha\cap Y\neq\varnothing,Y_\beta\cap Y\neq\varnothing$，必有 $u\in Y_\alpha\cap Y,v\in Y_\beta\cap Y$，由于 Y_α,Y_β,Y 都道路连通，故在 Y_α 中有道路σ 连接 p 到 u；在 Y_β 中有道路 η 连接 v 到 q；在 Y 中有道路ξ 连接 u 到 v. 根据粘结引理，有

$$\sigma*\xi\colon[0,1]\to\left(\bigcup_{\alpha\in\Gamma} Y_\alpha\right)\cup Y$$

$$\sigma*\xi(t)=\begin{cases}\sigma(2t), & 0\leqslant t\leqslant\dfrac{1}{2},\\[2mm] \xi(2t-1), & \dfrac{1}{2}<t\leqslant 1\end{cases}$$

为连接 $\sigma*\xi(0)=\sigma(0)=p$ 到 $\sigma*\xi(1)=\xi(1)=v$ 的一条道路. 而

$$(\sigma*\xi)*\eta\colon[0,1]\to\left(\bigcup_{\alpha\in\Gamma} Y_\alpha\right)\cup Y,$$

$$(\sigma*\xi)*\eta(t)=\begin{cases}(\sigma*\xi)(2t), & 0\leqslant t\leqslant\dfrac{1}{2},\\[2mm] \eta(2t-1), & \dfrac{1}{2}<t\leqslant 1,\end{cases}$$

$$=\begin{cases}\sigma(4t), & 0\leqslant t\leqslant\dfrac{1}{4},\\[2mm] \xi(4t-1), & \dfrac{1}{4}<t\leqslant\dfrac{1}{2},\\[2mm] \eta(2t-1) & \dfrac{1}{2}<t\leqslant 1\end{cases}$$

为连接$((\sigma*\xi)*\eta)(0)=\sigma(0)=p$ 到$((\sigma*\xi)*\eta)(1)=\eta(1)=q$ 的一条道路.

(2) 当 $p\in Y,q\in Y_\beta$，或 $p\in Y_\alpha,q\in Y$，或 $p\in Y,q\in Y$ 时，显然有连接 p 到 q 的一条道路.

因此，$\left(\bigcup_{\alpha\in\Gamma} Y_\alpha\right)\cup Y$ 为$(X,\mathscr{T})$的一个道路连通子集. □

333. 设$\{Y_\alpha\mid\alpha\in\Gamma\}$为拓扑空间$(X,\mathscr{T})$的道路连通的子集族，并且满足：$\forall\,\alpha,\beta\in\Gamma$，存在$\Gamma$中的有限个元素 $r_1=\alpha,r_2,\cdots,r_{n+1}=\beta$，使得 $Y_{r_i}\cap Y_{r_{i+1}}\neq\varnothing,i=1,2,\cdots,n$，则 $\bigcup_{\alpha\in\Gamma} Y_\alpha$ 为道路连通子集. 上述“道路连通”改为“连通”结论如何？并说明理由.

证明 对 $\forall\, p,q\in\bigcup_{\alpha\in\Gamma} Y_\alpha$. 则必有 α_p,α_q, s. t. $p\in Y_{\alpha_p},q\in Y_{\alpha_q}$. 根据题设，$\exists\,\Gamma$ 中有限个元素

$$r_1=\alpha_p, r_2, \cdots, r_{n+1}=\alpha_q,$$

s. t. $Y_{r_i}\cap Y_{r_{i+1}}\neq\varnothing, i=1,\cdots,n$. 取 $p_i\in Y_{r_i}\cap Y_{r_{i+1}}, i=1,2,\cdots,n$, 分别存在连接

$$p \text{ 与 } p_1, p_1 \text{ 与 } p_2, \cdots, p_n \text{ 与 } q$$

的道路 $\sigma_1,\sigma_2,\cdots,\sigma_{n+1}$. 将 $\sigma_1,\sigma_2,\cdots,\sigma_{n+1}$ 连接起来，就是连接 p 与 q 的一条道路. 因此，$\bigcup\limits_{\alpha\in\Gamma} Y_\alpha$ 是道路连通的.

对于"连通"的情形，其结论也正确.

(反证)假设 $\bigcup\limits_{\alpha\in\Gamma} Y_\alpha$ 不连通，则

$$\bigcup_{\alpha\in\Gamma} Y_\alpha = A\cup B,$$

其中 A,B 为 $\bigcup\limits_{\alpha\in\Gamma} Y_\alpha$ 中的不相交非空开集. 取 $p\in A, q\in B$. 设 $p\in Y_{\alpha_p}, q\in Y_{\alpha_q}$. 同上面证明知存在有限个 $Y_{r_i}, i=1,2,\cdots,n+1$, s. t. $p\in Y_{\alpha_p}=Y_{\alpha_1}, q\in Y_{\alpha_q}=Y_{r_{n+1}}, Y_{r_i}\cap Y_{r_{i+1}}\neq\varnothing$. 应用 332 题及归纳法知 $\bigcup\limits_{i=1}^{n+1} Y_{r_i}$ 是连通的. 但是，由

$$\bigcup_{i=1}^{n+1} Y_{r_i}=\left[\left(\bigcup_{i=1}^{n+1} Y_{r_i}\right)\cap A\right]\cup\left[\left(\bigcup_{i=1}^{n+1} Y_{r_i}\right)\cap B\right],$$

$$p\in\left(\bigcup_{i=1}^{n+1} Y_{r_i}\right)\cap A,\quad q\in\left(\bigcup_{i=1}^{n+1} Y_{r_i}\right)\cap B$$

立知 $\bigcup\limits_{i=1}^{n+1} Y_{r_i}$ 非连通，矛盾. □

334. 证明：满足 A_1 的可数紧致空间必为序列紧致空间.

证明 设 $(X,\mathscr{T})$ 是 A_1 的可数紧致空间，$\{x_n\}$ 为 X 中的任一序列. 不妨设 $\{x_n\}$ 为彼此相异的序列，记 $E_n=\{x_k\mid k\geqslant n\}, F_n=\overline{E}_n$. 则 $\{F_n\}$ 为 $(X,\mathscr{T})$ 中的非空闭集的下降序列. 根据可数紧致空间的非空递降闭集序列必有交知，$\exists\, x\in\bigcap\limits_{n=1}^{\infty} F_n$.

因为 $(X,\mathscr{T})$ 是 A_1 空间，故 x 有可数局部基 $\{V_n\mid n\in\mathbb{N}\}$, s. t. $V_1\supset V_2\supset\cdots\supset V_n\supset V_{n+1}\supset\cdots$. 由于

$$x\in F_n=\overline{E}_n, \forall\, n\in\mathbb{N},\quad x\in V_j, \forall\, j\in\mathbb{N},$$

故对 $\forall\, i,j\in\mathbb{N}$, 有 $V_j\cap E_i\neq\varnothing$. 令

$$N_1=\min\{j\in\mathbb{N}\mid x_j\in V_1\cap E_1\},$$

$$N_i=\min\{j\in\mathbb{N}\mid x_j\in V_i\cap E_{N_{i-1}+1}\},\quad i>1.$$

于是有 $N_1<N_2<\cdots<N_i<N_{i+1}<\cdots$, 从而 $\{x_{N_i}\}$ 为 $\{x_n\}$ 的子序列，并且 $x_{N_i}\in V_i\cap E_{N_{i-1}+1}\subset V_i, \forall\, i\in\mathbb{N}$. 由此知 $\{x_{N_i}\}$ 收敛于 x. $\{X,\mathscr{T}\}$ 为序列紧致空间. □

335. 举例说明拓扑空间中两个紧致子集的交可以不为紧致子集.

反例 1 设 $(\{0,1\},\mathscr{T}_{\text{平庸}})$ 为平庸拓扑空间，$(\mathbb{R},\mathscr{T}_{\rho_0^1})$ 是一维 Euclid 空间. 定义拓扑积空间

$(\mathbb{R}\times\{0,1\},\mathscr{T}_{\rho_0^1}\times\mathscr{T}_{平庸})$：

$$\{(x,0),(x,1)\mid\forall x\in\mathbb{R}\}=R\times\{0,1\},$$
$$\{U\times\varnothing,U\times\{0,1\}\mid U\in\mathscr{T}_{\rho_0^1}\}=\mathscr{T}_{\rho_0^1}\times\mathscr{T}_{平庸}.$$

令

$$A=((0,1]\times\{0\})\cup(\{0\}\times\{1\}),$$
$$B=([0,1)\times\{1\})\cup(\{1\}\times\{0\}).$$

可以证明，A,B 都是$(\mathbb{R}\times\{0,1\},\mathscr{T}_{\rho_0^1}\times\mathscr{T}_{平庸})$中的紧致子集，但 $A\cap B$ 非紧致.

反例 2 设 Y 为无限集，$\mathscr{T}_Y=\mathscr{T}_{离散}=\{A\mid A\subset Y\}$，$x\notin Y$，$z\notin Y$，$x\neq z$. 令

$$X=Y\cup\{x,z\},$$
$$\mathscr{T}_X=\mathscr{T}_Y\cup\{Y\cup\{x\}\}\cup\{Y\cup\{z\}\}\cup X.$$

可以证明(请读者试一试)$Y\cup\{x\}$，$Y\cup\{z\}$都为紧致子集，但它们的交非紧致. □

336. 设(X,ρ)为列紧度量空间，则 $\forall\,\varepsilon>0$，X 必有 ε 网 A(即 A 为 X 的有限子集，并且 $\forall\,x\in X$，有 $\rho(x,A)=\inf\limits_{y\in A}\rho(y,x)<\varepsilon$).

证明(反证) 假设 $\exists\,\varepsilon_0>0$，X 无 ε_0 网. 任取 $x_1\in X$，$\{x_1\}$不是 X 的 ε_0 网，所以存在 $x_2\in X$，s. t. $\rho(x_1,x_2)\geqslant\varepsilon_0$，$\{x_1,x_2\}$不是 X 的 ε_0 网，$\exists\,x_3\in X$，s. t. $\rho(x_1,x_3)\geqslant\varepsilon_0$，$\rho(x_2,x_3)\geqslant\varepsilon_0$，集合$\{x_1,x_2,x_3\}$不是 X 的 ε_0 网. 如此下去，假设已取 $x_i\in X$，$i=1,2,\cdots,n$，s. t.

$$\rho(x_i,x_j)\geqslant\varepsilon_0,\quad i\neq j,\quad i,j=1,2,\cdots,n.$$

$\{x_1,x_2,\cdots,x_n\}$不是 X 的 ε_0 网，于是还有 $x_{n+1}\in X$，s. t.

$$\rho(x_i,x_{n+1})\geqslant\varepsilon_0,\quad i=1,2,\cdots,n.$$

这样就得到一个无穷子集$\{x_n\}$，其中任两点的距离都不小于 ε_0，该点列显然无聚点，与(X,ρ)为列紧的度量空间矛盾. 因此，对 $\forall\,\varepsilon>0$，X 有 ε 网. □

337. 设(X,ρ)为度量空间，证明：

$$(X,\mathscr{T}_\rho)\text{ 紧致}\Leftrightarrow(X,\mathscr{T}_\rho)\text{ 列紧}.$$

证明 $(\Rightarrow)$参阅定理 7.3.2 中，(1)$\Rightarrow$(2)$\Rightarrow$(3)的证明.

$(\Leftarrow)$参阅定理 7.3.2 中，(3)$\Rightarrow$(4)$\Rightarrow$(1)的证明. □

338. 设函数 $z=f(x,y)$在 $D=[0,1]\times[0,1]$上有定义，且 $\forall\,x_0\in[0,1]$，$f(x,y)$于$(x_0,0)$点连续. 证明：$\exists\,\delta>0$. s. t. $f(x,y)$于 $D^*=\{(x,y)\mid 0\leqslant x\leqslant 1,0\leqslant y\leqslant\delta\}=[0,1]\times[0,\delta]$上有界.

证明 $\forall\,x_0\in[0,1]$，由 $f(x,y)$在$(x_0,0)$点连续，故对 $\varepsilon_0=1$，$\exists\,\delta(x_0)>0$，s. t. 当$(x,y)\in D$，$|x-x_0|<\delta(x_0)$，$|y-0|<\delta(x_0)$时，有

$$|f(x,y)-f(x_0,0)|<\varepsilon_0=1,$$

即

$$f(x_0,0)-1<f(x,y)<f(x_0,0)+1.$$

显然，$\{(x_0-\delta(x_0),x_0+\delta(x_0))\mid x_0\in[0,1]\}$为紧集$[0,1]$的一个开覆盖. 因此存在有限子覆盖

$$\{(x_i-\delta(x_i),x_i+\delta(x_i))\mid i=1,2,\cdots,n\}.$$

令 $\delta=\min\left\{\frac{\delta(x_i)}{2}\,\middle|\, i=1,2,\cdots,n\right\}$，则 $\delta>0$. 当 $(x,y)\in[0,1]\times[0,\delta]$ 时，有

$$f(x,y)\leqslant\max_{1\leqslant i\leqslant n}\{|f(x_i)-1|,|f(x_i)+1|\}=M,$$

即 $f(x,y)$ 在 $[0,1]\times[0,\delta]=D^*$ 上有界. □

339. (1) 设 $u=f(x,y,z)$ 在闭立方体 $[a,b]^3$ 上连续，证明：$g(x,y)=\max\limits_{a\leqslant z\leqslant b}\{f(x,y,z)\}$ 在正方形 $[a,b]^2$ 上连续；

(2) 设 $f(x,y,z)$ 在 $[a,b]^3$ 上连续，令

$$g(x)=\max_{a\leqslant y\leqslant b}\min_{a\leqslant z\leqslant b}f(x,y,z).$$

证明：$g(x)$ 在 $[a,b]$ 上连续.

证明 (1) 任取 $(x_0,y_0)\in[a,b]^2=[a,b]\times[a,b]$.

由于 $f(x,y,z)$ 在紧集 $[a,b]^3$ 上连续，因而在 $[a,b]^3$ 上一致连续. 对 $\forall\varepsilon>0$，$\exists\delta>0$，当 $(x',y',z'),(x'',y'',z'')\in[a,b]^3$，$\rho_0^3((x',y',z'),(x'',y'',z''))<\delta$ 时，有

$$|f(x',y',z')-f(x'',y'',z'')|<\frac{\varepsilon}{2}.$$

特别地，当 $\rho_0^2((x,y),(x_0,y_0))<\delta$ 时，由 $\rho_0^3((x,y,z),(x_0,y_0,z))<\delta$，得

$$f(x_0,y_0,z)-\frac{\varepsilon}{2}<f(x,y,z)<f(x_0,y_0,z)+\frac{\varepsilon}{2},$$

于是有

$$\max_{a\leqslant z\leqslant b}f(x_0,y_0,z)-\frac{\varepsilon}{2}\leqslant\max_{a\leqslant z\leqslant b}f(x,y,z)\leqslant\max_{a\leqslant z\leqslant b}f(x_0,y_0,z)+\frac{\varepsilon}{2},$$

$$\left|\max_{a\leqslant z\leqslant b}f(x,y,z)-\max_{a\leqslant z\leqslant b}f(x_0,y_0,z)\right|\leqslant\frac{\varepsilon}{2}<\varepsilon.$$

因此，$g(x,y)=\max\limits_{a\leqslant z\leqslant b}f(x,y,z)$ 在 (x_0,y_0) 处连续. 由 $(x_0,y_0)\in[a,b]^2$ 的任取性，得 $g(x,y)$ 在 $[a,b]^2$ 上连续. 因而一致连续.

(2) 在(1)中，用 $-f$ 代替 f，或类似(1)中的方法可证得 $h(x,y)=\min\limits_{a\leqslant z\leqslant b}f(x,y,z)$ 也在 $[a,b]^2$ 中连续. 再将相同的方法用于 $[a,b]^2$ 上的连续函数 $h(x,y)$，就得到

$$g(x)=\max_{a\leqslant y\leqslant b}h(x,y)=\max_{a\leqslant y\leqslant b}\min_{a\leqslant z\leqslant b}f(x,y,z)$$

在 $[a,b]$ 上连续. □

340. 设 U 为拓扑空间 $(X,\mathscr{T})$ 中的一个开集，$\mathscr{A}$ 为 $(X,\mathscr{T})$ 中的一个由紧致闭集构成的集族. 如果 $\mathscr{A}$ 满足 $\bigcap\limits_{A\in\mathscr{A}}A\subset U$，则存在 $\mathscr{A}$ 的一个有限子族 $\{A_1,A_2,\cdots,A_n\}$ 也满足

$$A_1\cap A_2\cap\cdots\cap A_n\subset U.$$

证法1 在 $\mathscr{A}$ 中取一紧致闭集 A_1，U 为 X 中的开集，故 U^c 为 X 中的闭集，从而 $U^c\cap A_1\subset A_1$ 也为 X 中的紧致闭集. 又由 $\bigcap\limits_{A\in\mathscr{A}}A\subset U$ 得

$$U^c\cap A_1\subset U^c\subset\Big(\bigcap_{A\in\mathscr{A}}A\Big)^c=\bigcup_{A\in\mathscr{A}}A^c.$$

于是 $\mathscr{I}=\{A^c\mid A\in\mathscr{A}\}$ 为紧致闭集 $U^c\cap A_1$ 的一个开覆盖. 因此,存在有限子开覆盖

$$\{A_1^c,A_2^c,\cdots,A_n^c\}\subset\mathscr{I}$$

s. t. $U^c\cap A_1\subset A_1^c\cup A_2^c\cup\cdots\cup A_n^c=\{A_1\cap A_2\cap\cdots\cap A_n\}^c$,由此,有

$$A_1\cap A_2\cap\cdots\cap A_n\subset(U^c\cap A_1)^c=U\cup A_1^c.$$

再由 $\Big(\bigcap\limits_{i=1}^{n}A_i\Big)\cap A_1^c=A_1\cap A_1^c\cap\Big(\bigcap\limits_{i=2}^{n}A_i\Big)=\varnothing\cap\Big(\bigcap\limits_{i=2}^{n}A_i\Big)=\varnothing$,得

$$\bigcap_{i=1}^{n}A_i\subset U.$$

证法 2 任取 $A_0\in\mathscr{A}$,对 $\forall A_\alpha\in\mathscr{A}$,令 $F_\alpha=A_0\backslash A_\alpha=A_0\backslash(A_0\cap A_\alpha)=A_0\cap(A_0\cap A_\alpha)^c$. 由于 A_0 是 A_0 中的开集,$(A_0\cap A_\alpha)^c$ 是开集,所以 F_α 是 A_0 中的开集. 同理,得

$$A_0\backslash U=A_0\backslash(A_0\cap U)=A_0\cap(A_0\cap U)^c$$

为 A_0 中的紧致闭集. 由于

$$\bigcap_{A\in\mathscr{A}}A\subset U,\quad A_0\backslash\bigcap_{A\in\mathscr{A}}A\supset A_0\backslash U,$$

即 $A_0\backslash\bigcap\limits_{A\in\mathscr{A}}A=\bigcup\limits_{A\in\mathscr{A}}(A_0\backslash A)=\bigcup\limits_{\alpha\in\Gamma}F_\alpha\supset A_0\backslash U$. 所以

$$\mathscr{I}=\{F_\alpha=A_0\backslash A_\alpha\mid A_\alpha\in\mathscr{A}\}$$

为 $A_0\backslash U$ 的一个开覆盖. 由于 $A_0\backslash U$ 为紧致闭集,故存在有限子开覆盖 $\{F_1,F_2,\cdots,F_n\}$,s. t.

$$\bigcup_{i=1}^{n}F_i\supset A_0\backslash U.$$

即

$$\bigcup_{i=1}^{n}(A_0\backslash A_i)\supset A_0\backslash U,\quad A_i\in\mathscr{A}.$$

$$A_0\backslash\bigcap_{i=1}^{n}A_i=\bigcup_{i=1}^{n}(A_0\backslash A_i)\supset A_0\backslash U.$$

于是 $U\supset\bigcap\limits_{i=0}^{n}A_i$. □

341. 设 $(X,\mathscr{T})$ 为一个 Hausdorff 空间,$\mathscr{A}$ 为 $(X,\mathscr{T})$ 中由紧致子集构成的非空集族. 证明:如果 $\mathscr{A}$ 中任意有限个元素的交是连通的,则这个集族的交 $\bigcap\limits_{A\in\mathscr{A}}A$ 也是连通的.

证法 1 设 $\mathscr{A}=\{A_\alpha\mid\alpha\in\Gamma\}$. 任取 $\alpha_0\in\Gamma$,$A_{\alpha_0}\in\mathscr{A}$ 是 $(X,\mathscr{T})$ 中的紧致子集. 因为 $(X,\mathscr{T})$ 为 Hausdorff 空间,所以 A_{α_0} 为闭集. 由此知 $\bigcap\limits_{\alpha\in\Gamma}A_\alpha$ 为闭集. 又 $\bigcap\limits_{\alpha\in\Gamma}A_\alpha\subset A_{\alpha_0}$,故 $\bigcap\limits_{\alpha\in\Gamma}A_\alpha$ 也紧致.

(反证)假设 $A=\bigcap\limits_{\alpha\in\Gamma}A_\alpha$ 不连通. 于是 $\exists A$ 的两个非空闭子集 F_1,F_2,s. t. $F_1\cap F_2=\varnothing$,

$F_1 \cup F_2 = A$.

由于 A 紧致,所以 F_1,F_2 也紧致. 因为 X 是 Hausdorff 空间,故存在 X 中的开集 U_1, U_2, s. t.

$$F_1 \subset U_1, \quad F_2 \subset U_2, \quad U_1 \cap U_2 = \varnothing.$$

于是

$$\bigcap_{\alpha \in \Gamma} A_\alpha = A = F_1 \cup F_2 \subset U_1 \cup U_2.$$

由上题(340 题), $\exists \mathscr{A}$ 的有限子集族 $\mathscr{A}' = \{A_\beta \mid \beta \in B, B \text{ 为有限集}\}$, s. t. $\bigcap\limits_{\beta \in B} A_\beta \subset U_1 \cup U_2$. 但 $\bigcap\limits_{\beta \in B} A_\beta$ 连通, $U_1 \cup U_2$ 不连通,所以

$$\bigcap_{\beta \in B} A_\beta \subset U_1 (\text{或} U_2).$$

于是 $\left(\bigcap\limits_{\beta \in B} A_\beta\right) \cap U_2 = \varnothing$ (或 $\bigcap\limits_{\beta \in B} A_\beta \cap U_1 = \varnothing$), $F_2 \subset A \cap U_2 \subset \left(\bigcap\limits_{\beta \in B} A_\beta\right) \cap U_2 = \varnothing$, $A \cap U_2 = \varnothing = F_2$ (或 $A \cap U_1 = \varnothing = F_1$), 矛盾.

证法 2 同证法 1, $A = \bigcap\limits_{A \in \mathscr{A}} A$ 是紧致闭集.

(反证)假设 A 不连通, $\exists X$ 的闭集 B_1, B_2, s. t.

$$A = (B_1 \cap A) \amalg (B_2 \cap A),$$

其中(1)"$\amalg$"表示 $B_1 \cap A$ 与 $B_2 \cap A$ 的不交并,即 $A = (B_1 \cap A) \cup (B_2 \cap A)$, $(B_1 \cap A) \cap (B_2 \cap A) = \varnothing$; (2) $B_i \cap A \neq \varnothing \quad i = 1, 2$.

由于 A 为 X 中的紧致闭集,所以 $B_1 \cap A, B_2 \cap A$ 也均为 X 中的紧致闭集. 又 X 为 Hausdorff 空间,故 B_1, B_2 均在 X 中有不交的邻域 U_1, U_2, s. t.

$$B_1 \cap A \subset U_1, \quad B_2 \cap B \subset U_2, \quad U_1 \cap U_2 = \varnothing.$$

由此

$$A = (U_1 \cap A) \amalg (U_2 \cap A) \subset U_1 \cup U_2.$$

根据上题, $\exists \{A_1, A_2, \cdots, A_n\} \subset \mathscr{A}$, s. t.

$$A_1 \cap A_2 \cap \cdots \cap A_n \subset U_1 \cup U_2.$$

从而, $A_1 \cap A_2 \cap \cdots \cap A_n = \left(U_1 \cap \left(\bigcap\limits_{i=1}^{n} A_i\right)\right) \amalg \left(U_2 \cap \left(\bigcap\limits_{i=1}^{n} A_i\right)\right)$, 且

$$\varnothing \neq B_i \cap A \subset U_i \cap \left(\bigcap_{i=1}^{n} A_i\right), \quad i = 1, 2.$$

所以 $\bigcap\limits_{i=1}^{n} A_i$ 不连通. 这与题设"A 中有限个元素之交是连通的"矛盾. □

342. 设 $f(x,y)$ 满足: (1) 对固定的 $y \neq b$, $\lim\limits_{x \to a} f(x,y) = \psi(y)$; (2) $\exists \eta > 0$, s. t. $f(x,y)$ 当 $y \to b$ 时关于 $x \in E = \{x \mid 0 < |x-a| < \eta\}$ 存在一致极限 $\varphi(x)$. 证明:

$$\lim_{x \to a} \lim_{y \to b} f(x,y) = \lim_{y \to b} \lim_{x \to a} f(x,y).$$

证明 对$\forall\varepsilon>0$,由(2),存在$\delta_1>0$,当$0<|y-b|<\delta_1$时,有

$$|f(x,y)-\varphi(x)|<\frac{\varepsilon}{2},\quad \forall x\in E.$$

于是,当$0<|y'-b|<\delta_1$,$0<|y''-b|<\delta_1$时,有

$$|f(x,y')-f(x,y'')|\leqslant|f(x,y')-\varphi(x)|+|f(x,y'')-\varphi(x)|<\frac{\varepsilon}{2}+\frac{\varepsilon}{2}=\varepsilon.$$

令$x\to a$,由(1)得

$$|\psi(y')-\psi(y'')|\leqslant\varepsilon.$$

由函数极限的Cauchy准则得$\lim\limits_{y\to b}\psi(y)$存在有限,记为$A$.即

$$\lim_{y\to b}\lim_{x\to a}f(x,y)=\lim_{y\to b}\psi(y)=A.$$

由此知,$\exists\delta_2$,当$0<|y-b|<\delta_2$时,有

$$A-\frac{\varepsilon}{2}<\psi(y)<A+\frac{\varepsilon}{2}.$$

取$\delta=\min\{\delta_1,\delta_2\}$,对$0<|y-b|<\delta$,$x\in E$,有

$$f(x,y)-\frac{\varepsilon}{2}<\varphi(x)<f(x,y)+\frac{\varepsilon}{2}.$$

令$x\to a$,得

$$A-\varepsilon<\psi(y)-\frac{\varepsilon}{2}\leqslant\varliminf_{x\to a}\varphi(x)\leqslant\varlimsup_{x\to a}\varphi(x)\leqslant\psi(y)+\frac{\varepsilon}{2}<A+\varepsilon.$$

由此知$A=\varliminf\limits_{x\to a}\varphi(x)=\varlimsup\limits_{x\to a}\varphi(x)=\lim\limits_{x\to a}\varphi(x)=\lim\limits_{x\to a}\lim\limits_{y\to b}f(x,y)$.即$\lim\limits_{x\to a}\lim\limits_{y\to b}f(x,y)=A=\lim\limits_{y\to b}\lim\limits_{x\to a}f(x,y)$.

□

343. 设$f_0(x)$在$[a,b]$上连续,$g(x,y)$在闭区域$[a,b]^2=[a,b]\times[a,b]$上连续.对任何$x\in[a,b]$,令

$$f_n(x)=\int_a^x g(x,y)f_{n-1}(y)\mathrm{d}y,\quad n=1,2,\cdots$$

证明:函数列$\{f_n(x)\}$在$[a,b]$上一致收敛于0.

证明 因为$f_0(x)$,$g(x,y)$分别在$[a,b]$及$[a,b]^2$上连续,故有界.$\exists M>0$,s.t.$|g(x,y)|\leqslant M$,$|g(x,y)f_0(y)|\leqslant M$,$\forall x\in[a,b]$,$y\in[a,b]$,于是,有

$$\begin{aligned}|f_1(x)|&=\left|\int_a^x g(x,y)f_0(y)\mathrm{d}y\right|\leqslant\int_a^x|g(x,y)f_0(y)|\mathrm{d}y\\&\leqslant\int_a^x M\mathrm{d}y=M(x-a)\leqslant M(b-a),\\|f_2(x)|&=\left|\int_a^x g(x,y)f_1(y)\mathrm{d}y\right|\leqslant\int_a^x|g(x,y)||f_1(y)|\mathrm{d}y\\&\leqslant M^2\int_a^x(y-a)\mathrm{d}y=\frac{M^2}{2}(x-a)^2\leqslant\frac{M^2}{2}(b-a)^2,\\&\vdots\end{aligned}$$

$$|f_n(x)|=\left|\int_a^x g(x,y)f_{n-1}(y)\mathrm{d}y\right|\leqslant\int_a^x |g(x,y)||f_{n-1}(y)|\mathrm{d}y$$

$$\leqslant\frac{M^n}{(n-1)!}\int_a^x(y-a)^{n-1}\mathrm{d}y=\frac{M^n}{n!}(x-a)^n\leqslant\frac{M^n}{n!}(b-a)^n.$$

因为 $\lim\limits_{n\to+\infty}\dfrac{M^n(b-a)^n}{n!}=0$,故对 $\forall x\in[a,b]$,有

$$\lim_{n\to+\infty}f_n(x)=0.$$

即 $\{f_n(x)\}$ 在 $[a,b]$ 上一致收敛于 0. □

344. 设有界点列 $z^n=(x_n,y_n)$,$n=1,2,\cdots$,满足:

$$\varliminf_{n\to+\infty}\|z^n\|=l,\quad \varlimsup_{n\to+\infty}\|z^n\|=L,\quad l<L,$$

$$\lim_{n\to+\infty}\|z^{n+1}-z^n\|=0.$$

证明:对 $\forall\mu\in(l,L)$,圆周 $x^2+y^2=\mu^2$ 上至少有 $\{z^n\}$ 的一个聚点.

证明 对 $\forall\mu\in(l,L)$,设 $\delta=\min\left\{\dfrac{L-\mu}{2},\dfrac{\mu-l}{2}\right\}$. 根据题设 $\lim\limits_{n\to\infty}\|z^{n+1}-z^n\|=0$. $\exists N\in\mathbb{N}$,当 $n>N$ 时,有

$$\|z^{n+1}-z^n\|<\delta.$$

因为 $\varliminf\limits_{n\to+\infty}\|z^n\|=l$,故 $\exists n_1>N$,s. t.

$$l-\delta<\|z^{n_1}\|<l+\delta;$$

又因为 $\varlimsup\limits_{n\to+\infty}\|z^n\|=L$,故 $\exists n_1'>n_1$,s. t.

$$L-\delta<\|z^{n_1'}\|<L+\delta.$$

于是 $z^{n_1},z^{n_1+1},\cdots,z^{n_1'}$ 中必有一个 $z^{n_1''}$,s. t. $n_1\leqslant n_1''\leqslant n_1'$,且

$$\mu-\delta<\|z^{n_1''}\|<\mu+\delta.$$

依次可得到 $\{z^n\}$ 的子列 $\{z^{n_k}\}$,$\{z^{n_k'}\}$,$\{z^{n_k''}\}$,满足:

$$l-\frac{\delta}{2^k}<\|z^{n_k}\|<l+\frac{\delta}{2^k},\quad k=1,2,\cdots,$$

$$L-\frac{\delta}{2^k}<\|z^{n_k'}\|<L+\frac{\delta}{2^k},\quad k=1,2,\cdots,$$

$$\mu-\frac{\delta}{2^k}<\|z^{n_k''}\|<\mu+\frac{\delta}{2^k},\quad k=1,2,\cdots,$$

并且可选取 $\{z^{n_k''}\}$,使得它们彼此相异,显然有

$$\lim_{k\to+\infty}\|z^{n_k''}\|=\mu.$$

再因为集合 $\{(x,y)\,|\,x^2+y^2=\mu^2\}$ 为紧致集. 所以 $\{z^{n_k''}\}$ 在其上必有聚点,也即 $\{z^n\}$ 在其上有聚点. □

第 8 章

n元函数微分学

Ⅰ. 方向导数、偏导数

定义 8.1.1 设 $U\subset\mathbb{R}^n$ 为 $(\mathbb{R}^n,\mathcal{T}_{\rho_0^n})$ 中的开集，$f: U\to\mathbb{R}^1$，$\boldsymbol{e}\in\mathbb{R}^n$ 为单位向量，$\boldsymbol{x}^0\in U$，令 $u(t)=f(\boldsymbol{x}^0+t\boldsymbol{e})$.

如果 $u(t)$ 在 $t=0$ 的导数

$$u'(0)=\lim_{t\to 0}\frac{u(t)-u(0)}{t-0}=\lim_{t\to 0}\frac{f(\boldsymbol{x}^0+t\boldsymbol{e})-f(\boldsymbol{x}^0)}{t}$$

存在有限，则称它为 f 在点 $\boldsymbol{x}^0$ 沿方向 $\boldsymbol{e}$ 的**方向导数**，记作 $\frac{\partial f}{\partial \boldsymbol{e}}(\boldsymbol{x}^0)$.

记 $\boldsymbol{e}_i=(0,0,\cdots,0,\underset{\text{第}i\text{个}}{1},0,\cdots,0)$ 为 $\mathbb{R}^n$ 中的规范正交基，即

$$\langle\boldsymbol{e}_i,\boldsymbol{e}_j\rangle=\delta_{ij}=\begin{cases}1, & i=j,\\ 0, & i\neq j.\end{cases}$$

$$\begin{aligned}\frac{\partial f}{\partial \boldsymbol{e}_i}(\boldsymbol{x}^0)&=\lim_{t\to 0}\frac{f(\boldsymbol{x}^0+t\boldsymbol{e}_i)-f(\boldsymbol{x}^0)}{t}\\ &=\lim_{t\to 0}\frac{f(x_1^0,\cdots,x_{i-1}^0,x_i^0+t,x_{i+1}^0,\cdots,x_n^0)-f(x_1^0,\cdots,x_{i-1}^0,x_i^0,x_{i+1}^0,\cdots,x_n^0)}{t}\\ &=\lim_{x_i\to x_i^0}\frac{f(x_1^0,\cdots,x_{i-1}^0,x_i,x_{i+1}^0,\cdots,x_n^0)-f(x_1^0,\cdots,x_{i-1}^0,x_i^0,x_{i+1}^0,\cdots,x_n^0)}{x_i-x_i^0}\\ &\xlongequal{\text{def}}\frac{\partial f}{\partial x_i}(\boldsymbol{x}^0)=f'_{x_i}(\boldsymbol{x}^0)=f'_i(\boldsymbol{x}^0),\end{aligned}$$

称它为 f 的**第 i 个一阶偏导数.**

如果 f 的一阶偏导函数 $\frac{\partial f}{\partial x_i}$ 又有偏导数

$$f''_{x_ix_j}(\boldsymbol{x}^0)=\frac{\partial^2 f}{\partial x_i\partial x_j}(\boldsymbol{x}^0)$$

$$= \lim_{x_j \to x_j^0} \frac{\dfrac{\partial f}{\partial x_i}(x_1^0, x_2^0, \cdots, x_{j-1}^0, x_j, x_{j+1}^0, \cdots, x_n^0) - \dfrac{\partial f}{\partial x_i}(x_1^0, x_2^0, \cdots, x_{j-1}^0, x_j^0, x_{j+1}^0, \cdots, x_n^0)}{x_j - x_j^0}$$

于是

$$f''_{x_i x_j} = \frac{\partial^2 f}{\partial x_i \partial x_j} = \frac{\partial}{\partial x_j}\left(\frac{\partial f}{\partial x_i}\right),$$

$$f''_{x_i x_i} = \frac{\partial^2 f}{\partial x_i^2} = \frac{\partial}{\partial x_i}\left(\frac{\partial f}{\partial x_i}\right), \quad i, j = 1, 2, \cdots, n.$$

类似可定义 3 阶、4 阶，$\cdots$，m 阶偏导数.

若 f 为 C^k 函数：

$k=0$，f 连续；

$0<k<+\infty$，f 在 U 中有直至 k 阶连续偏导数；

$k=+\infty$，f 在 U 中有各阶连续的偏导数；

$k=\omega$，f 在 U 中是实解析的，即 f 在 U 中每一点邻近可展开为收敛的(n 元)幂级数：

$$f(x_1, x_2, \cdots, x_n) = \sum_{k=0}^{\infty} \sum_{j_1, j_2, \cdots, j_k = 1}^{n} a_{j_1 j_2 \cdots j_k}(x_{j_1} - x_{j_1}^0)(x_{j_2} - x_{j_2}^0)\cdots(x_{j_k} - x_{j_k}^0).$$

记 $C^k(U, \mathbb{R}^1)$ 为从 U 到 $\mathbb{R}^1$ 的 C^k 函数的全体.

定理 8.1.1 设 $U \subset \mathbb{R}^2$ 为开集，$f: U \to \mathbb{R}^1$ 为二元函数. 如果 f''_{xy} 与 f''_{yx} 在 $(x_0, y_0) \in U$ 连续，则 $f''_{xy}(x_0, y_0) = f''_{yx}(x_0, y_0)$.

类似可推广到 n 元函数的 k 阶偏导数.

例 8.1.4 设

$$f(x,y) = \begin{cases} xy\,\dfrac{x^2 - y^2}{x^2 + y^2}, & (x,y) \neq (0,0), \\ 0, & (x,y) = (0,0), \end{cases}$$

则

$$f''_{xy}(0,0) \neq f''_{yx}(0,0).$$

关于一元函数 f，设 f 在区间 I 中可导，则

$$f(x) = \text{常数} \Leftrightarrow f'(x) = 0, \quad \forall\, x \in I(\text{参阅推论 } 3.3.1).$$

能否讲：如果 $f'(x)=0$，$\forall\, x \in I$，则 $f(x)=$常数？否！反例：

$$f(x) = \begin{cases} 0, & x \in (-1, 0), \\ 1, & x \in (0, 1). \end{cases}$$

定理 8.1.2 设 $U \subset \mathbb{R}^n$ 为区域，且对 $\forall\, \boldsymbol{p} = (x_1, x_2, \cdots, x_{i-1}, a, x_{i+1}, \cdots, x_n) \in U$ 与 $\boldsymbol{q} = (x_1, x_2, \cdots, x_{i-1}, b, x_{i+1}, \cdots, x_n) \in U$，必有线段 $\overline{\boldsymbol{pq}} = \{(1-t)\boldsymbol{p} + t\boldsymbol{q} \mid t \in [0,1]\} \subset U$. 如果 f 在 U 上连续，且 $\left.\dfrac{\partial f}{\partial x_i}\right|_{\mathring{U}} \equiv 0$，则

$$f(x_1,x_2,\cdots,x_n)=\varphi(x_1,x_2,\cdots,x_{i-1},\hat{x}_i,x_{i+1},\cdots,x_n),$$

即 f 与 x_i 无关，其中 $\hat{x}_i$ 表示删去 x_i.

例 8.1.10　设 $U=[-2,-1]\times[0,1]\cup[1,2]\times[0,1]\cup[-2,2]\times[-1,0]$，显然 U 为闭区域. 令

$$f(x,y)=\begin{cases}y^2, & (x,y)\in[-2,-1]\times[0,1],\\ y^3, & (x,y)\in[1,2]\times[0,1],\\ 0, & (x,y)\in[-2,2]\times[-1,0].\end{cases}$$

易见，f 在 U 上连续，且 $\left.\dfrac{\partial f}{\partial x}\right|_U\equiv 0$. 但当 $y=\dfrac{1}{2}$ 时，有

$$f\left(x,\frac{1}{2}\right)=\begin{cases}\dfrac{1}{4}, & x\in[-2,-1],\\ \dfrac{1}{8}, & x\in[1,2],\end{cases}$$

这表明函数值与 x 有关!

定理 8.1.3(求导的链规则)　设 $U\subset\mathbb{R}^n$ 为开集，$f: U\to\mathbb{R}^1$ 为 n 元函数. 如果 $f'_{x_i}(i=1,2,\cdots,n)$ 在 $\boldsymbol{x}^0=(x_1^0,x_2^0,\cdots,x_n^0)\in U$ 处连续，则

(1) f 在 $\boldsymbol{x}^0$ 连续；

(2) 如果 $x_i=x_i(t)(i=1,2,\cdots,n)$ 在 t_0 处可导，其中 $\boldsymbol{x}^0=\boldsymbol{x}(t_0)=(x_1(t_0),x_2(t_0),\cdots,x_n(t_0))$，则对

$$u=f(\boldsymbol{x}(t))=f(x_1(t),x_2(t),\cdots,x_n(t))$$

有

$$\frac{\mathrm{d}u}{\mathrm{d}t}(t_0)=\sum_{i=1}^n f'_{x_i}(\boldsymbol{x}(t_0))\frac{\mathrm{d}x_i}{\mathrm{d}t}(t_0).$$

定理 8.1.4(一般的求导链规则)　设 $U\subset\mathbb{R}^n$ 为开集，$f: U\to\mathbb{R}^1$ 为 n 元函数，$f'_{x_i}(i=1,2,\cdots,n)$ 在 $\boldsymbol{x}^0=(x_1^0,x_2^0,\cdots,x_n^0)$ 处连续，$x_i=x_i(\boldsymbol{u})=x_i(u_1,u_2,\cdots,u_m)$ 在 $\boldsymbol{u}^0$ 有一阶偏导数 $\dfrac{\partial x_i}{\partial u_j}$，$i=1,2,\cdots,n$；$j=1,2,\cdots,m$，且 $\boldsymbol{x}^0=\boldsymbol{x}(\boldsymbol{u}^0)$. 则有多变量的求导链规则：

$$\frac{\partial f}{\partial u_i}(\boldsymbol{u}^0)=\sum_{i=1}^n\frac{\partial f}{\partial x_i}(\boldsymbol{x}(\boldsymbol{u}^0))\frac{\partial x_i}{\partial u_j}(\boldsymbol{u}^0),\quad j=1,2,\cdots,m.$$

定理 8.1.5　(用偏导数表达方向导数)设 $\{\boldsymbol{e}_i\mid i=1,2,\cdots,n\}$ 为 $\mathbb{R}^n$ 中的规范正交基，$\boldsymbol{e}=\sum\limits_{i=1}^n\boldsymbol{e}_i\cos\alpha_i$ 为单位向量，此时 $\sum\limits_{i=1}^n\cos^2\alpha_i=1$. 如果 f'_{x_i} 在 $\boldsymbol{x}^0$ 连续，则 f 在 $\boldsymbol{x}^0$ 点沿 $\boldsymbol{e}$ 方向的方向导数为

$$\frac{\partial f}{\partial\boldsymbol{e}}(\boldsymbol{x}^0)=\sum_{i=1}^n\frac{\partial f}{\partial x_i}(\boldsymbol{x}^0)\cos\alpha_i.$$

定理 8.1.6　设 $U\subset\mathbb{R}^n$ 为开区域，f 在 $\overline{U}$ 上连续，且于 U 上有 $\dfrac{\partial f}{\partial x_i}\equiv 0$，$i=1,2,\cdots,n$. 则

f 在 $\overline{U}$ 上为常值函数.

定义 8.1.2 设 $U\subset\mathbb{R}^n$ 为开集,$f\colon U\to\mathbb{R}^1$ 为 n 元函数. 如果 $\forall t>0$,$\forall \boldsymbol{x}=(x_1,x_2,\cdots,x_n)\in U$,必有 $t\boldsymbol{x}\in U$,且

$$f(t\boldsymbol{x})=f(tx_1,tx_2,\cdots,tx_n)=t^\alpha f(\boldsymbol{x}),$$

则称 f 为 **α 次齐次函数**.

定理 8.1.7(Euler 定理) 设 $U\subset\mathbb{R}^n$ 为开集,且 $\forall t>0$,$\forall \boldsymbol{x}=(x_1,x_2,\cdots,x_n)\in U$,必有 $t\boldsymbol{x}\in U$. $f\colon U\to\mathbb{R}^1$ 有连续偏导数 $\dfrac{\partial f}{\partial x_i}$,$i=1,2,\cdots,n$,则

$$f\text{ 为 }\alpha\text{ 次齐次函数}\Leftrightarrow \sum_{i=1}^n x_i f'_{x_i}=\alpha f.$$

Ⅱ. 可微、微分

定义 8.2.1 设 $U\subset\mathbb{R}^n$ 为开集,$f\colon U\to\mathbb{R}^1$ 为 n 元函数,

$$\boldsymbol{x}^0=\begin{pmatrix}x_1^0\\x_2^0\\\vdots\\x_n^0\end{pmatrix}\in U,\quad \boldsymbol{x}=\begin{pmatrix}x_1\\x_2\\\vdots\\x_n\end{pmatrix}\in U,\quad \Delta\boldsymbol{x}=\begin{pmatrix}\Delta x_1\\\Delta x_2\\\vdots\\\Delta x_n\end{pmatrix}=\begin{pmatrix}x_1-x_1^0\\x_2-x_2^0\\\vdots\\x_n-x_n^0\end{pmatrix}=\boldsymbol{x}-\boldsymbol{x}^0\in\mathbb{R}^n,$$

$\boldsymbol{a}=(a_1,a_2,\cdots,a_n)$为行向量,$a_i\in\mathbb{R}$ 为常数(与 $\Delta\boldsymbol{x}$ 无关).

如果

$$\Delta f=f(\boldsymbol{x}^0+\Delta\boldsymbol{x})-f(\boldsymbol{x}^0)=\boldsymbol{a}\Delta\boldsymbol{x}+o(\|\Delta\boldsymbol{x}\|),\quad \|\Delta\boldsymbol{x}\|\to 0,$$

即

$$\Delta f=f(\boldsymbol{x})-f(\boldsymbol{x}^0)=\boldsymbol{a}(\boldsymbol{x}-\boldsymbol{x}^0)+o(\|\boldsymbol{x}-\boldsymbol{x}^0\|),\quad \|\boldsymbol{x}-\boldsymbol{x}^0\|\to 0,$$

则称 f 在 $\boldsymbol{x}^0$ 点处**可微**. 记为

$$\mathrm{d}f(\boldsymbol{x}^0)\colon \mathbb{R}^n\to\mathbb{R}^1,$$
$$\mathrm{d}f(\boldsymbol{x}^0)(\Delta\boldsymbol{x})=\boldsymbol{a}\Delta\boldsymbol{x},$$

即

$$\mathrm{d}f(\boldsymbol{x}^0)(\boldsymbol{x}-\boldsymbol{x}^0)=\boldsymbol{a}(\boldsymbol{x}-\boldsymbol{x}^0).$$

显然,$\mathrm{d}f(\boldsymbol{x}^0)$为线性映射,称它为 f 在点 $\boldsymbol{x}^0\in U$ 处的**微分**. 且

$$\mathrm{d}f(\boldsymbol{x}^0)=\sum_{i=1}^n\frac{\partial f}{\partial x_i}(\boldsymbol{x}^0)\mathrm{d}x_i.$$

我们称

$$\mathrm{d}f=\sum_{i=1}^n\frac{\partial f}{\partial x_i}\mathrm{d}x_i$$

为 f 的**(全)微分**.

定理 8.2.1 f 在 $\boldsymbol{x}^0$ 处可微,必有 f 在 $\boldsymbol{x}^0$ 处连续. 但反之不真(如: $n=1, f(x)=|x|$, $x^0=0$).

定理 8.2.2 一元函数 f 在 x^0 点可微$\Leftrightarrow f$ 在 x^0 点可导. 并且, $a=f'(x^0)$.

定理 8.2.3(可微的必要条件) n 元函数 f 在 $\boldsymbol{x}^0$ 点处可微,则 f 在 $\boldsymbol{x}^0$ 点处有一阶偏导数 $f'_{x_i}(\boldsymbol{x}^0), i=1,2,\cdots,n$, 且 $\boldsymbol{a}=\mathrm{J}f(\boldsymbol{x}^0)=(f'_{x_1}(\boldsymbol{x}^0), f'_{x_2}(\boldsymbol{x}^0),\cdots,f'_{x_n}(\boldsymbol{x}^0))$. 但反之不真. 如:

$$f(x,y)=\begin{cases}\dfrac{xy}{x^2+y^2}, & (x,y)\neq(0,0),\\ 0, & (x,y)=(0,0).\end{cases}$$

定理 8.2.4(可微的充分条件) 设 $U\subset\mathbb{R}^n$ 为开集, $f: U\to\mathbb{R}^1$ 为 n 元函数. 如果 $\mathrm{J}f=(f'_{x_1}, f'_{x_2},\cdots,f'_{x_n})$在 $\boldsymbol{x}^0$ 连续($\Leftrightarrow f'_{x_i}$ 在 $\boldsymbol{x}^0$ 连续, $i=1,2,\cdots,n$), 则 f 在 $\boldsymbol{x}^0$ 可微. 但反之不真.

如: $n=1, x^0=0, f(x)=\begin{cases}x^2\sin\dfrac{1}{x}, & x\neq0,\\ 0, & x=0.\end{cases}$

n 元函数的可微、微分概念可推广到 Euclid 空间之间的映射上.

定义 8.2.2 设 $U\subset\mathbb{R}^n$ 为开集, $f: U\to\mathbb{R}^n$ 为映射,

$$\boldsymbol{x}^0=\begin{pmatrix}x_1^0\\x_2^0\\\vdots\\x_n^0\end{pmatrix}\in U,\quad \boldsymbol{x}=\begin{pmatrix}x_1\\x_2\\\vdots\\x_n\end{pmatrix}\in U,\quad \Delta\boldsymbol{x}=\begin{pmatrix}\Delta x_1\\\Delta x_2\\\vdots\\\Delta x_n\end{pmatrix}=\begin{pmatrix}x_1-x_1^0\\x_2-x_2^0\\\vdots\\x_n-x_n^0\end{pmatrix}=\boldsymbol{x}-\boldsymbol{x}^0\in\mathbb{R}^n,$$

$$\boldsymbol{f}=\begin{pmatrix}f_1\\f_2\\\vdots\\f_m\end{pmatrix},\quad \boldsymbol{A}=\begin{pmatrix}a_{11}&\cdots&a_{1n}\\\vdots&&\vdots\\a_{m1}&\cdots&a_{mn}\end{pmatrix},$$

其中 $\boldsymbol{A}$ 为 $m\times n$ 的实矩阵. 如果

$$\boldsymbol{f}(\boldsymbol{x}^0+\Delta\boldsymbol{x})-\boldsymbol{f}(\boldsymbol{x}^0)=\boldsymbol{A}\Delta\boldsymbol{x}+o(\|\Delta\boldsymbol{x}\|),\quad \|\Delta\boldsymbol{x}\|\to0,$$

即

$$\boldsymbol{f}(\boldsymbol{x})-\boldsymbol{f}(\boldsymbol{x}^0)=\boldsymbol{A}(\boldsymbol{x}-\boldsymbol{x}^0)+o(\|\boldsymbol{x}-\boldsymbol{x}^0\|),\quad \|\boldsymbol{x}-\boldsymbol{x}^0\|\to0,$$

则称映射 $\boldsymbol{f}$ 在 $\boldsymbol{x}^0$ **可微**. 记

$$\mathrm{d}\boldsymbol{f}(\boldsymbol{x}^0): \mathbb{R}^n\to\mathbb{R}^m,$$
$$\mathrm{d}\boldsymbol{f}(\boldsymbol{x}^0)(\Delta\boldsymbol{x})=\boldsymbol{A}\Delta\boldsymbol{x},$$

即

$$\mathrm{d}\boldsymbol{f}(\boldsymbol{x}^0)(\boldsymbol{x}-\boldsymbol{x}^0)=\boldsymbol{A}(\boldsymbol{x}-\boldsymbol{x}^0).$$

显然, $\mathrm{d}\boldsymbol{f}(\boldsymbol{x}^0)$为线性映射,称它为 $\boldsymbol{f}$ 在点 $\boldsymbol{x}^0\in U$ 处的微分.

定理 8.2.5 设 $U\subset\mathbb{R}^n$ 为开集,则

映射 $\boldsymbol{f}: U\to\mathbb{R}^m$ 在 $\boldsymbol{x}^0\in U$ 可微 $\Leftrightarrow n$ 元函数 $f_i(i=1,2,\cdots,n)$ 在 $\boldsymbol{x}^0$ 点可微.

定理 8.2.1′ 设 $U\subset\mathbb{R}^n$ 为开集,映射 $\boldsymbol{f}: U\to\mathbb{R}^m$ 在 $\boldsymbol{x}^0$ 处可微,必有 $\boldsymbol{f}$ 在 $\boldsymbol{x}^0$ 处连续.但反之不真.

定理 8.2.3′(可微的必要条件) 设 $U\subset\mathbb{R}^n$ 为开集,$\boldsymbol{f}: U\to\mathbb{R}^n$ 为映射,且 $\boldsymbol{f}$ 在 $\boldsymbol{x}^0$ 点处可微,则 $\frac{\partial f}{\partial x_i}(\boldsymbol{x}^0)$ 存在有限,且

$$\boldsymbol{A}=\left(\frac{\partial f_i}{\partial x_j}\right)\bigg|_{\boldsymbol{x}^0}=\begin{pmatrix}\frac{\partial f_1}{\partial x_1} & \cdots & \frac{\partial f_1}{\partial x_n}\\ \vdots & & \vdots\\ \frac{\partial f_m}{\partial x_1} & \cdots & \frac{\partial f_m}{\partial x_n}\end{pmatrix}=\mathrm{J}\boldsymbol{f}(\boldsymbol{x}^0),$$

并称 $\mathrm{J}\boldsymbol{f}(\boldsymbol{x}^0)$ 为 $\boldsymbol{f}$ 在 $\boldsymbol{x}^0$ 处的 **Jacobi 矩阵**,或 $\boldsymbol{f}$ 在 $\boldsymbol{x}^0$ 的 **"导数"**.

定理 8.2.4′(可微的充分条件) 设 $U\subset\mathbb{R}^n$ 为开集,$\boldsymbol{f}: U\to\mathbb{R}^m$ 为映射.如果 $\boldsymbol{f}$ 的 Jacobi 矩阵 $\mathrm{J}\boldsymbol{f}=\left(\frac{\partial f_i}{\partial x_j}\right)$ 在 $\boldsymbol{x}^0$ 连续,则 $\boldsymbol{f}$ 在 $\boldsymbol{x}^0$ 可微.但反之不真.

注 8.2.2 $\boldsymbol{f}$ 在 $\boldsymbol{x}^0$ 一阶连续可导 $\left(\text{即}\frac{\partial f_i}{\partial x_j}\text{在 }\boldsymbol{x}^0\text{ 都连续},i,j=1,2,\cdots,n\right)\not\Leftarrow\boldsymbol{f}$ 在 $\boldsymbol{x}^0$ 可微 $\not\Leftarrow\boldsymbol{f}$ 在 $\boldsymbol{x}^0$ 有一阶偏导数,$i,j=1,2,\cdots,n$.

如果 $\boldsymbol{f}$ 在 $\forall\,\boldsymbol{x}\in U\subset\mathbb{R}^n$ 有一阶偏导数,则

$$\mathrm{J}\boldsymbol{f}: U\to\mathbb{R}^{mn},$$

$$\boldsymbol{x}\mapsto\mathrm{J}\boldsymbol{f}(\boldsymbol{x})=\begin{pmatrix}\frac{\partial f_1}{\partial x_1} & \cdots & \frac{\partial f_1}{\partial x_n}\\ \vdots & & \vdots\\ \frac{\partial f_m}{\partial x_1} & \cdots & \frac{\partial f_1}{\partial x_n}\end{pmatrix}_{\boldsymbol{x}}$$

为一映射.于是

$$\mathrm{d}\boldsymbol{f}(\boldsymbol{x}^0)(\Delta\boldsymbol{x})=\mathrm{J}\boldsymbol{f}(\boldsymbol{x}^0)\Delta\boldsymbol{x}.$$

令

$$\mathrm{d}x_i(\Delta x_j)=\begin{cases}1, & i\neq j,\\ 0, & i=j,\end{cases}$$

则

$$\mathrm{d}f_i(\boldsymbol{x}^0)=\sum_{j=1}^{n}\frac{\partial f_i}{\partial x_j}(\boldsymbol{x}^0)\mathrm{d}x_j,$$

$$\mathrm{d}\boldsymbol{f}\Big|_{\boldsymbol{x}^0}=\mathrm{d}\boldsymbol{f}(\boldsymbol{x}^0)=\begin{pmatrix}\mathrm{d}f_1\\ \mathrm{d}f_2\\ \vdots\\ \mathrm{d}f_m\end{pmatrix}_{\boldsymbol{x}^0}=\begin{pmatrix}\sum\limits_{j=1}^{n}\dfrac{\partial f_1}{\partial x_j}(\boldsymbol{x}^0)\mathrm{d}x_j\\ \sum\limits_{j=1}^{n}\dfrac{\partial f_2}{\partial x_j}(\boldsymbol{x}^0)\mathrm{d}x_j\\ \vdots\\ \sum\limits_{j=1}^{n}\dfrac{\partial f_m}{\partial x_j}(\boldsymbol{x}^0)\mathrm{d}x_j\end{pmatrix}=\begin{pmatrix}\dfrac{\partial f_1}{\partial x_1}&\cdots&\dfrac{\partial f_1}{\partial x_n}\\ \dfrac{\partial f_2}{\partial x_1}&\cdots&\dfrac{\partial f_2}{\partial x_n}\\ \vdots&&\vdots\\ \dfrac{\partial f_m}{\partial x_1}&\cdots&\dfrac{\partial f_m}{\partial x_n}\end{pmatrix}_{\boldsymbol{x}^0}\begin{pmatrix}\mathrm{d}x_1\\ \mathrm{d}x_2\\ \vdots\\ \mathrm{d}x_n\end{pmatrix}$$

$$=\mathrm{J}\boldsymbol{f}(\boldsymbol{x}^0)\mathrm{d}\boldsymbol{x},$$

并称它为映射 $\boldsymbol{f}$ 的(**全**)**微分**.

定义 8.2.3 设 $U\subset\mathbb{R}^n$ 为开集，$\boldsymbol{f}:U\to\mathbb{R}^m$ 为 C^k 映射：

$k=0$，$\boldsymbol{f}$ 为连续映射；

$0<k<+\infty$，f_i 有直到 k 阶连续偏导数，$i=1,2,\cdots,m$；

$k=+\infty$，f_i 具有各阶连续偏导数，$i=1,2,\cdots,n$；

$k=\omega$，f_i 实解析，即在 U 中任一点 $\boldsymbol{x}^0=(x_1^0,x_2^0,\cdots,x_n^0)$ 的邻近可展开为收敛的 n 元幂级数，$i=1,2,\cdots,m$.

记 $C^k(U,\mathbb{R}^m)$ 为从 U 到 $\mathbb{R}^m$ 的 C^k 映射的全体.

定理 8.2.6(映射的复合求导的链规则) 设 $U\subset\mathbb{R}^l$，$V\subset\mathbb{R}^n$ 都为开集，

$$\boldsymbol{g}:U\to V,\quad \boldsymbol{f}:V\to\mathbb{R}^m$$

都为映射，$\boldsymbol{g}$ 在 $\boldsymbol{u}^0\in U$ 可微，$\boldsymbol{f}$ 在 $\boldsymbol{x}^0=\boldsymbol{g}(\boldsymbol{u}^0)$ 可微，则复合映射 $\boldsymbol{f}\circ\boldsymbol{g}$ 在 $\boldsymbol{u}^0$ 也可微，且

$$\mathrm{J}(\boldsymbol{f}\circ\boldsymbol{g})(\boldsymbol{u}^0)=\mathrm{J}\boldsymbol{f}(\boldsymbol{x}^0)\mathrm{J}\boldsymbol{g}(\boldsymbol{u}^0).$$

其分量形式表达为

$$\begin{pmatrix}y_1\\ y_2\\ \vdots\\ y_m\end{pmatrix}=\begin{pmatrix}f_1(x_1,x_2,\cdots,x_n)\\ f_2(x_1,x_2,\cdots,x_n)\\ \vdots\\ f_m(x_1,x_2,\cdots,x_n)\end{pmatrix},\quad \begin{pmatrix}x_1\\ x_2\\ \vdots\\ x_n\end{pmatrix}=\begin{pmatrix}g_1(u_1,u_2,\cdots,u_l)\\ g_2(u_1,u_2,\cdots,u_l)\\ \vdots\\ g_n(u_1,u_2,\cdots,u_l)\end{pmatrix},$$

$$\begin{pmatrix}\dfrac{\partial y_1}{\partial u_1}&\cdots&\dfrac{\partial y_1}{\partial u_l}\\ \vdots&&\vdots\\ \dfrac{\partial y_m}{\partial u_1}&\cdots&\dfrac{\partial y_m}{\partial u_l}\end{pmatrix}=\begin{pmatrix}\dfrac{\partial y_1}{\partial x_1}&\cdots&\dfrac{\partial y_1}{\partial x_n}\\ \vdots&&\vdots\\ \dfrac{\partial y_m}{\partial x_1}&\cdots&\dfrac{\partial y_m}{\partial x_n}\end{pmatrix}\begin{pmatrix}\dfrac{\partial x_1}{\partial u_1}&\cdots&\dfrac{\partial x_1}{\partial u_l}\\ \vdots&&\vdots\\ \dfrac{\partial x_n}{\partial u_1}&\cdots&\dfrac{\partial x_n}{\partial u_l}\end{pmatrix},$$

即

$$\frac{\partial y_i}{\partial u_j}=\sum_{k=1}^{n}\frac{\partial y_i}{\partial x_k}\frac{\partial x_k}{\partial u_j},\quad i=1,2,\cdots,m;\ j=1,2,\cdots,l.$$

定理 8.2.8(高维微分中值定理) 设 $U\subset\mathbb{R}^m$ 为凸区域，函数 $f:U\to\mathbb{R}^1$ 可微，则 $\forall\,\boldsymbol{a},\boldsymbol{b}\in U$，在 $\boldsymbol{a}$ 与 $\boldsymbol{b}$ 的连线内部必有一点 $\boldsymbol{\xi}$，s. t.

$$f(\boldsymbol{b})-f(\boldsymbol{a})=\mathrm{J}f(\boldsymbol{\xi})(\boldsymbol{b}-\boldsymbol{a}).$$

引理 8.2.1 设映射 $\boldsymbol{f}:[a,b]\to\mathbb{R}^n$ 连续,在(a,b)内可微,则$\exists\xi\in(a,b)$,s.t.

$$\|\boldsymbol{f}(b)-\boldsymbol{f}(a)\|\leqslant\|\mathrm{J}\boldsymbol{f}(\xi)\|(b-a).$$

定理 8.2.9(映射的拟微分中值定理) 设$U\subset\mathbb{R}^n$为凸区域,映射 $\boldsymbol{f}:U\to\mathbb{R}^m$ 在U上连续,在$\mathring{U}$内可微,对$\forall\,\boldsymbol{a},\boldsymbol{b}\in U$,则在由$\boldsymbol{a}$与$\boldsymbol{b}$所决定的线段内必有一点$\boldsymbol{\xi}$,s.t.

$$\|\boldsymbol{f}(\boldsymbol{b})-\boldsymbol{f}(\boldsymbol{a})\|\leqslant\|\mathrm{J}\boldsymbol{f}(\boldsymbol{\xi})\|\,\|\boldsymbol{b}-\boldsymbol{a}\|.$$

定理 8.2.10 设$U\subset\mathbb{R}^n$为开区域,映射 $\boldsymbol{f}:\overline{U}\to\mathbb{R}^m$ 连续,在U上可微,且$\mathrm{J}\boldsymbol{f}=\boldsymbol{0}$,则$\boldsymbol{f}$在$\overline{U}$上为一常向量.

Ⅲ. Taylor 公式

设 $f:(x_0-\delta,x_0+\delta)\to\mathbb{R}^1$,$y=f(x)$为一元函数.如果$f$在$x_0$有直到$m$阶导数,则$\forall\,x\in(x_0-\delta,x_0+\delta)$,有 Peano 型余项的 Taylor 公式

$$f(x)=\sum_{k=0}^{m}\frac{f^{(k)}(x_0)}{k!}(x-x_0)^k+o((x-x_0)^m).$$

如果f在$(x_0-\delta,x_0+\delta)$内有$m+1$阶导数,则有 Lagrange 型余项的 Taylor 公式

$$f(x)=\sum_{k=0}^{m}\frac{f^{(k)}(x_0)}{k!}(x-x_0)^k+\frac{1}{(m+1)!}f^{(m+1)}(\xi)(x-x_0)^{m+1},$$

其中ξ介于x_0与x之间.

定理 8.3.1(n元 Lagrange 型余项的 Taylor 公式) 设$U\subset\mathbb{R}^n$为凸区域,$f:U\to\mathbb{R}^1$具有$m+1$阶连续偏导数,$\boldsymbol{x}^0=(x_1^0,x_2^0,\cdots,x_n^0)\in U$,$\boldsymbol{x}=(x_1,x_2,\cdots,x_n)\in U$,$\exists\,\boldsymbol{\xi}\in\overline{\boldsymbol{x}^0\boldsymbol{x}}$($\boldsymbol{x}^0$与$\boldsymbol{x}$的连线),s.t.

$$\begin{aligned}f(\boldsymbol{x})=f(\boldsymbol{x}^0)&+\sum_{k=1}^{m}\frac{1}{k!}\sum_{i_1,i_2,\cdots,i_k=1}^{n}\frac{\partial^2 f}{\partial x_{i_1}\partial x_{i_2}\cdots\partial x_{i_k}}(\boldsymbol{x}^0)(x_{i_1}-x_{i_1}^0)(x_{i_2}-x_{i_2}^0)\cdots(x_{i_k}-x_{i_k}^0)\\&+\frac{1}{(m+1)!}\sum_{i_1,i_2,\cdots,i_{m+1}=1}^{n}\frac{\partial^{m+1}f}{\partial x_{i_1}\partial x_{i_2}\cdots\partial x_{i_{m+1}}}(\boldsymbol{\xi})(x_{i_1}-x_{i_1}^0)(x_{i_2}-x_{i_2}^0)\cdots(x_{i_{m+1}}-x_{i_{m+1}}^0)\end{aligned}$$

或

$$\begin{aligned}f(\boldsymbol{x})=f(\boldsymbol{x}^0)&+\sum_{k=1}^{m}\frac{1}{k!}\left(\sum_{i=1}^{n}(x_i-x_i^0)\frac{\partial}{\partial x_i}\right)^k f(\boldsymbol{x}^0)\\&+\frac{1}{(m+1)!}\left(\sum_{i=1}^{n}(x_i-x_i^0)\frac{\partial}{\partial x_i}\right)^{m+1}f(\boldsymbol{\xi}).\end{aligned}$$

定理 8.3.2(n元 Peano 型余项的 Taylor 公式) 设函数f在$\boldsymbol{x}^0\in\mathbb{R}^n$的某开邻域$U\subset\mathbb{R}^n$内具有$m+1$阶连续偏导数,则有

$$\begin{aligned}f(\boldsymbol{x})=f(\boldsymbol{x}^0)&+\sum_{k=1}^{m}\frac{1}{k!}\sum_{i_1,i_2,\cdots,i_k=1}^{n}\frac{\partial^k f}{\partial x_{i_1}\partial x_{i_2}\cdots\partial x_{i_k}}(\boldsymbol{x}^0)(x_{i_1}-x_{i_1}^0)(x_{i_2}-x_{i_2}^0)\cdots(x_{i_k}-x_{i_k}^0)\\&+R_m(\boldsymbol{x}-\boldsymbol{x}^0),\end{aligned}$$

其中 $R_m(\boldsymbol{x}-\boldsymbol{x}^0)=O(\|\boldsymbol{x}-\boldsymbol{x}^0\|^{m+1})$ 或 $o(\|\boldsymbol{x}-\boldsymbol{x}^0\|^m)$，$\|\boldsymbol{x}-\boldsymbol{x}^0\|\to 0$.

在应用时，特别重要的是 Taylor 公式的前三项，具体表达如下：

$$f(\boldsymbol{x})=f(\boldsymbol{x}^0)+\mathrm{J}f(\boldsymbol{x}^0)\begin{pmatrix}x_1-x_1^0\\x_2-x_2^0\\\vdots\\x_n-x_n^0\end{pmatrix}$$

$$+\frac{1}{2!}(x_1-x_1^0,x_2-x_2^0,\cdots,x_n-x_n^0)\begin{pmatrix}\dfrac{\partial^2 f}{\partial x_1^2}&\cdots&\dfrac{\partial^2 f}{\partial x_1\partial x_n}\\\vdots&&\vdots\\\dfrac{\partial^2 f}{\partial x_n\partial x_1}&\cdots&\dfrac{\partial^2 f}{\partial x_n^2}\end{pmatrix}_{\boldsymbol{x}^0}\begin{pmatrix}x_1-x_1^0\\x_2-x_2^0\\\vdots\\x_n-x_n^0\end{pmatrix}+\cdots,$$

其中

$$\mathrm{H}f(\boldsymbol{x}^0)=\begin{pmatrix}\dfrac{\partial^2 f}{\partial x_1^2}&\cdots&\dfrac{\partial^2 f}{\partial x_1\partial x_n}\\\vdots&&\vdots\\\dfrac{\partial^2 f}{\partial x_n\partial x_1}&\cdots&\dfrac{\partial^2 f}{\partial x_n^2}\end{pmatrix}_{\boldsymbol{x}^0}$$

称为函数 f 在 $\boldsymbol{x}^0$ 点处的 **Hessian 矩阵**，它是一个 n 阶对称矩阵.

定理 8.3.3（n 元 Peano 型余项 Taylor 展开的惟一性）　设

$$f(\boldsymbol{x})=\sum_{k=0}^{m}\sum_{1\leqslant i_1\leqslant i_2\leqslant\cdots\leqslant i_k}a_{i_1i_2\cdots i_k}(x_{i_1}-x_{i_1}^0)(x_{i_2}-x_{i_2}^0)\cdots(x_{i_k}-x_{i_k}^0)+o(\|\boldsymbol{x}-\boldsymbol{x}^0\|^m),$$
$$\|\boldsymbol{x}-\boldsymbol{x}^0\|\to 0,$$

$$f(\boldsymbol{x})=\sum_{k=0}^{m}\sum_{1\leqslant i_1\leqslant i_2\leqslant\cdots\leqslant i_k\leqslant n}b_{i_1i_2\cdots i_k}(x_{i_1}-x_{i_1}^0)(x_{i_2}-x_{i_2}^0)\cdots(x_{i_k}-x_{i_k}^0)+o(\|\boldsymbol{x}-\boldsymbol{x}^0\|^m),$$
$$\|\boldsymbol{x}-\boldsymbol{x}^0\|\to 0,$$

则 $a_{i_1i_2\cdots i_k}=b_{i_1i_2\cdots i_k}$，$1\leqslant i_1\leqslant i_2\leqslant\cdots\leqslant i_k\leqslant n$.

由此惟一性定理，n 元函数 f 的 Taylor 展开方法有（参阅例 8.3.1～例 8.3.4）：

(1) 先求各阶偏导数，再给出 Peano 展开式.

(2) 应用单变量 Taylor 展开式及其方法.

(3) 待定系数法.

(4) 多项式从高幂次往低幂次凑，再从低幂次往高幂次排.

Ⅳ. 隐射存在定理、局部逆射定理、整体逆射定理

定理 8.4.2（隐射存在定理）　设 $U\subset\mathbb{R}^{n+m}$ 为开集，$\boldsymbol{F}: U\to\mathbb{R}^m$ 为映射. 如果

(1°) $\boldsymbol{F}\in C^k(U,\mathbb{R}^m)$，$1\leqslant k\leqslant+\infty$；

(2°) $\boldsymbol{F}(\boldsymbol{x}^0,\boldsymbol{y}^0)=\boldsymbol{0}$,其中 $\boldsymbol{x}^0=(x_1^0,x_2^0,\cdots,x_n^0)$,$\boldsymbol{y}^0=(y_1^0,y_2^0,\cdots,y_m^0)$,$(\boldsymbol{x}^0,\boldsymbol{y}^0)\in U$(即方程 $\boldsymbol{F}(\boldsymbol{x},\boldsymbol{y})=\boldsymbol{0}$ 有解$(\boldsymbol{x}^0,\boldsymbol{y}^0)$);

(3°) 行列式

$$\det\begin{pmatrix}\frac{\partial F_1}{\partial y_1} & \cdots & \frac{\partial F_1}{\partial y_m}\\ \vdots & & \vdots\\ \frac{\partial F_m}{\partial y_1} & \cdots & \frac{\partial F_m}{\partial y_m}\end{pmatrix}_{(\boldsymbol{x}^0,\boldsymbol{y}^0)}=\det \mathrm{J}_{\boldsymbol{y}}\boldsymbol{F}(\boldsymbol{x}^0,\boldsymbol{y}^0)\neq 0,$$

则存在含$(\boldsymbol{x}^0,\boldsymbol{y}^0)$的一个开区间 $I\times J\subset U\subset\mathbb{R}^{n+m}$,使得

(1) $\forall\,\boldsymbol{x}\in I$,方程组 $\boldsymbol{F}(\boldsymbol{x},\boldsymbol{y})=\boldsymbol{0}$ 在 J 中有惟一解 $\boldsymbol{y}=\boldsymbol{f}(\boldsymbol{x})$,$\boldsymbol{f}$: $I\to J$ 为映射(称 $\boldsymbol{f}$ 为隐射——隐藏在方程 $\boldsymbol{F}(\boldsymbol{x},\boldsymbol{f}(\boldsymbol{x}))=\boldsymbol{0}$ 中);

(2) $\boldsymbol{y}^0=\boldsymbol{f}(\boldsymbol{x}^0)$;

(3) $\boldsymbol{f}\in C^k(I,\boldsymbol{R}^m)$;

(4) 当 $\boldsymbol{x}\in I$ 时,

$$\mathrm{J}\boldsymbol{f}(\boldsymbol{x})=-(\mathrm{J}_{\boldsymbol{y}}\boldsymbol{F}(\boldsymbol{x},\boldsymbol{y}))^{-1}\mathrm{J}_{\boldsymbol{x}}\boldsymbol{F}(\boldsymbol{x},\boldsymbol{y}),$$

即

$$\begin{pmatrix}\frac{\partial y_1}{\partial x_1} & \cdots & \frac{\partial y_1}{\partial x_n}\\ \vdots & & \vdots\\ \frac{\partial y_m}{\partial x_1} & \cdots & \frac{\partial y_m}{\partial x_n}\end{pmatrix}=-\begin{pmatrix}\frac{\partial F_1}{\partial y_1} & \cdots & \frac{\partial F_1}{\partial y_m}\\ \vdots & & \vdots\\ \frac{\partial F_m}{\partial y_1} & \cdots & \frac{\partial F_m}{\partial y_m}\end{pmatrix}^{-1}\begin{pmatrix}\frac{\partial F_1}{\partial x_1} & \cdots & \frac{\partial F_1}{\partial x_n}\\ \vdots & & \vdots\\ \frac{\partial F_m}{\partial x_1} & \cdots & \frac{\partial F_m}{\partial x_n}\end{pmatrix}.$$

特别地,当 $m=1$ 时,$y=y_1$,$F=F_1$,且

$$\frac{\partial y}{\partial x_i}=-\frac{\frac{\partial F}{\partial x_i}}{\frac{\partial F}{\partial y}}.$$

定理 8.4.3(局部逆射定理) 设 $D\subset\mathbb{R}^n$ 为开集,$\boldsymbol{f}$: $D\to\mathbb{R}^n$ 为映射. 如果

(1°) $\boldsymbol{f}\in C^k(D,\mathbb{R}^n)$,$1\leqslant k\leqslant+\infty$;

(2°) $\boldsymbol{f}(\boldsymbol{x}^0)=\boldsymbol{y}^0$,$\boldsymbol{x}^0\in D$,$\boldsymbol{y}^0\in\mathbb{R}^n$;

(3°) $\det \mathrm{J}\boldsymbol{f}(\boldsymbol{x}^0)\neq 0$.

则存在 $\boldsymbol{x}^0$ 的开邻域 U 与 $\boldsymbol{y}^0$ 的开邻域 V,使得

(1) $f(U)=V$,且 f 在 U 上为单射;

(2) 记 $\boldsymbol{g}$ 为 $\boldsymbol{f}$ 在 U 上的逆映射,$\boldsymbol{g}\in C^k(V,U)$;

(3) 当 $\boldsymbol{y}\in V$ 时,

$$\mathrm{J}\boldsymbol{g}(\boldsymbol{y})=(\mathrm{J}\boldsymbol{f}(\boldsymbol{x}))^{-1},$$

即

$$\frac{\partial(x_1,\cdots,x_n)}{\partial(y_1,\cdots,y_n)}=\frac{1}{\dfrac{\partial(y_1,\cdots,y_n)}{\partial(x_1,\cdots,x_n)}}.$$

其中 $\boldsymbol{x}=\boldsymbol{g}(\boldsymbol{y})(\boldsymbol{y}=\boldsymbol{f}(\boldsymbol{x}))$. 此时, $\boldsymbol{f}: U\to V$ 为 C^k 微分同胚.

定理 8.4.4(整体逆射定理) 设 $U\subset\mathbb{R}^n$ 为开集, $\boldsymbol{f}: U\to\mathbb{R}^n$ 为映射. 如果

(1) $\boldsymbol{f}\in C^k(U,\mathbb{R}^n)$, $1\leqslant k\leqslant+\infty$;

(2) $\forall\,\boldsymbol{x}\in U$, $\det\mathrm{J}\boldsymbol{f}(\boldsymbol{x})\neq 0$;

则 $V=\boldsymbol{f}(U)$ 为开集. 又如果

(3) $\boldsymbol{f}$ 在 U 上为单射.

则 $\boldsymbol{f}$ 有逆映射 $\boldsymbol{f}^{-1}: V\to U$. 即 $\boldsymbol{x}=\boldsymbol{f}^{-1}(\boldsymbol{y})$, $\boldsymbol{y}=\boldsymbol{f}(\boldsymbol{x})$. 此外, $\boldsymbol{f}^{-1}\in C^k(V,U)$, 且

$$\mathrm{J}\boldsymbol{f}^{-1}(\boldsymbol{y})=(\mathrm{J}\boldsymbol{f}(\boldsymbol{x}))^{-1}.$$

注 局部逆射定理 8.5.1 与隐射定理 8.5.2 的另一精美证法与推论 8.5.1～ 8.5.3 参阅[1]第二册 125～131 页.

345. 设 $f(u_1,u_2,\cdots,u_n)=u_1u_2\cdots u_n$. $u_i=u_i(x)$, 应用多元函数求导的链规则求

$$\frac{\mathrm{d}}{\mathrm{d}x}f(u_1(x),u_2(x),\cdots,u_n(x)).$$

进而证明:

$$\frac{\mathrm{d}}{\mathrm{d}x}\begin{vmatrix}a_{11}(x) & \cdots & a_{1n}(x)\\ \vdots & & \vdots\\ a_{n1}(x) & \cdots & a_{nn}(x)\end{vmatrix}=\sum_{i=1}^{n}\begin{vmatrix}a_{11}(x) & \cdots & a_{1n}(x)\\ \vdots & & \vdots\\ a_{i1}'(x) & \cdots & a_{in}'(x)\\ \vdots & & \vdots\\ a_{n1}(x) & \cdots & a_{nn}(x)\end{vmatrix}.$$

证明

$$\begin{aligned}\frac{\mathrm{d}}{\mathrm{d}x}f(u_1(x),u_2(x),\cdots,u_n(x))&=\sum_{i=1}^{n}\frac{\partial f}{\partial u_i}\frac{\mathrm{d}u_i}{\mathrm{d}x}=\sum_{i=1}^{n}u_1\cdots u_{i-1}u_{i+1}\cdots u_n\frac{\mathrm{d}u_i}{\mathrm{d}x}\\&=\sum_{i=1}^{n}u_1\cdots u_{i-1}u_i'u_{i+1}\cdots u_n.\end{aligned}$$

进而有

$$\begin{aligned}\frac{\mathrm{d}}{\mathrm{d}x}\begin{vmatrix}a_{11}(x) & \cdots & a_{1n}(x)\\ \vdots & & \vdots\\ a_{n1}(x) & \cdots & a_{nn}(x)\end{vmatrix}&=\frac{\mathrm{d}}{\mathrm{d}x}\sum_{(j_1j_2\cdots j_n)}(-1)^{\pi}a_{1j_1}a_{2j_2}\cdots a_{nj_n}\\&=\sum_{(j_1j_2\cdots j_n)}(-1)^{\pi}\frac{\mathrm{d}}{\mathrm{d}x}(a_{1j_1}a_{2j_2}\cdots a_{nj_n})\\&=\sum_{(j_1j_2\cdots j_n)}(-1)^{\pi}\sum_{i=1}^{n}a_{1j_1}(x)\cdots a_{1j_i}'(x)\cdots a_{nj_n}(x)\end{aligned}$$

$$= \sum_{i=1}^{n} \sum_{(j_1 j_2 \cdots j_n)} (-1)^{\pi} a_{1j_1}(x) \cdots a'_{ij_i}(x) \cdots a_{nj_n}(x)$$

$$= \sum_{i=1}^{n} \begin{vmatrix} a_{11}(x) & \cdots & a_{1n}(x) \\ \vdots & & \vdots \\ a'_{i1}(x) & \cdots & a'_{in}(x) \\ \vdots & & \vdots \\ a_{n1}(x) & \cdots & a_{nn}(x) \end{vmatrix}.$$ □

346. 设

$$\varphi(x,y,z) = \begin{vmatrix} a+x & b+y & c+z \\ d+z & e+x & f+y \\ g+y & h+z & i+x \end{vmatrix},$$

求 $\dfrac{\partial^2 \varphi}{\partial x^2}$.

解 根据上题(345 题),得

$$\frac{\partial \varphi}{\partial x} = \begin{vmatrix} 1 & 0 & 0 \\ d+z & e+x & f+y \\ g+y & h+z & i+x \end{vmatrix} + \begin{vmatrix} a+x & b+y & c+z \\ 0 & 1 & 0 \\ g+y & h+z & i+x \end{vmatrix} + \begin{vmatrix} a+x & b+y & c+z \\ d+z & e+x & f+y \\ 0 & 0 & 1 \end{vmatrix}$$

$$= \begin{vmatrix} e+x & f+y \\ h+z & i+x \end{vmatrix} + \begin{vmatrix} a+x & c+z \\ g+y & i+x \end{vmatrix} + \begin{vmatrix} a+x & b+y \\ d+z & e+x \end{vmatrix}.$$

$$\frac{\partial^2 \varphi}{\partial x^2} = \begin{vmatrix} 1 & 0 \\ h+z & i+x \end{vmatrix} + \begin{vmatrix} e+x & f+y \\ 0 & 1 \end{vmatrix} + \begin{vmatrix} 1 & 0 \\ g+y & i+x \end{vmatrix} + \begin{vmatrix} a+x & c+z \\ 0 & 1 \end{vmatrix}$$

$$+ \begin{vmatrix} 1 & 0 \\ d+z & e+x \end{vmatrix} + \begin{vmatrix} a+x & b+y \\ 0 & 1 \end{vmatrix}$$

$$= i+x+e+x+i+x+a+x+e+x+a+x$$

$$= 6x+2a+2e+2i.$$ □

347. 设

$$\Phi(x,y,z) = \begin{vmatrix} f_1(x) & f_2(x) & f_3(x) \\ g_1(y) & g_2(y) & g_3(y) \\ h_1(z) & h_2(z) & h_3(z) \end{vmatrix}.$$

求 $\dfrac{\partial^3 \Phi}{\partial x \partial y \partial z}$.

解

$$\frac{\partial \Phi}{\partial x} = \begin{vmatrix} f'_1(x) & f'_2(x) & f'_3(x) \\ g_1(y) & g_2(y) & g_3(y) \\ h_1(z) & h_2(z) & h_3(z) \end{vmatrix},$$

$$\frac{\partial^2 \Phi}{\partial x \partial y}=\begin{vmatrix} f_1'(x) & f_2'(x) & f_3'(x) \\ g_1'(y) & g_2'(y) & g_3'(y) \\ h_1(z) & h_2(z) & h_3(z) \end{vmatrix},$$

$$\frac{\partial^3 \Phi}{\partial x \partial y \partial z}=\begin{vmatrix} f_1'(x) & f_2'(x) & f_3'(x) \\ g_1'(y) & g_2'(y) & g_3'(y) \\ h_1'(z) & h_2'(z) & h_3'(z) \end{vmatrix}.$$ □

348. 设

$$u=\begin{vmatrix} 1 & 1 & 1 \\ x & y & z \\ x^2 & y^2 & z^2 \end{vmatrix}.$$

求：(1) $u_x'+u_y'+u_z'$；(2) $xu_x'+yu_y'+zu_z'$；(3) $u_{xx}''+u_{yy}''+u_{zz}''$.

解

$$u_x'=\begin{vmatrix} 1 & 1 & 1 \\ 1 & 0 & 0 \\ x^2 & y^2 & z^2 \end{vmatrix}+\begin{vmatrix} 1 & 1 & 1 \\ x & y & z \\ 2x & 0 & 0 \end{vmatrix}=y^2-z^2-2x(y-z).$$

同理，$u_y'=z^2-x^2-2y(z-x)$，$u_z'=x^2-y^2-2z(x-y)$.

进一步有

$$u_{xx}''=2(z-y),u_{yy}''=2(x-z),u_{zz}''=2(y-x).$$

(1) $u_x'+u_y'+u_z'=y^2-z^2+z^2-x^2+x^2-y^2-2xy+2xz-2yz+2xy-2xz+2yz=0$.

(2)
$$\begin{aligned} xu_x'+yu_y'+zu_z'&=xy^2-xz^2-2x^2y+2x^2z+yz^2-x^2y-2y^2z+2xy^2 \\ &\quad +x^2z-y^2z-2xz^2+2yz^2 \\ &=3(x-y)(y-z)(z-x). \end{aligned}$$

(3) $u_{xx}''+u_{yy}''+u_{zz}''=2(z-y+x-z+y-x)=0$. □

349. 设 $u=f(x,y)$ 有二阶连续偏导数，$x=r\cos\theta$，$y=r\sin\theta$. 证明：

$$\frac{\partial^2 u}{\partial r^2}+\frac{1}{r}\frac{\partial u}{\partial r}+\frac{1}{r^2}\frac{\partial^2 u}{\partial \theta^2}=\frac{\partial^2 u}{\partial x^2}+\frac{\partial^2 u}{\partial y^2}.$$

证明　由 $u=f(x,y)=f(r\cos\theta,r\sin\theta)$ 得

$$\frac{\partial u}{\partial r}=\frac{\partial u}{\partial x}\cos\theta+\frac{\partial u}{\partial y}\sin\theta,\frac{\partial u}{\partial \theta}=\frac{\partial u}{\partial x}(-r\sin\theta)+\frac{\partial u}{\partial y}r\cos\theta,$$

$$\begin{aligned} \frac{\partial^2 u}{\partial r^2}&=\frac{\partial}{\partial r}\left(\frac{\partial u}{\partial x}\cos\theta\right)+\frac{\partial}{\partial r}\left(\frac{\partial u}{\partial y}\sin\theta\right) \\ &=\frac{\partial}{\partial r}\left(\frac{\partial u}{\partial x}\right)\cos\theta+\frac{\partial}{\partial r}\left(\frac{\partial u}{\partial y}\right)\sin\theta \\ &=\left(\frac{\partial^2 u}{\partial x^2}\frac{\partial x}{\partial r}+\frac{\partial^2 u}{\partial x\partial y}\frac{\partial y}{\partial r}\right)\cos\theta+\left(\frac{\partial^2 u}{\partial x\partial y}\frac{\partial x}{\partial r}+\frac{\partial^2 u}{\partial y^2}\frac{\partial y}{\partial r}\right)\sin\theta \end{aligned}$$

$$= \frac{\partial^2 u}{\partial x^2}\cos^2\theta + \frac{\partial^2 u}{\partial x \partial y}\sin\theta\cos\theta + \frac{\partial^2 u}{\partial x \partial y}\cos\theta\sin\theta + \frac{\partial^2 u}{\partial y^2}\sin^2\theta$$

$$= \frac{\partial^2 u}{\partial x^2}\cos^2\theta + 2\frac{\partial^2 u}{\partial x \partial y}\sin\theta\cos\theta + \frac{\partial^2 u}{\partial y^2}\sin^2\theta,$$

$$\frac{\partial^2 u}{\partial \theta^2} = \frac{\partial}{\partial \theta}\left(-r\sin\theta\frac{\partial u}{\partial x} + r\cos\theta\frac{\partial u}{\partial y}\right)$$

$$= -r\cos\theta\frac{\partial u}{\partial x} - r\sin\theta\left(\frac{\partial^2 u}{\partial x^2}\frac{\partial x}{\partial \theta} + \frac{\partial^2 u}{\partial x \partial y}\frac{\partial y}{\partial \theta}\right)$$

$$- r\sin\theta\frac{\partial u}{\partial y} + r\cos\theta\left(\frac{\partial^2 u}{\partial x \partial y}\frac{\partial x}{\partial \theta} + \frac{\partial^2 u}{\partial y^2}\frac{\partial y}{\partial \theta}\right)$$

$$= -r\cos\theta\frac{\partial u}{\partial x} - r\sin\theta\frac{\partial u}{\partial y} + r^2\sin^2\theta\frac{\partial^2 u}{\partial x^2} - r^2\sin\theta\cos\theta\frac{\partial^2 u}{\partial x \partial y}$$

$$- r^2\sin\theta\cos\theta\frac{\partial^2 u}{\partial x \partial y} + r^2\cos^2\theta\frac{\partial^2 u}{\partial y^2}$$

$$= -r\cos\theta\frac{\partial u}{\partial x} - r\sin\theta\frac{\partial u}{\partial y} + r^2\left(\frac{\partial^2 u}{\partial x^2}\sin^2\theta - 2\sin\theta\cos\theta\frac{\partial^2 u}{\partial x \partial y} + \cos^2\theta\frac{\partial^2 u}{\partial y^2}\right).$$

所以

$$\frac{\partial^2 u}{\partial r^2} + \frac{1}{r}\frac{\partial u}{\partial r} + \frac{1}{r^2}\left(\frac{\partial^2 u}{\partial \theta^2}\right)$$

$$= \frac{\partial^2 u}{\partial x^2}\cos^2\theta + 2\frac{\partial^2 u}{\partial x \partial y}\sin\theta\cos\theta + \frac{\partial^2 u}{\partial y^2}\sin^2\theta + \frac{1}{r}\left(\frac{\partial u}{\partial x}\cos\theta + \frac{\partial u}{\partial y}\sin\theta\right) - \frac{1}{r}\left(\frac{\partial u}{\partial x}\cos\theta + \frac{\partial u}{\partial y}\sin\theta\right)$$

$$+ \left(\frac{\partial^2 u}{\partial x^2}\sin^2\theta - 2\frac{\partial^2 u}{\partial x \partial y}\sin\theta\cos\theta + \frac{\partial^2 u}{\partial y^2}\cos^2\theta\right) = \frac{\partial^2 u}{\partial x^2} + \frac{\partial^2 u}{\partial y^2}.$$

□

350. 设 $u=f(r)$ 二阶连续可导，$r^2=x_1^2+x_2^2+\cdots+x_n^2$. 证明：

$$\frac{\partial^2 u}{\partial x_1^2} + \frac{\partial^2 u}{\partial x_2^2} + \cdots + \frac{\partial^2 u}{\partial x_n^2} = \frac{\mathrm{d}^2 u}{\mathrm{d}r^2} + \frac{n-1}{r}\frac{\mathrm{d}u}{\mathrm{d}r}.$$

证明 因为 $r=(x_1^2+x_2^2+\cdots+x_n^2)^{\frac{1}{2}}$，所以

$$\frac{\partial r}{\partial x_i} = \frac{1}{2}(x_1^2+x_2^2+\cdots+x_n^2)^{-\frac{1}{2}}\cdot 2x_i = \frac{x_i}{r}, \quad i=1,2,\cdots,n.$$

于是

$$\frac{\partial u}{\partial x_i} = \frac{\mathrm{d}u}{\mathrm{d}r}\frac{\partial r}{\partial x_i} = \frac{\mathrm{d}u}{\mathrm{d}r}\frac{x_i}{r}, \quad i=1,2,\cdots,n.$$

进一步，有

$$\frac{\partial^2 u}{\partial x_i^2} = \frac{\mathrm{d}^2 u}{\mathrm{d}r^2}\frac{\partial r}{\partial x_i}\cdot\frac{x_i}{r} + \frac{\mathrm{d}u}{\mathrm{d}r}\cdot\frac{1}{r} - \frac{\mathrm{d}u}{\mathrm{d}r}\frac{x_i}{r^2}\frac{\partial r}{\partial x_i}$$

$$= \frac{\mathrm{d}^2 u}{\mathrm{d}r^2}\frac{x_i^2}{r^2} + \frac{1}{r}\frac{\mathrm{d}u}{\mathrm{d}r} - \frac{x_i^2}{r^3}\frac{\mathrm{d}u}{\mathrm{d}r}, \quad i=1,2,\cdots,n.$$

所以

$$\sum_{i=1}^{n}\frac{\partial^2 u}{\partial x_i^2}=\frac{\mathrm{d}^2 u}{\mathrm{d}r^2}\sum_{i=1}^{n}\frac{x_i^2}{r^2}+\frac{n}{r}\frac{\mathrm{d}u}{\mathrm{d}r}-\frac{1}{r^3}\frac{\mathrm{d}u}{\mathrm{d}r}\sum_{i=1}^{n}x_i^2$$

$$=\frac{\mathrm{d}^2 u}{\mathrm{d}r^2}+\frac{n}{r}\frac{\mathrm{d}u}{\mathrm{d}r}-\frac{r^2}{r^3}\frac{\mathrm{d}u}{\mathrm{d}r}$$

$$=\frac{\mathrm{d}^2 u}{\mathrm{d}r^2}+\frac{n-1}{r}\frac{\mathrm{d}u}{\mathrm{d}r}.$$ □

351. 设 $V=\frac{1}{r}g\left(t-\frac{r}{c}\right)$，$c\in\mathbb{R}$ 为常数，$r=\sqrt{x^2+y^2+z^2}$，g 为 C^2 函数. 证明：

$$V''_{xx}+V''_{yy}+V''_{zz}=\frac{1}{c^2}V''_{tt}.$$

证明 由 $r=\sqrt{x^2+y^2+z^2}$ 知，$\frac{\partial r}{\partial x}=\frac{x}{r}$，$\frac{\partial r}{\partial y}=\frac{y}{r}$，$\frac{\partial r}{\partial z}=\frac{z}{r}$，于是

$$\frac{\partial V}{\partial x}=-\frac{1}{r^2}\frac{\partial r}{\partial x}g\left(t-\frac{r}{c}\right)+\frac{1}{r}g'\left(t-\frac{r}{c}\right)\left(-\frac{1}{c}\frac{\partial r}{\partial x}\right)$$

$$=\frac{x}{r}\left(-\frac{1}{r^2}g\left(t-\frac{r}{c}\right)-\frac{1}{cr}g'\left(t-\frac{r}{c}\right)\right)$$

$$=-\frac{x}{r^3}\left[g\left(t-\frac{r}{c}\right)+\frac{r}{c}g'\left(t-\frac{r}{c}\right)\right].$$

同理，

$$\frac{\partial V}{\partial y}=\frac{y}{r^3}\left[g\left(t-\frac{r}{c}\right)+\frac{r}{c}g'\left(t-\frac{r}{c}\right)\right],\frac{\partial V}{\partial z}=\frac{z}{r^3}\left[g\left(t-\frac{r}{c}\right)+\frac{r}{c}g'\left(t-\frac{r}{c}\right)\right].$$

进一步，有

$$V''_{xx}=\frac{\partial^2 V}{\partial x^2}=-\frac{r^3-x\cdot 3r^2\frac{\partial r}{\partial x}}{r^6}\left[g\left(t-\frac{r}{c}\right)+\frac{r}{c}g'\left(t-\frac{r}{c}\right)\right]$$

$$-\frac{x}{r^3}\left[g'\left(t-\frac{r}{c}\right)\left[-\frac{\frac{\partial r}{\partial x}}{c}\right]+\frac{1}{c}\frac{\partial r}{\partial x}g'\left(t-\frac{r}{c}\right)+\frac{r}{c}g''\left(t-\frac{r}{c}\right)\left[-\frac{\frac{\partial r}{\partial x}}{c}\right]\right]$$

$$=-\frac{r^2-3x^2}{r^5}\left[g\left(t-\frac{r}{c}\right)+\frac{r}{c}g'\left(t-\frac{r}{c}\right)\right]-\frac{x}{r^3}\left(-\frac{x}{c^2}\right)g''\left(t-\frac{r}{c}\right)$$

$$=\left[\frac{3x^2}{r^5}-\frac{1}{r^3}\right]\left(g\left(t-\frac{r}{c}\right)+\frac{r}{c}g'\left(t-\frac{r}{c}\right)\right)+\frac{x^2}{c^2r^3}g''\left(t-\frac{r}{c}\right).$$

同理

$$V''_{yy}=\left(\frac{3y^2}{r^5}-\frac{1}{r^3}\right)\left(g\left(t-\frac{r}{c}\right)+\frac{r}{c}g'\left(t-\frac{r}{c}\right)\right)+\frac{y^2}{c^2r^3}g''\left(t-\frac{r}{c}\right),$$

$$V''_{zz}=\left(\frac{3z^2}{r^5}-\frac{1}{r^3}\right)\left(g\left(t-\frac{r}{c}\right)+\frac{r}{c}g'\left(t-\frac{r}{c}\right)\right)+\frac{z^2}{c^2r^3}g''\left(t-\frac{r}{c}\right).$$

再计算 $V'_t=\frac{1}{r}g'\left(t-\frac{r}{c}\right)$，$V''_{tt}=\frac{1}{r}g''\left(t-\frac{r}{c}\right)$. 综合起来有

$$V''_{xx}+V''_{yy}+V''_{zz}=\left[g\left(t-\frac{r}{c}\right)+\frac{r}{c}g'\left(t-\frac{r}{c}\right)\right]\left[\frac{3(x^2+y^2+z^2)}{r^5}-\frac{3}{r^3}\right]$$

$$+\frac{x^2+y^2+z^2}{c^2r^3}g''\left(t-\frac{r}{c}\right)$$

$$=\left(\frac{3r^2}{r^5}-\frac{3}{r^3}\right)\left(g\left(t-\frac{r}{c}\right)+\frac{r}{c}g'\left(t-\frac{r}{c}\right)\right)+\frac{1}{c^2r}g''\left(t-\frac{r}{c}\right)=\frac{1}{c^2}V''_{tt}.\quad\square$$

352. 证明：函数

$$u=\frac{1}{2a\sqrt{\pi t}}\mathrm{e}^{-\frac{(x-b)^2}{4a^2t}}\quad(a,b\in\mathbb{R}\text{ 为常数})$$

满足热传导方程

$$\frac{\partial u}{\partial t}=a^2\frac{\partial^2 u}{\partial x^2}.$$

证明 因为

$$\frac{\partial u}{\partial t}=-\frac{1}{2a\sqrt{\pi}}\frac{1}{2\sqrt{t^3}}\mathrm{e}^{-\frac{(x-b)^2}{4a^2t}}+\frac{1}{2a\sqrt{\pi t}}\mathrm{e}^{-\frac{(x-b)^2}{4a^2t}}\left(-\frac{(x-b)^2}{4a^2}\left(-\frac{1}{t^2}\right)\right)$$

$$=\mathrm{e}^{-\frac{(x-b)^2}{4a^2t}}\frac{1}{4at\sqrt{\pi t}}\left(-1+\frac{(x-b)^2}{2a^2t}\right),$$

$$\frac{\partial u}{\partial x}=\frac{1}{2a\sqrt{\pi t}}\mathrm{e}^{-\frac{(x-b)^2}{4a^2t}}\left(-\frac{2(x-b)}{4a^2t}\right)=\frac{-(x-b)}{4a^3t\sqrt{\pi t}}\mathrm{e}^{-\frac{(x-b)^2}{4a^2t}},$$

$$\frac{\partial^2 u}{\partial x^2}=\mathrm{e}^{-\frac{(x-b)^2}{4a^2t}}\left[-\frac{1}{4a^3t\sqrt{\pi t}}-\frac{x-b}{4a^3t\sqrt{\pi t}}\cdot\frac{-2(x-b)}{4a^2t}\right]$$

$$=\mathrm{e}^{-\frac{(x-b)^2}{4a^2t}}\frac{1}{4a^3t\sqrt{\pi t}}\left(\frac{(x-b)^2}{2a^2t}-1\right).$$

所以

$$a^2\frac{\partial^2 u}{\partial x^2}=\mathrm{e}^{-\frac{(x-b)^2}{4a^2t}}\frac{1}{4at\sqrt{\pi t}}\left(\frac{(x-b)^2}{2a^2t}-1\right)=\frac{\partial u}{\partial t}.\quad\square$$

353. 证明：函数 $u=\ln\sqrt{(x-a)^2+(y-b)^2}$ ($a,b\in\mathbb{R}$ 为常数)满足 Laplace 方程

$$\Delta u=\frac{\partial^2 u}{\partial x^2}+\frac{\partial^2 u}{\partial y^2}=0.$$

证明 令 $r=\sqrt{(x-a)^2+(y-b)^2}$，则 $\frac{\partial r}{\partial x}=\frac{x-a}{r}$，$\frac{\partial r}{\partial y}=\frac{y-b}{r}$. 于是

$$\frac{\partial u}{\partial x}=\frac{\partial}{\partial x}(\ln r)=\frac{1}{r}\frac{\partial r}{\partial x}=\frac{x-a}{r^2},\ \frac{\partial u}{\partial y}=\frac{y-b}{r^2}.$$

$$\frac{\partial^2 u}{\partial x^2}=\frac{r^2-(x-a)\cdot 2r\frac{\partial r}{\partial x}}{r^4}=\frac{r^2-2(x-a)^2}{r^4},$$

$$\frac{\partial^2 u}{\partial y^2}=\frac{r^2-2(y-b)^2}{r^4}.$$

所以

$$\Delta u=\frac{\partial^2 u}{\partial x^2}+\frac{\partial^2 u}{\partial y^2}=\frac{2r^2-2[(x-a)^2+(y-b)^2]}{r^4}=\frac{2r^2-2r^2}{r^4}=0.$$ □

354. 设函数 $u=f(x,y)$ 为 C^2 函数且满足 Laplace 方程

$$\frac{\partial^2 u}{\partial x^2}+\frac{\partial^2 u}{\partial y^2}=0.$$

证明：函数 $v=f\left(\frac{x}{x^2+y^2},\frac{y}{x^2+y^2}\right)$ 也满足 Laplace 方程.

证明　$u=f(x,y)$ 满足 Laplace 方程即为

$$f''_{11}+f''_{22}=0.$$

令 $\xi=\frac{x}{x^2+y^2},\eta=\frac{y}{x^2+y^2}$，则

$$\frac{\partial \xi}{\partial x}=\frac{y^2-x^2}{(x^2+y^2)^2},\quad \frac{\partial \xi}{\partial y}=-\frac{2xy}{(x^2+y^2)^2}=\frac{\partial \eta}{\partial x},\quad \frac{\partial \eta}{\partial y}=\frac{x^2-y^2}{(x^2+y^2)^2},$$

$$\frac{\partial^2 \xi}{\partial x^2}=\frac{2x^3-6xy^2}{(x^2+y^2)^3},\quad \frac{\partial^2 \xi}{\partial y^2}=\frac{6xy^2-2x^3}{(x^2+y^2)^3},$$

$$\frac{\partial^2 \eta}{\partial x^2}=\frac{6x^2y-2y^3}{(x^2+y^2)^3},\quad \frac{\partial^2 \eta}{\partial y^2}=\frac{2y^3-6x^2y}{(x^2+y^2)^3}.$$

于是

$$\frac{\partial v}{\partial x}=f'_1\frac{\partial \xi}{\partial x}+f'_2\frac{\partial \eta}{\partial x},\quad \frac{\partial v}{\partial y}=f'_1\frac{\partial \xi}{\partial y}+f'_2\frac{\partial \eta}{\partial y},$$

$$\begin{aligned}\frac{\partial^2 v}{\partial x^2}&=\left(f''_{11}\frac{\partial \xi}{\partial x}+f''_{12}\frac{\partial \eta}{\partial x}\right)\frac{\partial \xi}{\partial x}+f'_1\frac{\partial^2 \xi}{\partial x^2}+\left(f''_{21}\frac{\partial \xi}{\partial x}+f''_{22}\frac{\partial \eta}{\partial x}\right)\frac{\partial \eta}{\partial x}+f'_2\frac{\partial^2 \eta}{\partial x^2}\\&=f''_{11}\frac{(y^2-x^2)^2}{(x^2+y^2)^4}+2f''_{12}\frac{2xy(x^2-y^2)}{(x^2+y^2)^4}+f''_{22}\frac{4x^2y^2}{(x^2+y^2)^4}+\frac{2x^3-6xy^2}{(x^2+y^2)^3}f'_1+\frac{6x^2y-2y^3}{(x^2+y^2)^3}f'_2,\end{aligned}$$

$$\begin{aligned}\frac{\partial^2 v}{\partial y^2}&=\left(f''_{11}\frac{\partial \xi}{\partial y}+f''_{12}\frac{\partial \eta}{\partial y}\right)\frac{\partial \xi}{\partial y}+\left(f''_{21}\frac{\partial \xi}{\partial y}+f''_{22}\frac{\partial \eta}{\partial y}\right)\frac{\partial \eta}{\partial y}+f'_1\frac{\partial^2 \xi}{\partial y^2}+f'_2\frac{\partial^2 \eta}{\partial y^2}\\&=f''_{11}\frac{4x^2y^2}{(x^2+y^2)^4}+2f''_{12}\left(-\frac{2xy(x^2-y^2)}{(x^2+y^2)^4}\right)+f''_{22}\frac{(x^2-y^2)^2}{(x^2+y^2)^4}+\frac{6xy^2-2x^3}{(x^2+y^2)^3}f'_1\\&\quad+\frac{2y^3-6x^2y}{(x^2+y^2)^3}f'_2.\end{aligned}$$

加起来，有

$$\begin{aligned}\frac{\partial^2 v}{\partial x^2}+\frac{\partial^2 v}{\partial y^2}&=f''_{11}\frac{(x^2+y^2)^2}{(x^2+y^2)^4}+2f''_{12}\cdot 0+f''_{22}\frac{(x^2+y^2)^2}{(x^2+y^2)^4}+0\\&=\frac{1}{(x^2+y^2)^2}(f''_{11}+f''_{22})=0.\end{aligned}$$ □

355. 设 φ,ψ 为 C^2 函数，证明：函数 $u=\varphi(x+\psi(y))$ 满足

$$\frac{\partial u}{\partial x}\frac{\partial^2 u}{\partial x\partial y}=\frac{\partial u}{\partial y}\frac{\partial^2 u}{\partial x^2}.$$

证明 因为

$$\frac{\partial u}{\partial x}=\varphi'(x+\psi(y)),\quad \frac{\partial u}{\partial y}=\varphi'(x+\psi(y))\psi'(y).$$

进而

$$\frac{\partial^2 u}{\partial x^2}=\varphi''(x+\psi(y)),\quad \frac{\partial^2 u}{\partial x\partial y}=\varphi''(x+\psi(y))\psi'(y),$$

所以

$$\begin{aligned}\frac{\partial u}{\partial x}\frac{\partial^2 u}{\partial x\partial y}&=\varphi'(x+\psi(y))\cdot\varphi''(x+\psi(y))\psi'(y)\\&=\varphi'(x+\psi(y))\psi'(y)\varphi''(x+\psi(y))\\&=\frac{\partial u}{\partial y}\frac{\partial^2 u}{\partial x^2}.\end{aligned}$$

□

356. 函数的连续性与偏导数存在性两者互不蕴涵.

(1) 证明：

$$f(x,y)=\begin{cases}e^{-\frac{x^2}{y^2}-\frac{y^2}{x^2}}, & xy\neq 0,\\ 0, & xy=0\end{cases}$$

具有各阶偏导数，但在(0,0)处不连续(此例由 Burr 作出).

(2) 证明：

$$f(x,y)=\begin{cases}\dfrac{e^{x^{-2}y^{-2}}}{e^{x^{-4}}+e^{y^{-4}}}, & xy\neq 0,\\ 0, & xy=0\end{cases}$$

具有各阶偏导数，但在(0,0)处不连续(此例由 Snow 作出).

(3) 证明：$f(x,y)=\sqrt{x^2+y^2}$ 在全平面连续，但在(0,0)处两个偏导数不存在.

证明 (1) 当 $xy\neq 0$ 时，函数 $e^{-\frac{x^2}{y^2}-\frac{y^2}{x^2}}$ 是由初等函数进行四则运算及复合得到的，因而具有各阶偏导数 $\frac{\partial^{m+n}f(x,y)}{\partial x^m\partial y^n}$，且当 $x\neq 0,y\neq 0$ 时有

$$f'_x(x,0)=\lim_{\Delta x\to 0}\frac{f(x+\Delta x,0)-f(x,0)}{\Delta x}=0=\lim_{\Delta y\to 0}\frac{f(0,y+\Delta y)-f(0,y)}{\Delta y}=f'_y(0,y),$$

$$\begin{aligned}f'_x(0,y)&=\lim_{\Delta x\to 0}\frac{f(\Delta x,y)-f(0,y)}{\Delta x}=\lim_{\Delta x\to 0}\frac{e^{-\frac{\Delta x^2}{y^2}-\frac{y^2}{\Delta x^2}}-0}{\Delta x}\\&=\lim_{\Delta x\to 0}e^{-\frac{\Delta x^2}{y^2}}\cdot\frac{1}{\Delta x}e^{-\left(\frac{y}{\Delta x}\right)^2}=1\cdot 0=0=f'_y(x,0),\end{aligned}$$

$$f'_x(0,0)=\lim_{x\to 0}\frac{f(x,0)-f(0,0)}{x}=0=f'_y(0,0).$$

同理可求得在$(x,0)$，$(0,y)$及$(0,0)$处的各阶偏导数.

但 $f(x,y)$在$(0,0)$处不连续. 事实上

$$\lim_{\substack{x\to 0\\ y=x}}f(x,y)=\lim_{\substack{x\to 0\\ y=x}}\mathrm{e}^{-\frac{x^2}{y^2}-\frac{y^2}{x^2}}=\lim_{x\to 0}\mathrm{e}^{-1-1}=\mathrm{e}^{-2}\neq 0=f(0,0).$$

(2) 同(1). 函数在$\mathbb{R}^2$上具有各阶偏导数，但是因为

$$\lim_{\substack{x\to 0\\ y=x}}f(x,y)=\lim_{\substack{x\to 0\\ y=x}}\frac{\mathrm{e}^{-x^{-2}y^{-2}}}{\mathrm{e}^{x^{-4}}+\mathrm{e}^{y^{-4}}}=\lim_{x\to 0}\frac{\mathrm{e}^{x^{-4}}}{\mathrm{e}^{x^{-4}}+\mathrm{e}^{x^{-4}}}=\frac{1}{2}\neq f(0,0),$$

故 $f(x,y)$在$(0,0)$处不连续.

(3) 显然 $f(x,y)=\sqrt{x^2+y^2}$在全平面上连续，但是，由于极限

$$\lim_{x\to 0}\frac{f(x,0)-f(0,0)}{x}=\lim_{x\to 0}\frac{\sqrt{x^2}-0}{x}=\lim_{x\to 0}\frac{|x|}{x}$$

及极限

$$\lim_{y\to 0}\frac{f(0,y)-f(0,0)}{y}=\lim_{y\to 0}\frac{|y|}{y}$$

不存在，故 $f(x,y)$在$(0,0)$处的两个偏导数都不存在，

由以上例子，可以看出，函数的偏导数的存在性与函数的连续性互不蕴涵. □

357. 研究例子

$$f_1(x,y)=\begin{cases}\dfrac{xy}{x^2+y^2}, & x^2+y^2>0,\\ 0, & x=y=0\end{cases}$$

与

$$f_2(x,y)=\begin{cases}(x+y)\sin\dfrac{1}{x}\sin\dfrac{1}{y}, & x\neq 0,y\neq 0,x+y\neq 0,\\ 0, & \text{其他}.\end{cases}$$

说明：两个累次极限存在且相等与二重极限存在互不蕴涵.

解 (1) $\lim\limits_{x\to 0}\lim\limits_{y\to 0}f_1(x,y)=\lim\limits_{x\to 0}\lim\limits_{y\to 0}\dfrac{xy}{x^2+y^2}=\lim\limits_{x\to 0}\dfrac{0}{x^2}=\lim\limits_{x\to 0}0=0$. 同理$\lim\limits_{y\to 0}\lim\limits_{x\to 0}f_1(x,y)=0$. 两个累次极限存在且相等，但

$$\lim_{\substack{x\to 0\\ y=kx\to 0}}f_1(x,y)=\lim_{\substack{x\to 0\\ y=kx\to 0}}\frac{x\cdot kx}{x^2+k^2x^2}=\lim_{\substack{x\to 0\\ y=kx\to 0}}\frac{k}{1+k^2}$$

与$(x,y)\to(0,0)$的路径有关，故二重极限$\lim\limits_{(x,y)\to(0,0)}f_1(x,y)$不存在.

(2) 对于函数 $f_2(x,y)$，有

$$\lim_{y\to 0}\lim_{x\to 0}f_2(x,y)=\lim_{y\to 0}\lim_{x\to 0}\left(x\sin\frac{1}{x}\sin\frac{1}{y}+y\sin\frac{1}{x}\sin\frac{1}{y}\right).$$

由于$\lim\limits_{x\to 0}x\sin\dfrac{1}{x}\sin\dfrac{1}{y}=0$，$\lim\limits_{x\to 0}y\sin\dfrac{1}{x}\sin\dfrac{1}{y}=y\sin\dfrac{1}{y}\lim\limits_{x\to 0}\sin\dfrac{1}{x}$不存在，因而累次极限

$\lim\limits_{y\to 0}\lim\limits_{x\to 0}(x+y)\sin\dfrac{1}{x}\sin\dfrac{1}{y}$不存在，同理$\lim\limits_{x\to 0}\lim\limits_{y\to 0}f_1(x,y)$也不存在，但是，因为

$$|f(x,y)-f(0,0)|=\left|(x+y)\sin\frac{1}{x}\sin\frac{1}{y}-0\right|\leqslant|x+y|\leqslant|x|+|y|.$$

故对$\forall\varepsilon>0$. 当$0<|x|<\dfrac{\varepsilon}{2}$,$0<|y|<\dfrac{\varepsilon}{2}$时，$|f_2(x,y)-0|<\varepsilon$，因而二重极限

$$\lim_{(x,y)\to(0,0)}f_2(x,y)=0.$$

以上二例说明累次极限存在且相等与二重极限的存在互不蕴涵. □

358. 设

$$f(x,y)=\begin{cases}\dfrac{e^{-\frac{1}{x^2}}y}{e^{-\frac{2}{x^2}}+y^2}, & x\neq 0,\\ 0, & x=0.\end{cases}$$

证明：$\lim\limits_{\substack{x\to 0\\ y=cx^{\frac{m}{n}}}}f(x,y)=0$，$\lim\limits_{\substack{x\to 0\\ y=e^{-\frac{1}{x^2}}}}f(x,y)=\dfrac{1}{2}$，且$\lim\limits_{(x,y)\to(0,0)}f(x,y)$不存在.

证明 $\lim\limits_{\substack{x\to 0\\ y=cx^{\frac{m}{n}}}}f(x,y)=\lim\limits_{\substack{x\to 0\\ y=cx^{\frac{m}{n}}}}\dfrac{e^{-\frac{1}{x^2}}y}{e^{-\frac{2}{x^2}}+y^2}=\lim\limits_{x\to 0}\dfrac{e^{-\frac{1}{x^2}}\cdot cx^{\frac{m}{n}}}{e^{-\frac{2}{x^2}}+c^2x^{\frac{2m}{n}}}=\lim\limits_{x\to 0}\dfrac{cx^{\frac{m}{n}}}{e^{-\frac{1}{x^2}}+c^2x^{\frac{2m}{n}}e^{\frac{1}{x^2}}}=0.$

这是因为当$c\neq 0$时，有

$$0\leqslant\left|\frac{cx^{\frac{m}{n}}}{e^{-\frac{1}{x^2}}+c^2x^{\frac{2m}{n}}e^{\frac{1}{x^2}}}\right|\leqslant\frac{|c||x|^{\frac{m}{n}}}{c^2x^{\frac{2m}{n}}e^{\frac{1}{x^2}}}=\frac{1}{|c||x|^{\frac{m}{n}}e^{\frac{1}{x^2}}}$$

$$\xlongequal[x=\frac{1}{u^{\frac{1}{2}}}]{u=\frac{1}{x^2}}\frac{u^{\frac{m}{2n}}}{|c|e^u}\xrightarrow{\text{L'Hospital法则}}0\quad(u\to+\infty),$$

$$\lim_{x\to 0}\frac{cx^{\frac{m}{n}}}{e^{-\frac{1}{x^2}}+c^2x^{\frac{2m}{n}}e^{\frac{1}{x^2}}}=0.$$

显然，上述极限当$c=0$时也成立. 此时

$$\lim_{\substack{x\to 0\\ y=0}}f(x,y)=\lim_{\substack{x\to 0\\ y=0}}\frac{0}{e^{-\frac{2}{x^2}}+0}\lim_{x\to 0}0=0.$$

另一方面

$$\lim_{\substack{x\to 0\\ y=e^{-\frac{1}{x^2}}}}f(x,y)=\lim_{x\to 0}\frac{e^{-\frac{1}{x^2}}\cdot e^{-\frac{1}{x^2}}}{e^{-\frac{2}{x^2}}+e^{-\frac{2}{x^2}}}=\lim_{x\to 0}\frac{1}{2}=\frac{1}{2}\neq 0=\lim_{\substack{x\to 0\\ y=cx^{\frac{m}{n}}}}f(x,y).$$

这表明二重极限$\lim\limits_{(x,y)\to(0,0)}f(x,y)$不存在. □

359. 设

$$f(x,y)=\begin{cases}\dfrac{\ln(1+xy)}{x+\tan y}, & x^2+y^2\neq 0,\\ 0, & x=y=0.\end{cases}$$

证明：在(0,0)处两个累次极限都存在且相等. 而二重极限不存在.

证明 $\lim\limits_{y\to0}\lim\limits_{x\to0}f(x,y)=\lim\limits_{y\to0}\lim\limits_{x\to0}\dfrac{\ln(1+xy)}{x+\tan y}=\lim\limits_{y\to0}\dfrac{\ln 1}{\tan y}=\lim\limits_{y\to0}0=0$,

$$\lim_{x\to0}\lim_{y\to0}f(x,y)=\lim_{x\to0}\lim_{y\to0}\frac{\ln(1+xy)}{x+\tan y}=\lim_{x\to0}\frac{\ln 1}{x}=0=\lim_{y\to0}\lim_{x\to0}f(x,y).$$

考虑 $y=-x,x\to0.(x,y)=(x,-x)\to(0,0)$,有

$$\lim_{\substack{x\to0\\y=-x}}f(x,y)=\lim_{\substack{x\to0\\y=-x}}\frac{\ln(1+xy)}{x+\tan y}=\lim_{x\to0}\frac{\ln(1-x^2)}{x-\tan x}.$$

当 $x\to0$ 时,$x-\tan x\sim\dfrac{x^3}{3}$,$\ln(1-x^2)\sim-x^2$ $\lim\limits_{x\to0}\dfrac{\ln(1-x^2)}{x-\tan x}=\lim\limits_{x\to0}\left(-\dfrac{3}{x}\right)$不存在.所以 $\lim\limits_{\substack{x\to x_0\\y=-x}}f(x,y)$不存在. □

360. 证明:

$$f(x,y)=\begin{cases}(x^2+y^2)\sin\dfrac{1}{\sqrt{x^2+y^2}}, & x^2+y^2\neq0.\\ 0, & x=y=0\end{cases}$$

的两个二阶混合偏导数相等,但都在(0,0)处不连续.

证明 由于 $\lim\limits_{(x,y)\to(0,0)}(x^2+y^2)=0$,$\left|\sin\dfrac{1}{\sqrt{x^2+y^2}}\right|\leqslant1$ 有界($x^2+y^2\neq0$),所以

$$\lim_{(x,y)\to(0,0)}f(x,y)=0=f(0,0).$$

函数 f 在$\mathbb{R}^2$ 上连续.经计算得

$$f'_x(x,y)=2x\sin\frac{1}{\sqrt{x^2+y^2}}-\frac{x}{\sqrt{x^2+y^2}}\cos\frac{1}{\sqrt{x^2+y^2}}\quad(x^2+y^2\neq0),$$

$$f'_x(0,0)=\lim_{x\to0}\frac{f(x,0)-f(0,0)}{x}=\lim_{x\to0}x\sin\frac{1}{\sqrt{x^2}}=0=f'_y(0,0),$$

$$f'_y(x,y)=2y\sin\frac{1}{\sqrt{x^2+y^2}}-\frac{y}{\sqrt{x^2+y^2}}\cos\frac{1}{\sqrt{x^2+y^2}}\quad(x^2+y^2\neq0).$$

当 $x^2+y^2\neq0$ 时,则

$$\begin{aligned}f''_{xy}(x,y)&=2x\cos\frac{1}{\sqrt{x^2+y^2}}\left(-\frac{y}{(x^2+y^2)^{\frac32}}\right)+\frac{xy}{(x^2+y^2)^{\frac32}}\cos\frac{1}{\sqrt{x^2+y^2}}\\&\quad+\frac{x}{\sqrt{x^2+y^2}}\sin\frac{1}{\sqrt{x^2+y^2}}\left(-\frac{y}{(x^2+y^2)^{\frac32}}\right)\\&=-\frac{xy}{(x^2+y^2)^{\frac32}}\cos\frac{1}{\sqrt{x^2+y^2}}-\frac{xy}{(x^2+y^2)^2}\sin\frac{1}{\sqrt{x^2+y^2}}\\&=-\frac{xy}{(x^2+y^2)^2}\left(\sqrt{x^2+y^2}\cos\frac{1}{\sqrt{x^2+y^2}}+\sin\frac{1}{\sqrt{x^2+y^2}}\right)\\&=f''_{yx}(x,y),\end{aligned}$$

$$f''_{xy}(0,0)=\lim_{y\to0}\frac{f'_x(0,y)-f'_x(0,0)}{y}=\lim_{y\to0}\frac{0-0}{y}=0,$$

$$f''_{yx}(0,0)=\lim_{x\to0}\frac{f'_y(x,0)-f'_y(0,0)}{x}=\lim_{x\to0}\frac{0-0}{x}=0=f''_{xy}(0,0).$$

易见，$f''_{xy}(x,y)=f''_{yx}(x,y)$，但由上可看出 $f''_{xy}=f''_{yx}$ 在$(0,0)$处不连续. □

361. 设 $t=xyz,u=f(xyz),\frac{\partial^3 u}{\partial x\partial y\partial z}=F(t)$. 证明：

$$F(t)=f'(t)+3tf''(t)+t^2f'''(t).$$

证明 由 $u=f(t)=f(xyz)$. 解得

$$\frac{\partial u}{\partial x}=f'(t)\frac{\partial t}{\partial x}=yzf'(t),$$

$$\begin{aligned}\frac{\partial^2 u}{\partial x\partial y}&=zf'(t)+yzf''(t)\frac{\partial t}{\partial y}=zf'(t)+yzf''(t)\cdot xz\\&=zf'(t)+xyz^2f''(t).\end{aligned}$$

故

$$\begin{aligned}F(t)=\frac{\partial^3 u}{\partial x\partial y\partial z}&=\frac{\partial}{\partial z}(zf'(t)+xyz^2f''(t))\\&=f'(t)+zf''(t)\frac{\partial t}{\partial z}+2xyzf''(t)+xyz^2f'''(t)\frac{\partial t}{\partial z}\\&=f'(t)+xyzf''(t)+2xyzf''(t)+xyz^2.xyf'''(t)\\&=f'(t)+3tf''(t)+t^2f'''(t).\end{aligned}$$ □

362. 利用线性变换

$$\xi=x+\lambda_1 y,$$
$$\eta=x+\lambda_2 y$$

将方程

$$A\frac{\partial^2 u}{\partial x^2}+2B\frac{\partial^2 u}{\partial x\partial y}+C\frac{\partial^2 u}{\partial y^2}=0$$

(其中 A,B 与 C 为常数及 $AC-B^2<0$)变为下面形状

$$\frac{\partial^2 u}{\partial\xi\partial\eta}=0.$$

由此求满足方程 $A\frac{\partial^2 u}{\partial x^2}+2B\frac{\partial^2 u}{\partial x\partial y}+C\frac{\partial^2 u}{\partial y^2}=0$ 的一切函数.

解 令 $u=u(\xi,\eta),\xi=x+\lambda_1 y,\eta=x+\lambda_2 y,\lambda_1,\lambda_2$ 为待定常数. 于是

$$\frac{\partial u}{\partial x}=\frac{\partial u}{\partial\xi}\frac{\partial\xi}{\partial x}+\frac{\partial u}{\partial\eta}\frac{\partial\eta}{\partial x}=\frac{\partial u}{\partial\xi}+\frac{\partial u}{\partial\eta},\quad\frac{\partial u}{\partial y}=\lambda_1\frac{\partial u}{\partial\xi}+\lambda_2\frac{\partial u}{\partial\eta},$$

$$\frac{\partial^2 u}{\partial x^2}=\frac{\partial^2 u}{\partial\xi^2}+2\frac{\partial^2 u}{\partial\xi\partial\eta}+\frac{\partial^2 u}{\partial\eta^2},$$

$$\frac{\partial^2 u}{\partial x\partial y}=\lambda_1\frac{\partial^2 u}{\partial \xi^2}+\lambda_2\frac{\partial^2 u}{\partial \xi\partial \eta}+\lambda_1\frac{\partial^2 u}{\partial \eta\partial \xi}+\lambda_2\frac{\partial^2 u}{\partial \eta^2}=\lambda_1\frac{\partial^2 u}{\partial \xi^2}+(\lambda_1+\lambda_2)\frac{\partial^2 u}{\partial \xi\partial \eta}+\lambda_2\frac{\partial^2 u}{\partial \eta^2},$$

$$\frac{\partial^2 u}{\partial y^2}=\lambda_1^2\frac{\partial^2 u}{\partial \xi^2}+\lambda_1\lambda_2\frac{\partial^2 u}{\partial \xi\partial \eta}+\lambda_1\lambda_2\frac{\partial^2 u}{\partial \eta\partial \xi}+\lambda_2^2\frac{\partial^2 u}{\partial \eta^2}=\lambda_1^2\frac{\partial^2 u}{\partial \xi^2}+2\lambda_1\lambda_2\frac{\partial^2 u}{\partial \xi\partial \eta}+\lambda_2^2\frac{\partial^2 u}{\partial \eta^2}.$$

从而

$$\begin{aligned}&A\frac{\partial^2 u}{\partial x^2}+2B\frac{\partial^2 u}{\partial x\partial y}+C\frac{\partial^2 u}{\partial y^2}\\=&\frac{\partial^2 u}{\partial \xi^2}(A+2\lambda_1 B+\lambda_1^2 C)+\frac{\partial^2 u}{\partial \xi\partial \eta}2(A+(\lambda_1+\lambda_2)B+\lambda_1\lambda_2 C)\\&+\frac{\partial^2 u}{\partial \eta^2}(A+2\lambda_2 B+\lambda_2^2 C).\end{aligned}$$

欲将方程 $A\frac{\partial^2 u}{\partial x^2}+2B\frac{\partial^2 u}{\partial x\partial y}+C\frac{\partial^2 u}{\partial y^2}=0$ 变为$\frac{\partial^2 u}{\partial \xi\partial \eta}=0$. 仅需 λ_1,λ_2 满足方程组

$$\begin{cases}A+2\lambda_1 B+\lambda_1^2 C=0,\\A+2\lambda_2 B+\lambda_2^2 C=0.\end{cases}$$

而此方程组的解正是一元二次方程

$$C\lambda^2+2B\lambda+A=0$$

的解，由题设条件 $\Delta=4(B^2-AC)>0$，上述方程恰有两个不相等的实数解 λ_1,λ_2.

这里需假设 $C\neq 0$ $\left(\text{否则方程组仅有一个根 } \lambda=-\frac{A}{2B}\text{. 当 } C=0, A\neq 0 \text{ 时，类似讨论. 当 } A=0=C \text{ 时，} \frac{\partial^2 u}{\partial x\partial y}=0\right)$线性变换就退化了. 满足上述方程解的 λ_1,λ_2 使$\frac{\partial^2 u}{\partial \xi\partial \eta}$的系数

$$2(A+(\lambda_1+\lambda_2)B+\lambda_1\lambda_2 C)=2\left(A-\frac{2B}{C}B+\frac{A}{C}C\right)=\frac{4}{C}(AC-B^2)\neq 0.$$

此时，方程 $A\frac{\partial^2 u}{\partial x^2}+2B\frac{\partial^2 u}{\partial x\partial y}+C\frac{\partial^2 u}{\partial y^2}=0$ 变成了

$$\frac{\partial^2 u}{\partial \xi\partial \eta}=0.$$

由此经积分可解得

$$\frac{\partial u}{\partial \xi}=f(\xi,C_1),$$

$$u=\int f(\xi,C_1)\mathrm{d}\xi+g(\eta,C_2),$$

其中 C_1,C_2 为积分常数. 再用变换 $\xi=x+\lambda_1 y,\eta=x+\lambda_2 y$ 变回去就得原方程的解了. □

363. 设 $U\subset\mathbb{R}^n$ 为一凸集. 如果函数 $f: U\to\mathbb{R}$ 对一切 $\boldsymbol{x}^1,\boldsymbol{x}^2\in U$ 及 $\lambda\in(0,1)$，有

$$f(\lambda\boldsymbol{x}^1+(1-\lambda)\boldsymbol{x}^2)\leqslant\lambda f(\boldsymbol{x}^1)+(1-\lambda)f(\boldsymbol{x}^2),$$

则称 f 为 U 上的一个**凸函数**. 设函数 f 在凸区域 U 上可微. 证明：f 在 U 上为凸函数等价于

$$f(\boldsymbol{x})-f(\boldsymbol{x}^0)\geqslant \mathrm{J}f(\boldsymbol{x}^0)(\boldsymbol{x}-\boldsymbol{x}^0),\quad \forall\,\boldsymbol{x},\boldsymbol{x}^0\in U.$$

证明 ($\Leftarrow$) $\forall\,\boldsymbol{x}^1,\boldsymbol{x}^2\in U,\boldsymbol{x}^3=\lambda\boldsymbol{x}^1+(1-\lambda)\boldsymbol{x}^2\in U$,则

$$\boldsymbol{x}^1-\boldsymbol{x}^3=(1-\lambda)\boldsymbol{x}^1-(1-\lambda)\boldsymbol{x}^2=(1-\lambda)(\boldsymbol{x}^1-\boldsymbol{x}^2),$$
$$\boldsymbol{x}^2-\boldsymbol{x}^3=\lambda(\boldsymbol{x}^2-\boldsymbol{x}^1).$$

根据题意得

$$f(\boldsymbol{x}^1)\geqslant f(\boldsymbol{x}^3)+\mathrm{J}f(\boldsymbol{x}^3)(\boldsymbol{x}^1-\boldsymbol{x}^3)=f(\boldsymbol{x}^3)+(1-\lambda)\mathrm{J}f(\boldsymbol{x}^3)(\boldsymbol{x}^1-\boldsymbol{x}^2),$$
$$f(\boldsymbol{x}^2)\geqslant f(\boldsymbol{x}^3)+\mathrm{J}f(\boldsymbol{x}^3)(\boldsymbol{x}^2-\boldsymbol{x}^3)=f(\boldsymbol{x}^3)+\lambda\mathrm{J}f(\boldsymbol{x}^3)(\boldsymbol{x}^2-\boldsymbol{x}^1).$$

于是有

$$\begin{aligned}f(\lambda\boldsymbol{x}^1+(1-\lambda)\boldsymbol{x}^2)&=f(\boldsymbol{x}^3)\\&=\lambda[f(\boldsymbol{x}^3)+(1-\lambda)\mathrm{J}f(\boldsymbol{x}^3)(\boldsymbol{x}^1-\boldsymbol{x}^2)]+(1-\lambda)[f(\boldsymbol{x}^3)\\&\quad+\lambda\mathrm{J}f(\boldsymbol{x}^3)(\boldsymbol{x}^2-\boldsymbol{x}^1)]\\&\leqslant\lambda f(\boldsymbol{x}^1)+(1-\lambda)f(\boldsymbol{x}^2).\end{aligned}$$

f 为 U 上的凸函数.

($\Rightarrow$)令 $\varphi(\lambda)=f(\lambda\boldsymbol{x}^0+(1-\lambda)\boldsymbol{x}),\forall\,\boldsymbol{x},\boldsymbol{x}^0\in U,\lambda\in[0,1]$.

因为,对 $\forall\,\lambda_1,\lambda_2\in[0,1]$及 $t\in[0,1]$有

$$\begin{aligned}\varphi(t\lambda_1+(1-t)\lambda_2)&=f((t\lambda_1+(1-t)\lambda_2)\boldsymbol{x}^0+(1-(t\lambda_1+(1-t)\lambda_2))\boldsymbol{x})\\&=f(t(\lambda_1\boldsymbol{x}^0+(1-\lambda_1)\boldsymbol{x})+(1-t)(\lambda_2\boldsymbol{x}^0+(1-\lambda_2)\boldsymbol{x}))\\&\leqslant tf(\lambda_1\boldsymbol{x}^0+(1-\lambda_1)\boldsymbol{x})+(1-t)f(\lambda_2\boldsymbol{x}^0+(1-\lambda_2)\boldsymbol{x})\\&=t\varphi(\lambda_1)+(1-t)\varphi(\lambda_2).\end{aligned}$$

由此知,$\varphi(\lambda)$为$[0,1]$上的凸函数. 再根据定理 3.6.3,可得 $\varphi(\lambda)\geqslant\varphi(1)+\varphi'(1)(\lambda-1)$,即

$$f(\lambda\boldsymbol{x}^0+(1-\lambda)\boldsymbol{x})\geqslant f(\boldsymbol{x}^0)+\mathrm{J}f(\boldsymbol{x}^0)(\boldsymbol{x}^0-\boldsymbol{x})(\lambda-1).$$

当 $\lambda=0$ 时,就得

$$f(\boldsymbol{x})\geqslant f(\boldsymbol{x}^0)+\mathrm{J}f(\boldsymbol{x}^0)(\boldsymbol{x}^0-\boldsymbol{x})(-1)=f(\boldsymbol{x}^0)+\mathrm{J}f(\boldsymbol{x}^0)(\boldsymbol{x}-\boldsymbol{x}^0).$$ □

364. 设 $f(x,y)$为可微函数. 证明：在坐标旋转变换

$$x=u\cos\theta-v\sin\theta,\quad y=u\sin\theta+v\cos\theta$$

之下,$(f'_x)^2+(f'_y)^2$ 是一个形式不变量,即若

$$g(u,v)=f(u\cos\theta-v\sin\theta,u\sin\theta+v\cos\theta),$$

则必有

$$(f'_x)^2+(f'_y)^2=(g'_u)^2+(g'_v)^2,$$

其中转角 $\theta\in\mathbb{R}$ 为常数.

证明
$$\begin{aligned}(g'_u)^2+(g'_v)^2&=\left(f'_x\frac{\partial x}{\partial u}+f'_y\frac{\partial y}{\partial u}\right)^2+\left(f'_x\frac{\partial x}{\partial v}+f'_y\frac{\partial y}{\partial v}\right)^2\\&=(f'_x\cos\theta+f'_y\sin\theta)^2+(-\sin\theta f'_x+\cos\theta f'_y)^2\end{aligned}$$

$$
\begin{aligned}
&= (f'_x)^2(\cos^2\theta + \sin^2\theta) + 2f'_x f'_y \sin\theta\cos\theta - 2f'_x f'_y \sin\theta\cos\theta \\
&\quad + (f'_y)^2(\sin^2\theta + \cos^2\theta) \\
&= (f'_x)^2 + (f'_y)^2.
\end{aligned}
$$
□

365. 设 $f(x,y,z)$ 具有性质 $f(tx,t^k y,t^m z)=t^n f(x,y,z)(t>0)$. 证明:

(1) $f(x,y,z)=x^n f\left(1,\dfrac{y}{x^k},\dfrac{z}{x^m}\right)$;

(2) $xf'_x(x,y,z)+kyf'_y(x,y,z)+mzf'_z(x,y,z)=nf(x,y,z)$.

其中 f 为可微函数.

证明 (1) 令 $t=\dfrac{1}{x}$,则有

$$
\begin{aligned}
x^n f\left(1,\frac{y}{x^k},\frac{z}{x^m}\right) &= x^n f\left(\frac{1}{x}\cdot x,\left(\frac{1}{x}\right)^k y,\left(\frac{1}{x}\right)^m z\right) \\
&= x^n f(tx,t^k y,t^m z) \\
&= x^n \cdot t^n f(x,y,z) = f(x,y,z).
\end{aligned}
$$

(2) 在等式

$$f(tx,t^k y,t^m z) = t^n f(x,y,z)$$

两边对 t 求导得

$$f'_1 x + f'_2 kt^{k-1} y + f'_3 mt^{m-1} z = nt^{n-1} f(x,y,z).$$

令 $t=1$ 就得

$$xf'_x(x,y,z) + kyf'_y(x,y,z) + mzf'_z(x,y,z) = nf(x,y,z).$$
□

366. 设 $f(x_1,x_2,\cdots,x_n)$ 可微,$\boldsymbol{\varepsilon}$ 为 $\mathbb{R}^n$ 中的一个固定方向(单位向量). 如果 $\dfrac{\partial f}{\partial \boldsymbol{\varepsilon}}(x_1,x_2,\cdots,x_n)\equiv 0$. 试问: 函数 f 有何特征?

解 设 $\boldsymbol{\varepsilon}=(\cos\alpha_1,\cos\alpha_2,\cdots,\cos\alpha_n)$,由

$$
\begin{aligned}
0 &= \frac{\partial f}{\partial \boldsymbol{\varepsilon}}(x_1,x_2,\cdots,x_n) \\
&= \sum_{i=1}^{n} \frac{\partial f}{\partial x_i}\cos\alpha_i = \left(\frac{\partial f}{\partial x_1},\frac{\partial f}{\partial x_2},\cdots,\frac{\partial f}{\partial x_n}\right)\cdot(\cos\alpha_1,\cos\alpha_2,\cdots,\cos\alpha_n) \\
&= \operatorname{grad} f \cdot \boldsymbol{\varepsilon}
\end{aligned}
$$

得出,$\operatorname{grad} f$ 与向量 $\boldsymbol{\varepsilon}$ 垂直. □

367. 设 $f(x_1,x_2,\cdots,x_n)$ 为可微函数,$\boldsymbol{\varepsilon}_1,\boldsymbol{\varepsilon}_2,\cdots,\boldsymbol{\varepsilon}_n$ 为 $\mathbb{R}^n$ 中的一组线性无关的向量. 如果 $\dfrac{\partial f}{\partial \boldsymbol{\varepsilon}_i}(x_1,x_2,\cdots,x_n)\equiv 0$. 证明: $f(x_1,x_2,\cdots,x_n)\equiv$ 常数.

证明 设 $\boldsymbol{\varepsilon}_i=(\cos\alpha_1^i,\cos\alpha_2^i,\cdots,\cos\alpha_n^i)$,$i=1,2,\cdots,n$. 因为 $\boldsymbol{\varepsilon}_1,\boldsymbol{\varepsilon}_2,\cdots,\boldsymbol{\varepsilon}_n$ 线性无关. 所以

$$
\begin{vmatrix}
\cos\alpha_1^1 & \cos\alpha_1^2 & \cdots & \cos\alpha_1^n \\
\cos\alpha_2^1 & \cos\alpha_2^2 & \cdots & \cos\alpha_2^n \\
\vdots & \vdots & & \vdots \\
\cos\alpha_n^1 & \cos\alpha_n^2 & \cdots & \cos\alpha_n^n
\end{vmatrix} \neq 0.
$$

又

$$0=\frac{\partial f}{\partial \boldsymbol{\varepsilon}_i}(x_1,x_2,\cdots,x_n)=\frac{\partial f}{\partial x_1}\cos\alpha_1^i+\frac{\partial f}{\partial x_2}\cos\alpha_2^i+\cdots+\frac{\partial f}{\partial x_n}\cos\alpha_n^i,\quad i=1,2,\cdots,n.$$

故

$$\begin{pmatrix}0\\0\\\vdots\\0\end{pmatrix}=\begin{pmatrix}\sum\limits_{j=1}^{n}\frac{\partial f}{\partial x_j}\cos\alpha_j^1\\\sum\limits_{j=1}^{n}\frac{\partial f}{\partial x_j}\cos\alpha_j^2\\\vdots\\\sum\limits_{j=1}^{n}\frac{\partial f}{\partial x_j}\cos\alpha_j^n\end{pmatrix}=\begin{pmatrix}\cos\alpha_1^1 & \cos\alpha_2^1 & \cdots & \cos\alpha_n^1\\\cos\alpha_1^2 & \cos\alpha_2^2 & \cdots & \cos\alpha_n^2\\\vdots & \vdots & & \vdots\\\cos\alpha_1^n & \cos\alpha_2^n & \cdots & \cos\alpha_n^n\end{pmatrix}\begin{pmatrix}\frac{\partial f}{\partial x_1}\\\frac{\partial f}{\partial x_2}\\\vdots\\\frac{\partial f}{\partial x_n}\end{pmatrix},$$

由此得

$$\begin{pmatrix}\frac{\partial f}{\partial x_1}\\\frac{\partial f}{\partial x_2}\\\vdots\\\frac{\partial f}{\partial x_n}\end{pmatrix}=\begin{pmatrix}\cos\alpha_1^1 & \cos\alpha_2^1 & \cdots & \cos\alpha_n^1\\\cos\alpha_1^2 & \cos\alpha_2^2 & \cdots & \cos\alpha_n^2\\\vdots & \vdots & & \vdots\\\cos\alpha_1^n & \cos\alpha_2^n & \cdots & \cos\alpha_n^n\end{pmatrix}^{-1}\begin{pmatrix}0\\0\\\vdots\\0\end{pmatrix}=\begin{pmatrix}0\\0\\\vdots\\0\end{pmatrix}.$$

由定理 8.2.10 知 $f=$常值. □

368. 设 f 在点 $\boldsymbol{x}^0=(x_0,y_0)$ 处可微，且在 $\boldsymbol{x}^0$ 处给定了 n 个单位向量 $\boldsymbol{l}_i(i=1,2,\cdots,n)$. 相邻两个向量之间的夹角为 $\frac{2\pi}{n}$. 证明：

$$\sum_{i=1}^{n}\frac{\partial f}{\partial \boldsymbol{l}_i}(\boldsymbol{x}^0)=0.$$

证明 由条件设 $\boldsymbol{l}_i=\left(\cos\left(\alpha+\frac{2\pi(i-1)}{n}\right),\sin\left(\alpha+\frac{2\pi(i-1)}{n}\right)\right),i=1,2,\cdots,n$. 于是

$$\begin{aligned}\frac{\partial f}{\partial \boldsymbol{l}_i}&=f'_x\cos\left(\alpha+\frac{2\pi(i-1)}{n}\right)+f'_y\sin\left(\alpha+\frac{2\pi(i-1)}{n}\right)\\&=f'_x\left(\cos\alpha\cos\frac{2\pi(i-1)}{n}-\sin\alpha\sin\frac{2\pi(i-1)}{n}\right)\\&\quad+f'_y\left(\sin\alpha\cos\frac{2\pi(i-1)}{n}+\cos\alpha\sin\frac{2\pi(i-1)}{n}\right).\end{aligned}$$

因为

$$\begin{aligned}&\cos 0+\cos\frac{2\pi}{n}+\cdots+\cos\frac{n-1}{n}2\pi\\=&\frac{1}{2\sin\frac{\pi}{n}}\left(2\sin\frac{\pi}{n}+2\sin\frac{\pi}{n}\cos\frac{2\pi}{n}+\cdots+2\sin\frac{\pi}{n}\cos\frac{n-1}{n}2\pi\right)\end{aligned}$$

$$= \frac{1}{2\sin\frac{\pi}{n}}\left(2\sin\frac{\pi}{n}+\sin\frac{3\pi}{n}-\sin\frac{\pi}{n}+\cdots+\sin\frac{2n-1}{n}\pi-\sin\frac{2n-3}{n}\pi\right)$$

$$= \frac{1}{2\sin\frac{\pi}{n}}\left(\sin\frac{\pi}{n}+\sin\frac{2n-1}{n}\pi\right)=\frac{1}{2\sin\frac{\pi}{n}}\left(\sin\frac{\pi}{n}+\sin\left(2\pi-\frac{\pi}{n}\right)\right)=0,$$

$$\sin 0+\sin\frac{2\pi}{n}+\cdots+\sin\frac{n-1}{n}2\pi$$

$$= \frac{1}{2\sin\frac{\pi}{n}}\left(\cos\frac{\pi}{n}-\cos\frac{3\pi}{n}+\cos\frac{3\pi}{n}-\cos\frac{5\pi}{n}+\cdots+\cos\frac{2n-3}{n}\pi-\cos\frac{2n-1}{n}\pi\right)$$

$$= \frac{1}{2\sin\frac{\pi}{n}}\left(\cos\frac{\pi}{n}-\cos\left(2\pi-\frac{\pi}{n}\right)\right)=0.$$

所以

$$\begin{aligned}\sum_{i=1}^{n}\frac{\partial f}{\partial \boldsymbol{l}_i}&=\sum_{i=1}^{n}\cos\frac{2\pi(i-1)}{n}\cdot f'_x\cos\alpha-\sum_{i=1}^{n}\sin\frac{2\pi(i-1)}{n}\cdot f'_x\sin\alpha\\&\quad+\sum_{i=1}^{n}\cos\frac{2\pi(i-1)}{n}\cdot f'_y\sin\alpha+\sum_{i=1}^{n}\sin\frac{2\pi(i-1)}{n}\cdot f'_y\cos\alpha\\&=0\cdot f'_x\cos\alpha+0\cdot f'_x\sin\alpha+0\cdot f'_y\sin\alpha+0\cdot f'_y\cos\alpha\\&=0.\end{aligned}$$

□

369. 设 $y=y(x_1,x_2,\cdots,x_n)$ 与 $x_i=x_i(u_1,u_2,\cdots,u_m)$ 均为可微函数. 证明：

$$\sum_{i=1}^{n}\frac{\partial y}{\partial x_i}\mathrm{d}x_i=\sum_{j=1}^{m}\frac{\partial y}{\partial u_j}\mathrm{d}u_j,$$

即 $\mathrm{d}y=\sum_{j=1}^{m}\frac{\partial y}{\partial u_j}\mathrm{d}u_j=\sum_{i=1}^{n}\frac{\partial y}{\partial x_i}\mathrm{d}x_i$. 称此为**一阶微分形式的不变性**.

证明　根据复合函数的链规则有

$$\frac{\partial y}{\partial u_j}=\sum_{i=1}^{n}\frac{\partial y}{\partial x_i}\frac{\partial x_i}{\partial u_j}\text{ 及 }\mathrm{d}x_i=\sum_{j=1}^{m}\frac{\partial x_i}{\partial u_j}\mathrm{d}u_j,$$

然后得

$$\begin{aligned}\mathrm{d}y&=\sum_{j=1}^{m}\frac{\partial y}{\partial u_j}\mathrm{d}u_j=\sum_{j=1}^{m}\left(\sum_{i=1}^{n}\frac{\partial y}{\partial x_i}\frac{\partial x_i}{\partial u_j}\right)\mathrm{d}u_j\\&=\sum_{i=1}^{n}\frac{\partial y}{\partial x_i}\sum_{j=1}^{m}\frac{\partial x_i}{\partial u_j}\mathrm{d}u_j=\sum_{i=1}^{n}\frac{\partial y}{\partial x_i}\mathrm{d}x_i.\end{aligned}$$

□

370. 设 $f(x_1,x_2,\cdots,x_n)$ 与 $g(x_1,x_2,\cdots,x_n)$ 为 C^1 函数. 证明：

(1) $\mathrm{d}(f+g)=\mathrm{d}f+\mathrm{d}g$;

(2) $\mathrm{d}(\lambda f)=\lambda\mathrm{d}f,\lambda\in\mathbb{R}$;

(3) $d(fg)=fdg+gdf$;

(4) $d\left(\frac{f}{g}\right)=\frac{gdf-fdg}{g^2}$,其中 $g(x_1,x_2,\cdots,x_n)$ 处处不为 0.

证明

(1) $$d(f+g)=\sum_{i=1}^{n}\frac{\partial(f+g)}{\partial x_i}dx_i=\sum_{i=1}^{n}\left(\frac{\partial f}{\partial x_i}+\frac{\partial g}{\partial x_i}\right)dx_i$$

$$=\sum_{i=1}^{n}\frac{\partial f}{\partial x_i}dx_i+\sum_{i=1}^{n}\frac{\partial g}{\partial x_i}dx_i=df+dg.$$

(2) $$d(\lambda f)=\sum_{i=1}^{n}\frac{\partial(\lambda f)}{\partial x_i}dx_i=\sum_{i=1}^{n}\lambda\frac{\partial f}{\partial x_i}dx_i=\lambda\sum_{i=1}^{n}\frac{\partial f}{\partial x_i}dx_i=\lambda df.$$

(3) $$d(fg)=\sum_{i=1}^{n}\frac{\partial(fg)}{\partial x_i}dx_i=\sum_{i=1}^{n}\left(f\frac{\partial g}{\partial x_i}+g\frac{\partial f}{\partial x_i}\right)dx_i$$

$$=\sum_{i=1}^{n}f\frac{\partial g}{\partial x_i}dx_i+\sum_{i=1}^{n}g\frac{\partial f}{\partial x_i}dx_i=fdg+gdf.$$

(4) $$d\left(\frac{f}{g}\right)=\sum_{i=1}^{n}\frac{\partial\left(\frac{f}{g}\right)}{\partial x_i}dx_i=\sum_{i=1}^{n}\frac{\frac{\partial f}{\partial x_i}g-f\frac{\partial g}{\partial x_i}}{g^2}dx_i$$

$$=\sum_{i=1}^{n}\frac{g\frac{\partial f}{\partial x_i}dx_i-f\frac{\partial g}{\partial x_i}dx_i}{g^2}=\frac{g\sum_{i=1}^{n}\frac{\partial f}{\partial x_i}dx_i-f\sum_{i=1}^{n}\frac{\partial g}{\partial x_i}dx_i}{g^2}$$

$$=\frac{gdf-fdg}{g^2}.$$ □

371. $w=e^v,v=\sin u,u=x^2+y^2,w=e^{\sin(x^2+y^2)}$.

(1) 由定义求 dw;

(2) 应用 369 题的方法求 dw,并由此得到$\frac{\partial w}{\partial x},\frac{\partial w}{\partial y}$.

解 (1) 由 $w=e^{\sin(x^2+y^2)}$ 求得

$$\frac{\partial w}{\partial x}=e^{\sin(x^2+y^2)}\cos(x^2+y^2)\cdot 2x=2x\cos(x^2+y^2)e^{\sin(x^2+y^2)},$$

$$\frac{\partial w}{\partial y}=2y\cos(x^2+y^2)e^{\sin(x^2+y^2)}.$$

所以

$$dw=\frac{\partial w}{\partial x}dx+\frac{\partial w}{\partial y}dy=2\cos(x^2+y^2)e^{\sin(x^2+y^2)}(xdx+ydy).$$

(2) $dw=e^v dv=e^v\cos u du=e^v\cos u(2xdx+2ydy)$

$=2e^{\sin(x^2+y^2)}\cos(x^2+y^2)(xdx+ydy)$.

由此立即有

$$\frac{\partial w}{\partial x}=2x\cos(x^2+y^2)\mathrm{e}^{\sin(x^2+y^2)},\quad \frac{\partial w}{\partial y}=2y\cos(x^2+y^2)\mathrm{e}^{\sin(x^2+y^2)}.$$ □

372. 设 $G_1(x,y,z)$,$G_2(x,y,z)$,$f(x,y)$都是可微的.

$$g_i(x,y)=G_i(x,y,f(x,y)),\quad i=1,2.$$

证明:

$$\frac{\partial(g_1,g_2)}{\partial(x,y)}=\begin{vmatrix}-f'_x & -f'_y & 1\\ G'_{1x} & G'_{1y} & G'_{1z}\\ G'_{2x} & G'_{2y} & G'_{2z}\end{vmatrix}.$$

证明 因为

$$\frac{\partial(g_1,g_2)}{\partial(x,y)}=\left|\begin{pmatrix}G'_{1x} & G'_{1y} & G'_{1z}\\ G'_{2x} & G'_{2y} & G'_{2z}\end{pmatrix}\begin{pmatrix}\frac{\partial x}{\partial x} & \frac{\partial x}{\partial y}\\ \frac{\partial y}{\partial x} & \frac{\partial y}{\partial y}\\ \frac{\partial z}{\partial x} & \frac{\partial z}{\partial y}\end{pmatrix}\right|=\left|\begin{pmatrix}G'_{1x} & G'_{1y} & G'_{1z}\\ G'_{2x} & G'_{2y} & G'_{2z}\end{pmatrix}\begin{pmatrix}1 & 0\\ 0 & 1\\ f'_x & f'_y\end{pmatrix}\right|$$

$$=\begin{vmatrix}G'_{1x}+G'_{1z}f'_x & G'_{1y}+G'_{1z}f'_y\\ G'_{2x}+G'_{2z}f'_x & G'_{2y}+G'_{2z}f'_y\end{vmatrix}$$

$$=\begin{vmatrix}-f'_x & -f'_y & 1\\ G'_{1x}+G'_{1z}f'_x & G'_{1y}+G'_{1z}f'_y & 0\\ G'_{2x}+G'_{2z}f'_x & G'_{2y}+G'_{2z}f'_y & 0\end{vmatrix}=\begin{vmatrix}-f'_x & -f'_y & 1\\ G'_{1x} & G'_{1y} & G'_{1z}\\ G'_{2x} & G'_{2y} & G'_{2z}\end{vmatrix}.$$

或者

$$\frac{\partial(g_1,g_2)}{\partial(x,y)}=\begin{vmatrix}G'_{1x}+G'_{1z}f'_x & G'_{1y}+G'_{1z}f'_y\\ G'_{2x}+G'_{2z}f'_x & G'_{2y}+G'_{2z}f'_y\end{vmatrix}$$

$$=f'_x(G'_{1z}G'_{2y}-G'_{1y}G'_{2z})+f'_y(G'_{1x}G'_{2z}-G'_{2x}G'_{1z})+(G'_{1x}G'_{2y}-G'_{2x}G'_{1y})$$

$$=\begin{vmatrix}-f'_x & -f'_y & 1\\ G'_{1x} & G'_{1y} & G'_{1z}\\ G'_{2x} & G'_{2y} & G'_{2z}\end{vmatrix}.$$ □

373. 证明:

$$f(x,y)=\begin{cases}(x^2+y^2)\sin\dfrac{1}{\sqrt{x^2+y^2}}, & x^2+y^2\neq 0,\\ 0, & x=y=0\end{cases}$$

的偏导数在(0,0)均不连续,但它在(0,0)处可微.

证明 当 $x^2+y^2\neq 0$ 时,有

$$f'_x=2x\sin\frac{1}{\sqrt{x^2+y^2}}+(x^2+y^2)\cos\frac{1}{\sqrt{x^2+y^2}}\left(-\frac{x}{(x^2+y^2)^{3/2}}\right)$$

$$= 2x\sin\frac{1}{\sqrt{x^2+y^2}} - \frac{x}{\sqrt{x^2+y^2}}\cos\frac{1}{\sqrt{x^2+y^2}},$$

$$f'_y = 2y\sin\frac{1}{\sqrt{x^2+y^2}} - \frac{y}{\sqrt{x^2+y^2}}\cos\frac{1}{\sqrt{x^2+y^2}}.$$

而

$$f'_x(0,0) = \lim_{x\to 0}\frac{(x^2+0^2)\sin\frac{1}{\sqrt{x^2+0^2}} - 0}{x-0} = \lim_{x\to 0} x\sin\frac{1}{|x|} = 0 = f'_y(0,0),$$

由于极限 $\lim\limits_{(x,y)\to(0,0)} f'_x(x,y) = \lim\limits_{x\to 0}\left(2x\sin\frac{1}{\sqrt{x^2+y^2}} - \frac{x}{\sqrt{x^2+y^2}}\cos\frac{1}{\sqrt{x^2+y^2}}\right)$不存在$\Bigg($因 $\left|2x\sin\frac{1}{\sqrt{x^2+y^2}}\right| \leqslant 2x \to 0(x\to 0)$,而$\frac{x}{\sqrt{x^2+y^2}}\cos\frac{1}{\sqrt{x^2+y^2}}$当$(x,y)$沿直线 $y=x$ 趋于$(0,0)$时,$\frac{x}{|x|}\cos\frac{1}{\sqrt{2}|x|}$无极限$\Bigg)$,所以偏导数 $f'_x(x,y)$在$(0,0)$处不连续. 同理 $f'_y(x,y)$在$(0,0)$处也不连续.

但是,因

$$\frac{(x^2+y^2)\sin\frac{1}{\sqrt{x^2+y^2}}}{\sqrt{x^2+y^2}} = \sqrt{x^2+y^2}\sin\frac{1}{\sqrt{x^2+y^2}} \to 0 \quad ((x,y)\to(0,0)).$$

故

$$f(x,y) = (x^2+y^2)\sin\frac{1}{\sqrt{x^2+y^2}} = 0\cdot x + 0\cdot y + (x^2+y^2)\sin\frac{1}{\sqrt{x^2+y^2}}$$

$$= f'_x(0,0)x + f'_y(0,0)y + o(\sqrt{x^2+y^2}) \quad ((x,y)\to(0,0)),$$

即 $f(x,y)$在$(0,0)$处可微. □

374. 证明:

$$f(x,y) = \begin{cases}(x^2+y^2)\sin\frac{1}{x^2+y^2}, & x^2+y^2>0,\\ 0, & x^2+y^2=0\end{cases}$$

在$(0,0)$点连续. f 的偏导数 f'_x与 f'_y在$(0,0)$处都不连续,且在$(0,0)$的任何开邻域内无界. 但它在$(0,0)$处可微.

证明 当 $x^2+y^2>0$ 时,则

$$f'_x(x,y) = 2x\sin\frac{1}{x^2+y^2} + (x^2+y^2)\cos\frac{1}{x^2+y^2}\left(-\frac{2x}{(x^2+y^2)^2}\right)$$

$$= 2x\sin\frac{1}{x^2+y^2} - \frac{2x}{x^2+y^2}\cos\frac{1}{x^2+y^2}.$$

在$(0,0)$处有

$$f'_x(0,0)=\lim_{x\to 0}\frac{x^2\sin\frac{1}{x^2}-0}{x}=\lim_{x\to 0}x\sin\frac{1}{x^2}=0.$$

同理可得

$$f'_y(x,y)=\begin{cases}2y\sin\frac{1}{x^2+y^2}-\frac{2y}{x^2+y^2}\cos\frac{1}{x^2+y^2}, & x^2+y^2>0.\\ 0, & x^2+y^2=0.\end{cases}$$

由 $\sin\frac{1}{x^2+y^2}$有界，$x^2+y^2\to 0((x,y)\to(0,0))$，知

$$\lim_{(x,y)\to(0,0)}(x^2+y^2)\sin\frac{1}{x^2+y^2}=0=f(0,0),$$

$f(x,y)$在$(0,0)$处连续.

又因为

$$\lim_{\substack{x\to 0\\ y=x}}\left(2x\sin\frac{1}{x^2+y^2}-\frac{2x}{x^2+y^2}\cos\frac{1}{x^2+y^2}\right)=\lim_{x\to 0}\left(2x\sin\frac{1}{2x^2}-\frac{1}{x}\cos\frac{1}{2x^2}\right)$$

不存在. 故 $\lim\limits_{(x,y)\to(0,0)}f'_x(x,y)\neq 0=f'_x(0,0)$. f'_x在$(0,0)$处不连续，同理，$f'_y(x,y)$在$(0,0)$处也不连续. 且由于

$$f'_x(x,0)=2x\sin\frac{1}{x^2}-\frac{2}{x}\cos\frac{1}{x^2},$$

取 x_n 满足 $x_n^2=\frac{1}{2n\pi}\left(x_n=\frac{1}{\sqrt{2n\pi}}\to 0(n\to+\infty)\right)$，则

$$\begin{aligned}f'_x(x_n,0)&=\frac{2}{\sqrt{2n\pi}}\sin 2n\pi+2\sqrt{2n\pi}\cos 2n\pi\\&=2\sqrt{2n\pi}\to+\infty\quad(n\to+\infty).\end{aligned}$$

故 $f'_x(x,y)$在$(0,0)$的任何开邻域内无界. 同理 $f'_y(x,y)$也在$(0,0)$的任何开邻域内也无界.

因为

$$\lim_{(x,y)\to(0,0)}\frac{(x^2+y^2)\sin\frac{1}{x^2+y^2}}{\sqrt{x^2+y^2}}=\lim_{(x,y)\to(0,0)}\sqrt{x^2+y^2}\sin\frac{1}{x^2+y^2}=0,$$

所以

$$(x^2+y^2)\sin\frac{1}{x^2+y^2}=o(\sqrt{x^2+y^2})\quad((x,y)\to(0,0)).$$

又因为

$$\begin{aligned}(x^2+y^2)\sin\frac{1}{x^2+y^2}&=0+0\cdot x+0\cdot y+(x^2+y^2)\sin\frac{1}{x^2+y^2}\\&=f(0,0)+f'_x(0,0)x+f'_y(0,0)y+(x^2+y^2)\sin\frac{1}{x^2+y^2}\end{aligned}$$

$$=f(0,0)+f'_x(0,0)x+f'_y(0,0)y+o(\sqrt{x^2+y^2}).$$

因此，$f(x,y)$在$(0,0)$处可微. □

375. 证明：

$$f(x,y)=\begin{cases}\dfrac{xy}{\sqrt{x^2+y^2}}, & x^2+y^2>0,\\ 0, & x^2+y^2=0\end{cases}$$

在$(0,0)$的某开邻域内连续且有有界的偏导数，但f在$(0,0)$不可微.

证明 因为

$$\left|\frac{xy}{\sqrt{x^2+y^2}}-0\right|=\frac{|xy|}{\sqrt{x^2+y^2}}=|x|\frac{|y|}{\sqrt{x^2+y^2}}$$
$$\leqslant|x|\to 0\quad((x,y)\to(0,0)),$$

所以，$f(x,y)$在$(0,0)$处连续. 当$x^2+y^2>0$时，$f(x,y)$也连续. 且

$$f'_x(x,y)=\frac{y\sqrt{x^2+y^2}-xy\dfrac{x}{\sqrt{x^2+y^2}}}{x^2+y^2}=\frac{y^3}{(x^2+y^2)^{3/2}},$$

$$f'_y(x,y)=\frac{x^3}{(x^2+y^2)^{3/2}},$$

$$f'_x(0,0)=\lim_{x\to 0}\frac{f(x,0)-f(0,0)}{x}=\lim_{x\to 0}\frac{0-0}{x}=0,$$

$$f'_y(0,0)=0.$$

$$|f'_x(x,y)|\leqslant\frac{|y^3|}{(y^2)^{3/2}}=1,\quad |f'_y(x,y)|\leqslant 1.$$

故偏导数有界. 但$f(x,y)$在$(0,0)$处不可微. 事实上，

$$f(x,y)=\frac{xy}{\sqrt{x^2+y^2}}=0\cdot x+0\cdot y+\frac{xy}{\sqrt{x^2+y^2}}$$
$$=f'_x(0,0)\cdot x+f'_y(0,0)y+\frac{xy}{\sqrt{x^2+y^2}}.$$

由于$\dfrac{xy}{\sqrt{x^2+y^2}}/\sqrt{x^2+y^2}=\dfrac{xy}{x^2+y^2}\xrightarrow[x\to 0]{y=kx,k\neq 0}\dfrac{k}{1+k^2}\neq 0$，即$\dfrac{xy}{\sqrt{x^2+y^2}}\neq o(\sqrt{x^2+y^2})$. 所以$f(x,y)$在$(0,0)$处不可微. □

376. (Euler 定理)设$U\subset\mathbb{R}^n$为开集，且$\forall t>0$，$\forall \boldsymbol{x}=(x_1,x_2,\cdots,x_n)\in U$必有$tx\in U$，$f:U\to\mathbb{R}$可微，则

$$f\text{ 为 }\alpha\text{ 次齐次函数}\Leftrightarrow\sum_{i=1}^n x_i f'_{x_i}=\alpha f.$$

证明 $(\Rightarrow)$由α次齐次函数的定义，对$\forall t>0$，有

$$f(tx_1,tx_2,\cdots,tx_n)=t^\alpha f(x_1,x_2,\cdots,x_n).$$

两边对 t 求导得

$$x_1 f'_1(tx_1,tx_2,\cdots,tx_n)+x_2 f'_2(tx_1,tx_2,\cdots,tx_n)+\cdots+x_n f'_n(tx_1,tx_2,\cdots,tx_n)$$
$$=\alpha t^{\alpha-1} f(x_1,x_2,\cdots,x_n).$$

令 $t=1$,代入得到

$$\sum_{i=1}^{n} x_i f'_i(x_1,x_2,\cdots,x_n)=\alpha f(x_1,x_2,\cdots,x_n),$$

即为 $\sum\limits_{i=1}^{n} x_i f'_{x_i}=\alpha f$.

($\Leftarrow$) $\sum\limits_{i=1}^{n} x_i f'_{x_i}=\alpha f$,即为 $\sum\limits_{i=1}^{n} x_i f'_i=\alpha f$. 对 $\forall t>0$. 令

$$\varphi(t)=\frac{f(tx_1,tx_2,\cdots,tx_n)}{t^\alpha},$$

则

$$\varphi'(t)=\frac{t^\alpha \sum\limits_{i=1}^{n} x_i f'_i-\alpha t^{\alpha-1} f(tx_1,tx_2,\cdots,tx_n)}{t^{2\alpha}}$$
$$=\frac{\sum\limits_{i=1}^{n} tx_i f'_i(tx_1,tx_2,\cdots,tx_n)-\alpha f(tx_1,tx_2,\cdots,tx_n)}{t^{\alpha+1}}$$
$$=\frac{\sum\limits_{i=1}^{n} u_i f'_i(u_1,u_2,\cdots,u_n)-\alpha f(u_1,u_2,\cdots,u_n)}{t^{\alpha+1}}=\frac{\alpha f-\alpha f}{t^{\alpha+1}}$$
$$=0 \quad (t>0).$$

所以 $\varphi(t)$ 为常值,即 $\dfrac{f(tx_1,tx_2,\cdots,tx_n)}{t^\alpha}=\varphi(t)\equiv\varphi(1)=f(x_1,x_2,\cdots,x_n)$, $\forall t>0$,从而

$$f(tx_1,tx_2,\cdots,tx_n)=t^\alpha f(x_1,x_2,\cdots,x_n),\quad \forall t>0.$$ □

377. 设 $f(x_1,x_2,\cdots,x_n)$ 为可微分的 α 次齐次函数,证明:其偏导数 $f'_{x_i}(x_1,x_2,\cdots,x_n)$ $(i=1,2,\cdots,n)$ 均为 $\alpha-1$ 次齐次函数.

证明　根据 α 次齐次函数的定义,对 $\forall t>0$,有

$$f(tx_1,tx_2,\cdots,tx_n)=t^\alpha f(x_1,x_2,\cdots,x_n).$$

两边对 x_i 求导得

$$tf'_i(tx_1,tx_2,\cdots,tx_n)=t^\alpha f'_i(x_1,x_2,\cdots,x_n),$$

即有

$$f'_{x_i}(tx_1,tx_2,\cdots,tx_n)=t^{\alpha-1} f'_{x_i}(x_1,x_2,\cdots,x_n).$$

所以 $f'_{x_i}(x_1,x_2,\cdots,x_n)$ 为 $\alpha-1$ 次齐次函数, $i=1,2,\cdots,n$. □

378. (1) 设 $f(x_1,x_2,\cdots,x_n)$ 为可微分两次的 α 次齐次函数. 证明:

$$\left(\sum_{k=1}^{n} x_k \frac{\partial}{\partial x_k}\right)^2 f = \alpha(\alpha-1)f,$$

其中算子

$$\left(\sum_{k=1}^{n} x_k \frac{\partial}{\partial x_k}\right)^2 = \sum_{i,j=1}^{n} x_i x_j \frac{\partial^2}{\partial x_i \partial x_j}.$$

(2) 设 $f(x_1,x_2,\cdots,x_n)$ 为可微分 m 次的 α 次齐次函数,证明:

$$\left(\sum_{k=1}^{n} x_k \frac{\partial}{\partial x_k}\right)^m f = \alpha(\alpha-1)\cdots(\alpha-m+1)f.$$

其中

$$\left(\sum_{k=1}^{n} x_k \frac{\partial}{\partial x_k}\right)^m = \sum_{r_1+r_2+\cdots+r_n=m} \frac{m!}{r_1!r_2!\cdots r_n!} x_1^{r_1} x_2^{r_2}\cdots x_n^{r_n} \frac{\partial^m}{\partial x_1^{r_1}\partial x_2^{r_2}\cdots\partial x_n^{r_n}}.$$

证明 (1) f 为 α 次齐次函数,故对 $\forall t>0$,有

$$f(tx_1,tx_2,\cdots,tx_n) = t^{\alpha} f(x_1,x_2,\cdots,x_n).$$

令 $u_i=tx_i$,上式两边对 t 求导得

$$\sum_{i=1}^{n} x_i f'_{u_i}(tx_1,tx_2,\cdots,tx_n) = \alpha t^{\alpha-1} f(x_1,x_2,\cdots,x_n),$$

即

$$\left(\sum_{i=1}^{n} x_i \frac{\partial}{\partial u_i}\right) f = \alpha t^{\alpha-1} f(x_1,x_2,\cdots,x_n).$$

两边再对 t 求导得

$$\sum_{i=1}^{n} x_i \left(\sum_{j=1}^{n} f''_{u_i u_j}(tx_1,tx_2,\cdots,tx_n)\cdot x_j\right) = \alpha(\alpha-1)t^{\alpha-2} f(x_1,x_2,\cdots,x_n).$$

令 $t=1$,即得

$$\left(\sum_{k=1}^{n} x_k \frac{\partial}{\partial x_k}\right)^2 f = \alpha(\alpha-1)f.$$

(2) (归纳法)由(1)知当 $m=1,2$ 时结论成立.

假设

$$\left(\sum_{k=1}^{n} x_k \frac{\partial}{\partial u_k}\right)^{m-1} f(u_1,u_2,\cdots,u_n)$$
$$= \alpha(\alpha-1)\cdots(\alpha-m+2)t^{\alpha-m+1} f(x_1,x_2,\cdots,x_n),$$

其中 $u_i=tx_i(i=1,2,\cdots,n)$,两边再一次对 t 求导得

$$\sum_{j=1}^{n} x_j \frac{\partial}{\partial u_j}\left(\sum_{k=1}^{n} x_k \frac{\partial}{\partial u_k}\right)^{m-1} f$$
$$=\alpha(\alpha-1)\cdots(\alpha-m+2)(\alpha-m+1)t^{\alpha-m} f(x_1,x_2,\cdots,x_n),$$

即

$$\left(\sum_{k=1}^{n} x_k \frac{\partial}{\partial u_k}\right)^m f(u_1,u_2,\cdots,u_n) = \alpha(\alpha-1)\cdots(\alpha-m+1)t^{\alpha-m}f(x_1,x_2,\cdots,x_n).$$

令 $t=1$ 代入就有

$$\left(\sum_{k=1}^{n} x_k \frac{\partial}{\partial x_k}\right)^m f(x_1,x_2,\cdots,x_n) = \alpha(\alpha-1)\cdots(\alpha-m+1)f(x_1,x_2,\cdots,x_n).$$

简写为

$$\left(\sum_{k=1}^{n} x_k \frac{\partial}{\partial x_k}\right)^m f = \alpha(\alpha-1)\cdots(\alpha-m+1)f.$$

□

379. 设 $f(x,y)=\varphi(|xy|)$，其中 $\varphi(0)=0$；在 $u=0$ 的附近满足 $|\varphi(u)|\leqslant u^2$. 试证：$f(x,y)$ 在 $(0,0)$ 处可微.

证明 由题设知 $f(0,0)=\varphi(0)=0, f(x,0)=f(0,y)=\varphi(0)=0$,

$$f'_x(0,0) = \lim_{x\to 0}\frac{f(x,0)-f(0,0)}{x} = 0,\quad f'_y(0,0) = 0.$$

因为在 $u=0$ 附近，有 $|\varphi(u)|\leqslant u^2$，故当 x^2+y^2 在 $(0,0)$ 附近有

$$\left|\frac{\varphi(|xy|)}{\sqrt{x^2+y^2}}\right| \leqslant \frac{|xy|^2}{\sqrt{x^2+y^2}} \leqslant \frac{\left(\frac{x^2+y^2}{2}\right)^2}{\sqrt{x^2+y^2}} = \frac{1}{4}(x^2+y^2)^{\frac{3}{2}}.$$

对 $\forall\,\varepsilon>0$，取 $\delta=\sqrt[3]{4\varepsilon}$，当 $\sqrt{x^2+y^2}=\rho((x,y),(0,0))<\delta$ 时，有

$$\left|\frac{\varphi(|xy|)}{\sqrt{x^2+y^2}}-0\right| \leqslant \frac{1}{4}(x^2+y^2)^{\frac{3}{2}} < \frac{1}{4}\delta^3 = \varepsilon.$$

因此有 $\varphi(x,y)=o(\sqrt{x^2+y^2})$，从而

$$\begin{aligned} f(x,y) &= \varphi(|xy|) = 0+0\cdot x+0\cdot y+\varphi(|xy|) \\ &= f(0,0)+f'_x(0,0)x+f'_y(0,0)y+o(\sqrt{x^2+y^2}). \end{aligned}$$

故 f 在 $(0,0)$ 处可微.

□

380. 设 (x_0,y_0,z_0,u_0) 满足方程组

$$\begin{cases} f(x)+f(y)+f(z) = F(u), \\ g(x)+g(y)+g(z) = G(u), \\ h(x)+h(y)+h(z) = H(u). \end{cases}$$

这里所有的函数假定有连续的导数.

(1) 说出一个能在该点开邻域内确定 x,y,z 为 u 的函数的充分条件；

(2) 在 $f(x)=x, g(x)=x^2, h(x)=x^3$ 的情形下，上述条件相当于什么？

解 (1) 设

$$\begin{cases} \overline{F}(x,y,z,u) = f(x)+f(y)+f(z)-F(u) = 0, \\ \overline{G}(x,y,z,u) = g(x)+g(y)+g(z)-G(u) = 0, \\ \overline{H}(x,y,z,u) = h(x)+h(y)+h(z)-H(u) = 0 \end{cases}$$

为方程组,由题设知

(i) $\overline{F},\overline{G},\overline{H}$ 在$\mathbb{R}^4$ 内连续;

(ii) $\overline{F},\overline{G},\overline{H}$ 在$\mathbb{R}^4$ 内有连续的一阶偏导数;

(iii) $\overline{F}(x_0,y_0,z_0,u_0)=0,\overline{G}(x_0,y_0,z_0,u_0)=0,\overline{H}(x_0,y_0,z_0,u_0)=0$,即方程组有解.

故当

$$\left.\frac{\partial(\overline{F},\overline{G},\overline{H})}{\partial(x,y,z)}\right|_{p_0}=\begin{vmatrix} f'(x_0) & f'(y_0) & f'(z_0) \\ g'(x_0) & g'(y_0) & g'(z_0) \\ h'(x_0) & h'(y_0) & h'(z_0) \end{vmatrix}\neq 0$$

时,原方程组能在点 $p_0(x_0,y_0,z_0,u_0)$的开邻域内确定 x,y,z 作为 u 的函数.

(2) 按(1)的条件,由于 $f'(x)=1,g'(x)=2x,h'(x)=3x^2$,故相当于

$$0\neq\begin{vmatrix} 1 & 1 & 1 \\ 2x_0 & 2y_0 & 2z_0 \\ 3x_0^2 & 3y_0^2 & 3z_0^2 \end{vmatrix}=6\begin{vmatrix} 1 & 0 & 0 \\ x_0 & y_0-x_0 & z_0-x_0 \\ x_0^2 & y_0^2-x_0^2 & z_0^2-x_0^2 \end{vmatrix}=6(y_0-x_0)(z_0-x_0)(z_0-y_0)$$

时,x,y,z 能在(x_0,y_0,z_0,u_0)的开邻域内表示为 u 的函数,该条件等价于 x_0,y_0,z_0 两两互异. □

381. 据理说明:在点(0,1)近旁是否存在 C^∞ 的 $f(x,y)$与 $g(x,y)$满足:

$$f(0,1)=1,\quad g(0,1)=-1.$$

且

$$\begin{cases}[f(x,y)]^3+xg(x,y)-y=0,\\ [g(x,y)]^3+yf(x,y)-x=0.\end{cases}$$

解 设 $u=f(x,y),v=g(x,y)$,则

$$\begin{cases}F(x,y,u,v)=u^3+xv-y=0,\\ G(x,y,u,v)=v^3+yu-x=0.\end{cases}$$

于是满足

(i) F,G 在以 $P_0(0,1,1,-1)$为内点的$\mathbb{R}^4$ 内连续;

(ii) F,G 在$\mathbb{R}^4$ 内有连续的一阶偏导数;

(iii) $F(P_0)=0,G(P_0)=0$;

(iv)

$$\left.\frac{\partial(F,G)}{\partial(u,v)}\right|_{P_0}=\left.\begin{vmatrix} 3u^2 & x \\ y & 3v^2 \end{vmatrix}\right|_{P_0}=\begin{vmatrix} 3 & 0 \\ 1 & 3 \end{vmatrix}=9\neq 0.$$

根据隐函数定理,方程组在点 $P_0(0,1,1,-1)$的开邻域内惟一地确定了在点(0,1)近旁的连续可导的两个二元函数 $u=f(x,y),v=g(x,y)$,满足 $f(0,1)=1,g(0,1)=-1$,且

$$\begin{cases}[f(x,y)]^3+xg(x,y)-y=0,\\ [g(x,y)]^3+yf(x,y)-x=0.\end{cases}$$

□

382. 设 f'_x, f'_y 与 f''_{yx} 在点 (x_0,y_0) 的某开邻域内存在，f''_{yx} 在点 (x_0,y_0) 连续. 证明：$f''_{xy}(x_0,y_0)$ 也存在，且 $f''_{xy}(x_0,y_0)=f''_{yx}(x_0,y_0)$.

证明　根据定义

$$\begin{aligned}f''_{xy}(x_0,y_0)&=\lim_{\Delta y\to 0}\frac{f'_x(x_0,y_0+\Delta y)-f'_x(x_0,y_0)}{\Delta y}\\&=\lim_{\Delta y\to 0}\frac{1}{\Delta y}\left\{\lim_{\Delta x\to 0}\frac{f(x_0+\Delta x,y_0+\Delta y)-f(x_0,y_0+\Delta y)}{\Delta x}-\lim_{\Delta x\to 0}\frac{f(x_0+\Delta x,y_0)-f(x_0,y_0)}{\Delta x}\right\}\\&=\lim_{\Delta y\to 0}\lim_{\Delta x\to 0}\frac{f(x_0+\Delta x,y_0+\Delta y)-f(x_0,y_0+\Delta y)-f(x_0+\Delta x,y_0)+f(x_0,y_0)}{\Delta x\Delta y}.\end{aligned}$$

同理

$$f''_{yx}(x_0,y_0)=\lim_{\Delta x\to 0}\lim_{\Delta y\to 0}\frac{f(x_0+\Delta x,y_0+\Delta y)-f(x_0+\Delta x,y_0)-f(x_0,y_0+\Delta y)+f(x_0,y_0)}{\Delta y\Delta x}.$$

令 $\varphi(y)=f(x_0+\Delta x,y)-f(x_0,y)$，则 φ 在 y_0 处可导，且

$$\begin{aligned}&f(x_0+\Delta x,y_0+\Delta y)-f(x_0,y_0+\Delta y)-f(x_0+\Delta x,y_0)+f(x_0,y_0)\\&=f(x_0+\Delta x,y_0+\Delta y)-f(x_0+\Delta x,y_0)-f(x_0,y_0+\Delta y)+f(x_0,y_0)\\&=\varphi(y_0+\Delta y)-\varphi(y_0)=\varphi'(y_0+\theta_1\Delta y)\Delta y\\&=[f'_y(x_0+\Delta x,y_0+\theta_1\Delta y)-f'_y(x_0,y_0+\theta_1\Delta y)]\Delta y,\quad 0<\theta_1<1.\end{aligned}$$

于是

$$\begin{aligned}&\lim_{\substack{\Delta x\to 0\\ \Delta y\to 0}}\frac{1}{\Delta x\Delta y}\{f(x_0+\Delta x,y_0+\Delta y)-f(x_0,y_0+\Delta y)-f(x_0+\Delta x,y_0)+f(x_0,y_0)\}\\&=\lim_{\substack{\Delta x\to 0\\ \Delta y\to 0}}\frac{f'_y(x_0+\Delta x,y_0+\theta_1\Delta y)-f'_y(x_0,y_0+\theta_1\Delta y)}{\Delta x}\\&=\lim_{\substack{\Delta x\to 0\\ \Delta y\to 0}}\frac{f''_{yx}(x_0+\theta_2\Delta x,y_0+\theta_1\Delta y)\Delta x}{\Delta x}\\&\xlongequal{f''_{yx}\text{在}(x_0,y_0)\text{连续}}f''_{yx}(x_0,y_0),\quad 0<\theta_1,\theta_2<1.\end{aligned}$$

由于 f'_x 在 (x_0,y_0) 的一个邻域内存在，即

$$\begin{aligned}&\lim_{\Delta x\to 0}\frac{f(x_0+\Delta x,y_0+\Delta y)-f(x_0,y_0+\Delta y)-f(x_0+\Delta x,y_0)+f(x_0,y_0)}{\Delta x\Delta y}\\&=\frac{1}{\Delta y}[f'_x(x_0,y_0+\Delta y)-f'_x(x_0,y_0)]\end{aligned}$$

存在，再根据定理 7.5.1(重极限与累次极限的定理)，累次极限

$$f''_{xy}(x_0,y_0)=\lim_{\Delta y\to 0}\lim_{\Delta x\to 0}\frac{f(x_0+\Delta x,y_0+\Delta y)-f(x_0,y_0+\Delta y)-f(x_0+\Delta x,y_0)+f(x_0,y_0)}{\Delta x\Delta y}$$

存在且与重极限相等，即

$$\begin{aligned}f''_{xy}(x_0,y_0)&=\lim_{\substack{\Delta x\to 0\\ \Delta y\to 0}}\frac{f(x_0+\Delta x,y_0+\Delta y)-f(x_0,y_0+\Delta y)-f(x_0+\Delta x,y_0)+f(x_0,y_0)}{\Delta x\Delta y}\\&=f''_{yx}(x_0,y_0).\end{aligned}$$

□

383. 设 f'_x, f'_y 在点 (x_0, y_0) 的某开邻域内存在，且在点 (x_0, y_0) 可微，证明：$f''_{xy}(x_0, y_0)=f''_{yx}(x_0, y_0)$.

证明 同上题，令 $\varphi(y)=f(x_0+\Delta x, y)-f(x_0, y)$，则 $\varphi(y)$ 在 y_0 附近可导，且

$$\varphi'(y)=f'_y(x_0+\Delta x, y)-f'_y(x_0, y).$$

于是

$$\begin{aligned}&\frac{1}{\Delta x\Delta y}\{f(x_0+\Delta x, y_0+\Delta y)-f(x_0, y_0+\Delta y)-f(x_0+\Delta x, y_0)+f(x_0, y_0)\}\\&=\frac{1}{\Delta x\Delta y}[\varphi(y_0+\Delta y)-\varphi(y_0)]=\frac{1}{\Delta x}\varphi'_y(y_0+\theta\Delta y)\\&=\frac{1}{\Delta x}[f'_y(x_0+\Delta x, y_0+\theta\Delta y)-f'_y(x_0, y_0+\theta\Delta y)],\quad 0<\theta<1.\end{aligned}$$

由题设 f'_y 在 (x_0, y_0) 处可微，所以

$$f'_y(x_0+\Delta x, y_0+\theta\Delta y)=f'_y(x_0, y_0)+f''_{yx}(x_0, y_0)\Delta x+f''_{yy}(x_0, y_0)\theta\Delta y+\varepsilon_1\Delta x+\varepsilon_2\theta\Delta y,$$

其中 $\varepsilon_1, \varepsilon_2\to 0(\Delta x, \Delta y)\to(0,0)$.

$$\begin{aligned}f'_y(x_0, y_0+\theta\Delta y)=&f'_y(x_0, y_0)+f''_{yx}(x_0, y_0)\cdot 0+f''_{yy}(x_0, y_0)\theta\Delta y\\&+\varepsilon_3\theta\Delta y,\quad \varepsilon_3\to 0(\Delta y\to 0).\end{aligned}$$

代入前面的式子，得

$$\begin{aligned}&\frac{1}{\Delta x\Delta y}\{f(x_0+\Delta x, y_0+\Delta y)-f(x_0, y_0+\Delta y)-f(x_0+\Delta x, y_0)+f(x_0, y_0)\}\\&=\frac{1}{\Delta x}\{f''_{yx}(x_0, y_0)\Delta x+\varepsilon_1\Delta x+(\varepsilon_2-\varepsilon_3)\theta\Delta y\}\\&=f''_{yx}(x_0, y_0)+\varepsilon_1+(\varepsilon_2-\varepsilon_3)\theta\frac{\Delta y}{\Delta x}.\end{aligned}$$

同理可得

$$\begin{aligned}&\frac{1}{\Delta x\Delta y}\{f(x_0+\Delta x, y_0+\Delta y)-f(x_0, y_0+\Delta y)-f(x_0+\Delta x, y_0)+f(x_0, y_0)\}\\&=\frac{1}{\Delta x\Delta y}\{f(x_0+\Delta x, y_0+\Delta y)-f(x_0+\Delta x, y_0)-f(x_0, y_0+\Delta y)+f(x_0, y_0)\}\\&=f''_{xy}(x_0, y_0)+\varepsilon_4+(\varepsilon_5-\varepsilon_6)\theta_1\frac{\Delta x}{\Delta y},\end{aligned}$$

其中 $\varepsilon_i\to 0$(当 $\Delta x\to 0, \Delta y\to 0$ 时)，$i=4,5,6, 0<\theta_1<1$. 对比之下有

$$f''_{yx}(x_0, y_0)+\varepsilon_1+(\varepsilon_2-\varepsilon_3)\theta\frac{\Delta y}{\Delta x}=f''_{xy}(x_0, y_0)+\varepsilon_4+(\varepsilon_5-\varepsilon_6)\theta_1\frac{\Delta x}{\Delta y},$$

等式对充分小的 $\Delta x, \Delta y$ 都成立，且当 $\Delta x, \Delta y\to 0$ 时，$\varepsilon_i\to 0(i=1,2,\cdots,6)$. 令 $\Delta y=\Delta x\to 0$，立即得

$$f''_{xy}(x_0, y_0)=f''_{yx}(x_0, y_0).$$ □

384. 设

$$u=\begin{vmatrix} 1 & 1 & \cdots & 1 \\ x_1 & x_2 & \cdots & x_n \\ x_1^2 & x_2^2 & \cdots & x_n^2 \\ \vdots & \vdots & & \vdots \\ x_1^{n-1} & x_2^{n-1} & \cdots & x_n^{n-1} \end{vmatrix}.$$

证明：(1) $\displaystyle\sum_{i=1}^{n}\frac{\partial u}{\partial x_i}=0$；　　　(2) $\displaystyle\sum_{i=1}^{n}x_i\frac{\partial u}{\partial x_i}=\frac{n(n-1)}{2}u$.

证法 1　由 u 的定义立即有

$$\frac{\partial u}{\partial x_i}=\sum_{k=1}^{n-1}\begin{vmatrix} 1 & 1 & \cdots & 1 & 1 & 1 & \cdots & 1 \\ x_1 & x_2 & \cdots & x_{i-1} & x_i & x_{i+1} & \cdots & x_n \\ \vdots & \vdots & & \vdots & \vdots & \vdots & & \vdots \\ x_1^{k-1} & x_2^{k-1} & \cdots & x_{i-1}^{k-1} & x_i^{k-1} & x_{i+1}^{k-1} & \cdots & x_n^{k-1} \\ 0 & 0 & \cdots & 0 & kx_i^{k-1} & 0 & \cdots & 0 \\ x_1^{k+1} & x_2^{k+1} & \cdots & x_{i-1}^{k+1} & x_i^{k+1} & x_{i+1}^{k+1} & \cdots & x_n^{k+1} \\ \vdots & \vdots & & \vdots & \vdots & \vdots & & \vdots \\ x_1^{n-1} & x_2^{n-1} & \cdots & x_{i-1}^{n-1} & x_i^{n-1} & x_{i+1}^{n-1} & \cdots & x_n^{n-1} \end{vmatrix}$$

(1) 根据上式得

$$\sum_{i=1}^{n}\frac{\partial u}{\partial x_i}=\sum_{k=1}^{n-1}\begin{vmatrix} 1 & 1 & \cdots & 1 \\ x_1 & x_2 & \cdots & x_n \\ \vdots & \vdots & & \vdots \\ x_1^{k-1} & x_2^{k-1} & \cdots & x_n^{k-1} \\ kx_1^{k-1} & kx_2^{k-1} & \cdots & kx_n^{k-1} \\ x_1^{k+1} & x_2^{k+1} & \cdots & x_n^{k+1} \\ \vdots & \vdots & & \vdots \\ x_1^{n-1} & x_2^{n-1} & \cdots & x_n^{n-1} \end{vmatrix}=\sum_{k=1}^{n-1}k\begin{vmatrix} 1 & 1 & \cdots & 1 \\ x_1 & x_2 & \cdots & x_n \\ \vdots & \vdots & & \vdots \\ x_1^{k-1} & x_2^{k-1} & \cdots & x_n^{k-1} \\ x_1^{k-1} & x_2^{k-1} & \cdots & x_n^{k-1} \\ x_1^{k+1} & x_2^{k+1} & \cdots & x_n^{k+1} \\ \vdots & \vdots & & \vdots \\ x_1^{n-1} & x_2^{n-1} & \cdots & x_n^{n-1} \end{vmatrix}$$

$$=\sum_{k=1}^{n-1}k\cdot 0=0.$$

(2)

$$\sum_{i=1}^{n}x_i\frac{\partial u}{\partial x_i}=\sum_{i=1}^{n}\sum_{k=1}^{n-1}\begin{vmatrix} 1 & 1 & \cdots & 1 & \cdots & 1 \\ x_1 & x_2 & \cdots & x_i & \cdots & x_n \\ \vdots & \vdots & & \vdots & & \vdots \\ x_1^{k-1} & x_2^{k-1} & \cdots & x_i^{k-1} & \cdots & x_n^{k-1} \\ 0 & 0 & \cdots & kx_i^k & \cdots & 0 \\ x_1^{k+1} & x_2^{k+1} & \cdots & x_i^{k+1} & \cdots & x_n^{k+1} \\ \vdots & \vdots & & \vdots & & \vdots \\ x_1^{n-1} & x_2^{n-1} & \cdots & x_i^{n-1} & \cdots & x_n^{n-1} \end{vmatrix}=\sum_{k=1}^{n-1}k\begin{vmatrix} 1 & 1 & \cdots & 1 & \cdots & 1 \\ x_1 & x_2 & \cdots & x_i & \cdots & x_n \\ \vdots & \vdots & & \vdots & & \vdots \\ x_1^{k-1} & x_2^{k-1} & \cdots & x_i^{k-1} & \cdots & x_n^{k-1} \\ x_1^k & x_2^k & \cdots & x_i^k & \cdots & x_n^k \\ x_1^{k+1} & x_2^{k+2} & \cdots & x_i^{k+1} & \cdots & x_n^{k+1} \\ \vdots & \vdots & & \vdots & & \vdots \\ x_1^{n-1} & x_2^{n-1} & \cdots & x_i^{n-1} & \cdots & x_n^{n-1} \end{vmatrix}$$

$$=\sum_{k=1}^{n-1}ku=\frac{(n-1)n}{2}u.$$

证法 2 (1) 设 $X_{j+1,i}$ 为 x_i^j 的代数余子式,将 u 按第 i 列展开得

$$u=\sum_{j=0}^{n-1}x_i^jX_{j+1,i}.$$

所以

$$\frac{\partial u}{\partial x_i}=\frac{\partial}{\partial x_i}\sum_{j=0}^{n-1}x_i^jX_{j+1,i}=\sum_{j=1}^{n-1}jx_i^{j-1}X_{j+1,i},\quad i=1,2,\cdots,n.$$

由于 $X_{j+1,i}$ 不含 x_i,故有

$$\sum_{i=1}^{n}\frac{\partial u}{\partial x_i}=\sum_{i=1}^{n}\sum_{j=1}^{n-1}jx_i^{j-1}X_{j+1,i}=\sum_{j=1}^{n-1}j\sum_{i=1}^{n}x_i^{j-1}X_{j+1,i}$$

$$=\sum_{j=1}^{n-1}j\begin{vmatrix}1&1&\cdots&1\\x_1&x_2&\cdots&x_n\\\vdots&\vdots&&\vdots\\x_1^{j-1}&x_2^{j-1}&\cdots&x_n^{j-1}\\x_1^{j-1}&x_2^{j-1}&\cdots&x_n^{j-1}\\x_1^{j+1}&x_2^{j+1}&\cdots&x_n^{j+1}\\\vdots&\vdots&&\vdots\\x_1^{n-1}&x_2^{n-1}&\cdots&x_n^{n-1}\end{vmatrix}=\sum_{j=1}^{n-1}j\cdot 0=0.$$

(2) 由

$$u(tx_1,tx_2,\cdots,tx_n)=\begin{vmatrix}1&1&\cdots&1\\tx_1&tx_2&\cdots&tx_n\\(tx_1)^2&(tx_2)^2&\cdots&(tx_n)^2\\\vdots&\vdots&&\vdots\\(tx_1)^{n-1}&(tx_2)^{n-1}&\cdots&(tx_n)^{n-1}\end{vmatrix}=t^{1+2+\cdots+(n-1)}u(x_1,x_2,\cdots,x_n)$$

$$=t^{\frac{n(n-1)}{2}}u$$

知 u 为 $\frac{n(n-1)}{2}$ 次齐次函数,根据齐次函数的 Euler 定理,有

$$\sum_{i=1}^{n}x_i\frac{\partial u}{\partial x_i}=\frac{n(n-1)}{2}u.$$

□

385. 设函数 $f(x,y)$ 具有连续的 n 阶偏导数.试证:函数 $g(t)=f(a+ht,b+kt)$ 的 n 阶导数

$$\frac{\mathrm{d}^ng(t)}{\mathrm{d}t^n}=\left(h\frac{\partial}{\partial x}+k\frac{\partial}{\partial y}\right)^nf(a+ht,b+kt).$$

证法 1 (归纳法)当 $n=1$ 时,有

$$\frac{\mathrm{d}g(t)}{\mathrm{d}t}=\frac{\partial f}{\partial x}\frac{\mathrm{d}x}{\mathrm{d}t}+\frac{\partial f}{\partial y}\frac{\mathrm{d}y}{\mathrm{d}t}=h\frac{\partial f}{\partial y}+k\frac{\partial f}{\partial y}=\left(h\frac{\partial}{\partial x}+k\frac{\partial}{\partial y}\right)f(a+ht,b+kt).$$

假设当 $n=l$ 时,有

$$\frac{\mathrm{d}^l g(t)}{\mathrm{d}t}=\left(h\frac{\partial}{\partial x}+k\frac{\partial}{\partial y}\right)^l f(a+ht,b+kt)=\sum_{i=0}^{l}\mathrm{C}_l^i\frac{\partial^l}{\partial x^i\partial y^{l-i}}f\cdot h^ik^{l-i},$$

则当 $n=l+1$ 时,有

$$\begin{aligned}\frac{\mathrm{d}^{l+1}g(t)}{\mathrm{d}t^{l+1}}&=\sum_{i=0}^{l}\mathrm{C}_l^ih^ik^{l-i}\left(\frac{\partial^l}{\partial x^i\partial y^{l-i}}f(a+ht,b+kt)\right)'\\&=\sum_{i=0}^{l}\left[\mathrm{C}_l^ih^ik^{l-i}\frac{\partial^{l+1}}{\partial x^{i+1}\partial y^{l-i}}f(a+ht,b+kt)\cdot h+\mathrm{C}_l^ih^ik^{l-i}\frac{\partial^{l+1}}{\partial x^i\partial y^{l+1-i}}f(a+ht,b+kt)\cdot k\right]\\&=\sum_{i=0}^{l}\mathrm{C}_l^ih^{i+1}k^{l-i}\frac{\partial^{l+1}f(a+ht,b+kt)}{\partial x^{i+1}\partial y^{l-i}}+\sum_{i=0}^{l}\mathrm{C}_l^ih^ik^{l+1-i}\frac{\partial^{l+1}f(a+ht,b+kt)}{\partial x^i\partial y^{l+1-i}}\\&=\sum_{j=1}^{l+1}\mathrm{C}_l^{j-1}h^jk^{l+1-j}\frac{\partial^{l+1}f(a+ht,b+kt)}{\partial x^j\partial y^{l+1-j}}+\sum_{j=0}^{l}\mathrm{C}_l^jh^jk^{l+1-j}\frac{\partial^{l+1}f(a+ht,b+kt)}{\partial x^j\partial y^{l+1-j}}\\&=\sum_{j=1}^{l}(\mathrm{C}_l^{j-1}+\mathrm{C}_l^j)h^jk^{l+1-j}\frac{\partial^{l+1}f(a+ht,b+kt)}{\partial x^j\partial y^{l+1-j}}+h^{l+1}\frac{\partial^{l+1}f(a+ht,b+kt)}{\partial x^{l+1}}\\&\quad+k^{l+1}\frac{\partial^{l+1}f(a+ht,b+kt)}{\partial y^{l+1}}\\&=\sum_{j=0}^{l+1}\mathrm{C}_{l+1}^jh^jk^{l+1-j}\frac{\partial^{l+1}f(a+ht,b+kt)}{\partial x^j\partial y^{l+1-j}}=\left(h\frac{\partial}{\partial x}+k\frac{\partial}{\partial y}\right)^{l+1}f(a+ht,b+kt).\end{aligned}$$

结论也成立.

证法 2　(归纳法)当 $n=1$ 时,有

$$\frac{\mathrm{d}g(t)}{\mathrm{d}t}=\frac{\partial f}{\partial x}\frac{\mathrm{d}x}{\mathrm{d}t}+\frac{\partial f}{\partial y}\frac{\mathrm{d}y}{\mathrm{d}t}=h\frac{\partial f}{\partial x}+k\frac{\partial f}{\partial y}=\left(h\frac{\partial}{\partial x}+k\frac{\partial}{\partial y}\right)^1 f(a+ht,b+kt),$$

等式成立. 假设 $n=l$ 时,结论正确,即

$$\frac{\mathrm{d}^l g(t)}{\mathrm{d}t^l}=\left(h\frac{\partial}{\partial x}+k\frac{\partial}{\partial y}\right)^l f(a+kt,b+kt).$$

则当 $n=l+1$ 时,有

$$\begin{aligned}\frac{\mathrm{d}^{l+1}g(t)}{\mathrm{d}t^{l+1}}&=\frac{\mathrm{d}}{\mathrm{d}t}\left(\frac{\mathrm{d}^lg(t)}{\mathrm{d}t^l}\right)=\frac{\mathrm{d}}{\mathrm{d}t}\left[\left(h\frac{\partial}{\partial x}+k\frac{\partial}{\partial y}\right)^l f(a+ht,b+kt)\right]\\&=\frac{\partial}{\partial x}\left[\left(h\frac{\partial}{\partial x}+k\frac{\partial}{\partial y}\right)^l f(a+ht,b+kt)\right]\cdot h\\&\quad+\frac{\partial}{\partial y}\left[\left(h\frac{\partial}{\partial x}+k\frac{\partial}{\partial y}\right)^l f(a+ht,b+kt)\right]\cdot k\\&=\left(h\frac{\partial}{\partial x}+k\frac{\partial}{\partial y}\right)^{l+1}f(a+ht,b+kt).\end{aligned}$$

结论也正确. □

386. 对于函数 $f(x,y)=\sin\dfrac{y}{x}$,证明:$\left(x\dfrac{\partial}{\partial x}+y\dfrac{\partial}{\partial y}\right)^m f=0$.

证明 因为对 $\forall t>0$,有

$$f(tx,ty)=\sin\frac{ty}{tx}=\sin\frac{y}{x}=f(x,y),$$

所以 $f(x,y)$ 是 0 次齐次函数. 由 378 题(即思考题 8.2 中 16 题)(2)得

$$\left(x\frac{\partial}{\partial x}+y\frac{\partial}{\partial y}\right)^m f=0(0-1)\cdots(0-m+1)f=0.$$ □

387. 设 $\varphi(x,y)$ 为 C^2 函数,它满足弦振动方程:$a^2\dfrac{\partial^2\varphi}{\partial x^2}=\dfrac{\partial^2\varphi}{\partial t^2}(a>0)$.

(1) 作变换 $u=x+at,v=x-at$,则有 $\dfrac{\partial^2\varphi}{\partial u\partial v}=0$;

(2) 解得 $\varphi=f(u)+g(v)=f(x+at)+g(x-at)$.

解 (1) 由题中给出的变换得

$$\frac{\partial\varphi}{\partial x}=\frac{\partial\varphi}{\partial u}\frac{\partial u}{\partial x}+\frac{\partial\varphi}{\partial v}\frac{\partial v}{\partial x}=\frac{\partial\varphi}{\partial u}+\frac{\partial\varphi}{\partial v},$$

$$\frac{\partial\varphi}{\partial t}=\frac{\partial\varphi}{\partial u}\frac{\partial u}{\partial t}+\frac{\partial\varphi}{\partial v}\frac{\partial v}{\partial t}=a\frac{\partial\varphi}{\partial u}-a\frac{\partial\varphi}{\partial v},$$

$$\frac{\partial^2\varphi}{\partial x^2}=\frac{\partial^2\varphi}{\partial u^2}+2\frac{\partial^2\varphi}{\partial u\partial v}+\frac{\partial^2\varphi}{\partial v^2},$$

$$\begin{aligned}\frac{\partial^2\varphi}{\partial t^2}&=a\left(\frac{\partial^2\varphi}{\partial u^2}\frac{\partial u}{\partial t}+\frac{\partial^2\varphi}{\partial u\partial v}\frac{\partial v}{\partial t}\right)-a\left(\frac{\partial^2\varphi}{\partial v\partial u}\frac{\partial u}{\partial t}+\frac{\partial^2\varphi}{\partial v^2}\frac{\partial v}{\partial t}\right)\\&=a^2\left(\frac{\partial^2\varphi}{\partial u^2}-2\frac{\partial^2\varphi}{\partial u\partial v}+\frac{\partial^2\varphi}{\partial v^2}\right).\end{aligned}$$

将其代入振动方程,就有

$$a^2\left(\frac{\partial^2\varphi}{\partial u^2}+2\frac{\partial^2\varphi}{\partial u\partial v}+\frac{\partial^2\varphi}{\partial v^2}\right)=a^2\frac{\partial^2\varphi}{\partial x^2}=\frac{\partial^2\varphi}{\partial t^2}=a^2\left(\frac{\partial^2\varphi}{\partial u^2}-2\frac{\partial^2\varphi}{\partial u\partial v}+\frac{\partial^2\varphi}{\partial v^2}\right),$$

化简即得

$$\frac{\partial^2\varphi}{\partial u\partial v}=0.$$

(2) 解方程 $\dfrac{\partial^2\varphi}{\partial u\partial v}=0$,积分得

$$\frac{\partial\varphi}{\partial u}=f_1(u),$$

再对 u 积分得

$$\varphi=\int f_1(u)\mathrm{d}u+g(v)=f(u)+g(v).$$

于是有

$$\varphi(x,t)=f(x+at)+g(x-at),$$

其中 f,g 都是 C^2 函数. □

388. 设 $u=u(x,y,z),v=v(x,y,z)$ 和 $x=x(s,t),y=y(s,t),z=z(s,t)$ 都有连续的一阶偏导数. 证明：

$$\frac{\partial(u,v)}{\partial(s,t)}=\frac{\partial(u,v)}{\partial(x,y)}\frac{\partial(x,y)}{\partial(s,t)}+\frac{\partial(u,v)}{\partial(y,z)}\frac{\partial(y,z)}{\partial(s,t)}+\frac{\partial(u,v)}{\partial(z,x)}\frac{\partial(z,x)}{\partial(s,t)}.$$

证法 1 (左到右)应用行列式的计算性质,有

$$\begin{aligned}\frac{\partial(u,v)}{\partial(s,t)}&=\begin{vmatrix}\frac{\partial u}{\partial s}&\frac{\partial u}{\partial t}\\ \frac{\partial v}{\partial s}&\frac{\partial v}{\partial t}\end{vmatrix}=\begin{vmatrix}\frac{\partial u}{\partial x}\frac{\partial x}{\partial s}+\frac{\partial u}{\partial y}\frac{\partial y}{\partial s}+\frac{\partial u}{\partial z}\frac{\partial z}{\partial s}&\frac{\partial u}{\partial x}\frac{\partial x}{\partial t}+\frac{\partial u}{\partial y}\frac{\partial y}{\partial t}+\frac{\partial u}{\partial z}\frac{\partial z}{\partial t}\\ \frac{\partial v}{\partial x}\frac{\partial x}{\partial s}+\frac{\partial v}{\partial y}\frac{\partial y}{\partial s}+\frac{\partial v}{\partial z}\frac{\partial z}{\partial s}&\frac{\partial v}{\partial x}\frac{\partial x}{\partial t}+\frac{\partial v}{\partial y}\frac{\partial y}{\partial t}+\frac{\partial v}{\partial z}\frac{\partial z}{\partial t}\end{vmatrix}\\
&=\begin{vmatrix}\frac{\partial u}{\partial x}&\frac{\partial u}{\partial y}\\ \frac{\partial v}{\partial x}&\frac{\partial v}{\partial y}\end{vmatrix}\frac{\partial x}{\partial s}\frac{\partial y}{\partial t}+\begin{vmatrix}\frac{\partial u}{\partial x}&\frac{\partial u}{\partial z}\\ \frac{\partial v}{\partial x}&\frac{\partial v}{\partial z}\end{vmatrix}\frac{\partial x}{\partial s}\frac{\partial z}{\partial t}+\begin{vmatrix}\frac{\partial u}{\partial y}&\frac{\partial u}{\partial x}\\ \frac{\partial v}{\partial y}&\frac{\partial v}{\partial x}\end{vmatrix}\frac{\partial y}{\partial s}\frac{\partial x}{\partial t}\\
&\quad+\begin{vmatrix}\frac{\partial u}{\partial y}&\frac{\partial u}{\partial z}\\ \frac{\partial v}{\partial y}&\frac{\partial v}{\partial z}\end{vmatrix}\frac{\partial y}{\partial s}\frac{\partial z}{\partial t}+\begin{vmatrix}\frac{\partial u}{\partial z}&\frac{\partial u}{\partial x}\\ \frac{\partial v}{\partial z}&\frac{\partial v}{\partial x}\end{vmatrix}\frac{\partial z}{\partial s}\frac{\partial x}{\partial t}+\begin{vmatrix}\frac{\partial u}{\partial z}&\frac{\partial u}{\partial y}\\ \frac{\partial v}{\partial z}&\frac{\partial v}{\partial y}\end{vmatrix}\frac{\partial z}{\partial s}\frac{\partial y}{\partial t}\\
&=\begin{vmatrix}\frac{\partial u}{\partial x}&\frac{\partial u}{\partial y}\\ \frac{\partial v}{\partial x}&\frac{\partial v}{\partial y}\end{vmatrix}\left(\frac{\partial x}{\partial s}\frac{\partial y}{\partial t}-\frac{\partial y}{\partial s}\frac{\partial x}{\partial t}\right)+\begin{vmatrix}\frac{\partial u}{\partial y}&\frac{\partial y}{\partial z}\\ \frac{\partial v}{\partial y}&\frac{\partial v}{\partial z}\end{vmatrix}\left(\frac{\partial y}{\partial s}\frac{\partial z}{\partial t}-\frac{\partial z}{\partial s}\frac{\partial y}{\partial t}\right)\\
&\quad+\begin{vmatrix}\frac{\partial u}{\partial z}&\frac{\partial u}{\partial x}\\ \frac{\partial v}{\partial z}&\frac{\partial v}{\partial x}\end{vmatrix}\left(\frac{\partial z}{\partial s}\frac{\partial y}{\partial t}-\frac{\partial x}{\partial s}\frac{\partial z}{\partial t}\right)\\
&=\frac{\partial(u,v)}{\partial(x,y)}\frac{\partial(x,y)}{\partial(s,t)}+\frac{\partial(u,v)}{\partial(y,z)}\frac{\partial(y,z)}{\partial(s,t)}+\frac{\partial(u,v)}{\partial(z,x)}\frac{\partial(z,x)}{\partial(s,t)}.\end{aligned}$$

证法 2 (两边凑)

$$\begin{aligned}\text{左边}&=\frac{\partial(u,v)}{\partial(s,t)}=\frac{\partial u}{\partial s}\frac{\partial v}{\partial t}-\frac{\partial u}{\partial t}\frac{\partial v}{\partial s}\\
&=\left(\frac{\partial u}{\partial x}\frac{\partial x}{\partial s}+\frac{\partial u}{\partial y}\frac{\partial y}{\partial s}+\frac{\partial u}{\partial z}\frac{\partial z}{\partial s}\right)\left(\frac{\partial v}{\partial x}\frac{\partial x}{\partial t}+\frac{\partial v}{\partial y}\frac{\partial y}{\partial t}+\frac{\partial v}{\partial z}\frac{\partial z}{\partial t}\right)\\
&\quad-\left(\frac{\partial u}{\partial x}\frac{\partial x}{\partial t}+\frac{\partial u}{\partial y}\frac{\partial y}{\partial t}+\frac{\partial u}{\partial z}\frac{\partial z}{\partial t}\right)\left(\frac{\partial v}{\partial x}\frac{\partial x}{\partial s}+\frac{\partial v}{\partial y}\frac{\partial y}{\partial s}+\frac{\partial v}{\partial z}\frac{\partial z}{\partial s}\right)\\
&=\frac{\partial u}{\partial x}\frac{\partial v}{\partial x}\frac{\partial x}{\partial s}\frac{\partial x}{\partial t}+\frac{\partial u}{\partial x}\frac{\partial v}{\partial y}\frac{\partial x}{\partial s}\frac{\partial y}{\partial t}+\frac{\partial u}{\partial x}\frac{\partial v}{\partial z}\frac{\partial x}{\partial s}\frac{\partial z}{\partial t}+\frac{\partial u}{\partial y}\frac{\partial v}{\partial x}\frac{\partial y}{\partial s}\frac{\partial x}{\partial t}+\frac{\partial u}{\partial y}\frac{\partial v}{\partial y}\frac{\partial y}{\partial s}\frac{\partial y}{\partial t}\\
&\quad+\frac{\partial u}{\partial y}\frac{\partial v}{\partial z}\frac{\partial y}{\partial s}\frac{\partial z}{\partial t}+\frac{\partial u}{\partial z}\frac{\partial v}{\partial x}\frac{\partial z}{\partial s}\frac{\partial x}{\partial t}+\frac{\partial u}{\partial z}\frac{\partial v}{\partial y}\frac{\partial z}{\partial s}\frac{\partial y}{\partial t}+\frac{\partial u}{\partial z}\frac{\partial v}{\partial z}\frac{\partial z}{\partial s}\frac{\partial z}{\partial t}-\frac{\partial u}{\partial x}\frac{\partial v}{\partial x}\frac{\partial x}{\partial t}\frac{\partial x}{\partial s}\end{aligned}$$

$$-\frac{\partial u}{\partial x}\frac{\partial v}{\partial y}\frac{\partial x}{\partial t}\frac{\partial y}{\partial s}-\frac{\partial u}{\partial x}\frac{\partial v}{\partial z}\frac{\partial x}{\partial t}\frac{\partial z}{\partial s}-\frac{\partial u}{\partial y}\frac{\partial v}{\partial x}\frac{\partial y}{\partial t}\frac{\partial x}{\partial s}-\frac{\partial u}{\partial y}\frac{\partial v}{\partial y}\frac{\partial y}{\partial t}\frac{\partial y}{\partial s}-\frac{\partial u}{\partial y}\frac{\partial v}{\partial z}\frac{\partial y}{\partial t}\frac{\partial z}{\partial s}$$

$$-\frac{\partial u}{\partial z}\frac{\partial v}{\partial x}\frac{\partial z}{\partial t}\frac{\partial x}{\partial s}-\frac{\partial u}{\partial z}\frac{\partial v}{\partial y}\frac{\partial z}{\partial t}\frac{\partial y}{\partial s}-\frac{\partial u}{\partial z}\frac{\partial v}{\partial z}\frac{\partial z}{\partial t}\frac{\partial z}{\partial s}$$

$$=\frac{\partial u}{\partial x}\frac{\partial v}{\partial y}\frac{\partial x}{\partial s}\frac{\partial y}{\partial t}+\frac{\partial u}{\partial x}\frac{\partial v}{\partial z}\frac{\partial x}{\partial s}\frac{\partial z}{\partial t}+\frac{\partial u}{\partial y}\frac{\partial v}{\partial x}\frac{\partial y}{\partial s}\frac{\partial x}{\partial t}+\frac{\partial u}{\partial y}\frac{\partial v}{\partial z}\frac{\partial y}{\partial s}\frac{\partial z}{\partial t}$$

$$+\frac{\partial u}{\partial z}\frac{\partial v}{\partial x}\frac{\partial z}{\partial s}\frac{\partial x}{\partial t}+\frac{\partial u}{\partial z}\frac{\partial v}{\partial y}\frac{\partial z}{\partial s}\frac{\partial y}{\partial t}-\frac{\partial u}{\partial x}\frac{\partial v}{\partial y}\frac{\partial y}{\partial s}\frac{\partial x}{\partial t}-\frac{\partial u}{\partial x}\frac{\partial v}{\partial z}\frac{\partial z}{\partial s}\frac{\partial x}{\partial t}$$

$$-\frac{\partial u}{\partial y}\frac{\partial v}{\partial x}\frac{\partial x}{\partial s}\frac{\partial y}{\partial t}-\frac{\partial u}{\partial y}\frac{\partial v}{\partial z}\frac{\partial z}{\partial s}\frac{\partial y}{\partial t}-\frac{\partial u}{\partial z}\frac{\partial v}{\partial x}\frac{\partial x}{\partial s}\frac{\partial z}{\partial t}-\frac{\partial u}{\partial z}\frac{\partial v}{\partial y}\frac{\partial y}{\partial s}\frac{\partial z}{\partial t}.$$

$$\text{右边}=\begin{vmatrix}\frac{\partial u}{\partial x} & \frac{\partial u}{\partial y}\\ \frac{\partial v}{\partial x} & \frac{\partial v}{\partial y}\end{vmatrix}\begin{vmatrix}\frac{\partial x}{\partial s} & \frac{\partial x}{\partial t}\\ \frac{\partial y}{\partial s} & \frac{\partial y}{\partial t}\end{vmatrix}+\begin{vmatrix}\frac{\partial u}{\partial y} & \frac{\partial u}{\partial z}\\ \frac{\partial v}{\partial y} & \frac{\partial v}{\partial z}\end{vmatrix}\begin{vmatrix}\frac{\partial y}{\partial s} & \frac{\partial y}{\partial t}\\ \frac{\partial z}{\partial s} & \frac{\partial z}{\partial t}\end{vmatrix}+\begin{vmatrix}\frac{\partial u}{\partial z} & \frac{\partial u}{\partial x}\\ \frac{\partial v}{\partial z} & \frac{\partial v}{\partial x}\end{vmatrix}\begin{vmatrix}\frac{\partial z}{\partial s} & \frac{\partial z}{\partial t}\\ \frac{\partial x}{\partial s} & \frac{\partial x}{\partial t}\end{vmatrix}$$

$$=\left(\frac{\partial u}{\partial x}\frac{\partial v}{\partial y}-\frac{\partial u}{\partial y}\frac{\partial v}{\partial x}\right)\left(\frac{\partial x}{\partial s}\frac{\partial y}{\partial t}-\frac{\partial x}{\partial t}\frac{\partial y}{\partial s}\right)+\left(\frac{\partial u}{\partial y}\frac{\partial v}{\partial z}-\frac{\partial u}{\partial z}\frac{\partial v}{\partial y}\right)\left(\frac{\partial y}{\partial s}\frac{\partial z}{\partial t}-\frac{\partial y}{\partial t}\frac{\partial z}{\partial s}\right)$$

$$+\left(\frac{\partial u}{\partial z}\frac{\partial v}{\partial x}-\frac{\partial u}{\partial x}\frac{\partial v}{\partial z}\right)\left(\frac{\partial z}{\partial s}\frac{\partial x}{\partial t}-\frac{\partial z}{\partial t}\frac{\partial x}{\partial s}\right)$$

$$=\frac{\partial u}{\partial x}\frac{\partial v}{\partial y}\frac{\partial x}{\partial s}\frac{\partial y}{\partial t}-\frac{\partial u}{\partial x}\frac{\partial v}{\partial y}\frac{\partial y}{\partial s}\frac{\partial x}{\partial t}-\frac{\partial u}{\partial y}\frac{\partial v}{\partial x}\frac{\partial x}{\partial s}\frac{\partial y}{\partial t}+\frac{\partial u}{\partial y}\frac{\partial v}{\partial x}\frac{\partial y}{\partial s}\frac{\partial x}{\partial t}$$

$$+\frac{\partial u}{\partial y}\frac{\partial v}{\partial z}\frac{\partial y}{\partial s}\frac{\partial z}{\partial t}-\frac{\partial u}{\partial y}\frac{\partial v}{\partial z}\frac{\partial z}{\partial s}\frac{\partial y}{\partial t}-\frac{\partial u}{\partial z}\frac{\partial v}{\partial y}\frac{\partial y}{\partial s}\frac{\partial z}{\partial t}+\frac{\partial u}{\partial z}\frac{\partial v}{\partial y}\frac{\partial z}{\partial s}\frac{\partial y}{\partial t}$$

$$+\frac{\partial u}{\partial z}\frac{\partial v}{\partial x}\frac{\partial z}{\partial s}\frac{\partial x}{\partial t}-\frac{\partial u}{\partial z}\frac{\partial v}{\partial x}\frac{\partial x}{\partial s}\frac{\partial z}{\partial t}-\frac{\partial u}{\partial x}\frac{\partial v}{\partial z}\frac{\partial z}{\partial s}\frac{\partial x}{\partial t}+\frac{\partial u}{\partial x}\frac{\partial v}{\partial z}\frac{\partial x}{\partial s}\frac{\partial z}{\partial t}$$

=左边. □

389. 设 $u=\frac{x}{r^2},v=\frac{y}{r^2},w=\frac{z}{r^2}$,其中 $r=\sqrt{x^2+y^2+z^2}$. 证明:

(1) 以 u,v,w 为自变量的反函数组为

$$x=\frac{u}{u^2+v^2+w^2},\quad y=\frac{v}{u^2+v^2+w^2},\quad z=\frac{w}{u^2+v^2+w^2}.$$

(2) $\frac{\partial(u,v,w)}{\partial(x,y,z)}=-\frac{1}{r^6}$.

证明 (1) 因为 $u^2+v^2+w^2=\frac{1}{r^4}(x^2+y^2+z^2)=\frac{1}{r^2}$,所以

$$r^2=\frac{1}{u^2+v^2+w^2}.$$

从而

$$x=r^2u=\frac{u}{u^2+v^2+w^2},\quad y=r^2v=\frac{v}{u^2+v^2+w^2},\quad z=r^2w=\frac{w}{u^2+v^2+w^2}.$$

(2) 由 $r=\sqrt{x^2+y^2+z^2}$，得$\frac{\partial r}{\partial x}=\frac{x}{r},\frac{\partial r}{\partial y}=\frac{y}{r},\frac{\partial r}{\partial z}=\frac{z}{r}$，所以

$$\frac{\partial u}{\partial x}=\frac{r^2-x\cdot 2r\cdot\frac{\partial r}{\partial x}}{r^4}=\frac{r^2-2x^2}{r^4},\quad \frac{\partial v}{\partial y}=\frac{r^2-2y^2}{r^4},\quad \frac{\partial w}{\partial z}=\frac{r^2-2z^2}{r^4},$$

$$\frac{\partial v}{\partial x}=-\frac{2xy}{r^4}=\frac{\partial u}{\partial y},\frac{\partial w}{\partial x}=-\frac{2xz}{r^4}=\frac{\partial u}{\partial z},\quad \frac{\partial w}{\partial y}=-\frac{2yz}{r^4}=\frac{\partial v}{\partial z}.$$

于是

$$\frac{\partial(u,v,w)}{\partial(x,y,z)}=\begin{vmatrix}\frac{r^2-2x^2}{r^4} & -\frac{2xy}{r^4} & -\frac{2xz}{r^4}\\ -\frac{2xy}{r^4} & \frac{r^2-2y^2}{r^4} & -\frac{2yz}{r^4}\\ -\frac{2xz}{r^4} & -\frac{2yz}{r^4} & \frac{r^2-2z^2}{r^4}\end{vmatrix}$$

$$=\frac{1}{r^{12}}\begin{vmatrix}r^2-2x^2 & -2xy & -2xz\\ -2xy & r^2-2y^2 & -2yz\\ -2xz & -2yz & r^2-2z^2\end{vmatrix}$$

$$\xlongequal{\text{按第1行展开}}\frac{1}{r^{12}}\{(r^2-2x^2)(r^4-2y^2r^2-2z^2r^2)+2xy(-2xyr^2)-2xz\cdot 2xzr^2\}$$

$$=\frac{1}{r^{12}}\{r^6-2y^2r^4-2z^2r^4-2x^2r^4+4x^2y^2r^2+4x^2z^2r^2-4x^2y^2r^2-4x^2z^2r^2\}$$

$$=\frac{1}{r^{12}}(r^6-2(x^2+y^2+z^2)r^4)=-\frac{1}{r^6}.$$ □

390. 证明：Descartes(笛卡儿)叶形线

$$x^3+y^3-3axy=0\quad(a>0)$$

所确定的隐函数 $y=f(x)$的一阶与二阶导数分别为

$$y'=\frac{ay-x^2}{y^2-ax}(y^2-ax\neq 0)\text{ 与 }y''=-\frac{2a^3xy}{(y^2-ax)^2}.$$

由此给出曲线上具有水平切线与垂直切线的点.

证明　方程 $x^3+y^3-3axy=0$ 两边对 x 求导，得

$$3x^2+3y^2y'-3ay-3axy'=0.$$

解得

$$y'=\frac{ay-x^2}{y^2-ax}\quad(y^2-ax\neq 0).$$

于是

$$y''=\frac{(ay'-2x)(y^2-ax)-(ay-x^2)(2yy'-a)}{(y^2-ax)^2}$$

$$=\frac{1}{(y^2-ax)^2}\left[a\frac{ay-x^2}{y^2-ax}(y^2-ax)-2xy^2+2ax^2-2y(ay-x^2)\frac{ay-x^2}{y^2-ax}+a^2y-ax^2\right]$$

$$=\frac{1}{(y^2-ax)^3}[a^2y^3-a^3xy-ax^2y^2+a^2x^3-2xy^4+2ax^2y^2+2ax^2y^2-2a^2x^3-2a^2y^3$$
$$+2ax^2y^2+2ax^2y^2-2x^4y+a^2y^3-a^3xy-ax^2y^2+a^2x^3]$$
$$=\frac{1}{(y^2-ax)^3}[6ax^2y^2-2xy^4-2x^4y-2a^3xy]$$
$$=\frac{2xy(3axy-x^3-y^3-a^3]}{(y^2-ax)^3}$$
$$=\frac{-2a^3xy}{(y^2-ax)^3}.$$

曲线上水平切线的斜率 $k=y'=0$,即在曲线 $ay=x^2$ 上,它的坐标(x,y)满足

$$\begin{cases}x^3+y^3-3axy=0,\\ ay=x^2\end{cases}$$

解得$(x_1,y_1)=(0,0)$,$(x_2,y_2)=(\sqrt[3]{2}a,\sqrt[3]{4}a)$.但点$(0,0)$是曲线的重点.故在点$(\sqrt[3]{2}a,\sqrt[3]{4}a)$处曲线的切线是水平直线.

同理,若点(x_0,y_0)处有垂直切线$\Leftrightarrow\left.\frac{\mathrm{d}x}{\mathrm{d}y}\right|_{(x_0,y_0)}=0$,$(x_0,y_0)$满足方程组

$$\begin{cases}x^3+y^3-3axy=0,\\ ax=y^2.\end{cases}$$

解得$(x_3,y_3)=(\sqrt[3]{4}a,\sqrt[3]{2}a)$及$(0,0)$.故在点$(\sqrt[3]{4}a,\sqrt[3]{2}a)$处,曲线有垂直切线. □

391. 求由方程 $z=f(x+y+z,xyz)$ 所确定的隐函数的偏导数$\frac{\partial z}{\partial x},\frac{\partial x}{\partial y},\frac{\partial y}{\partial z}$,并叙述可计算的条件.

解法 1 令 $F(x,y,z)=z-f(x+y+z,xyz)=0$.则

$$F'_x=-f'_1-yzf'_2,\quad F'_y=-f'_1-xzf'_2,\quad F'_z=1-f'_1-xyf'_2.$$

当 $F'_z=1-f'_1-xyf'_2\neq0$ 时,有

$$\frac{\partial z}{\partial x}=-\frac{F'_x}{F'_z}=\frac{f'_1+yzf'_2}{1-f'_1-xyf'_2};$$

当 $F'_x=-f'_1-yzf'_2\neq0$ 时,有

$$\frac{\partial x}{\partial y}=-\frac{F'_y}{F'_x}=-\frac{f'_1+xzf'_2}{f'_1+yzf'_2};$$

当 $F'_y=-f'_1-xzf'_2\neq0$ 时,有

$$\frac{\partial y}{\partial z}=-\frac{F'_z}{F'_y}=\frac{1-f'_1-xyf'_2}{f'_1+xzf'_2}$$

解法 2 在等式 $z=f(x+y+z,xyz)$两边对 x 求导,z 视作 x,y 的函数,有

$$\frac{\partial z}{\partial x}=f'_1(x+y+z,xyz)\cdot\left(1+\frac{\partial z}{\partial x}\right)+f'_2(x+y+z,xyz)\left(yz+xy\frac{\partial z}{\partial x}\right),$$

化简得

$$(1-f'_1-xyf'_2)\frac{\partial z}{\partial x}=f'_1+yzf'_2.$$

于是，$\dfrac{\partial z}{\partial x}=\dfrac{f'_1+yzf'_2}{1-f'_1-xyf'_2}$，$1-f'_1-xyf'_2\neq 0$.

等式两边对 y 求导，将 x 视作 y,z 的函数，有

$$0=f'_1\left(\frac{\partial x}{\partial y}+1\right)+f'_2\left(yz\frac{\partial x}{\partial y}+xz\right),$$

化简得

$$(-f'_1-yzf'_2)\frac{\partial z}{\partial x}=f'_1+xzf'_2.$$

就有$\dfrac{\partial x}{\partial y}=-\dfrac{f'_1+xzf'_2}{f'_1+yzf'_2}$，$f'+yzf'_2\neq 0$.

等式两边对 z 求导，将 y 视作 z,x 的函数，有

$$1=f'_1\left(\frac{\partial y}{\partial z}+1\right)+f'_2\left(xy+xz\frac{\partial y}{\partial z}\right),$$

化简得

$$\frac{\partial y}{\partial z}(-f'_1-xzf'_2)=f'_1+xyf'_2-1,$$

于是$\dfrac{\partial y}{\partial z}=\dfrac{1-f'_1-xyf'_2}{f'_1+xzf'_2}$，$f'_1+xzf'_2\neq 0$. □

392. 设 $u=x^2+y^2+z^2$，其中 $z=f(x,y)$是由方程 $x^3+y^3+z^3=3xyz$ 所确定的隐函数，求 u'_x，u''_{xx}.

解 在等式 $x^3+y^3+z^3=3xyz$ 两边对 x 求导，并注意 $z=f(x,y)$为 x,y 的函数，得

$$3x^2+3z^2z'_x=3yz+3xyz'_x,$$

$$f'_x=z'_x=\frac{yz-x^2}{z^2-xy}.$$

于是

$$u'_x=2x+2zz'_x=2x+2\frac{yz^2-x^2z}{z^2-xy}=\frac{2(z-x)(xz+yz+xy)}{z^2-xy}$$

进一步，有

$$\begin{aligned}z''_{xx}&=\frac{(yz'_x-2x)(z^2-xy)-(2zz'_x-y)(yz-x^2)}{(z^2-xy)^2}\\&=\frac{(2x^2z-xy^2-yz^2)z'_x+x^2y+y^2z-2xz^2}{(z^2-xy)^2},\end{aligned}$$

将 $z'_x=\dfrac{yz-x^2}{z^2-xy}$代入，化简得

$$z''_{xx}=\frac{1}{(z^2-xy)^3}(6x^2yz^2-2xy^3z-2x^4z-2xz^4)$$
$$=\frac{2xz}{(z^2-xy)^3}(3xyz-x^3-y^3-z^3)=0.$$

从而有

$$u''_{xx}=2+2(z'_x)^2+2zz''_{xx}=2+2\frac{(yz-x)^2}{(-xy)^2}$$
$$=\frac{z}{(z-xy)^2}[(z-xy)^2+(yz-x)^2].\qquad\square$$

393. 应用球坐标和直角坐标之间的变换公式

$$(x,y,z)=(r\sin\theta\cos\varphi,r\sin\theta\sin\varphi,r\cos\theta)$$

证明：

$$\Delta_1 u=\left(\frac{\partial u}{\partial x}\right)^2+\left(\frac{\partial u}{\partial y}\right)^2+\left(\frac{\partial u}{\partial z}\right)^2=\left(\frac{\partial u}{\partial r}\right)^2+\frac{1}{r^2}\left(\frac{\partial u}{\partial \theta}\right)^2+\frac{1}{r^2\sin^2\theta}\left(\frac{\partial u}{\partial \varphi}\right)^2;$$

$$\Delta_2 u=\frac{\partial^2 u}{\partial x^2}+\frac{\partial^2 u}{\partial y^2}+\frac{\partial^2 u}{\partial z^2}=\frac{1}{r^2}\left[\frac{\partial}{\partial r}\left(r^2\frac{\partial u}{\partial r}\right)+\frac{1}{\sin\theta}\frac{\partial}{\partial\theta}\left(\sin\theta\frac{\partial u}{\partial\theta}\right)+\frac{1}{\sin^2\theta}\frac{\partial^2 u}{\partial\varphi^2}\right].$$

证法 1 将球坐标变换视作两个变换

$$(x,y,z)=(R\cos\varphi,R\sin\varphi,z),\quad (R,\varphi,z)=(r\sin\theta,\varphi,r\cos\theta)$$

的复合，有

$$\left(\frac{\partial u}{\partial R}\right)^2+\frac{1}{R^2}\left(\frac{\partial u}{\partial \varphi}\right)^2+\left(\frac{\partial u}{\partial z}\right)^2=\left(\frac{\partial u}{\partial x}\cos\varphi+\frac{\partial u}{\partial y}\sin\varphi\right)^2+\frac{1}{R^2}\left(\frac{\partial u}{\partial x}(-R\sin\varphi)+\frac{\partial u}{\partial y}R\cos\varphi\right)^2+\left(\frac{\partial u}{\partial z}\right)^2$$
$$=\left(\frac{\partial u}{\partial x}\right)^2+\left(\frac{\partial u}{\partial y}\right)^2+\left(\frac{\partial u}{\partial z}\right)^2=\Delta_1 u,$$

及

$$\left(\frac{\partial u}{\partial r}\right)^2+\frac{1}{r^2}\left(\frac{\partial u}{\partial \theta}\right)^2+\frac{1}{r^2\sin^2\theta}\left(\frac{\partial u}{\partial \varphi}\right)^2$$
$$=\left(\frac{\partial u}{\partial R}\sin\theta+\frac{\partial u}{\partial z}\cos\theta\right)^2+\frac{1}{r^2}\left(\frac{\partial u}{\partial R}r\cos\theta+\frac{\partial u}{\partial z}(-r\sin\theta)\right)^2+\frac{1}{r^2\sin^2\theta}\left(\frac{\partial u}{\partial \varphi}\right)^2$$
$$=\left(\frac{\partial u}{\partial R}\right)^2\sin^2\theta+\left(\frac{\partial u}{\partial z}\right)^2\cos^2\theta+2\frac{\partial u}{\partial R}\frac{\partial u}{\partial z}\cos\theta\sin\theta+\left(\frac{\partial u}{\partial R}\right)^2\cos^2\theta-2\frac{\partial u}{\partial R}\frac{\partial u}{\partial z}\sin\theta\cos\theta$$
$$+\left(\frac{\partial u}{\partial z}\right)^2\sin^2\theta+\frac{1}{r^2\sin^2\theta}\left(\frac{\partial u}{\partial \varphi}\right)^2$$
$$=\left(\frac{\partial u}{\partial R}\right)^2+\left(\frac{\partial u}{\partial z}\right)^2+\frac{1}{R^2}\left(\frac{\partial u}{\partial \varphi}\right)^2=\Delta_1 u=\left(\frac{\partial u}{\partial x}\right)^2+\left(\frac{\partial u}{\partial y}\right)^2+\left(\frac{\partial u}{\partial z}\right)^2.$$

此外，由第一个变换得

$$\frac{\partial^2 u}{\partial R^2}+\frac{1}{R}\frac{\partial u}{\partial R}+\frac{1}{R^2}\frac{\partial^2 u}{\partial \varphi^2}+\frac{\partial^2 u}{\partial z^2}$$
$$=\frac{\partial}{\partial R}\left(\frac{\partial u}{\partial x}\cos\varphi+\frac{\partial u}{\partial y}\sin\varphi\right)+\frac{1}{R}\left(\frac{\partial u}{\partial x}\cos\varphi+\frac{\partial u}{\partial y}\sin\varphi\right)+\frac{1}{R^2}\frac{\partial}{\partial\varphi}\left(-R\frac{\partial u}{\partial x}\sin\varphi+R\frac{\partial u}{\partial y}\cos\varphi\right)+\frac{\partial^2 u}{\partial z^2}$$

$$=\frac{\partial^2 u}{\partial x^2}\cos^2\varphi+2\frac{\partial^2 u}{\partial x\partial y}\sin\varphi\cos\varphi+\frac{\partial^2 u}{\partial y^2}\sin^2\varphi+\frac{1}{R}\left(\frac{\partial u}{\partial x}\cos\varphi+\frac{\partial u}{\partial y}\sin\varphi\right)$$

$$+\frac{1}{R}\left(R\frac{\partial^2 u}{\partial x^2}\sin^2\varphi-2R\frac{\partial^2 u}{\partial x\partial y}\sin\varphi\cos\varphi+R\frac{\partial^2 u}{\partial y^2}\cos^2\varphi-\frac{\partial u}{\partial x}\cos\varphi-\frac{\partial u}{\partial y}\sin\varphi\right)+\frac{\partial^2 u}{\partial z^2}$$

$$=\frac{\partial^2 u}{\partial x^2}+\frac{\partial^2 u}{\partial y^2}+\frac{\partial^2 u}{\partial z^2}=\Delta_2 u.$$

再由第二个变换,得

$$\frac{1}{r^2}\left[\frac{\partial}{\partial r}\left(r^2\frac{\partial u}{\partial r}\right)+\frac{1}{\sin\theta}\frac{\partial}{\partial\theta}\left(\sin\theta\frac{\partial u}{\partial\theta}\right)+\frac{1}{\sin^2\theta}\frac{\partial^2 u}{\partial\varphi^2}\right]$$

$$=\frac{1}{r^2}\left[\frac{\partial}{\partial r}\left(r^2\frac{\partial u}{\partial R}\sin\theta+r^2\frac{\partial u}{\partial z}\cos\theta\right)+\frac{1}{\sin\theta}\frac{\partial}{\partial\theta}\left(\sin\theta\frac{\partial u}{\partial R}r\cos\theta+\sin\theta\frac{\partial u}{\partial z}r(-\sin\theta)\right)+\frac{1}{\sin^2\varphi}\frac{\partial^2 u}{\partial\varphi^2}\right]$$

$$=\frac{1}{r^2}\left(2r\frac{\partial u}{\partial R}\sin\theta+2r\frac{\partial u}{\partial z}\cos\theta+r^2\frac{\partial^2 u}{\partial R^2}\sin^2\theta+2r^2\frac{\partial^2 u}{\partial R\partial z}\sin\theta\cos\theta+r^2\frac{\partial^2 u}{\partial z^2}\cos^2\theta\right)$$

$$+\frac{1}{r^2\sin\theta}\left[r\frac{\partial u}{\partial R}(\cos^2\theta-\sin^2\theta)-2r\sin\theta\cos\theta\frac{\partial u}{\partial z}+r\sin\theta\cos\theta\left(\frac{\partial^2 u}{\partial R^2}\cdot r\cos\theta-\frac{\partial^2 u}{\partial R\partial z}r\sin\theta\right)\right.$$

$$\left.-r\sin^2\theta\left(\frac{\partial^2 u}{\partial R\partial z}r\cos\theta+\frac{\partial^2 u}{\partial z^2}(-r\sin\theta)\right)\right]+\frac{1}{r^2\sin^2\varphi}\frac{\partial^2 u}{\partial\varphi^2}$$

$$=\frac{2\sin\theta}{r}\frac{\partial u}{\partial R}+\frac{2\cos\theta}{r}\frac{\partial u}{\partial z}+\frac{\partial^2 u}{\partial R^2}\sin^2\theta+\frac{\partial^2 u}{\partial R\partial z}\sin 2\theta+\frac{\partial^2 u}{\partial z^2}\cos^2\theta+\frac{\cos^2\theta}{r\sin\theta}\frac{\partial u}{\partial R}$$

$$-\frac{\sin\theta}{r}\frac{\partial u}{\partial R}-\frac{2}{r}\cos\theta\frac{\partial u}{\partial z}+\frac{\partial^2 u}{\partial R^2}\cos^2\theta-\frac{\partial^2 u}{\partial R\partial z}2\sin\theta\cos\theta+\frac{\partial^2 u}{\partial z^2}\sin^2\theta+\frac{1}{r^2\sin^2\varphi}\frac{\partial^2 u}{\partial\varphi^2}$$

$$=\frac{\partial^2 u}{\partial R^2}+\frac{\partial^2 u}{\partial z^2}+\frac{\sin^2\theta+\cos^2\theta}{r\sin\theta}\frac{\partial u}{\partial R}+\frac{1}{R^2}\frac{\partial^2 u}{\partial\varphi^2}$$

$$=\frac{\partial^2 u}{\partial R^2}+\frac{1}{R}\frac{\partial u}{\partial R}+\frac{1}{R^2}\frac{\partial^2 u}{\partial\varphi^2}+\frac{\partial^2 u}{\partial z^2}=\Delta_2 u=\frac{\partial^2 u}{\partial x^2}+\frac{\partial^2 u}{\partial y^2}+\frac{\partial^2 u}{\partial z^2}.$$

证法 2 由变换$(x,y,z)=(r\sin\theta\cos\varphi,r\sin\theta\sin\varphi,r\cos\theta)$得

$$\frac{\partial u}{\partial r}=\frac{\partial u}{\partial x}\sin\theta\cos\varphi+\frac{\partial u}{\partial y}\sin\theta\sin\varphi+\frac{\partial u}{\partial z}\cos\theta,$$

$$\frac{\partial u}{\partial\theta}=r\left(\frac{\partial u}{\partial x}\cos\theta\cos\varphi+\frac{\partial u}{\partial y}\cos\theta\sin\varphi-\frac{\partial u}{\partial z}\sin\theta\right),$$

$$\frac{\partial u}{\partial\varphi}=-\frac{\partial u}{\partial x}r\sin\theta\sin\varphi+\frac{\partial u}{\partial y}r\sin\theta\cos\varphi=r\sin\theta\left(-\frac{\partial u}{\partial x}\sin\varphi+\frac{\partial u}{\partial y}\cos\varphi\right),$$

$$\frac{\partial^2 u}{\partial r^2}=\left(\frac{\partial^2 u}{\partial x^2}\sin\theta\cos\varphi+\frac{\partial^2 u}{\partial x\partial y}\sin\theta\sin\varphi+\frac{\partial^2 u}{\partial x\partial z}\cos\theta\right)\sin\theta\cos\varphi$$

$$+\left(\frac{\partial^2 u}{\partial y\partial x}\sin\theta\cos\varphi+\frac{\partial^2 u}{\partial y^2}\sin\theta\sin\varphi+\frac{\partial^2 u}{\partial y\partial z}\cos\theta\right)\sin\theta\sin\varphi$$

$$+\left(\frac{\partial^2 u}{\partial z\partial x}\sin\theta\cos\varphi+\frac{\partial^2 u}{\partial z\partial y}\sin\theta\sin\varphi+\frac{\partial^2 u}{\partial z^2}\cos\theta\right)\cos\theta$$

$$=\frac{\partial^2 u}{\partial x^2}\sin^2\theta\cos^2\varphi+\frac{\partial^2 u}{\partial y^2}\sin^2\theta\sin^2\varphi+\frac{\partial^2 u}{\partial z^2}\cos^2\theta$$

$$+2\frac{\partial^2 u}{\partial x\partial y}\sin^2\theta\sin\varphi\cos\varphi+2\frac{\partial^2 u}{\partial y\partial z}\sin\theta\cos\theta\sin\varphi+2\frac{\partial^2 u}{\partial z\partial x}\sin\theta\cos\theta\cos\varphi,$$

$$\frac{\partial^2 u}{\partial\theta^2}=r^2\left(\frac{\partial^2 u}{\partial x^2}\cos^2\theta\cos^2\varphi+\frac{\partial^2 u}{\partial y^2}\cos^2\theta\sin^2\varphi+\frac{\partial^2 u}{\partial z^2}\sin^2\theta\right.$$

$$\left.+2\frac{\partial^2 u}{\partial x\partial y}\cos^2\theta\sin\varphi\cos\varphi-2\frac{\partial^2 u}{\partial y\partial z}\sin\theta\cos\theta\sin\varphi-2\frac{\partial^2 u}{\partial z\partial x}\sin\theta\cos\theta\cos\varphi\right)$$

$$-r\left(\frac{\partial u}{\partial x}\sin\theta\cos\varphi+\frac{\partial u}{\partial y}\sin\theta\sin\varphi+\frac{\partial u}{\partial z}\cos\theta\right).$$

$$\frac{\partial^2 u}{\partial\varphi^2}=r^2\left(\frac{\partial^2 u}{\partial x^2}\sin^2\theta\sin^2\varphi+\frac{\partial^2 y}{\partial y^2}\sin^2\theta\cos^2\varphi-2\frac{\partial^2 u}{\partial x\partial y}\sin^2\theta\sin\varphi\cos\varphi\right)$$

$$-r\left(\frac{\partial u}{\partial x}\sin\theta\cos\varphi+\frac{\partial u}{\partial y}\sin\theta\sin\varphi\right).$$

于是

$$\left(\frac{\partial u}{\partial r}\right)^2+\frac{1}{r^2}\left(\frac{\partial u}{\partial\theta}\right)^2+\frac{1}{r^2\sin^2\theta}\left(\frac{\partial u}{\partial\varphi}\right)^2$$

$$=\left(\frac{\partial u}{\partial x}\right)^2\sin^2\theta\cos^2\varphi+\left(\frac{\partial u}{\partial y}\right)^2\sin^2\theta\sin^2\varphi+\left(\frac{\partial u}{\partial z}\right)^2\cos^2\theta+2\sin^2\theta\sin\varphi\cos\varphi\frac{\partial u}{\partial x}\frac{\partial u}{\partial y}$$

$$+2\sin\theta\cos\theta\cos\varphi\frac{\partial u}{\partial x}\frac{\partial u}{\partial z}+2\sin\theta\cos\theta\sin\varphi\frac{\partial u}{\partial y}\frac{\partial u}{\partial z}+\left(\frac{\partial u}{\partial x}\right)^2\cos^2\theta\cos^2\varphi$$

$$+\left(\frac{\partial u}{\partial y}\right)^2\cos^2\theta\sin^2\varphi+\left(\frac{\partial u}{\partial z}\right)^2\sin^2\theta+2\cos^2\theta\sin\varphi\cos\varphi\frac{\partial u}{\partial x}\frac{\partial u}{\partial y}-2\sin\theta\cos\theta\cos\varphi\frac{\partial u}{\partial x}\frac{\partial u}{\partial z}$$

$$-2\sin\theta\cos\theta\sin\varphi\frac{\partial u}{\partial y}\frac{\partial u}{\partial z}+\left(\frac{\partial u}{\partial x}\right)^2\sin^2\varphi+\left(\frac{\partial u}{\partial y}\right)^2\cos^2\varphi-2\sin\varphi\cos\varphi\frac{\partial u}{\partial x}\frac{\partial u}{\partial y}$$

$$=\left(\frac{\partial u}{\partial x}\right)^2(\sin^2\theta\cos^2\varphi+\cos^2\theta\cos^2\varphi+\sin^2\varphi)+\left(\frac{\partial u}{\partial y}\right)^2(\sin^2\theta\sin^2\varphi+\cos^2\theta\sin^2\varphi+\cos^2\varphi)$$

$$+\left(\frac{\partial u}{\partial z}\right)^2(\cos^2\theta+\sin^2\theta)+2\frac{\partial u}{\partial x}\frac{\partial u}{\partial y}(\sin^2\theta\sin\varphi\cos\varphi+\cos^2\theta\sin\varphi\cos\varphi-\sin\varphi\cos\varphi)$$

$$=\left(\frac{\partial u}{\partial x}\right)^2+\left(\frac{\partial u}{\partial y}\right)^2+\left(\frac{\partial u}{\partial z}\right)^2=\Delta_1 u.$$

进一步有

$$\frac{\partial}{\partial r}\left(r^2\frac{\partial u}{\partial r}\right)+\frac{1}{\sin\theta}\frac{\partial}{\partial\theta}\left(\sin\theta\frac{\partial u}{\partial\theta}\right)+\frac{1}{\sin^2\theta}\frac{\partial^2 u}{\partial\varphi^2}$$

$$=2r\frac{\partial u}{\partial r}+r^2\frac{\partial^2 u}{\partial r^2}+\frac{\cos\theta}{\sin\theta}\frac{\partial u}{\partial\theta}+\frac{\partial^2 u}{\partial\theta^2}+\frac{1}{\sin^2\theta}\frac{\partial^2 u}{\partial\varphi^2}$$

$$=r^2\frac{\partial^2 u}{\partial r^2}+\frac{\partial^2 u}{\partial\theta^2}+\frac{1}{\sin^2\theta}\frac{\partial^2 u}{\partial\varphi^2}+2r\frac{\partial u}{\partial r}+\frac{\cos\theta}{\sin\theta}\frac{\partial u}{\partial\theta}$$

$$=r^2\left[\frac{\partial^2 u}{\partial x^2}\sin^2\theta\cos^2\varphi+\frac{\partial^2 u}{\partial y^2}\sin^2\theta\sin^2\varphi+\frac{\partial^2 u}{\partial z^2}\cos^2\theta+2\frac{\partial^2 u}{\partial x\partial y}\sin^2\theta\sin\varphi\cos\varphi\right.$$

$$+2\frac{\partial^2 u}{\partial y\partial z}\sin\theta\cos\theta\sin\varphi+2\frac{\partial^2 u}{\partial z\partial x}\sin\theta\cos\theta\cos\varphi\Big]+r^2\Big[\frac{\partial^2 u}{\partial x^2}\cos^2\theta\cos^2\varphi+\frac{\partial^2 u}{\partial y^2}\cos^2\theta\sin^2\varphi$$

$$+\frac{\partial^2 u}{\partial z^2}\sin^2\theta+2\frac{\partial^2 u}{\partial x\partial y}\cos^2\theta\sin\varphi\cos\varphi-2\frac{\partial^2 u}{\partial y\partial z}\sin\theta\cos\theta\sin\varphi-2\frac{\partial^2 u}{\partial z\partial x}\sin\theta\cos\theta\cos\varphi\Big]$$

$$-\frac{\partial u}{\partial x}r\sin\theta\cos\varphi-\frac{\partial u}{\partial y}r\sin\theta\sin\varphi-\frac{\partial u}{\partial z}r\cos\theta+\frac{r^2\sin^2\theta}{\sin^2\theta}\Big(\frac{\partial^2 u}{\partial x^2}\sin^2\varphi+\frac{\partial^2 u}{\partial y^2}\cos^2\varphi$$

$$-\frac{\partial^2 u}{\partial x\partial y}2\sin\varphi\cos\varphi\Big]-\frac{r\sin\theta}{\sin^2\theta}\Big[\frac{\partial u}{\partial x}\cos\varphi+\frac{\partial u}{\partial y}\sin\varphi\Big]+2r\Big[\frac{\partial u}{\partial x}\sin\theta\cos\varphi$$

$$+\frac{\partial u}{\partial y}\sin\theta\sin\varphi+\frac{\partial u}{\partial z}\cos\theta\Big]+\frac{r\cos\theta}{\sin\theta}\Big[\frac{\partial u}{\partial x}\cos\theta\cos\varphi+\frac{\partial u}{\partial y}\cos\theta\sin\varphi-\frac{\partial u}{\partial z}\sin\theta\Big]$$

$$=r^2\Big[\frac{\partial^2 u}{\partial x^2}+\frac{\partial^2 u}{\partial y^2}+\frac{\partial^2 u}{\partial z^2}\Big]+r\Big[\frac{\partial u}{\partial x}\Big(-\sin\theta\cos\varphi+2\sin\theta\cos\varphi-\frac{1-\cos^2\theta}{\sin\theta}\cos\varphi\Big)$$

$$+\frac{\partial u}{\partial y}\Big(-\sin\theta\sin\varphi+2\sin\theta\sin\varphi-\frac{1-\cos^2\theta}{\sin\theta}\sin\varphi\Big)+\frac{\partial u}{\partial z}(-\cos\theta+2\cos\theta-\cos\theta)\Big]$$

$$=r^2\Big[\frac{\partial^2 u}{\partial x^2}+\frac{\partial^2 u}{\partial y^2}+\frac{\partial^2 u}{\partial z^2}\Big]=r^2\Delta_2 u.$$ □

394. 设 $f(x,y)$ 在点 (x_0,y_0) 的某开邻域内有偏导数 $f'_x(x,y)$ 与 $f'_y(x,y)$，且 $f'_y(x,y)$ 在点 (x_0,y_0) 连续. 证明：$f(x,y)$ 在 (x_0,y_0) 可微.

证明 $f(x_0+\Delta x,y_0+\Delta y)-f(x_0,y_0)$

$$=f(x_0+\Delta x,y_0+\Delta y)-f(x_0+\Delta x,y_0)+f(x_0+\Delta x,y_0)-f(x_0,y_0)$$

$$=f'_y(x_0+\Delta x,y_0+\theta\Delta y)\Delta y+f'_x(x_0,y_0)\Delta x+\varepsilon_1\Delta x,$$

其中 $0<\theta<1$，当 $\Delta x\to 0$ 时，$\varepsilon_1\to 0$. 又 $f'_y(x,y)$ 在 (x_0,y_0) 连续，故

$$\lim_{\substack{\Delta x\to 0\\ \Delta y\to 0}}f'_y(x_0+\Delta x,y_0+\theta\Delta y)=f'_y(x_0,y_0).$$

由此得 $f'_y(x_0+\Delta x,y_0+\theta\Delta y)=f'_y(x_0,y_0)+\varepsilon_2\sqrt{\Delta x^2+\Delta y^2}$，$\lim\limits_{\substack{\Delta x\to 0\\ \Delta y\to 0}}\varepsilon_2=0$. 于是

$$f(x_0+\Delta x,y_0+\Delta y)-f(x_0,y_0)$$

$$=f'_x(x_0,y_0)\Delta x+f'_y(x_0,y_0)\Delta y+\varepsilon_1\Delta x+\varepsilon_2\sqrt{\Delta x^2+\Delta y^2}$$

$$=f'_x(x_0,y_0)\Delta x+f'_y(x_0,y_0)\Delta y+o(\sqrt{\Delta x^2+\Delta y^2}).$$

$f(x,y)$ 在 (x_0,y_0) 处可微. □

395. 设 $f(x,y)=|x-y|\varphi(x,y)$，其中 $\varphi(x,y)$ 在点 $(0,0)$ 的某个开邻域内连续. 问：

(1) $\varphi(x,y)$ 在什么条件下，偏导数 $f'_x(0,0)$，$f'_y(0,0)$ 存在；

(2) $\varphi(x,y)$ 在什么条件下，$f(x,y)$ 在 $(0,0)$ 处可微.

解 (1) 由条件 $f(0,0)=0$，而

$$\lim_{\Delta x\to 0^-}\frac{f(\Delta x,0)-f(0,0)}{\Delta x}=\lim_{\Delta x\to 0^-}\frac{|\Delta x|\varphi(\Delta x,0)}{\Delta x}=\lim_{\Delta x\to 0^-}\frac{-\Delta x\varphi(\Delta x,0)}{\Delta x}=-\varphi(0,0),$$

$$\lim_{\Delta x\to 0^+}\frac{f(\Delta x,0)-f(0,0)}{\Delta x}=\lim_{\Delta x\to 0^+}\frac{\Delta x\varphi(\Delta x,0)}{\Delta x}=\varphi(0,0).$$

同理

$$\lim_{\Delta y\to 0^-}\frac{f(0,\Delta y)-f(0,0)}{\Delta y}=-\varphi(0,0),\quad \lim_{\Delta y\to 0^+}\frac{f(0,\Delta y)-f(0,0)}{\Delta y}=\varphi(0,0).$$

所以,偏导数 $f'_x(0,0),f'_y(0,0)$存在$\Leftrightarrow\varphi(0,0)=0=-\varphi(0,0)$.

(2) $f(x,y)$在$(0,0)$处可微$\Leftrightarrow$

$$\begin{aligned}f(x,y)&=f(x,y)-f(0,0)=f'_x(0,0)x+f'_y(0,0)y+o(\sqrt{x^2+y^2})\\&\overset{\text{由(1)}}{\Rightarrow}\varphi(0,0)=0\Rightarrow f'_x(0,0)=f'_y(0,0)=\varphi(0,0)=0\\&\Rightarrow f(x,y)=|x-y|\varphi(x,y).\end{aligned}$$

由于$\dfrac{|x-y|}{\sqrt{x^2+y^2}}\leqslant\dfrac{|x|}{\sqrt{x^2+y^2}}+\dfrac{|y|}{\sqrt{x^2+y^2}}\leqslant 2$,且$\lim\limits_{(x,y)\to(0,0)}\varphi(x,y)=\varphi(0,0)=0$,所以,有

$$\lim_{(x,y)\to(0,0)}\frac{|x-y|\varphi(x,y)}{\sqrt{x^2+y^2}}=0,$$

即$|x-y|\varphi(x,y)=o(\sqrt{x^2+y^2})((x,y)\to(0,0))$. 由此即得 f 在$(0,0)$处可微$\Leftrightarrow\varphi(0,0)=0$. □

396. 设函数 $f(x,y)$在闭单位圆片$\{(x,y)\mid x^2+y^2\leqslant 1\}$上有连续的偏导数,并且 $f(1,0)=f(0,1)$. 证明:在单位圆$\{(x,y)\mid x^2+y^2=1\}$上至少有两点满足方程 $y\dfrac{\partial}{\partial x}f(x,y)=x\dfrac{\partial}{\partial y}f(x,y)$.

证明 令 $\varphi(t)=f(\cos t,\sin t)$, $t\in\mathbb{R}$,则由 f 在圆片上有连续的偏导数知 $\varphi(t)$连续可导,且

$$\begin{aligned}&\varphi'(t)=f'_x\cdot(-\sin t)+f'_y\cos t=-yf'_x(x,y)+xf'_y(x,y),\\&x=\cos t,y=\sin t.\end{aligned}$$

再由 $\varphi(0)=f(1,0)=f(0,1)=\varphi\left(\dfrac{\pi}{2}\right)=\varphi(2\pi)$得 φ 是周期 2π 的函数.

据 Rolle 定理,$\exists t_1\in\left(0,\dfrac{\pi}{2}\right)$, $t_2\in\left(\dfrac{\pi}{2},2\pi\right)$, s. t.

$$\begin{aligned}&\varphi'(t_1)=0=\varphi'(t_2),\\&(x_1,y_1)=(\cos t_1,\sin t_1)\in\{(x,y)\mid x^2+y^2=1\},\\&(x_2,y_2)\in(\cos t_2,\sin t_2)\in\{(x,y)\mid x^2+y^2=1\}.\\&(x_1,y_1)\neq(x_2,y_2).\end{aligned}$$

满足

$$-y_if'_x(x_i,y_i)+x_if'_y(x_i,y_0)=0,\quad i=1,2.$$

即方程 $yf'_x(x,y)=xf'_y(x,y)$在单位圆上至少有两个解. □

397. 设实数 x,y,z 满足 $e^x+y^2+|z|=3$. 证明：$e^xy^2|z|\leqslant 1$.

证法 1　对 $\forall x,y,z\in\mathbb{R}$，$e^x,y^2,|z|\geqslant 0$，应用算术平均数-几何平均数不等式有

$$e^xy^2\,|\,z\,|\leqslant\left(\frac{e^x+y^2+|\,z\,|}{3}\right)^3=\left(\frac{3}{3}\right)^3=1.$$

证法 2　由条件知$|z|=3-e^x-y^2\geqslant 0$，故 $e^x+y^2\leqslant 3$. 令

$$f(x,y)=e^xy^2(3-e^x-y^2),\quad e^x+y^2\leqslant 3.$$

则

$$f'_x=e^xy^2(3-2e^x-y^2),$$
$$f'_y=2e^xy(3-e^x-2y^2).$$

令 $f'_x=0,f'_y=0$，得驻点$(0,1)$及$(0,-1)$，$(x,0)$. 对于$(x,0)$有 $f(x,0)=0<1$.

由

$$f''_{xx}=e^xy^2(3-4e^x-y^2),\quad f''_{yy}=2e^x(3-e^x-6y^2),\quad f''_{xy}=2ye^x(3-2e^x-2y^2).$$

根据下一章求极值的方法得

$$A_1=f''_{xx}(0,1)=-2=f''_{xx}(0,-1)=A_2,$$
$$B_1=f''_{xy}(0,1)=-2,\quad B_2=f''(0,-1)=2,$$
$$C_1=f''_{yy}(0,1)=-8=f''_{yy}(0,-1)=B_2,$$
$$B_i^2-A_iC_i=4-16<0,\quad A_i<0.$$

故$(0,1)$，$(0,-1)$都是函数 $f(x,y)$的极大值点. 在边界 $e^x+y^2=3$ 上 $f(x,y)=0$，$f(0,\pm 1)=1$为函数 $f(x,y)$在闭区域$\{(x,y)\,|\,e^x+y^2\leqslant 3\}$上的最大值，即对$\forall x,y$，满足 $e^x+y^2\leqslant 3$，有

$$f(x,y)=e^xy^2(3-e^x-y^2)=e^xy^2\,|\,z\,|\leqslant 1.$$ □

398. 考察变换

$$\begin{cases}x=a_1u+b_1v+c_1w,\\ y=a_2u+b_2v+c_2w,\\ z=a_3u+b_3v+c_3w.\end{cases}$$

问：在什么条件下(即 a_i,b_i,c_i 满足什么条件时)，对任何二阶可微函数 f，$\left(\frac{\partial f}{\partial x}\right)^2+\left(\frac{\partial f}{\partial y}\right)^2+\left(\frac{\partial f}{\partial z}\right)^2$ 与$\frac{\partial^2 f}{\partial x^2}+\frac{\partial^2 f}{\partial y^2}+\frac{\partial^2 f}{\partial z^2}$在此变换下形式不变，即

$$\left(\frac{\partial f}{\partial x}\right)^2+\left(\frac{\partial f}{\partial y}\right)^2+\left(\frac{\partial f}{\partial z}\right)^2=\left(\frac{\partial f}{\partial u}\right)^2+\left(\frac{\partial f}{\partial v}\right)^2+\left(\frac{\partial f}{\partial w}\right)^2,$$
$$\frac{\partial^2 f}{\partial x^2}+\frac{\partial^2 f}{\partial y^2}+\frac{\partial^2 f}{\partial z^2}=\frac{\partial^2 f}{\partial u^2}+\frac{\partial^2 f}{\partial v^2}+\frac{\partial^2 f}{\partial w^2}.$$

解 由题意及复合函数的微分法得

$$\frac{\partial f}{\partial u}=a_1\frac{\partial f}{\partial x}+a_2\frac{\partial f}{\partial y}+a_3\frac{\partial f}{\partial z},$$
$$\frac{\partial f}{\partial v}=b_1\frac{\partial f}{\partial x}+b_2\frac{\partial f}{\partial y}+b_3\frac{\partial f}{\partial z},$$
$$\frac{\partial f}{\partial w}=c_1\frac{\partial f}{\partial x}+c_2\frac{\partial f}{\partial y}+c_3\frac{\partial f}{\partial z},$$
$$\frac{\partial^2 f}{\partial u^2}=a_1^2\frac{\partial^2 f}{\partial x^2}+a_2^2\frac{\partial^2 f}{\partial y^2}+a_3^2\frac{\partial^2 f}{\partial z^2}+2a_1a_2\frac{\partial^2 f}{\partial x\partial y}+2a_2a_3\frac{\partial^2 f}{\partial y\partial z}+2a_3a_1\frac{\partial^2 f}{\partial z\partial x},$$
$$\frac{\partial^2 f}{\partial v^2}=b_1^2\frac{\partial^2 f}{\partial x^2}+b_2^2\frac{\partial^2 f}{\partial y^2}+b_3^2\frac{\partial^2 f}{\partial z^2}+2b_1b_2\frac{\partial^2 f}{\partial x\partial y}+2b_2b_3\frac{\partial^2 f}{\partial y\partial z}+2b_3b_1\frac{\partial^2 f}{\partial z\partial x},$$
$$\frac{\partial^2 f}{\partial w^2}=c_1^2\frac{\partial^2 f}{\partial x^2}+c_2^2\frac{\partial^2 f}{\partial y^2}+c_3^2\frac{\partial^2 f}{\partial z^2}+2c_1c_2\frac{\partial^2 f}{\partial x\partial y}+2c_2c_3\frac{\partial^2 f}{\partial y\partial z}+2c_3c_1\frac{\partial^2 f}{\partial z\partial x}.$$

为使

$$\begin{aligned}\left(\frac{\partial f}{\partial u}\right)^2+\left(\frac{\partial f}{\partial v}\right)^2+\left(\frac{\partial f}{\partial w}\right)^2&=(a_1^2+b_1^2+c_1^2)\left(\frac{\partial f}{\partial x}\right)^2+(a_2^2+b_2^2+c_2^2)\left(\frac{\partial f}{\partial y}\right)^2\\&\quad+(a_3^2+b_3^2+c_3^2)\left(\frac{\partial f}{\partial z}\right)^2+2(a_1a_2+b_1b_2+c_1c_2)\frac{\partial f}{\partial x}\frac{\partial f}{\partial y}\\&\quad+2(a_2a_3+b_2b_3+c_2c_3)\frac{\partial f}{\partial y}\frac{\partial f}{\partial z}\\&\quad+2(a_3a_1+b_3b_1+c_3c_1)\frac{\partial f}{\partial z}\frac{\partial f}{\partial x}\\&=\left(\frac{\partial f}{\partial x}\right)^2+\left(\frac{\partial f}{\partial y}\right)^2+\left(\frac{\partial f}{\partial z}\right)^2,\end{aligned}$$

及

$$\begin{aligned}\frac{\partial^2 f}{\partial u^2}+\frac{\partial^2 f}{\partial v^2}+\frac{\partial^2 f}{\partial w^2}&=(a_1^2+b_1^2+c_1^2)\frac{\partial^2 f}{\partial x^2}+(a_2^2+b_2^2+c_2^2)\frac{\partial^2 f}{\partial y^2}+(a_3^2+b_3^2+c_3^2)\frac{\partial^2 f}{\partial z^2}\\&\quad+2(a_1a_2+b_1b_2+c_1c_2)\frac{\partial^2 f}{\partial x\partial y}+2(a_2a_3+b_2b_3+c_2c_3)\frac{\partial^2 f}{\partial y\partial z}\\&\quad+2(a_3a_1+b_3b_1+c_3c_1)\frac{\partial^2 f}{\partial z\partial x}\\&=\frac{\partial^2 f}{\partial x^2}+\frac{\partial^2 f}{\partial y^2}+\frac{\partial^2 f}{\partial z^2},\end{aligned}$$

只须

$$a_1^2+b_1^2+c_1^2=1,\quad a_2^2+b_2^2+c_2^2=1,\quad a_3^2+b_3^2+c_3^2=1,$$
$$a_1a_2+b_1b_2+c_1c_2=0,\quad a_2a_3+b_2b_3+c_2c_3=0,\quad a_3a_1+b_3b_1+c_3c_1=0.$$ □

399. 设 $F(x,y,z)$ 在 $\mathbb{R}^3$ 中有连续的一阶偏导数 $\frac{\partial F}{\partial x},\frac{\partial F}{\partial y},\frac{\partial F}{\partial z}$，并满足不等式：

$$y\frac{\partial F}{\partial x}-x\frac{\partial F}{\partial y}+\frac{\partial F}{\partial z}\geqslant\alpha>0,\quad\forall(x,y,z)\in\mathbb{R}^3,$$

其中 α 为常数. 证明：当 (x,y,z) 沿着曲线

$$C:(x,y,z)=(-\cos t,\sin t,t),\quad t\geqslant 0$$

趋向无穷远时，$F(x,y,z)\to+\infty$.

证明 令 $G(t)=F(-\cos t,\sin t,t)$，$t\geqslant 0$. 则 $G(t)$ 连续可导，且

$$G'(t)=\sin tF'_x+\cos tF'_y+F'_z,$$

$$G(0)=F(-1,0,0).$$

曲线 C 上的点 $(x,y,z)=(-\cos t,\sin t,t)$，有 $F(x,y,z)=G(t)$. 根据一元函数的 Taylor 公式得

$$\begin{aligned}G(t)&=G(0)+G'(\tau)t\\&=F(-1,0,0)+[\sin\tau F'_x(-\cos\tau,\sin\tau,\tau)+\cos\tau F'_y(-\cos\tau,\sin\tau,\tau)\\&\quad+F'_z(-\cos\tau,\sin\tau,\tau)]t.\end{aligned}$$

记 $F(-1,0,0)=\alpha_0$，$(-\cos\tau,\sin\tau,\tau)=(\xi,\eta,\zeta)$ 为曲线上的点 Q，上式变为

$$F(-\sin t,\cos t,t)=G(t)=\alpha_0+(\eta F'_x-\xi F'_y+F'_z)t\geqslant\alpha_0+\alpha t\to+\infty\quad(t\to+\infty).$$

即曲线上的点趋于无穷远时，$F(x,y,z)\to+\infty$. □

400. 设 $U\subset\mathbb{R}^n$ 为凸区域，$f(\boldsymbol{x})=f(x_1,x_2,\cdots,x_n)$ 在 U 上有连续的二阶偏导数. 证明：$f(\boldsymbol{x})$ 在 U 上为凸函数等价于 f 的 Hesse 矩阵

$$\boldsymbol{H}f=\left(\frac{\partial^2 f}{\partial x_i\partial x_j}\right)$$

在 U 上是半正定的.

证明 (⇒)(反证)假设 $\left(\frac{\partial^2 f}{\partial x_i\partial x_j}\right)$ 非半正定，则 $\exists\,\boldsymbol{x}^0\in U$，$\boldsymbol{h}=(h_1,h_2,\cdots,h_n)$，s. t.

$$(h_1,h_2,\cdots,h_n)\left(\frac{\partial^2 f}{\partial x_i\partial x_j}\right)\begin{pmatrix}h_1\\h_2\\\vdots\\h_n\end{pmatrix}=\sum_{i,j=1}^{n}\frac{\partial^2 f}{\partial x_i\partial x_j}h_ih_j<0.$$

再根据 Taylor 公式，当 $\lambda\to 0$ 时，有

$$f(\boldsymbol{x}^0+\lambda\boldsymbol{h})=f(\boldsymbol{x}^0)+\lambda\boldsymbol{h}\mathrm{J}f(\boldsymbol{x}^0)+\frac{1}{2}(\lambda h_1,\lambda h_2,\cdots,\lambda h_n)\left(\frac{\partial^2 f}{\partial x_i\partial x_j}\right)\begin{pmatrix}\lambda h_1\\\lambda h_2\\\vdots\\\lambda h_n\end{pmatrix}+o(|\lambda\boldsymbol{h}|^2)$$

$$=f(\boldsymbol{x}^0)+\lambda\boldsymbol{h}\mathrm{J}f(\boldsymbol{x}^0)+\frac{1}{2}\lambda^2(h_1,h_2,\cdots,h_n)\left(\frac{\partial^2 f}{\partial x_i\partial x_j}\right)\begin{pmatrix}h_1\\h_2\\\vdots\\h_n\end{pmatrix}+o(\lambda^2)$$

$$= f(\boldsymbol{x}^0) + \lambda \boldsymbol{h} \mathrm{J} f(\boldsymbol{x}^0) + \lambda^2 \left[\frac{1}{2} \sum_{i,j=1}^{n} \frac{\partial^2 f}{\partial x_i \partial x_j} h_i h_j + o(1) \right].$$

当λ充分小时，$\sum_{i,j=1}^{n} \frac{\partial^2 f}{\partial x_i \partial x_j} h_i h_j + o(1) < 0$，所以有

$$f(\boldsymbol{x}^0 + \lambda \boldsymbol{h}) < f(\boldsymbol{x}^0) + \lambda \boldsymbol{h} \mathrm{J} f(\boldsymbol{x}^0).$$

但由 380 题(思考题 8.2 的题 1). $f(\boldsymbol{x})$在 U 上非凸，矛盾.

($\Leftarrow$)对 $\forall \boldsymbol{x}^0, \boldsymbol{x} \in U$，根据 Taylor 公式，$\exists \boldsymbol{\xi} = \boldsymbol{x}^0 + \theta(\boldsymbol{x} - \boldsymbol{x}^0)(0<\theta<1)$, s. t.

$$f(\boldsymbol{x}) = f(\boldsymbol{x}^0) + \mathrm{J} f(\boldsymbol{x}^0)(\boldsymbol{x} - \boldsymbol{x}^0) + \frac{1}{2!}\left[(x_1 - x_1^0) \frac{\partial}{\partial x_1} + \cdots + (x_n - x_n^0) \frac{\partial}{\partial x_n} \right]^2 f(\boldsymbol{\xi}).$$

因为$\left(\frac{\partial^2 f}{\partial x_i \partial x_j} \right)$半正定，故

$$\left[(x_1 - x_1^0) \frac{\partial}{\partial x_1} + \cdots + (x_n - x_n^0) \frac{\partial}{\partial x_n} \right]^2 f(\boldsymbol{\xi}) = \sum_{i,j=1}^{n} (x_i - x_i^0)(x_j - x_j^0) \frac{\partial^2 f}{\partial x_i \partial x_j}(\boldsymbol{\xi}) \geqslant 0,$$

从而

$$f(\boldsymbol{x}) \geqslant f(\boldsymbol{x}^0) + \mathrm{J} f(\boldsymbol{x}^0)(\boldsymbol{x} - \boldsymbol{x}^0).$$

根据 380 题，f 在 U 上为凸函数. □

第 9 章

n元函数微分学的应用

Ⅰ. 曲面的参数表示、切空间

定义 9.1.1 设 Δ 为 $\mathbb{R}^s$ 中的开集，$\boldsymbol{x}$: $\Delta \to \mathbb{R}^n$，$\boldsymbol{u}=(u_1,u_2,\cdots,u_s)\mapsto \boldsymbol{x}(\boldsymbol{u})=(x_1(u_1,u_2,\cdots,u_s),x_2(u_1,u_2,\cdots,u_s),\cdots,x_n(u_1,u_2,\cdots,u_s))$ 为映射，则称 $M=\boldsymbol{x}(\Delta)=\{\boldsymbol{x}(\boldsymbol{u})\mid \boldsymbol{u}\in\Delta\}$ 为 **s 维曲面**，而 $\boldsymbol{x}(\boldsymbol{u})$ 又称为 M 的**参数表示**. 当 $\boldsymbol{x}(\boldsymbol{u})$ 为 $C^k(k\geqslant 0)$ 时，称 $\boldsymbol{x}$ 或 M 为 **C^k 曲面**.

如果 $\boldsymbol{x}$ 是 $C^k(k\geqslant 1)$ 的，则称 $\boldsymbol{x}$ 或 M 为 **s 维 C^k 光滑曲面**. 当

$$\operatorname{rank}(\boldsymbol{x}'_{u_1}(\boldsymbol{u}^0),\boldsymbol{x}'_{u_2}(\boldsymbol{u}^0),\cdots,\boldsymbol{x}'_{u_s}(\boldsymbol{u}^0)) = \operatorname{rank}\begin{pmatrix} \dfrac{\partial x_1}{\partial u_1} & \cdots & \dfrac{\partial x_1}{\partial u_s} \\ \vdots & & \vdots \\ \dfrac{\partial x_n}{\partial u_1} & \cdots & \dfrac{\partial x_n}{\partial u_s} \end{pmatrix}_{\boldsymbol{u}^0} = s$$

时，我们称 $\boldsymbol{u}^0$ 或 $\boldsymbol{x}(\boldsymbol{u}^0)$ 为曲面或 M 的**正则点**；否则称为**奇异点**. 每个点都为正则点的曲面称为 **s 维 C^k 正则曲面**. 此时，$\{\boldsymbol{x}'_{u_1},\boldsymbol{x}'_{u_2},\cdots,\boldsymbol{x}'_{u_s}\}$ 是线性无关的.

当 $s=1$ 时，用 t 表示参数，一维曲面通常称为**曲线**. 考察一维 $C^k(k\geqslant 1)$ 曲线 $\boldsymbol{x}(t)$，$\boldsymbol{x}'(t)=(x_1'(t),x_2'(t),\cdots,x_n'(t))$ 称为曲线 $\boldsymbol{x}(t)$ 在 t 点处的**切向量**. 当 t 变动时，得到一个沿曲线 $\boldsymbol{x}(t)$ 的切向量场 $\boldsymbol{x}'(t)$

$$\begin{aligned} t \text{ 为正则点} &\Leftrightarrow \operatorname{rank}\boldsymbol{x}'(t) = \operatorname{rank}(x_1'(t),x_2'(t),\cdots,x_n'(t)) = 1 \\ &\Leftrightarrow \boldsymbol{x}'(t)\neq \boldsymbol{0}\text{，即 } x_1'(t),x_2'(t),\cdots,x_n'(t) \text{ 不全为 } 0. \end{aligned}$$

此时，$\dfrac{\boldsymbol{x}'(t)}{\|\boldsymbol{x}'(t)\|}$ 为沿曲线 $\boldsymbol{x}(t)$ 的单位切向量场. 应强调的是 $\boldsymbol{x}'(t)$ 或 $\dfrac{\boldsymbol{x}'(t)}{\|\boldsymbol{x}'(t)\|}$ 都是从 $\boldsymbol{x}(t)$ 点出发的向量.

定义 9.1.2 设 $\boldsymbol{x}(\boldsymbol{u})$ 为 s 维 $C^k(k\geqslant 1)$ 正则曲面（也记为 M），称 $\boldsymbol{x}'_{u_i}$ 为关于参数坐标 u_i 的**坐标切向量**，它是 **u_i 曲线**. 由于 $\boldsymbol{x}(\boldsymbol{u})$ 为正则曲面，故

$$\operatorname{rank}(\boldsymbol{x}'_{u_1},\boldsymbol{x}'_{u_2},\cdots,\boldsymbol{x}'_{u_s}) = s,$$

即 $\boldsymbol{x}'_{u_1},\boldsymbol{x}'_{u_2},\cdots,\boldsymbol{x}'_{u_s}$ 是线性无关的. 我们称由$\{\boldsymbol{x}'_{u_1}(\boldsymbol{u}^0),\boldsymbol{x}'_{u_2}(\boldsymbol{u}^0),\cdots,\boldsymbol{x}'_{u_s}(\boldsymbol{u}^0)\}$张成的线性子空间

$$T_{\boldsymbol{x}(\boldsymbol{u}^0)}M=\left\{\sum_{i=1}^{s}\alpha_i\boldsymbol{x}'_{u_i}(\boldsymbol{u}^0)\mid \alpha_i\in\mathbb{R}\right\}$$

为曲面 M(或 $\boldsymbol{x}(\boldsymbol{u})$)在点 $\boldsymbol{x}(\boldsymbol{u}^0)$处的**切空间**. $T_{\boldsymbol{x}(\boldsymbol{u}^0)}M$ 的每个向量称为曲面 M 在点 $\boldsymbol{x}(\boldsymbol{u}^0)$处的**切向量**. 显然,$T_{\boldsymbol{x}(\boldsymbol{u}^0)}M$ 为 s 维线性(向量)空间.

定理 9.1.1 设 $\boldsymbol{x}(\boldsymbol{u})$在 $\boldsymbol{u}^0\in\Delta$ 处可微,如果$\{\boldsymbol{x}'_{u_1}(\boldsymbol{u}^0),\boldsymbol{x}'_{u_2}(\boldsymbol{u}^0),\cdots,\boldsymbol{x}'_{u_s}(\boldsymbol{u}^0)\}$线性无关,即 $\mathrm{rank}\{\boldsymbol{x}'_{u_1}(\boldsymbol{u}^0),\boldsymbol{x}'_{u_2}(\boldsymbol{u}^0),\cdots,\boldsymbol{x}'_{u_s}(\boldsymbol{u}^0)\}=s$,$\boldsymbol{u}^0=\boldsymbol{u}(0)$为 $\boldsymbol{u}(t)$上一固定点,$\boldsymbol{u}(t)$在点 0 处可导,则

$$\left.\frac{\mathrm{d}\boldsymbol{x}(\boldsymbol{u}(t))}{\mathrm{d}t}\right|_{t_0}\in T_{\boldsymbol{x}(\boldsymbol{u}^0)}M,$$

其中 $M=\boldsymbol{x}(\Delta)$.

反之,$\forall\boldsymbol{\alpha}=(\alpha_1,\alpha_2,\cdots,\alpha_s)\in\mathbb{R}^s$, $\sum_{i=1}^{s}\alpha_i\boldsymbol{x}'_{u_i}(\boldsymbol{u}^0)\in T_{\boldsymbol{x}(\boldsymbol{u}^0)}M$, 必$\exists\,\boldsymbol{x}(\boldsymbol{u}(t))\in M$, s. t. $\boldsymbol{u}(0)=\boldsymbol{u}^0$, 且

$$\left.\frac{\mathrm{d}\boldsymbol{x}(\boldsymbol{u}(t))}{\mathrm{d}t}\right|_{t_0}=\sum_{i=1}^{s}\alpha_i\boldsymbol{x}'_{u_i}(\boldsymbol{u}^0).$$

例 9.1.2 设 $\Delta\subset\mathbb{R}^2$ 为开集,$\boldsymbol{x}$: $\Delta\to\mathbb{R}^3$,$(u,v)\mapsto(x(u,v),y(u,v),z(u,v))$为 $C^k(k\geqslant1)$映射,$\mathrm{rank}(\boldsymbol{x}'_u,\boldsymbol{x}'_v)=2$,$M=\boldsymbol{x}(\Delta)$为一个二维 C^k 正则超曲面,它的切空间为

$$T_{\boldsymbol{x}(u,v)}M=\{\alpha_1\boldsymbol{x}'_u(u,v)+\alpha_2\boldsymbol{x}'_v(u,v)\mid\alpha_1,\alpha_2\in\mathbb{R}\}.$$

在 $\boldsymbol{x}(u,v)$处的切超平面为(向量形式)

$$\boldsymbol{y}=\boldsymbol{x}(u,v)+\alpha_1\boldsymbol{x}'_u(u,v)+\alpha_2\boldsymbol{x}'_v(u,v).$$

$\boldsymbol{x}(u,v)$为切超平面上的定点,$\boldsymbol{y}$ 为切超平面上的动点,α_1,α_2 为切超平面上的参数.

与切超平面中从点 $\boldsymbol{x}(u,v)$出发的任何切向量 $\alpha_1\boldsymbol{x}'_u(u,v)+\alpha_2\boldsymbol{x}'_v(u,v)$都正交的向量称为 $\boldsymbol{x}(u,v)$点处的**法向量**. 显然,$\boldsymbol{n}$ 为法向量$\Leftrightarrow\boldsymbol{n}$ 与 $\boldsymbol{x}'_u(u,v)$,$\boldsymbol{x}'_v(u,v)$都正交.

例如

$$\boldsymbol{n}(u,v)=\boldsymbol{x}'_u(u,v)\times\boldsymbol{x}'_v(u,v)=\begin{vmatrix}\boldsymbol{i}&\boldsymbol{j}&\boldsymbol{k}\\ \dfrac{\partial x}{\partial u}&\dfrac{\partial y}{\partial u}&\dfrac{\partial z}{\partial u}\\ \dfrac{\partial x}{\partial v}&\dfrac{\partial y}{\partial v}&\dfrac{\partial z}{\partial v}\end{vmatrix}$$

$$=\frac{\partial(y,z)}{\partial(u,v)}\boldsymbol{i}+\frac{\partial(z,x)}{\partial(u,v)}\boldsymbol{j}+\frac{\partial(x,y)}{\partial(u,v)}\boldsymbol{k}$$

或等于$\left(\dfrac{\partial(y,z)}{\partial(u,v)},\dfrac{\partial(z,x)}{\partial(u,v)},\dfrac{\partial(x,y)}{\partial(u,v)}\right)$,它既与 $\boldsymbol{x}'_u(u,v)$正交,又与 $\boldsymbol{x}'_v(u,v)$正交. 因此,上述的 $\boldsymbol{n}(u,v)$为超曲面 M 在点 $\boldsymbol{x}(u,v)$处的法向量. 而切超平面的另一向量形式为

$$(\boldsymbol{y}-\boldsymbol{x}(u,v))\cdot\boldsymbol{n}(u,v)=0.$$

其坐标形式为

$$\begin{vmatrix} y_1 - x(u,v) & y_2 - y(u,v) & y_3 - z(u,v) \\ \dfrac{\partial x}{\partial u} & \dfrac{\partial y}{\partial u} & \dfrac{\partial z}{\partial u} \\ \dfrac{\partial x}{\partial v} & \dfrac{\partial y}{\partial v} & \dfrac{\partial z}{\partial v} \end{vmatrix} = 0,$$

$$\begin{aligned} \| \boldsymbol{x}'_u \times \boldsymbol{x}'_v \|^2 &= (\| \boldsymbol{x}'_u \| \, \| \boldsymbol{x}'_v \| \sin\theta)^2 = \| \boldsymbol{x}'_u \|^2 \| \boldsymbol{x}'_v \|^2 (1 - \cos^2\theta) \\ &= \| \boldsymbol{x}'_u \|^2 \| \boldsymbol{x}'_v \|^2 - (\boldsymbol{x}'_u \cdot \boldsymbol{x}'_v)^2 = EG - F^2 = \det \begin{vmatrix} E & F \\ F & G \end{vmatrix}, \end{aligned}$$

其中

$$\begin{aligned} E &= \boldsymbol{x}'_u \cdot \boldsymbol{x}'_u = \left(\frac{\partial x}{\partial u}\right)^2 + \left(\frac{\partial y}{\partial u}\right)^2 + \left(\frac{\partial z}{\partial u}\right)^2, \\ F &= \boldsymbol{x}'_u \cdot \boldsymbol{x}'_v = \frac{\partial x}{\partial u}\frac{\partial x}{\partial v} + \frac{\partial y}{\partial u}\frac{\partial y}{\partial v} + \frac{\partial z}{\partial u}\frac{\partial z}{\partial v}, \quad F = 0 \Leftrightarrow \boldsymbol{x}'_u \perp \boldsymbol{x}'_v, \\ G &= \boldsymbol{x}'_v \cdot \boldsymbol{x}'_v = \left(\frac{\partial x}{\partial v}\right)^2 + \left(\frac{\partial y}{\partial v}\right)^2 + \left(\frac{\partial z}{\partial v}\right)^2, \end{aligned}$$

因此,$\boldsymbol{x}(u,v)$处的单位法向量为

$$\boldsymbol{n}_0 = \pm \frac{\boldsymbol{x}'_u \times \boldsymbol{x}'_v}{\| \boldsymbol{x}'_u \times \boldsymbol{x}'_v \|} = \frac{1}{\sqrt{EG - F^2}} \left(\frac{\partial(y,z)}{\partial(u,v)}, \frac{\partial(z,x)}{\partial(u,v)}, \frac{\partial(x,y)}{\partial(u,v)} \right).$$

称 E,G,F 为曲面 M 的**第一基本量**.

例 9.1.3 设 $\Delta \subset \mathbb{R}^{n-1}$ 为开集,$\boldsymbol{x}: \Delta \to \mathbb{R}^n$, $\boldsymbol{u} = (u_1, u_2, \cdots, u_{n-1}) \mapsto \boldsymbol{x}(\boldsymbol{u}) = \boldsymbol{x}(u_1, u_2, \cdots, u_{n-1}) = (x_1(u_1, u_2, \cdots, u_{n-1}), x_2(u_1, u_2, \cdots, u_{n-1}), \cdots, x_n(u_1, u_2, \cdots, u_{n-1}))$ 为 $C^k(k \geqslant 1)$ 映射,$\mathrm{rank}(\boldsymbol{x}'_{u_1}, \boldsymbol{x}'_{u_2}, \cdots, \boldsymbol{x}'_{u_{n-1}}) = n-1$, $M = \boldsymbol{x}(\Delta)$ 为一个 $n-1$ 维 C^k 正则超曲面,它的切空间为

$$T_{\boldsymbol{x}(\boldsymbol{u})} M = \left\{ \sum_{i=1}^{n-1} \alpha_i \boldsymbol{x}'_{u_i}(\boldsymbol{u}) \mid \alpha_i \in \mathbb{R}, i = 1, 2, \cdots, n-1 \right\}.$$

在 $\boldsymbol{x}(u,v)$处的切超平面为(向量形式)

$$\boldsymbol{y} = \boldsymbol{x}(\boldsymbol{u}) + \sum_{i=1}^{n-1} \alpha_i \boldsymbol{x}'_{u_i}(\boldsymbol{u}).$$

$\boldsymbol{x}(\boldsymbol{u})$为切超平面上的定点,$\boldsymbol{y}$ 为切超平面上的动点,$\alpha_1, \alpha_2, \cdots, \alpha_{n-1}$为切超平面上的参数.

与切超平面中从点 $\boldsymbol{x}(\boldsymbol{u})$出发的任何切向量 $\sum\limits_{i=1}^{n-1} \alpha_i \boldsymbol{x}'_{u_i}(\boldsymbol{u})$ 都正交的向量称为 $\boldsymbol{x}(\boldsymbol{u})$点处的**法向量**. 显然

$$\boldsymbol{n} \text{ 为法向量} \Leftrightarrow \boldsymbol{n} \text{ 与每个 } \boldsymbol{x}'_{u_i} (i = 1, 2, \cdots, n-1) \text{ 都正交}.$$

例如,设$\{\boldsymbol{e}_1, \boldsymbol{e}_2, \cdots, \boldsymbol{e}_n\}$为$\mathbb{R}^n$ 中的规范正交基(当 $n=3$ 时,$\boldsymbol{e}_1 = \boldsymbol{i}, \boldsymbol{e}_2 = \boldsymbol{j}, \boldsymbol{e}_3 = \boldsymbol{k}$),则

$$\boldsymbol{n}(\boldsymbol{u})=\begin{vmatrix}\boldsymbol{e}_1 & \cdots & \boldsymbol{e}_n\\ \dfrac{\partial x_1}{\partial u_1} & \cdots & \dfrac{\partial x_n}{\partial u_1}\\ \vdots & & \vdots\\ \dfrac{\partial x_1}{\partial u_{n-1}} & \cdots & \dfrac{\partial x_n}{\partial u_{n-1}}\end{vmatrix}=\sum_{i=1}^{n}(-1)^{1+i}\frac{\partial(x_1,x_2,\cdots,\hat{x}_i,\cdots,x_n)}{\partial(u_1,u_2,\cdots,u_{n-1})}\boldsymbol{e}_i$$

与每个$\dfrac{\partial \boldsymbol{x}}{\partial u_i}$正交($i=1,2,\cdots,n-1$),其中$\hat{x}_i$ 表示删去$\hat{x}_i$. 换言之

$$\boldsymbol{n}(\boldsymbol{u})\cdot\frac{\partial \boldsymbol{x}}{\partial u_i}=\begin{vmatrix}\dfrac{\partial x_1}{\partial u_i} & \cdots & \dfrac{\partial x_n}{\partial u_i}\\ \dfrac{\partial x_1}{\partial u_1} & \cdots & \dfrac{\partial x_n}{\partial u_1}\\ \vdots & & \vdots\\ \dfrac{\partial x_1}{\partial u_{n-1}} & \cdots & \dfrac{\partial x_n}{\partial u_{n-1}}\end{vmatrix}=0.$$

因此,上述的 $\boldsymbol{n}(\boldsymbol{u})$为超曲面 M 在点 $\boldsymbol{x}$ 处的法向量. 而切超平面的另一向量形式为

$$(\boldsymbol{y}-\boldsymbol{x}(\boldsymbol{u}))\cdot\boldsymbol{n}(\boldsymbol{u})=0,$$

其坐标形式为

$$\begin{vmatrix}y_1-x_1(\boldsymbol{u}) & \cdots & y_n-x_n(\boldsymbol{u})\\ \dfrac{\partial x_1}{\partial u_1} & \cdots & \dfrac{\partial x_n}{\partial u_1}\\ \vdots & & \vdots\\ \dfrac{\partial x_1}{\partial u_{n-1}} & \cdots & \dfrac{\partial x_n}{\partial u_{n-1}}\end{vmatrix}=0.$$

设 $g_{ij}=\boldsymbol{x}'_{u_i}\cdot\boldsymbol{x}'_{u_j}=\displaystyle\sum_{l=1}^{n}\frac{\partial x_l}{\partial u_i}\frac{\partial x_l}{\partial u_j}$, $i,j=1,2,\cdots,n$. 则

$$\|\boldsymbol{n}(\boldsymbol{u})\|=\boldsymbol{n}(\boldsymbol{u})\cdot\boldsymbol{n}_0(\boldsymbol{u})=\begin{vmatrix}\boldsymbol{e}_1 & \cdots & \boldsymbol{e}_n\\ \dfrac{\partial x_1}{\partial u_1} & \cdots & \dfrac{\partial x_n}{\partial u_1}\\ \vdots & & \vdots\\ \dfrac{\partial x_1}{\partial u_{n-1}} & \cdots & \dfrac{\partial x_n}{\partial u_{n-1}}\end{vmatrix}\cdot\sum_{i=1}^{n}h_i\boldsymbol{e}_i$$

$$=\begin{vmatrix}h_1 & \cdots & h_n\\ \dfrac{\partial x_1}{\partial u_1} & \cdots & \dfrac{\partial x_n}{\partial u_1}\\ \vdots & & \vdots\\ \dfrac{\partial x_1}{\partial u_{n-1}} & \cdots & \dfrac{\partial x_n}{\partial u_{n-1}}\end{vmatrix}=\sqrt{\det\begin{bmatrix}h_1 & \cdots & h_n\\ \dfrac{\partial x_1}{\partial u_1} & \cdots & \dfrac{\partial x_n}{\partial u_1}\\ \vdots & & \vdots\\ \dfrac{\partial x_1}{\partial u_{n-1}} & \cdots & \dfrac{\partial x_n}{\partial u_{n-1}}\end{bmatrix}\begin{bmatrix}h_1 & \dfrac{\partial x_1}{\partial u_1} & \cdots & \dfrac{\partial x_1}{\partial u_{n-1}}\\ \vdots & \vdots & & \vdots\\ h_n & \dfrac{\partial x_n}{\partial u_1} & \cdots & \dfrac{\partial x_n}{\partial u_{n-1}}\end{bmatrix}}$$

$$= \sqrt{\det\begin{pmatrix} 1 & 0 & \cdots & 0 \\ 0 & g_{11} & \cdots & g_{1,n-1} \\ \vdots & \vdots & & \vdots \\ 0 & g_{n-1,1} & \cdots & g_{n-1,n-1} \end{pmatrix}} = \sqrt{\det\begin{pmatrix} g_{11} & \cdots & g_{1,n-1} \\ \vdots & & \vdots \\ g_{n-1,1} & \cdots & g_{n-1,n-1} \end{pmatrix}} = \sqrt{\det(g_{ij})},$$

其中 $\sum_{i=1}^{n} h_i \boldsymbol{e}_i = \boldsymbol{n}_0(\boldsymbol{u})$ 为与 $\boldsymbol{n}(\boldsymbol{u})$ 同方向的单位法向量. 因此, $\boldsymbol{x}(\boldsymbol{u})$ 处的单位法向量为

$$\boldsymbol{n}_0(\boldsymbol{u}) = \pm \frac{\boldsymbol{n}(\boldsymbol{u})}{\|\boldsymbol{n}(\boldsymbol{u})\|} = \pm \frac{1}{\sqrt{\det(g_{ij})}} \sum_{i=1}^{n} (-1)^{1+i} \frac{\partial(x_1, x_2, \cdots, \hat{x}_i, \cdots, x_n)}{\partial(u_1, u_2, \cdots, u_{n-1})} \boldsymbol{e}_i.$$

$g_{ij}(i,j=1,2,\cdots,n-1)$ 称为超曲面 M 的**第一基本量**. 当 $n=3$ 时, $g_{11}=E$, $g_{12}=g_{21}=F$, $g_{22}=G$.

例 9.1.5　设 $U \subset \mathbb{R}^n$ 为开集, $f: U \to \mathbb{R}^1$ 为 $C^k(1 \leqslant k \leqslant +\infty)$ 映射, 且在 U 上, 有

$$\operatorname{rank} f = \operatorname{rank} \mathrm{J} f = \operatorname{rank}\left(\frac{\partial f}{\partial x_1}, \frac{\partial f}{\partial x_2}, \cdots, \frac{\partial f}{\partial x_n}\right) \equiv 1,$$

则

$$M = f^{-1}(q) = \{\boldsymbol{x} \in U \mid f(\boldsymbol{x}) = q\} = \{\boldsymbol{x} \in U \mid f(\boldsymbol{x}) - q = 0\}$$

或为空集, 或为 $n-1$ 维 C^k 流形(参阅定义 8.4.2)或 C^k 超曲面. 证明: 当 $M \neq \varnothing$ 时,

$$\operatorname{grad} f = \left(\frac{\partial f}{\partial x_1}, \frac{\partial f}{\partial x_2}, \cdots, \frac{\partial f}{\partial x_n}\right)$$

为 M 的法向量场. 从而, 过定点的切超平面为

$$(\boldsymbol{y} - \boldsymbol{x}^0) \cdot \operatorname{grad} f(\boldsymbol{x}^0) = 0,$$

即

$$\sum_{i=1}^{n} \frac{\partial f}{\partial x_i}(\boldsymbol{x}^0)(y_i - x_i^0) = 0.$$

Ⅱ. n 元函数的极值与最值

(严格)极大(小)值, 极值、(严格)最大(小)值, 最值概念可参阅[1]定义 9.2.1.

定理 9.2.1(推广的 Fermat 定理)　设 n 元函数在 $\boldsymbol{x}^0$ 取得极值, 且 $\mathrm{J}f(\boldsymbol{x}^0) = \left(\frac{\partial f}{\partial x_1}(\boldsymbol{x}^0), \frac{\partial f}{\partial x_2}(\boldsymbol{x}^0), \cdots, \frac{\partial f}{\partial x_n}(\boldsymbol{x}^0)\right)$ 存在, 则必有 $\mathrm{J}f(\boldsymbol{x}^0) = \boldsymbol{0}$, 即 $\frac{\partial f}{\partial x_i}(\boldsymbol{x}^0) = 0, i = 1, 2, \cdots, n$. 称 $\boldsymbol{x}^0$ 为 f 的**驻点**. 但反之未必成立(如: $f(x_1, x_2, \cdots, x_n) = x_1^3$, $\boldsymbol{x}^0 = (0, 0, \cdots, 0)$).

定理 9.2.2(极值的充分条件)　设 n 元函数 f 在 $\boldsymbol{x}^0$ 的开邻域 U 内有二阶连续偏导数, $\boldsymbol{x}^0$ 为其驻点, 而

$$Q(\boldsymbol{x}, \boldsymbol{t}) = \sum_{i,j=1}^{n} \frac{\partial^2 f}{\partial x_i \partial x_j}(\boldsymbol{x}) t_i t_j.$$

当 $\boldsymbol{x}$ 固定时, $Q(\boldsymbol{x}, \boldsymbol{t})$ 为 $\boldsymbol{t} = (t_1, t_2, \cdots, t_n) \in \mathbb{R}^n$ 的二次型.

(1) 如果 $\boldsymbol{t}\neq\boldsymbol{0}$ 时,$Q(\boldsymbol{x}^0,\boldsymbol{t})>0$(即 $Q(\boldsymbol{x}^0,\boldsymbol{t})$是正定的),则 $\boldsymbol{x}^0$ 为 f 的严格极小值点,

(2) 如果 $\boldsymbol{t}\neq\boldsymbol{0}$ 时,$Q(\boldsymbol{x}^0,\boldsymbol{t})<0$(即 $Q(\boldsymbol{x}^0,\boldsymbol{t})$是负定的),则 $\boldsymbol{x}^0$ 为 f 的严格极大值点;

(3) $Q(\boldsymbol{x}^0,\boldsymbol{t})$变号,则 $\boldsymbol{x}^0$ 不为 f 的极值点.

推论 9.2.1 设 n 元函数 f 在 $\boldsymbol{x}^0$ 的开邻域 U 内有二阶连续偏导数,$\boldsymbol{x}^0$ 为其驻点,并且 $\boldsymbol{x}^0$ 为 f 的极小(大)值点,则 $Q(\boldsymbol{x}^0,\boldsymbol{t})\geqslant 0(\leqslant 0)$, $\forall\,\boldsymbol{t}\in\mathbb{R}^n$,即 $Q(\boldsymbol{x}^0,\boldsymbol{t})$为半正(负)定的二次型.

注 9.2.1 在定理 9.2.2 中,

(1) $Q(\boldsymbol{x}^0,\boldsymbol{t})$是正定的$\Leftrightarrow f$ 在 $\boldsymbol{x}^0$ 点处的 Hesse 方阵

$$\boldsymbol{H}f(\boldsymbol{x}^0)=\begin{pmatrix}\dfrac{\partial^2 f}{\partial x_1^2}(\boldsymbol{x}^0) & \cdots & \dfrac{\partial^2 f}{\partial x_1\partial x_n}(\boldsymbol{x}^0)\\ \vdots & & \vdots\\ \dfrac{\partial^2 f}{\partial x_n\partial x_1}(\boldsymbol{x}^0) & \cdots & \dfrac{\partial^2 f}{\partial x_n^2}(\boldsymbol{x}^0)\end{pmatrix}$$

的顺序主子式满足

$$\frac{\partial^2 f}{\partial x_1^2}(\boldsymbol{x}^0)>0,$$

$$\begin{vmatrix}\dfrac{\partial^2 f}{\partial x_1^2}(\boldsymbol{x}^0) & \dfrac{\partial^2 f}{\partial x_1\partial x_2}(\boldsymbol{x}^0)\\ \dfrac{\partial^2 f}{\partial x_2\partial x_1}(\boldsymbol{x}^0) & \dfrac{\partial^2 f}{\partial x_2^2}(\boldsymbol{x}^0)\end{vmatrix}>0,$$

$$\vdots$$

$$\det\boldsymbol{H}f(\boldsymbol{x}^0)=\begin{vmatrix}\dfrac{\partial^2 f}{\partial x_1^2}(\boldsymbol{x}^0) & \cdots & \dfrac{\partial^2 f}{\partial x_1\partial x_n}(\boldsymbol{x}^0)\\ \vdots & & \vdots\\ \dfrac{\partial^2 f}{\partial x_n\partial x_1}(\boldsymbol{x}^0) & \cdots & \dfrac{\partial^2 f}{\partial x_n\partial x_1}(\boldsymbol{x}^0)\end{vmatrix}>0.$$

(2) $Q(\boldsymbol{x}^0,\boldsymbol{t})$是负定的$\Leftrightarrow f$ 在 $\boldsymbol{x}^0$ 点处的 Hesse 方阵 $\boldsymbol{H}f(\boldsymbol{x}^0)$的顺序主子式满足

$$\frac{\partial^2 f}{\partial x_1^2}(\boldsymbol{x}^0)<0,$$

$$\begin{vmatrix}\dfrac{\partial^2 f}{\partial x_1^2}(\boldsymbol{x}^0) & \dfrac{\partial^2 f}{\partial x_1\partial x_2}(\boldsymbol{x}^0)\\ \dfrac{\partial^2 f}{\partial x_2\partial x_1}(\boldsymbol{x}^0) & \dfrac{\partial^2 f}{\partial x^2}(\boldsymbol{x}^0)\end{vmatrix}>0,$$

$$\vdots$$

$$(-1)^n\det\boldsymbol{H}f(\boldsymbol{x}^0)=(-1)^n\begin{vmatrix}\dfrac{\partial^2 f}{\partial x_1^2}(\boldsymbol{x}^0) & \cdots & \dfrac{\partial^2 f}{\partial x_1\partial x_n}(\boldsymbol{x}^0)\\ \vdots & & \vdots\\ \dfrac{\partial^2 f}{\partial x_n\partial x_1}(\boldsymbol{x}^0) & \cdots & \dfrac{\partial^2 f}{\partial x_n^2}(\boldsymbol{x}^0)\end{vmatrix}>0.$$

推论 9.2.2(二元函数极值的充分条件)　设 $z=f(x,y)$ 为二元函数，f 在 (x_0,y_0) 的某开邻域内有连续的二阶偏导数，(x_0,y_0) 为 f 的驻点.

(1) 当

$$\frac{\partial^2 f}{\partial x^2}(x_0,y_0)>0,\quad \begin{vmatrix} \frac{\partial^2 f}{\partial x^2}(x_0,y_0) & \frac{\partial^2 f}{\partial x\partial y}(x_0,y_0) \\ \frac{\partial^2 f}{\partial y\partial x}(x_0,y_0) & \frac{\partial^2 f}{\partial y^2}(x_0,y_0) \end{vmatrix}>0$$

时，(x_0,y_0) 为 f 的严格极小值点.

(2) 当

$$\frac{\partial^2 f}{\partial x^2}(x_0,y_0)<0,\quad \begin{vmatrix} \frac{\partial^2 f}{\partial x^2}(x_0,y_0) & \frac{\partial^2 f}{\partial x\partial y}(x_0,y_0) \\ \frac{\partial^2 f}{\partial y\partial x}(x_0,y_0) & \frac{\partial^2 f}{\partial y^2}(x_0,y_0) \end{vmatrix}>0$$

时，(x_0,y_0) 为 f 的严格极大值点.

(3) 当

$$\begin{vmatrix} \frac{\partial^2 f}{\partial x^2}(x_0,y_0) & \frac{\partial^2 f}{\partial x\partial y}(x_0,y_0) \\ \frac{\partial^2 f}{\partial y\partial x}(x_0,y_0) & \frac{\partial^2 f}{\partial y^2}(x_0,y_0) \end{vmatrix}<0$$

时，(x_0,y_0) 不为 f 的极值点.

注　要求函数 f 的最(大、小)值，只须比较边界上 f 的值，偏导数不存在点 f 的值以及 f 在驻点的值.

定理 3.5.7 指出：若一维区间 I 上的连续函数 f 有惟一的极值点 x_0，如果 x_0 为 f 的极大(小)值点，则 x_0 为 f 在 I 上的惟一的最大(小)值点. 惊奇与遗憾的是，这个定理不能推广到 $\mathbb{R}^n$ 中.

例 9.2.1　二元函数

$$f(x,y)=2(\arctan x)^3-2(\arctan x)^2+\frac{1}{8}\arctan x\arctan y-\frac{1}{64}(\arctan y)^2$$

在整个平面 $\mathbb{R}^2$ 上有惟一的驻点，且为极大值点，但非最大值点.

Ⅲ. 条件极值

定义 9.3.1　设 $D\subset\mathbb{R}^{n+m}$ 为开集，$f: D\to\mathbb{R}^1$ 为 $n+m$ 元函数，又 $\boldsymbol{\Phi}: D\to\mathbb{R}^m$ 为映射，$M=\{z\in D\mid\boldsymbol{\Phi}(z)=\mathbf{0}\}$. 如果 $\mathbf{z}^0\in M$ 有一个 $\mathbb{R}^{n+m}$ 中的开邻域 U，使得

$$f(\mathbf{z}^0)=\min f(M\cap U)(=\max f(M\cap U)),$$

则称 $f(\mathbf{z}^0)$ 为**目标函数** f 在约束条件 $\boldsymbol{\Phi}(z)=\mathbf{0}$ 下的**条件极小(大)值**；z^0 称为 f 的**条件极小**

(大)值点**.条件极小与条件极大值统称为**条件极值**.

如果记 $\boldsymbol{z}=(\boldsymbol{x},\boldsymbol{y})\in\mathbb{R}^n\times\mathbb{R}^m$,则$\boldsymbol{\Phi}(\boldsymbol{z})=\boldsymbol{0}$ 变成$\boldsymbol{\Phi}(\boldsymbol{x},\boldsymbol{y})=\boldsymbol{0}$. 若$\boldsymbol{\Phi}$为 C^1 映射,且 $\boldsymbol{J}_y\boldsymbol{\Phi}\neq 0$, $\boldsymbol{z}^0=(\boldsymbol{x}^0,\boldsymbol{y}^0)\in M$,即$\boldsymbol{\Phi}(\boldsymbol{x}^0,\boldsymbol{y}^0)=\boldsymbol{0}$,则由隐射定理,$\boldsymbol{y}=\boldsymbol{\varphi}(\boldsymbol{x})$,$\boldsymbol{y}^0=\boldsymbol{\varphi}(\boldsymbol{x}^0)$,$\boldsymbol{x}^0$ 就是使 n 元函数 $f(\boldsymbol{x},\boldsymbol{\varphi}(\boldsymbol{x}))$ 达到(无条件)极小(大)值的点. 因此,求条件极值的问题就化成了无条件极值问题,将 $n+m$ 个变量由$\boldsymbol{\Phi}(\boldsymbol{x},\boldsymbol{y})=\boldsymbol{0}$ 化为 n 个独立变量.

定理 9.3.1(Lagrange 不定乘数法,条件极值的必要条件) 设 $D\subset\mathbb{R}^{n+m}$ 为开集,f: $D\to\mathbb{R}^1$ 为函数,$\boldsymbol{\Phi}$: $D\to\mathbb{R}^m$ 为映射,$M=\{\boldsymbol{z}\in D\,|\,\boldsymbol{\Phi}(\boldsymbol{z})=\boldsymbol{0}\}$,$\boldsymbol{z}^0\in M$. 如果

(1) $f\in C^1(D;\mathbb{R}^1)$,$\boldsymbol{\Phi}\in C^1(D,\mathbb{R}^m)$;

(2) $\text{rank}\boldsymbol{J\Phi}(\boldsymbol{z}^0)=m$;

(3) $\boldsymbol{z}^0$ 为 f 在约束条件$\boldsymbol{\Phi}(\boldsymbol{z})=\boldsymbol{0}$ 下取到条件极值的点.

则 $\exists\boldsymbol{\lambda}^0\in\mathbb{R}^m$, s. t. $\boldsymbol{\lambda}^0$ 与 $\boldsymbol{z}^0$ 满足方程

$$\boldsymbol{J}f(\boldsymbol{z})+\lambda\boldsymbol{J\Phi}(\boldsymbol{z})=\boldsymbol{0},$$

即满足 $n+m$ 个方程

$$\frac{\partial f}{\partial z_i}(\boldsymbol{z})+\sum_{j=1}^{m}\lambda_j\frac{\partial\Phi_j}{\partial z_i}(\boldsymbol{z})=0,\quad i=1,2,\cdots,n+m.$$

注 9.3.1 为记忆与计算的方便,令

$$F(\boldsymbol{z},\boldsymbol{\lambda})=f(\boldsymbol{z})+\sum_{j=1}^{m}\lambda_j\Phi_j(\boldsymbol{z}),$$

则定理 9.3.1 中$\boldsymbol{\lambda}^0$ 与 $\boldsymbol{z}^0$ 满足

$$\begin{cases}\dfrac{\partial F}{\partial z_i}(\boldsymbol{z},\boldsymbol{\lambda})=\dfrac{\partial f}{\partial z_i}(\boldsymbol{z})+\displaystyle\sum_{j=1}^{m}\lambda_j\frac{\partial\Phi_j}{\partial z_i}(\boldsymbol{z})=0,\quad i=1,2,\cdots,n+m,\\ \dfrac{\partial F}{\partial\lambda_k}(\boldsymbol{z},\boldsymbol{\lambda})=\Phi_k(\boldsymbol{z})=0,\quad k=1,2,\cdots,m.\end{cases}$$

上述第二组方程实际上就是约束方程. 其中$\boldsymbol{\lambda}=(\lambda_1,\lambda_2,\cdots,\lambda_n)$称为**不定乘数**. 我们的目的是求出条件极值点 $\boldsymbol{z}^0$,而不是$\boldsymbol{\lambda}^0$,因此,往往不必求$\boldsymbol{\lambda}^0$,只需消去$\boldsymbol{\lambda}$ 得到 $\boldsymbol{z}^0$.

应该特别强调的是,上面求出的 $\boldsymbol{z}^0$ 只能说可能是条件极值点,到底是否是极值点? 是否是极大还是极小值点? 是否是最值点,是最大还是最小? 一定要严格论证!

例 9.3.6 二次型

$$f(x_1,x_2,\cdots,x_n)=\sum_{i,j=1}^{n}a_{ij}x_ix_j\quad(a_{ij}=a_{ji})$$

在条件 $\Phi(x_1,x_2,\cdots,x_n)=\sum\limits_{i=1}^{n}x_i^2-1=0$ 下的最大值与最小值分别是矩阵(a_{ij})的最大特征值与最小特征值(矩阵(a_{ij})的特征方程

$$\begin{vmatrix}a_{11}-\lambda & a_{12} & \cdots & a_{1n}\\ a_{21} & a_{22}-\lambda & \cdots & a_{2n}\\ \vdots & \vdots & & \vdots\\ a_{n1} & a_{n2} & \cdots & a_{nn}-\lambda\end{vmatrix}=0$$

的根称为矩阵(a_{ij})的**特征值**).

401. 设$a_1,a_2,\cdots,a_n$为n个正数,求

$$f(x_1,x_2,\cdots,x_n)=\sum_{k=1}^n a_k x_k$$

在约束条件$x_1^2+x_2^2+\cdots+x_n^2\leqslant 1$下的最大值.

解法1　先求f在条件$\sum_{i=1}^n x_i^2=a^2\ (0<a\leqslant 1)$下的最大值.为此,设

$$F(x_1,x_2,\cdots,x_n,\lambda)=\sum_{k=1}^n a_k x_k-\lambda\left(\sum_{k=1}^n x_i^2-a^2\right).$$

令

$$\begin{cases}F'_{x_k}=a_k-2\lambda x_k=0,\\ F'_\lambda=\sum_{k=1}^n x_k^2-a^2=0.\end{cases}$$

解得$x_k=\pm\frac{a_k a}{\sqrt{\sum_{k=1}^n a_k^2}}$,从而$\sum_{k=1}^n a_k x_k=\pm a\sqrt{\sum_{k=1}^n a_k^2}$.因为连续函数$f$在紧致集合$\left\{(x_1,x_2,\cdots,x_n)\mid\sum_{i=1}^n x_c^2=a^2\right\}$上必定达到最大值和最小值.最值点为$\left(\pm\frac{a_1 a}{\sqrt{\sum_{k=1}^n a_k^2}},\pm\frac{a_2 a}{\sqrt{\sum_{k=1}^n a_k^2}},\cdots,\pm\frac{a_n a}{\sqrt{\sum_{k=1}^n a_k^2}}\right)$,最大值为$a\sqrt{\sum_{k=1}^n a_k^2}$,最小值为$-a\sqrt{\sum_{k=1}^n a_k^2}$.从而$f(x_1,x_2,\cdots,x_n)$在约束条件$\sum_{k=1}^n x_k^2\leqslant 1$下的最大值为

$$\sup_{0\leqslant a\leqslant 1} a\sqrt{\sum_{k=1}^n a_k^2}=\sqrt{\sum_{k=1}^n a_k^2}=\left(\sum_{k=1}^n a_k^2\right)^{\frac{1}{2}}.$$

解法2　由Cauchy-Schwarz不等式.

$$\left(\sum_{k=1}^n a_k x_k\right)^2\leqslant\sum_{k=1}^n a_k^2\cdot\sum_{k=1}^n x_k^2\leqslant\sum_{k=1}^n a_k^2,$$

等号当$(x_1,x_2,\cdots,x_n)=\lambda(a_1,a_2,\cdots,a_n)$及$\sum_{k=1}^n x_k^2=1$时成立,解得$\lambda=\pm\frac{1}{\sqrt{\sum_{k=1}^n a_k^2}}$及$\sum_{k=1}^n x_k^2=1$,并有最大值

$$f\left(\frac{a_1}{\sqrt{\sum_{k=1}^n a_k^2}},\cdots,\frac{a_n}{\sqrt{\sum_{k=1}^n a_k^2}}\right)=\sum_{k=1}^n a_k\frac{a_k}{\sqrt{\sum_{i=1}^n a_i^2}}=\left(\sum_{k=1}^n a_k^2\right)^{\frac{1}{2}}.\qquad\square$$

402. 求函数

$$f(x_1,x_2,\cdots,x_n)=x_1^2+x_2^2+\cdots+x_n^2$$

在约束条件 $\sum\limits_{k=1}^{n}a_kx_k=1\ (a_k>0,k=1,2,\cdots,n)$ 下的最小值.

解 应用 Lagrange 乘数法. 设

$$F(x_1,x_2,\cdots,x_n)=\sum_{k=1}^{n}x_k^2-\lambda\left(\sum_{k=1}^{n}a_kx_k-1\right),$$

并令

$$\begin{cases}F'_{x_k}=2x_k-\lambda a_k=0,\\ F'_\lambda=\sum\limits_{k=1}^{n}a_kx_k-1=0.\end{cases}$$

解得

$$x_k=\frac{a_k}{\sum\limits_{k=1}^{n}a_k^2},\quad k=1,2,\cdots,n.$$

由题意,是求原点到平面 $\sum\limits_{k=1}^{n}a_kx_k=1$ 距离的平方,此值必定存在. 事实上,在平面 $\sum\limits_{k=1}^{n}a_kx_k=1$ 上取定一点 $P^0=(p_1^0,p_2^0,\cdots,p_n^0)$. 显然,连续函数 f 在紧集 $\left\{(x_1,x_2,\cdots,x_n)\mid \sum\limits_{k=1}^{n}a_kx_k=1,x_1^2+x_2^2+\cdots+x_n^2\leqslant(p_1^0)^2+(p_2^0)^2+\cdots+(p_n^0)^2\right\}$ 上达最小值,它也是 f 在 $\sum\limits_{k=1}^{n}a_kx_k=1$ 上的最小值. 当然也是条件极值,而驻点惟一,故

$$f\left(\frac{a_1}{\sum\limits_{k=1}^{n}a_k^2},\frac{a_2}{\sum\limits_{k=1}^{n}a_k^2},\cdots,\frac{a_n}{\sum\limits_{k=1}^{n}a_k^2}\right)=\frac{\sum\limits_{k=1}^{n}a_k^2}{\left(\sum\limits_{k=1}^{n}a_k^2\right)^2}=\frac{1}{\sum\limits_{k=1}^{n}a_k^2}$$

为 f 在约束条件 $\sum\limits_{k=1}^{n}a_kx_k=1$ 下的最小值. □

403. 设 n 为正整数,$x,y>0$. 试给出适当的约束条件,并用条件极值的方法证明:

$$\frac{x^n+y^n}{2}\geqslant\left(\frac{x+y}{2}\right)^n.$$

证法 1 当 $n=1$ 时,有 $\frac{x^1+y^1}{2}=\left(\frac{x+y}{2}\right)^1$. 等号成立.

当 $x=y$ 时,对 $\forall n\in\mathbb{N}$,等号成立.

假设 $x+y=a>0$,求函数 $f(x,y)=\frac{x^n+y^n}{2}$ 在此条件下的最小值. 设

$$F(x,y,\lambda)=\frac{x^n+y^n}{2}+\lambda(x+y-a),$$

并令

$$\begin{cases}F'_x=\dfrac{n}{2}x^{n-1}+\lambda=0,\\ F'_y=\dfrac{n}{2}y^{n-1}+\lambda=0,\\ F'_\lambda=x+y-a=0.\end{cases}$$

解得 $x=y=\frac{a}{2}$，由于 $f(a,0)=\frac{a^n}{2}=f(0,a)$，而 $f\left(\frac{a}{2},\frac{a}{2}\right)=\left(\frac{a}{2}\right)^n\leqslant\frac{a^n}{2}$，以及连续函数 f 在紧致集 $\{(x,y)\mid x+y=a,0\leqslant x,y\leqslant a\}$ 上达到最小值，所以它不在边界上达到，而在 $\{(x,y)\mid x+y=a,0<x,y<a\}$ 内达到. 该点为极小值点，为驻点. 又驻点惟一为 $\left(\frac{a}{2},\frac{a}{2}\right)$，因此 $f\left(\frac{a}{2},\frac{a}{2}\right)$ 是 f 在条件 $x+y=a$ 下的最小值，即有

$$\frac{x^n+y^n}{2}\geqslant\left(\frac{a}{2}\right)^n=\left(\frac{x+y}{2}\right)^n.$$

证法 2　同证法 1，证得 $(x,y)=\left(\frac{a}{2},\frac{a}{2}\right)$ 是 $f(x,y)$ 在 $x+y=a$ 条件下的驻点. 因为

$$\frac{\partial^2F}{\partial x^2}=\frac{1}{2}n(n-1)x^{n-2},\quad \frac{\partial^2F}{\partial y_2}=\frac{1}{2}n(n-1)y^{n-2},\quad \frac{\partial^2F}{\partial x\partial y}=0.$$

所以

$$\begin{aligned}\mathrm{d}^2F(x,y)&=\frac{n(n-1)}{2}[x^{n-2}\mathrm{d}x^2+y^{n-2}\mathrm{d}y^2]\\&=\frac{n(n-1)}{2}\mathrm{d}x^2[x^{n-2}+(a-x)^{n-2}]>0,\end{aligned}$$

$\left(\frac{a}{2},\frac{a}{2}\right)$ 是极小值点，也是最小值点. 令 $a=x+y$，总有

$$\frac{1}{2}(x^n+y^n)\geqslant\left(\frac{a}{2}\right)^n=\left(\frac{x+y}{2}\right)^n.$$

□

404. 求出椭球面 $\frac{x^2}{a^2}+\frac{y^2}{b^2}+\frac{z^2}{c^2}=1$ 在第一卦限中的切平面与三个坐标面所成四面体的最小体积.

解　椭球面上任一点 (x,y,z) 处的切平面方程为

$$\frac{xX}{a^2}+\frac{yY}{b^2}+\frac{zZ}{c^2}=1.$$

它的 x 轴，y 轴，z 轴上的截距分别为 $\frac{a^2}{x},\frac{b^2}{y},\frac{c^2}{z}$. 因此，第一卦限中的切平面与坐标平面所围四面体体积为

$$V=V(x,y,z)=\frac{a^2b^2c^2}{6xyz}.$$

为求 $V(x,y,z)$ 在条件 $\frac{x^2}{a^2}+\frac{y^2}{b^2}+\frac{z^2}{c^2}=1$ 下的最小值，只须求出函数 $f(x,y,z)=xyz$ 在上述条件下的最大值. 为此，设

$$F(x,y,z,\lambda)=xyz+\lambda\left(\frac{x^2}{a^2}+\frac{y^2}{b^2}+\frac{z^2}{c^2}-1\right),\quad x>0,y>0,z>0,$$

并令

$$\begin{cases}F'_x=yz+\frac{2\lambda}{a^2}x=0,\\ F'_y=xz+\frac{2\lambda}{b^2}y=0,\\ F'_z=xy+\frac{2\lambda}{c^2}z=0,\\ F'_\lambda=\frac{x^2}{a^2}+\frac{y^2}{b^2}+\frac{z^2}{c^2}-1=0.\end{cases}$$

解得 $y^2=\frac{b^2}{a^2}x^2,z^2=\frac{c^2}{a^2}x^2$ 故 $(x,y,z)=\left(\frac{a}{\sqrt{3}},\frac{b}{\sqrt{3}},\frac{c}{\sqrt{3}}\right)$ 为驻点.

由 $f(x,y,z)=xyz$ 的连续性. $\exists\delta>0$，当 $0<x,y<\delta$ 时，有

$$f(x,y,z)=xyz=xyc\sqrt{1-\left(\frac{x^2}{a^2}+\frac{y^2}{b^2}\right)}<c\delta^2$$
$$<f\left(\frac{a}{\sqrt{3}},\frac{b}{\sqrt{3}},\frac{c}{\sqrt{3}}\right)=\frac{1}{3\sqrt{3}}abc.$$

而 $A=\left\{(x,y)\mid\delta\leqslant\frac{x^2}{a^2}+\frac{y^2}{b^2}\leqslant1\right\}$ 为紧致集，所以 f 在 A 上达最大值 $f\left(\frac{a}{\sqrt{3}},\frac{b}{\sqrt{3}},\frac{c}{\sqrt{3}}\right)$. 它也是 f 在 $\left\{(x,y)\mid0\leqslant\frac{x^2}{a^2}+\frac{y^2}{b^2}\leqslant1\right\}$ 上的最大值. 而 $V(x,y,z)=\frac{1}{6}a^2b^2c^2\ \frac{1}{f(x,y,z)}$ 在 $\left(\frac{a}{\sqrt{3}},\frac{b}{\sqrt{3}},\frac{c}{\sqrt{3}}\right)$ 取最小值为 $V\left(\frac{a}{\sqrt{3}},\frac{b}{\sqrt{3}},\frac{c}{\sqrt{3}}\right)=\frac{\sqrt{3}}{2}abc$. 此即为所求的最小体积. □

405. 讨论下列函数的条件极值与条件最值：

(1) $u=x_1^p+x_2^p+\cdots+x_n^p(x_i\geqslant0,p>1)$，约束条件为 $x_1+x_2+\cdots x_n=a(a>0)$；

(2) $u=\frac{\alpha_1}{x_1}+\frac{\alpha_2}{x_2}+\cdots+\frac{\alpha_n}{x_n}$，约束条件为 $\beta_1x_1+\beta_2x_2+\cdots+\beta_nx_n=1(x_i>0,\alpha_i>0,\beta_i>0,i=1,2,\cdots,n)$；

(3) $u=x_1^{\alpha_1}x_2^{\alpha_2}\cdots x_n^{\alpha_n}$，约束条件为 $x_1+x_2+\cdots+x_n=a(a>0,\alpha_i>0,i=1,2,\cdots,n)$.

解 (1) 设 $F(x_1,x_2,\cdots,x_n,\lambda)=\sum_{i=1}^{n}x_i^p+\lambda\left(\sum_{i=1}^{n}x_i-a\right)$，并令

$$\begin{cases}\dfrac{\partial F}{\partial x_i}=px_i^{p-1}+\lambda=0, \quad i=1,2,\cdots,n,\\ \dfrac{\partial F}{\partial \lambda}=\sum\limits_{i=1}^{n}x_i-a=0.\end{cases}$$

解得 $x_1=x_2\cdots=x_n=\dfrac{a}{n}$，即 $\left(\dfrac{a}{n},\dfrac{a}{n},\cdots,\dfrac{a}{n}\right)$ 为驻点.

再因为 $\dfrac{\partial^2 F}{\partial x_i^2}=p(p-1)x_i^{p-2}$，$\dfrac{\partial^2 F}{\partial x_i\partial x_j}=0(i\neq j)$，所以

$$\mathrm{d}^2F=p(p-1)\left(\frac{a}{n}\right)^{p-2}(\mathrm{d}x_1^2+\mathrm{d}x_2^2+\cdots+\mathrm{d}x_n^2)>0.$$

因此 $\left(\dfrac{a}{n},\dfrac{a}{n},\cdots,\dfrac{a}{n}\right)$ 是极小值点，又 $\sum\limits_{i=1}^{n}x_i=a(x_i\geqslant 0)$ 为紧致集，故它又为最小值点$\Bigg($由归纳法和 $\dfrac{a^p}{(n-1)^{p-1}}>\dfrac{a^p}{n^{p-1}}$ 知最小值在内部达到$\Bigg)$. 函数 $u=\sum\limits_{i=1}^{n}x_i^p$ 在 $\left(\dfrac{a}{n},\dfrac{a}{n},\cdots,\dfrac{a}{n}\right)$ 于条件 $\sum\limits_{i=1}^{n}x_i=a>0$ 下取到最小值 $\dfrac{a^p}{n^{p-1}}$.

(2) 设 $F(x_1,x_2,\cdots,x_n)=\sum\limits_{i=1}^{n}\dfrac{\alpha_i}{x_i}+\lambda\left(\sum\limits_{i=1}^{n}\beta_i x_i-1\right)$，令

$$\begin{cases}F'_{x_i}=-\dfrac{\alpha_i}{x_i^2}+\lambda\beta_i=0, \quad i=1,2,\cdots,n,\\ F'_\lambda=\beta_1x_1+\beta_2x_2+\cdots+\beta_nx_n-1=0.\end{cases}$$

显然 $\lambda\neq 0$（否则 $\alpha_i=0$，矛盾），故 $x_i^2=\dfrac{\alpha_i}{\lambda\beta_i}$，而 $\alpha_i>0,\beta_i>0$，故 $x_i=\sqrt{\dfrac{\alpha_i}{\lambda\beta_i}}>0$. 代入解得 $\lambda=\left(\sum\limits_{i=1}^{n}\sqrt{\alpha_i\beta_i}\right)^2$，从而有

$$x_i=\sqrt{\frac{\alpha_i}{\beta_i}}\frac{1}{\sum\limits_{i=1}^{n}\sqrt{\alpha_i\beta_i}}, \quad i=1,2,\cdots,n.$$

又因为

$$F''_{x_i^2}=\frac{2\alpha_i}{x_i^3}, \quad F''_{x_ix_j}=0, \quad i\neq j, \quad i,j=1,2,\cdots,n.$$

故

$$\mathrm{d}^2F=2\sum_{i=1}^{n}\frac{\alpha_i}{x_i^3}\mathrm{d}x_i^2>0.$$

因此，当 $x_i=\sqrt{\dfrac{\alpha_i}{\beta_i}}\dfrac{1}{\sum\limits_{i=1}^{n}\sqrt{\alpha_i\beta_i}}$ 时，u 取极小值

$$
\begin{aligned}
& u\left(\sqrt{\frac{\alpha_1}{\beta_1}}\frac{1}{\sum_{i=1}^{n}\sqrt{\alpha_i\beta_i}},\sqrt{\frac{\alpha_2}{\beta_2}}\frac{1}{\sum_{i=1}^{n}\sqrt{\alpha_i\beta_i}},\cdots,\sqrt{\frac{\alpha_n}{\beta_n}}\frac{1}{\sum_{i=1}^{n}\sqrt{\alpha_i\beta_i}}\right)\\
&=\sum_{i=1}^{n}\sqrt{\alpha_i\beta_i}\left(\frac{\alpha_1}{\sqrt{\frac{\alpha_1}{\beta_1}}}+\frac{\alpha_2}{\sqrt{\frac{\alpha_2}{\beta_2}}}+\cdots+\frac{\alpha_n}{\sqrt{\frac{\alpha_n}{\beta_n}}}\right)\\
&=\left(\sum_{i=1}^{n}\sqrt{\alpha_i\beta_i}\right)^2\xlongequal{\text{def}}m.
\end{aligned}
$$

因为当某个 x_i 充分小时,$\frac{\alpha_i}{x_i}>m$,故 $\exists\delta>0$,当 $0<x_i<\delta$,又 $\sum_{i=1}^{n}\beta_i x_i=1$ 时,函数值 $u=\sum_{i=1}^{n}\frac{\alpha_i}{x_i}>m$,且 u 无最大值. 又 $\left\{(x_1,x_2,\cdots,x_n)\,\middle|\,x_i\geqslant\delta,\sum_{i=1}^{n}\beta_i x_i=1\right\}$ 是 $\mathbb{R}^n$ 中的有界闭集,u 在其中必取到最小值,且不在边界上达到. 而极值点又是惟一的极小值点,也就是最小值点,因此,u 有最小值

$$\left(\sum_{i=1}^{n}\sqrt{\alpha_i\beta_i}\right)^2.$$

(3) 由题意 $x_i\geqslant0$. 若有 $x_i=0$,则 $u=0$. 而 $u=x_1^{\alpha_1}x_2^{\alpha_2}\cdots x_n^{\alpha_n}\geqslant0$,$u=0$ 是函数的最小值. 以下讨论 $\forall x_i>0$ 的情形.

设 $v=\ln u=\sum_{i=1}^{n}\alpha_i\ln x_i$,则 u 与 v 有相同的最大值点,故只要求出 v 的最大值. 就可以算出 u 的最大值了. 设

$$F=v(x_1,x_2,\cdots,x_n)+\lambda\left(\sum_{i=1}^{n}x_i-a\right)=\sum_{i=1}^{n}\alpha_i\ln x_i+\lambda\left(\sum_{i=1}^{n}x_i-a\right).$$

令

$$
\begin{cases}
\dfrac{\partial F}{\partial x_i}=\dfrac{\alpha_i}{x_i}+\lambda=0, & i=1,2,\cdots,n,\\
\dfrac{\partial F}{\partial \lambda}=\sum_{i=1}^{n}x_i-a=0,
\end{cases}
$$

解得 $\frac{\alpha_1}{x_1}=\frac{\alpha_2}{x_2}=\cdots=\frac{\alpha_n}{x_n}$,$x_i=\frac{\alpha_i}{\alpha_1}x_1$,$i=2,\cdots,n$. 由

$$0=\sum_{i=1}^{n}x_i-a=\frac{x_1}{\alpha_1}\sum_{i=1}^{n}\alpha_i-a,$$

解出 $x_1=\frac{a\alpha_1}{\sum_{i=1}^{n}\alpha_i}$. 记 $A=\sum_{i=1}^{n}\alpha_i$,则有

$$x_i=\frac{a\alpha_i}{A},\quad i=1,2,\cdots,n.$$

再由

$$\frac{\partial^2 F}{\partial x_i^2}=-\frac{\alpha_i}{x_i^2},\frac{\partial^2 F}{\partial x_i\partial x_j}=0,\quad i,j=1,2,\cdots,n,i\neq j,$$

推出

$$\mathrm{d}^2F=-\sum_{i=1}^{n}\frac{\alpha_i}{x_i^2}\mathrm{d}x_i^2<0.$$

由此知$\left(\frac{a}{A}\alpha_1,\frac{a}{A}\alpha_2,\cdots,\frac{a}{A}\alpha_n\right)$为条件极大值点. 因 v 的最大值不在有界闭集$\left\{(x_1,x_2,\cdots,x_n)\,\middle|\,\sum_{i=1}^{n}x_i=a,x_i\geqslant 0\right\}$的边界($\exists\, i,x_i=0$)上取到,必在内点处达到,因而最大值点也是极大值点,但 v 有惟一的极大值点$\left(\frac{a}{A}\alpha_1,\frac{a}{A}\alpha_2,\cdots,\frac{a}{A}\alpha_n\right)$. 它就是最大值点. 此时

$$v\left(\frac{a}{A}\alpha_1,\frac{a}{A}\alpha_2,\cdots,\frac{a}{A}\alpha_n\right)=\sum_{i=1}^{n}\alpha_i\ln\frac{a\alpha_i}{A}=\sum_{i=1}^{n}\ln\left(\frac{a\alpha_i}{\sum_{k=1}^{n}\alpha_k}\right)^{\alpha_i}$$

从而,在$\sum_{i=1}^{n}x_i=a$的条件下,u 有最大值

$$u_{\max}=\prod_{i=1}^{n}\left(\frac{a\alpha_i}{\alpha_1+\alpha_2+\cdots+\alpha_n}\right)^{\alpha_i}=\left(\frac{a}{\alpha_1+\alpha_2+\cdots+\alpha_n}\right)^{\alpha_1+\cdots+\alpha_n}\alpha_1^{\alpha_1}\alpha_2^{\alpha_2}\cdots\alpha_n^{\alpha_n}.$$ □

406. 证明:Hölder 不等式

$$\sum_{i=1}^{n}a_ix_i\leqslant\left(\sum_{i=1}^{n}a_i^p\right)^{\frac{1}{p}}\left(\sum_{i=1}^{n}x_i^q\right)^{\frac{1}{q}},$$

其中 $a_i\geqslant 0,x_i\geqslant 0,i=1,2,\cdots,n,p>1,\frac{1}{p}+\frac{1}{q}=1$.

证法1 先求函数 $f(x_1,x_2,\cdots,x_n)=\sum_{i=1}^{n}a_ix_i$ 在条件$\sum_{i=1}^{n}x_i^q=1$下的最大值.

设 $F(x_1,x_2,\cdots,x_n,\lambda)=\sum_{i=1}^{n}a_ix_i+\lambda\left(\sum_{i=1}^{n}x_i^q-1\right)$,并令

$$\begin{cases}F'_{x_i}=a_i+\lambda qx_i^{q-1}=0,\quad i=1,2,\cdots,n\\ F'_{\lambda}=\sum_{i=1}^{n}x_i^q-1=0.\end{cases}$$

解得 $x_i=\left(-\frac{a_i}{\lambda q}\right)^{\frac{1}{q-1}}(i=1,2,\cdots,n)$,代入最后一个方程得

$$1=\sum_{i=1}^{n}\left(-\frac{a_i}{\lambda q}\right)^{\frac{q}{q-1}}=\sum_{i=1}^{n}\left(-\frac{a_i}{\lambda q}\right)^{\frac{1}{1-\frac{1}{q}}}=\sum_{i=1}^{n}\left(-\frac{a_i}{\lambda q}\right)^{p}=\left(-\frac{1}{\lambda q}\right)^{p}\sum_{i=1}^{n}a_i^p,$$

即 $-\lambda q=\left(\sum_{i=1}^{n}a_i^p\right)^{\frac{1}{p}}=\left(\sum_{i=1}^{n}a_i^{\frac{q}{q-1}}\right)^{\frac{q-1}{q}}$，于是

$$x_i=\frac{a_i^{\frac{1}{q-1}}}{\left(\sum_{j=1}^{n}a_j^p\right)^{\frac{1}{q}}},\quad i=1,2,\cdots,n.$$

由此，得

$$f\left(\frac{a_1^{\frac{1}{q-1}}}{\left(\sum_{j=1}^{n}a_j^p\right)^{\frac{1}{q}}},\cdots,\frac{a_n^{\frac{1}{q-1}}}{\left(\sum_{j=1}^{n}a_j^p\right)^{\frac{1}{q}}}\right)=\sum_{i=1}^{n}\frac{a_i\cdot a_i^{\frac{1}{q-1}}}{\left(\sum_{i=1}^{n}a_j^p\right)^{\frac{1}{q}}}=\sum_{i=1}^{n}\frac{a_i^{p}}{\left(\sum_{j=1}^{n}a_j^p\right)^{\frac{1}{q}}}=\left(\sum_{i=1}^{n}a_i^p\right)^{\frac{1}{p}}.$$

下面证明这是 f 在条件 $\sum_{i=1}^{n}x_i^q=1$ 下的最大值.

首先，$A_n=\left\{(x_1,x_2,\cdots,x_n)\in\mathbb{R}^n\,\middle|\,\sum_{i=1}^{n}x_i^q=1,x_i\geqslant 0,i=1,2,\cdots,n\right\}$ 为$\mathbb{R}^n$ 中的紧致集，故连续函数 $f(x_1,x_2,\cdots,x_n)=\sum_{i=1}^{n}a_ix_i$ 在 A 上达到最大值.

当 $n=1$ 时，$\sum_{i=1}^{1}x_i^q=1$(即 $x_1=1$). $f_1(x_1)=a_1x_1$ 在 $x_1=1$ 处达最大值 $a_1=(a_1^p)^{\frac{1}{p}}$.

假设 $n=k$ 时 $f_k(x_1,x_2,\cdots,x_k)=\sum_{i=1}^{k}a_ix_i$ 在条件 $\sum_{i=1}^{k}x_j^q=1$ 下达最大值

$$f_k\left(\frac{a_1^{\frac{1}{q-1}}}{\left(\sum_{j=1}^{k}a_j^p\right)^{\frac{1}{q}}},\cdots,\frac{a_k^{\frac{1}{q-1}}}{\left(\sum_{j=1}^{k}a_j^p\right)^{\frac{1}{q}}}\right)=\left(\sum_{i=1}^{k}a_i^p\right)^{\frac{1}{p}}.$$

则当 $n=k+1$ 时，$f_{k+1}(x_1,x_2,\cdots,x_k,x_{k+1})=\sum_{i=1}^{k+1}a_ix_i$，由归纳知

$$f_{k+1}(x_1,x_2,\cdots,x_k,0)=f_k(x_1,x_2,\cdots,x_k)=\sum_{i=1}^{k}a_ix_i$$

达到最大值

$$f_{k+1}\left(\frac{a_1^{\frac{1}{q-1}}}{\left(\sum_{j=1}^{k}a_j^p\right)^{\frac{1}{q}}},\cdots,\frac{a_k^{\frac{1}{q-1}}}{\left(\sum_{j=1}^{k}a_j^p\right)^{\frac{1}{q}}},0\right)=\left(\sum_{i=1}^{k}a_i^p\right)^{\frac{1}{p}}<\left(\sum_{i=1}^{k+1}a_i^p\right)^{\frac{1}{p}}.$$

这意味着在∂A_{k+1}(A_{k+1}的边界)上达不到最大值，故 f_{k+1} 的最大值必在 A_{k+1} 的内部达到. 由前面所述，它必为

$$f_{k+1}\left(\frac{a_1^{\frac{1}{q-1}}}{\left(\sum_{j=1}^{k+1}a_j^p\right)^{\frac{1}{q}}},\cdots,\frac{a_k^{\frac{1}{q-1}}}{\left(\sum_{j=1}^{k+1}a_j^p\right)^{\frac{1}{q}}},\frac{a_{k+1}^{\frac{1}{q-1}}}{\left(\sum_{j=1}^{k+1}a_j^p\right)^{\frac{1}{q}}}\right)=\left(\sum_{j=1}^{k+1}a_j^p\right)^{\frac{1}{p}}.$$

这就证明了，$f(x_1,x_2,\cdots,x_n)=\sum\limits_{i=1}^{n}a_ix_i$ 在条件 $\sum\limits_{i=1}^{n}x_i^q=1$ 下的最大值为 $\left(\sum\limits_{i=1}^{n}a_i^p\right)^{\frac{1}{p}}$，而由

$$\sum_{i=1}^{n}\left[\frac{x_i}{\left(\sum\limits_{j=1}^{n}x_j^q\right)^{\frac{1}{q}}}\right]^q=\frac{\sum\limits_{i=1}^{n}x_i^q}{\sum\limits_{j=1}^{n}x_j^q}=1$$

知

$$\sum_{i=1}^{n}a_i\frac{x_i}{\left(\sum x_j^q\right)^{\frac{1}{q}}}=f\left(\frac{x_1}{\left(\sum\limits_{j=1}^{n}x_j^q\right)^{\frac{1}{q}}},\cdots,\frac{x_n}{\left(\sum\limits_{j=1}^{n}x_j^q\right)^{\frac{1}{q}}}\right)\leqslant\left(\sum_{i=1}^{n}a_i^p\right)^{\frac{1}{p}},$$

即

$$\sum_{i=1}^{n}a_ix_i\leqslant\left(\sum_{i=1}^{n}a_i^p\right)^{\frac{1}{p}}\left(\sum_{j=1}^{n}x_j^q\right)^{\frac{1}{q}}.$$

证法2　考虑函数 $g(x_1,x_2,\cdots,x_n)=\sum\limits_{i=1}^{n}x_i^q$ 在条件 $\sum\limits_{i=1}^{n}a_ix_i=c$ 下的极值. 为此. 设

$$G(x_1,x_2,\cdots,x_n)=\sum_{i=1}^{n}x_i^q+\lambda\left(\sum_{i=1}^{n}a_ix_i-c\right).$$

由题意 $p>1,\dfrac{1}{p}+\dfrac{1}{q}=1$ 知 $q>1,1+\dfrac{1}{q-1}=p$.

$$\begin{cases}G'_{x_i}=qx_i^{\,q-1}+\lambda a_i=0, & i=1,2,\cdots,n,\\ G'_\lambda=\sum\limits_{i=1}^{n}a_ix_i-c=0.\end{cases}$$

于是，$0=qx_i^q+\lambda a_ix_i$，$q\sum\limits_{i=1}^{n}x_i^q=-\lambda\sum\limits_{i=1}^{n}a_ix_i=-\lambda c$，由此得

$$\sum_{i=1}^{n}x_i^q=-\frac{\lambda c}{q}.$$

再由 $qx_i^{\,q-1}=-\lambda a_i$，得 $x_i=\left(-\dfrac{\lambda a_i}{q}\right)^{\frac{1}{q-1}}$，又有

$$c=\sum_{i=1}^{n}a_ix_i=\sum_{i=1}^{n}\left(-\frac{\lambda}{q}\right)^{\frac{1}{q-1}}a_i^{\,1+\frac{1}{q-1}}=\left(-\frac{\lambda}{q}\right)^{\frac{1}{q-1}}\sum_{i=1}^{n}a_i^p.$$

解得 $-\dfrac{\lambda}{q}=\left[\dfrac{\sum\limits_{i=1}^{n}a_ix_i}{\sum\limits_{i=1}^{n}a_i^p}\right]^{q-1}=\left(\dfrac{c}{\sum\limits_{i=1}^{n}a_i^p}\right)^{q-1}$，因此有

$$x_i=\left(a_i\left[\frac{\sum\limits_{i=1}^{n}a_ix_i}{\sum\limits_{i=1}^{n}a_i^p}\right]^{q-1}\right)^{\frac{1}{q-1}}=a_i^{\frac{1}{q-1}}\frac{\sum\limits_{i=1}^{n}a_ix_i}{\sum\limits_{i=1}^{n}a_i^p}=a_i^{\frac{1}{q-1}}\frac{c}{\sum\limits_{i=1}^{n}a_i^p}.$$

再由

$$\frac{\partial^2 G}{\partial x_i^2}=q(q-1)x_i^{q-2},\quad \frac{\partial^2 G}{\partial x_i\partial x_j}=0,\quad i\neq j,\quad i,j=1,2,\cdots,n.$$

知

$$\mathrm{d}^2G(x_1,x_2,\cdots,x_n)=q(q-1)\sum_{i=1}^n x_i^{q-2}\mathrm{d}x_i^2>0.$$

故当 $x_i=a_i^{\frac{1}{q-1}}\dfrac{\sum\limits_{c=1}^n a_ix_i}{\sum\limits_{i=1}^n a_i^p}=\dfrac{a_i^{\frac{1}{q-1}}c}{\sum\limits_{i=1}^n a_i^p}$ 时，函数 $g(x_1,x_2,\cdots,x_n)$ 在 $\sum\limits_{i=1}^n a_ix_i=c$ 下有惟一的极小值，也是最小值$\left(\text{由归纳法和 } c^q\left(\sum\limits_{i=1}^{n-1}a_i^p\right)^{1-q}>c^q\left(\sum\limits_{i=1}^n a_i^p\right)^{1-q}\text{ 可看出}\right)$，即

$$\begin{aligned}\sum_{i=1}^n x_i^q&=g(x_1,x_2,\cdots,x_n)\geqslant g\left(a_1^{\frac{1}{q-1}}\frac{c}{\sum\limits_{i=1}^n a_i^p},\cdots,a_n^{\frac{1}{q-1}}\frac{c}{\sum\limits_{i=1}^n a_i^p}\right)\\&=\sum_{j=1}^n\left(a_j^{\frac{1}{q-1}}\frac{c}{\sum\limits_{i=1}^n a_i^p}\right)^q=\frac{\left(\sum\limits_{i=1}^n a_ix_i\right)^q}{\left(\sum\limits_{i=1}^n a_i^p\right)^q}\sum_{j=1}^n a_j^{\frac{q}{q-1}}=\left(\sum_{i=1}^n a_ix_i\right)^q\left(\sum_{i=1}^n a_i^p\right)^{1-q}.\end{aligned}$$

于是

$$\sum_{i=1}^n a_ix_i\leqslant\left(\sum_{i=1}^n a_i^p\right)^{1-\frac{1}{q}}\left(\sum_{i=1}^n x_i^q\right)^{\frac{1}{q}}=\left(\sum_{i=1}^n a_i^p\right)^{\frac{1}{p}}\left(\sum_{i=1}^n x_i^q\right)^{\frac{1}{q}}.$$ □

407. 证明：Hadamard 不等式

$$|(a_{ij})|^2\leqslant\prod_{i=1}^n\left(\sum_{j=1}^n a_{ij}^2\right),$$

其中 $a_{ij}\in\mathbb{R}$，$|(a_{ij})|$ 为 n 阶行列式.

证法 1 记 $\sum\limits_{j=1}^n a_{ij}^2=s_i(i=1,2,\cdots,n)$. 在此条件下，求函数

$$f(a_{11},a_{12},\cdots,a_{1n},a_{21},a_{22},\cdots,a_{2n},a_{n1},\cdots,a_{nn})=|(a_{ij})|$$

的最大值. 记 $\boldsymbol{A}=(a_{ij})$ 为 $n\times n$ 实矩阵，$|(a_{ij})|=|A|$ 为其行列式.

设 $F=|\boldsymbol{A}|+\sum\limits_{i=1}^n\lambda_i\left(s_i-\sum\limits_{j=1}^n a_{ij}^2\right)$，并令

$$\begin{cases}\dfrac{\partial F}{\partial a_{ij}}=A_{ij}-2\lambda_i a_{ij}=0,\quad i,j=1,2,\cdots,n, & (1)\\[2ex] \dfrac{\partial F}{\partial \lambda_i}=s_i-\sum\limits_{j=1}^n a_{ij}^2=0,\quad i=1,2,\cdots,n. & (2)\end{cases}$$

其中 A_{ij} 为 a_{ij} 的代数余子式.

由(1)组得

$$\sum_{j=1}^{n} a_{ij}A_{ij} - 2\lambda_i \sum_{j=1}^{n} a_{ij}^2 = 0, \quad \text{即} \quad 2\lambda_i s_i = |\boldsymbol{A}|,$$

从而

$$2\lambda_i = \frac{|\boldsymbol{A}|}{s_i} \quad \text{故} \quad a_{ij} = \frac{A_{ij}}{2\lambda_i} = \frac{A_{ij}s_i}{|\boldsymbol{A}|},$$

于是得惟一驻点 $(a_{ij})\, i,j=1,2,\cdots,n$.

$$\frac{\partial^2 F}{\partial a_{ij}^2} = -2\lambda_i, \quad \frac{\partial^2 F}{\partial a_{ij}\partial a_{kl}} = 0, \quad i,j,k,l = 1,2,\cdots,n, \quad kl \neq ij,$$

$$\mathrm{d}^2 F(a_{ij}) = -\sum_{i=1}^{n}\left(2\lambda_i \sum_{j=1}^{n} \mathrm{d}a_{ij}^2\right) = -|\boldsymbol{A}| \sum_{i=1}^{n}\left(\frac{1}{s_i}\sum_{j=1}^{n}\mathrm{d}a_{ij}^2\right) < 0$$

(这里考虑 $|\boldsymbol{A}|^2$,故可假设 $|\boldsymbol{A}|>0$). 所以驻点为极大值点. 也就是最大值点. 由此得

$$\max|\boldsymbol{A}| = \begin{vmatrix} \frac{A_{11}}{|\boldsymbol{A}|}s_1 & \cdots & \frac{A_{1n}}{|\boldsymbol{A}|}s_1 \\ \vdots & & \vdots \\ \frac{A_{n1}}{|\boldsymbol{A}|}s_n & \cdots & \frac{A_{nn}}{|\boldsymbol{A}|}s_n \end{vmatrix} = \frac{s_1 s_2 \cdots s_n}{|\boldsymbol{A}|^n}\begin{vmatrix} A_{11} & \cdots & A_{1n} \\ \vdots & & \vdots \\ A_{n1} & \cdots & A_{nn} \end{vmatrix} = \frac{s_1 s_2 \cdots s_n}{|\boldsymbol{A}|}.$$

所以 $|\boldsymbol{A}|^2 \leqslant s_1 s_2 \cdots s_n = \prod_{i=1}^{n}\left(\sum_{j=1}^{n} a_{ij}^2\right)$.

证法 2　同证法 1. 解得 $f(a_{ij}) = |(a_{ij})|$ 取极值的必要条件(即驻点)为

$$A_{ij} = 2\lambda_i a_{ij}.$$

于是 $\sum_{j=1}^{n} a_{ij}a_{kj} = \sum_{j=1}^{n} a_{ij}\frac{A_{kj}}{2\lambda_k} = \frac{1}{2\lambda_k}\sum_{j=1}^{n} a_{ij}A_{kj} = 0\,(i \neq k)$,所以在驻点处

$$|\boldsymbol{A}|^2 = |\boldsymbol{A}|\,|\boldsymbol{A}^{\mathrm{T}}| = \begin{vmatrix} s_1 & & & \\ & s_2 & & \\ & & \ddots & \\ & & & s_n \end{vmatrix} = \prod_{i=1}^{n} s_i.$$

因为 f 为有界闭集上的连续函数,因而必达到最大值和最小值. 于是

$$|(a_{ij})|^2 = |A|^2 \leqslant \prod_{i=1}^{n} s_i = \prod_{i=1}^{n}\left(\sum_{j=1}^{n} a_{ij}\right).$$ □

408. (Huyghens(惠更斯)问题)在 a 和 b 两个正数间插入 n 个数 $x_1, x_2, \cdots, x_n$,使得

$$u = \frac{x_1 x_2 \cdots x_n}{(a+x_1)(x_1+x_2)\cdots(x_n+b)}$$

的值为最大.

解法 1　(1) 设 $v=\ln u$,由 $v'=(\ln u)'=\dfrac{1}{u}>0$ 知对数函数 $v=\ln u$ 是严格增的函数,故

u 和 v 有相同的极小值点、相同的极大值点；也有相同的最小值点和相同的最大值点. 又因为 $v'(x)=(\ln u(x))'=\dfrac{u'(x)}{u(x)}$，故 $v(x)$ 和 $u(x)$ 有相同的极小值点，相同的极大值点.

$$v=\ln x_1+\cdots+\ln x_n-\ln(a+x_1)-\ln(x_1+x_2)-\cdots-\ln(x_n+b).$$

记 $a=x_0$，$b=x_{n+1}$，则

$$\frac{\partial v}{\partial x_i}=\frac{1}{x_i}-\frac{1}{x_{i-1}+x_i}-\frac{1}{x_i+x_{i+1}},\quad i=1,2,\cdots,n.$$

令 $\dfrac{\partial v}{\partial x_i}=0(i=1,2,\cdots,n)$ 得方程组

$$\frac{1}{x_i}=\frac{1}{x_{i-1}+x_i}+\frac{1}{x_i+x_{i+1}},\quad i=1,2,\cdots,n.$$

故 $x_i^2=x_{i-1}x_{i+1}$，从而得

$$\frac{x_1}{x_0}=\frac{x_2}{x_1}=\cdots=\frac{x_n}{x_{n-1}}=\frac{x_{n+1}}{x_n}.$$

由此有

$$\frac{x_i}{x_0}=\frac{x_i}{x_{i-1}}\frac{x_{i-1}}{x_{i-2}}\cdots\frac{x_1}{x_0}=\left(\frac{x_1}{x_0}\right)^i,$$

$$x_i=x_0\left(\frac{x_1}{x_0}\right)^i,\quad i=0,1,\cdots,n+1,$$

$$b=x_{n+1}=x_0\left(\frac{x_1}{x_0}\right)^{n+1}=a\left(\frac{x_1}{a}\right)^{n+1},$$

$$x_1=a\left(\frac{b}{a}\right)^{\frac{1}{n+1}},\quad x_i=a\left(\frac{x_1}{a}\right)^i=a\left(\frac{a}{b}\right)^{\frac{i}{n+1}}.$$

于是，$P_0=\left(a\left(\dfrac{b}{a}\right)^{\frac{1}{n+1}},a\left(\dfrac{b}{a}\right)^{\frac{2}{n+1}},\cdots,a\left(\dfrac{b}{a}\right)^{\frac{n}{n+1}}\right)$ 为函数 v(也是 u)在紧区域 $a\leqslant x_1\leqslant x_2\leqslant\cdots\leqslant x_n\leqslant b$(不妨设 $a<b$)上惟一的驻点(注意未必为极值点!). 若令 $r=\left(\dfrac{b}{a}\right)^{\frac{1}{n+1}}$，则

$$\begin{aligned}\left.\frac{\partial^2 v}{\partial x_1^2}\right|_{P_0}&=\left[\frac{1}{(a+x_1)^2}+\frac{1}{(x_1+x_2)^2}-\frac{1}{x_1^2}\right]_{x_1=ar,x_2=ar^2}\\&=\frac{1}{a^2}\left[\frac{1}{(1+r)^2}+\frac{1}{r^2(1+r)^2}-\frac{1}{r^2}\right]\\&=\frac{1}{a^2}\frac{r^2+1-(1+r)^2}{r^2(1+r)^2}=\frac{1}{a^2}\frac{-2r}{r^2(1+r)^2}<0,\end{aligned}$$

故知 P_0 肯定不为极小值点(但也许为极值点，也许为极大值点！只要它是极值点就必为极大值点. 要证它为极值点并不那么容易!). 通过简单计算得到

$$\begin{aligned}v\,|_{P_0}&=\ln ar+\ln ar^2+\cdots+\ln ar^n-\ln a(1+r)-\ln ar(1+r)-\cdots-\ln ar^n(1+r)\\&=\ln\frac{a^n r^{1+2+\cdots+n}}{a^{n+1}r^{1+2+\cdots+n}(1+r)^{n+1}}=\ln\frac{1}{a(1+r)^{n+1}}\end{aligned}$$

$$= \ln \frac{1}{a\left[1+\left(\frac{b}{a}\right)^{\frac{1}{n+1}}\right]^{n+1}} = \ln \frac{1}{(a^{\frac{1}{n+1}}+b^{\frac{1}{n+1}})^{n+1}},$$

$$u\mid_{P_0} = e^{v}\mid_{P_0} = \frac{1}{(a^{\frac{1}{n+1}}+b^{\frac{1}{n+1}})^{n+1}}.$$

(2) 既然 P_0 肯定不为极小值点，当然它也不是最小值点. 因此，最小值点必在边界上达到. 此时，$x_1=a$ 或 $x_n=b$. 由于

$$\min_{x_1=a} u = \min \frac{ax_2\cdots x_n}{(a+a)(a+x_2)\cdots(x_n+b)} = \min \frac{x_1x_2\cdots x_{n-1}b}{(a+x_1)(x_1+x_2)\cdots(x_{n-1}+b)(b+b)}$$

$$= \min_{x_n=b} u,$$

故只须考虑 $x_1=a$ 的情形. 反复应用上述方法，最小值必在边界上达到，(归纳)推得 u 的最小值

$$\min u = u(a,a,\cdots,a) = \frac{\overbrace{aa\cdots a}^{n个}}{\underbrace{(a+a)(a+a)\cdots(a+a)}_{n个}(a+b)} = \frac{1}{2^n(a+b)}.$$

(3) (反证)假设 P_0 不为 u 的最大值点，则最大值点必在边界上达到，同(2)中理由，可设

$$\max u = \frac{\overbrace{a\cdots a\cdot a}^{l个}\, x_{l+1}^0\cdots x_n^0}{\underbrace{(a+a)\cdots(a+a)(a+a)}_{l个}(a+x_{l+1}^0)\cdots(x_n^0+b)},\quad a<x_{l+1}^0\leqslant\cdots\leqslant x_n^0,$$

则由

$$\frac{x_l}{(a+x_l)(x_l+x_{l+1}^0)} - \frac{a}{(a+a)(a+x_{l+1}^0)}$$

$$= \frac{x_l}{(a+x_l)(x_l+x_{l+1}^0)} - \frac{1}{2(a+x_{l+1}^0)}$$

$$= \frac{2ax_l+2x_lx_{l+1}^0-ax_l-x_l^2-ax_{l+1}^0-x_lx_{l+1}^0}{2(a+x_l)(x_l+x_{l+1}^0)(a+x_{l+1}^0)}$$

$$= -\frac{x_l^2-(a+x_{l+1}^0)x_l+ax_{l+1}^0}{2(a+x_l)(x_l+x_{l+1}^0)(a+x_{l+1}^0)}$$

$$= -\frac{\left(x_l-\frac{a+x_{l+1}^0}{2}\right)^2+ax_{l+1}^0-\left(\frac{a+x_{l+1}^0}{2}\right)^2}{2(a+x_l)(x_l+x_{l+1}^0)(a+x_{l+1}^0)}$$

$$= \frac{-\left(x_l-\frac{a+x_{l+1}^0}{2}\right)^2+\frac{(a-x_{l+1}^0)^2}{4}}{2(a+x_l)(x_l+x_{l+1}^0)(a+x_{l+1}^0)}$$

$$\xlongequal{当\, x_l=\frac{a+x_{l+1}^0}{2}} \frac{(a-x_{l+1}^0)^2}{8(a+x_l)(x_l+x_{l+1}^0)(a+x_{l+1}^0)} > 0,$$

得到

$$\frac{x_l}{(a+x_l)(x_l+x_{l+1}^0)}>\frac{a}{(a+a)(a+x_{l+1}^0)},$$

其中 $x_l=\frac{a+x_{l+1}^0}{2}$. 从而

$$u\left(\overbrace{a,a,\cdots,a}^{l-1\text{个}},\frac{a+x_{l+1}^0}{2},x_{l+1}^0,\cdots,x_n^0\right)>u(\overbrace{a,a,\cdots,a}^{l\text{个}},x_{l+1}^0,\cdots,x_n^0)=\max u,$$

矛盾. 由此立即推出

$$\max u=u(\underbrace{a,a,\cdots,a}_{n\text{个}})=\frac{1}{2^n(a+b)}\overset{(2)}{=\!=}\min u,$$

u 为常值函数. 根据(1), $\left.\frac{\partial^2 v}{\partial x_1^2}\right|_{P_0}<0$ 知, v 从而 u 都不为常值函数, 矛盾. 这就表明 P_0 为 u 的最大值点.

解法 2 从 P_0 为 u 的最大值点立知 P_0 为 u 的极大值点. 当然, 它也是 v 的最大值和极大值点. 但是, 从 $\mathrm{d}^2v|_{P_0}$ 正定推得 P_0 为 v 的极大值点是很困难的. 我们作一个变换来解决这个问题.

记 $w=\frac{1}{u}=(a+x_1)\left(1+\frac{x_2}{x_1}\right)\left(1+\frac{x_3}{x_2}\right)\cdots\left(1+\frac{b}{x_n}\right)$, 令

$$y_1=\frac{x_2}{x_1},\quad y_2=\frac{x_3}{x_2},\quad\cdots,\quad y_n=\frac{b}{x_n},$$
$$A=y_1y_2\cdots y_n,$$

则有

$$x_1=\frac{b}{y_1y_2\cdots y_n}=\frac{b}{A},$$
$$w=\left(a+\frac{b}{A}\right)(1+y_1)(1+y_2)\cdots(1+y_n).$$

又记 $m=a+\frac{b}{A}$, 则有

$$\sum_{k=1}^n\frac{\partial w}{\partial y_k}\mathrm{d}y_k=\mathrm{d}w=w\left[\sum_{k=1}^n\frac{1}{1+y_k}\mathrm{d}y_k+\frac{\frac{-b}{A^2}\mathrm{d}A}{a+\frac{b}{A}}\right]$$
$$=w\left[\sum_{k=1}^n\frac{1}{1+y_k}\mathrm{d}y_k+\frac{\frac{-b}{A^2}\cdot A\sum_{k=1}^n\frac{\mathrm{d}y_k}{y_k}}{a+\frac{b}{A}}\right]$$
$$=w\sum_{k=1}^n\left(\frac{y_k}{1+y_k}-\frac{b}{mA}\right)\frac{\mathrm{d}y_k}{y_k}.$$

令$\frac{\partial w}{\partial y_k}=0$,得方程组

$$\frac{y_k}{1+y_k}=\frac{b}{mA},\quad k=1,2,\cdots,n.$$

由此得到

$$y_k=\frac{\frac{b}{mA}}{1-\frac{b}{mA}}=\frac{b}{mA-b}=\frac{b}{\left(a+\frac{b}{A}\right)A-b}=\frac{b}{aA},$$

$$y_1=y_2=\cdots=y_k\overset{\text{def}}{=\!=}y_0,$$

$$y_0=\frac{b}{aA}=\frac{b}{ay_0^n},\quad y_0=\left(\frac{b}{a}\right)^{\frac{1}{n+1}}.$$

于是,得到驻点 $P_1=\left(\left(\frac{b}{a}\right)^{\frac{1}{n+1}},\left(\frac{b}{a}\right)^{\frac{1}{n+1}},\cdots,\left(\frac{b}{a}\right)^{\frac{1}{n+1}}\right)$.

在 P_1 点,有

$$\left.\left(\frac{y_k}{1+y_k}-\frac{b}{mA}\right)\right|_{P_1}=0;\quad \left.\frac{\partial \frac{y_k}{1+y_k}}{\partial y_j}\right|_{P_1}=0\quad (j\neq k),$$

且

$$\begin{aligned}
\mathrm{d}^2w=&\left.\sum_{k=1}^n\mathrm{d}\left[w\left(\frac{y_k}{1+y_k}-\frac{b}{mA}\right)\frac{1}{y_k}\right]\mathrm{d}y_k\right|_{P_1}\\
=&\left.\sum_{k=1}^n\left[\left(\frac{y_k}{1+y_k}-\frac{b}{mA}\right)\mathrm{d}\frac{w}{y_k}\right]\mathrm{d}y_k\right|_{P_1}+\left.w\sum_{k=1}^n\mathrm{d}\left(\frac{y_k}{1+y_k}-\frac{b}{mA}\right)\frac{\mathrm{d}y_k}{y_k}\right|_{P_1}\\
=&\left.w\sum_{k=1}^n\mathrm{d}\left(\frac{y_k}{1+y_k}-\frac{b}{mA}\right)\frac{\mathrm{d}y_k}{y_k}\right|_{P_1}\\
=&\left.w\sum_{k=1}^n\mathrm{d}\left(\frac{y_k}{1+y_k}\right)\frac{\mathrm{d}y_k}{y_k}\right|_{P}-\left.w\sum_{k=1}^n\frac{\mathrm{d}y_k}{y_k}\mathrm{d}\left[\frac{1}{1+\frac{a}{b}A}\right]\right|_{P_1}\\
=&\left.\frac{w(P_1)}{y_0(1+y_0)^2}\sum_{k=1}^n(\mathrm{d}y_k)^2-w\sum_{k=1}^n\frac{\mathrm{d}y_k}{y_k}\frac{-\frac{a}{b}\mathrm{d}A}{\left(1+\frac{a}{b}A\right)^2}\right|_{P_1}\\
=&\left.\frac{w(P_1)}{y_0(1+y_0)^2}\sum_{k=1}^n(\mathrm{d}y_k)^2+w\sum_{k=1}^n\frac{\mathrm{d}y_k}{y_k}\frac{\frac{a}{b}}{\left(1+\frac{a}{b}A\right)^2}\cdot A\sum_{k=1}^n\frac{\mathrm{d}y_k}{y_k}\right|_{P_1}\\
=&\frac{w(P_1)}{y_0(1+y_0)^2}\left[\sum_{k=1}^n(\mathrm{d}y_k)^2+\left(\sum_{k=1}^n\mathrm{d}y_k\right)^2\right]>0\quad\left(当\sum_{k=1}^n(\mathrm{d}y_k)^2\neq 0 时\right),
\end{aligned}$$

故函数 w 在点 P_1 处取极小值.从而,函数 u 在

$$x_1=\frac{b}{A}=\frac{b}{y_0^n}=\frac{b}{a}\cdot ay_0^{-n}=y_0^{n+1}\cdot ay_0^{-n}=ay_0,$$

$$x_2=x_1y_1=ay_0\cdot y_0=ay_0^2,$$

$$x_3=x_2y_2=ay_0^2\cdot y_0=ay_0^3,$$

$$\vdots$$

$$x_n=\frac{b}{y_n}=\frac{b}{a}\cdot ay_0^{-1}=y_0^{n+1}\cdot ay_0^{-1}=ay_0^n,$$

即 $a,x_1,x_2,\cdots,x_n,b$ 构成公比为 $y_0=\left(\frac{b}{a}\right)^{\frac{1}{n+1}}$ 的等比数列时,值达极大,而

$$\begin{aligned}u\big|_{P_0}&=\frac{x_1x_2\cdots x_n}{(a+x_1)(x_1+x_2)\cdots(x_n+b)}=\frac{ay_0\cdot ay_0^2\cdots ay_0^n}{(a+ay_0)(ay_0+ay_0^2)\cdots(ay_0^n+ay_0^{n+1})}\\&=\frac{1}{a(1+y_0)^{n+1}}=\frac{1}{a\left[1+\left(\frac{b}{a}\right)^{\frac{1}{n+1}}\right]^{n+1}}\\&=\frac{1}{(a^{\frac{1}{n+1}}+b^{\frac{1}{n+1}})^{n+1}}.\end{aligned}$$

或

$$\begin{aligned}u\big|_{P_0}&=\frac{1}{(a+x_1)\left(1+\frac{x_2}{x_1}\right)\left(1+\frac{x_3}{x_2}\right)\cdots\left(1+\frac{b}{x_n}\right)}\\&=\frac{1}{(a+ay_0)(1+y_0)(1+y_0)\cdots(1+y_0)}\\&=\frac{1}{a(1+y_0)^{n+1}}\\&=\frac{1}{(a^{\frac{1}{n+1}}+b^{\frac{1}{n+1}})^{n+1}}.\end{aligned}$$

但是,提醒读者要记住:在单变量连续函数情形,惟一的极值点,它是极大必为最大(见定理 3.5.7);而在多变量情形,其结果未必成立(见例 9.2.1).

注 根据 408 题,有

$$\frac{1}{(a^{\frac{1}{n+1}}+b^{\frac{1}{n+1}})^{n+1}}\geqslant\frac{1}{2(a^{\frac{1}{n}}+b^{\frac{1}{n}})^n},\quad n\in\mathbb{N}.$$

但要直接证明上述不等式却不是一件容易的事.如果证明了它,408 题中,应用数学归纳法立即可证得

$$u\big|_{P_0}=\max u=\frac{1}{(a^{\frac{1}{n+1}}+b^{\frac{1}{n+1}})^{n+1}}.$$

409. 设 $\boldsymbol{A}$ 为 $n\times n$ 实方阵，$\boldsymbol{B}$ 为 n 维向量，$\boldsymbol{C}$ 为 $m\times n$ 矩阵，$\boldsymbol{d}$ 为 m 维向量，T 表示矩阵转置. 求函数

$$f(\boldsymbol{x})=\frac{1}{2}\boldsymbol{x}^{\mathrm{T}}\boldsymbol{A}\boldsymbol{x}+\boldsymbol{b}^{\mathrm{T}}\boldsymbol{x},\quad \boldsymbol{x}\in\mathbb{R}^n$$

在约束条件 $\boldsymbol{C}\boldsymbol{x}=\boldsymbol{d}$ 下的极值点的条件.

解　设 $F(\boldsymbol{x};\boldsymbol{\lambda})=\frac{1}{2}\boldsymbol{x}^{\mathrm{T}}\boldsymbol{A}\boldsymbol{x}+\boldsymbol{b}^{\mathrm{T}}\boldsymbol{x}+\boldsymbol{\lambda}^{\mathrm{T}}(\boldsymbol{C}\boldsymbol{x}-\boldsymbol{d})$，其中 $\boldsymbol{\lambda}=(\lambda_1,\lambda_2,\cdots,\lambda_m)^{\mathrm{T}}$. 令

$$\begin{cases}F'_{x_i}=0, & i=1,2,\cdots,n,\\ F'_{\lambda_j}=0, & j=1,2,\cdots,m.\end{cases}$$

即

$$\begin{pmatrix}\boldsymbol{A} & \boldsymbol{C}^{\mathrm{T}}\\ \boldsymbol{C} & \boldsymbol{O}\end{pmatrix}\begin{pmatrix}\boldsymbol{x}\\ \boldsymbol{\lambda}\end{pmatrix}=\begin{pmatrix}-\boldsymbol{b}\\ \boldsymbol{d}\end{pmatrix}.$$

它为极值点的必要条件. 记

$$\begin{pmatrix}\boldsymbol{A} & \boldsymbol{C}^{\mathrm{T}}\\ \boldsymbol{C} & \boldsymbol{O}\end{pmatrix}=\boldsymbol{H},$$

为 $(m+n)\times(m+n)$ 方阵，如果 $\boldsymbol{H}^{-1}$ 存在，则可解出

$$\begin{pmatrix}\boldsymbol{x}\\ \boldsymbol{\lambda}\end{pmatrix}=\boldsymbol{H}^{-1}\begin{pmatrix}-\boldsymbol{b}\\ \boldsymbol{d}\end{pmatrix}.$$

□

参 考 文 献

1 徐森林，薛春华，金亚东．数学分析(共三册)．北京：清华大学出版社，2005.

2 菲赫金戈尔兹 Γ M．微积分学教程(共 3 卷 8 分册)．北京：高等教育出版社，1995.

3 徐森林．实变函数论．合肥：中国科学技术大学出版社，2002.

4 裴礼文．数学分析中的典型问题与方法．北京：高等教育出版社，1993.

5 徐利治，冯克勤，方兆本，徐森林．大学数学解题法诠释．合肥：安徽教育出版社，1999.

6 徐森林，薛春华．流形．北京：高等教育出版社，1991.

7 何琛，史济怀，徐森林．数学分析．北京：高等教育出版社，1985.

8 邹应．数学分析．北京：高等教育出版社，1995.

9 汪林．数学分析中的问题和反例．昆明：云南科技出版社，1990.

10 孙本旺，汪浩．数学分析中的典型例题和解题方法．长沙：湖南科学技术出版社，1985.

11 徐森林，薛春华．实变函数论．北京：清华大学出版社，2009.

12 徐森林，胡自胜，金亚东，薛春华．点集拓扑学．北京：高等教育出版社，2007.

13 Paine, D. Visualizing uniform continuity. Amer Mach Monthly, 75(1968), 44-45.

14 Knight, W. On $\mathbb{Q}\to\mathbb{Q}$ differentiable functions. Amer Math Monthly, 82(1975), 415-416.